BASE

DU SYSTÈME MÉTRIQUE DÉCIMAL,

OU

MESURE DE L'ARC DU MÉRIDIEN

ENTRE DUNKERQUE ET BARCELONE.

BASE

DU SYSTÈME MÉTRIQUE DÉCIMAL,

OU

MESURE DE L'ARC DU MÉRIDIEN

COMPRIS ENTRE LES PARALLÈLES

DE DUNKERQUE ET BARCELONE,

EXÉCUTÉE EN 1792 ET ANNÉES SUIVANTES,

PAR MM. MÉCHAIN ET DELAMBRE.

Rédigée par M. Delambre, secrétaire perpétuel de l'Institut pour les sciences mathématiques, membre du bureau des longitudes, des sociétés royales de Londres, d'Upsal et de Copenhague, des académies de Berlin et de Suède, de la société Italienne et de celle de Gottingue, et membre de la Légion d'honneur.

SUITE DES MÉMOIRES DE L'INSTITUT.

TOME PREMIER.

PARIS.

BAUDOUIN, IMPRIMEUR DE L'INSTITUT NATIONAL.

JANVIER 1806.

DISCOURS PRÉLIMINAIRE.

Les deux questions de la grandeur et de la figure de la terre, qui exercent depuis si long-temps les astronomes et les géomètres, paroissent de nature à n'être jamais entièrement épuisées. Les anciens ne se sont guère occupés que de la première ; la seconde leur avoit semblé résolue aussitôt que posée. Dès l'instant où l'on se fut démontré la courbure de la terre et la convexité des mers, on se hâta de conclure que la terre étoit un globe. Dans un temps où l'on ne vouloit voir dans le ciel que des cercles, quand on ne pouvoit concevoir que des mouvemens rectilignes ou circulaires, on n'avoit garde d'élever le moindre doute sur une supposition qui réunissoit une grande simplicité en théorie et une exactitude suffisante pour la pratique. Il passa donc pour certain jusqu'à Huygens et Newton que la terre étoit sphérique. Dans cette hypothèse il suffit de mesurer un arc d'un méridien quelconque pour être en état de construire un globe qui soit en petit la représentation de la terre ; et sur lequel on puisse tracer dans leurs justes proportions les différens pays qui en partagent la surface. Ératosthène paroît être le premier qui ait montré comment devoit se faire cette opération fondamentale de la géographie. Sans sortir de son observatoire, il donna la première idée de la marche qu'il falloit suivre pour déterminer la grandeur de la terre. Il avoit lu ou entendu dire qu'à Syenne, le jour du solstice, les puits étoient éclairés jusqu'au fond; que les corps droits ne jetoient aucune ombre à midi. Il en conclut que Syenne étoit sous le tropique. La hauteur solsticiale, qu'il put observer lui-même à Alexandrie, lui donnoit la différence de latitude ou le nombre de degrés du méridien interceptés entre les parallèles de ces deux villes. La route qui conduisoit de l'une à l'autre étoit d'environ 5000 stades; elle se dirigeoit à peu près dans le sens du méridien: il en supposa la déclinaison tout-à-fait nulle. La différence en latitude lui parut la cinquantième partie d'un grand cercle. La circonférence de la terre devoit par conséquent être de 250,000 stades: il la porta à 252,000, pour avoir un degré de 700 stades en nombres ronds. Ces résultats ne sont pas, comme on voit, d'une précision bien rigoureuse; mais ils suffisoient à la géographie de son temps. Pour placer sur son globe ou sur ses cartes, par rapport à Alexandrie, tous les lieux qu'il vouloit décrire, il lui suffisoit de connoître vers quel point de l'horizon et à quelle distance ils se trouvoient; ou bien encore les latitudes de deux lieux, et leur distance itinéraire étant données, on pouvoit les mettre à leurs places respectives sur le globe. C'étoit un service essentiel qui ne pouvoit être rendu à la géographie que par un homme qui à beaucoup d'esprit joignît toutes les connoissances qu'on avoit pu amasser de son temps. Quelques modernes ont

voulu lui faire honneur d'une précision à laquelle il ne pouvoit prétendre. Ces anciennes opérations, dont il ne reste que des traditions vagues, sont extrêmement commodes pour ceux qui aiment les systèmes. Elles renferment toutes quelque indéterminée qu'on évalue d'après les observations modernes, ou d'après l'hypothèse que l'on s'est faite. On y trouve tout ce qu'on veut; mais on n'y peut jamais lire que ce que l'on sait d'ailleurs; on n'y peut rien puiser qui avance le moins du monde nos connoissances. Si les modernes n'eussent pas exécuté ce qu'Ératosthène s'étoit contenté d'indiquer, sa mesure si fameuse et tant de fois commentée ne nous apprendroit rien, sinon que la distance d'Alexandrie à Syenne étoit environ la cinquantième partie d'une circonférence. Quant à sa division du degré en 700 stades, elle n'a pour nous aucun sens, puisque rien ne détermine le stade dont il s'est servi. D'autres géographes ont divisé le degré en un autre nombre de stades, c'est-à-dire qu'ils ont traduit les nombres d'Ératosthène en d'autres fractions équivalentes, comme nous faisons nous-mêmes quand, pour la commodité du calcul, nous convertissons les minutes et les secondes en décimales de degré, ou réciproquement. Ces fractions sont identiques; il n'y a que la forme qui soit changée, et ces différens degrés dont il est question dans les anciens auteurs ont encore une existence moins réelle que celui d'Ératosthène, dont ils ne sont qu'une espèce de traduction. Celui de Posidonius est le seul sur lequel on ait conservé quelques détails; mais ses données étoient

encore bien plus incertaines que celle d'Ératosthène.
Riccioli fait remarquer avec beaucoup de raison, comme
une chose fort suspecte, ces distances de 5000 stades justes que l'on compte entre Rhodes et Alexandrie, Alexandrie et Syenne, Syenne et Méroé; il n'en faut pas davantage pour montrer que ces trois degrés ne sont que
des approximations grossières qui ne valoient pas la
peine d'être tant et si longuement discutées. Un degré
plus ancien encore est, dit-on, celui dont Aristote fait
mention dans son *Traité du ciel*, liv. II., chap. 14;
mais il est à remarquer que, dans ce passage, Aristote
ne dit nullement que la terre ait été mesurée. *Ceux des
mathématiciens qui essaient d'estimer la grandeur de
la terre, disent qu'elle a 400,000 stades de circonférence*..... Ὅσοι τὸ μέγεθος ἀναλογίζεαι πειρῶνται..... S'ex-
primeroit-il ainsi s'il vouloit parler d'une mesure effective? Et le présent πειρῶνται, *essaient*, peut-il s'entendre
d'une mesure plus ancienne qu'Aristote?

Ce que les Arabes ont fait pour la mesure de la terre
est encore bien moins précis. Almamoun, nous dit-on,
fit assembler ses astronomes dans les plaines de Sinjar.
Après y avoir pris la hauteur du pôle, on ne dit pas
comment, ils se séparèrent en deux troupes, et mar-
chèrent, les uns vers le midi, les autres vers le nord,
mesurant le mieux qu'ils purent la route qu'ils faisoient,
observant de temps à autre la hauteur du pôle, jusqu'à
ce qu'ils eussent trouvé des deux côtés une différence
d'un degré entre leur latitude et celle du point de départ.
De cette mesure de deux degrés il résulta une évalua-

tion qui paroît encore moins précise que celle des astronomes d'Alexandrie (1).

Toutes ces mesures étoient du genre de celle de Fernel,
sur laquelle on a moins disserté, parce que Fernel n'est
pas si ancien, et parce que son degré d'Amiens a depuis été mesuré d'une manière bien plus authentique.
Comme les Arabes, il s'est acheminé vers le nord, jusqu'à ce qu'il eût trouvé la hauteur du pôle augmentée
d'un degré. Comme Eratosthène, Posidonius et les
Arabes, il a supposé que sa route étoit toute dans un
même méridien. On ne sait pas si les Arabes se sont
beaucoup trompé dans leur estime : l'erreur de Posidonius étoit de 2 degrés en longitude; celle d'Ératosthène
étoit de 3. Fernel fut plus heureux : Amiens est en effet
sous le même méridien que Paris, ou du moins l'écart
n'est que de quelques minutes. Quant à sa mesure géodésique, elle consistoit à compter les tours de roue de
sa voiture. Le moyen étoit grossier : ceux des Grecs ne
l'étoient pas moins; ceux des Arabes n'ont probablement
pas été meilleurs. Fernel a rencontré assez juste; c'est
un hasard singulier. Quand les Grecs et les Arabes auroient été aussi heureux, ce qui n'est pas, on n'en pourroit encore rien conclure.

Snellius employa une meilleure méthode : Bailli dit
que c'étoit la méthode d'Eratosthène et des anciens.
Cette assertion est au moins très - gratuite. Snellius

_____

(1) Ils trouvèrent le degré de 56 ⅔ milles. Paucton, *Métrologie*, p. 123,
prétend qu'il faut lire 66 ⅔.

mesura une base sur laquelle il forma des triangles; il en déduisit la distance dans le sens du méridien, et il observa la hauteur du pôle aux deux extrémités. C'est exactement la méthode actuelle; il n'y a de différence que dans les moyens mécaniques, dans les méthodes de calcul et dans les soins qu'on y apporte maintenant : or on ne voit rien de pareil chez les anciens, quand on les lit sans prévention, et qu'on ne veut trouver dans leurs ouvrages que ce qu'ils y ont mis véritablement.

Riccioli avoit imaginé, pour mesurer les degrés et le rayon de la terre, diverses méthodes qu'il a détaillées avec soin dans sa *Géographie réformée;* mais, outre qu'elles ne pouvoient s'appliquer qu'à de fort petits arcs, elles avoient encore l'inconvénient de dépendre plus ou moins des réfractions astronomiques ou terrestres. Les valeurs différentes auxquelles il étoit successivement arrivé par toutes ces méthodes, prouvoient assez qu'elles méritoient peu de confiance, et elles sont toutes aujourd'hui totalement abandonnées. La plus simple de toutes étoit celle qu'il avoit empruntée de Kepler, et elle consistoit dans la solution de ce problème très-facile en théorie : *Connoissant la distance de deux lieux en ligne droite, et leurs distances angulaires au zénith l'une de l'autre, déterminer la distance de chacun de ces deux lieux au centre de la terre;* ce qui se réduit à calculer les deux côtés d'un triangle rectiligne dont on connoît deux angles et le côté compris. Mais il est visible que la réfraction terrestre altère les deux angles. On ne doit donc faire aucun fond sur cette méthode, et l'on peut

voir ce qu'en ont dit Picard et Cassini dans leurs ouvrages sur la mesure et la grandeur de la terre.

Norwood, revenant en partie à la méthode de Snellius, en partie à celle de Fernel, mesurant un plus grand
arc avec de plus grands instrumens, et tâchant d'évaluer,
au moyen d'un graphomètre, tous les détours de la route
qu'il mesuroit à la manière des arpenteurs, Norwood,
malgré tous ses soins, se trompa d'environ 400 toises
sur le degré.

Picard, qui en société avec Auzout avoit rendu à l'astronomie un service capital en appliquant aux grands
instrumens les lunettes et les micromètres en place de
pinnules, suivit d'ailleurs l'exemple de Snellius, et
mettant dans toutes les parties de l'opération une exactitude et des soins auparavant inconnus, donna enfin
une mesure sur laquelle on pouvoit compter, et sur laquelle on compta pendant soixante ans. On reconnut
depuis qu'il s'étoit trompé de quelques secondes dans
l'arc céleste; mais, par un hasard heureux, cette erreur
trouvoit une compensation, en ce que la longueur de la
toise qu'il employoit étoit plus courte d'un millième environ que celle qui a servi de modèle à la toise de l'Académie
des sciences. Picard donna donc à son degré d'Amiens
57060 toises, c'est-à-dire, environ 15 toises de moins
que nous n'avons trouvé par notre mesure; mais, quand
on eut reconnu l'erreur de l'arc céleste, sans avoir encore soupçonné la différence qui existoit entre sa toise
et celle de l'Académie, on porta son degré à 57183
ou 57167 toises en tenant compte de la réfraction, et

l'erreur devint alors de près de 100 toises; mais elle fut diminuée des deux tiers par les vérifications de la base de Villejuif et Juvisi, faites avec tant de soin et à tant de reprises, de 1740 à 1756 (1).

La mesure de Picard fut continuée jusqu'à Dunkerque et Collioure, par Cassini et Lahire. Cette nouvelle entreprise, commencée vers 1683, interrompue long-temps, ne put être terminée que vers 1718, et le livre où les détails de toutes ces opérations sont consignées a été imprimé comme suite aux *Mémoires de l'Académie* pour la même année.

Tout ce travail reposoit sur la base de Picard. Pour vérification, on en avoit pourtant mesuré deux autres sur le bord de la mer, l'une auprès de Dunkerque, et l'autre auprès de Perpignan. A la première, on ne trouva qu'une toise de différence entre le calcul et la mesure réelle; à la seconde, on eut d'abord trois toises; ensuite, par quelques corrections, on rendit cette différence un peu moindre, et puis, sans nous dire en quel sens étoient ces deux erreurs, on se contenta de conclure que les observations et les calculs étoient suffisamment vérifiés.

La grandeur de la terre étant ainsi passablement déterminée par les astronomes français, on commença tout aussitôt à disputer sur la figure des méridiens.

Huygens et Newton avoient trouvé par la théorie que

_____

(1) *Degré du méridien entre Paris et Amiens*, par MM. Maupertuis, Clairault, Camus et Lemonnier. Paris, 1740, p. LIV.

la terre devoit être applatie vers les pôles. La mesure des 8 degrés ½ de Dunkerque à Collioure, indiquoit un allongement : ce résultat n'étoit pas moins contraire à celui qu'on tiroit de la diminution du pendule, près de l'équateur, observée par Richer, qu'il n'étoit opposé aux démonstrations d'Huygens et de Newton. Mairan, dans les mémoires de 1720, fit tous ses efforts pour concilier les observations du pendule et celles des degrés, et prouver que les unes et les autres pouvoient être également bonnes. Desaguliers, dans les *Transactions philosophiques*, soutint que l'hypothèse de Mairan étoit inadmissible. La dispute ne finissoit pas : divers auteurs proposoient des moyens plus ou moins faciles pour décider la question ; le plus sûr étoit, sans contredit, celui de mesurer deux degrés, l'un vers l'équateur, et l'autre vers le pôle. Ces opérations démontrèrent l'applatissement. On n'avoit pas attendu ces mesures pour élever des doutes sur l'exactitude de celles qui avoient été exécutées en France ; on sentit la nécessité de les vérifier. Cassini de Thuri s'en chargea, conjointement avec Lacaille, en 1739. Leur travail parut sous le titre de *Méridienne vérifiée en 1744*, comme suite aux *Mémoires de l'Académie* : et il ne resta plus de doute sur l'allongement des degrés en allant de l'équateur au pôle. Cette conclusion étoit encore confirmée par la mesure d'un degré de longitude, exécutée par les deux mêmes astronomes ; tout conspiroit donc pour prouver l'applatissement : la quantité seule laissoit matière à de nouvelles recherches, plus difficiles encore et plus délicates que toutes celles qu'on avoit déjà faites.

Depuis ce temps plusieurs degrés ont été mesurés en différens pays; Lacaille, au cap de Bonne-Espérance; Boscowich, dans les états du Pape; Beccaria, dans le Piémont; Liesganig, en Autriche et en Hongrie, suivirent avec plus ou moins de succès les exemples donnés en France; enfin, Mason et Dixon mesurèrent un degré en Pensilvanie, sans employer aucun triangle, et en portant la toise actuellement sur l'arc terrestre tout entier. Loin de fixer l'incertitude qui restoit sur la quantité de l'applatissement, la comparaison de tous ces degrés étoit plus propre à faire douter de la similitude des méridiens ou de la régularité de leur courbure. Ces soupçons ont acquis de nouvelles forces par les dernières opérations. On finira peut-être par reconnoître que les parallèles ne s'éloignent pas moins que les méridiens de la figure circulaire, et que la terre n'est pas exactement un solide de révolution; mais, si l'on acquiert la preuve que toutes les parties de la terre sont irrégulières, on saura du moins, à fort peu près, dans quelles limites ces irrégularités seront renfermées, et l'on resserrera de plus en plus ces limites: déja même il est démontré que si l'on peut commettre quelqu'erreur en donnant à la terre la figure d'un sphéroïde elliptique, cette erreur est du moins absolument indifférente pour la pratique.

Ces mesures de degrés et celles du pendule faites avec des soins non moins scrupuleux, en différens climats, avoient donné l'idée d'une mesure universelle et invariable, dont l'original seroit pris dans la nature. Picard, qui avoit lié entre elles les deux opérations afin qu'on pût en tout temps retrouver la valeur de sa toise, proposoit la longueur du pendule pour cette mesure universelle, et lui donnoit le nom de rayon astronomique; il promettoit que cette longueur et sa toise seroient scrupuleusement conservées dans le magnifique observatoire qui venoit d'être terminé. On eut depuis à se repentir d'avoir négligé une précaution si sage et si facile.

Cassini, dans le livre *De la grandeur et de la figure de la terre*, pages 158 et 159, proposoit un pied géométrique qui seroit la six-millième partie de la minute du grand cercle, ou bien une brasse de deux de ces pieds, et qui seroit la dix-millionième partie du demi-diamètre de la terre, ou enfin une toise de six de ces mêmes pieds, ensorte que le degré eût été de 60,000 toises. Cette idée différoit peu de celle de Moûton, qui, dans un ouvrage imprimé à Lyon en 1670, proposoit de prendre pour unité la minute du degré qu'il appeloit *mille*; les divisions et sous-divisions de cette grande unité étoient toutes décimales, et il leur donnoit les noms de *centuria, decuria, virga, virgula, decima, centesima* et *millesima*, ou de *stadium, funiculus, virga, virgula, digitus, granum, punctum*. (*Observationes diametrorum*, p. 427.)

Cette idée d'une mesure universelle, prise dans la nature, fut applaudie et souvent reproduite, mais sans aucun succès, si ce n'est celui d'avoir été jugée assez bonne pour qu'on ait cru devoir en faire honneur aux anciens. Paucton, à la page 102 de sa *Métrologie*, dit expressément que le *prototype naturel auquel les anciens avoient rapporté leurs mesures est la mesure de la terre;* et un peu plus haut : *l'Égypte conservoit ce module authentique;* et page 109 : *le côté de la grande pyramide, pris cinq cents fois, est précisément la mesure du degré déterminé par les modernes.* Dans cette hypothèse, tout s'explique avec une merveilleuse facilité, mais c'est en donnant 684 $\frac{1}{5}$ pieds au côté de la base. Or, suivant les mesures faites par les astronomes et ingénieurs français en Égypte, ce côté est de 716 $\frac{1}{2}$; et cette longueur donne au degré 2700 toises de plus qu'il ne doit avoir selon nos mesures.

Bailli, en présentant à son lecteur une idée assez semblable à celle de Paucton, ne l'offre du moins que comme une conjecture vraisemblable (*Histoire de l'astronomie moderne,* t. I, pag. 156). *Les anciens,* nous dit-il, *ont eu, comme nous, l'idée de rendre leurs mesures invariables en les prenant dans la nature, et cette idée, encore sans exécution chez nous, semble avoir été remplie par eux.* Comme Paucton, il prend pour bases de son système le côté de la pyramide et la coudée, qu'il suppose de 20,54 pouces; mais, suivant nos ingénieurs, la coudée nilométrique est de 19,992 pouces; tandis que le côté de la pyramide est de 716 $\frac{1}{2}$ au lieu de 684 $\frac{1}{5}$. Nous ne ferons aucune réflexion sur tous ces systèmes bâtis sur des fondemens si ruineux; mais on regrette que tant d'auteurs qui se sont exercés à retrouver dans les ouvrages des anciens tout ce que les modernes ont de mieux, ne se soient pas attachés plutôt à démêler les découvertes futures que ces ouvrages recèlent aussi, sans doute, et à nous apprendre ce que nous ignorons encore.

Quoi qu'il en soit, au reste, de toutes ces conjectures; que les mesures usitées chez les peuples anciens, dont nous connoissons l'histoire, aient eu pour origine les travaux d'un peuple inconnu, dont la mémoire n'étoit pas même parvenue aux Grecs ni aux Romains; que l'idée d'une mesure universelle et prise dans la nature soit due aux modernes, ou qu'elle ait été réalisée bien avant les temps historiques : nous la voyons enfin heureusement exécutée; c'est de tous les bons effets qui resteront de la révolution française celui que nous aurons payé moins cher, et si ce grand changement a éprouvé quelques contradictions, elles tenoient uniquement à cet esprit d'inertie et de paresse, qui commence toujours par repousser les nouveautés les plus utiles.

Depuis long-temps, l'étonnante et scandaleuse diversité de nos mesures avoit excité les réclamations des bons esprits; plus d'une fois on avoit présenté des projets de réforme au gouvernement, qui les avoit fait examiner : mais, malgré les rapports les plus favorables, malgré la bonne volonté des ministres, et particulièrement du contrôleur général des finances Orry, ces projets avoient toujours été repoussés ou mis en oubli. En 1788, le vœu d'une mesure uniforme fut consigné dans les cahiers de quelques bailliages; quelques savans firent entendre leur voix. Les esprits étoient alors disposés à recevoir avec enthousiasme toutes les réformes utiles,

Le système incohérent de nos mesures, outre ses inconvéniens réels, avoit un vice originel qui en fit hâter
l'abolition : la confusion qui y régnoit étoit en grande
partie l'ouvrage de cette féodalité que personne n'osoit
plus défendre, et dont on travailloit à faire disparoître
jusqu'aux moindres vestiges. Ce concours unique de circonstances valut un accueil favorable à la proposition
faite en 1790 à l'assemblée constituante par M. de Tal-
leyrand, aujourd'hui ministre des relations extérieures.
Le 6 mai, M. de Bonnai fit son rapport ; et le 8 du
même mois l'assemblée rendit un décret par lequel *le
roi étoit supplié d'écrire à S. M. Britannique, et de
la prier d'engager le parlement d'Angleterre à concourir
avec l'assemblée nationale à la fixation de l'unité naturelle des mesures et des poids, afin que, sous les
auspices des deux nations, des commissaires de l'Académie des sciences pussent se réunir en nombre égal
avec des membres choisis de la Société royale de Londres, dans le lieu qui seroit jugé respectivement le plus
convenable, pour déterminer à la latitude de 45 degrés,
ou toute autre latitude qui pourroit être préférée, la
longueur du pendule, et en déduire un modèle invariable pour toutes les mesures et pour les poids.*

Ce décret fut sanctionné le 22 août. L'Académie
nomma une commission composée de MM. Borda,
Lagrange, Laplace, Monge et Condorcet. Leur rapport, imprimé dans les *Mémoires de l'Académie des
sciences pour* 1788, p. 7, est du 19 mars 1791. On y
voit les raisons qui peuvent être alléguées en faveur des

trois différentes unités fondamentales entre lesquelles les choix pouvoient se partager. La première est le pendule qui bat les secondes. Les commissaires croient qu'il faudroit prendre celui de 45 degrés, par la raison « Qu'il est
» moyen arithmétique entre tous les pendules inégaux
» entre eux qui battent les secondes aux différentes lati-
» tudes ; mais on peut observer en général que le pen-
» dule renferme un élément hétérogène, qui est le temps,
» et un élément arbitraire, la division du jour en 86400
» secondes. Or il est possible d'avoir une unité de lon-
» gueur qui ne dépende d'aucune autre quantité. Cette
» unité, prise sur la terre même, aura un autre avan-
» tage, celui d'être parfaitement analogue à toutes les
» mesures réelles que, dans les usages communs à la
» vie, on prend aussi sur la terre, telles que des dis-
» tances entre des points de sa surface ou l'étendue des
» portions de cette même surface. Il est bien plus na-
» turel, en effet, de rapporter la distance d'un lieu à
» un autre au quart d'un des cercles terrestres, que de les
» rapporter à la longueur d'un pendule. »

Les commissaires se déterminant pour ce genre d'unité de mesure, ne pouvoient plus balancer qu'entre le quart de l'équateur ou celui du méridien, qui sont les deux autres unités dont nous avions à parler.

« La régularité de l'équateur n'est pas plus assurée
» que la similitude ou la régularité des méridiens; la
» grandeur de l'arc céleste répondant à l'espace qu'on
» auroit mesuré, est moins susceptible d'être déterminée
» avec précision; enfin on peut dire que chaque peuple

» appartient à un des méridiens de la terre, mais qu'une
» partie seulement est placée sous l'équateur.

  » Le quart du méridien terrestre deviendroit donc
» l'unité réelle de mesure, et la dix-millionième partie
» de cette longueur en seroit l'unité usuelle. On renon-
» ceroit à la division ordinaire du quart de méridien
» en degrés, du degré en minutes et de la minute en
» secondes ; mais on ne pourroit conserver cette an-
» cienne division sans nuire à l'unité du système de
» mesure, puisque la division décimale, qui répond à
» l'échelle arithmétique, doit être préférée pour les me-
» sures d'usage, et qu'ainsi l'on auroit pour celles de
» longueur seules deux systèmes de division, dont l'un
» s'adapteroit aux grandes mesures et l'autre aux petites.
» La lieue, par exemple, ne pourroit être à la fois et
» une division simple du degré et un multiple de la toise
» en nombres ronds. Les inconvéniens de ce double
» système seroient éternels ; au contraire, ceux du chan-
» gement seront passagers.

  » En adoptant ces principes, on n'introduira rien d'ar-
» bitraire dans les mesures, que l'échelle arithmétique
» sur laquelle leurs divisions doivent nécessairement se
» régler ; de même il n'y aura rien d'arbitraire dans les
» poids, que le choix de la substance homogène et facile
» à retrouver toujours dans le même degré de pureté et
» de densité à laquelle il faut rapporter la pesanteur de
» toutes les autres, comme, par exemple, si l'on choisit
» pour base l'eau distillée, pesée dans le vide ou rap-
» pelée au poids qu'elle y auroit, et prise au degré de

» température où elle passe de l'état de solide à celui
» de liquide......

: » Nous proposerons donc de mesurer immédiatement
» un arc du méridien depuis Dunkerque jusqu'à Bar-
» celone, ce qui comprend un peu plus de 9°.½. Cet arc
» seroit d'une étendue très-suffisante, et il y en auroit
» environ 6 degrés au nord et 3 ½ au midi du parallèle
» moyen. A ces avantages se joint celui d'avoir les deux
» points extrêmes également au niveau de la mer. C'est
» pour satisfaire à cette dernière condition qui donne
» l'avantage d'avoir des points de niveau invariables, et
» déterminés par la nature, pour augmenter l'arc me-
» suré, pour qu'il soit partagé d'une manière plus égale,
» enfin pour l'étendre au-delà des Pyrénées et se sous-
» traire aux incertitudes que leur effet sur les instru-
» mens peut produire dans les observations, que nous
» proposons de prolonger la mesure jusqu'à Barcelone....

. » Les opérations nécessaires pour ce travail seroient,
» 1°. de déterminer la différence de latitude entre Dun-
» kerque et Barcelone, et en général de faire sur cette
» ligne toutes les observations astronomiques qui se-
» roient jugées utiles; 2°. de mesurer les anciennes bases
» qui ont servi à la mesure du degré faite à Paris, et
» aux travaux de la carte de France; 3°. de vérifier par
» de nouvelles observations la suite des triangles qui
» ont été employés pour mesurer la méridienne, et de
» les prolonger jusqu'à Barcelone; 4°. de faire au 45e
» degré des observations qui constatent le nombre des
» vibrations que feroit en un jour, dans le vide, au

1. c

» bord de la mer, à la température de la glace fondante,
» un pendule simple égal à la dix-millionième partie de
» l'arc du méridien, afin que ce nombre étant une fois
» connu on puisse retrouver cette mesure par les obser-
» vations du pendule. On réunit par ce moyen les avan-
» tages du système que nous avons préféré, et de celui
» où l'on auroit pris pour unité la longueur du pendule.
» Ces observations peuvent se faire avant que cette dix-
» millionième partie soit connue : connoissant en effet
» le nombre des oscillations d'un pendule d'une lon-
» gueur déterminée, il suffira de connoître dans la suite
» le rapport de cette longueur à cette dix-millionième
» partie, pour en déduire d'une manière certaine le
» nombre cherché. 5°. Vérifier par des expériences nou-
» velles et faites avec soin, la pesanteur dans le vide
» d'un volume donné d'eau distillée, prise aux termes
» de la glace. 6°. Enfin réduire aux mesures actuelles de
» longueur, les différentes mesures de longueur, de sur-
» face ou de capacité usitées dans le commerce, et les
» différens poids qui y sont en usage, afin de pouvoir en-
» suite, par de simples règles de trois, les évaluer en me-
» sures nouvelles lorsqu'elles seront déterminées.....

» Nous n'avons pas cru qu'il fût nécessaire d'attendre
» le concours des autres nations, ni pour se décider sur
» le choix de l'unité de mesure, ni pour commencer les
» opérations. En effet, nous avons exclu de ce choix
» toute détermination arbitraire ; nous n'avons admis
» que des élémens qui appartiennent également à toutes
» les nations. Le choix du 45° parallèle n'est point

» déterminé par la position de la France; il n'est pas
» considéré ici comme un point fixe du méridien, mais
» seulement comme celui où correspondent la longueur
» moyenne du pendule et la grandeur moyenne d'une
» division quelconque de ce cercle. Enfin nous avons
» choisi le seul méridien où l'on puisse trouver un arc
» aboutissant au niveau de la mer, coupé par le paral-
» lèle moyen, sans être cependant d'une trop grande
» étendue qui en rende la mesure actuelle trop difficile.
» Il ne se présente donc rien ici qui puisse donner le
» plus léger prétexte au reproche d'avoir voulu affecter
» une sorte de prééminence.

» En un mot, si la mémoire de ces travaux venoit à
» s'effacer, si les résultats seuls étoient conservés, ils
» n'offriroient rien qui pût servir à faire connoître quelle
» nation en a conçu l'idée, en a suivi l'exécution. »

Les commissaires proposoient à l'Académie de nommer six commissions différentes pour les six opérations
distinctes dont le projet étoit composé; mais, avant tout,
ce projet devoit être présenté à l'assemblée nationale.
C'est ce qui fut exécuté sans retard; car le décret qui
adoptoit le plan proposé par l'Académie est du 26 mars
1791, et la sanction suivit quatre jours après. Cette loi
portoit en outre que le Roi chargeroit l'Académie des
sciences de nommer des commissaires qui devoient sans
délai s'occuper de ces opérations, et notamment de la
mesure d'un arc du méridien depuis Dunkerque jusqu'à
Barcelone.

Les diverses commissions furent en effet nommées

presque aussitôt, ainsi qu'on le voit dans un écrit intitulé : *Exposé des travaux de l'Académie sur le projet de l'uniformité des mesures et des poids* (*Mém.* de 1788, pag. 17); seulement on crut devoir charger une commission unique des observations tant astronomiques que géodésiques, qui devoient concourir à la détermination de la grandeur du méridien.

On s'occupa sans relâche de la construction des instrumens nécessaires aux diverses opérations. L'essai qu'on avoit fait du cercle répétiteur dans la jonction des observatoires de Paris et de Greenwich en 1787, le succès avec lequel MM. Borda, Cassini et Méchain l'avoient appliqué à la mesure des hauteurs du soleil et de différentes étoiles, prouvoient que cet instrument, si commode par la petitesse de ses dimensions, remplaceroit à lui seul, avec avantage, les grands secteurs et les quarts de cercle dont on s'étoit servi jusqu'alors. Mais il n'existoit encore qu'un seul de ces cercles, celui qui avoit été éprouvé en 1787; il étoit d'ailleurs presque hors d'état de servir. L'artiste Lenoir se chargea d'en construire quatre autres, d'un rayon un peu plus grand. Il exécuta de plus les grandes règles de platine qui ont servi aux mesures des bases; une autre règle de platine destinée aux observations du pendule, deux boules, l'une d'or, l'autre de platine, pour les mêmes observations; enfin il coopéra, avec MM. Borda et Lavoisier, à toutes les expériences faites pour la dilatation relative du cuivre et du platine.

Dès le 15 juin 1792, MM. Cassini et Borda commencèrent à l'observatoire les expériences du pendule, et les continuèrent jusqu'au 4 août. Leur appareil étoit fixé contre le mur qui porte aujourd'hui les deux quarts de cercle muraux. Les expériences pour la dilatation relative du cuivre et du platine se firent l'année suivante, du 24 mai au 5 juin, dans le jardin de la maison que M. Lavoisier occupoit alors sur le boulevard de la Nouvelle-Madeleine, et les bornes qu'on y avoit solidement établies pour cet objet ont subsisté tant qu'on a cru que leur conservation pourroit être utile. On verra tous les détails de ces diverses expériences dans deux mémoires de Borda.

Quinze mois s'étoient écoulés depuis la promulgation de la loi qui avoit ordonné la mesure de la méridienne. L'artiste distrait, comme nous avons dit, par beaucoup d'autres soins, n'avoit pu achever plutôt les quatre cercles répétiteurs, et quelques réverbères à miroir parabolique, destinés à servir de signaux de nuit dans des circonstances où les signaux ordinaires seroient trop difficiles à voir, soit à cause de l'éloignement, soit à cause des brumes. Une proclamation du roi, rédigée dans la vue de faciliter nos opérations, et de mettre sous la protection spéciale des autorités administratives nos signaux, nos réverbères et nos échafauds ; cette proclamation, l'un des derniers actes d'une autorité expirante, ne nous fut remise que le 24 juin, c'est-à-dire dans le temps où elle ne pouvoit plus avoir qu'une utilité passagère, pour n'être bientôt après entre nos mains qu'un titre qui nous rendroit suspects au lieu de nous protéger.

Méchain partit le 25 avec les deux premiers cercles

qui furent achevés. Il étoit chargé spécialement de la partie méridionale de l'arc à mesurer. Nous étions convenus qu'il auroit dans son lot les 170,000 toises qui mesurent la distance de Barcelone à Rodez. Le mien étoit composé des 380,000 toises que l'on compte de Rodez à Dunkerque. La raison de cette répartition inégale fut que la partie espagnole étant absolument neuve, tandis que le reste avoit été déja mesuré deux fois, nous étions persuadés qu'elle devoit offrir bien plus de difficultés; nous ignorions que les plus grandes se trouveroient, pour nous, aux portes mêmes de Paris. Méchain en fit bientôt la triste expérience; arrêté dès la troisième poste par des citoyens inquiets, qui ne voyoient par-tout que complots et projets de contre-révolution, il eut beaucoup de peine à se tirer de leurs mains; les magistrats et les officiers municipaux n'avoient pas encore perdu tout crédit sur l'esprit du peuple, ils firent respecter la loi, et Méchain eut la permission de continuer sa route. A mesure qu'il avançoit, il trouvoit moins d'obstacles; cependant la présence de deux commissaires espagnols, qui l'accompagnoient dans ses courses sur les limites des deux États, jetèrent l'alarme dans les villages français : il se vit obligé de remettre à un autre temps deux stations qu'il avoit établies sur les frontières, et dès qu'il eut passé les Pyrénées, il ne rencontra plus d'oppositions. Aidé par M. Tranchot, ingénieur géographe, avantageusement connu par la carte de Corse, et qu'il avoit pris pour adjoint, il eut bientôt reconnu toutes les stations propres à être les sommets de ses triangles; ses signaux furent bientôt placés : dès le 13 septembre il put commencer la mesure des angles à la station de Notre-Dame-du-Mont. Celles de Puig-se-Calm, Roca-Corba, Rodós, Mont-Serrat, Valvidrera, se suivirent avec rapidité. Il s'étoit reposé sur MM. Tranchot, Planez et Alvarez du soin de prendre les angles à Matas et Matagalls. Enfin, le 29 octobre il termina la station du fort de Mont-Jouy, au sud de Barcelone, la dernière et la plus australe de toute la méridienne. C'étoit là qu'il avoit résolu d'employer tout son hiver à la détermination de la latitude et de l'azimut.

Je n'avois pas ce bonheur en France. Dès le 26 juin, avec l'un de mes deux cercles, et en attendant que le second fût prêt, j'allai visiter les stations les plus voisines de Paris. Elles n'offroient pas à beaucoup près les facilités auxquelles je m'étois attendu. A Montmartre, où je me transportai d'abord, au lieu d'un clocher ouvert de toutes parts, et où l'on avoit pu, en 1740, observer du centre tous les objets environnans, je ne trouvai qu'une tour écrasée, moins haute que le faîte de l'église, et dans laquelle il est impossible de faire la moindre observation. Je ne concevois rien à ce changement, dont personne ne put me rendre raison, et il ne me fut expliqué que plusieurs années après par quelques estampes représentant des vues de Paris, dessinées et gravées par Milcent en 1735, et publiées par Desrochers, graveur, rue du Foin-Saint-Jacques. On y voit très-distinctement sur le toit de l'église une assez belle flèche, dont la base est une lanterne ouverte où les astronomes se placèrent sans doute en 1740. Obligé de renoncer à ce point, dont la situation avoit été si avantageuse, ma première idée fut d'y substituer le Panthéon. M. la Rochefoucauld, qui étoit alors président du département de Paris, et président de l'Académie des sciences, en m'offrant toutes les facilités qui dépendroient de lui, m'avertit qu'on se disposoit à faire des changemens à ce dôme; cet inconvénient me fit essayer d'autres projets. Le premier fut de me servir d'un belvéder nouvellement construit à l'extrémité de Montmartre, mais, vu de Dammartin, il se confondoit avec les maisons voisines; je le remplaçai par les Invalides, ils étoient invisibles de Saint-Martin-du-Tertre, et je fus obligé, après bien des tentatives inutiles, d'en revenir au Panthéon. La tour de Montlhéry étoit dans le même état que du temps de Picard et de Cassini, mais elle est à la fois trop grosse et trop irrégulière pour former un bon signal. J'en fis placer un à 6 toises de la tour, il fut détruit le jour même; le procureur de la commune le fit rétablir aux frais de l'auteur du délit, ce qui n'empêcha pas que quelque temps après il ne fût renversé de nouveau, et mis en pièces.

Malvoisine n'avoit éprouvé aucun changement, mais les arbres dont la ferme est environnée rendoient très-difficile l'observation de la cheminée prise pour signal en 1740. Après ce que Méchain avoit éprouvé tout près de-là, et ce qui venoit de m'arriver à moi-même à Montlhéri, je ne jugeai pas à propos d'élever un signal sur le toit de la maison, comme j'ai fait quelques années après ; je fis hausser la cheminée de six pieds. Torfou et Brie ne présentèrent aucune difficulté. La tour de Montjai, du temps de Picard, étoit tellement en ruines qu'il n'avoit pas voulu y remonter une seconde fois pour vérifier une erreur de 10″ qu'il avoit commise dans un de ses triangles. Cassini et Lacaille y montèrent pourtant en 1740, et y placèrent un signal à 14 pieds de l'extrémité orientale des ruines (1) ; mais il est difficile de savoir si cette extrémité étoit toujours la même, ou si la tour avoit perdu quelque chose de ce côté depuis cinquante-deux ans. Ce qu'il y a de certain, c'est que la moitié du mur circulaire est entièrement détruite, et qu'il n'en reste rien qui s'élève au-dessus du terrain ; la moitié qui est debout est même fort peu régulière. Les moyens de monter au sommet paroissoient fort dangereux pour les instrumens et les observateurs ; l'envie de vérifier autant qu'il seroit possible les anciens triangles, me faisoit passer par-dessus toutes ces difficultés, et l'on devoit me construire un signal comme en 1740, vers l'extrémité orientale des ruines : mais, quand le charpentier voulut se mettre à l'ouvrage, les habitans, armés de fusils, vinrent l'en empêcher, et l'on verra plus loin quels désagrémens nous a coûtés ce signal qui n'a jamais existé qu'en projet.

Le clocher de Saint-Martin du Tertre, quoique rebâti en 1745, menaçoit ruine au point qu'on en avoit descendu les cloches, à la réserve d'une seule, qu'on ne

_____

(1) Picard dit qu'il ne restoit qu'une moitié de tour.

1. D

pouvoit sonner sans ébranler la charpente et la maçonnerie d'une manière tout-à-fait alarmante.

Celui de Dammartin devoit durer moins encore ; car
l'église venoit d'être vendue, et le propriétaire se disposoit à l'abattre, comme il a fait peu de temps après.
Il eût été difficile à remplacer. Cette circonstance me
fit changer mon plan, et je pris la résolution de commencer par les stations qui entourent Dammartin.

Toutes ces recherches, et bien d'autres dont je ne
parle pas à cause de leur peu de succès, m'occupèrent
jusqu'au 15 juillet.

Mon second cercle étoit fini, mais non encore les
réverbères. Au reste, comme il étoit évident que dans
les circonstances où nous nous trouvions il eût été très-
imprudent de les employer, je ne les attendis pas, et je
partis le 16 juillet pour Compiègne.

Le moulin de Jonquières, qui en est à deux lieues,
devoit être notre première station ; il avoit servi dans
l'opération de Picard et dans celle de 1740 ; et l'on peut
remarquer en passant que l'angle à Clermont est de 32"
plus fort chez Picard que chez les auteurs de la *Méridienne vérifiée* ; que l'angle à Jonquières est plus foible
de 22, et que Picard a conclu le troisième par l'impossibilité où il s'est trouvé de faire entrer son quart de
cercle dans le clocher de Coivrel. Mais les moulins sont
en général d'assez mauvais signaux, parce que l'axe
autour duquel on les fait tourner est rarement au centre
de la figure, et qu'ainsi la quantité de l'angle dépend
du vent qui souffle. Méchain en avoit fait l'expérience

en 1787 sur le moulin de Fiennes, et j'ai éprouvé la même chose à Brie, sur le moulin de Fontenai. Pour éviter ces inconvéniens, je fis placer un signal à quarante-deux pieds de l'axe du moulin. J'ai appris depuis que ce moulin a été incendié, et je ne crois pas qu'il soit rétabli.

Arrivés le 18 à Jonquières, nous y fûmes reçus avec bienveillance. Le maire du lieu, quoiqu'il n'eût aucune connoissance de la loi relative à notre mesure, et que le district eût négligé de lui faire passer la proclamation du Roi, nous donna toutes les permissions que nous lui demandions, et dans le même jour nous commençâmes nos observations. J'avois fait chercher dans le village un vieillard assez âgé pour avoir souvenance de l'opération faite en 1739. Pour rassurer les bons villageois qui commençoient à s'attrouper autour de nous, je faisois raconter au vieillard tout ce qu'il avoit vu de l'ancienne mesure : ses récits naïfs, très-curieux pour moi, ne produisirent sur les auditeurs qu'une partie de l'effet que j'avois désiré ; les murmures commençoient, lorsque je vis la municipalité en corps qui venoit m'exprimer les inquiétudes des habitans, et me prier de vouloir bien suspendre mes opérations jusqu'à ce que l'administration départementale pût être consultée. J'offris de partir le soir même pour aller à Beauvais chercher l'autorisation expresse qui devoit dissiper les alarmes. On me facilita les moyens de faire ce voyage. Le président du département de l'Oise étoit alors M. Dauchi, aujourd'hui conseiller d'État et préfet de Marengo, ci-devant membre de l'assemblée nationale, et qui même la présidoit quand elle avoit rendu l'un des décrets relatifs à la mesure de la méridienne. Il me donna pour la municipalité l'arrêté que je désirois, et de plus, pour le curé, qu'il connoissoit, une recommandation des plus pressantes. Muni de ces deux pièces, je fus reçu parfaitement de nos bons villageois, qui firent pour nous tout ce qui dépendoit d'eux, pendant cinq jours que nous restâmes à Jonquières. Nous n'éprouvions plus d'autre inquiétude que celle de ne pouvoir faire accorder nos observations du clocher de Saint-Martin du Tertre avec celles de 1740; nous ignorions encore que ce clocher eût changé de place.

A Clermont je fus encore obligé de changer le centre de station, non pas à la vérité de 42 pieds, comme à Jonquières, mais de 13 $\frac{1}{2}$ pieds. Au lieu de la belle flèche qui s'élevoit de 67 pieds au-dessus de la tour carrée qui sert de clocher, et qui de toutes parts se projetoit dans le ciel, je ne trouvai plus que les murs de la tour, et à l'un des angles un tourillon qui s'élevoit de 8 $\frac{1}{2}$ pieds au-dessus de la balustrade; faute de mieux, je fus réduit à le prendre pour signal. Son peu de hauteur le rendoit assez difficile à bien observer, d'autant plus qu'il se projetoit sur des objets voisins d'avec lesquels on avoit de la peine à le distinguer.

Ainsi, pour la seconde fois, je voyois s'évanouir l'espoir de comparer mes angles à ceux des anciennes opérations. Outre le changement de centre de station au clocher de Clermont, des cinq objets que j'avois à observer, trois avoient changé de place; en sorte qu'en calculant des réductions assez incertaines, je n'aurois pu comparer que des sommes ou différences d'angles, et aucun angle réellement observé. A cela près, la station n'eut d'autre incommodité que le mauvais temps. Celle de Saint-Christophe fut agréable de tous points; mais il n'en fut pas de même à Dammartin. Nous n'y fûmes pas long-temps sans reconnoître l'impossibilité d'y observer le belvédère Flécheux, que j'avois tenté de substituer au clocher de Montmartre. Le 10 août au matin, M. Lefrançais Lalande, maintenant membre de l'Institut, et qui avoit bien voulu m'aider dans ces opérations, partit pour Paris, afin d'aller le soir à Montmartre allumer un réverbère chez Flécheux. Nous ignorions l'un et l'autre ce qui se passoit aux Tuileries. J'attendis vainement au clocher jusqu'à dix heures du soir; je n'aperçus d'autre lueur que celles des maisons qui brûloient dans la cour du Carrousel. M. Lalande neveu avoit bien pu entrer à Paris, mais on n'en laissoit sortir personne; il eut bien de la peine le lendemain à se faire délivrer un ordre pour passer la barrière. Il aluma le réverbère, que nous aperçûmes à huit heures et demie. Cette espèce de signal n'étoit pas sans danger dans une pareille circonstance. Le 12 et le 13 nous ne vîmes rien; le 14 le réverbère fut allumé de nouveau : la lumière en étoit fort tremblante; mais ce n'étoit pas là le plus grand obstacle, il auroit fallu deux autres réverbères semblables, l'un à Saint-Martin du Tertre, l'autre à Saint-Christophe.

Heureusement nous ne les avions point; on ne peut

savoir quels eussent été les résultats d'observations aussi
imprudentes. Je sentis la nécessité de choisir un autre
objet : j'essayai les Invalides. Le charpentier qui s'étoit
chargé de placer un signal sur la tour de Montjai,
m'apporta le procès-verbal de la résistance qu'il avoit
éprouvée. Je pars aussitôt pour Meaux, dans l'espérance
que l'administration du district pourra lever cet obstacle.
On n'avoit aucune connoissance officielle de la proclamation : on me dit qu'on ne peut forcer les habitans à
souffrir mes opérations, mais seulement les y exhorter
en leur répondant qu'elles n'ont rien dont ils doivent
s'alarmer. On me donne des lettres en ce sens pour le
maire de Montjai : elles sont lues au prône, et ne font
qu'affermir les habitans dans leur opposition. La fer-
mentation augmente parmi eux ; ils se liguent avec ceux
des communes voisines, et notamment avec ceux de Lá-
gni, pour résister plus efficacement si l'on veut employer
la force. Je cherche un autre objet qui puisse remplacer
cette tour dont l'accès m'étoit interdit, et sur laquelle
je n'étois pas moi-même trop curieux de monter. En
examinant l'horizon, j'aperçois le moulin de Belle-Assise, observé en 1740. Je n'aurois pu me dispenser d'y
placer un signal, et ce lieu étoit trop voisin de Montjai
pour qu'on m'y laissât tranquille. Le château de Belle-
Assise est remarquable de loin par un beau pavillon
dont la toiture pyramidale offre un signal tout fait :
c'est ce que je pouvois désirer de mieux. Muni de lettres
du district pour la municipalité du lieu, je me présente
à Belle-Assise, où j'ai le bonheur d'achever la mesure

de mes angles sans être aperçu ; mais, au moment où nous nous disposions à partir, un détachement de la garde nationale de Lagni vient visiter le château : on nous reconnoît, on se rappelle que nous avions voulu placer un signal à Montjai ; on nous enlève, on nous entraîne à travers champs par une pluie affreuse. Nous arrivons à Lagni à minuit ; je montre notre proclamation et l'ordre particulier du district de Meaux. Ces pièces étoient sans réplique. La municipalité, pour notre propre sûreté sans doute, nous consigne à l'auberge de l'Ours, avec deux fusiliers qui doivent veiller toute la nuit à notre porte ; nous obtenons seulement la permission d'envoyer un exprès à Meaux le lendemain matin : la réponse arrive le même jour, et l'on nous rend la liberté. L'ordre des opérations nous appeloit à Saint-Martin du Tertre : la route fut difficile ; à chaque pas nous étions arrêtés. Toutes les municipalités étoient en séance permanente ; il falloit y comparoître. On discutoit devant nous s'il étoit prudent de nous laisser passer, et s'il ne valoit pas mieux s'assurer de nos personnes. Plusieurs scènes du même genre, qui s'étoient succédées dans la même matinée, nous faisoient voir l'impossibilité d'aller plus loin avec des passeports et des ordres émanés d'une autorité qui n'étoit plus. M. Lefrançais se chargea d'aller à Paris en solliciter de nouveaux. Je ne voulois pas y rentrer moi-même, prévoyant bien qu'on me diroit unanimement qu'il falloit remettre à des temps plus tranquilles, et je pensois que l'opération une fois suspendue, on ne trouveroit de long-temps des circonstances qui parus-

sent favorables pour la reprendre. Arrivé à Saint-Denys,
j'y fais viser mes passeports, et j'obtiens un arrêté du
district ; mais en me le remettant le procureur-syndic
m'avertit qu'avec ce secours je n'irai pas à un quart de
lieue. En effet, une demi-heure après, en passant par
Épinai, nous nous voyons arrêtés. On trouve que nos
instrumens ne sont pas désignés assez clairement dans
nos passeports ; on veut les saisir : on exige que je les
étale sur le terrain et que j'en explique l'usage. Personne n'entend la démonstration que j'en fais, et il faut
la recommencer pour chaque curieux qui survient. Vainement je veux mettre dans mes intérêts deux arpenteurs qui se trouvent présens, en leur prouvant l'affinité
de mes opérations avec celles dont ils font profession ;
ils voient trop à la disposition des esprits qu'ils tâche-
roient inutilement de parler en notre faveur ; ils n'osent
donner de conclusion. Après trois heures de débats on
nous force à remonter dans nos voitures que la garde
armée accompagne. On nous mène à Saint-Denys. La
place étoit remplie de volontaires qui attendoient des
armes pour aller à la défense des frontières. On nous
fait traverser cette foule, en l'excitant contre nous par les
qualités sous lesquelles on nous annonce. Je demande
à être conduit au district, qui le matin même avoit pris
un arrêté en notre faveur. Pendant que nous y sommes,
on fait sur la place la visite de nos voitures : on y trouve
des lettres cachetées adressées à toutes les administrations des départemens que traverse la méridienne. On
veut rompre les cachets ; la garde nationale de Saint-

Denys s'y oppose, en alléguant un décret de l'assemblée constituante. Des cris se font entendre ; on demande le procureur-syndic et moi. Nous descendons sans trop savoir ce qu'on veut de nous. En descendant, le procureur-syndic me montre un endroit où je puis me cacher, et me conseille d'y attendre quelques instans et de tâcher ensuite de m'évader, s'il tarde à reparoître. Il revient m'annoncer que le danger n'est pas imminent. On avoit besoin de moi pour rompre les cachets. On fait publiquement lecture des lettres. C'étoit une circulaire par laquelle le comité d'instruction publique de l'assemblée nationale nous recommandoit à toutes les administrations départementales. On avoit déja lu six de ces lettres ; on vouloit les entendre toutes. Le lecteur épuisé demande grâce. Je propose qu'on prenne une lettre au hasard parmi toutes celles qui étoient intactes ; je réponds sur ma tête que toutes se ressemblent, et je demande qu'on s'en tienne à cette dernière épreuve, si elle est conforme à ce que j'annonce. La proposition est acceptée ; mais, après l'examen des lettres, on commence celui des instrumens : on les étale sur la place, et me voilà forcé de recommencer le cours de géodésie dont j'avois donné les premières leçons à Épinai. On ne m'écoute pas plus favorablement. Le jour commençoit à tomber ; on n'y voyoit presque plus. L'auditoire étoit très-nombreux ; les premiers rangs entendoient sans comprendre ; les autres, plus éloignés, entendoient moins et ne voyoient rien. L'impatience et les murmures commençoient ; quelques voix proposoient un de ces moyens expéditifs, si fort en usage dans ces temps, et qui tranchoient toutes les difficultés, mettoient fin à tous les doutes. Le président du district eut l'heureuse idée de renvoyer au lendemain l'examen de tous nos instrumens; mais, affectant, pour nous sauver, une grande sévérité, il ordonna que le scellé seroit mis sur nos effets et nos voitures déposées au corps-de-garde. Alors on remonta dans la salle de la commune pour signer le procès-verbal de tout ce qui venoit de se passer. On fut d'avis que j'écrivisse au président de l'assemblée nationale. Ma lettre lue dès le lendemain, fut renvoyée à un comité qui, dans la même journée, par l'organe de M. Lacépède, proposa un décret qui fut adopté à l'instant, et dont la principale disposition étoit de recommander aux corps administratifs, municipalités et gardes nationales de tous les lieux où Méchain et moi croirions devoir étendre nos opérations, de veiller à ce qu'il ne nous fût apporté aucun obstacle, et de maintenir le libre transport de tous les instrumens que nous croirions devoir employer. Ce décret me fut apporté le 9 à Saint-Denys, où je me tenois caché depuis l'aventure du 6.

Ainsi l'éclat même qu'on avoit donné à notre arrestation nous devint extrêmement utile. Le décret rendu sur mes réclamations étoit pour nous un secours tout autrement efficace que les nouveaux passeports demandés au ministre. C'étoit un devoir pour moi de poursuivre sans relâche les opérations commencées : je m'y livrai avec une nouvelle ardeur; mais les pluies et les brouillards survinrent et nous désolèrent le reste de sep-

tembre et pendant la plus grande partie d'octobre. A
Saint-Martin du Tertre il nous fut absolument impossible d'apercevoir les Invalides, quoique des Invalides
on eût cru reconnoître tous les points dont nous avions
besoin.

Comme on n'avoit dans cette recherche aucun instrument propre à mesurer les angles, on avoit probablement
pris pour le clocher de Saint-Martin du Tertre quelque
autre objet à peu près semblable et à peu près dans la
même direction; car, ayant calculé les angles que devoient faire à Saint-Martin les directions à Dammartin,
au Panthéon et aux Invalides, nous vîmes une éminence
qui devoit nous cacher les Invalides.

Mais le Panthéon étoit bien visible, et nous l'observâmes. Ce nouveau changement nous força de recommencer les stations de Dammartin et de Belle-Assise;
de-là nous passâmes à celles de Montlhéri et de Torfou,
qui furent très-pénibles. Le clocher de Mespûy étoit
devenu invisible de Malvoisine, quoique je l'eusse fait
exhausser d'une pyramide de 8 à 10 pieds. Je choisis
celui de Forêt-Sainte-Croix, à deux lieues d'Étampes;
mais il falloit s'assurer de la possibilité d'y observer
tous les points environnans. L'état de l'atmosphère étoit
peu favorable à ces recherches. Par un temps très-froid
et superbe en apparence, je passai dix jours dans ce
clocher sans rien voir; à la fin une pluie abondante vint
nétoyer l'atmosphère, et la station fut heureusement
terminée peu de jours après. Nous étions au 17 décembre : il étoit temps d'interrompre des observations

qui sont presque impraticables dans une saison si avancée; mais la cheminée de Malvoisine, que nous avions
fait élever de six pieds, ne pouvoit résister aux vents
impétueux qui sur cette hauteur sont si fréquens pendant l'hiver. Il importoit de rendre au plutôt ce signal
inutile, afin d'éviter que le vent ne le renversât sur les
habitans de la ferme, qui s'étoient prêtés avec beaucoup
de complaisance à tout ce que nous leur avions de-
mandé. Pour y parvenir, il falloit encore faire la station
de Chapelle-la-Reine. Ce clocher, ouvert de tous les
côtés, étoit un observatoire bien incommode pour la
saison : les vents, la pluie et la neige se succédoient
pour nous désoler, et nous avions à observer un clocher qui étoit invisible tout le jour, même quand l'horizon étoit superbe. Enfin le 31 décembre, après avoir
observé pendant toute la journée un objet assez équi-
voque qui se trouvoit à quatre minutes près dans la
direction du clocher de Boiscommun, à l'instant où le
soleil quittoit l'horizon nous vîmes ce clocher y monter
subitement et s'y montrer comme un fil extrêmement
délié. Nous l'observâmes comme nous pûmes, à la hâte,
pendant le crépuscule. Nous le guettâmes inutilement
les cinq jours suivans : il reparut le 6 janvier, toujours
à la même heure et pendant aussi peu de temps.

Nous revînmes l'année suivante, à peu près dans la
même saison, pour répéter ces observations, après avoir
pris la précaution de faire couvrir de toile une des faces
du clocher de Boiscommun, qui par le haut est une
simple lanterne toute à jour. Le clocher ne fut visible

de même que le soir. Cet effet des réfractions terrestres qui, à différens temps ou à différentes heures du même jour, et, suivant les variations atmosphériques, élève plus ou moins le même objet, le cache ou le rend visible, est singulièrement curieux, et nous l'ayons observé plus d'une fois. A Bourges, dans les plus beaux jours de l'été, je cherchois inutilement la tour d'Issoudun qu'on avoit observée en 1740. Quelques arbres que je voyois dans la direction de cette tour, m'ôtoient toute espérance : j'essayai de la chercher le soir, et je la vis ainsi deux fois au coucher du soleil. A Boiscommun, le clocher de Chapelle-la-Reine se montra un matin, par un brouillard humide, plus haut et plus gros qu'un arbre qui se voyoit en même temps dans la lunette, et qui, à l'ordinaire, paroissoit deux fois plus haut que la partie visible du clocher. C'est ainsi que des côtes de Gênes et de Provence on voit quelquefois les montagnes de Corse s'élever au-dessus de l'horizon sensible, comme si elles sortoient de l'eau, et disparoître ensuite, comme si elles se plongeoient dans la mer. (*Mém. de l'Acad. pour* 1722.)

J'étois pressé de rentrer à Paris pour la station du Panthéon, parce qu'elle exigeoit deux signaux qui ne pouvoient subsister long-temps, c'est-à-dire le clocher de Dammartin et la cheminée de Malvoisine. Je fus fort surpris, à mon arrivée, de ne plus voir la lanterne qui terminoit le dôme. C'étoit là le changement qui m'avoit été annoncé en termes vagues par M. la Rochefoucauld. Ce contre-temps causa de nouveaux retards : il fallut faire construire en charpente un observatoire temporaire qui remplaçât la lanterne dont la partie supérieure avoit été abattue. Nous eûmes en cette occasion à nous louer beaucoup de l'obligeance de M. Quatremère de Quinci, ordonnateur des travaux du Panthéon, et maintenant membre de l'Institut. Avec son agrément et par les soins de M. Rondelet, nous eûmes en peu de temps un observatoire solide et commode. Ce secours nous étoit indispensable pour nous garantir un peu des vents aussi froids qu'impétueux qui, dans cette saison, soufflent presque constamment à une si grande hauteur, et qui nuiroient sensiblement à la justesse des observations, en inquiétant continuellement l'observateur pour sa sûreté personnelle et celle de ses instrumens.

Je regretois que ce petit observatoire, qui nous avoit été si utile, ne dût pas avoir une existence plus durable. Je demandai à M. Rondelet si, sans nuire à la solidité ni à la décoration de ce qu'on alloit construire en remplacement de la lanterne, il ne seroit pas possible de ménager dans la partie la plus élevée un petit observatoire ouvert de huit fenêtres, par lesquelles on pourroit observer tout ce que les environs de Paris offrent de plus remarquable dans un rayon de dix lieues : une station si bien placée et si commode ne peut manquer d'être utile en un grand nombre d'occasions. Sur la réponse affirmative de M. Rondelet, je portai ma demande à M. Quatremère, qui l'accueillit aussitôt. Cet observatoire existe, et M. Tranchot, chargé, quelques années après, de commencer autour de Paris les opérations du cadastre, en a fait un fort bon usage.

« Nos observations commencées au Panthéon le 10 février, ne furent terminées que le 28. Ainsi en huit mois, sans avoir perdu volontairement un seul instant, nous n'avions pu terminer que quatorze stations; tandis que Méchain, en Espagne, favorisé par un plus beau ciel et ne rencontrant que les obstacles qui tiennent à la nature du travail, avoit pu faire neuf stations en moins de deux mois. Il avoit ensuite déterminé, avec tout le succès et l'agrément possible, la latitude de Montjouy et la direction des côtés de ses triangles par rapport à la méridienne. Les trois étoiles qu'il avoit choisies pour la latitude sont α et β de la petite Ourse et α du Dragon. Elles lui donnèrent trois résultats dont les extrêmes ne diffèrent pas de 0″2. Il avoit encore observé ζ de la grande Ourse qui, dans son passage au méridien sous le pôle, n'a que 7° ½ de hauteur: elle lui donna 4″ de moins; mais la seule conséquence que l'on puisse tirer de ces observations, c'est qu'à 7° ½ les réfractions de Bradey ne sont exactes qu'à 8″ près.

« Il essaya de plus β du Taureau et Pollux; mais ces deux étoiles passant du côté du midi, on est obligé de supposer la déclinaison: ainsi l'on ne sera pas étonné de voir 1″ et 1″5 de différence sur la latitude qu'il en a déduite.

« Ces observations employèrent les mois de décembre, janvier et février. Au commencement de mars Méchain détermina l'azimut du signal de Matas par les observations du soleil levant et du soleil couchant; le 7 et le 9, par les distances de l'étoile polaire à un réverbère placé sur le pic de las Agujas.

Dans les intervalles il trouva encore le temps de suivre
la marche de la comète de 1793, qu'il avoit aperçue
le 10 janvier, d'observer le solstice d'hiver de 1792, et
diverses occultations d'étoiles et l'éclipse de lune du
25 février 1793.

Après avoir si heureusement terminé sa mission en
Espagne, et avant de reprendre le chemin des Pyrénées
où il avoit deux stations à faire sur la frontière, Méchain
paroît s'être occupé de son projet pour prolonger la
méridienne jusqu'aux îles Baléares.

Il n'a laissé aucun renseignement bien précis sur ce
plan indiqué page 509, et dont il a depuis exécuté avec
quelques changemens avantageux la partie qui s'étend
de Barcelone à Tortose.

Une note de sa main m'apprend que dès le mois
de novembre 1792 M. Tranchot lui avoit remis des
angles observés au graphomètre sur la Sierra-Morella,
à la chapelle Saint-Jean, au Montsia, dans la course
qu'il avoit faite jusqu'à Tortose pour reconnoître les
points qui devoient servir à la jonction de Mayorque à
la côte de Catalogne, et parmi les brouillons de ses
observations je trouve encore que le 2 avril 1793 il avoit
pris seize distances de la plus haute des montagnes de
Mayorque au zénith de Montjouy. Après cette observation on voit dans ses manuscrits une lacune de cinq
mois, occasionnée par un accident terrible dont les suites
le retinrent deux mois au lit et le privèrent pendant un
an de l'usage du bras droit. Il fit pourtant, au solstice
d'été de 1793, un effort pour observer l'obliquité de

l'écliptique; mais ce pénible essai lui prouva qu'il étoit hors d'état de reprendre la suite de ses travaux, et il alla prendre les eaux et les douches de Caldas. Le bonheur qui l'avoit accompagné pendant neuf mois parut l'avoir abandonné pour toujours, et les quatre années qui suivirent son accident offrent une continuité de contre-temps, de traverses et de chagrins qui le rendirent extrêmement malheureux. Je n'ai connu dans toute mon opération aucun de ces excès ni de bonne ni de mauvaise fortune.

Dès le mois de mars je voulois rentrer en campagne; il me falloit de nouveaux passeports, et je ne pouvois les obtenir. J'avois toujours pressenti cette difficulté, et c'étoit avec une répugnance extrême que je m'étois vu forcé de rentrer à Paris pour une station qu'il n'étoit plus possible de différer. Le ministre de l'intérieur consentit avec beaucoup de peine à me donner une lettre de recommandation pour la municipalité; il prévoyoit sans doute qu'elle seroit inutile. En effet, ma demande portée, comme c'étoit alors l'usage, à l'assemblée générale de la commune, fut refusée d'une voix unanime. Pendant six semaines je sollicitai assez inutilement: Chaumet, procureur de la commune, consentit pourtant d'assez bonne grâce à reproduire ma pétition. Cousin, de l'Académie des sciences, qui tenoit à la commune comme membre du comité des subsistances, se trouva par hasard à l'assemblée ce jour-là, et dit quelques mots en ma faveur: les passeports furent accordés aussi unanimement qu'ils avoient été refusés d'abord. Le conseil exécutif provisoire me remit une nouvelle proclamation toute conforme à l'ancienne, à l'exception du préambule. Je ne pus obtenir ces différentes pièces que le 3 mai à midi; je partis le jour même à deux heures pour Dunkerque.

Cette obligation d'avoir des passeports, qu'il falloit montrer à chaque pas, étoit une des choses les plus contraires à la célérité de nos opérations : elle rendoit plus difficile la communication d'une station à l'autre; elle nous forçoit d'être plus réservés sur les courses, que nous n'osions plus hasarder à moins qu'elles ne fussent de la plus indispensable nécessité; elle attiroit sur nous la méfiance, en nous soumettant aux recherches de tous les postes armés, et nous mettoit dans la nécessité d'obtenir l'agrément non seulement des magistrats ou des citoyens au milieu desquels nous devions opérer, mais aussi de tous ceux que nous rencontrions sur la route. Outre mes passeports j'avois pris cette fois une lettre de recommandation pour le général en chef de l'armée du nord, parce que le théâtre de la guerre n'étoit pas fort éloigné de celui de mes opérations.

Nous avions une petite armée au pied de Mont-Cassel; les avant-postes ennemis étoient près de la montagne des Chats, où j'avois une station à laquelle je fus obligé de renoncer. En substituant Cassel, Watten et Fiefs au moulin des Chats, à Hondschote et Bolle-Zèle, j'évitai les deux armées et n'eus pas besoin d'importuner le général, avec lequel je me trouvai pourtant un jour logé à Béthune. C'étoit Custine qui commandoit alors l'armée du nord.

Cette campagne fut très-heureuse. J'observois à Dunkerque dès le 18 mai : les stations de Watten, Cassel, Fiefs, Béthune, Mesnil, Bonnières, Sauti, Beauquêne, Mailli, Vignacourt, Amiens, Villers - Bretonneux, Bayonvillers, Sourdon, Arvillers, Noyers, Coivrel, et la partie qui restoit de celle de Jonquières, étoient terminées le 6 octobre. Nous trouvions par-tout des signaux tout prêts dans les clochers dont tout le pays étoit si bien garni. Il est vrai que cet avantage est acheté par quelques inconvéniens. La nécessité de s'échafauder, la difficulté de se placer convenablement dans des flèches étroites, embarrassées de charpente, tout cela prend au moins autant de temps que la recherche des stations et la construction des signaux dans les pays montueux. Nos cercles étoient de dimensions commodes pour entrer dans les clochers; mais leur construction a pourtant en certains cas un désavantage, quand on les compare aux quarts de cercle. Dans ces derniers instrumens l'intersection des deux axes optiques se fait en avant du pied; c'est là qu'est véritablement le centre. On peut le placer dans les fenêtres ou les ouvertures des clochers; à défaut d'ouvertures naturelles il suffit d'ôter une ou deux ardoises, et l'on peut observer les plus grands angles. Dans les cercles, au contraire, l'intersection se fait au centre de l'instrument; ce centre est toujours à une distance du toit ou du mur égale à la moitié de la longueur de la lunette : la divergence est considérable; ce n'est plus assez d'une seule ouverture, il en faut autant qu'on a d'objets à observer. Ajoutez la difficulté de lire

les alidades foiblement ou obliquement éclairées, celle
de trouver le centre de la station, la position souvent
très-gênée de l'observateur, et parfois l'impossibilité de
faire pour lui et son instrument deux échafauds assez
indépendans l'un de l'autre pour que les mouvemens
du premier ne se communiquent pas au second. Tant
d'inconvéniens, sans parler encore des erreurs auxquelles
expose trop souvent l'observation des flèches très-
aiguës, me faisoient préférer les signaux, malgré plusieurs avantages qu'on trouve dans les clochers, tels
que celui d'être au milieu d'un endroit habité et d'offrir un abri contre la pluie et les grands vents; encore
combien avons-nous trouvé de clochers où ce dernier
avantage étoit nul, comme ceux de Dammartin, Torfou,
Chapelle, Pithiviers, Châteauneuf, Orléans : mais aussi
tout se réunit pour la sûreté et la facilité, quand la tour
finit par une plate-forme où l'on peut placer un signal,
comme à Dunkerque, Watten et Béthune.

Cette partie septentrionale de l'arc fut la plus agréable
de toutes à mesurer, et cependant tout n'y fut pas heureux. Généralement tous les centres de stations furent
les mêmes qu'en 1740; il en faut pourtant excepter
Watten, où nous mîmes notre signal sur un petit clocher; au lieu de prendre le milieu de la tour; le signal
du Mesnil, que je fus obligé de substituer à celui de
Rébreuve, et le clocher de Noyers, rebâti depuis 1740
à 6 toises de distance de l'ancien. Villers-Bretonneux
ne se voyoit plus de Beauquêne, quoique de Villers-
Bretonneux Beauquêne se vît parfaitement; ce qui peut

s'expliquer par les réfractions terrestres. Forcé de conclure deux angles qui avoient leurs sommets à ce point, pour vérification je ne pus trouver que des triangles d'une disposition assez peu avantageuse. A la vérité les clochers sont en grand nombre, mais les arbres dont ils sont presque tous entourés ne laissent pas toujours la liberté du choix.

Mes triangles formoient alors une chaîne continue depuis Dunkerque jusqu'à Chapelle-la-Reine, quatre lieues par-delà Fontainebleau. En passant par Paris pour me rendre à Pithiviers, qui devoit être ma première station, j'allai visiter l'ancienne base de Villejuif et Juvisi. Là je fus bientôt convaincu de l'impossibilité de mesurer plus de 5000 toises, et de la difficulté de lier cette base aux triangles principaux. M. Jollivet, maintenant conseiller d'état, me parla de la route de Lieursaint à Melun : j'allai la visiter avec lui. Nous reconnûmes aisément que l'on pouvoit sans peine mesurer six mille toises, qu'il ne seroit pas même impossible d'en mesurer dix à onze mille. La liaison avec les triangles voisins étoit très-facile ; seulement les arbres de la route et les maisons de Lieursaint auroient exigé, pour la base de onze mille toises, des signaux trop incommodes et trop dispendieux. Sans rien décider sur la longueur, mon choix fut dès-lors arrêté, et cette base me parut de tout point préférable à celle de Juvisi.

A Pithiviers et Boiscommun je commençai à me trouver fort embarrassé. Le clocher de la Cour-Dieu, dont on s'étoit servi en 1740, et qui aujourd'hui doit être abattu, subsistoit encore; mais il étoit de tous côtés enseveli dans les arbres de la forêt. Pour le remplacer, il falloit un point assez élevé pour être aperçu à la fois de Pithiviers, Boiscommun, Châteauneuf et Orléans. Je fis pour le trouver bien des courses infructueuses dans le pays compris entre Pithiviers, Boiscommun, Orléans et Sulli sur Loire. Après bien des tentatives, je me décidai à faire construire un signal de 64 pieds de hauteur dans l'endroit qui se nomme le haut de Châtillon. Ce signal avoit 20 pieds de base; le quatrième étage, qui nous servoit d'observatoire, étoit un carré de 6 $\frac{1}{2}$ pieds de côté. Pour nous mettre à l'abri du vent et de la neige nous avions fait garnir de planches les quatre côtés de cet étage, qui étoit de plus surmonté d'une pyramide semblable à nos signaux ordinaires. Le vent, qui avoit moins de prise sur nous, en avoit d'autant plus sur le signal qui lui présentoit une surface considérable. Le charpentier, que nous n'avions pu surveiller, n'avoit pas rempli toutes les conditions de son marché; il avoit sur-tout négligé ce qui devoit assurer la solidité. Le moindre vent agitoit toute la machine de manière non seulement à rendre les observations moins sûres, mais à inquiéter les observateurs; aussi avions-nous grand soin de n'y monter que par un temps calme, et d'en descendre bien vîte, si le vent s'élevoit : mais il falloit aussi descendre l'instrument, et cette opération demandoit encore un quart d'heure. Les jours étoient courts, la terre étoit couverte de neige, le froid rigoureux; la station fut pénible : elle avoit commencé le 12 nivose an 2, et dura jusqu'au 21. Ce n'étoit pas tout encore que d'avoir fini à Châtillon : il falloit, pour rendre inutile ce signal qui ne pouvoit durer, et qu'en effet un ouragan renversa peu de temps après, se hâter de l'observer de toutes les stations circonvoisines. Il avoit manqué de nous être funeste de plus d'une manière : il étoit chaque jour l'objet d'une dénonciation dans quelque société populaire, et il avoit été l'occasion des bruits les plus ridicules que la malveillance ou la frayeur avoient fait courir sur notre compte; enfin c'est à ce signal que je reçus une nouvelle à laquelle j'étois bien loin de m'attendre.

Six mois auparavant (1) l'Académie des sciences avoit été supprimée; la commission qu'elle avoit nommée pour les diverses opérations relatives aux nouvelles mesures, avoit été conservée pour un temps (2). On vouloit toujours l'établissement du nouveau système métrique; mais on s'ennuyoit de la longueur de l'opération fondamentale. On avoit décrété un mètre provisoire, on songeoit à le rendre définitif; du moins c'est la seule manière dont je puisse expliquer l'arrêté dont je vais parler. Une lettre du président de la commission temporaire des poids et mesures, en date du 9 nivose, m'apprenoit qu'un arrêté du 3 venoit de supprimer six membres au nombre desquels je me trouvois compris, et que je devois en conséquence cesser mes opérations,

---

(1) 8 août 1793.

(2) Par un décret du 11 septembre 1793.

mettre en ordre mes mémoires et mes calculs, ainsi que
la note de mes instrumens et de mes dépenses.

Dans ma réponse j'exposois l'état où j'avois amené
l'opération qui m'avoit été confiée, et je donnois les
raisons pour lesquelles il étoit à désirer qu'on me laissât
achever les stations de Châtillon et de Pithiviers, et
commencer celles d'Orléans et de Châteauneuf. Pour ne
pas s'exposer à perdre tout le fruit d'un travail de trois
mois et les dépenses qu'il avoit occasionnées, il falloit
conduire les triangles jusqu'à deux clochers qu'on pût
retrouver en tout temps, et je recommandois la précaution d'en faire assurer la durée par un arrêté du
comité de salut public; quant à mes registres, je demandois deux ou trois mois pour les mettre en ordre et
achever tous mes calculs. En attendant la permission
que je demandois, je me hâtai à tout hasard d'exécuter
ce que je proposois.

Un des membres de la commission fut chargé vers
le même temps de visiter les canaux du Loing, de
Briare et d'Orléans. La commission le fit porteur des
ordres qui me concernoient. Il vint me trouver à Châteauneuf, assista à toutes mes opérations, et puis à
celles que je fis immédiatement après à Orléans. J'étois
bien curieux de connoître l'arrêté qu'il m'apportoit;
mais il avoit toujours quelque prétexte honnête et obli-
geant pour éluder ma demande. Quelques momens après
son départ on me remit enfin un paquet cacheté qui ren-
fermoit les deux pièces qu'on va lire. Voici d'abord la
lettre officielle par laquelle on acceptoit mes offres,

18 nivose an 2.

« CITOYEN,

» La commission des poids et mesures a chargé l'un
» de ses membres, de se rendre auprès de toi pour te
» remettre l'arrêté du comité de salut public qui te con-
» cerne, et pour concerter avec toi les moyens de clore
» tes opérations de manière que les signaux restent inu-
» tiles ; elle t'invite à terminer la rédaction de tes cal-
» culs et la copie de tes observations, ainsi que tu le
» proposes. »

Cette lettre, que je copie fidèlement, ne contenoit
rien qui ne fût absolument nécessaire ; c'étoit le style
du temps. La commission n'étoit plus, comme autrefois,
uniquement composée de mes confrères et de mes amis :
elle faisoit pourtant encore pour moi tout ce qui étoit
en son pouvoir. Par l'envoi d'un de ses membres elle
me donnoit, même en exécutant l'arrêté qui me destituoit, le moyen de conduire mes triangles aux deux
points qui devoient assurer tout le travail. Mes registres
me restoient, et je pouvois en faire des copies : ces
réflexions me consoloient un peu. Voici l'arrêté :

*Extrait des registres du comité de salut public de la
Convention nationale.*

Du troisième jour de nivose, l'an deuxième de la République
française, une et indivisible.

« Le comité de salut public, considérant combien il
» importe à l'amélioration de l'esprit public que ceux
» qui sont chargés du gouvernement ne délèguent de

» fonction ni ne donnent de mission qu'à des hommes
» dignes de confiance par leurs vertus républicaines et
» leur haine pour les rois ; après s'en être concerté avec
» les membres du comité d'instruction publique, oc-
» cupés spécialement de l'opération des poids et mesures,
» arrête que Borda, Lavoisier, Laplace, Coulomb,
» Brisson et Delambre, cesseront, à compter de ce jour,
» d'être membres de la commission des poids et mesures,
» et remettront de suite, avec inventaire, aux membres
» restans, les instrumens, calculs, notes, mémoires, et
» généralement tout ce qui est entre leurs mains de relatif
» à l'opération des mesures. Arrête, en outre, que les
» membres restans à la commission des poids et mesures,
» feront connoître au plutôt au comité de salut public
» quels sont les *hommes dont elle a un besoin indispen-*
» *sable* pour la continuation de ses travaux, et qu'elle
» fera part en même temps de ses vues sur les moyens
» *de donner le plutôt possible l'usage des nouvelles*
» *mesures à tous les citoyens, en profitant de l'impul-*
» *sion révolutionnaire.*

» Le ministre de l'intérieur tiendra la main à l'exé-
» cution du présent arrêté.

> » *Signé au registre,* B. BARÈRE, ROBESPIERRE,
> » BILLAUD-VARENNE, COUTHON, COLLOT-
> » D'HERBOIS, etc. »

Il est évident que les premières lignes de cet arrêté
ne contiennent que de vains prétextes. En me confiant
une opération aussi difficile que l'avoit été la mesure

de la méridienne dans des temps si orageux, sans doute on ne demandoit pas que je quittasse mes clochers et mes signaux pour aller dans les clubs faire parade de sentimens républicains et de haine pour les rois; ce n'eût pas été le moyen d'accélérer un travail dont on se plaignoit d'être obligé d'attendre si long-temps le résultat. En destituant un grand nombre de ceux qui s'y étoient consacrés tout entiers, et principalement Borda, qui en avoit fait le plan et créé tous les moyens d'exécution, il étoit visible qu'on vouloit changer ce plan, ou du moins le simplifier beaucoup, et dans cette vue on ne vouloit dans la commission que les personnes dont on avoit *un besoin indispensable*. On désiroit aussi profiter de l'impulsion révolutionnaire, et cette idée étoit fort bonne; mais il n'étoit peut-être pas impossible de parvenir aux mêmes fins par d'autres voies.

Je terminai les observations à Orléans le 5 pluviose an 2, et j'étois à Paris le 12. Je trouvai en arrivant que le comité révolutionnaire de ma section avoit mis le scellé chez moi, par forme de précaution : j'en obtins la levée en fournissant la preuve de la mission que j'avois remplie, et en produisant les certificats des municipalités de tous les lieux où j'avois successivement séjourné depuis ma dernière sortie de Paris. On peut juger seulement que je ne montrai pas l'arrêté qu'on vient de lire; je laissai croire, sans le dire formellement, que ma mission continuoit. Mes commissaires examinèrent tous mes papiers avec le plus grand scrupule. Je n'eus qu'à me louer d'eux; ils consentirent même à me laisser plusieurs diplomes académiques qui pourtant paroissoient les inquiéter, et sur-tout celui de la Société royale de Londres, qui étoit en latin, et où ils reconnoissoient le nom et les armes du roi Georges. C'étoit de leur part une grande condescendance pour un homme qu'ils croyoient en correspondance avec plusieurs rois.

Depuis long-temps on n'avoit reçu de nouvelles de Méchain; nous en verrons bientôt la raison. On répandoit le bruit qu'il ne vouloit plus rentrer en France, et c'est à cette circonstance peut-être qu'il a dû de n'être pas compris dans la suppression par laquelle on avoit, disoit-on, épuré la commission des poids et mesures. On craignit sans doute de lui fournir un prétexte pour se fixer en pays étranger avec ses instrumens et ce qui pouvoit lui rester de fonds pour la méridienne. On lui a réellement fait en divers temps des offres avantageuses qui, venant après la suppression des académies et le rénversement de toutes ses espérances, auroient pu le tenter; mais il étoit trop attaché à ses devoirs pour rien écouter, avant d'avoir rempli tous les engagemens qu'il avoit contractés en se chargeant de la mesure de la méridienne.

Aussitôt après la saison des eaux, et quoiqu'elles ne lui eussent pas rendu l'usage du bras droit, qu'il n'a entièrement recouvré que deux ans après son accident, il se rapprocha des Pyrénées pour y faire les stations de Puy-Camellas et de Puy de la Estella, par lesquelles il devoit opérer la jonction des triangles espagnols aux triangles français.

En 1792 on lui avoit conseillé de remettre ces stations à des temps plus tranquilles. Ces temps n'étoient point arrivés; la guerre étoit même ouvertement déclarée. Cette partie de sa mission étoit donc plus difficile que jamais. Pour ces deux stations il avoit besoin de deux signaux, l'un sur Forceral, l'autre sur Bugarach. Ces deux montagnes sont sur le territoire français. Heureusement Méchain étoit également connu et estimé de l'administration départementale de Perpignan et du général espagnol; il en obtint toutes les facilités que permettoient les circonstances. Avec l'aide de M. Bueno, capitaine du génie militaire, et l'un des deux commissaires espagnols qui devoient l'accompagner par-tout, il fit lui-même la station de Camellas en septembre et octobre 1793, c'est-à-dire les premiers jours de l'an 2. Son adjoint Tranchot, d'une meilleure santé et d'un caractère plus hardi, plus entreprenant, se chargea de la station de la Estella. Des miquelets vinrent l'enlever et le conduisirent garotté à la ville voisine, d'où il fut envoyé d'une manière un peu plus convenable à Perpignan.

Le président du département lui donna les moyens de retourner à Estella et ensuite en Espagne, après qu'il eut placé les signaux de Forceral et de Bugarach. Les deux stations de Camellas et de Estella furent terminées le même jour 13 frimaire an 2 (3 novembre 1793), celle-ci par Tranchot, celle-là par Méchain.

« Il ne restoit plus qu'à mesurer les angles à Perpi-
» gnan, à Forceral et Bugarach : la jonction étoit com-

» plète. Je comptois (c'est Méchain qui parle) la ter-
» miner dans le courant de novembre, et me rendre à
» Évaux pour y observer pendant l'hiver les distances
» des étoiles au zénith..... On étoit bien éloigné de
» soupçonner qu'on ne pourroit aller sous peu de jours
» aux stations sur le territoire de France ; mais, si nous
» obtenons la liberté de passer dans le courant du mois
» prochain, tout sera réparé en mars (1794), et pourvu
» qu'on nous accueille en France, nous arriverons en-
» core à Évaux ou Sermur, et même plus près de Bourges,
» dans le courant de juillet..... et cette grande opéra-
» tion se trouveroit terminée en deux années, après tous
» mes retards et mes accidens. »

C'est ainsi que Méchain s'exprimoit dans une lettre
datée de Barcelone le 21 nivose an 2. On y voit qu'on
lui avoit refusé la permission de rentrer en France, et
qu'il ne désespéroit pas encore de l'obtenir en pluviose;
mais le général espagnol la refusa constamment, et sa
raison étoit que les connoissances acquises par Méchain
et ses adjoints pendant leur séjour aux diverses stations
des Pyrénées, pourroient devenir préjudiciables à l'Espagne. Il vouloit donc que Méchain fût retenu jusqu'à
la paix ; mais il lui laissoit le choix du lieu qu'il voudroit
habiter. Méchain choisit Barcelone, pour se rapprocher
autant qu'il le pourroit du fort de Mont-Jouy, dont l'entrée ne lui étoit plus permise, et où il avoit, l'année
précédente, observé la hauteur du pôle avec tant de
succès.

Pour rendre sa détention utile, sinon à sa mission

principale, au moins à l'astronomie, il se mit à observer avec soin la hauteur solsticiale du soleil, pour en déduire l'obliquité de l'écliptique : comme il avoit besoin pour cela de la latitude de son nouvel observatoire, il y répéta toutes les observations qu'il avoit faites à Mont-Jouy, et pour les comparer les unes aux autres il détermina trigonométriquement la différence de latitude entre le centre de la tour de Mont-Jouy et le point où il venoit d'observer à Barcelone.

Tous ces détails sont tirés de la lettre dont on a vu ci-dessus un fragment, et qu'il adressoit à Borda qu'il croyoit encore président de la commission ; il lui donnoit en outre la carte de tous ses triangles en Espagne, avec le tableau de tous les angles qu'il avoit observés, et tout ce qu'il avoit fait pour la latitude de Mont-Jouy.

L'arrêté du 3 nivose, qui nous destituoit, nous ordonnoit de remettre à la commission tous nos mémoires, notes ou calculs. Borda se crut obligé de rendre aussi cette lettre ; mais, avant de s'en dessaisir, il désira que j'en prisse copie, et j'ai regreté long-temps de n'avoir pas gardé la lettre même : mais cette perte est plus que réparée par les registres originaux et les copies au net qui m'ont été remis par madame Méchain ou par Méchain lui-même, à son départ pour l'Espagne en 1802. Malheureusement ces registres ne contiennent que les observations et les calculs, dans le plus bel ordre, à la vérité, mais sans le moindre avertissement, sans la plus petite note pour cette partie historique dans laquelle, pour tout ce qui concerne Méchain, je n'ai, pour

me guider, que mes souvenirs, les dates de ses observations et un assez grand nombre de lettres qu'il m'a
écrites ; mais notre correspondance n'a commencé qu'a-
près sa rentrée en France, et M. Tranchot, qui pourroit
me fournir des renseignemens curieux et utiles, est
maintenant occupé loin de Paris à lever la carte des
quatre départemens de la rive gauche du Rhin.

La vie que Méchain menoit en Espagne étoit extrêmement triste, depuis que sa mission terminée ne lui
fournissoit plus de distractions assez puissantes pour
l'empêcher de se livrer aux inquiétudes que lui cau-
soient sa femme et ses enfans, dont les lettres ne lui par-
venoient que tard et à de longs intervalles. Ce que les
journaux pouvoient lui apprendre des scènes sanglantes
qui se passoient à Paris, augmentoit encore ses alarmes.
Ce qui lui restoit des fonds qu'il avoit obtenus pour ses
opérations, demeuré entre les mains des banquiers espagnols, étoit séquestré comme propriété française ; il
n'avoit pour perspective qu'une captivité qui paroissoit
devoir durer autant que la guerre. Telle étoit sa situation, lorsque le comte Ricardos mourut. Celui qui le
remplaça dans le gouvernement de Catalogne se montra
moins difficile. Méchain demanda des passeports pour
l'Italie, n'espérant pas en obtenir pour la France : ils
lui furent accordés. Vers le même temps, madame Méchain parvint à lui faire passer quelques secours en
argent. Il s'embarqua pour l'Italie, aborda à Livourne
avec beaucoup de peine, et se rendit à Gènes dans les
premiers jours de l'an 3,

En France on ne paroissoit pas fort empressé de lui voir reprendre ses opérations ; on ne songeoit nullement à me donner un successeur : la commission temporaire des poids et mesures ne s'occupoit guère que de détails administratifs pour l'établissement du nouveau système métrique. Un de ses membres faisoit paroître une instruction où toutes les parties de ce système étoient expliquées avec une netteté propre à en faire saisir parfaitement l'esprit et sentir tous les avantages. C'est à cela que se bornèrent les travaux de la commission temporaire, qui même cessa bientôt de s'assembler. La mesure de la méridienne sur-tout paroissoit abandonnée. Le général Calon, membre de la Convention et directeur du dépôt de la guerre, conçut l'idée d'une opération géodésique qui devoit servir de fondement à une carte des nouveaux départemens de la France, qu'il vouloit faire tracer en continuation de la carte de Cassini, et sur la même échelle. Il nous engagea, Méchain et moi, à nous charger des triangles principaux, en attendant que nous pussions continuer ceux de la méridienne. Il vouloit attacher au dépôt tous les savans dont les travaux pouvoient avancer la géographie, et que la suppression des académies avoit dispersés : il écrivit à Méchain, me fit chercher, et nous donna le titre d'astronomes du dépôt de la guerre. Il désiroit que les opérations trigonométriques commençassent au printemps de l'an 3. Nous obtînmes de lui de reprendre d'abord nos triangles interrompus aux Pyrénées et à la Loire : dans cette vue il sollicita pour nous un arrêté du comité de salut public; et c'est lui, tant qu'il fut à la tête du dépôt général de la guerre, qui nous procura les fonds et tous les secours nécessaires.

La loi du 18 germinal an 3, rendue sur le rapport de C.-A. Prieur, vint bientôt après ranimer toutes les parties de l'entreprise; elle apporta quelques modifications au plan de l'Académie des sciences, à la loi du 31 mars 1791, et changea presque entièrement la nomenclature des mesures et des poids.

Cette partie, qui paroîtroit la plus simple et la plus facile de tout le nouveau système, étoit au contraire celle qui devoit éprouver le plus de critiques. L'Académie l'avoit bien prévu; mais forcée à plusieurs époques de s'occuper de ce travail, elle avoit proposé deux nomenclatures différentes : l'une dans laquelle on donnoit aux subdivisions des mesures des noms composés qui indiquoient le rapport décimal qu'elles avoient entre elles; et l'autre dont les noms étoient simples, monosyllabiques et indépendans les uns des autres. La commission temporaire en avoit fait une troisième. Un arrêté du 13 brumaire a depuis permis d'employer, au lieu des noms systématiques, des mots plus courts et plus familiers. Nous allons réunir en un seul tableau ces diverses nomenclatures.

(Voyez les *Mémoires de l'Académie*, 1789, p. 6; l'*Instruction sur les mesures déduites de la longueur de la terre*, Paris, an 2, et le Rapport que M. Prieur a fait à la Convention, en présentant le projet de loi qu'elle adopta le 18 germinal an 3.)

ACADÉMIE DES SCIENCES.		COMMISSION TEMPORAIRE.	LOI du 18 GERMINAL.	ARRÊTÉ du 13 BRUMAIRE AN IX	VALEURS.
Décaile........	....	....	....	....	1,000,000 mètres.
Degré........	....	Grade ou degré.	....	....	100,000
Poste........	....	....	Myriamètre....	Lieue........	10,000
Mille........	Millaire....	Millaire........	Kilomètre....	Mille........	1,000
Stade........	....	....	Hectomètre....	....	100
Perche........	....	....	Décamètre....	Perche........	10
Mètre........	Mètre....	Mètre....	Mètre....	Mètre....	1
Palme........	Décimètre....	Décimètre....	Décimètre....	Palme....	0,1
Doigt........	Centimètre....	Centimètre....	Centimètre....	Doigt....	0,01
Trait........	Millimètre....	Millimètre....	Millimètre....	Trait........	0,001
Tonneau........	Muid....	Cade.	Kilolitre....	Muid........	Mètre cube....
Setier........	Décimuid....	Décicade........	Hectolitre....	Setier.	
Boisseau........	Centimuid....	Centicade........	Décalitre....	Boisseau, Velte.	Décimètre cube.
Pinte........	Pinte....	Cadil........	Litre........	Pinte........	
			Décilitre....	Verre.	
			Centilitre.		
Millier........	Millier........	Bar........	....	Millier.	
Quintal........	....	Décibar........	....	Quintal.	
Décal........	....	Centibar........	Myriagramme.		Décimètre cube d'eau distillée.
Livre........	Grave....	Grave........	Kilogramme....	Livre........	
Once........	Décigrave....	Décigrave........	Hectogramme....	Once.	
Drame........	Centigrave....	Centigrave........	Décagramme....	Gros.	
Maille........	Milligrave....	Gravet........	Gramme........	Deniers.	
Grain........	....	Décigravet........	Décigramme....	Grain.	
		Centigravet........	Centigramme.		
		Milligravet........	Milligramme.		
		Are............	Hectare........	Arpent........	10,000 mèt. carrés
		Déciare............	....	....	1,000 idem.
		Centiare............	Are............	Perche carrée....	100 idem.
					10 idem.
			Centiare............	Mètre carré....	1 idem.
			Stère............	Stère............	Mètre cube....
			Déci-stère....	Solive.	
Unité monétaire.	....	....			Décagr. d'argent.
			Franc............	Franc.	5 grammes d'arg.
			Décime........	Sol.	
			Centime........	Denier.	

Chacune de ces nomenclatures a ses inconvéniens et ses avantages. Ce qui a pu nuire à celle de la dernière loi, c'est la longueur des noms, ce sont les rimes fréquentes, qui souvent importunent l'oreille; c'est l'affectation mal-adroite d'énoncer les sous-divisions de différens ordres, de dire, par exemple, 57 mètres 4 décimètres 8 centimètres, au lieu de 57 mètres 48 centimètres, ou même 57 mètres 48 : mais l'usage rendra ces inconvéniens moins sensibles, ou fera trouver des moyens pour les éviter. Quant au reproche de barbarie qu'on a fait à plusieurs de ces mots, il n'est pas d'une grande importance; il porte principalement sur *hecto* et *kilo*. Je ne prétends pas me déclarer le champion de cette nomenclature, à laquelle on sait que nous n'avons eu aucune part. Je ne nierai pas que ces mots ne puissent choquer l'oreille d'un helléniste; mais que seroit-il arrivé si l'on eût préféré *hécatommètre*, à l'imitation des Grecs, qui ont dit ἑκατόμπους, ἑκατόμπυλος, ἑκατόμβοιος, ἑκατόγχειρ, ἑκατογκέφαλος; l'usage eût sans doute fini par retrancher quelque chose à ce mot qu'on eût trouvé trop long, et l'auroit peut-être rendu plus barbare qu'il n'est aujourd'hui. On a plaisanté sur *kilo* substitué à *chilio*; mais, sauf le *k* mis en place du *ch* pour prévenir une prononciation vicieuse, χίλοι est le mot poétique pour χίλιοι. Voyez dans Homère (*Iliade*, liv. V, v. 860), Mars, blessé par Diomède, crier comme neuf mille ou dix mille hommes :

. . . . . . Ὁ δ' ἔβραχε χάλκεος Ἄρης
Ὅσσόν τ' ἐννεάχιλοι ἐπίαχον ἢ δεκάχιλοι
Ἄνερες. . . . .

Voyez dans le livre XIV ces mêmes mots répétés (v. 148) à l'occasion de Neptune déguisé en vieillard, et qui pousse un cri pour encourager les Grecs.

Après cette digression, revenons à la loi du 18 ~~bru-maire~~ *Germinal*.

L'article X ordonne que « les opérations relatives à » la détermination de l'unité des mesures de longueur » et de poids déduites de la grandeur de la terre, com- » mencées par l'Académie des sciences et suivies par » la commission temporaire, seront continuées jusqu'à » leur entier achèvement par des commissaires particu- » liers, choisis principalement parmi les savans qui y » ont concouru jusqu'à présent, et dont la liste sera » arrêtée par le comité d'instruction publique ». Le reste ne contient que des dispositions administratives.

En exécution de cet article, le comité d'instruction publique, par un arrêté du 28 germinal, nomma les douze commissaires suivans :

Berthollet, Borda, Brisson, Coulomb, Delambre, Haüy, Lagrange, Laplace, Méchain, Monge, Prony, Vandermonde.

Ces commissaires, réunis au lieu des séances du co- mité d'instruction publique, le 21 floréal, convinrent des articles suivans :

ARTICLE PREMIER.

Il sera procédé sans délai à la fabrication d'un mètre en cuivre, de la plus grande exactitude possible, et qui sera remis au comité d'instruction, pour pouvoir servir d'étalon provisoire, et légal.

ART. II.

Les citoyens Borda et Brisson sont nommés commissaires particuliers pour diriger et surveiller la fabrication de cet étalon provisoire. Ils feront en sorte que sa confection soit achevée dans une décade. Ils présenteront le résultat de ce travail, avec un procès-verbal de la vérification qu'ils en auront faite, aux autres commissaires pour les poids et mesures, qui seront convoqués à cet effet, et qui remettront au comité d'instruction publique l'étalon accompagné du procès-verbal et des calculs nécessaires, après les avoir revêtus de leurs signatures.

ART. III.

Les citoyens Méchain et Delambre sont les commissaires chargés spécialement de la mesure des angles, des observations astronomiques et de la mesure des bases dépendantes de la méridienne.

ART. IV.

Les citoyens Delambre, Laplace et Prony iront incessamment déterminer sur les lieux l'emplacement le plus convenable pour la base près Paris, et en indiqueront les extrémités; ils feront en outre le projet des édifices à construire à chacune de ces extrémités. Ils présenteront le résultat du tout à l'assemblée des commissaires réunis, qui statuera sur ce qui sera le mieux à faire.

Le comité d'instruction sera invité à ordonner sans délai la construction des édifices des extrémités de la base, d'après les plans qui auront été adoptés.

ART. V.

Le citoyen Delambre partira le plutôt possible pour la continuation de la détermination des triangles, en allant vers le midi.

Le citoyen Méchain fera les mêmes opérations en partant des Pyrénées, et venant à la rencontre du citoyen Delambre.

Cependant le citoyen Méchain se rendra préalablement à Paris, et ce ne sera qu'après avoir conféré avec lui que l'assemblée des commissaires réunis prendra un parti définitif relativement aux observations de la hauteur du pôle et à la mesure des bases. Ce sera alors que l'assemblée pourra informer le comité d'instruction publique de la durée probable de ces opérations, ainsi que de ce qui sera le plus propre à les rendre plus parfaites.

ART. VI.

Les commissaires chargés de la détermination de l'étalon des poids, seront les citoyens Borda, Haüy et Prony. Ils y emploieront la méthode la plus susceptible d'exactitude. Néanmoins ils feront fabriquer, sous le délai de deux ou trois mois, un poids pour servir d'étalon pro-

visoire, et avec une précision suffisante. Ce poids, ainsi
que le procès-verbal de vérification et les calculs de sa
détermination, sera remis au comité d'instruction publique, après avoir été adopté par l'assemblée des commissaires qui se trouveront alors à Paris.

ART. VII.

Enfin les citoyens Berthollet, Monge et Vandermonde
dirigeront le travail du platine destiné à former non
seulement l'étalon de mètre de la République, mais
encore d'autres étalons d'une similitude parfaite, que
l'on pourra envoyer, soit aux compagnies savantes, soit
aux divers gouvernemens du monde policé.

ART. VIII.

Les divers commissariats désignés par les articles précédens se hâteront de proposer à l'assemblée générale
des commissaires leurs vues générales sur les différentes
branches de travail qu'ils ont à suivre, afin que l'assemblée puisse bientôt fixer ce qu'il est important d'arrêter concernant lesdites opérations. Les commissariats
feront d'ailleurs leurs dispositions particulières et se
pourvoiront des objets dont ils auront besoin, confor-
mément à l'arrêté du 18, du comité d'instruction.

Pendant qu'on faisoit, avec toute la célérité possible,
les préparatifs nécessaires pour la reprise des opérations
géodésiques, nous allâmes, comme nous en étions convenus par l'article IV, visiter le chemin de Lieursaint

à Melun. Dans cette course, il fut décidé que l'on se borneroit pour la base à une longueur de 6000 toises environ, depuis la sortie de Lieursaint jusqu'à l'endroit où la route de Brie vient se réunir à celle de Paris.

Méchain ne put se rendre à Paris, comme il y étoit invité par l'article V ; il étoit encore à Marseille le 13 thermidor, et il s'y embarqua pour Vendres, auprès de Perpignan, où il dut arriver dans le courant de fructidor, car le 27 il observoit à Forceral. Son premier soin fut de parcourir les stations entre les Pyrénées et Carcassonne, pour y faire placer les signaux. Il m'écrivoit à cette occasion qu'il lui paroissoit bien difficile, dans les circonstances, de se servir des réverbères, qui inquiéteroient et alarmeroient les habitans des campagnes. Il avoit été contraint d'y renoncer en Catalogne ; pour moi, je n'aurois jamais osé m'en servir en 1792 et 1793, et depuis je n'y pensai même plus.

J'étois parti pour Orléans le 10 messidor. Je désirois choisir d'abord mes stations et placer les signaux depuis la Loire jusqu'à Bourges ; mais j'y trouvai trop de difficultés, et je me rendis directement dans cette dernière ville, afin de mettre à profit les beaux jours pour y observer les azimuts, comme j'avois déja fait à Watten. Je les commençai le 18 messidor, après dix-sept mois et demi d'interruption ; ils m'occupèrent jusqu'à la fin du mois. Le mois suivant fut employé presque tout entier à la recherche des stations : j'eus beaucoup de peine à retrouver les vestiges des signaux de Méri et d'Ennordre, termes d'une base mesurée en 1740, et, quand je les eus découverts, je fus obligé de me placer ailleurs. La montagne de Michavant n'étoit plus visible; il fallut la remplacer par celle de Morogues.

Ce triangle fut très-difficile à former. Le signal d'Ennordre, vu de Morogues, se projettoit sur des objets voisins, et devoit être impossible à voir, excepté quand il seroit fortement éclairé du soleil. Nous aperçûmes dans la même direction à peu près un objet qui ressembloit fort à notre signal. Nous observâmes ce prétendu signal trois jours de suite, sans nous douter de la méprise. Arrivés à Ennordre nous demeurâmes convaincus que Morogues et Ennordre étoient réciproquement invisibles : nous fûmes obligés de déplacer le signal d'Ennordre et de recommencer deux stations.

L'intervalle entre la Loire et Bourges est la partie de la méridienne qui a le plus exercé les académiciens en 1740. On voit dans leur ouvrage qu'ils furent obligés de le parcourir trois fois dans toute son étendue, avant de trouver une disposition de triangles qui pût les satisfaire. La chose étoit devenue bien autrement difficile par l'incendie du clocher de Salbris, dont la flèche s'élevoit considérablement au-dessus de l'église; il n'y reste plus aujourd'hui qu'une tour écrasée, qu'on n'aperçoit d'aucune des stations circonvoisines. Il falloit le remplacer, et je ne voyois rien qui convînt. Ce n'est pas que les clochers manquent; il y en a même de très-élevés qu'on aperçoit de plus de 80000 mètres : mais ils sont si mal placés qu'on n'en sauroit tirer presque aucun parti. Les montagnes ne manquent pas non plus ; mais elles sont presque toutes de la même hauteur, et toutes couvertes de bois, en sorte que par-tout l'horizon est très - borné. Il eût fallu, pour de semblables recherches, avoir trois signaux qu'on pût monter et démonter à volonté, pour les transporter successivement à tous les sommets qui auroient donné quelque espérance. Je ne doute pas que par ce moyen on n'eût pu former une suite bien plus belle de triangles ; mais un pareil équipage eût été fort dispendieux, et les chemins, qui sont par-tout étroits et difficiles, excepté la grande route qui va de Bourges à Gien par Aubigni, auroient rendu les transports longs et coûteux. Nous n'avions que des assignats, et ils commençoient à tomber dans un terrible discrédit : pour aller de Bourges au village le plus voisin de Méri, c'est-à-dire à 9000 ou 10000 toises, la poste nous prenoit 1500 francs ; nos trois derniers signaux nous avoient coûté 8000 francs ; ceux que Méchain faisoit placer dans le même temps à Tauch et à Forceral en coûtoient chacun 3000, parce qu'ils étoient sur des hauteurs d'un accès difficile. Les fonds que j'avois emportés de Paris étoient épuisés, et je restai un mois entier à Bourges où je n'avois plus rien à faire, parce que je n'avois plus de quoi payer les chevaux qui devoient me mener à Dun-sur-Auron. Je n'avois donc nullement la faculté de faire des essais.

J'avois placé un signal près d'Oison, à quelques toises près de celui de 1740. Pour remplacer Salbris, je pris le clocher de Soême, pointe mince et déliée qui fut très-

difficile à observer. Elle me paroissoit assez longue, et
je ne fis nul doute que de Soême je ne dusse voir mon
signal d'Oison; d'ailleurs je n'avois pas le choix. Quand
je fus à Soême, je vis qu'un bois très-voisin me cachoit
le signal d'Oison; je ne trouvai pour le remplacer que le
clocher de Chaumont. Alors il me falloit un point intermédiaire entre Vouzon et Ennordre. Je fus encore fort
heureux de trouver le petit clocher de Sainte-Montaine.
Je n'étois pourtant pas trop satisfait de cet arrangement,
car la distance de Vouzon à Chaumont ne soutendoit à
Orléans qu'un angle de 27 degrés, et à Soême qu'un
angle de 22 degrés. Je m'attachai à les bien observer;
je crois y avoir réussi, quoique les circonstances ne
fussent pas très-favorables : la saison étoit très-avancée
et très-rigoureuse. Malgré tous mes soins, ces deux triangles sont ceux où la somme des erreurs est la plus forte;
ce que j'attribue à la hauteur des flèches d'Orléans et de
Chaumont, dont l'une est de 120 pieds, l'autre de 80.
Il suffisoit de 3 pouces d'inclinaison au sommet de la
flèche d'Orléans, pour changer d'une seconde l'angle à
Chaumont et l'angle à Vouzon; heureusement ils sont
fort grands, et l'erreur des côtés doit être insensible :
l'inclinaison changeroit le centre de station; mais un
pied d'erreur sur ce centre ne produiroit qu'une demi-
seconde sur l'angle. En considérant de tous côtés la
flèche d'Orléans, je ne pus apercevoir la moindre inclinaison sensible. M. de Prony, qui étoit avec moi en ce
moment, n'en soupçonna pas plus que moi. Je suis un
peu moins sûr du clocher de Chaumont: s'il y a quelque

erreur, elle doit venir de ce côté ; mais je ne crois pas qu'elle soit bien considérable.

Toutes ces difficultés me retinrent jusqu'au milieu de frimaire an 4. J'étois très-pressé de me rendre à Dunkerque pour y observer la hauteur du pôle, et d'ailleurs nous ne pouvions rester long-temps dans un pays où l'on refusoit de nous loger et de nous nourrir pour des assignats ; en outre il régnoit à Vouzon une maladie épidémique, dont un de mes coopérateurs fut attaqué, au point qu'il n'étoit pas en état d'être transporté quand je quittai Vouzon pour aller à Chaumont. Au reste, la saison pluvieuse, qui rendoit ces stations si longues et si désagréables, faisoit pourtant que j'avois moins de regret de n'être pas à Dunkerque, où je n'aurois pu faire la moindre observation. Je fis donc tous mes efforts pour conduire cette année les triangles jusqu'à Châteauneuf et Orléans, et leur chaîne s'étendit alors de Dunkerque à Bourges sans interruption.

Méchain étoit encore dans une situation plus fâcheuse. Voici ce qu'il me mandoit le 12 vendémiaire an 4 :

« Vous ne pouvez vous faire une idée des difficultés
» que nous éprouvons pour avoir du bois et des ouvriers,
» pour le transport et l'établissement des signaux sur
» le sommet des montagnes ; nous sommes obligés d'aller
» à pied presque par-tout : d'ailleurs impossibilité phy-
» sique de faire autrement pour certaines stations, telle,
» par exemple, que celle de Bugarach, où l'on ne peut
» arriver qu'en s'accrochant aux buis, aux broussailles,
» et en gravissant les rochers. Cette marche est de quatre

» à cinq heures. La descente est encore plus pénible
» et plus scabreuse. Vous pouvez juger de la commo-
» dité du séjour, à plus de 600 toises de hauteur, sur
» un pic qui n'a pas 2 toises d'étendue, et bordé de
» précipices. Les autres stations sont moins élevées,
» mais toujours d'un accès difficile..... et pour la plu-
» part éloignées de trois ou quatre lieues de toute habi-
» tation. Nuit et jour on y est exposé aux orages, ayant
» pour lit un peu de paille, et pour abri une simple
» tente, souvent interrompu et tourmenté par les nuages
» qui enveloppent une des stations et y restent accro-
» chés des journées entières; puis, quand l'une se dé-
» couvre, l'autre s'ensevelit. La station de Forceral
» exige six signaux à la fois..... J'ai été presque dé-
» couragé quand j'ai vu celui de Bugarach, qui avoit
» tant coûté de peines, abattu par un ouragan furieux.
» La tramontane est terrible dans ces régions; rien ne
» résiste à sa violence : il faut abattre les tentes et des-
» cendre en rampant sur la terre, si l'on ne veut être
» enlevé comme une plume. J'ai fait dix voyages à
» Forceral; j'y ai couché plusieurs nuits presque à la
» belle étoile, pour observer quatre angles. Nous avons
» commencé beaucoup trop tard dans ce pays. Les si-
» gnaux vont être placés jusqu'à Carcassonne et Alaric;
» il faut marcher..... J'espère que nos angles seront
» mesurés jusqu'à Carcassonne dans les premiers jours
» de novembre, et je compte revenir ensuite à Perpi-
» gnan, pour chercher une base. »

Il réussit dans tous ces projets : ses triangles formèrent alors une chaîne non interrompue depuis Mont-Jouy jusqu'à Carcassonne. Il trouva sur la route de Perpignan à Narbonne une base de 6000 toises; il en fixa les termes par des pieux enfoncés dans un massif de maçonnerie, et recouverts d'une plaque de cuivre au milieu de laquelle le point de centre étoit marqué par l'intersection de deux diamètres d'un cercle, et il joignit ces deux points aux triangles principaux par la station subsidiaire d'Espira. L'hiver de l'an 4 fut employé tout entier à ces opérations et à celles par lesquelles il détermina la latitude de Perpignan et la position de cette ville par rapport aux signaux voisins.

Je ne pus arriver à Dunkerque que le 7 nivose, pour y faire les opérations correspondantes à celles que Méchain avoit faites deux et trois ans auparavant à Barcelone et à Mont-Jouy. J'aurois bien désiré que nos observations eussent été simultanées; mais il est démontré qu'il ne peut résulter aucun inconvénient réel de l'intervalle qui les sépare. En observant les passages supérieurs et inférieurs des étoiles circompolaires, nous nous rendons indépendans des mouvemens des étoiles, ou plutôt nos observations nous donneroient ces mouvemens, ainsi que les déclinaisons absolues, en même temps que la hauteur du pôle. La nutation a dû varier au plus de 3″ dans l'intervalle, c'est-à-dire du tiers de la plus grande. Supposons o″6 d'incertitude sur la plus grande nutation, l'erreur relative, dans nos calculs, ne sera que de o″2 dont nous nous tromperons sur le mouvement en déclinaison pendant trois ans; mais il n'en résultera aucune incertitude sur la hauteur du pôle. Cette même remarque s'applique à plus forte raison encore à l'aberration, qui a dû être la même à Dunkerque et à Mont-Jouy, puisque nous observions tous deux dans la même saison. De plus, nos déclinaisons s'accordent fort bien avec celles que nous avons observées simultanément en l'an 5, Méchain à Carcassonne, et moi à Évaux. Enfin elles ont été confirmées par celles que nous avons trouvées à Paris en l'an 7, et qui nous ont donné, à un sixième de seconde près, la même latitude pour le Panthéon.

Quoique je fusse arrivé trop tard à Dunkerque, et que le temps eût été fort variable, je réussis pourtant à prendre cent soixante-quatorze distances de l'étoile polaire dans son passage supérieur, et cent trente-huit dans son passage inférieur, qui ont dû me donner la latitude avec la précision d'une demi-seconde. Trois cent six observations du passage supérieur de β de la petite Ourse, en empruntant la déclinaison observée par Méchain à Mont-Jouy, ou celle que nous observâmes tous deux depuis en l'an 5, donneroient un tiers de seconde de plus.

Le passage inférieur de β de la petite Ourse réussit mal; les observations n'étoient qu'au nombre de soixante-huit, et assez mauvaises. En les faisant concourir avec les autres, la latitude se trouveroit diminuée de près d'une seconde; en les rejetant, comme je crois qu'on doit le faire, la latitude sera déterminée assez sûrement pour n'avoir pas besoin de vérification ultérieure, comme je l'avois craint. Remarquons encore que cette latitude, comparée à celle de l'Observatoire de Paris, donne le même arc céleste que Lacaille a trouvé par ses observations en 1740.

Je quittai Dunkerque en germinal an 4, pour continuer mes triangles, qui alloient jusqu'à Bourges et Dun-sur-Auron.

Il auroit été fort difficile de placer un signal sur la tour de Bourges; de quelqu'une des stations voisines il se seroit nécessairement projeté sur le tourillon de l'escalier ou sur celui de l'horloge. Celui-ci est surmonté d'un pélican qui sert de girouette, et qu'on a pris pour point de mire en 1740. Il s'élève de 6 mètres environ au-dessus de la balustrade. Je me déterminai à le prendre aussi pour signal. Il étoit très-aisé à bien observer de Méri et de Dun, d'où je le vis d'abord; on le distinguoit aussi parfaitement de Cullan, à une distance de 60000 mètres : mais, quand il se projetoit en terre, comme à Morlac ou à Morogues, il étoit très-difficile à reconnoître. A Morlac on ne le voyoit jamais qu'à la fin du jour. De Morogues on ne pouvoit rien distinguer; on étoit obligé d'observer la masse du tourillon, grossie encore par un pilier qui porte une roue sur laquelle glisse un fil qui soulève le marteau de l'horloge.

Le clocher de Morlac avoit été rasé à la hauteur du faîte de l'église, ainsi que beaucoup d'autres du même département. Un représentant du peuple s'étoit vanté, dans une lettre à la Convention, d'avoir *fait tomber tous ces clochers qui s'élevoient orgueilleusement au-*

dessus de l'humble demeure des s.... c.... On n'ose plus
écrire aujourd'hui le titre dont ils se glorifioient alors,
et duquel on avoit composé le nom donné d'abord aux
jours complémentaires du nouveau calendrier. Cependant j'ai vu par-tout que ces humbles s.... c.... regre-
toient beaucoup leurs clochers. J'invitai donc les habi-
bitans de Morlac à rétablir celui qu'ils avoient vu tomber
avec tant de chagrin ; j'offris de payer les frais par moitié :
mais ils aimoient encore mieux leur argent, et ne vou-
lurent entendre à aucun arrangement. Je m'en tins alors
à faire construire à la place une simple pyramide couverte en planches ; mais, telle qu'elle étoit, elle pouvoit
garantir leur église de la pluie. Je voulus la leur céder
à moitié prix, après mes opérations : sur leur refus, je
la vendis à un particulier pour la somme qu'ils n'avoient
pas voulu donner ; mais, quand il se présenta pour en
enlever les matériaux, ils s'y opposèrent. L'affaire fut
portée au tribunal voisin, et je reçus quelques mois après
une lettre du juge, qui me demandoit un récit exact
des faits, pour savoir à qui appartenoit véritablement
mon signal. J'ignore l'issue de ce grave procès.

La tour de l'horloge de Dun-sur-Auron est terminée
par une pyramide quadrangulaire facile à observer ; cependant un petit toit destiné à couvrir la cloche, fait
sur l'une des faces une saillie de deux pieds qui, vue
de Bourges, et sur-tout de Morogues, gênoit un peu
l'observation.

Depuis la mesure de 1740, M. de Béthune-Charost
avoit fait construire un belvédère à très-peu de distance

de l'ancien signal des Préaux. Ce belvédère, surmonté d'une pyramide octogone, formoit le plus commode et le plus sûr des signaux, quand on le voyoit, comme à Dun, d'assez près pour en distinguer toutes les parties; mais, vu de Morlac, il nous a singulièrement exercés par ses phases, c'est-à-dire par la manière inégale dont il étoit éclairé du soleil aux différentes heures du jour; en sorte que, pour obtenir des observations qui ne fussent point altérées par le soleil, ou dans lesquelles les erreurs fussent de nature à se détruire mutuellement, il me fallut mesurer cent soixante-dix fois l'angle que le belvédère faisoit avec le signal de Cullan.

Ce dernier signal étoit placé à peu de distance de celui qui porte le même nom dans la *Méridienne vérifiée*.

A Saint-Saturnin je n'ai pu retrouver exactement la place de l'ancien signal, et d'ailleurs je n'aurois pu m'y établir. Des bois embarrassoient l'horizon, et même, en m'écartant, je n'ai pu observer que par des échappées de vue qui ne subsisteront peut-être pas long-temps. Ce signal étoit fort difficile à reconnoître de Morlac, et, pour ne plus m'exposer à la même méprise qu'à Morogues, j'envoyai allumer un feu au pied même du signal. Ce qui augmentoit mon incertitude étoit que la distance observée au zénith de Morlac étoit moindre de 10' que celle de la *Méridienne vérifiée*. Le feu, allumé dans le crépuscule, confirma la distance au zénith que j'avois observée. Il y a sans doute faute d'impression dans la *Méridienne vérifiée*, page XXXIII.

Sur la montagne de Laage je reconnus très-bien la

place du signal de 1700 ; mais nuls vestiges de celui de
1740. Je me plaçai donc à l'endroit qui me parut le plus
favorable.

Pour la station suivante je pris, comme autrefois,
le clocher d'Arpheuille. Il étoit assez difficile à voir de
Cullan, à cause d'un gros arbre qui en cachoit la partie
inférieure. Le triangle qui se termine à ce clocher est
presque isoscèle, et l'angle au sommet est de près de
115 degrés. Je souhaitois fort le partager en deux, au
moyen d'un signal intermédiaire : j'y trouvai trop de
difficultés, et j'ai été obligé de le laisser tel qu'il étoit.

La tour de Sermur et le signal d'Orgnat sont mes
dernières stations pour cette campagne. Quand j'arrivai
à Sermur, le 6 Brumaire an 5, la montagne étoit déja
couverte de neige. Le signal de la Fagitière n'ayant pu
être posé à temps, le clocher d'Herment ne pouvant être
aperçu du pied de la tour de Sermur, et la station de
Saint-Michel s'étant trouvée trop difficile à remplacer,
je fus obligé de remettre au printemps la partie australe
de ces deux stations. J'étois pressé de me rendre à
Évaux, où nous étions convenus que celui qui se trouveroit le plus avancé feroit pendant l'hiver les observations de latitude à égale distance de Dunkerque et de
Barcelone, à très-peu près.

Il restoit à Méchain neuf ou dix stations, en comptant Rodez et Rieupeiroux : il m'en restoit douze, en
comptant aussi ces deux stations que nous devions faire
chacun par moitié. Mais Évaux se trouvoit enfermé dans
les derniers triangles que j'avois formés ; il ne me falloit

pas plus d'un jour pour m'y rendre d'Orgnat où j'étois alors. Méchain étoit à même proximité de Carcassonne ; il vouloit faire en cette ville des observations d'azimut. Il se résolut donc à y passer l'hiver, pour y observer aussi la latitude, tandis que j'observerois celle d'Évaux.

Il étoit temps que j'arrivasse ; huit jours plus tard l'objet de mon voyage étoit manqué. Quoique l'hiver eût commencé par de beaux froids et un temps clair, je n'eus pas trois belles nuits en nivose ; les deux mois suivans furent plus beaux : et quoique une maladie de M. Bellet, qui dans toutes mes observations tenoit le niveau, m'ait fait perdre environ trois semaines, je fis cependant environ douze cents observations de α et de β de la petite Ourse, au-dessus et au-dessous du pôle, et les deux étoiles s'accordèrent à moins d'une demi-seconde. La déclinaison de la polaire, déterminée par ces observations, est à moins d'un cinquième de seconde la même que celle qui résulte des observations simultanées de Méchain à Carcassonne, et ces observations, non seulement assurent la latitude d'Évaux, mais augmentent la confiance en celle de Dunkerque.

J'étois à Évaux vers le 4 frimaire. Vers le même temps, le froid insupportable et les neiges qui couvroient les montagnes du département du Tarn, forcèrent Méchain de se réfugier à Carcassonne. Il projetoit de reprendre la mesure des triangles aux premiers beaux jours, et de les conduire dans la même année jusqu'à Aubassin et Violan. En se chargeant de ces stations il vouloit me ménager le loisir d'opérer avant l'hiver la jonction entre la base de Melun et les triangles voisins. Il insistoit sur ces propositions dans toutes les lettres qu'il m'écrivoit de Carcassonne.

Les mauvais temps l'empêchèrent de songer aux observations azimutales avant le 25 floréal : elles furent terminées dix jours après. Il n'employa cette fois que le soleil, et non plus la polaire, parce qu'elle auroit exigé l'usage des réverbères, que nous n'avons jamais osé nous permettre en France. Le besoin de vérifier un angle qui paroît avoir été très-difficile, et dont je trouve dans ses manuscrits quatre séries outre les six qu'il a publiées page 374, le retint à Carcassonne jusqu'à la fin de prairial. En messidor il envoya Tranchot poser les signaux et chercher une position nouvelle entre la Gaste et Montalet, pour donner aux triangles une disposition plus avantageuse. Tranchot lui trouva Cambatjou. Lui-même se disposoit à rentrer en campagne au commencement de thermidor ; mais le mauvais état de sa santé lui fit perdre encore ce qui restoit de la belle saison.

Pour moi, sorti d'Évaux le 12 germinal, je me mis, avec Bellet, à la recherche des stations.

Nous ne trouvâmes rien qui nous indiquât exactement la place du signal de la Fagitière. La station de Saint-Michel fut remplacée par la station infiniment plus commode des Bordes. Ce point, que nous avions très-bien aperçu de la Fagitière, nous en avoit paru beaucoup plus éloigné. Nous le cherchâmes long-temps entre Aubusson et Guéret ; enfin Bellet le trouva au sud-est de Felletin.

Nous ne fûmes pas si heureux du côté d'Herment. Ce clocher ne se voyoit plus du bas de la tour de Sermur. Nous voulions une station intermédiaire : nous la cherchâmes pendant six jours, sans trouver un point d'où l'on pût découvrir à la fois Sermur, la Fagitière et Herment, quoique ces trois stations soient fort élevées. Ce qui rendoit Herment si difficile, c'est qu'on avoit abattu la partie supérieure du clocher et la lanterne où l'on s'étoit mis en 1740; il ne restoit même de la partie inférieure que la charpente, qui étoit toute à jour. Je la fis couvrir de toile blanche, parce que de Sermur ce clocher se projetoit sur des montagnes voisines. La couleur de cette toile alarmoit les habitans, qui craignoient d'avoir l'air d'arborer l'étendard de la contre-révolution. Je fis donc ajouter, d'une part, une bande rouge, et, de l'autre, une bleue. Ce moyen parut satisfaire tout le monde. Cependant, comme je n'étois pas encore bien sûr qu'on respectât long-temps mon signal tricolor où le blanc dominoit trop, je sollicitai de l'administration départementale du Puy-de-Dôme un arrêté qui mît ce signal sous la sauvegarde des autorités locales, et en effet il fut toujours respecté. Celui de Bort, au contraire, fut souvent insulté, et sans le zèle et les soins de l'administration municipale, il n'eût pas subsisté long-temps. Le jour même où il avoit été construit, un orage affreux avoit dévasté les environs de Bort et rempli les rues de la ville, jusqu'à trois pieds de hauteur, de terre et de cailloux que les eaux avoient entraînés du haut de la montagne. On avoit craint pour

le pont de la Dordogne. On s'en prenoit à notre signal,
qui paroissoit être la cause du désastre ; on lui attri-
buoit encore les pluies continuelles qui, pendant près
de deux mois, suspendirent toute culture dans ces montagnes. Plus d'une fois on voulut l'arracher : il en fut
de même à peu près de celui de Meimac. Heureusement
ils étoient tous les deux dans des lieux écartés et d'un
accès peu commode.

La place de celui d'Aubassin fut choisie par un temps
horrible ; la pluie et le brouillard empêchoient de voir
à trois pas. On ne put retrouver aucun vestige de l'ancien signal. Il n'y avoit pas beaucoup à choisir à Violan ; tant la crête de la montagne est étroite : mais
cette raison même empêcha de placer le signal au même
point que l'ancien ; qui n'étoit probablement qu'un tronc
d'arbre planté tout à l'extrémité, vers Aubassin. De la
ville de Salers, où nous étions arrivés par un temps
toujours pluvieux, le 20 prairial, nous vîmes Violan
se couvrir de neige en un instant : elle fondit le lendemain, et rendit l'accès de la montagne plus désa-
gréable encore que difficile. Bellet m'épargna la peine
de cette visite, comme il avoit déja fait pour Aubassin.
D'Aurillac à Montsalvy nous fûmes accompagnés d'un
orage des plus affreux. Nous cheminions dans le nuage
même, à la lueur des éclairs et au bruit d'un tonnerre
continuel.

De là nous visitâmes la chapelle Saint-Pierre. Elle
est abandonnée et n'a plus de porte ; le clocher n'existe
plus qu'à moitié. Un arbre est à l'angle qui se présente.

le premier, à gauche en venant de Montsalvy. En 1740 on n'avoit pu de Violan distinguer suffisamment ces deux objets, dont on avoit observé l'ensemble (*Méridienne vérifiée*, p. xl). A quelques mètres de la chapelle on trouve une place commode pour un signal : on y voit parfaitement tous les points qui nous étoient nécessaires ; seulement la Bastide nous parut un objet assez confus, quoique dans une position fort élevée. On pouvoit rapprocher le signal de la ville de Montsalvy, en le mettant sur une hauteur que l'on trouve à gauche en revenant de la chapelle. Mais au nord de Montsalvy, et tirant un peu à l'est, est une autre montagne appelée Puech-l'Arbre ou Puy-de-l'Arbre ; elle touche à la ville, à laquelle elle cache le puy Violan : je me déterminai à la prendre pour station.

En allant à la Bastide, nous visitâmes la chapelle désignée dans la *Méridienne vérifiée* sous le titre de Saint-Mamet, parce qu'elle est voisine de ce bourg ; mais elle porte le nom de Saint-Laurent.

A la Bastide je ne trouvai qu'un seul moyen qui fût convenable pour les observations, c'étoit de mettre un signal sur le clocher : mais ce clocher est couvert d'une pierre, espèce de schiste, épaisse et lourde, dont on ne pouvoit détacher aucun fragment sans s'exposer à faire écrouler tout. Il eût fallu construire à la place du toit une espèce d'observatoire, surmonté d'une pyramide comme celle de nos signaux de Châtillon, Melun et Lieursaint : la disette d'ouvriers et de matériaux rendoit ce moyen trop long et trop dispendieux. Je ne voulois

1, L

pas, comme on avoit fait en 1740, prendre successivement pour point de mire différentes parties qui sont
éloignées les unes des autres de 33 mètres. Je fus donc
réduit à placer à 133 toises du clocher une pyramide
de 5 toises de hauteur, que je fis couvrir de paille du
haut jusqu'à terre, et qui n'en fut pas moins très-difficile à distinguer du puy Violan, parce qu'elle se projetoit sur des objets voisins, inconvénient que je n'avois
pu éviter parmi tant d'autres difficultés.

De la Bastide et de Montsalvy je reconnus que la tour
de Rodez et le petit clocher de Saint-Jean de Rieupeyroux pouvoient m'épargner deux signaux ; alors je me
hâtai de retourner à Sermur, où je repris mes observations le 10 prairial, après cinquante-huit jours de courses
préparatoires. Je mesurai mon dernier angle le 10 fructidor, à Rodez ; et ces douze stations, malgré les pluies
et les brumes, n'employèrent que deux mois d'un travail effectif.

Je n'avois, pendant tout ce temps, aucune nouvelle
de Méchain. Le 6 fructidor, je découvris son signal de
la Gaste, que j'avois cherché vainement les jours précédens. Le 7, je rencontrai Tranchot sur le chemin de
Rieupeyroux à Rodez ; il venoit de terminer la mission
dont Méchain l'avoit chargé. Tous les signaux étoient
en place ; rien ne s'opposoit plus à son retour à Paris,
où il n'étoit pas rentré depuis le mois de juin 1792.
Méchain avoit trouvé à Carcassonne un jeune homme
dont il parle avantageusement, page 293 : il ne vouloit
pas d'autre aide pour achever ce qui restoit à mesurer

entre Carcassonne et Rieupeyroux. Il comptoit terminer
avant la mauvaise saison ; mais ses forces physiques ne
répondoient plus à son zèle. Je vois par une lettre qu'il
m'écrivoit le 20 brumaire an 6, « Qu'une indisposition
» assez grave étoit venue prolonger des retards bien in-
» volontaires. J'ai été, me disoit-il, arrêté deux mois
» entiers dans la montagne Noire, sans pouvoir y trouver
» deux heures de suite où je pusse observer. Je n'ai pu
» terminer la station de Nore qu'à force de constance,
» et avec des peines infinies. Je suis au comble de la
» douleur en voyant l'impossibilité d'aller plus avant.
» Je ne redoute ni les fatigues ni le froid, mais ce seroit
» sans succès que je tenterois de les braver..... Dans
» cette cruelle conjoncture je prends le parti de rester
» encore dans cet affreux exil, loin de ce que j'ai de
» plus cher au monde ; je sacrifie tout, je renonce à
» tout, plutôt que de rentrer sans avoir terminé ma
» portion de travail que vous aviez même voulu dimi-
» nuer. J'attendrai donc le retour du beau temps. J'em-
» ploierai l'intervalle à terminer la rédaction, et dès
» les premiers beaux jours je reprendrai la mesure des
» angles. Je ferai les plus grands efforts pour qu'elle
» soit terminée avant la fin de floréal, assez à temps pour
» prendre part à la mesure des bases..... *Mais, pour*
» *rien au monde, je ne rentrerai avant d'avoir entiè-*
» *rement rempli ma tâche* ». Cette résolution, dans
laquelle je le savois affermi depuis long-temps, m'empêcha d'insister sur l'offre que je lui avois faite de
continuer par-delà Rodez, jusqu'à ce que je l'eusse

rencontré; quoique, dans un autre temps, il m'eût proposé de venir au-devant de moi jusqu'à Sermur, ou même plus près de Bourges, si je rencontrois trop d'obstacles. Il me restoit d'ailleurs à prendre quelques angles à Brie, Malvoisine et Montlhéri; j'avois à préparer la mesure des bases, et joindre celle de Melun aux triangles voisins. On peut voir, page 126, quelle peine nous a donnée, dans le clocher de Brie, le signal de Montlhéri, malgré la précaution prise de blanchir ce signal et de peindre en noir la partie de la tour sur laquelle il se projetoit.

Le 17 vendémiaire an 6 nous allâmes à Melun, M. Laplace et moi, pour déterminer définitivement les extrémités de la base, et commander les signaux. La route est plantée d'arbres des deux côtés, et elle fait un petit coude vers le tiers de la base. Cette réunion de circonstances fait que les deux extrémités sont invisibles l'une pour l'autre, et nécessite des signaux élevés. Ils ne purent être achevés qu'en nivose. Malgré leur hauteur, ils étoient encore invisibles : il fallut reconnoître et couper les branches qui gênoient la vue. Cette opération demanda six semaines. Aussitôt qu'elle fut terminée, je mesurai tous les angles des deux triangles subsidiaires, qui furent achevés le 7 ventose an 6.

Les règles qui devoient servir à mesurer les bases, n'étoient pas prêtes; je les attendis jusqu'à la fin de germinal. Les premiers jours de ce mois furent employés à tracer l'alignement de la base; la mesure entière prit ensuite trente-huit jours, sans compter trois jours de pluie dans lesquels il nous fut impossible de rien faire. En travaillant depuis neuf heures du matin jusqu'au coucher du soleil, nous n'avons jamais pu parvenir à mesurer plus de 360 mètres en un jour, c'est-à-dire à placer plus de quatre-vingt-dix règles au bout l'une de l'autre.

Cette mesure fut achevée le 15 prairial. Mon dessein étoit d'abord de la recommencer aussitôt en sens contraire; mais, en calculant ce qui me faudroit de temps pour cette seconde opération, je vis qu'il faudroit remettre à l'année suivante la mesure de la base de Perpignan, et je pensai qu'il valoit mieux avoir deux bases à 66 myriamètres (environ 160 lieues) de distance, que deux mesures de la base de Melun, d'autant plus que la proximité nous met à portée de vérifier celle-ci quand on voudra. D'ailleurs je n'étois pas sans espérance que nous pourrions revenir assez tôt, Méchain et moi, pour en exécuter conjointement la seconde mesure pendant l'automne, et l'achever en présence des savans étrangers qui seroient les premiers au rendez-vous indiqué pour le 15 vendémiaire an 7.

On a vu que le premier projet avoit été d'inviter la Société royale de Londres à concourir avec l'Académie des sciences à la fixation de l'unité fondamentale; mais l'unité projetée étoit alors la longueur du pendule. La mesure de la méridienne étoit une entreprise bien plus considérable, et d'une trop longue durée, pour qu'on pût se flatter de la voir terminer par les commissaires réunis des deux nations, lorsque tant de causes probables et prochaines poúvoient troubler la bonne intelligence entre leurs gouvernemens. L'événement ne prouva que trop tôt combien cette crainte étoit fondée. Mais les mesures terminées, avant d'en déduire les conséquences, il n'y avoit plus aucun inconvénient, on devoit au contraire trouver un avantage réel, à soumettre le travail à l'examen de tous les savans de l'Europe ; et toutes les puissances amies ou seulement neutres furent invitées à nommer des députés à ce congrès d'une espèce toute nouvelle.

L'époque fixée étoit assez voisine ; il n'y avoit plus un instant à perdre. Quelques préparatifs et quelques délais dans la remise des fonds nécessaires, me retinrent à Paris jusqu'au milieu de messidor. On ne pouvoit voyager bien vîte avec l'attirail nécessaire à la mesure d'une base. Je ne pus arriver à Perpignan que le 4 thermidor. Je m'occupai tout aussitôt à planter les signaux aux deux termes de la base. L'alignement seul dura sept jours, et la mesure quarante et un, sans compter trois jours d'un vent impétueux qui nous réduisit à l'inaction. On voit donc que, dans les circonstances les plus favorables, on ne peut guère se flatter, avec tous les soins et le scrupule que nous y apportions, de mesurer une base de 12000 mètres en moins de cinquante jours, puisque, dans les deux plus belles saisons de l'année, et malgré l'avantage d'un terrain bien uni, la base de Melun employa quarante-cinq jours, et celle de Perpignan cinquante et un, tout compté. Il est vrai que la nécessité de marquer le soir dans le sein de la terre, et de manière à le retrouver le lendemain sans la moindre incertitude, le point où l'on s'étoit arrêté; le soin de remettre tous les instrumens dans leurs boîtes, de les déposer en lieu sûr, de les venir reprendre le matin, et d'aller au loin chercher le gîte où l'on passoit la nuit: tout cela prenoit chaque jour un temps considérable, qu'on eût épargné si l'on eût pu camper auprès des règles autour desquelles auroient veillé des factionnaires. Mais aucun de ces moyens n'étoit en notre pouvoir; et d'ailleurs nous n'avions que le nombre de coopérateurs strictement nécessaire, et personne n'avoit un instant dans la journée pour se reposer.

La base de Perpignan fut terminée le premier complémentaire an 6. J'en donnai avis aussitôt à Méchain, en lui demandant ses triangles, pour voir comment les deux bases s'accorderoient. Dès l'hiver précédent je lui avois communiqué tous les miens; il les avoit calculés de nouveau, et m'avoit envoyé tous ses résultats pendant que j'étois à Melun. En attendant sa réponse, je calculai les diverses réductions dont ma base avoit besoin pour être rapportée à l'horizon, au niveau de la mer et à la température moyenne de 13° de Réaumur.

Des obstacles de toute espèce avoient, contre son attente, retenu Méchain entre Carcassonne et Rodez. C'est par cette dernière ville et Rieupeyroux qu'il avoit repris la suite de son travail le premier thermidor an 6; de-là il avoit passé successivement à la Gaste, à Puy-Saint-Georges et à Mont-Rédon; et voici ce qu'il m'écrivoit de cette station le 19 fructidor:

« J'ai fait rétablir tous les signaux et pris les moyens
» les plus directs pour en assurer la conservation. J'ai
» écrit aux administrations centrales et municipales;
» j'ai requis l'emploi de l'autorité. Pour le signal de
» Montalet, il a fallu recourir à la force : des propos
» répandus, et le fanatisme, avoient tellement exaspéré
» les esprits qu'on détruisoit le signal aussitôt qu'il étoit
» relevé, et au mépris d'un avis imprimé que le dépar-
» tement avoit fait afficher. On vient de relever ce signal
» et d'y poster des gardes : il n'y a plus rien à craindre.
» Il a fallu mettre aussi des gardes à plusieurs autres
» signaux. Au nord de Rodez on a été plus tranquille.
» Vos signaux de la Bastide et de Montsalvy sont tou-
» jours intacts..... Vous pouvez compter que sous peu
» vous aurez tous mes angles. »

Dix jours après il m'envoya ses triangles depuis Barcelone jusqu'à Carcassonne : il achevoit alors les observations à Cambatjou. Il avoit encore à faire les stations
de Montalet et de Saint-Pons : celle de Montalet finit
le 9 vendémiaire an 7. La base mesurée, je m'étois rendu
à Narbonne, et ensuite à Carcassonne, pour être plus
près de Méchain et plus à portée de le suppléer en
cas de maladie. Le 15 vendémiaire il m'envoyoit de
Saint-Pons tous les triangles depuis Alaric et Carcassonne, auxquels il ne manquoit plus que deux angles
que je pouvois conclure d'après ceux qu'il me communiquoit. L'exprès qui m'apporta ces triangles lui porta
la longueur de ma base de Perpignan, et le premier
brumaire il m'écrivoit de Saint-Pons de Thomières que

ses observations étoient finies, qu'il iroit bientôt me joindre à Carcassonne; et par *post-scriptum* il ajoutoit : *Il me semble par aperçu que la base de Perpignan, calculée d'après celle de Melun, sera plus courte de* 1 ^{t} $\frac{3}{4}$ *ou environ que la base mesurée.* Pour moi, d'après des calculs faits avec plus de loisir, mais dans lesquels j'avois été forcé de regarder comme insensibles des réductions légères que je n'avois pas eu le temps de calculer, je ne trouvois guère que 4 pouces; mais, toute réduction faite, la différence fut de 10 à 11 pouces. Nous avons dit ci-dessus qu'en 1718 on avoit eu 3 toises ou 216 pouces pour la différence entre les bases de Juvisi et de Perpignan.

Le 7, Méchain m'écrivoit que, par de nouveaux calculs faits avec plus de soin, il trouvoit 6006^{t}1983 pour la base de Perpignan déduite de celle de Melun, au lieu de 6006^{t}27 qu'avoit données la mesure. « J'avoue, » ajoute-t-il, que je ne m'attendois pas d'arriver si près, » d'autant que par un aperçu fait bien à la hâte, j'avois » trouvé, comme je vous l'ai mandé, une différence » de 1.75 toise; mais *j'affirme que les angles des trian-* » *gles de Rodez à Carcassonne étoient arrêtés tels que* » *je vous les envoie avant d'avoir commencé la première* » *ligne de ces calculs* (1). Je n'avois fait qu'ébaucher la

---

(1) Il n'est pas moins certain que tous mes angles, de Dunkerque à Rodez, étoient arrêtés depuis plus long-temps encore, puisque Méchain les avoit tous calculés depuis six mois. Ma base de Melun étoit également arrêtée et communiquée à Borda, Méchain et plusieurs de mes confrères. Quand j'écrivois à Méchain pour lui communiquer la longueur de la base de Perpignan, il

» longueur des côtés·sur mon ancienne échelle, pour
» calculer les réductions au centre, et c'étoit d'après
» cette ébauche que je croyois apercevoir 1.75 toise
» entre la base calculée sur la première et la mesure
» effective. »

Peu de jours après cette lettre il vint me trouver à
Carcassonne, et nous revînmes ensemble à Paris, où
nous arrivâmes dans les premiers jours de frimaire an 7.

Mon dernier soin, avant d'aller à Melun pour mesurer la base, avoit été de constater l'état des règles
par une comparaison faite dans l'atelier de M. Lenoir,
en sa présence, avec son aide et celle de M. Bellet. Le
6 frimaire je fis, de la même manière, une vérification
semblable ; elle prouva, comme la première, que les
règles n'avoient pas éprouvé la moindre altération. On
tira la même conséquence d'une comparaison plus authentique encore faite par une commission particulière,
dont le procès-verbal, rédigé par Méchain, sera rapporté en entier dans la suite de cet ouvrage.

Les savans étrangers qui avoient reçu l'invitation de

---

me manquoit encore les triangles entre Carcassonne et Rodez ; le même
exprès qui m'apporta ces triangles remporta dans le même instant la longueur
de ma base. Il n'étoit plus en mon pouvoir d'y rien changer, quand je pus
commencer les calculs des triangles qui remplissoient la lacune et achevoient
la jonction : ainsi les contre-temps qui avoient tant retardé la clôture des
opérations de Méchain, n'avoient servi qu'à donner une plus grande authen-
ticité aux opérations, et il eût été difficile d'imaginer une combinaison qui
écartât plus sûrement toute idée de collusion. Je puis montrer la preuve de
tous ces faits dans les lettres originales de Méchain, que je conserve avec
toutes les autres pièces justificatives.

se rendre à Paris dans les premiers jours de l'an 7, pour prendre une connoissance intime des opérations exécutées, et pour contribuer de leur travail et de leurs lumières à tirer les conséquences qui devoient fixer de la manière la plus authentique l'unité fondamentale du système de mesures ; ces députés, pour la plupart, avoient devancé l'instant marqué, et depuis deux mois ils attendoient notre retour. Cette circonstance nous avoit rendu plus sensibles les contrariétés imprévues et les obstacles de tout genre qui avoient retenu Méchain. Je tâchai du moins de mettre à profit les cinquante jours que j'avois été contraint de passer à Narbonne et à Carcassonne après la mesure de ma seconde base. J'avois eu le loisir de calculer toutes les parties de l'opération, dont j'avois dès-lors le résultat définitif ou la longueur véritable du mètre ; mais ce résultat étoit trop important pour être adopté, pour ainsi dire, de confiance : il convenoit que tous les calculs fussent examinés scrupuleusement, ou même répétés par les commissaires. Méchain avoit besoin de quelques délais pour mettre en ordre et calculer ses dernières observations. Il en pouvoit résulter quelques modifications légères, à la vérité, mais importantes dans une occasion où l'on vouloit la précision la plus rigoureuse. On résolut d'examiner séparément chacune des opérations qui concouroient au même but. On commença par exposer aux yeux de la commission toute entière les instrumens qui avoient servi aux mesures géodésiques et astronomiques, les cercles répétiteurs, les règles de platine et tous leurs accessoires.

On lut dans les assemblées générales les mémoires de Borda sur la construction de ces règles, et sur les épreuves auxquelles il les avoit soumises; il rendit compte de ses expériences du pendule. On répéta quelques-unes de ces expériences; on fit un simulacre de la mesure d'une base, et quelques observations d'angles horizontaux et de distance au zénith. Après ces conférences générales, on sentit l'utilité de former des commissions particulières pour examiner dans le plus grand détail les observations et refaire les calculs.

Les savans étrangers venus pour prendre part à ces travaux étoient MM. Æneæ et van Swinden, députés bataves; M. Balbo, député du roi de Sardaigne, remplacé depuis par M. Vassalli Eandi, envoyé par le gouvernement provisoire du Piémont; M. Bugge, député du roi de Danemarck; MM. Ciscar et Pédrayés, députés du roi d'Espagne; M. Fabbroni, député de Toscane; M. Franchini, député de la République romaine; M. Mascheroni, député de la République cisalpine; M. Multedo, député de la République ligurienne, et M. Trallès, député de la République helvétique.

La commission française avoit éprouvé quelque changement depuis l'arrêté du 28 germinal an 3; nous avions perdu M. Vandermonde; MM. Berthollet et Monge étoient en Égypte : ils avoient été remplacés par MM. Darcet et Lefèvre-Gineau.

La commission chargée spécialement d'examiner les opérations géodésiques et astronomiques étoit composée de MM. Trallès, van Swinden, Laplace et Legendre.

En examinant tous les détails de la mesure des deux bases, en voyant les doubles registres originaux, dans lesquels toutes les parties de ce travail ont été consignées avec tous les élémens des réductions, la commission a pensé que la forme même de ces registres, la marche constante qu'on avoit suivie, avoit dû prévenir toute erreur appréciable, et que l'accord des deux bases situées à une si grande distance, rendoit superflues toutes vérifications ultérieures ; en conséquence on adopta, pour servir de fondement à tous les calculs, les deux longueurs suivantes, réduites au niveau de la mer, et à la température de $16 \frac{1}{4}$ du thermomètre centigrade :

Base de Melun . . . . $6075^t 900069$.
Base de Perpignan . . $6006^t 247848$. (1)

Procédant ensuite à l'examen des trois angles de chaque triangle, comparant les différentes séries de chacun de ces angles, et pesant toutes les circonstances et les notes consignées dans les registres originaux, et en outre les éclaircissemens fournis par les deux observateurs, les commissaires arrêtèrent le tableau des triangles tel qu'il sera rapporté en son lieu, et l'on commença les calculs. Ils furent tous faits séparément par quatre personnes différentes, MM. Trallès, van Swinden, Legendre et moi. Chacun apportoit ses calculs, et l'on convenoit des résultats qu'on devoit adopter quand il se trouvoit quelques-unes de ces différences insensibles qu'on ne peut

_____

(1) Cette quantité subira une petite correction, et sera portée à $6006^t 25$. Voyez dans le volume suivant le chapitre des Bases.

toujours éviter dans des opérations si longues et si délicates.

On soumit à un examen semblable les observations
azimutales faites à Watten, Bourges, Carcassonne et
Mont-Jouy : alors on put calculer l'arc terrestre mesuré.
Nous produisîmes, Méchain et moi, nos observations
de latitude faites à Dunkerque, Paris, Évaux, Carcassonne et Mont-Jouy; on connut ainsi l'arc céleste; et
la comparaison de cet arc à celui qui avoit été mesuré
au Pérou, ayant donné pour applatissement $\frac{1}{334}$, on en
conclut la grandeur du quart du méridien de 5130740
toises, et le mètre de 443.295936 lignes.

Pendant ce travail nous déterminions, Méchain et
moi, chacun par dix-huit cents observations, la hauteur du pôle, de nos observatoires, pour en conclure
celle du Panthéon, l'un des sommets de nos triangles,
et ces latitudes s'accordèrent à moins d'un sixième de
seconde. L'été suivant j'observai encore un très-grand
nombre de fois l'azimut du Panthéon de dessus la terrasse de mon observatoire; mais ce travail, dont je donnerai les détails et les résultats, fut terminé trop tard
pour être soumis à la commission, et n'étoit pas nécessaire pour l'objet principal de nos travaux.

La commission spéciale pour le quart du méridien
et la longueur du mètre étoit composée de MM. van
Swinden, Trallès, Laplace, Legendre, Ciscar, Méchain
et moi. Le rapport, rédigé par M. van Swinden, est du
6 floréal an 7.

La commission chargée de vérifier les règles et d'en

établir le rapport avec les toises du nord, du Pérou et de Mairan, étoit composée de MM. Multedo, Vassalli, Coulomb, Mascheroni et Méchain. Elle fit son rapport le 21 floréal an 7.

M. Fabbroni s'étoit joint à M. Lefèvre-Gineau pour achever le travail de la fixation de l'unité de poids. La commission chargée d'examiner ces expériences et les registres de M. Lefèvre étoit composée de MM. Trallès, Vassalli, Coulomb, Mascheroni et van Swinden. M. Trallès fit son rapport le 11 prairial, sur l'unité de poids. Ces deux rapports, réunis et refondus par M. van Swinden, furent lus à une assemblée générale de l'Institut, et un extrait de ce rapport a été entendu avec le plus grand intérêt dans la séance publique du 15 messidor. Le 4 du même mois l'Institut avoit présenté au corps législatif les étalons prototypes du mètre et du kilogramme en platine, qui furent de suite déposés aux archives, en exécution de l'article II de la loi du 18 germinal an 3.

Il ne reste plus, pour donner à cette grande et utile opération toute la publicité nécessaire pour mettre l'âge présent, et la postérité même, en état de juger à quel degré de précision l'on a pu parvenir en faisant usage de toutes les connoissances acquises à la fin du dix-huitième siècle, que d'exposer dans un ouvrage particulier et dans l'ordre le plus clair les différentes opérations exécutées par les commissaires de l'Institut national. C'est l'objet que nous nous proposons dans cet ouvrage dont l'impression, commencée il y a six ans, a été interrompue par un concours de circonstances dont il est inutile aujourd'hui de rendre compte, et notamment par le voyage d'Espagne entrepris par Méchain pour prolonger notre méridienne jusqu'aux îles Baléares, suivant le projet qu'il en avoit conçu dès 1792, et qu'il avoit été forcé de remettre à des temps plus tranquilles. Après des traverses inouies, il avoit conduit ses triangles depuis Barcelone jusqu'à Tortose; toutes ses stations étoient choisies et reconnues jusqu'à Cullera. Il avoit trouvé dans le royaume de Valence un emplacement pour la mesure d'une base; encore six ou sept triangles, il conduisoit sa mesure jusqu'au puy nommé los Masons, dans Ivice : trois mois devoient suffire à ces opérations. Il devoit faire pendant l'hiver les observations astronomiques au terme austral de ce nouvel arc; au mois de mars il auroit mesuré la base d'Oropesa. A son retour il comptoit observer le pendule à 45°, et nous rapporter dans l'été de l'an 14 ce beau complément de tant de travaux : une fièvre épidémique, les fatigues extrêmes qu'il avoit endurées avec une constance qu'on ne peut s'empêcher de déplorer en l'admirant, l'ont arrêté dans sa course, et nous l'ont enlevé le troisième jour complémentaire an 13, à Castellon de la Plana, dans le royaume de Valence.

Après cette notice historique, dans laquelle j'ai tâché de placer tout ce qui peut intéresser ceux qui seroient appelés à des opérations de même genre, et le récit des circonstances qui nous ont empêchés souvent de faire ce que nous aurions tenté dans des temps plus heureux, je vais donner le plus succinctement qu'il me sera possible, mais sans omettre rien de ce que je pourrai croire utile, le détail des précautions que j'ai prises et des méthodes que j'ai suivies dans mes observations et mes calculs.

Méthodes d'observations et de calculs.

Tous les auteurs qui ont mesuré des arcs du méridien ont commencé par la description de leurs instrumens : le nôtre est si connu maintenant que ce seroit un soin fort inutile, d'autant plus que le cercle de Borda, par sa nature, n'exige que des vérifications extrêmement aisées, et qui, pour les observations géodésiques, se bornent à rendre l'axe optique des deux lunettes parallèle au plan du cercle. Nous parlerons ailleurs de la manière dont on s'assure de la verticalité du plan dans les observations des distances au zénith. Quant à la figure de l'instrument, elle se trouve gravée dans la *Connoissance des temps* de l'an 6, et dans l'exposé des opérations de 1787, pour la jonction des observatoires de Paris et de Greenwich.

Les deux cercles avec lesquels j'ai fait toutes mes observations avoient de rayon, l'un 0^m21, et l'autre 0^m18. Le plus grand étoit marqué du n° 1, le second du n° 4. Méchain avoit les n°s 2 et 3. Les deux miens étoient divisés en quatre cents degrés subdivisés chacun en dix parties ; ce qui faisoit au total quatre mille divisions tracées sur le limbe. Le vernier les partageoit encore

1.

chacune en dix parties, sans la moindre incertitude, et l'on pouvoit même estimer, sans se tromper de deux ou trois, les millièmes de degré. Quatre alidades, placées presque à angles droits, divisoient encore l'erreur; en sorte que ce n'est pas trop de dire que l'instrument donnoit les millièmes de degré. Ainsi, faisant abstraction des erreurs de la division, on auroit un angle à trois ou quatre secondes près par une seule observation. Supposons en outre 12″ d'erreur sur la division où l'on s'arrêtoit au bout d'une série, on auroit 15″ à diviser par le nombre des observations; ce qui fait presque toujours une quantité insensible. Nous ne faisons pas entrer dans ce calcul les erreurs du pointé, produites par toutes les illusions optiques qui peuvent naître des circonstances atmosphériques et de la manière plus ou moins foible, plus ou moins oblique, dont les signaux sont éclairés. C'est à ces causes qu'il faut attribuer les différences que donnent les observations entre les diverses séries d'un même angle mesurées sur les mêmes points de la division. Voyez, au reste, la station de Dunkerque, pages 6 et 7.

Trois de nos quatre cercles étoient divisés en grades ou degrés décimaux valant chacun $\frac{360°}{400} = 0°9 = 54'$ $= 3240''$. Cette division est beaucoup plus commode pour l'usage du cercle répétiteur, et le seroit également pour les verniers de tous les instrumens quelconques. Plusieurs personnes tiennent encore à l'ancienne division par habitude et parce qu'elles n'ont fait aucun usage de la nouvelle; mais aucun de ceux qui les ont pratiquées toutes deux ne veut retourner à l'ancienne. Cependant, comme nos tables trigonométriques décimales n'ont pas encore l'étendue des tables de Vlacq ni de celles de Callet, nous convertirons tous nos arcs décimaux en degrés, minutes et secondes ordinaires, par une opération fort simple qui me paroît préférable à tous les moyens subsidiaires et à toutes les tables qu'on a construites pour la faciliter.

Proposons-nous de convertir l'arc décimal de la
page 5 . . . . 46⁵7865625
Je retranche le dixième 4⁶67865625

J'ai pour reste, en degrés et décimales . . . . . 42°10790625
Où, multipliant la fraction par 60 . . . . 42° 6'4743750
Et enfin. . . . . 42° 6' 28"46250
en multipliant par 60 la fraction de minutes pour la
réduire en secondes.

Pour exemple de l'opération contraire, supposons qu'on ait à chercher avec le cercle un objet inconnu qui fait avec un objet connu l'angle . . . . 42° 6' 28"4625
Convertissez les secondes en fractions de minute . . 42° 6'474375
Convertissez de même les minutes en fractions de
degré . . . . 42°10790625
Ajoutez le neuvième . . . . 4°67865625

Et vous avez en grades ou degrés décimaux 46⁵7865625

On peut se contenter de multiplier le neuvième par dix, mais l'addition sert de preuve à la dernière division faite par neuf.

Excentricité de la lunette inférieure.

Nos instrumens ont encore une chose qui leur est particulière, c'est l'excentricité de la lunette inférieure.

Quand on commence l'observation d'un angle ACB (*pl. I, fig.* 1), on met la lunette supérieure sur l'objet à droite A, dans la direction CA. Si la lunette inférieure étoit concentrique, on la dirigeroit selon CB, et l'arc intercepté donneroit sur le limbe la mesure cherchée ; mais, à cause de l'excentricité, l'axe optique de la lunette inférieure, qui est fixée sur une alidade à la distance CD du centre, ne peut prendre que la direction DB, dans laquelle on l'arrête par la vis de pression qui attache la lunette au limbe.

Quand ensuite on fait tourner l'instrument tout entier sur son pivot, et que par ce mouvement on amène la lunette inférieure sur l'objet A, le point D est transporté en E ; la lunette inférieure prend la direction EA, en sorte que le mouvement donné à l'instrument est égal à l'angle DCE, et non point à l'angle BCA. La lunette supérieure, qui faisoit avec CB l'angle ACB, et qui a tourné à droite de la quantité $ACA' = DCE$, fait alors avec CB l'angle $BCA' = BCA + DCE$. Pour la conduire au point B, on est obligé de la faire avancer sur le limbe d'une quantité $ABC + DCE$; c'est ce que marque l'alidade après la seconde observation, en supposant qu'elle fût, en commençant, sur zéro.

Soit P l'arc parcouru; de $P = ACB + DCE$ on tire

$$ACB = P - DCE = P - (ACE - ACD)$$
$$= P - ACE + ACD$$
$$= P - (90 - A) + BCD - BCA$$
$$= P - (90 - A) + (90 - B) - ACB$$

donc

$$2\,ACB = P + A - B; \quad ACB = \tfrac{1}{2}P + \tfrac{1}{2}A - \tfrac{1}{2}B$$

Mettons les sinus $\dfrac{CE}{AC}$ et $\dfrac{CD}{BC}$ au lieu des petits angles A et B, nous aurons

$$ACB = \tfrac{1}{2}P + \tfrac{1}{2}\left(\tfrac{CE}{AC}\right) - \tfrac{1}{2}\left(\tfrac{CD}{BC}\right)$$

Soit r l'excentricité $CD = CE$, D la distance AC de l'objet à droite, G la distance BC de l'objet à gauche, on aura pour la correction de l'angle donné par l'alidade,

$$\frac{\tfrac{1}{2}r}{D} - \frac{\tfrac{1}{2}r}{G} = \frac{\tfrac{1}{2}r(G - D)}{DG}$$

Cette correction se réduit à zéro quand les deux distances sont égales; elle changeroit de signe, si l'excentricité que nous avons supposée à droite étoit à gauche. Pour exprimer cette correction en secondes, il faut la multiplier par l'arc égal au rayon : or cet arc est sensiblement égal à $\dfrac{1''}{sin.\ 1''}$. Ainsi la correction de l'angle sera

$$\frac{\tfrac{1}{2}r}{D.\ sin.\ 1''} - \frac{\tfrac{1}{2}r}{G.\ sin.\ 1''} = \frac{r}{D.\ sin.\ 2''} - \frac{r}{G.\ sin.\ 2''}$$

Dans mon cercle n° 1, l'excentricité étoit de 18 lignes; dans le cercle n° 4, encore un peu moindre; dans les cercles de Méchain elle étoit, de 20 lignes. (Voyez page 292.) En supposant successivement $r = 16$ lignes, 18 lignes et 20 lignes, la constante deviendra successivement 1909″86, 2148″59 et 2387″32.

Ces trois valeurs donneront la table suivante, au moyen de laquelle on pourra tenir compte, si l'on veut, de cette correction, ou bien se convaincre qu'elle est ordinairement insensible.

Correction due à l'excentricité de la lunette.

DISTANCE en toises.	EXCENTRICITÉ.			DISTANCE en toises.	EXCENTRICITÉ.		
	16 lig.	18 lig.	20 lig.		16 lig.	18 lig.	20 lig.
1000	1″91	2″15	2″39	21000	0″09	0″10	0″11
2000	0.95	1.07	1.19	22000	0.09	0.10	0.10
3000	0.64	0.72	0.80	23000	0.09	0.09	0.10
4000	0.48	0.54	0.60	24000	0.08	0.09	0.10
5000	0.38	0.43	0.47	25000	0.08	0.09	0.09
6000	0.32	0.36	0.40	26000	0.07	0.08	0.09
7000	0.27	0.31	0.34	27000	0.07	0.08	0.09
8000	0.24	0.27	0.30	28000	0.07	0.08	0.08
9000	0.21	0.24	0.27	29000	0.07	0.07	0.08
10000	0.19	0.21	0.24	30000	0.07	0.07	0.08
11000	0.17	0.19	0.21	31000	0.06	0.07	0.07
12000	0.16	0.18	0.20	32000	0.06	0.07	0.07
13000	0.15	0.17	0.18	33000	0.06	0.06	0.07
14000	0.14	0.15	0.17	34000	0.06	0.06	0.07
15000	0.13	0.14	0.16	35000	0.06	0.06	0.07
16000	0.12	0.13	0.15	36000	0.05	0.06	0.07
17000	0.11	0.13	0.14	37000	0.05	0.06	0.07
18000	0.11	0.12	0.13	38000	0.05	0.06	0.06
19000	0.10	0.11	0.13	39000	0.05	0.05	0.06
20000	0.10	0.10	0.12	40000	0.05	0.05	0.06

- L'usage de cette table est fort simple. Avec la distance de l'objet qui est du même côté que l'excentricité, c'est-à-dire avec la distance de l'objet à droite pour nos instrumens, entrez dans la table, et prenez une correction à laquelle vous donnerez le signe +.

Avec la distance qui est de l'autre côté, c'est-à-dire celle de l'objet à gauche, prenez une seconde correction que vous marquerez du signe —.

Exemple. Soit $r = 18$ lignes, $D = 30000$ toises, $G = 4000$ toises.
Avec $D = 30000$ toises, la colonne 18 lig. donne . . . . . $+\ 0''07$
Avec $G = 4000$ toises, la même colonne donne . . . . $-\ 0''54$
_____

Correction totale . . . . $-\ 0''47$
_____

Dans ce cas la correction vaudroit la peine d'être calculée; mais ces suppositions extrêmes ne se trouvent dans aucun de nos triangles.

C'est une remarque curieuse de Borda, que l'effet de l'excentricité sur les trois angles se réduit toujours à zéro. En effet, dans l'observation des trois angles, chacun des trois côtés se trouve successivement à droite et à gauche, et les six corrections se détruisent mutuellement. On peut ajouter que c'est la même chose et pour la même cause dans un tour d'horizon.

Réticule et signaux.

J'AI parlé, page 9, station de Dunkerque, du mouvement de 45 degrés, qui permet de donner aux fils de nos lunettes la situation qui convient le mieux aux

circonstancés. Imaginons (*Pl. I, fig.* 3) que le quadrilatère *ABDE* est le réticule, *BE* le fil vertical et *AD*
le fil horizontal. On peut donner à ce réticule un mouvement qui rende *BD* et *AE* parallèles à l'horizon ;
les fils *AD*, *BE* feront alors avec l'horizon *AE* des
angles de 45 degrés, et la pointe renversée du signal
GFC se placera pour l'observation à l'intersection des
fils en *C.* Si le signal est long et d'une grosseur uniforme, comme seroit un tronc d'arbre ou une poutre
verticale, on peut le placer comme *GFCH*, pourvu
qu'à chaque fois on observe toujours le même point *C*
de la ligne *GH* ; mais, quand nos signaux étoient des
pyramides, j'amenois en *C* la pointe qui en faisoit le
sommet. Si la pyramide étoit large et obtuse, alors je
donnois au fil *BE* la position verticale, et j'amenois *C*
sur l'axe du signal. Si le signal étoit très-court et peu
large, l'observation devenoit très-difficile ; car le simple
contact avec le fil vertical le faisoit disparoître, en sorte
qu'on n'étoit jamais sûr de l'avoir mis sous le milieu
du fil. Si l'on employoit les fils inclinés, il falloit maintenir le signal à une certaine hauteur au-dessus de l'intersection *C*, et à distance égale des deux fils autant
qu'on pouvoit ; mais cette estime de la distance pouvoit
avoir quelque incertitude. J'ai presque toujours incliné
les fils. Méchain, dans sa première expédition, aimoit
mieux la position verticale ; mais, dans son dernier
voyage, je vois par ses manuscrits qu'il a préféré les
fils inclinés. Il ne dit pas ce qui l'a fait changer d'avis :
c'est peut-être la nature de ses signaux qui, dans les

triangles au sud de Barcelone, étoient des réverbères composés d'une ou plusieurs lampes. Quand les deux signaux, qui sont toujours perpendiculaires à l'horizon, se trouvoient à des hauteurs très-inégales, il falloit incliner le plan du cercle; le signal n'étoit plus parallèle au fil vertical, ou bien il descendoit obliquement dans l'angle formé par les fils inclinés. Faute d'une vis de rappel, l'observation avoit ses difficultés, quelle que fût la position qu'on préférât; mais, quand on avoit quelque doute, on observoit successivement des deux manières.

Dans ces cas le meilleur de tous les signaux, sans contredit, seroit une lampe à réverbère. Le diamètre apparent de l'objet seroit égal dans tous les sens; on pourroit le mettre en contact dans l'angle des fils inclinés, ou sous l'intersection même, s'il avoit un diamètre apparent double de l'épaisseur des fils. On ne pourroit alors commettre aucune erreur en pointant à l'objet que son éclat feroit distinguer de très-loin; mais cet avantage seroit souvent acheté par trop d'inconvéniens. Les premiers seroient la nécessité d'éclairer les fils de la lunette, l'embarras qui accompagne les observations nocturnes sur des montagnes presque toujours éloignées de toute habitation, et celui d'avoir à chaque station une personne intelligente chargée d'allumer, de diriger et d'entretenir le réverbère; il y a d'ailleurs telles circonstances où l'on n'oseroit se servir de pareils signaux, et Méchain fut obligé d'y renoncer dans son premier voyage d'Espagne. Il s'en est servi dans son second voyage, pour les stations entre Barcelone et

Tortose, et dans les dernières qu'il a faites auprès de Cullera et d'Oropesa. En examinant les diverses séries d'un même angle ou les diverses parties de la même série, je n'y vois pas plus d'accord, peut-être même un peu moins que quand il observoit des signaux ordinaires. Nous avons dit ci-dessus que le réverbère allumé à Montmartre le 11 et le 15 août 1792 étoit sujet à des ondulations très-sensibles, qui faisoient osciller le lieu apparent autour du véritable. C'est un inconvénient au reste qui paroît inhérent aux signaux de toute espèce; je l'ai éprouvé bien souvent sur les signaux de jour; j'ai cru même plusieurs fois voir ces oscillations rester suspendues pendant quelques minutes, quoique l'objet fût à sa plus grande distance du point de repos, qui est son lieu vrai. Je n'ose pourtant répondre de ce fait, que je n'ai pas suffisamment constaté.

S'il existe une réfraction latérale, comme j'ai été par fois tenté de le croire, les réverbères y seroient également sujets, et l'on n'a pour se garantir de cette illusion que deux moyens qui ne sont pas infaillibles, l'un est d'attendre les instans favorables; l'autre, de répéter les observations à des heures et dans des circonstances différentes.

Pour qu'un signal soit facile à distinguer, il faut qu'il ait une longueur suffisante; il semble que la largeur soit moins nécessaire, et la largeur auroit l'inconvénient de rendre le point de mire plus incertain dans l'observation des angles. J'ai souvent aperçu de très-loin une aile de moulin verticale, quoiqu'elle se présentât assez obliquement pour n'avoir qu'une largeur presque insensible.

Après plusieurs essais je me suis fait la règle de donner à mes signaux une hauteur égale à $\frac{5}{10000}$ de la distance. De cette manière cette hauteur paroissoit sous un angle de 30″ au moins. Soit donc D la plus grande distance d'un signal en toises, H la hauteur cherchée ; je faisois

$$H = D.\ sin.\ 31'' = 0.00015\ D$$

et je donnois à la base un tiers de la hauteur.

Un arbre isolé est un des objets qui s'aperçoit le mieux même quand il se projette en terre ; j'en ai vu souvent à de très-grandes distances. Celui de Rieupeyroux, dont la tête n'avoit pas deux mètres, se distinguoit de la Bastide, à plus de 60000.; mais un arbre est toujours un mauvais signal, parce qu'il est toujours irrégulier, et je n'en ai jamais employé. Quand un signal ne doit s'observer que de deux stations, on pourroit le composer d'une seule face triangulaire ou rectangulaire qui couperoit en deux également l'angle entre les deux stations, si cet angle surpassoit 90 degrés ; ou qui feroit un angle de 90 degrés avec la ligne qui couperoit l'angle en deux parties égales, si cet angle étoit au-dessous de 90 degrés.

Quand trois angles ont un même signal pour sommet commun, on peut encore trouver, sans beaucoup de peine, l'inclinaison qu'il faudroit donner à la face unique du signal sur l'un des rayons visuels, pour que de toutes les stations d'alentour le signal, quoique vu obliquement, conservât pourtant une largeur suffisante. Si quatre angles ont un même sommet, le problème

devient plus difficile. Borda parloit de composer tous
les signaux d'un triangle isocèle qui tourneroit autour
d'un axe vertical, et qu'on présenteroit successivement
à toutes les différentes stations d'où il devroit être observé. Toutes ces manières sont fort bonnes en théorie ;
bien exécutés, ces signaux rendroient certainement les
observations plus exactes, on auroit plus rarement besoin de réductions, et l'on connoîtroit beaucoup plus
exactement les élémens nécessaires pour les calculer :
mais ils seroient plus difficiles à bien exécuter ; on ne
pourroit leur donner la même solidité : on a souvent à
faire à des ouvriers peu intelligens, et les matériaux
manquent aussi. Nous avons été forcés le plus souvent
de couvrir nos signaux de paille, parce qu'on ne pouvoit
à aucun prix se procurer les planches nécessaires. Ainsi,
tout considéré, j'ai presque par-tout donné à mes signaux la forme d'une pyramide quadrangulaire tronquée, pour que le sommet fût toujours visible ou moins
difficile à voir. Méchain s'est servi quelquefois de tentes
coniques surmontées d'un cylindre vertical, ou de deux
cônes opposés par la base, et ayant leur axe perpendiculaire à l'horizon. A Mont-Serrat il avoit pour signal
une espèce de table rectangulaire attachée à une poutre
verticale scellée contre le portail de la chapelle, et
s'élevant au-dessus du toit. A sa rentrée en France il
adopta la forme que je donnois à mes signaux.

Quand on choisit la place d'un signal, il est très-
utile d'observer en même temps sur quels objets il se
projettera quand on l'observera des stations voisines.

Autant qu'il sera possible, on évitera qu'il se projette en terre, et sur-tout sur des objets voisins ; car alors il seroit éclairé comme eux, et très-difficile à distinguer. Si les objets sont fort éloignés, l'inconvénient est beaucoup moins grave, et souvent presque nul.

Si l'on n'a pas le choix de la place du signal, il est très-important de remarquer la couleur des objets sur lesquels il se projette, afin de donner au signal une couleur différente qui serve à le distinguer.

Quand le signal se projette dans le ciel, il est souvent utile de le noircir, pour qu'il tranche mieux sur la couleur des nuages. Ainsi je me suis très-bien trouvé d'avoir noirci la pyramide que j'avois placée sur la cheminée de Malvoisine.

Quand le signal se projette sur un objet voisin, il convient de lui donner une couleur très-blanche ; c'est ce que j'ai fait pour le signal du Mesnil, qui se projettoit sur un bois. Le signal de Montlhéri, vu de Brie, se projettoit sur la tour : j'ai blanchi le signal et noirci la tour, sans quoi l'observation étoit impossible. Le toit tournant de mon observatoire de la rue de Paradis, vu de la pyramide de Montmartre et même du Panthéon, dont il n'est pourtant éloigné que de 885 toises, ne pouvoit se distinguer, parce qu'il se projettoit sur des objets très-voisins. Couvert d'une toile blanche, il se voyoit passablement.

Pour trouver sur quel objet doit se projeter un signal, placez le cercle en O (pl. I, fig. 10) dans la position verticale, comme pour prendre une distance au zénith ;

fixez la lunette supérieure sur zéro, et dirigez-la sur le pied du signal *A*, d'où vous aurez à observer le signal *O*; amenez la seconde lunette sur le même point *A*, et fixez-la dans cette position par la vis de pression. C'est ce que j'appelle mettre les deux lunettes sur zéro. Puis la lunette inférieure restant fixée sur *A*, donnez un mouvement de 180 degrés à la lunette supérieure : alors elle sera dirigée sur le point *B*, diamétralement opposé au point *A*. C'est donc sur *B* que se projettera le signal *O*. Remarquez si c'est dans le ciel ou en terre, sur un objet voisin ou éloigné, noir ou blanc, et tenez-en note, pour donner au signal la couleur convenable. Comme la réfraction terrestre pourroit changer un peu les apparences, examinez quelques minutes au-dessus et au-dessous de *B* dans le même vertical, et vous connoîtrez tous les objets sur lesquels il est possible que le signal *O* soit projeté quand on l'observera de *A*.

La lunette inférieure restant toujours fixée sur *A*, amenez la supérieure sur l'horizon, qui sera quelque part en *G* au-dessous de *B*, si *O* se projette dans le ciel, ou au-dessus de *B*, si *B* est en terre; notez l'arc marqué par l'alidade : cet arc sera la somme des deux distances au zénith *ZOA* et *ZOG*.

Si cet arc surpasse 180 degrés seulement de quatre ou cinq minutes, alors il est presque indubitable que l'objet se projettera dans le ciel.

Si l'arc est juste de 180 degrés, il y aura quelque doute; mais on pourra croire que la pointe du signal sera dans le ciel.

Si l'arc est de quelques minutes plus foible que 180 degrés, le signal *O* se projettera sûrement en terre. Alors évitez, s'il est possible, qu'il se projette sur un arbre ou tout autre objet isolé qui pourroit se confondre imparfaitement avec votre signal et vous induire en erreur.

Faites la même chose pour tous les signaux qui entourent le signal *O*; car il se pourroit qu'il fallût blanchir une face et noircir l'autre : et si vous prévoyez qu'il doive être plus difficile à voir d'une station que d'une autre, soit à cause de l'éloignement, soit pour toute autre raison, tournez l'une des faces du signal directement vers cette station, pour que le signal y paroisse tout entier de la même teinte et que l'observation soit moins sujette à l'erreur qui pourroit provenir de la manière inégale dont il seroit éclairé.

L'observation a prouvé qu'un objet caché sous l'horizon peut y monter et devenir visible. Il seroit donc possible qu'une montagne, un bâtiment ou quelque objet terrestre *G*, presque toujours caché sous l'horizon, vînt à se montrer, et que le signal *B* cessât alors de paroître projeté dans le ciel; mais, outre que ce cas doit être rare, il n'en résulteroit pas d'inconvénient bien grave, les objets qui ne se montrent que par une réfraction extraordinaire étant toujours plus foibles que ceux qui se voient directement : ainsi le procédé qu'on vient de voir a toute l'exactitude qu'on peut desirer dans la pratique. Voyez (pages 145 et 146) des exemples qui prouvent que de Malvoisine le signal de Lieursaint devoit être en terre, et que de Montlhéri la pointe devoit se voir dans le ciel, ainsi que l'expérience l'a prouvé, et, page 275, d'autres exemples qui prouvent que le signal de la Bastide devoit se voir dans le ciel de par-tout, excepté de Violan; ce que l'événement a pareillement confirmé.

Observations.

APRÈS avoir exposé notre manière de construire et de placer les signaux, disons comment nous les avons observés.

Les observations sont de deux espèces, distances au zénith et angles de position, ou angles entre les sommets de deux signaux. La distance au zénith est nécessaire pour réduire à l'horizon les angles de position qu'on observe toujours dans des plans inclinés.

Soit A l'angle de position observé, H et h les hauteurs des deux signaux sur l'horizon, la réduction, ainsi que nous le démontrerons bientôt, est à très-peu près

$$+ sin^2. \tfrac{1}{2} (H + h). tang. \tfrac{1}{2} A - sin^2. \tfrac{1}{2} (H - h). cot. \tfrac{1}{2} A = n$$

d'où

$$\tfrac{1}{2} d (H + h). sin. (H + h). tang. \tfrac{1}{2} A$$
$$- \tfrac{1}{2} d (H - h). sin. (H - h). cot. \tfrac{1}{2} A = dn$$

Dans mes observations aucun de ces deux termes n'a passé $0.024\,d(H \mp h)$; ce qui, en supposant $d(H \mp h) = 60''$, donneroit $1''44$ pour l'erreur de la réduction.

Dans les observations de Méchain je trouve 0.032, 0.039, 0.041 et $1.10\,d(H \mp h)$. Presque toujours les

deux termes sont de signe contraire, à l'ordinaire ils
sont insensibles l'un et l'autre. D'après ces considérations, je me suis contenté de faire pour chaque distance
au zénith une seule série de dix angles, excepté dans
les cas où quelque circonstance rendoit l'observation
douteuse. Quand le temps étoit beau, j'aimois mieux
répéter l'observation des angles de position, et, s'il
étoit mauvais, les variations de la réfraction terrestre
auroient rendu les distances au zénith plus incertaines.
Quand ces distances sont plus grandes que 91 degrés,
ou plus petites que 89, il conviendroit de les observer
en même temps que l'angle de position; mais cela n'est
guère possible. Il falloit donc se contenter de les observer immédiatement (avant ou après) ou à plusieurs
heures du jour, afin de choisir pour la réduction des
angles à l'horizon la distance dont l'heure étoit la plus
voisine, et où l'on avoit lieu de croire la réfraction terrestre moins différente. Méchain, qui en général observoit dans un terrain plus inégal, et qui prolongeoit
davantage son séjour à chaque station, a répété plus
que moi ces observations de distances au zénith, sur-
tout dans les derniers temps. Il avoit l'avantage de voir
l'horizon de la mer de presque tous ses signaux, et il
en a donné de nombreuses observations que nous com-
parerons soigneusement pour vérifier les différences de
niveau qu'on déduit des observations réciproques de
tous les signaux. Pour cet objet il suffisoit encore de
pousser les séries jusqu'à dix angles; car les différences
qu'on trouve entre les observations sont visiblement

causées par les changemens de réfractions. Pour moi, je n'aurois pu observer la mer que de Dunkerque, Watten et Cassel ; mais pendant mon séjour à ces trois stations l'horizon de la mer a toujours été tellement embrumé, que j'ai mieux aimé partir d'un nivellement exécuté par les ingénieurs entre le pied de la tour de Dunkerque et la laisse de basse mer.

Dans l'observation des distances au zénith, Méchain rendoit le fil tangent au sommet du signal ; et il corrigeoit ensuite la distance observée en ajoutant la demi-épaisseur de fil, qu'il avoit trouvée de 3″. Il ne dit pas comment il avoit déterminé cette quantité. Les essais que j'ai faits pour la déterminer moi-même m'ont paru sujets à quelque incertitude (1). Pour éviter la petite erreur qui pouvoit en résulter, j'avois soin de mettre alternativement les deux bords du fil à la hauteur du sommet du signal : cette manière me dispensoit de connoître l'épaisseur de mon fil. Au reste, on verra ci-après que dans les observations réciproques, il n'est nullement besoin de cette connoissance.

La distance au zénith donnée directement par l'observation est ordinairement celle qu'il faut employer à la réduction des angles. Pour la différence de niveau et les réfractions horizontales, il faut quelques corrections dont nous donnerons plus loin les formules.

_____

(1) Picard, dans sa *Mesure de la terre*, dit qu'un filet de ver à soie est la treize-centième partie d'un pouce; ainsi dans nos lunettes de 21 ⅕ pouces, la demi-épaisseur doit être de 3″78. (*Mém. de l'Acad.* t. VII, p. 151.)

Pour les détails de l'observation, voyez pages 3 et 289.

Les angles de position étant d'une toute autre importance, nous y avons mis tous les soins, tout le scrupule et tout le temps que les circonstances ont permis. Dans les premiers temps, où nous avions les moyens de voyager avec plus de commodité, nous portions nos deux cercles à toutes les stations; nos adjoints observoient les angles en même temps que nous, ou à leur tour, selon les circonstances; mais, quand le discrédit du papier-monnoie et les retards que nous éprouvions continuellement dans les paiemens nous eurent forcés à réduire toutes nos dépenses, lorsqu'enfin nous avions tout au plus de quoi payer une seule charette attelée d'un cheval, pour nous conduire aux différentes stations, nous et tout ce dont nous avions un besoin indispensable (1); quand cet état de détresse eut rebuté mes adjoints, à la réserve de Bellet qui m'a constamment accompagné par-tout, je me réduisis au cercle

_____

(1) C'est ainsi que nous avons fait toutes les stations depuis Orléans jusqu'à Rodez. Outre l'incommodité de cette manière de voyager, il nous est arrivé plusieurs fois, comme à Philopœmen, de payer l'intérêt de notre mauvaise mine. Ceux qui avoient de nous la meilleure idée, nous prenoient pour des prisonniers de guerre qu'on transportoit d'un hôpital dans un autre. Notre accoutrement justifioit assez cette idée. D'autres, en voyant les boîtes de nos cercles, nous prenoient pour des charlatans de village qui n'auroient pas de quoi payer, et ils refusoient de nous loger. C'est ce qui nous est arrivé à Vouzon. A Soesme on nous refusoit aussi le gîte; mais c'est parce qu'on nous connoissoit, et que nous n'avions que des assignats. Sans la municipalité, qui promit de rendre du bled en nature à ceux qui nous auroient

ñ° et je changeai la manière d'observer que j'avois suivie jusqu'alors. Au lieu de mesurer le même angle séparément, ce qui d'ailleurs étoit une perte de temps, je me réunissois avec Bellet, auquel j'abandonnois ordinairement la lunette inférieure, tandis que j'observois avec la supérieure. Par ce moyen l'observation étoit plus prompte et même plus sûre, puisque nous n'avions plus à craindre les petits mouvemens presque insensibles que l'instrument peut recevoir dans le temps où l'œil d'un observateur unique passe d'une lunette à l'autre; nous y gagnions aussi d'avoir le résultat moyen de deux vues différentes et de deux manières d'envisager le même objet. Quand l'intérieur des clochers étoit trop embarrassé pour permettre aux deux observateurs de tourner autour de l'instrument, alors, au lieu de changer de place, nous changions de lunette, et nous visions constamment au même objet, sauf à changer de place et d'objet dans une autre série du même angle, et il s'est présenté plus d'une circonstance où la mesure de l'angle eût été impossible pour un seul observateur; quelquefois elle eût été fort douteuse, quand nous étions sur un plancher mobile ou sur des échafauds auxquels nous n'avions pu donner toute la solidité desirable, ou bien encore lorsque nous n'avions pu nous mettre à l'abri du vent.

---

fourni du pain, on refusoit de nous en donner, et malgré cette garantie nous ne pûmes, pendant plusieurs jours, obtenir rien autre chose. On ne voyage ainsi qu'en temps de révolution, et quand on a bien irrévocablement pris son parti d'aller en avant.

Quand les circonstances étoient favorables, je me bornois à des séries de vingt angles ; quand-elles l'étoient moins, je continuois jusqu'à ce qu'il ne me restât plus de doute ou que les signaux fussent trop difficiles à voir. Je répétois les séries douteuses à diverses heures du jour. J'aurois plus d'une fois desiré prolonger mon séjour dans une station, pour obtenir des observations plus propres à gagner la confiance du lecteur ; mais jamais je n'ai quitté un signal tant qu'il me restoit le moindre doute. Le désœuvrement, l'ennui, l'impatience, m'ont porté souvent à observer dans des temps où j'aurois mieux aimé pouvoir faire autre chose ; et j'ai noté scrupuleusement toutes les circonstances, afin qu'on pût rejeter ou admettre à son choix ces observations, si on ne les juge pas assez sûres ; et je ne me suis permis d'en supprimer aucune, ni en tout, ni en partie. Chaque soir je copiois moi-même toutes les observations de la journée dans un registre dont toutes les pages sont collationnées et signées par tous les coopérateurs ou témoins. Malgré ce soin, j'ai constamment conservé tous les cahiers originaux de chacun des observateurs. Pour la partie méridionale, outre plusieurs copies faites par Méchain lui-même ou par ses adjoints, j'ai entre les mains tous les originaux, à la réserve pourtant de plusieurs stations espagnoles dont je crois n'avoir que de simples copies. Voyez, pour les autres détails, les pages 5, 11 et 289.

Réductions.

Toutes les fois que je l'ai pu, j'ai observé au centre de la station ; mais cela n'est guère praticable dans les clochers et même à certains signaux. Alors il faut une réduction, et, pour la calculer, on a besoin de la distance au centre et de l'angle que faisoit cette distance avec les objets observés.

Les astronomes qui ont mesuré des arcs du méridien se sont, pour la plupart, dispensés du soin de rapporter ces deux élémens, et ils nous ont donné leurs angles tout réduits. Picard, à l'article VI de sa *Mesure de la méridienne*, parle de ces réductions de manière à faire soupçonner que sa méthode pour les calculer ne pouvoit être bien rigoureusement exacte ; Cassini n'en dit rien dans sa *Grandeur de la terre* ; Maupertuis, dans son *Degré du cercle polaire*, donne les deux élémens de la réduction pour les angles observés dans le clocher de Tornéa. Sans doute ils ont pu par-tout ailleurs observer au centre de leurs signaux, qui étoient des cônes creux, formés de plusieurs grands arbres dépouillés de leur écorce.

Bouguer et les autres académiciens qui vérifièrent en 1757 le degré d'Amiens, donnent leurs angles non seulement réduits au centre, mais corrigés de l'erreur de leur quart de cercle.

Dans son livre de *la Figure de la terre* il se contente d'indiquer la méthode expéditive qu'il s'étoit faite pour ces calculs; mais cette méthode est très-incomplète et ne peut nous suffire.

La Condamine et les officiers espagnols en disent encore moins.

Les auteurs de la *Méridienne vérifiée* sont les premiers qui, entrant à cet égard dans tous les détails nécessaires, nous ont mis en état de refaire tous les calculs; mais, malgré toutes leurs explications et les onze figures qui les accompagnent, c'est encore une chose assez épineuse que la vérification de leurs réductions au centre. Je donnerai ci-après des formules commodes pour les refaire sans peine, sans figure, et pourtant sans incertitude.

Beccaria, dans son *Degré de Turin*, p. 78, se contente de donner quelques règles générales. Boscowich, dans son *Degré de Rome*, explique une méthode qui ressemble beaucoup à celle de Bouguer; Liesganig l'expose fort au long, et y ajoute quelques tables pour en faciliter l'usage : mais tous ces auteurs donnent encore leurs angles tout corrigés. Dans l'exposé des opérations faites en 1787 pour la jonction des observatoires de Paris et de Greenwich, chaque triangle est accompagné d'une figure qui indique la position de l'instrument, et fait voir quels sont les signes des deux parties de la correction. Méchain suivoit aussi cette méthode, et j'ai une copie de tous les triangles d'Espagne où il a pris la même précaution. Tout cela sans doute n'est pas ce qu'on auroit pu imaginer de plus commode, même pour les observations faites avec le quart de cercle; mais l'avantage que nous avions d'observer avec un cercle entier, nous permettoit d'employer une méthode plus simple et plus exacte.

Quelle que fût la position du cercle par rapport au centre de la station, nous pouvions toujours observer l'angle de direction, en le comptant depuis 0° jusqu'à 360°. Par ce moyen on pouvoit, dans tous les cas, se servir de la même formule, en faisant attention aux signes algébriques des sinus. De cette manière il suffisoit de mettre à côté de l'observation la distance au centre et l'angle de direction, compté de droite à gauche, depuis 0° jusqu'à 360°.

Pour le démontrer, soit (*pl. I, fig. 2*) ACB l'angle réduit au centre, AOB l'angle observé,

$$ACB = AIB - CBO = AOB + OAC - CBO$$

ou, pour abréger,

$$C = O + A - B$$

Or

$$\sin. A = \sin. OAC = \frac{OC. \sin. AOC}{AC} = \frac{r. \sin. (O + BOC)}{D}$$
$$= \frac{r. \sin. (O + y)}{D}$$

$$\sin. B = \sin. CBO = \frac{OC. \sin. BOC}{BC} = \frac{r. \sin. y}{G}$$

donc

$$C = O + \frac{r. \sin. (O + y)}{D. \sin. 1''} - \frac{r. \sin. y}{G. \sin. 1''}$$

Cette formule est générale, et ne souffre aucune exception.

C est l'angle au centre, O l'angle observé, y l'angle

entre l'objet à gauche et le centre de station, r la distance du centre du cercle au centre de station, D la distance de l'objet à droite, et G celle de l'objet à gauche.

Si l'angle $(O + y)$ que fait la distance D avec la distance r est plus grand que 180°, le premier terme devient soustractif.

Si l'angle y surpasse 180°, le second terme devient additif.

Quand on termine l'observation de l'angle O, la lunette supérieure est dirigée vers l'objet à gauche B, et l'inférieure vers l'objet à droite A. Celle-ci restant fixe sur A, faites mouvoir la lunette supérieure de droite à gauche jusqu'à ce qu'elle soit pointée en C; le chemin qu'elle aura fait sur le limbe sera la mesure de l'angle $BOC = y$. (Voyez *Dunkerque*, pages 6, 7 et 8.)

Cette formule n'est au fond que la méthode ordinaire présentée sous une forme plus générale, et qui dispense le calculateur et l'observateur de l'embarras des figures ou de l'énonciation détaillée de tous les cas qui peuvent arriver, suivant les diverses positions du centre O par rapport à C. Voici une autre méthode qui donne la réduction exprimée par un seul terme.

Par les trois sommets de triangle imaginez le cercle ACB, et par le point P où BO coupe le cercle, menez les cordes CP et AP :

$$ACB = APB = AOB + OAP$$

ou

$$C = O + OAP.$$

i.   Q

Mais

$$sin.\ OAP = \frac{OP\ sin.\ AOB}{AP}$$

et

$$OAP = \frac{OP.\ sin.\ O}{AP.\ sin.\ 1''}$$

d'ailleurs

$$OP = \frac{OC.\ sin.\ OCP}{sin.\ CPO} = \frac{r.\ sin.\ (CPB - COP)}{sin.\ CPB} = \frac{r.\ sin.\ (CAB - \gamma)}{sin.\ CAB}$$
$$= \frac{r.\ sin.\ (A - \gamma)}{sin.\ A}$$

donc

$$OAP = \frac{r.\ sin.\ (A - \gamma).\ sin.\ O}{AP.\ sin.\ A.\ sin.\ 1''}$$

De P menez sur AC la perpendiculaire PL,

$$AP = AL.\ sec.\ PAL = (AC - CP.\ cos.\ ACP).\ sec.\ PAL$$
$$= \frac{D - CP.\ cos.\ ABP}{cos.\ PAL}$$

et

$$CP = \frac{OC.\ sin.\ COB}{sin.\ CPB} = \frac{r.\ sin.\ \gamma}{sin.\ A}$$

donc

$$AP = D - \frac{r.\ sin.\ \gamma.\ cos.\ B}{sin.\ A}$$

donc enfin

$$C = O + \frac{r.\ sin.\ O.\ sin.\ (A - \gamma)}{\left(D - \frac{r.\ sin.\ \gamma.\ cos.\ B}{sin.\ A}\right).\ sin.\ A.\ sin\ 1''}$$
$$= \frac{r.\ sin.\ O.\ sin.\ (A - \gamma)}{D.\ sin.\ A.\ sin.\ 1'' - r.\ sin.\ \gamma.\ cos.\ B.\ sin.\ 1''}$$

ou tout simplement

$$C = O + \frac{r.\ sin.\ O.\ sin.\ (A - \gamma)}{D.\ sin.\ A.\ sin.\ 1''}$$

Je me suis servi de cette formule de préférence à la

première, parce qu'elle est toujours d'une exactitude suffisante, et que le calcul occupoit moins de place. La première est plus rigoureuse, et elle offre encore cet avantage, que si l'on a observé plusieurs angles qui aient un côté commun, comme AC, le terme qui dépend de ce côté commun est le même pour les réductions de tous ces angles.

J'ai toujours tâché de me placer de manière à pouvoir observer tous mes angles du même endroit. Il suffit alors de mesurer une seule fois r, qui est une quantité constante en ce cas, et un seul y, duquel on peut conclure tous les autres, en y ajoutant différens angles que donne l'observation. (Voyez pages 128 et 129.)

On peut aussi se placer de manière à n'avoir aucune réduction; pour cela égalez à zéro la première formule, vous en conclurez

$$\frac{r.\,sin.\,(O+y)}{D} = \frac{r.\,sin.\,y}{G}$$

ou

$$G.\,sin.\,(O+y) = D.\,sin.\,y$$

ou bien

$$G.\,sin.\,O.\,cos.\,y + G.\,cos.\,O.\,sin.\,y = D.\,sin.\,y$$
$$G.\,sin.\,O = (D - G.\,cos.\,O).\,tang.\,y$$

et

$$tang.\,y = \frac{G.\,sin.\,O}{D - G.\,cos.\,O} = \frac{G.\,sin.\,C}{D - G.\,cos.\,C}$$
$$= tang.\,A = tang.\,(180° + A)$$

Il suffit donc de se placer en un point où l'on ait $y = A$

ou $(180^\circ + A)$. Mettez A ou bien $(180^\circ + A)$ au lieu de y dans la formule

$$\frac{r.\ sin.\ O.\ sin.\ (A - y)}{D.\ sin.\ A.\ sin.\ 1''}$$

elle se réduira de même à zéro.

Voyez, pages 36, 41 et 42, l'usage que j'ai fait de cette remarque à Béthune et Mesnil, pour placer le cercle n° 4 en un point où l'on pût observer l'angle tel que je le voyois du centre du signal; mais il faut pour cela connoître l'un des angles A ou B du triangle.

Dans la formule

$$\frac{r.\ sin.\ (O + y)}{D.\ sin.\ 1''} - \frac{r.\ sin.\ y}{G.\ sin.\ 1''}$$

supposez

$$(O + y) = 90^\circ \quad \text{et} \quad y = 90^\circ,$$

il restera

$$\frac{r}{D.\ sin.\ 1''} - \frac{r}{G.\ sin.\ 1''}$$

dont la moitié est la formule trouvée (page 101), pour corriger l'excentricité; et, en effet, quand la lunette est en DB (*fig.* 1), l'angle de direction $BDC = 90^\circ$; quand elle est en EA, l'angle de direction est encore 90°.

Si l'une des deux distances D ou G est assez grande pour que $\frac{r}{D}$ ou $\frac{r}{G}$ soit insensible, comme il arrive quand on compare un astre avec un objet terrestre, alors la formule se réduit au terme qui dépend de l'objet terrestre; l'autre s'évanouit : c'est ce qui a lieu dans les observations d'azimut.

Mes deux formules peuvent s'appliquer à tous les angles rapportés dans la *Méridienne vérifiée*. On trouve dans cet ouvrage, pages VI, VII et VIII, les renseignemens nécessaires pour calculer les réductions au centre et entendre les expressions dont les auteurs se servoient pour indiquer la position de leur instrument. Leur planche VII est toute entière destinée à cet usage ; mais, malgré tous ces secours, le calcul des réductions est encore assez compliqué ; il est aisé de s'y tromper, et je soupçonne que les auteurs s'y sont trompés eux-mêmes, quoique fort rarement.

Remarquons d'abord que, dans la *Méridienne véri- fiée*, l'objet à gauche est toujours nommé le premier, et l'objet à droite, toujours le second. C'est le contraire dans nos observations.

Nommons r le nombre de pieds de la distance au centre, et x l'angle de direction qu'on trouve après chaque observation ; soit enfin R la réduction au centre. Les formules suivantes en donneront la valeur dans tous les cas.

Réduction au centre pour les observations de la Méri- dienne vérifiée.

Premier cas. *Direction de (l'objet à gauche) r pieds.*

$$R = -\frac{r.\, \sin.\, O}{G.\, \sin.\, 1''}$$

Second cas. *Direction de* (*l'objet à gauche*) *r pieds.*

$$R = - \frac{r.\ sin.\ O}{D.\ sin.\ 1''}$$

Troisième cas. *Direction en dedans de* (*l'objet à droite*) *r pieds.*

$$R = + \frac{r.\ sin.\ O}{G.\ sin.\ 1''}$$

Quatrième cas. *Direction en dedans de* (*l'objet à gauche*) *r pieds.*

$$R = + \frac{r.\ sin.\ O}{D.\ sin.\ 1''}$$

Cinquième cas. *Entre* (*l'objet à gauche*) *et la direction à r pieds..... x.*

$$R = - \frac{r.\ sin.\ O.\ sin.\ (A + x)}{D.\ sin.\ A.\ sin.\ 1''} = - \frac{r.\ sin.\ (O - x)}{D.\ sin.\ 1''} - \frac{r.\ sin.\ x}{G.\ sin.\ 1''}$$

Sixième cas. *Entre* (*l'objet à gauche*) *et la direction en dedans à r pieds..... x.*

$$R = + \frac{r.\ sin.\ O.\ sin.\ (A + x)}{D.\ sin.\ A.\ sin.\ 1''} = + \frac{r.\ sin.\ (O - x)}{D.\ sin.\ 1''} + \frac{r.\ sin.\ x}{G.\ sin.\ 1''}$$

Septième cas. *Entre* (*l'objet à gauche*) *et la direction à gauche, à r pieds..... x, ou entre la direction à r pieds et* (*l'objet à gauche*)*..... x.*

$$R = - \frac{r.\ sin.\ O.\ sin.\ (A - x)}{D.\ sin.\ A.\ sin.\ 1''} = - \frac{r.\ sin.\ (O + x)}{D.\ sin.\ 1''} + \frac{r.\ sin.\ x}{G.\ sin.\ 1''}$$

Huitième cas. *Entre (l'objet à gauche) et la direction à gauche, en dedans, à r pieds..... x, ou entre la direction en dedans, à r pieds, et (l'objet à gauche)..... x.*

$$R = + \frac{r.\ sin.\ O.\ sin.\ (A - x)}{D.\ sin.\ A.\ sin.\ 1''} = + \frac{r.\ sin.\ (O + x)}{D.\ sin.\ 1''} - \frac{r.\ sin.\ x}{G.\ sin.\ 1''}$$

Quelquefois, à la suite d'une observation, au lieu des quantités r et x, on trouve seulement ces mots, *même direction et même distance;* alors on emploie pour la réduction la même formule et la même distance que pour l'observation précédente : mais l'angle x a besoin d'une correction pour laquelle on observera les règles suivantes.

Soit m le mouvement donné au quart de cercle entre l'observation précédente et celle qu'il s'agit de réduire, ou l'angle entre les deux objets sur lesquels étoit pointée la lunette fixe dans les deux observations, m sera positif si le second objet est à la droite du premier, et négatif s'il est à la gauche.

Au lieu de l'angle x, on emploiera $(x - m)$ dans le cinquième et dans le sixième cas, $(x + m)$ dans le septième et dans le huitième cas. Si m est négatif, $(x - m)$ se changera en $(x + m)$, et réciproquement.

Si l'on se rappelle que ces mots (*objet à gauche*) sont là pour le nom du signal qui est nommé le premier, (*objet à droite*) pour le nom de celui qui est le second, on n'aura point d'embarras pour le calcul des réductions de la *Méridienne vérifiée*, et l'on pourra comparer avec plus de sûreté les angles de cet ouvrage avec les nôtres.

Dans tout ce qui précède nous avons supposé le centre visible et accessible, en sorte que l'on pût directement mesurer la distance r et l'angle y de la manière indiquée pages 6 et 7, *station de Dunkerque;* mais ce centre se trouve parfois dans l'axe d'une poutre verticale qui embarrasse le milieu de presque tous les clochers, ou dans l'axe d'une tour ou tourelle dans laquelle on ne peut pénétrer. Il faut alors trouver des moyens de suppléer à l'observation directe, qui est impossible.

Le mieux alors seroit de se placer (*pl. I, fig.* 3) quelque part sur la ligne FG. On détermineroit F en faisant

$$FB = FD = \tfrac{1}{2}\,BD$$

On viseroit en F pour déterminer l'angle de direction y; et, pour avoir r, il suffiroit de mesurer GF et d'y ajouter

$$CF = BF.\,\text{tang.}\,CBF = BF.\,\text{cot.}\,BCF = BF.\,\text{cot.}\,\left(\tfrac{180°}{n}\right)$$

n étant le nombre des côtés du polygone.

Si le polygone est un carré,

$$BF.\,\text{cot.}\,\left(\tfrac{180}{n}\right) = BF.\,\text{cot.}\,45° = BF$$

Si la poutre ou la tour a pour base un rectangle $ABDE$, $CF = \tfrac{1}{2}\,AB$; si la tour est ronde, $CF = \tfrac{1}{2}$ diamètre.

Si l'on ne peut se placer aussi avantageusement, on essaiera de se mettre sur le prolongement d'un des côtés du polygone, comme en O sur le prolongement de BD, ou en O' sur celui de AE. Alors on aura

$$r = OC = OF. \text{ sec. } FOC.$$

$$tang. \ FOC = \frac{CF}{OF} = \frac{BF \text{ cot. } BCF}{OF} = \left(\frac{BF}{OF}\right). \ cot. \left(\frac{180°}{n}\right)$$

et

$$y = (SOF + FOC)$$

ou

$$y = SO'H - CO'H \text{ et } r = O'H. \text{ sec. } CO'H$$

Il arrivera bien rarement, dans les clochers, que l'on puisse ainsi choisir sa position; mais il n'est pas rare au moins qu'on puisse se placer de manière à voir les deux extrémités de la diagonale. Or le centre C est toujours sur le milieu de la diagonale, car ces polygones sont toujours d'un nombre pair de côtés.

Dans ce cas (*fig.* 4) mesurez $OD = r'$, $OE = r''$, $SOD = y'$, $SOE = y''$; S est toujours l'objet à gauche dans le dernier angle qu'on vient de mesurer.

Mais

$$OE : CE :: sin. \ C : sin. \ COE$$
$$CD : OD :: sin. \ COD : sin. \ C$$

Donc, à cause de $CD = CE$,

$$OE : OD :: sin. \ COD : sin. \ COE$$
$$OE + OD : OE - OD :: sin. \ COD + sin. \ COE$$
$$: sin. \ COD - sin. \ COE$$
$$(r'' + r') : (r'' - r') :: tang. \tfrac{1}{2} DOE : tang. \tfrac{1}{2} (COD - COE)$$
$$= tang. \tfrac{1}{2} d$$
$$tang. \tfrac{1}{2} d = \left(\frac{r'' - r'}{r'' + r'}\right). \ tang. \tfrac{1}{2} (y'' - y')$$

et

$$y = \tfrac{1}{2}(y'' + y') + \tfrac{1}{2} d$$

y'' est toujours plus grand que y'; mais r'' peut être plus petit que r'. Alors $\tfrac{1}{2} d$ est négatif.

A présent

$$r = OC = \tfrac{1}{2}(OB + OA) = \tfrac{1}{2} OE. \cos. COE$$
$$+ \tfrac{1}{2} OD. \cos. COD$$
$$= \tfrac{1}{2} r''. \cos. \left(\frac{y'' - y'}{2} - \frac{d}{2}\right)$$
$$+ \tfrac{1}{2} r'. \cos. \left(\frac{y'' - y'}{2} + \frac{d}{2}\right)$$
$$= \tfrac{1}{2}(r'' + r'). \cos. \tfrac{1}{2}(y'' - y'). \cos. \tfrac{1}{2} d$$
$$+ \tfrac{1}{2}(r'' - r'). \sin. \tfrac{1}{2}(y'' - y'). \sin. \tfrac{1}{2} d$$
$$= \tfrac{1}{2}(r'' + r'). \cos. \tfrac{1}{2}(y'' - y'). \cos. \tfrac{1}{2} d$$
$$\left[1 + \frac{\tfrac{1}{2}(r'' - r'). \sin. \tfrac{1}{2}(y'' - y'). \sin. \tfrac{1}{2} d}{\tfrac{1}{2}(r'' + r'). \cos. \tfrac{1}{2}(y'' - y'). \cos. \tfrac{1}{2} d}\right]$$
$$= \tfrac{1}{2}(r'' + r'). \cos. \tfrac{1}{2}(y'' - y'). \cos. \tfrac{1}{2} d$$
$$\left[1 + \left(\frac{r'' - r'}{r'' + r'}\right). \tang. \tfrac{1}{2}(y'' - y'). \tang. \tfrac{1}{2} d\right]$$
$$= \tfrac{1}{2}(r'' + r'). \cos. \tfrac{1}{2}(y'' - y'). \cos. \tfrac{1}{2} d$$
$$[1 + \tang^2. \tfrac{1}{2} d]$$
$$= \frac{\tfrac{1}{2}(r'' + r'). \cos. \tfrac{1}{2}(y'' - y'). \cos. \tfrac{1}{2} d}{\cos^2. \tfrac{1}{2} d}$$
$$= \frac{\tfrac{1}{2}(r'' + r'). \cos. \tfrac{1}{2}(y'' - y')}{\cos. \tfrac{1}{2} d}$$

D'où il suit que, *dans tout triangle rectiligne, la ligne menée d'un angle au milieu du côté opposé, a pour valeur la demi-somme des deux autres côtés, multipliée par le cosinus du demi-angle compris, et divisée par le cosinus de la demi-différence des segmens de cet angle.* On pourroit donner de ce théorème une démonstration synthétique assez simple.

Vous aurez donc pour ce cas les trois formules

$$\tan g. \tfrac{1}{2} d = \left(\frac{r'' - r'}{r'' + r'}\right). \tan g. \tfrac{1}{2} (y'' - y')$$

$$r = \frac{\tfrac{1}{2}(r'' + r'). \cos. \tfrac{1}{2}(y'' - y')}{\cos. \tfrac{1}{2} d}$$

et

$$y = \tfrac{1}{2}(y'' + y') + \tfrac{1}{2} d$$

$\tfrac{1}{2} d$ devenant négatif si $r'' < r'$.

Ces formules sont indépendantes de la figure de la tour. Si $r'' = r'$, alors

$$\tfrac{1}{2} d = 0; \quad r = r'. \cos. \tfrac{1}{2}(y'' - y') \quad \text{et} \quad y = \tfrac{1}{2}(y'' + y')$$

C'est ce qui aura lieu si la tour est circulaire, ou si vous vous placez à égale distance des angles D et E; ce qu'il faudra faire, pour plus de simplicité, toutes les fois qu'il sera possible.

Supposons maintenant qu'on ne puisse voir les deux extrémités de la diagonale, mais seulement les deux angles D et E de la face DE (*fig.* 5), mesurez $OD = r'$, $OE = r''$, $SOD = y'$, $SOE = y''$:

$$CD : \sin. COD :: CO : \sin. CDO$$
$$\sin. COE : CE :: \sin. CEO : CO$$

d'où

$$\sin. COE : \sin. COD :: \sin. CEO : \sin. CDO$$
$$\tan g. \tfrac{1}{2} (COE + COD) : \tan g. \tfrac{1}{2} (COE - COD)$$
$$:: \tan g. \tfrac{1}{2} (CEO + CDO)$$
$$: \tan g. \tfrac{1}{2} (CEO - CDO).$$
$$\tan g. \tfrac{1}{2} (DOE) : \tan g. \tfrac{1}{2} d' :: \tan g. \tfrac{1}{2} (360^\circ - DCE - DOE)$$
$$: \tan g. \tfrac{1}{2} (CEO - CED - CDO + CDE)$$

$tang. \frac{1}{2} (y'' - y') : tang. \frac{1}{2} d' :: tang. \frac{1}{2} [360^\circ - C - (y'' - y')]$
$\qquad : tang. \frac{1}{2} (DEO - EDO)$
$\qquad :: tang. \frac{1}{2} (y'' - y' + C)$
$\qquad : tang. \frac{1}{2} (EDO - DEO) = tang. \frac{1}{2} d$

donc

$$tang. \frac{1}{2} d' = tang. \frac{1}{2} (EDO - DEO) . tang. \frac{1}{2} (y'' - y').$$
$$cot. \frac{1}{2} (y'' - y' + C)$$

Or le triangle EDO donne

$$tang. \frac{1}{2} (EDO - DEO) = \left(\frac{r'' - r'}{r'' + r'}\right) . cot. \frac{1}{2} (y'' - y')$$

donc

$$tang. \frac{1}{2} d' = \left(\frac{r'' - r'}{r'' + r'}\right) . cot. \frac{1}{2} (y'' - y' + C)$$
$$ODE = 90^\circ - \tfrac{1}{2} (y'' - y') + \tfrac{1}{2} d = u'$$
$$OED = 90^\circ - \tfrac{1}{2} (y'' - y') - \tfrac{1}{2} d = u''$$
$$DOC = \tfrac{1}{2} (y'' - y') - \tfrac{1}{2} d' = p'$$
$$EOC = \tfrac{1}{2} (y'' - y') + \tfrac{1}{2} d' = p''$$
$$ODC = u' + CDE = u' + b$$
$$OEC = u'' + b$$

$$r = OC = \frac{OD. sin. ODC}{sin. DCO} = \frac{r'. sin. (u' + b)}{sin. (u' + b + p')} = \frac{OE. sin. OEC}{sin. OCE}$$
$$= \frac{r''. sin. (u'' + b)}{sin. (u'' + b + p'')}$$

et la solution se réduit aux formules suivantes :

$$\frac{r''}{r'} = tang. x$$
$$tang. \frac{1}{2} d = tang. (x - 45^\circ) . tang. \left(90^\circ - \frac{y'' - y'}{2}\right)$$
$$u' = 90^\circ - \tfrac{1}{2} (y'' - y') + \tfrac{1}{2} d$$
$$u'' = 90^\circ - \tfrac{1}{2} (y'' - y') - \tfrac{1}{2} d$$

$$tang. \tfrac{1}{2} d' = tang. (x - 45^0). cot. \tfrac{1}{2} (y'' - y' + C)$$
$$p' = \tfrac{1}{2} (y'' - y') - \tfrac{1}{2} d'$$
$$p'' = \tfrac{1}{2} (y'' - y') + \tfrac{1}{2} d'$$
$$r = \frac{r'. \, sin. \, (u' + b)}{sin. \, (u' + b + p')} = \frac{r''. \, sin. \, (u'' + b)}{sin. \, (u'' + b + p'')}$$
$$y = y' + p' = y'' - p''$$
$$b = 90^0 - \tfrac{1}{2} C; \tfrac{1}{2} C = \left(\frac{180^0}{n}\right)$$

Il m'est arrivé de ne pouvoir observer que l'un des angles D ou E (*fig*. 6); dans ce cas il faut aussi mesurer le côté DE. Connoissant alors, dans le triangle DOE, les trois côtés, on en conclura les angles. On connoît d'ailleurs le triangle DCE par les dimensions de la poutre : alors on a dans le triangle ODC ou OEC deux côtés et l'angle compris; on en déduit la distance OC et l'angle $COS = y$, par les règles ordinaires de la trigonométrie.

Si l'on ne pouvoit mesurer qu'une des deux distances OD ou OE (*fig*. 6), et l'angle qu'elle fait avec OS, on marqueroit sur la poutre un point M au milieu de DE; dans MOD ou MOE on connoîtroit les trois côtés, et la trigonométrie donneroit $r = OC$, et $y = COS$.

Ce n'est pas tout que d'avoir réduit l'angle au centre de la station, il faut encore le réduire au centre du signal observé.

Quand les signaux sont obliquement éclairés, le point observé n'est ni dans l'axe, ni même dans la direction à cet axe. Soit, par exemple, le signal $abcd$ (*fig*. 7); si l'on n'a pu voir que la face éclairée ab ou bc, on a observé le point A ou le point B au lieu du point M, milieu du signal, et l'angle a besoin d'une correction égale à l'angle AOM ou BOM.

Soit P la perpendiculaire MA ou MB sur le milieu de la face éclairée, ou la distance entre l'axe du signal et le point observé; A l'angle que fait cette distance avec le rayon visuel OM, dirigé au centre; D la distance de l'observateur au centre du signal observé. Dans le triangle AOM on connoît les deux côtés AM et MO, avec l'angle compris : or j'ai démontré que le plus petit des deux angles inconnus, se trouve par la série

$$c = AOM = \left(\frac{P}{D}\right) \cdot \frac{\sin. A}{\sin. 1''} + \frac{1}{2} \left(\frac{P}{D}\right)^2 \cdot \frac{\sin. 2 A}{\sin. 1''}$$
$$+ \frac{1}{3} \left(\frac{P}{D}\right)^3 \cdot \frac{\sin. 3 A}{\sin. 1''}$$
$$+ \frac{1}{4} \text{ etc.}$$

M. Legendre a depuis démontré la même série dans la troisième édition de sa *Géométrie*, à laquelle je renverrai le lecteur. Nous pouvons ici nous contenter du premier terme,

$$c = \frac{P. \sin. A}{D. \sin. 1''}$$

Pour savoir si la correction est additive, voici une règle générale dont il est aisé de trouver la preuve.

La correction est soustractive, si le point observé est à la $\left(\begin{smallmatrix}\text{droite}\\\text{gauche}\end{smallmatrix}\right)$ du centre dans l'objet à $\left(\begin{smallmatrix}\text{droite}\\\text{gauche}\end{smallmatrix}\right)$; elle est additive, si le point observé est à $\left(\begin{smallmatrix}\text{gauche}\\\text{droite}\end{smallmatrix}\right)$ du centre dans l'objet à $\left(\begin{smallmatrix}\text{droite}\\\text{gauche}\end{smallmatrix}\right)$.

Il n'y auroit aucune difficulté dans l'application, si

l'on connoissoit toujours également bien les élémens
de cette correction. J'ai toujours eu soin d'orienter mes
signaux de manière à n'avoir aucune incertitude sur
l'angle A ; mais dans les flèches aiguës, qui sont ordinairement octogones, et qui ont toutes une espèce de
torsion plus ou moins sensible, on peut dire véritablement que l'angle A n'est jamais bien connu ; et la correction est impraticable.

La perpendiculaire P seroit toujours bien connue si
les signaux étoient des parallélépipèdes, comme notre
signal du Mesnil ; car, dans ce cas, P est une constante ;
ou si l'on étoit toujours sûr de voir toute entière la face
éclairée du signal. Or c'est ce qui a lieu plus rarement
qu'on ne pense. Quand les signaux étoient bien visibles,
je me dirigeois sur le sommet, afin que la correction fût
insensible ; quand j'y éprouvois plus de difficulté, je
visois à la partie la plus basse et la plus large de la face
éclairée. La correction est alors la plus grande possible ;
mais on a l'avantage de bien connoître P. Dans les
temps nébuleux, je visois au milieu apparent de la face
éclairée. P est alors assez incertain ; je lui donnois une
valeur moyenne entre celles du sommet et de la base.

Si le signal est une tourelle ronde, comme à Clermont, la correction sera plus plus longue à calculer.
En voici la méthode.

Un observateur placé en O (*fig.* 8), à une distance
considérable de la tour $APSB$, ne peut voir cette tour
que quand elle est éclairée du soleil, et alors même il
n'en voit que la partie éclairée ; et s'il prend le milieu

de la partie visible pour le centre de la tour, il se trompe d'une quantité qu'il s'agit de déterminer.

Soit NM la méridienne, MCS l'azimut du soleil au temps de l'observation, le demi-cercle ASB sera éclairé du soleil. A l'extrémité A de la partie éclairée je mène le rayon visuel OA, et de l'autre côté le rayon OE tangent à la tour : la partie visible sera donc $APSE$, et le rayon visuel OC la partage en P en deux parties inégales. L'angle

$$COE = \frac{CE}{OC.\ \sin.\ 1''}$$

l'angle

$$COA = \frac{CE.\cos.\ CPS}{OC.\ \sin.\ 1''}$$

donc

$$COE - COA = \frac{CE\ (1 - \cos.\ CPS)}{OC.\ \sin.\ 1''} = \frac{CE.\sin.^2 \frac{1}{2}\ CPS}{OC.\ \sin.\ 1''}$$

$$= \frac{2\ d.\ \sin.^2 \frac{1}{2}\ CPS}{D.\ \sin.\ 1''} = \frac{2\ d.\ \sin.^2 \frac{1}{2}\ (MCP - MCS)}{D.\ \sin.\ 1''}$$

et la correction

$$c = \frac{d.\ \sin.^2 \frac{1}{2}\ (x - z)}{D.\ \sin.\ 1''}$$

x est l'azimut de l'observateur, z l'azimut du soleil sur l'horizon de la tour. On aura

$$\cot.\ z = \sin.\ L.\ \cot.\ H - \frac{\cos.\ L.\ \tan.\ B}{\sin.\ H}$$

L étant la hauteur du pôle, B la déclinaison et H l'angle horaire. Quant à x, on le connoîtra par la disposition des triangles, par une carte ou par une boussole; on peut aussi observer $(x - z)$ comme il suit.

Mettez les deux lunettes sur zéro (page 110), et dirigez-les sur la tourelle; ensuite, la lunette inférieure demeurant immobile, tournez la supérieure jusqu'à ce

qu'elle soit dans le vertical du soleil, ce que vous re-
connoîtrez quand l'ombre d'un fil à plomb coupera le
tube de la lunette en deux parties égales dans toute la
longueur, depuis l'oculaire jusqu'à l'objectif. Notez alors
le chemin qu'aura fait l'alidade ; ce sera l'angle $(x - z)$.
Ce moyen est bien suffisant ; il est le plus facile, mais
il n'est pas infaillible ; car il arrivera souvent que l'observateur sera dans l'ombre quand le signal lointain
sera fort éclairé.

Remarquez que la correction trouvée par la formule
sera souvent un peu trop forte, parce que la limite A
de la partie éclairée sera trop peu lumineuse pour être
aperçue.

Si le soleil et l'objet auquel on compare la tour sont
du même côté, la correction est additive ; elle est soustractive dans le cas contraire.

Dans toutes les réductions dont nous venons de donner
les formules, nous avons supposé tacitement que le
centre du cercle, le centre de station et les sommets des
deux signaux observés, étoient dans un même plan ;
c'est ce qui n'arrive jamais.

La réfraction élève inégalement les objets terrestres ;
il y a toujours une différence sensible entre la hauteur
du centre du cercle et le point extérieur qui a servi de
mire dans les stations circonvoisines ; il en résulte que
les trois angles qui doivent former chacun des triangles,
ont toujours été observés dans des plans différens. Avant
que d'en faire usage, il faut donc les ramener au même
plan, ou du moins à une même surface. En corrigeant

1. S

les trois angles des effets de la réfraction, et les rédui-
sant tous à ceux qu'on auroit observés en plaçant le
centre du cercle au sommet des signaux, on auroit trois
angles dans un même plan, et leur somme devroit être
de 180°. Ce seroit un avantage; mais les réductions
seroient plus pénibles, plus incertaines, et d'ailleurs
ces triangles rectilignes seroient tous dans des plans différens, et peu propres à donner la longueur de l'arc du
méridien. On préfère donc de réduire tout à l'horizon.
De cette manière on a des triangles sphériques. La
somme des trois angles doit toujours surpasser tant soit
peu 180°; ce qui exige de nouvelles réductions ou une
manière particulière de calcul. Nous allons considérer
successivement tous ces objets.

Réduction à l'horizon et aux cordes.

On sait que le premier de ces problèmes consiste à
chercher l'angle au zénith dans un triangle sphérique
formé par les distances angulaires des deux objets, soit
entre eux, soit au zénith de l'observateur.

Soit donc A l'angle observé entre deux objets dans
un plan incliné, $(90° - H)$ et $(90° - h)$ les deux distances au zénith, $(A + x)$ l'angle au zénith ou l'angle
réduit à l'horizon. La trigonométrie sphérique nous donnera cette équation :

$$cos. \, A = cos. \, (A + x). \, cos. \, H. \, cos. \, h. + sin. \, H. \, sin. \, h$$

x sera la réduction qu'il s'agit de déterminer.

Développons l'expression précédente

$$cos.\ A = (cos.\ A.\ cos.\ x - sin.\ A.\ sin.\ x).\ cos.\ H.\ cos.\ h$$
$$+ sin.\ H.\ sin.\ h$$

d'où

$$sin.\ x - cot.\ A.\ cos.\ x = \frac{sin.\ H.\ sin.\ h - cos.\ A}{sin.\ A.\ cos.\ H.\ cos.\ h}$$

$$sin.\ x - cot.\ A + 2\ sin^2.\ \tfrac{1}{2}\ x.\ cot.\ A$$
$$= tang.\ H.\ tang.\ h.\ cosec.\ A$$
$$- sec.\ H.\ sec.\ h.\ cot.\ A$$

$$2\ sin.\ \tfrac{1}{2}\ x.\ cos.\ \tfrac{1}{2}\ x + 2\ sin^2.\ \tfrac{1}{2}\ x.\ cot.\ A$$
$$= \frac{(cos\ H.\ cos.\ h - 1).\ cot.\ A + sin.\ H.\ sin.\ h.\ cosec.\ A}{cos.\ H.\ cos.\ h}$$
$$= cosec.\ A.\ [sin^2.\ \tfrac{1}{2}\ (H+h) - sin^2.\ \tfrac{1}{2}\ (H-h)]$$
$$- cot.\ A.\ [sin^2.\ \tfrac{1}{2}\ (H+h) + sin^2.\ \tfrac{1}{2}\ (H-h)]$$
$$= \frac{tang.\ \tfrac{1}{2}\ A.\ sin^2.\ \tfrac{1}{2}\ (H+h) - cot.\ \tfrac{1}{2}\ A.\ sin^2.\ \tfrac{1}{2}\ (H-h)}{cos.\ H.\ cos.\ h}$$
$$= \frac{n}{cos.\ H.\ cos.\ h}$$

ou, pour abréger,

$$2\ sin.\ \tfrac{1}{2}\ x.\ cos.\ \tfrac{1}{2}\ x + 2\ a.\ sin^2.\ \tfrac{1}{2}\ x = 2\ b$$

On retrouve souvent des équations de cette forme.
Résolvons celle-ci d'une manière générale.

Je divise tout par

$$2.\ cos^2.\ \tfrac{1}{2}\ x = \frac{2}{1 + tang^2.\ \tfrac{1}{2}\ x}$$

il me vient

$$tang.\ \tfrac{1}{2}\ x + a.\ tang^2.\ \tfrac{1}{2}\ x = b\ (1 + tang^2.\ \tfrac{1}{2}\ x)$$
$$(a - b).\ tang^2.\ \tfrac{1}{2}\ x + tang.\ \tfrac{1}{2}\ x = b$$

et

$$tang^2.\ \tfrac{1}{2}\ x + \frac{tang.\ \tfrac{1}{2}\ x}{a - b} = \left(\frac{b}{a - b}\right)$$

$$tang. \tfrac{1}{2} x = -\frac{1}{2(a-b)} \pm \frac{1}{2(a-b)} \sqrt{1 + 4(a-b)\,b}$$

$$= -\frac{1}{2(a-b)} \overline{1 \pm 1 + 4(a-b)\,b}^{\frac{1}{2}}$$

$$= + \frac{\tfrac{1}{2} 4(a-b)\,b - \tfrac{1}{2}\cdot\tfrac{1}{4} 4^2 (a-b)^2 b^2 + \tfrac{1}{2}\cdot\tfrac{1}{4}\cdot\tfrac{1}{6} 4^3 (a-b)^3 b^3 - etc.}{2(a-b)}$$

$$= \tfrac{1}{4}.\,4\,b - \tfrac{1}{4}.\tfrac{1}{4}\,4^2 (a-b)\,b^2 + \tfrac{1}{4}.\tfrac{1}{4}.\tfrac{1}{6}\,4^3 (a-b)^2 b^3$$
$$- \tfrac{1}{4}.\tfrac{1}{4}.\tfrac{3}{6}.\tfrac{5}{8}\,4^4 (a-b)^3 b^4$$
$$+ \tfrac{1}{4}.\tfrac{1}{4}.\tfrac{3}{6}.\tfrac{5}{8}.\tfrac{7}{10}\,4^5 (a-b)^4 b^5 + etc.$$

$$= b - (a-b)\,b^2 + \tfrac{3}{6}\,4 (a-b)^2 b^3$$
$$- \tfrac{3}{6}.\tfrac{5}{8}\,4^2 (a-b)^3 b^4$$
$$+ \tfrac{3}{6}.\tfrac{5}{8}.\tfrac{7}{10}\,4^3 (a-b)^4 b^5 - etc.$$

série dont la loi est évidente

$$= b - (a-b)\,b^2 + 2(a-b)^2 b^3$$
$$+ 5(a-b)^3 b^4$$
$$+ 14(a-b)^4 b^5$$

$$= b - a b^2 + (2 a^2 + 1)\,b^3 + (5 a^3 - 4a)\,b^4$$
$$+ (14 a^4 - 15 a^2 + 2)\,b^5 + etc.$$

mais

$$\tfrac{1}{2} x = tang.\,\tfrac{1}{2} x - \tfrac{1}{3}.\,tang^3.\,\tfrac{1}{2} x + \tfrac{1}{5}.\,tang^5.\,\tfrac{1}{2} x$$

donc

$$\tfrac{1}{2} x = b - a b^2 + 2\left(\tfrac{1}{3} + a^2\right) b^3 + etc.$$

ou

$$x = 2\,b - 2\,a\,b^2 + \tfrac{4}{3}\,b^3 + 4\,a^2 b^3 + etc.$$

Ici

$$a = cot.\,A; \quad b = \tfrac{1}{2}\,n.\,sec.\,H.\,sec.\,h$$

et l'on aura

$$x = n.\,sec.\,H.\,sec.\,h - \tfrac{1}{2}.\,n^2.\,sec^2.\,H.\,sec^2.\,h.\,cot.\,A.\,sin.\,1''$$
$$+ \tfrac{1}{3}.\,n^3.\,sec^3.\,H.\,sec^3.\,h\left(\tfrac{1}{3} + cot^2.\,A\right).\,sin^2.\,1'' + etc.$$

Le plus souvent on peut se contenter des deux premiers termes, et même y supprimer les sécantes; et alors on revient à la formule donnée par M. Legendre, qui a négligé les quantités du second ordre.

La formule peut encore s'écrire ainsi :

$$\frac{2 \sin. \frac{1}{2} x. (\cos. \frac{1}{2} x. \sin. A + \cos. \frac{1}{2} x. \cos. A)}{\sin. A} = \frac{n}{\cos. H. \cos. h}$$

$$2 \sin. \frac{1}{2} x = \frac{n. \sin. A}{\cos. H. \cos. h. \sin. (A + \frac{1}{2} x)}$$

et

$$x = \frac{n. \sin. A}{\cos. H. \cos. h. \sin. (A + \frac{1}{2} x). \sin. 1''}$$

Ainsi, quand on aura calculé

$$x = \frac{\sin^2. \frac{1}{2} (H + h). \tan g. \frac{1}{2} A - \sin^2. \frac{1}{2} (H - h). \cot. \frac{1}{2} A}{\cos. H. \cos. h. \sin. 1''}$$

valeur approchée, on pourra la multiplier par

$$\frac{\sin. A}{\sin. (A + \frac{1}{2} x)}$$

La quantité

$$n = \sin^2. \frac{1}{2} (H + h). \tan g. \frac{1}{2} A - \sin^2. \frac{1}{2} (H - h). \cot. \frac{1}{2} A$$

se calcule au moyen de deux tables d'un usage commode. La première donne pour chaque valeur de $(H \pm h)$, de minute en minute, la quantité

$$10000. \sin^2. \frac{1}{2} (H \pm h) = 5000. \sin. verse (H \pm h)$$

Une autre (c'est la table IV) donne pour chaque valeur de A, de 10 en 10 minutes, les quantités

$$\left(\frac{.0''0001}{\sin. 1''}\right). \tan g. \frac{1}{2} A \quad \text{et} \quad \left(\frac{0''0001}{\sin. 1''}\right). \cot. \frac{1}{2} A$$

La table III donne le facteur sec. H. sec. h, par lequel il faut multiplier n.

Une quatrième donneroit les termes dépendans des carrés et des cubes; mais ils sont toujours insensibles. Ces tables se trouveront, avec quelques autres, à la suite du discours préliminaire.

On aura donc ainsi, avec autant de facilité que d'exactitude, les trois angles du triangle sphérique qui passe par les sommets des trois signaux. Tous les triangles, de Dunkerque à Barcelone, ainsi réduits, formeront une suite de triangles sphériques traversés par un arc du méridien; tous les angles de ce polygone seront connus. On aura pareillement dans chaque triangle assez de données pour en déduire toutes les inconnues, ainsi que les différentes parties de la méridienne, par les règles de la trigonométrie sphérique. Tous ces calculs se feront sans beaucoup de peine, par les moyens que nous donnerons ci-après. On peut aussi se servir de ces mêmes angles corrigés suivant un théorème très-curieux de M. Legendre. On peut enfin réduire tous ces triangles sphériques aux triangles rectilignes formés par leurs cordes; mais, dans cette méthode, il faut une nouvelle réduction aux angles horizontaux.

Pour la trouver, soit (*pl. I, fig.* 14) le triangle sphérique ABC avec le triangle des trois cordes ABC; prolongez AB d'abord en D, et AC en E, de manière que $AD = AE = 90°$. Soit AKI l'axe de la sphère et K le centre, menez les rayons KD et KE, et l'arc $DE = DKE = BAC$; à présent prolongez AD et AE de sorte que $DL = \frac{1}{2}AB$ et $EM = \frac{1}{2}AC$, et menez les rayons KL et KM, l'angle BAK de la corde avec l'axe $= \frac{1}{2} (180^\circ - AB) = (90^\circ - \frac{1}{2} AB)$, l'angle $IKL = 90 - DL = (90^\circ - \frac{1}{2} AB) = BAK$. Donc KL est parallèle à AB. On prouvera de même que KM est parallèle à AC; donc $LKM = LM = BAC$, angle des cordes. Or le triangle sphérique ALM donne pour l'angle des cordes $A' = LM$, l'équation

$$\cos. LM = \cos. LAM. \sin. AL. \sin. AM + \cos. AL. \cos. AM$$

Nous aurons donc, en mettant A' pour $(A + x)$,

$$\cos. A'' = \cos. (A' - y) = \cos. A'. \cos. a. \cos. b + \sin. a. \sin. b$$

La même figure serviroit à démontrer la réduction à l'horizon. Par le centre K de la sphère imaginez les rayons KM et KL parallèles aux rayons visuels dirigés aux signaux observés; $LM = LKM$ sera l'angle observé dans le plan incliné; le cercle DE est parallèle à l'horizon de l'observateur en A. Ainsi les arcs EM, DL sont les hauteurs ou les abaissemens des signaux; $ME = H$, $DL = h$; $DE = DKE$ est l'angle réduit $A + x$, et le triangle ALM donne

$$\cos. A = \cos. (A + x). \cos. H \cos. h. + \sin. H. \sin. h$$

Développant la valeur de $\cos. A''$, et faisant les mêmes opérations que ci-dessus, nous aurons

$$2 \sin. \tfrac{1}{2} y. \cos. \tfrac{1}{2} y + 2 \sin^2. \tfrac{1}{2} y. \cot. A'$$
$$= - \sin^2. \tfrac{1}{2} (a + b). \tan. \tfrac{1}{2} A'$$
$$+ \sin^2. \tfrac{1}{2} (a - b). \cot. \tfrac{1}{2} A'$$

et

$$y = m - \tfrac{1}{2} m^2. \cot. A' + \tfrac{1}{2} m^2 (\tfrac{1}{3} + \cot^2. A')$$

On peut toujours se contenter du premier terme ; car je trouve qu'en supposant $A = 120°$, a et $b = 15'$, c'est-à-dire des côtés de 28500 toises, $\frac{1}{2}$ m^2. cot. A' est encore absolument insensible.

Nommons donc y la réduction de l'angle sphérique $(A + x)$ à l'angle des cordes, on aura

$$y = - sin^2. \tfrac{1}{2} (a + b). \, tang. \tfrac{1}{2} (A + x)$$
$$+ sin^2. \tfrac{1}{2} (a - b). \, cot. \tfrac{1}{2} (A + x)$$

Les tables I et IV donneront donc encore cette quantité, avec la seule attention de changer les signes. La table III est inutile ici ; mais, au lieu de la table I, qui suppose les demi-arcs terrestres a et b convertis en toises, il sera plus commode d'employer la table II, qui donne les valeurs de $sin^2. \tfrac{1}{2} (a + b)$ et $sin^2. \tfrac{1}{2} (a - b)$ par les distances en toises.

Soient P et Q les distances aux deux signaux ; le degré moyen dans nos opérations, étant 57020 toises environ, nous aurons, pour calculer la table II, l'expression suivante :

$$sin^2. \tfrac{1}{2} (a \pm b) = sin^2. \left[\left(\tfrac{3600''}{57020} \right) \left(\tfrac{P \pm Q}{4} \right) \right]$$
$$= sin^2. \left[\tfrac{900}{57020} (P \pm Q) \right]$$
$$= sin^2. 1'' \left[\tfrac{90}{5702} (P \pm Q) \right]^2$$
$$= \left(\tfrac{sin. 90''}{5702} \right)^2 (P \pm Q)^2$$
$$= \left(\tfrac{sin. 9''}{570,2} \right)^2 (P \pm Q)^2$$

et

$$10000. \; sin^2. \tfrac{1}{2} (a \pm b) = \left(\tfrac{sin. 9''}{5,702} \right)^2 (P \pm Q)^2$$
$$= 0,00000.00000.58557 \, (P \pm Q)^2$$

Pour une table qui marche de 1000 en 1000 toises,
Supposez $(P \pm Q) = 1000$, cette expression deviendra .. 0.00005.8557
Le double de ce nombre sera la seconde différence. . . . 11.7114

Le triple sera la première des différences premières . . . 17.5671

Vous aurez pour 2000 le quadruple, ou 0.00023.4228
Le quintuple sera la seconde des différences premières . 29.2785

Et pour 3000 . . . . 0.00052.7013

Ce procédé s'applique également à toutes les tables de nombres proportionnels au carré de l'argument.

Soit $C (n A)^2$ le terme général de la table, C étant le coefficient constant, et n ayant successivement les valeurs 1, 2, 3, etc. de la suite naturelle des nombres.

$C (n A)^2$ devient successivement

$$C. A^2; \quad C. 4 A^2; \quad C. 9 A^2; \quad C. 16 A^2 . . . . . . C. n^2. A^2$$

Les premières différences sont successivement

$$C. A^2; \quad 3 C. A^2; \quad 5 C. A^2; \quad 7 C. A^2 + \text{etc.}$$

et la différence seconde est constamment

$$2 C. A^2$$

Il suffit donc de déterminer le premier terme $C. A^2$, et le reste se trouve par de simples additions.

Avec ces réductions la somme des trois angles doit toujours être de 180° 0′ 0″; ce qui sert à juger de la bonté des observations, au lieu que la somme des angles d'un triangle sphérique étant variable, on est obligé, dans les autres méthodes, de calculer cet excès sphérique. Voici plusieurs moyens d'en trouver la valeur.

1. T

Excès sphérique.

Soit (*pl. I, fig.* 13) ABC un triangle sphérique quelconque partagé en deux triangles rectangles par l'arc perpendiculaire BD, on a

$$\text{cot. } ABD = \text{cos. } AB. \text{ tang. } A$$

d'où

$$\text{tang. } A - \text{cot. } ABD = \text{tang. } A (1 - \text{cos. } AB)$$

et

$$2 \, sin^2. \tfrac{1}{2} AB. \text{ tang. } A = \text{tang. } A - \text{tang. } (90 - ABD)$$

$$= \frac{\sin. (A + ABD - 90)}{\cos. A. \sin. ABD} = \frac{\sin. (A + ABD - 90^\circ + D - 90)}{\cos. A. \sin. ABD}$$

$$= \frac{\sin. (A + ABD + D - 180^\circ)}{\cos. A. \sin. ABD} = \frac{\sin. (180^\circ + x - 180)}{\cos. A. \sin. ABD}$$

$$= \frac{\sin. x}{\cos. A. \cos. (A - x)} = \frac{\sin. x}{\cos. A^2. \cos. x - \sin. A. \cos. A. \sin. x}$$

$$= \frac{\text{tang. } x}{\cos^2. A - \sin. A. \cos. A. \text{ tang. } x}$$

et

$$\text{tang. } x = \frac{2 \, sin^2. \tfrac{1}{2} AB. \sin. A. \cos. A}{1 - 2 \, sin^2. \tfrac{1}{2} AB. \sin^2. A} = \frac{sin^2. \tfrac{1}{2} AB. \sin. 2 A}{1 - sin^2. \tfrac{1}{2} AB (1 - \cos. 2 A)}$$

$$= \frac{tang^2. \tfrac{1}{2} AB. \sin. 2 A}{1 + tang^2. \tfrac{1}{2} AB. \cos. 2 A}$$

d'où

$$x = \frac{tang^2. \tfrac{1}{2} AB. \sin. 2 A - \tfrac{1}{2} tang^2. \tfrac{1}{2} AB. \sin. 4 A + \tfrac{1}{3} tang^3. \tfrac{1}{2} AB. \sin. 6 A - \text{etc.}}{\sin. 1''}$$

On a donc

$$A + ABD - 90^\circ = \frac{tang^2. \tfrac{1}{2} AB. \sin. 2 A - \text{etc.}}{\sin. 1''}$$

On a de même

$$C + CBD - 90^\circ = \frac{tang^2. \tfrac{1}{2} BC. \sin. 2 C - \text{etc.}}{\sin. 1''}$$

donc

$$(A + B + C - 180) = \frac{tang^2.\frac{1}{4} AB. \sin. 2 A - \text{etc.}}{\sin. 1''}$$
$$+ \frac{tang^2.\frac{1}{4} BC. \sin. 2 C - \text{etc.}}{\sin. 1''}$$

Il suffit du premier terme de ces deux séries. Or

$$\frac{tang^2 \frac{1}{4} AB}{\sin. 1''} = tang. 1'' \left(\frac{AB}{4}\right)^2 = \left(\frac{AB}{4}\right)^2. \sin. 1''$$
$$= \left(\frac{1800'' \, AB}{57020}\right)^2. \sin. 1'' = \left(\frac{9}{285.1}\right)^2. \sin. 1''$$
$$= 0''.00004.8311 \, (AB)^2$$

d'où

$$(A + B + C - 180°) = 0''.00004.831 \, (AB)^2. \sin. 2 A$$
$$+ 0''.00004.831 \, (BC)^2. \sin. 2 C$$

Ainsi une même table peut donner en deux parties l'excès sphérique du triangle ABC. On entrera dans la table successivement avec chacun des deux côtés en toises et l'angle adjacent.

C'est ainsi que j'ai calculé la table V. Développons notre formule, elle deviendra, en faisant $a = 0.00004.831$,

$$2 a. (AB)^2. \sin. A. \cos. A + 2 a. (BC)^2. \sin. C. \cos. C$$
$$= 2 a. AB. \sin. A. AB. \cos. A + 2 a. BC. \sin. C. BC. \cos. C$$
$$= 2 a. AB. \sin. A. AD + 2 a. AB. \sin. A. CD$$
$$= 2 a. AB. \sin. A (AD + CD) = 2 a. AB. AC. \sin. A$$
$$= 2 a. AB. BC. \sin. B = 2 a. BC. AC. \sin. C$$
$$= 2 a. (AB)^2. \frac{\sin. A. \sin. B}{\sin. (A + B)}$$
$$= 4 a. \textit{surface du triangle considéré comme rectiligne.}$$
$$= 0''.00009.862. \textit{double surface du triangle rectiligne.}$$

Ces dernières expressions sont celles dont on se sert communément ; on voit qu'elles ne sont que des approximations. Il est aisé d'avoir une expression exacte.

Soient A, A', A'' les trois angles d'un triangle sphérique ; soit aussi $A + A' + A'' = 180^\circ + y$, et cherchons la valeur de y ;

$$A' + A'' = 180 - (A - y)$$

$$\tfrac{1}{2}(A' + A'') = 90^\circ - \tfrac{1}{2}(A - y)$$

$$\tan. \tfrac{1}{2}(A' + A'') = \cot. \tfrac{1}{2}(A - y) = \frac{1 + \tan. \tfrac{1}{2}A . \tan. \tfrac{1}{2}y}{\tan. \tfrac{1}{2}A - \tan. \tfrac{1}{2}y}$$

mais, suivant une formule de Néper,

$$\tan. \tfrac{1}{2}(A' + A'') = \frac{\cot. \tfrac{1}{2}A . \cos. \tfrac{1}{2}(C' - C'')}{\cos. \tfrac{1}{2}(C' + C'')}$$

donc

$$\frac{1 + \tan. \tfrac{1}{2}A . \tan. \tfrac{1}{2}y}{\tan. \tfrac{1}{2}A - \tan. \tfrac{1}{2}y} = \frac{\cot. \tfrac{1}{2}A . \cos. \tfrac{1}{2}(C' - C'')}{\cos. \tfrac{1}{2}(C' + C'')}$$

d'où l'on tire

$$\tan. \tfrac{1}{2}y = \frac{2 \sin. \tfrac{1}{2}C' . \sin. \tfrac{1}{2}C''}{\cos. \tfrac{1}{2}(C' + C'') . \tan. \tfrac{1}{2}A + \cos. \tfrac{1}{2}(C' - C'') . \cot. \tfrac{1}{2}A}$$
$$= \frac{\tan. \tfrac{1}{2}C' . \tan. \tfrac{1}{2}C'' . \sin. A}{1 + \tan. \tfrac{1}{2}C' . \tan. \tfrac{1}{2}C'' . \cos. A}$$

expression finie et rigoureuse que M. Legendre avoit trouvée de son côté, et d'où je tire

$$\tfrac{1}{2}y = \frac{\tan. \tfrac{1}{2}C' . \tan. \tfrac{1}{2}C'' . \sin. A}{\sin. 1''} - \frac{(\tan. \tfrac{1}{2}C' . \tan. \tfrac{1}{2}C'')^2 . \sin. 2A}{\sin. 2''}$$
$$+ \frac{(\tan. \tfrac{1}{2}C' . \tan. \tfrac{1}{2}C'')^3 . \sin. 3A}{\sin. 3''}$$
$$- \text{etc.}$$

L'expression finie de $\tan. \tfrac{1}{2}y$ ne peut, en aucun cas, devenir négative ; d'où il suit que l'excès sphérique est toujours positif, et que les trois angles d'un triangle sphérique surpassent toujours 180°.

Pour démontrer les séries que nous avons substituées aux fonctions de cette forme,

$$\tan . x = \frac{m. \sin . y}{1 + m. \cos . y}$$

différentions, en supposant m constante,

$$\frac{dx}{\cos^2 . x} = \frac{(1 + m. \cos . y). m. \cos . y \, dy + m^2 \sin^2 . y \, dy}{(1 + m. \cos . y)^2}$$

et

$$\frac{dx}{dy} = \frac{m. \cos . y + m^2}{1 + 2 m. \cos . y + m^2} = \alpha m + \beta m^2 + \gamma m^3 + \delta m^4 + \text{etc.}$$

d'où $o =$

$$\alpha m + \qquad \beta m^2 + \qquad \gamma m^3 + \qquad \delta m^4 + \text{etc.}$$
$$- \cos . y \, m + 2 \alpha . \cos . y \, m^2 + 2 \beta . \cos . y \, m^3 + 2 \gamma . \cos . y \, m^4 + \text{etc.}$$
$$\qquad m^2 + \qquad \alpha m^3 + \qquad \beta m^4 + \text{etc.}$$

On en conclut

$$\alpha = \cos . y$$

$$\beta = 1 - 2 \alpha . \cos . y = 1 - 2 \cos^2 . y = - \cos . 2 \, y$$

$$\gamma = - \alpha - 2 \beta . \cos . y = - \cos . y + 2 \cos . 2 \, y . \cos . y$$
$$= \cos . 3 \, y$$

$$\delta = - 2 \gamma . \cos . y - \alpha \beta$$
$$= - 2 \cos . 3 \, y . \cos . y + \cos . 2 \, y = - 4 \, y$$

et ainsi des autres, parce qu'on a généralement

$$2 \cos . n A. \cos . A = \cos . (n - 1) A = \cos . (n + 1) A$$

donc

$$\frac{dx}{dy} = m. \cos. y + m^2. \cos. 2y + m^3. \cos. 3y + \text{etc.}$$

donc

$$x = m. \sin. y - \tfrac{1}{2} m^2. \sin. 2y + \tfrac{1}{3} m^3. \sin. 3y - \text{etc.}$$

Si l'on avoit supposé

$$\tan g. x = \frac{m. \sin. y}{1 - m. \cos. y}$$

tous les termes pairs auroient été positifs, aussi bien que les impairs.

Si l'on avoit

$$\tan g. y = n. \tan g. x$$

on feroit

$$n = \cos. C$$

alors

$$\tan g. x - \tan g. y = \frac{\sin. (x - y)}{\cos. x. \cos. y} = (1 - \cos. C). \tan g. x$$
$$= 2 \sin^2. \tfrac{1}{2} C. \tan g. x$$

et

$$\sin. (x - y) = 2 \sin^2. \tfrac{1}{2} C. \sin. x. \cos. y$$
$$= 2 \sin^2. \tfrac{1}{2} C. \sin. x. \cos. [x - (x - y)]$$
$$= 2 \sin^2. \tfrac{1}{2} C. \sin. x. \cos. x. (\cos. x - y)$$
$$+ 2 \sin^2. \tfrac{1}{2} C. \sin^2. x. \sin. (x - y)$$

d'où

$$\tan g. (x - y) = \frac{\sin^2. \tfrac{1}{2} C. \sin. 2x}{1 - 2 \sin^2. \tfrac{1}{2} C. \sin^2. x} = \frac{\tan g^2. \tfrac{1}{2} C. \sin. 2x}{1 + \tan g^2. \tfrac{1}{2} C. \cos. 2x}$$

or

$$n = \cos. C = \frac{1 - \tan g^2. \tfrac{1}{2} C}{1 + \tan g^2. \tfrac{1}{2} C}$$

d'où

$$tang^2. \tfrac{1}{2} C = \frac{1-n}{1+n}$$

donc

$$(x-y) = \left(\frac{1-n}{1+n}\right). \, sin. \, 2 \, x - \tfrac{1}{2}\left(\frac{1-n}{1+n}\right)^2. \, sin. \, 4 \, x \\ + \tfrac{1}{3} \, etc.$$

$$= \left(\frac{1-n}{1+n}\right). \, sin. \, 2 \, y + \tfrac{1}{2}\left(\frac{1-n}{1+n}\right)^2. \, sin. \, 4 \, y \\ + \tfrac{1}{3} \, etc.$$

Si n étoit > 1, on feroit $cos. \, C = \frac{1}{n}$; alors on auroit

$$tang. \, x = cos. \, C. \, tang. \, y$$

ou

$$(y-x) = \left(\frac{n-1}{n+1}\right). \, sin. \, 2 \, x + \tfrac{1}{2}\left(\frac{n-1}{n+1}\right)^2. \, sin \, 4 \, x + etc.$$

$$= \left(\frac{n-1}{n+1}\right). \, sin. \, 2 \, y - \tfrac{1}{2}\left(\frac{n-1}{n+1}\right)^2. \, sin \, 4 \, y + etc.$$

Toutes ces transformations nous seront utiles; elles peuvent se déduire des formules que M. Lagrange a données dans les *Mémoires de Berlin* pour 1774. J'aurois donc supprimé ces démonstrations; mais ces méthodes étant destinées principalement aux personnes qui seront chargées d'opérations géodésiques, j'ai cru qu'elles seroient bien aises de trouver ici les démonstrations de toutes les formules qu'elles auront occasion d'employer, et qui ne se trouvent pas dans les livres élémentaires.

Il nous reste à expliquer les réductions qu'il faut appliquer aux distances au zénith observées.

Il nous est arrivé à Malvoisine de ne pouvoir prendre la distance au zénith au même étage où nous avions observé les angles. Ainsi (*pl. I*, *fig.* 9), nous avons observé la distance ZOA, au lieu de la distance ZCA. La différence est évidemment l'angle CAO. Or

$$\text{tang. } A = \frac{\left(\frac{CO}{OA}\right) . \sin. O}{1 - \frac{CO}{OA} . \cos. O}$$

d'où

$$A = \left(\frac{CO}{OA}\right) . \frac{\sin. O}{\sin. 1''} + \left(\frac{CO}{OA}\right)^2 . \frac{\sin. 2O}{\sin. 2''} + \left(\frac{CO}{OA}\right)^3 . \frac{\sin. 3O}{\sin. 3''}$$

$$= \left(\frac{dH}{D . \sin. 1''}\right) . \sin. \delta + \left(\frac{dH}{D}\right)^2 \frac{\sin. 2\delta}{\sin. 2''} + \text{etc.}$$

dH étant la différence de hauteur, D la distance du signal observé, et δ la distance qu'il s'agit de réduire.

La distance corrigée sera donc

$$\delta + \left(\frac{dH}{D}\right) . \frac{\sin. \delta}{\sin. 1''} + \text{etc.}$$

Le premier terme est toujours suffisant.

Quelquefois, au lieu de descendre, nous avons été forcés de nous mettre en avant du centre de station, comme en O (*fig.* 10). Alors la distance corrigée $= \delta$ $+ \left(\frac{r}{D}\right) . \frac{\cos. \delta}{\sin. 1''}$ r est la distance au centre.

Remarquez que $\cos. \delta$ est négatif si $\delta > 90°$. La correction devient alors soustractive. En effet, dans ce cas, la dépression HOA' a été trouvée trop grande, la distance au zénith trop grande; par conséquent il la faut diminuer. Au contraire, si l'objet est élevé au-dessus de la ligne horizontale OH, la hauteur de l'objet a été trouvée trop grande, la distance au zénith trop petite; il la faut augmenter.

Le triangle COA donne

$$AC : \sin. O :: OC : \sin. A$$

et

$$A = \frac{OC. \sin. O}{D. \sin. 1''} = \frac{r. \cos. \delta}{D. \sin. 1''}$$

Si le centre est en B', $B'CO$ étant dans le plan de l'horizon,

$$OC = OB'. \cos. HOB'$$

ou

$$\text{distance corrigée} = \delta' = \frac{r. \cos. y. \cos. \delta}{D. \sin. 1''}$$

Cette expression est générale, en faisant attention aux signes des deux cosinus.

Les distances au zénith ainsi corrigées, quand il y aura lieu, serviront pour réduire les angles à l'horizon; mais, pour calculer les différences de niveau des stations, il faudra réduire toutes les distances au zénith au sommet de tous les signaux, en y ajoutant la correction $\frac{dH. \sin. \delta}{D. \sin. 1''}$ donnée ci-dessus. C'est pour cela que, dans toutes mes stations, j'ai donné la quantité dH en toises. Ainsi, page 2, on voit qu'à Dunkerque $dH = 2^t6$.

Au lieu de réduire la distance au zénith à celle qu'on auroit observée en plaçant le cercle au sommet du signal, on peut la réduire au pied du même signal : alors dH sera une quantité négative.

Dans la partie nord de la France, presque tous mes signaux étoient des clochers; mon cercle étoit communément beaucoup plus près de la pointe du clocher que

1.   v

du sol. J'avois des réductions moins fortes en rapportant mes distances au zénith à celles que j'aurois prises au haut des clochers. Les différences de niveau calculées pour le sommet de mes signaux, se réduisent au sol, en retranchant la hauteur totale du clocher. Ainsi, à Amiens, ayant trouvé 76 toises pour l'élévation de la pointe de la flèche au-dessus de la mer, et pour la hauteur du clocher 330 pieds ou 55 toises au-dessus du pavé, je retranche 55 toises de 76, et il me reste 21 toises pour l'élévation du pavé de l'église d'Amiens au-dessus de la mer.

Dans les signaux le cercle est plus près de terre que du sommet : voilà pourquoi Méchain a préféré la réduction au pied du signal ; mais, au clocher de Rodez, il a, comme moi, pris pour point de niveau la tête de la statue ou le sommet du signal. À l'ordinaire, il donnoit à chaque observation $dH' =$ (hauteur du signal observé au-dessus du sol qui portoit ce signal, — la hauteur de son cercle, y compris le pied). Ainsi, à Rieupeyroux, page 294, en observant le signal de la Gaste, il donne $dH' = 1^t 7665$; d'où l'on voit, en ajoutant $0^t 5671$, hauteur ordinaire du cercle sur son pied, que la hauteur totale du signal de la Gaste au-dessus de la montagne, étoit $2^t 3336$. En effet, page 305, on trouve $2^t 333$. En observant le puy Saint-Georges, il donne $dH' = 2^t 4885$, d'où l'on concluroit $3^t 0566$ pour la hauteur du signal du puy Saint-Georges ; mais, page 314, on trouve $3^t 1611$. C'est que ce jour-là la hauteur de l'instrument étoit $0^t 6226$; la différence étoit $9^t 0555$ dont l'instrument étoit monté plus haut cette fois. (Le pied de bois pouvoit s'alonger ou se raccourcir de quelques pouces.) En observant Rodez, dont la hauteur étoit o, il donne $dH' = 0$ — $0^t 567^t$. Pour Alby, où il n'y avoit pas de signal, il donne encore $dH' = 0^t 567^t$.

Il n'étoit pas toujours possible de mesurer directetement dH; ainsi, dans les clochers, je mesurois AC, EF et FC (*fig.* 11.), et je disois

$$AB : BE :: AC : CS = \frac{BE \cdot AC}{AB} = \frac{d b'}{b - a}$$

ou

$$FS = \frac{ac'}{b - c}$$

En comprenant l'épaisseur de l'arête AS dans la mesure de AC et EF, on a la hauteur du sommet extérieur du clocher, non compris le petit cylindre qui le termine et sert de support à la croix ou à la girouette. C'est ce sommet que nous avons observé autant que nous avons pu.

Pour les flèches très-élevées, comme celles d'Amiens et d'Orléans, ce moyen étoit impraticable. Voici alors la manière dont je déterminois dH : de deux stations voisines j'observois la distance au zénith du point B (*fig.* 12), sommet de la flèche, et celle du point A du faîte de l'église. Dans le triangle CAB j'avois

$$\sin. A : BC :: \sin. (ZCA - ZCB) : AB = \frac{D \cdot \sin. (\delta' - \delta)}{\sin. A}$$

Quand la flèche étoit fort aiguë, il étoit assez difficile de s'assurer si l'on observoit toujours le même point. Le mal seroit léger s'il se bornoit à augmenter de quelques secondes les distances au zénith, et que le point

observé fût toujours dans l'axe ; mais c'est ce qui n'est
pas, et j'en ai une preuve bien remarquable entre mille
autres. La flèche de Sauti est une pyramide octogonale
assez belle. Un jour que de Bonnières je l'observois
éclairée du soleil, elle me parut avoir trois pointes différentes. La face qui se présentoit à moi plus directement étoit fort blanche ; les faces voisines, foiblement
éclairées, avoient presque leur couleur naturelle : elles
paroissoient plus courtes que la face blanche, et elles
étoient inégales entre elles. Aucune de ces trois pointes
n'étoit véritablement dans l'axe du clocher ; toutes trois
étoient à la surface, et d'autant plus éloignées de l'axe
qu'elles étoient plus courtes. Il est évident que des observations faites dans de pareilles circonstances sont
nécessairement défectueuses ; et ce qu'il y a de plus
fâcheux, c'est qu'il est impossible de calculer et de corriger l'erreur ; il faut attendre et choisir les instans
favorables.

Pour preuve des erreurs que peuvent produire les
phases des signaux, je citerai des angles observés à
Bonnières.

Le 21 juillet, à 9ʰ du matin, l'angle entre Sauti et Fiefs
me parut de. . . . . 90° 42′ 8″0
Le lendemain, à pareille heure, je trouvai. . . . . . 90° 42′ 7″7
Les signaux n'étoient point éclairés. Milieu . . . . . 90° 42′ 7″85
Le 21), à 4ʰ, les objets étant éclairés obliquement, l'angle
fut de . . . . 90° 42′ 11″6
Le 22, à 3ʰ, les objets étant encore éclairés, ... 90° 42′ 12″8
Milieu . . . . 90° 42′ 12″2
Différence . . . . 4″35

La même chose est arrivée à M. Méchain au puy Cambatjou, sur les signaux de la Gaste et puy Saint-Georges.

Les deux signaux étant éclairés en sens contraire un soir et un matin, on trouva les angles . . . . 66° 37′ 54″65

Et . . . . 66° 37′ 39″66

Le milieu . . . . 66° 37′ 47″15

Ce qui s'accorde parfaitement avec celui de trois autres séries qu'on peut voir page 322 . . . . 66° 37′ 47″177

Mais la différence entre les deux premières est de . . . 14″99

M. Méchain a supprimé ces deux séries comme peu sûres; mais les ayant retrouvées dans ses manuscrits, j'ai cru devoir les rapporter à l'appui de ce que j'ai observé moi-même. Les deux séries supprimées étoient chacune de vingt-quatre angles.

La compensation n'est pas toujours aussi parfaite que dans cet exemple. La même station de Cambatjou m'en fournira la preuve.

Pour l'angle entre puy Saint-Georges et Montredon, deux séries de vingt-quatre angles chacune (non publiées), donnent . . . . 71° 15′ 17″79

Et . . . . 71° 15′ 8″47

Milieu des deux séries rejetées . . . . 71° 15′ 13″1

Milieu des trois séries imprimées page 323 . . . . 71° 15′ 11″3

La différence est . . . . 1″8

Mais le milieu entre les cinq seroit . . . . . . 71° 15′ 12″0

On conçoit en effet qu'il faut une réunion de cir-

constances assez rares pour que l'erreur soit exactement
la même, au signe près, dans les deux séries altérées
par les phases des signaux.

J'ai donné aux stations de Watten, page 19; de Morlac, p. 221, et à celles de la Bastide, p. 277 et 278,
des exemples d'effets tout aussi extraordinaires de ces
phases. M. Méchain en a observé de pareils à Carcassonne; entre les signaux d'Alaric et de Noré on trouve
à la page 374 sept séries composant cent trente-deux
angles. Les différences extrêmes ne passent guère 3″,
et cela n'est pas bien rare; mais, en rétablissant quatre
séries supprimées, les différences extrêmes passeroient
10″. Cependant les signaux d'Alaric et de Noré étoient
des pyramides ordinaires. Ces inégalités font le tourment
des observateurs; mais, ce qui doit les consoler, c'est
qu'après avoir multiplié les séries de ces angles douteux,
on en trouve toujours plusieurs qui tiennent assez exactement le milieu entre toutes les autres, et que le milieu
entre toutes, sans exception, diffère très-peu de celles
qui ont été faites dans les circonstances les plus favorables. Le résultat est donc, à très-peu près, le même,
soit qu'on supprime les séries dans lesquelles l'écart est
le plus sensible, soit qu'on les réunisse à celles qui sont
évidemment les meilleures. Mais, quel que soit le parti
que l'on préfère, il me semble qu'on doit tout publier.
Ces irrégularités mêmes sont des faits qu'il importe de
connoître. Les soins les plus attentifs n'en sauroient
préserver les observateurs les plus exercés, et celui qui
ne produiroit que des angles toujours parfaitement

d'accord, auroit été singulièrement bien servi par les circonstances, ou ne seroit pas bien sincère.

Il résulte encore de tout ceci une conséquence remarquable, c'est que l'accord de deux séries ne prouve rien, à moins qu'elles n'aient été faites dans des circonstances qui ne laissent aucun doute, c'est-à-dire quand les deux signaux étoient bien visibles, bien terminés, et dans l'ombre, ou tous deux éclairés sur une face qui se présentoit directement à l'observateur. Or la réunion de ces deux dernières circonstances est infiniment rare. Si les signaux sont éclairés, il arrivera presque toujours qu'ils le seront tous deux obliquement et inégalement. Ces inconvéniens ne doivent pas avoir lieu quand on observe des réverbères; les différentes séries devroient, ce semble, offrir beaucoup plus d'accord, et cependant les dernières stations de M. Méchain dans le royaume de Valence, où il n'employoit que des réverbères, offrent des différences qui vont à 4 et 5″, et même une fois jusqu'à 8″. Il n'y a donc jusqu'ici aucun moyen connu pour éviter ces petites erreurs, si ce n'est la constance à multiplier les observations de manière à rendre les compensations presque infaillibles.

Les effets de la lumière sur les signaux ordinaires ne se bornent pas à rendre telle ou telle partie plus ou moins visible, ou à raccourcir la flèche d'un clocher. Les signaux en sont quelquefois déformés au point d'être méconnoissables. Ainsi le clocher de Sauti, vu de Fiefs, nous a paru tout courbé. (Voyez page 33.) La même chose m'est arrivée à Méri, en observant le premier signal

d'Ennordre (ces dernières observations, devenues inutiles, n'ont pas été imprimées, mais elles sont consignées
dans mon registre) : ce signal me parut de moitié plus
court qu'à l'ordinaire, et la partie visible étoit oblique;
ce qui provenoit sans doute de ce que toutes les parties
du signal n'étoient pas couvertes de planches également
neuves et également propres à réfléchir la lumière du
soleil. En effet, ces apparences ne se remarquent guère
que dans les temps un peu brumeux. Dans ce cas, c'est
un grand hasard si l'angle mesuré peut être exact,
quelque précaution qu'on prenne en l'observant.

J'ai dit, page 223, que la réduction à l'axe du belvédère pouvoit être de 11″. $sin. B$, en supposant que la
pointe fût invisible et la hauteur réduite en apparence
aux trois quarts. En effet, d'après les dimensions rapportées au même endroit, on auroit par la formule de
la page 133,

$$\left(\frac{P. \, sin. \, B}{D. \, sin. \, 1''}\right) = \frac{0^l 539. \, sin. \, B}{9447. \, sin. \, 1''} = 11''8. \, sin. \, B.$$

Or B étoit de 19° 20′ pour une des faces qui pouvoient
être éclairées, et de 25° pour l'autre. Ainsi l'angle pouvoit être de 3″89 trop grand et de 5″1 trop petit. Les
corrections doubleroient si la moitié du toit étoit invisible.

Je n'ai point rappelé dans cette introduction quelques
corrections d'un genre particulier qui ont eu lieu dans
des circonstances uniques; elles ont été suffisamment
expliquées aux stations où j'ai été forcé d'y recourir, et
pour lesquelles ont été faites presque toutes les figures

des planches II et III : mais il me reste à démontrer ce que j'ai dit page 23, station de Cassel, que l'erreur de l'observation, quand les deux angles d'une tour sont inégalement élevés, est égale à la demi-différence des hauteurs; et d'abord il faut avertir qu'à la page 23 il faut lire par-tout I pour D, et H pour K.

I et H sont donc les angles inégalement élevés de la tour de Cassel qui se plaçoient sur les fils du réticule; HK est la différence de hauteur; l'axe de la tour est Pn, et l'observation donnoit l'angle pour Cam. L'erreur est donc

$$ab = Ib - Ia = \tfrac{1}{2} IK - \tfrac{1}{2} Id = \tfrac{1}{2} (IK - Id)$$
$$= \tfrac{1}{2} dK = \tfrac{1}{2} KH = 0°0833.$$

Planche III, la figure 13 *bis* se rapporte à la note de la page 108. Elle représente le tourillon de l'horloge, le pélican qui a été pris pour signal, et la roue qui fait mouvoir le marteau de l'horloge. Vue de face, comme dans la figure, cette roue est séparée du tourillon; vue obliquement, l'intervalle disparoissoit. Cette figure est copiée d'une estampe que j'ai tirée à Bourges d'un vieux Bréviaire.

Nous terminerons ce qui regarde les observations géodésiques par l'explication des tables qui suivent, et qui sont destinées à faciliter le calcul des réductions.

Je choisirai l'angle au Violan, entre Aubassin et la Bastide, comme l'un de ceux dont les réductions sont les plus fortes.

Réduction à l'horizon et aux cordes.

Angle observé réduit au centre.	Distance au zénith.		Distances en toises des signaux.	
	Aubassin . .	91° 32′ 45″	Aubassin	18283
51° 9′ 29″744 . .	Bastide . . .	91° 7′ 10″	Bastide	25423
	$H + h =$ 2° 39′ 55″		$P + Q =$ 43706	
	$H - h =$ 25′ 35″		$P - Q =$ 7160	

	Table I.		Table II.	
Argumens	$H + h$	$H - h$	$P + Q$	$P - Q$
Facteurs	+ 5.408	+ 0.139	— 0.112	— 0.003
Table IV. Angle obs.	+ 9″87	— 43″09	+ 9″87	— 43″09
	0″37856	4″309	0″987	0″12927
	4″3264	1″2927	987	
	48″672	38″781	1″974	
	+ 53″377	— 5″99	— 1″11	
	— 5″99		+ 0″13	

+ 47″387 Réd. à l'horizon — 0″98

51° 9′ 29″744 Angle au centre.

51° 10′ 17″131 Angle à l'horizon.

— 0″98 Réduction aux cordes.

51° 10′ 16″15 Angle des cordes.

$H + h$ est la somme des deux distances au zénith diminuée de 180°. Si la somme étoit moindre que de 180°, $(H + h)$ seroit ce qui s'en manque pour aller à 180°. $(H - h)$ est, dans tous les cas, la différence des deux distances au zénith, en retranchant la plus petite de la plus grande.

Les quantités $(H + h)$ et $(H - h)$ sont toujours censées positives, car leurs carrés seuls entrent dans la formule de réduction.

Avec $(H + h)$ et $(H - h)$ vous prenez dans la table I deux nombres auxquels vous donnez le signe $+$.

$P + Q$ est la somme des distances en toises entre l'observateur et chacun des signaux observés; $P - Q$ est la différence de ces mêmes distances. $P - Q$ se prend en retranchant la plus petite de la plus grande; ainsi $(P - Q)$ est toujours une quantité positive.

Avec $(P + Q)$ et $(P - Q)$ vous prenez dans la table II deux nombres auxquels vous donnez le signe $-$ invariablement.

Avec l'angle observé, $51° 9' \frac{1}{2}$, vous prenez dans la table IV le nombre *tangente*, auquel vous donnez toujours le signe $+$, et que vous mettez sous le facteur donné par $(H + h)$.

Avec le même angle, vous prenez dans la colonne voisine le nombre *cotangente* auquel, vous donnez toujours le signe $-$, et que vous placez sous le facteur de $(H - h)$.

Vous placez ces deux nombres avec leurs mêmes signes sous les facteurs $(P + Q)$ et $(P - Q)$, comme vous le voyez dans le type du calcul.

Vous faites les quatre multiplications.

La différence des deux premiers produits est la réduction à l'horizon, qui, s'applique, suivant son signe, à l'angle réduit au centre.

La différence des deux derniers produits est la réduction aux cordes, et elle s'applique, suivant son signe, à l'angle horizontal.

Cette dernière réduction est presque toujours soustractive; mais il arrive pourtant quelquefois qu'elle devient additive, le quatrième produit surpassant alors le troisième.

À l'ordinaire, ce quatrième produit est nul, et le troisième toujours fort petit; en sorte qu'en calculant la réduction à l'horizon, qui est indispensable, il n'en coûte guère davantage pour avoir la réduction aux cordes.

Pour la réduction à l'horizon, il suffit le plus souvent des deux produits que nous avons calculés. Cependant, dans la rigueur, la différence de ces produits doit être multipliée par le produit $sec. H. sec. h$ que fournit la table III.

Dans notre exemple, avec $H = 1° 33'$, et $h = 1° 7'$, je trouve, dans la table III, 1.0006, qui doit multiplier $+ 47''387$, valeur approchée de la réduction; mais $0,0006 \times 47''4 = 0''02844$ étant insensible, on peut supposer $sec. H. sec. h = 1$.

Si la réduction à l'horizon étoit de plusieurs minutes, les termes du second ordre, que nous négligeons, deviendroient sensibles. À la réduction $(n. sec. H. sec. h)$ donnée par les tables I, III et IV, il faudroit ajouter les termes $-\frac{1}{2}(n.\ sec.\ H.\ sec.\ h)^2\ \frac{cot.\ A}{sin.\ 1''}+\frac{1}{2}(n.\ sec.\ H.$ $sec.\ h)^3\ \frac{(\frac{1}{3}+cot^2.\ A)}{sin^2.\ 1''}$. J'en ai supprimé la table, qui ne sert presque jamais. On peut tenir compte du terme $-\frac{1}{2}(n.\ sec.\ H.\ sec.\ h)^2\ \frac{cot.\ A}{sin.\ 1''}$ en recommençant le calcul avec $(A+\frac{1}{2}\ x)$, au lieu de A; ce qui changera fort peu les membres donnés par la table IV.

Dans notre exemple, $\frac{1}{2}\ x$ étant $\frac{1}{2}\ (47''3)=23''7$, on voit qu'il auroit fallu entrer dans la table IV avec l'angle $51°\ 9'\ 54''$, ou $51°\ 9'9$.

Mais supposons que la réduction eût été $10'$, la moitié $5'$, ajoutée à l'angle $51°\ 10'=A$, auroit donné $A+\frac{1}{2}\ x=51°\ 15'$, et les nombres *tang.* et *cot.* seroient devenus $9''89$ et $43''00$. L'un auroit augmenté de $0''01$, l'autre diminué de $0''08$; la réduction auroit augmenté de $0''054+0''01072=0''066$, quantité encore insensible.

La table V sert à trouver l'excès sphérique du triangle entier.

Dans le triangle Violan, Aubassin et Bastide,

L'angle à Violan est... $51°\ 10'$..	Violan Aubassin 18264^t..	$1''57$
L'angle à Bastide,.... $45°\ 34'$..	Bastide Aubassin 19922^t..	$1''91$
	Excès sphérique....................	$3''48$

Choisissez les deux angles les plus petits du triangle : ce sont ici ceux de Violan et de Bastide, car celui d'Aubassin est de $83°$; des deux objets choisis, prenez la distance au troisième. Ainsi, à côté de l'angle à Violan

mettez la distance de Violan à Aubassin, ou 18264^t;
à côté de l'angle à Bastide mettez la distance de Bastide à Aubassin = 19922^t. Avec le premier angle et la
première distance la table V donne 1"57, avec le second
angle et la seconde distance elle donne 1"91 ; la somme
3"48 est l'excès sphérique. En choisissant les deux plus
petits angles, on est sûr que la perpendiculaire tombera
dans le triangle, et les deux parties fournies par la table
seront de même signe ; mais si l'un des angles choisis
étoit obtus, la perpendiculaire tomberoit dehors, et le
nombre trouvé dans la table V avec l'angle obtus seroit
soustractif. On évite cette différence en ne prenant que
des angles aigus, ce qui arrivera toujours quand on
prendra les plus petits. Au reste, pour employer l'angle
obtus, on en prend le supplément à 180°, et l'on donne
le signe —, au nombre pris dans la table avec ce supplément. Par ce moyen on aura toujours trois manières
différentes pour trouver l'excès sphérique d'un même
triangle, par la table V.

La table VI donne tout d'un coup l'excès sphérique.
Pour s'en servir, il suffit d'avoir une carte des triangles,
avec une échelle. Ainsi, planche VI, prenant avec un
compas la distance de Violan à Bastide, et la portant
sur l'échelle, je trouve 25600^t. Ce côté sera la base.
Mettant une pointe de compas sur Aubassin, je cherche
la plus courte distance au côté opposé pris pour base ;
je trouve que cette distance est de 14000^t. Avec ces deux
nombres je trouve 3"46 pour excès sphérique.

TABLES
POUR LA RÉDUCTION DES ANGLES.

TABLE I. Arg. $(H + h)$ et $(H - h)$.

Somme et différence des hauteurs des deux signaux sur l'horizon.

M.	0° +	1° +	2° +	M.	0° +	1° +	2° +
1	0,000	0,787	3.097	31	0.203	1.751	4.822
2	0,001	0.813	3.148	32	0.217	1.790	4.886
3	0,002	0.839	3.200	33	0.230	1.829	4.951
4	0,003	0.866	3.252	34	0.244	1.869	5.016
5	0,005	0.893	3.305	35	0.259	1.909	5.081
6	0,007	0.921	3.358	36	0.274	1.949	5.147
7	0,010	0.949	3.411	37	0.289	1.990	5.213
8	0,013	0.978	3.465	38	0.305	2.031	5.280
9	0,017	1.007	3.520	39	0.321	2.073	5.347
10	0,021	1.036	3.575	40	0.338	2.115	5.414
11	0,026	1.066	3.630	41	0.355	2.158	5.482
12	0,030	1.096	3.685	42	0.373	2.201	5.550
13	0,036	1.127	3.741	43	0.391	2.244	5.619
14	0,041	1.158	3.798	44	0.409	2.288	5.688
15	0,047	1.190	3.855	45	0.428	2.332	5.758
16	0,054	1.222	3.912	46	0.447	2.376	5.828
17	0,061	1.254	3.970	47	0.467	2.421	5.899
18	0,068	1.287	4.028	48	0.487	2.467	5.970
19	0,076	1.320	4.086	49	0.508	2.513	6.041
20	0,084	1.354	4.145	50	0.529	2.559	6.112
21	0,093	1.388	4.205	51	0.550	2.606	6.184
22	0,102	1.422	4.265	52	0.572	2.653	6.257
23	0,112	1.457	4.325	53	0.594	2.701	6.330
24	0,122	1.492	4.386	54	0.617	2.749	6.403
25	0,132	1.528	4.447	55	0.640	2.797	6.477
26	0,143	1.564	4.508	56	0.663	2.846	6.551
27	0,154	1.601	4.570	57	0.687	2.895	6.626
28	0,166	1.638	4.633	58	0.711	2.945	6.701
29	0,178	1.675	4.695	59	0.736	2.995	6.776
30	0,190	1.713	4.758	60	0.761	3.046	6.852

TABLE II.

Arg. $(P + Q)$ et $(P - Q)$

Somme et différence des distances des deux signaux.

En toisens. $P \pm Q$		En toises. $P \pm Q$	
0000	0,000	30000	0.052
1000	0,000	31000	0.056
2000	0,000	32000	0.060
3000	0,001	33000	0.064
4000	0,001	34000	0.068
5000	0,001	35000	0.072
6000	0,002	36000	0.075
7000	0,003	37000	0.080
8000	0,004	38000	0.085
9000	0,005	39000	0.089
10000	0,006	40000	0.094
11000	0,007	41000	0.098
12000	0,008	42000	0.103
13000	0,010	43000	0.108
14000	0,011	44000	0,113
15000	0,013	45000	0,119
16000	0,015	46000	0.124
17000	0,017	47000	0.129
18000	0,019	48000	0.135
19000	0,021	49000	0.146
20000	0,023	50000	0.146
21000	0,026	51000	0.152
22000	0,028	52000	0,158
23000	0,031	53000	0,164
24000	0,034	54000	0,171
25000	0,037	55000	0,177
26000	0,040	56000	0.184
27000	0,043	57000	0,190
28000	0,048	58000	0,197
29000	0,049	59000	0.204
30000	0,053	60000	0.211

TABLE III.

Argument, H et h.

Les chiffres 1.00 qui sont en tête de chaque colonne, sont communs à tous les nombres de la table.

D. M.	0° 0′ 1.00	0° 30′ 1.00	1° 0′ 1.00	1° 30′ 1.00	2° 0′ 1.00	2° 30′ 1.00	3° 0′ 1.00
0 0	00	00	02	03	06	10	14
10	00	01	02	03	06	10	14
20	00	01	02	04	06	10	14
30	00	02	02	04	06	10	14
40	01	02	02	04	07	11	15
50	01	02	03	05	07	11	15
1 0	02	02	03	05	08	11	15
10	02	02	04	06	08	12	16
20	03	03	04	06	09	12	16
30	03	04	05	07	09	13	17
40	04	05	06	08	10	14	18
50	05	06	07	09	11	15	19
2 0	06	06	08	10	12	16	20
10	07	07	09	11	13	17	21
20	08	09	10	12	14	18	22
30	10	10	11	13	16	19	23
40	11	11	12	14	17	20	25
50	12	13	14	16	18	21	26
3 0	14	14	15	17	20	23	27

Pour réduire à l'horizon l'angle observé, on prendra dans la table I deux facteurs, l'un avec l'argument $(H + h)$, l'autre avec l'arg. $(H - h)$.

Pour réduire l'angle horizontal à l'angle des cordes, on prendra dans la table II deux facteurs avec les argumens $(P + Q)$ et $(P - Q)$.

La table III donne le facteur séc. H, séc. h, qui, dans certains cas assez rares, sert à achever le calcul de la réduction à l'horizon.

TABLE IV.

ARGUMENT, *angle à réduire.*

Cherchez l'angle observé dans la colonne à gauche et descendante, si cet angle est moindre que 90°, et dans la colonne à droite et ascendante, s'il surpasse 90°.

A côté de l'angle vous trouverez deux nombres, l'un dans la colonne intitulée *tang.*, et l'autre dans la colonne intitulée *cotang.*

Angle. D. M.	Tang. +	Cotang. —		Angle. D. M.	Tang. +	Cotang. —	
12 0	2"17	196"25	168 0	16 0	2"90	146"77	164 0
10	2.20	193.54	167 50	10	2.93	145.23	50
20	2.23	190.90	40	20	2.96	143.72	40
30	2.26	188.34	30	30	2.99	142.26	30
40	2.29	185.84	20	40	3.02	140.82	20
50	2.32	183.40	10	50	3.05	139.40	10
13 0	2.35	181.04	167 0	17 0	3.08	138.02	163 0
10	2.38	178.72	50	10	3.11	136.66	50
20	2.41	176.37	40	20	3.14	135.32	40
30	2 44	174.27	30	30	3.18	134.01	30
40	2.47	172.12	20	40	3.21	132.73	20
50	2.50	170.03	10	50	3.24	131.47	10
14 0	2.53	167.99	166 0	18 0	3.27	130.23	162 0
10	2.56	165.99	50	10	3.30	129.02	50
20	2.60	164.04	40	20	3.33	127.82	40
30	2 63	162.14	30	30	3.36	126.65	30
40	2.66	160.27	20	40	3.39	125.50	20
50	2.69	158.43	10	50	3.42	124.37	10
15 0	2.72	156.68	165 0	19 0	3.45	123.26	161 0
10	2.75	154.93	50	10	3.48	122.17	50
20	2.78	153.23	40	20	3.51	121.09	40
30	2.81	151.56	30	30	3.55	120.04	30
40	2.84	149.93	20	40	3.58	119.00	20
50	2.87	148.33	10	50	3.61	117.98	10
16 0	2.90	146.77	164 0	20 0	3.64	116.98	160 0
—	+	D. M.		—	+	D. M.	
Cot.	Tang.	Angle.		Cot.	Tang.	Angle.	

1.

Angle D.	M.	Tang. +	Cotang. −		Angle D.	M.	Tang. +	Cotang. −	
20	0	3″64	116″98	160 0	26	0	4″76	89″35	154 0
	10	3.67	115.99	50		10	4.79	88.75	50
	20	3.70	115.02	40		20	4.82	88.17	40
	30	3.73	114.07	30		30	4.86	87.60	30
	40	3.76	113.13	20		40	4.89	87.03	20
	50	3.79	112.20	10		50	4.92	86.68	10
21	0	3.82	111.29	159 0	27	0	4.95	85.92	153 0
	10	3.85	110.39	50		10	4.98	85.37	50
	20	3.88	109.51	40		20	5.02	84.83	40
	30	3.92	108.64	30		30	5.05	84.30	30
	40	3.95	107.79	20		40	5.08	83.77	20
	50	3.98	106.94	10		50	5.11	83.25	10
22	0	4.01	106.11	158 0	28	0	5.14	82.74	152 0
	10	4.04	105.30	50		10	5.17	82.22	50
	20	4.07	104.49	40		20	5.21	81.71	40
	30	4.11	103.70	30		30	5.24	81.12	30
	40	4.14	102.91	20		40	5.27	80.73	20
	50	4.17	102.14	10		50	5.30	80.24	10
23	0	4.20	101.38	157 0	29	0	5.33	79.76	151 0
	10	4.23	100.63	50		10	5.36	79.28	50
	20	4.26	99.89	40		20	5.40	78.81	40
	30	4.29	99.17	30		30	5.43	78.34	30
	40	4.32	98.44	20		40	5.46	77.89	20
	50	4.35	97.74	10		50	5.49	77.43	10
24	0	4.38	97.04	156 0	30	0	5.53	76.98	150 0
	10	4.41	96.35	50		10	5.56	76.53	50
	20	4.45	95.67	40		20	5.59	76.09	40
	30	4.48	95.00	30		30	5.62	75.66	30
	40	4.51	94.34	20		40	5.66	75.23	20
	50	4.54	93.68	10		50	5.69	74.80	10
25	0	4.57	93.04	155 0	31	0	5.72	74.38	149 0
	10	4.60	92.40	50		10	5.75	73.96	50
	20	4.63	91.77	40		20	5.78	73.55	40
	30	4.67	91.16	30		30	5.82	73.14	30
	40	4.70	90.54	20		40	5.85	72.73	20
	50	4.73	89.94	10		50	5.88	72.33	10
26	0	4.76	89.35	154 0	32	0	5.91	71.93	148 0
		−	+	D. M.			−	+	D. M.
		Cot.	Tang.	Angle.			Cot.	Tang.	Angle.

Angle. D. M.	Tang. +	Cotang. −	Angle	Angle. D. M.	Tang. +	Cotang. −	Angle
32 0	5″91	71″93	148 0	38 0	7″10	59″90	142 0
10	5.94	71.54	50	10	7.13	59.62	50
20	5.98	71.15	40	20	7.17	59.34	40
30	6.01	70.77	30	30	7.21	59.06	30
40	6.04	70.39	20	40	7.24	58.79	20
50	6.07	70.01	10	50	7.27	58.52	10
33 0	6.11	69.63	147 0	39 0	7.30	58.25	141 0
10	6.14	69.26	50	10	7.33	57.98	50
20	6.18	68.90	40	20	7.37	57.71	40
30	6.21	68.54	30	30	7.40	57.45	30
40	6.24	68.16	20	40	7.44	57.19	20
50	6.27	67.82	10	50	7.47	56.91	10
34 0	6.31	67.47	146 0	40 0	7.51	56.67	140 0
10	6.34	67.12	50	10	7.54	56.42	50
20	6.37	66.77	40	20	7.57	56.17	40
30	6.41	66.43	30	30	7.61	55.92	30
40	6.44	66.09	20	40	7.64	55.67	20
50	6.47	65.75	10	50	7.68	55.42	10
35 0	6.50	65.42	145 0	41 0	7.71	55.17	139 0
10	6.54	65.09	50	10	7.75	54.93	50
20	6.57	64.76	40	20	7.78	54.69	40
30	6.60	64.44	30	30	7.81	54.45	30
40	6.64	64.12	20	40	7.85	54.21	20
50	6.67	63.80	10	50	7.88	53.97	10
36 0	6.70	63.48	144 0	42 0	7.92	53.73	138 0
10	6.73	63.17	50	10	7.95	53.50	50
20	6.77	62.86	40	20	7.98	53.27	40
30	6.80	62.55	30	30	8.02	53.04	30
40	6.84	62.25	20	40	8.05	52.81	20
50	6.87	61.95	10	50	8.08	52.58	10
37 0	6.90	61.65	143 0	43 0	8.12	52.36	137 0
10	6.93	61.35	50	10	8.15	52.14	50
20	6.97	61.06	40	20	8.19	51.92	40
30	7.01	60.77	30	30	8.22	51.70	30
40	7.04	60.48	20	40	8.26	51.48	20
50	7.07	60.19	10	50	8.29	51.26	10
38 0	7.10	59.90	142 0	44 0	8.33	51.05	136 0
	− Cot.	+ Tang.	D. M. Angle.		− Cot.	+ Tang.	D. M. Angle.

Angle. D. M.	Tang. +	Cotang. —	Angle	Angle. D. M.	Tang. +	Cotang. —	Angle
44 0	8"33	51"05	136 0	50 0	9"62	44"23	130 0
10	8.36	50.84	50	10	9.65	44.06	50
20	8.40	50.63	40	20	9.69	43.90	40
30	8.43	50.42	30	30	9.73	43.73	30
40	8.47	50.21	20	40	9.76	43.57	20
50	8.50	50.00	10	50	9.80	43.40	10
45 0	8.54	49.80	135 0	51 0	9.84	43.24	129 0
10	8.57	49.59	50	10	9.87	43.08	50
20	8.61	49.39	40	20	9.91	42.92	40
30	8.65	49.19	30	30	9.95	42.76	30
40	8.68	48.99	20	40	9.98	42.60	20
50	8.72	48.79	10	50	10.02	42.44	10
46 0	8.76	48.59	134 0	52 0	10.06	42.29	128 0
10	8.79	48.39	50	10	10.09	42.13	50
20	8.83	48.20	40	20	10.13	41.98	40
30	8.87	48.01	30	30	10.17	41.82	30
40	8.90	47.82	20	40	10.20	41.67	20
50	8.94	47.63	10	50	10.24	41.52	10
47 0	8.97	47.44	133 0	53 0	10.28	41.37	127 0
10	9.00	47.25	50	10	10.31	41.22	50
20	9.04	47.06	40	20	10.35	41.07	40
30	9.07	46.88	30	30	10.39	40.92	30
40	9.11	46.69	20	40	10.43	40.77	20
50	9.14	46.51	10	50	10.47	40.62	10
48 0	9.18	46.33	132 0	54 0	10.51	40.48	126 0
10	9.21	46.15	50	10	10.54	40.33	50
20	9.25	45.97	40	20	10.58	40.19	40
30	9.29	45.79	30	30	10.62	40.04	30
40	9.32	45.61	20	40	10.66	39.90	20
50	9.36	45.43	10	50	10.70	39.76	10
49 0	9.40	45.26	131 0	55 0	10.74	39.62	125 0
10	9.43	45.08	50	10	10.77	39.48	50
20	9.47	44.91	40	20	10.81	39.34	40
30	9.51	44.74	30	30	10.85	39.20	30
40	9.54	44.57	20	40	10.89	39.06	20
50	9.58	44.40	10	50	10.93	38.92	10
50 0	9.62	44.23	130 0	56 0	10.97	38.79	124 0
	— Cot.	+ Tang.	D. M. Angle.		— Cot.	+ Tang.	D. M. Angle.

Angle. D. M.	Tang. +−	Cotang. −+		Angle. D. M.	Tang. +−	Cotang. −+	
56 0	10″97	38.79	124 0	62 0	12″39	34″33	118 0
10	11.00	38.65	50	10	12.43	34.21	50
20	11.04	38.52	40	20	12.47	34.10	40
30	11.08	38.39	30	30	12.51	33.99	30
40	11.12	38.25	20	40	12.56	33.88	20
50	11.16	38.12	10	50	12.60	33.77	10
57 0	11.20	37.99	123 0	63 0	12.64	33.66	117 0
10	11.23	37.86	50	10	12.68	33.55	50
20	11.27	37.73	40	20	12.72	33.44	40
30	11.31	37.60	30	30	12.76	33.33	30
40	11.35	37.47	20	40	12.80	33.22	20
50	11.39	37.34	10	50	12.84	33.11	10
58 0	11.43	37.21	122 0	64 0	12.89	33.01	116 0
10	11.47	37.08	50	10	12.93	32.90	50
20	11.51	36.96	40	20	12.97	32.80	40
30	11.55	36.83	30	30	13.01	32.69	30
40	11.59	36.71	20	40	13.05	32.58	20
50	11.63	36.58	10	50	13.09	32.48	10
59 0	11.67	36.46	121 0	65 0	13.14	32.38	115 0
10	11.71	36.33	50	10	13.18	32.28	50
20	11.75	36.21	40	20	13.22	32.17	40
30	11.79	36.09	30	30	13.26	32.07	30
40	11.83	35.97	20	40	13.30	31.97	20
50	11.87	35.85	10	50	13.34	31.87	10
60 0	11.91	35.73	120 0	66 0	13.39	31.76	114 0
10	11.95	35.61	50	10	13.43	31.66	50
20	11.99	35.49	40	20	13.47	31.56	40
30	12.03	35.37	30	30	13.52	31.46	30
40	12.07	35.25	20	40	13.56	31.36	20
50	12.11	35.13	10	50	13.60	31.26	10
61 0	12.15	35.02	119 0	67 0	13.65	31.16	113 0
10	12.19	34.90	50	10	13.69	31.06	50
20	12.23	34.79	40	20	13.73	30.96	40
30	12.27	34.67	30	30	13.78	30.87	30
40	12.31	34.56	20	40	13.82	30.77	20
50	12.35	34.44	10	50	13.86	30.67	10
62 0	12.39	34.33	118 0	68 0	13.91	30.58	112 0
	Cot.	Tang.	D. M. Angle.		Cot.	Tang.	D. M. Angle.

Angle. D. M.	Tang. +	Cotang. −		Angle. D. M.	Tang. +	Cotang. −	
68 0	13″91	30″58	112 0	74 0	15″54	27″37	106 0
10	13,95	30,48	50	10	15,58	27,28	50
20	13,99	30,39	40	20	15,63	27,20	40
30	14,04	30,29	30	30	15,68	27,12	30
40	14,08	30,20	20	40	15,73	27,04	20
50	14,12	30,10	10	50	15,78	26,96	10
69 0	14,17	30,01	111 0	75 0	15,83	26,88	105 0
10	14,21	29,91	50	10	15,87	26,80	50
20	14,26	29,82	40	20	15,92	26,72	40
30	14,30	29,73	30	30	15,97	26,64	30
40	14,35	29,64	20	40	16,01	26,56	20
50	14,39	29,55	10	50	16,06	26,48	10
70 0	14,44	29,46	110 0	76 0	16,11	26,40	104 0
10	14,48	29,37	50	10	16,16	26,32	50
20	14,53	29,28	40	20	16,21	26,24	40
30	14,57	29,19	30	30	16,26	26,16	30
40	14,62	29,10	20	40	16,31	26,08	20
50	14,66	29,01	10	50	16,36	26,00	10
71 0	14,71	28,92	109 0	77 0	16,41	25,93	103 0
10	14,75	28,83	50	10	16,45	25,85	50
20	14,80	28,74	40	20	16,50	25,77	40
30	14,85	28,65	30	30	16,55	25,70	30
40	14,89	28,56	20	40	16,60	25,62	20
50	14,94	28,47	10	50	16,65	25,54	10
72 0	14,99	28,39	108 0	78 0	16,70	25,47	102 0
10	15,03	28,30	50	10	16,75	25,39	50
20	15,08	28,21	40	20	16,80	25,32	40
30	15,12	28,13	30	30	16,85	25,24	30
40	15,17	28,04	20	40	16,90	25,17	20
50	15,21	27,95	10	50	16,95	25,09	10
73 0	15,26	27,87	107 0	79 0	17,00	25,02	101 0
10	15,30	27,78	50	10	17,05	24,94	50
20	15,35	27,70	40	20	17,10	24,87	40
30	15,40	27,62	30	30	17,15	24,80	30
40	15,44	27,53	20	40	17,20	24,72	20
50	15,49	27,45	10	50	17,25	24,65	10
74 0	15,54	27,37	106 0	80 0	17,31	24,58	190 0
	Cot. −	Tang. +	D. M. Angle.		Cot. −	Tang. +	D. M. Angle.

Angle D.	Angle M.	Tang. +	Cotang. −		Angle D.	Angle M.	Tang. +	Cotang. −	
80	0	17″31	24″58	100 0	85	0	18″90	22″50	95 0
	10	17.36	24.50	50		10	18.95	22.43	50
	20	17.41	24.43	40		20	19.01	22.37	40
	30	17.46	24.36	30		30	19.06	22.30	30
	40	17.51	24.29	20		40	19.12	22.24	20
	50	17.56	24.22	10		50	19.17	22.18	10
81	0	17.62	24.15	99 0	86	0	19.23	22.12	94 0
	10	17.67	24.08	50		10	19.28	22.05	50
	20	17.72	24.01	40		20	19.34	21.99	40
	30	17.77	23.94	30		30	19.40	21.92	30
	40	17.82	23.87	20		40	19.45	21.86	20
	50	17.87	23.80	10		50	19.51	21.80	10
82	0	17.93	23.73	98 0	87	0	19.56	21.74	93 0
	10	17.98	23.66	50		10	19.62	21.67	50
	20	18.03	23.59	40		20	19.68	21.61	40
	30	18.09	23.52	30		30	19.74	21.54	30
	40	18.14	23.45	20		40	19.80	21.48	20
	50	18.19	23.38	10		50	19.86	21.42	10
83	0	18.25	23.31	97 0	88	0	19.92	21.36	92 0
	10	18.30	23.24	50		10	19.97	21.29	50
	20	18.35	23.17	40		20	20.03	21.23	40
	30	18.40	23.11	30		30	20.09	21.17	30
	40	18.46	23.04	20		40	20.15	21.11	20
	50	18.51	22.97	10		50	20.21	21.05	10
84	0	18.57	22.91	96 0	89	0	20.27	20.99	91 0
	10	18.62	22.84	50		10	20.33	20.93	50
	20	18.68	22.77	40		20	20.39	20.87	40
	30	18.73	22.70	30		30	20.45	20.81	30
	40	18.79	22.63	20		40	20.51	20.75	20
	50	18.84	22.56	10		50	20.57	20.69	10
85	0	18.90	22.50	95 0	90	0	20.63	20.63	90 0
		−	+	D. M.			−	+	D. M.
		Cot.	Tang.	Angle.			Cot.	Tang.	Angle.

TABLE V. — Pour trouver l'excès sphérique de la somme des trois angles sur 180°.

Argumens. Côté et angle adjacent.

D.	D.	4000^t	5000^t	6000^t	7000^t	8000^t	9000^t	10000^t	11000^t	12000^t
0	90	0"00	0,00	0,00	0,00	0,00	0,00	0,00	0,00	0"00
1	89	0,00	0,00	0,00	0,01	0,01	0,01	0,02	0,02	0,02
2	88	0,00	0,01	0,01	0,01	0,02	0,03	0,03	0,04	0,05
3	87	0,01	0,01	0,02	0,02	0,03	0,04	0,05	0,06	0,07
4	86	0,01	0,02	0,02	0,03	0,04	0,05	0,07	0,08	0,10
5	85	0,01	0,02	0,03	0,04	0,05	0,07	0,08	0,10	0,12
6	84	0,01	0,02	0,03	0,05	0,06	0,08	0,10	0,12	0,14
7	83	0,02	0,03	0,04	0,06	0,07	0,09	0,12	0,14	0,17
8	82	0,02	0,03	0,05	0,06	0,08	0,11	0,13	0,16	0,19
9	81	0,02	0,04	0,05	0,07	0,09	0,12	0,15	0,18	0,21
10	80	0,02	0,04	0,06	0,08	0,10	0,13	0,16	0,20	0,24
11	79	0,03	0,04	0,06	0,09	0,11	0,14	0,18	0,22	0,26
12	78	0,03	0,05	0,07	0,09	0,12	0,16	0,20	0,24	0,28
13	77	0,03	0,05	0,07	0,10	0,13	0,17	0,21	0,25	0,30
14	76	0,03	0,06	0,08	0,11	0,14	0,18	0,23	0,27	0,32
15	75	0,04	0,06	0,08	0,12	0,15	0,19	0,24	0,29	0,34
16	74	0,04	0,06	0,09	0,12	0,16	0,20	0,25	0,31	0,37
17	73	0,04	0,07	0,10	0,13	0,17	0,22	0,27	0,32	0,39
18	72	0,04	0,07	0,10	0,14	0,18	0,23	0,28	0,34	0,41
19	71	0,05	0,07	0,11	0,14	0,19	0,24	0,30	0,36	0,43
20	70	0,05	0,07	0,11	0,15	0,20	0,25	0,31	0,37	0,45
21	69	0,05	0,08	0,11	0,16	0,21	0,26	0,32	0,39	0,46
22	68	0,05	0,08	0,12	0,16	0,21	0,27	0,33	0,40	0,48
23	67	0,05	0,09	0,12	0,17	0,22	0,28	0,35	0,42	0,50
24	66	0,06	0,09	0,13	0,17	0,23	0,29	0,36	0,43	0,52
25	65	0,06	0,09	0,13	0,18	0,24	0,30	0,37	0,45	0,53
26	64	0,06	0,09	0,14	0,18	0,24	0,31	0,38	0,46	0,55
27	63	0,06	0,10	0,14	0,19	0,25	0,31	0,39	0,47	0,55
28	62	0,06	0,10	0,14	0,19	0,25	0,32	0,40	0,48	0,58
29	61	0,06	0,10	0,15	0,20	0,26	0,33	0,41	0,49	0,59
30	60	0,07	0,10	0,15	0,20	0,27	0,34	0,42	0,50	0,60
31	59	0,07	0,11	0,15	0,21	0,27	0,34	0,42	0,51	0,61
32	58	0,07	0,11	0,15	0,21	0,28	0,35	0,43	0,52	0,62
33	57	0,07	0,11	0,16	0,21	0,28	0,36	0,44	0,53	0,63
34	56	0,07	0,11	0,16	0,22	0,28	0,36	0,45	0,54	0,64
35	55	0,07	0,11	0,16	0,22	0,29	0,37	0,45	0,55	0,65
36	54	0,07	0,11	0,17	0,22	0,29	0,37	0,46	0,56	0,66
37	53	0,07	0,12	0,17	0,23	0,30	0,37	0,46	0,56	0,67
38	52	0,07	0,12	0,17	0,23	0,30	0,38	0,47	0,57	0,67
39	51	0,07	0,12	0,17	0,23	0,30	0,38	0,47	0,57	0,68
40	50	0,07	0,12	0,17	0,23	0,30	0,39	0,47	0,57	0,68
41	49	0,08	0,12	0,17	0,23	0,30	0,39	0,48	0,58	0,69
42	48	0,08	0,12	0,17	0,23	0,31	0,39	0,48	0,58	0,69
43	47	0,08	0,12	0,17	0,23	0,31	0,39	0,48	0,58	0,69
44	46	0,08	0,12	0,17	0,24	0,31	0,39	0,48	0,58	0,69
45	45	0,08	0,12	0,17	0,24	0,31	0,39	0,48	0,58	0,69
		4000	5000	6000	7000	8000*	9000	10000	11000	12000

D.	D.	12000ᵗ	13000ᵗ	14000ᵗ	15000ᵗ	16000ᵗ	17000ᵗ	18000ᵗ	19000ᵗ	20000ᵗ	21000ᵗ
0	90	0″00	0″00	0″00	0″00	0.00	0.00	0.00	0.00	0″00	0″00
1	89	0.02	0.03	0.03	0.04	0.04	0.05	9.05	0.06	0.07	0.07
2	88	0.05	0.06	0.06	0.07	0.08	0.10	0.11	0.12	0.14	0.15
3	87	0.07	0.08	0.10	0.11	0.13	0.15	0.16	0.18	0.20	0.22
4	86	0.10	0.11	0.13	0.15	0.17	0.19	0.22	0.24	0.27	0.29
5	85	0.12	0.14	0.16	0.19	0.21	0.24	0.27	0.30	0.34	0.37
6	84	0.14	0.17	0.20	0.22	0.26	0.29	0.32	0.36	0.40	0.44
7	83	0.17	0.20	0.23	0.26	0.30	0.34	0.38	0.42	0.47	0.51
8	82	0.19	0.22	0.26	0.30	0.34	0.38	0.43	0.48	0.53	0.58
9	81	0.21	0.25	0.29	0.34	0.38	0.43	0.48	0.54	0.60	0.66
10	80	0.24	0.28	0.32	0.37	0.42	0.47	0.53	0.59	0.66	0.73
11	79	0.26	0.30	0.35	0.40	0.46	0.52	0.58	0.64	0.72	0.80
12	78	0.28	0.33	0.38	0.44	0.50	0.56	0.63	0.70	0.79	0.87
13	77	0.30	0.36	0.41	0.47	0.54	0.61	0.68	0.76	0.85	0.93
14	76	0.32	0.38	0.44	0.51	0.58	0.65	0.73	0.82	0.91	1.00
15	75	0.34	0.41	0.47	0.54	0.62	0.70	0.78	0.87	0.97	1.07
16	74	0.37	0.43	0.50	0.57	0.65	0.74	0.82	0.92	1.02	1.13
17	73	0.39	0.45	0.53	0.61	0.69	0.78	0.87	0.97	1.08	1.19
18	72	0.41	0.48	0.55	0.64	0.72	0.82	0.92	1.02	1.13	1.25
19	71	0.43	0.50	0.58	0.67	0.76	0.86	0.96	1.07	1.19	1.31
20	70	0.45	0.52	0.61	0.70	0.79	0.89	1.00	1.12	1.24	1.37
21	69	0.46	0.54	0.63	0.73	0.83	0.93	1.04	1.16	1.29	1.42
22	68	0.48	0.56	0.66	0.75	0.86	0.96	1.08	1.21	1.34	1.48
23	67	0.50	0.58	0.68	0.78	0.89	1.00	1.12	1.25	1.39	1.53
24	66	0.52	0.60	0.70	0.81	0.92	1.03	1.16	1.29	1.43	1.58
25	65	0.53	0.62	0.72	0.83	0.95	1.07	1.20	1.33	1.47	1.63
26	64	0.55	0.64	0.74	0.85	0.97	1.10	1.23	1.37	1.52	1.68
27	63	0.56	0.66	0.76	0.88	1.00	1.13	1.26	1.41	1.56	1.72
28	62	0.58	0.67	0.78	0.90	1.02	1.15	1.29	1.44	1.60	1.76
29	61	0.59	0.69	0.80	0.92	1.05	1.18	1.32	1.48	1.64	1.80
30	60	0.60	0.70	0.82	0.94	1.07	1.21	1.35	1.51	1.67	1.84
31	59	0.61	0.72	0.83	0.96	1.09	1.23	1.38	1.54	1.70	1.88
32	58	0.62	0.73	0.85	0.97	1.11	1.25	1.40	1.56	1.73	1.91
33	57	0.63	0.74	0.86	0.99	1.13	1.27	1.43	1.59	1.76	1.94
34	56	0.64	0.75	0.88	1.01	1.14	1.29	1.45	1.62	1.79	1.97
35	55	0.65	0.76	0.89	1.02	1.16	1.31	1.47	1.64	1.81	2.00
36	54	0.66	0.77	0.90	1.03	1.17	1.32	1.49	1.66	1.83	2.02
37	53	0.67	0.78	0.91	1.04	1.19	1.34	1.50	1.67	1.85	2.04
38	52	0.67	0.79	0.92	1.05	1.20	1.35	1.52	1.69	1.87	2.05
39	51	0.68	0.80	0.92	1.05	1.21	1.36	1.53	1.71	1.89	2.08
40	50	0.68	0.80	0.93	1.06	1.21	1.37	1.54	1.72	1.90	2.10
41	49	0.69	0.81	0.94	1.07	1.22	1.38	1.55	1.73	1.91	2.11
42	48	0.69	0.81	0.94	1.08	1.23	1.39	1.55	1.73	1.92	2.12
43	47	0.69	0.81	0.94	1.08	1.23	1.39	1.56	1.74	1.92	2.12
44	46	0.69	0.81	0.94	1.08	1.23	1.39	1.56	1.74	1.93	2.13
45	45	0.69	0.81	0.94	1.08	1.24	1.39	1.56	1.74	1.93	2.13
		12000	13000	14000	15000	16000	17000	18000	19000	20000	21000

D.	D.	21000	22000	23000	24000	25000	26000	27000	28000	29000	30000
0	90	0″00	0″00	0″00	0″00	0″00	0″00	0″00	0″00	0″00	0″00
1	89	0.07	0.08	0.08	0.09	0.10	0.11	0.12	0.13	0.14	0.15
2	88	0.15	0.16	0.17	0.19	0.21	0.23	0.24	0.26	0.28	0.30
3	87	0.22	0.24	0.26	0.29	0.31	0.34	0.36	0.39	0.42	0.45
4	86	0.29	0.32	0.35	0.39	0.42	0.45	0.49	0.53	0.56	0.60
5	85	0.37	0.40	0.44	0.48	0.52	0.57	0.61	0.66	0.70	0.75
6	84	0.44	0.48	0.53	0.58	0.63	0.68	0.73	0.79	0.84	0.90
7	83	0.51	0.56	0.61	0.7	0.73	0.79	0.85	0.91	0.98	1.05
8	82	0.58	0.64	0.70	0.77	0.83	0.90	0.97	1.04	1.12	1.20
9	81	0.66	0.74	0.79	0.86	0.93	1.01	1.09	1.17	1.26	1.34
10	80	0.73	0.80	0.87	0.95	1.03	1.11	1.21	1.31	1.40	1.49
11	79	0.79	0.87	0.95	1.04	1.13	1.22	1.32	1.42	1.52	1.62
12	78	0.87	0.96	1.04	1.13	1.23	1.33	1.43	1.54	1.65	1.76
13	77	0.93	1.02	1.12	1.22	1.32	1.43	1.49	1.66	1.78	1.90
14	76	1.00	1.10	1.20	1.30	1.41	1.53	1.65	1.78	1.91	2.04
15	75	1.07	1.17	1.28	1.39	1.51	1.63	1.71	1.89	2.03	2.17
16	74	1.13	1.24	1.35	1.47	1.59	1.72	1.86	2.00	2.15	2.30
17	73	1.19	1.30	1.42	1.55	1.68	1.82	1.96	2.11	2.27	2.43
18	72	1.25	1.37	1.50	1.63	1.77	1.92	2.07	2.22	2.38	2.55
19	71	1.31	1.44	1.57	1.71	1.86	2.01	2.17	2.33	2.50	2.67
20	70	1.37	1.50	1.64	1.79	1.94	2.10	2.26	2.43	2.61	2.79
21	69	1.42	1.56	1.71	1.86	2.02	2.18	2.35	2.53	2.72	2.91
22	68	1.48	1.62	1.77	1.93	2.10	2.27	2.45	2.63	2.82	3.02
23	67	1.53	1.68	1.84	2.00	2.17	2.34	2.53	2.72	2.93	3.14
24	66	1.58	1.73	1.89	2.06	2.24	2.42	2.61	2.81	3.02	3.23
25	65	1.63	1.79	1.96	2.13	2.31	2.50	2.70	2.90	3.11	3.33
26	64	1.68	1.84	2.01	2.19	2.38	2.57	2.77	2.98	3.20	3.42
27	63	1.72	1.89	2.07	2.25	2.44	2.64	2.85	3.06	3.28	3.51
28	62	1.76	1.93	2.11	2.30	2.50	2.70	2.92	3.14	3.37	3.60
29	61	1.81	1.98	2.17	2.36	2.56	2.77	2.99	3.21	3.44	3.68
30	60	1.84	2.02	2.21	2.41	2.61	2.82	3.05	3.28	3.52	3.75
31	59	1.88	2.06	2.25	2.45	2.66	2.88	3.11	3.34	3.58	3.83
32	58	1.91	2.10	2.30	2.50	2.71	2.93	3.16	3.40	3.65	3.90
33	57	1.94	2.13	2.33	2.54	2.76	2.98	3.22	3.46	3.71	3.97
34	56	1.97	2.16	2.36	2.57	2.79	3.02	3.26	3.51	3.79	4.03
35	55	2.00	2.19	2.40	2.61	2.84	3.07	3.31	3.55	3.81	4.08
36	54	2.02	2.22	2.43	2.64	2.87	3.10	3.35	3.60	3.86	4.13
37	53	2.04	2.24	2.45	2.67	2.90	3.14	3.38	3.64	3.90	4.17
38	52	2.07	2.27	2.48	2.69	2.93	3.16	3.41	3.67	3.94	4.21
39	51	2.08	2.28	2.51	2.74	2.95	3.19	3.44	3.70	3.97	4.25
40	50	2.10	2.30	2.52	2.74	2.97	3.21	3.46	3.72	3.99	4.27
41	49	2.11	2.31	2.53	2.75	2.99	3.23	3.49	3.76	4.02	4.30
42	48	2.12	2.33	2.54	2.76	3.00	3.24	3.50	3.76	4.04	4.32
43	47	2.12	2.33	2.55	2.77	3.01	3.25	3.51	3.77	4.05	4.33
44	46	2.13	2.33	2.55	2.78	3.02	3.26	3.52	3.78	4.06	4.34
45	45	2.13	2.33	2.55	2.78	3.02	3.26	3.52	3.78	4.06	4.34
		21000	22000	23000	24000	25000	26000	27000	28000	29000	30000

TABLE VI.

Autre table de l'excès sphérique.

ARGUMENT, base et hauteur des triangles en toises.

Base.	HAUTEUR							
	1000	2000	3000	4000	5000	6000	7000	8000
1000	0.01	0.02	0.03	0.04	0.05	0.06	0.07	0.08
2000	0.02	0.04	0.06	0.08	0.10	0.12	0.15	0.15
3000	0.03	0.06	0.09	0.12	0.14	0.17	0.20	0.23
4000	0.04	0.08	0.12	0.15	0.19	0.23	0.27	0.31
5000	0.06	0.10	0.14	0.19	0.24	0.29	0.34	0.39
6000	0.06	0.12	0.17	0.23	0.29	0.35	0.40	0.46
7000	0.07	0.13	0.20	0.27	0.34	0.40	0.47	0.54
8000	0.08	0.15	0.23	0.31	0.39	0.46	0.54	0.62
9000	0.09	0.17	0.26	0.35	0.43	0.52	0.61	0.69
10000	0.10	0.19	0.29	0.39	0.48	0.58	0.68	0.77
11000	0.11	0.21	0.32	0.42	0.53	0.64	0.74	0.85
12000	0.12	0.23	0.35	0.46	0.58	0.69	0.81	0.93
13000	0.13	0.25	0.37	0.50	0.63	0.75	0.88	1.00
14000	0.13	0.27	0.40	0.54	0.68	0.81	0.95	1.08
15000	0.14	0.29	0.43	0.58	0.72	0.87	1.01	1.16
16000	0.15	0.31	0.46	0.62	0.77	0.93	1.08	1.23
17000	0.16	0.33	0.49	0.66	0.82	0.98	1.15	1.31
18000	0.17	0.35	0.52	0.69	0.87	1.04	1.22	1.39
19000	0.18	0.37	0.55	0.73	0.92	1.10	1.28	1.47
20000	0.19	0.39	0.58	0.77	0.96	1.16	1.35	1.54
21000	0.20	0.40	0.61	0.81	1.01	1.22	1.42	1.62
22000	0.21	0.42	0.64	0.85	1.06	1.27	1.49	1.70
23000	0.22	0.44	0.66	0.89	1.11	1.33	1.55	1.77
24000	0.23	0.46	0.69	0.93	1.16	1.39	1.62	1.85
25000	0.24	0.48	0.72	0.96	1.21	1.44	1.69	1.93
26000	0.25	0.50	0.75	1.00	1.25	1.50	1.76	2.01
27000	0.26	0.52	0.78	1.04	1.30	1.56	1.82	2.08
28000	0.27	0.54	0.81	1.08	1.35	1.62	1.89	2.16
29000	0.28	0.56	0.84	1.12	1.40	1.68	1.96	2.24
30000	0.29	0.58	0.87	1.16	1.45	1.74	2.03	2.31

HAUTEUR.

Base.	8000	9000	10000	11000	12000	13000	14000	15000	16000
1000	0.08	0.09	0.10	0.11	0.12	0.13	0.14	0.14	0.15
2000	0.15	0.17	0.19	0.21	0.23	0.25	0.27	0.29	0.31
3000	0.23	0.26	0.29	0.32	0.35	0.38	0.41	0.43	0.46
4000	0.31	0.35	0.39	0.42	0.46	0.50	0.54	0.58	0.62
5000	0.39	0.43	0.48	0.53	0.58	0.63	0.68	0.72	0.77
6000	0.46	0.52	0.58	0.64	0.69	0.75	0.81	0.87	0.93
7000	0.54	0.61	0.68	0.74	0.81	0.88	0.95	1.01	1.08
8000	0.62	0.69	0.77	0.85	0.93	1.00	1.08	1.16	1.23
9000	0.69	0.78	0.87	0.95	1.04	1.13	1.22	1.30	1.39
10000	0.77	0.87	0.96	1.06	1.16	1.25	1.35	1.45	1.54
11000	0.85	0.95	1.06	1.17	1.27	1.38	1.49	1.59	1.70
12000	0.93	1.04	1.16	1.27	1.39	1.50	1.62	1.74	1.85
13000	1.00	1.13	1.25	1.38	1.50	1.63	1.76	1.88	2.01
14000	1.08	1.22	1.35	1.48	1.62	1.76	1.89	2.03	2.16
15000	1.16	1.30	1.45	1.59	1.74	1.88	2.03	2.17	2.31
16000	1.23	1.39	1.54	1.70	1.85	2.01	2.16	2.31	2.47
17000	1.31	1.48	1.64	1.80	1.97	2.13	2.30	2.46	2.62
18000	1.39	1.56	1.74	1.91	2.08	2.26	2.43	2.60	2.78
19000	1.47	1.65	1.83	2.01	2.20	2.38	2.55	2.75	2.93
20000	1.54	1.74	1.93	2.12	2.31	2.51	2.77	2.89	3.09
21000	1.62	1.82	2.02	2.23	2.43	2.63	2.84	3.04	3.24
22000	1.70	1.91	2.10	2.33	2.54	2.76	2.97	3.18	3.3?
23000	1.77	2.00	2.22	2.44	2.65	2.88	3.11	3.33	3.55
24000	1.85	2.08	2.31	2.54	2.78	3.01	3.24	3.47	3.70
25000	1.93	2.17	2.41	2.65	2.89	3.13	3.38	3.62	3.86
26000	2.01	2.26	2.51	2.76	3.01	3.26	3.51	3.76	4.01
27000	2.08	2.34	2.60	2.85	3.12	3.39	3.65	3.91	4.17
28000	2.16	2.43	2.70	2.97	3.24	3.51	3.78	4.05	4.32
29000	2.24	2.52	2.80	3.07	3.36	3.64	3.92	4.19	4.47
30000	2.31	2.60	2.89	3.18	3.47	3.76	4.05	4.34	4.63

ADDITIONS ET CORRECTIONS.

Discours préliminaire.

PAGE 22, ligne 22, jettèrent, *lisez* répandit.

—— 23, ligne 5, MM. Tranchot, *ajoutez* Chaix.

—— 33, ligne 16, étoient, *lisez* sont.

—— 53, ligne 29, 3 novembre, *lisez* décembre.

—— 59, aux deux dernières casses du tableau, Franc [5 grammes, *lisez* Franc. . . . . | 5 grammes.

—— 118, ligne 18, sans doute ils ont pu, etc. *ajoutez* Outhier le dit expressément dans son *Voyage du nord*, et je vois la même chose dans un manuscrit de Lemonnier.

—— 111, ligne 21, le signal *B*, *lisez* le signal *O*.

—— 122, quatrième ligne en remontant, au lieu de $=$, *lisez* $= O +$.

—— 125, Premier cas. (l'objet à gauche), *lisez* (à droite).

—— 140, ligne 12, $+ 5 (a - b)^3 b^4$, lisez $- 5 (a + b)^3 b^4$.

——————— ligne 14, *lisez* $- (5 a^3 + 3 a) b^4$.

——————— ligne 8, en remontant, au lieu de la valeur de $\frac{1}{2} x$, qui n'est poussée que jusqu'aux troisièmes puissances, mettez celle-ci qui est exacte jusqu'aux septièmes :

$$\tfrac{1}{2} x = b - a b^2 + (\tfrac{1}{3} + 2 a^2) b^3 - (3 a + 5 a^3) b^4$$
$$+ (\tfrac{6}{1} + 12 a^2 + 14 a^4) b^5$$
$$- (10 a + \tfrac{140}{3} a^3 + 42 a^5) b^6$$
$$+ (\tfrac{10}{7} + 60 a^2 + 180 a^4 + 132 a^6) b^7,$$
$$- \text{etc.}$$

et à la dernière ligne ajoutez

$$- \tfrac{1}{8} n^4 . sec^4 . H . sec^4 . h (3 cot. A + 5 cot^3 . A) . sin^3 . 1''.$$

—— 144, ligne 12, convertis en toises, *lisez* en secondes.

—— 161, on a mis 116 au lieu de 161.

1.   *a*

Mesure de la Méridienne.

Page   2, quatre dernières lignes, AZG, AZD et AD, lisez IZG, IZD, ID.

—— 3, 89° 59′ 35″5, *lisez* 53″5.

—— 5, avant le premier angle, mettez 2.

—— 13, ligne 22, ZA, lisez ZI.

—— 16, Parallélipipède, *lisez* parallélépipède.

—— 23, au lieu des lettres D et K, lisez I et H.

—— 29, ligne 7, 41, *lisez* 14.

—— 35, troisième ligne en commençant par le bas, 57°, *lisez* 37.

—— 108, ligne 15, 10ᵗ environ, *lisez* 8ᵗ ½.

—— 187, l'angle VOq, lisez VOm.

—— 187, dernière ligne, *lisez* $dH = 2^t$1667, etc.

—— 317, ligne 9, 13 fructidor, *lisez* 15.

—— 337, vers le bas, 70°, *lisez* 60°.

—— 396, troisième ligne, 6 pluviose, *lisez* 5.

—— 429, Signal du puy de la Estella, *ajoutez* LVIII.

—— 413, ligne 4, 32″246, *lisez* 35″246.

—— 414, Somme. 120°, *lisez* 220°.

—— 437, ligne 5, en remontant, 98°, *lisez* 90°.

—— 469, angle de Girone, 56. 55 et 58′, *lisez* 36, 35 et 38′.

—— 487, ligne 13, 20° 25′, *lisez* 90° 25′.

MESURE

DE

LA MÉRIDIENNE.

OBSERVATIONS

GÉODÉSIQUES.

TOUR DE DUNKERQUE.

I.

Aux quatre angles de la tour sont des tourelles octogones dont le côté est de deux pieds environ, ou o.^t3337, et qui se terminent en cône surmonté d'une boule.

P. (*fig.* 1), est le montant de la porte de la cabane du tourrier. Il portoit alors une croix et un coq, que nous avons pris pour centre de station.

1.   I

Les distances PA et PB de l'axe du montant aux côtés voisins des tourelles V et S sont de 2ᵗ2708 environ. L'apothème SA est de 0ᵗ4028 : ainsi $PS = PV$ = 2ᵗ6736. La ligne HI est de 3ᵗ0417; $IS = VH$ = 0ᵗ4028; $VS = $ 3ᵗ8472; $VM = SM = $ 1ᵗ9236.

Ces distances sont nécessaires pour réduire au centre P les observations dans lesquelles on a visé aux tourelles V ou S; faute de pouvoir distinguer le signal parmi les pavillons qui flottoient alors sur la tour.

Le signal étoit, comme en 1787, la tige même du coq, grossie de plusieurs bottes de foin. Ce signal a été fort difficile à voir, et je l'avois bien prévu; mais on ne pouvoit guère faire autrement : d'ailleurs on avoit la ressource des tourelles.

Le signal étoit 2ᵗ7778 au-dessus de la plate-forme, et par conséquent 2ᵗo au-dessus de la lunette de l'instrument. Ainsi $dH = $ 2ᵗo.

J'appellerai dH ou différence de hauteur, la différence entre la hauteur de la lunette et celle du point de mire.

La hauteur de la plate-forme de la tour, mesurée soigneusement avec de triples toises, en présence du tourrier Garcia, est de 27ᵗo139 : ainsi la hauteur du signal au-dessus du sol est de 29ᵗ79, ou 34ᵗ5 au-dessus de la laisse de basse mer.

L'angle AZG que fait la direction à Gravelines avec la ligne AZD tangente aux deux tourelles, est de 24° 58'. Or Gravelines est de 72° 12' à l'ouest du méridien : ainsi la ligne AD fait un angle de 97° 10' avec le méridien, et la ligne *EF* se dirige 7º 16′ à l'ouest du méridien.

Exemple d'une observation de distance au zénit.

NOMBRE des observations.	TOUR DE WATTEN. (dans le ciel). D. et B nº 4.	
	ANGLES MULTIPLES.	ANGLES SIMPLES.
2	200.0000	100.0000
4	400.000	100,000
6	599.992	99.99867
8	799.990	99.99875
10	999.980	99.9980 = 89º 59′ 35″5

Le point observé est le sommet d'un petit clocher qui étoit alors sur la tour de Watten. Le signal de Watten n'étoit pas encore construit; il a été placé depuis sur ce même clocher.

Ces mots (dans le ciel) signifient que l'objet observé s'élève au-dessus de tous les objets terrestres qui sont dans la même direction. Quand, au contraire, les objets terrestres qui sont plus loin que l'objet observé, et dans la même direction, s'élèvent plus que l'objet, cette circonstance est indiquée par les mots (en terre).

Les lettres D et B signifient que l'observation a été faite par Delambre et Bellet; le nº qui suit désigne l'instrument. Le cercle nº 4 a 0ᵗ1866 de diamètre; le cercle nº 1 en a 0ᵗ2222.

Dunkerque.

En général les observations marquées d'un D ont été faites par moi; celles marquées d'un F, par le Français Lalande, qui a participé pendant un an à l'opération; celles marquées d'un B sont de Bellet, artiste en instrumens d'astronomie, dont le zèle et l'intelligence m'ont été très-utiles, et qui s'est chargé de caler le niveau dans toutes les observations de distance au zénit.

C'est de cette manière que toutes les distances au zénit ont été observées, à moins que quelque circonstance n'ait forcé d'abandonner plutôt les observations, ou de les continuer plus long-temps. On a donné celles-ci telles qu'elles sont sur le registre original, pour servir d'exemple; on donnera les suivantes avec moins de détail.

DISTANCES AU ZÉNIT.

Tour de Cassel.

10   998ᵇ220   998220   = 89° 50′ 23″3 (dans le ciel.) D. B. n° 4.

Clocher de Gravelines.

10   1000.720   100.0720   = 90° 3′ 53″3 (la pointe dans le ciel.) D. B. n° 4.

Clocher de Bollezele.

4   400.000   100.000   = 90° 0′ 0″   D. B. n° 4.
C'est le Broulezele de la méridienne de 1740.

Belvédère de l'intendance.

6   624.107   104.01783   = 93° 36′ 57″8   D. B. n° 4.

Le premier nombre de chaque ligne est le nombre des observations; le second, l'angle multiple, et le troisième l'angle simple, qui doit toujours se trouver égal au quotient du second divisé par le premier.

Dans tous les angles, les chiffres qui précèdent le point ou la lettre ɢ sont des grades, c'est-à-dire des centièmes d'un quart de la circonférence; les chiffres qui suivent le point sont des décimales de grade.

Exemple d'une observation d'angle entre deux signaux.

ENTRE WATTEN ET CASSEL.

	Angles multiples.	Moyenne arithmétique.	Angles simples.
	93ɢ574		
	93.539 $+a$		
	93.503::$+b$	93ɢ5315 $+a+b+c$	46ɢ7870
	93.510 $+.c$		
4	187.147		46.78675
6	280.723		46.78717
8	374.298		46.78725
10	467.868		46.7868
12	561.441		46.78675
14	655.014		46.78671
16	748.585		46.78656
18	842.159		46.78661
20	935.731		46.78655 $= 42^n\ 6'\ 28''4$
22	1029.302		
	1029.268 $+a$	1029.26275 $+a+b+c$	
	1029.240 $+b$		
	1029.241 $+c$		

20 derniers angles··· 935.73125 ·········· 46.7865625 $= 42°\ 6'\ 28''5$

D. n° 1. 18 mai 1793, depuis 1ʰ jusqu'à 2ʰ 22'. La pointe du toit de la tour de Cassel étoit difficile à voir; celle du petit clocher sur la tour de Watten se distinguoit un peu mieux.

J'avois oublié de lire les quatre alidades à zéro; je les ai lues à l'angle double. Il pourra servir de point de départ.

Dunkerque.

Pour la réduction au centre.

$$r = 2^s.1697$$
$$z = 1166^s.90$$
$$1167.19$$
$$1167.00$$

Milieu 1167.03
22ᵉ angle 1029.30

$$y = 137.73 = 123° 57' 25''.$$

Le même angle vers six heures du soir, à la même place.

	Angles multiples.	Moyenne arithm.	Angles simples.
2	93ˢ.576		46ˢ.7880
4	187.144		46.7860
6	280.720		46.7867
8	374.286		46.7857
10	$\begin{cases} 467.862 \\ 467.825 + 35 \\ 467.801 + 60 \\ 467.803 + 57 \end{cases}$	467.86075 . .	46.786075
12	561.434		46.7862
14	655.008		46.7863
16	$\begin{cases} 748.580 \\ 748.545 + 35 \\ 748.520 + 60 \\ 748.522 + 57 \end{cases}$	748.57975 . .	46.7862346 = 42° 6' 27''.4.

F. nº 1. Après le seizième angle on ne voyoit plus Cassel.

Nos deux cercles ont chacun quatre alidades, qu'on lit ordinairement, au moins en commençant et en finissant une série d'angles. Ces quatre alidades ne sont pas

tout-à-fait à angles droits. Quand la première du cercle
n° 1 est sur zéro, la seconde, qui devroit marquer 100,
marque environ 35 de moins; la troisième marque environ 65 de moins que 200 ; enfin la quatrième marque
environ 57 de moins que 300. En ajoutant ces constantes aux trois dernières alidades, elles s'accordent
communément bien avec la première. On détermine ces
constantes en commençant chaque série. Si on lisoit
toujours bien, elles ne devroient pas varier. On y trouve
souvent quelques différences qui tiennent à l'inexactitude de l'estime : car le Vernier ne donne que deux
décimales; la troisième est un peu conjecturale. Ces
différences peuvent venir aussi de la difficulté de placer
bien exactement la première sur le zéro. Quand les
instrumens ont été démontés pour les nettoyer, on a cru
voir quelque changement dans les trois constantes. Dans
la première observation ci-dessus, j'avois oublié au
commencement de vérifier les constantes; j'ai mis en
place les lettres a, b, c, et j'ai pris la moyenne arithmétique, sans avoir égard à ces constantes. La différence entre la moyenne arithmétique de la fin et celle
du commencement, donne les vingt derniers angles en
rejetant les deux premiers, qui paroissent aussi bons
que les autres.

La lettre r indique par-tout la distance du centre de
l'instrument au centre de station. La lettre z indique
le point du limbe où se trouve la lunette supérieure
lorsqu'on la dirige vers le centre de station, après la
mesure de l'angle qui termine la série. De ce nombre z

on retranche le dernier angle mesuré, le reste est le chemin qu'a fait la lunette pour venir de l'objet à gauche au centre de la station. Ce reste, toujours indiqué par la lettre y, est l'angle entre l'objet à gauche et le centre. Je nomme O l'angle observé, et $(O + y)$ est l'angle entre l'objet à droite et le centre de la station.

L'objet à droite est toujours nommé le premier; l'objet à gauche, toujours le second.

Soit D la distance de l'objet à droite, G celle de l'objet à gauche : la réduction au centre, dans tous les cas, s'obtiendra par la formule,

$$\text{Réduction au centre} = \frac{r \sin. (O + y)}{D \sin. 1''} - \frac{r \sin. y}{G \sin. 1''}.$$

Si l'on fait attention au signe algébrique des sinus de $(O + y)$ et y, on sera dispensé de considérer la position du centre par rapport à l'observateur, pour connoître le signe de la réduction.

La facilité que donnent les cercles pour mesurer les angles depuis o jusqu'à 400, simplifie le calcul des réductions, et permet de les renfermer dans une formule générale.

On peut calculer cette même réduction par une formule plus commode à quelques égards, en ce qu'elle n'est composée que d'un seul terme.

Soit A l'angle à l'objet à droite entre l'objet à gauche et le lieu de l'observation ou l'angle opposé au côté G, la réduction sera $+ \dfrac{r \sin. O \sin. (A - y)}{D \sin. A \sin. 1''}$.

Le centre de la station est toujours trop voisin du

cercle pour qu'on puisse le voir dans la lunette, qu'on est forcé d'y aligner à vue, et cette observation est toujours un peu grossière. On la répète plus ou moins, suivant la difficulté qu'on éprouve, et l'on prend le milieu. Ainsi, page 6, on voit pour z trois valeurs qui diffèrent de 0"29 ; l'incertitude paroît de 0"3 pour chaque observation, et de 0"1 pour le milieu.

Les angles entre les objets terrestres ont été pris communément vingt fois, à moins de quelque raison particulière pour aller plus loin ou finir plutôt ; mais on les répétoit, autant qu'il étoit possible, à une autre heure, pour prévenir les erreurs qui sont produites par la manière dont les objets sont éclairés.

Le signe :: est consacré en astronomie pour indiquer une observation douteuse. Je m'en suis servi en ce sens.

Le réticule de nos lunettes a un mouvement de 45° qui permet de placer les fils de manière que l'un soit parallèle et l'autre perpendiculaire à l'horizon, comme on le pratiquoit toujours autrefois, ou, ce qui vaut souvent mieux, de les placer en sorte que tous deux fassent un angle de 45° avec l'horizon. Ces deux différentes positions du réticule sont indiquées, la première par le signe +, la seconde par le signe ✕. Quand il n'y a pas de note particulière, les fils étoient à 45°. Dans des circonstances difficiles, on a été quelquefois forcé de mettre les objets sous le fil vertical : alors on en a averti, et l'on peut regarder l'observation comme douteuse. C'est ce qui a lieu dans la série suivante.

Dunkerque.

Entre Watten et Cassel.

2	93^{e}550		46^{e}7750	
4	187.100		46.7750	
6	280.650		46.7750	
8	374.200		46.7750	
10	$\begin{cases} 467.752 \\ 467.695 +57 \\ 467.672 +80 \\ 467.708 +45 \end{cases}$	467^{e}75225	46^{e}775225	
12	561.305		46.77543	
14	654.856		46.77543	
16	748.408		46.7755	
18	841.960		46.7755	
20	$\begin{cases} 925.517 \\ 935.460 +57 \\ 935.437 +80 \\ 935.473 +45 \end{cases}$	935.51725	46.77586	
22	$\begin{cases} 1029.068 \\ 1029.012 +57 \\ 1028.996 +80 \\ 1029.025 +45 \end{cases}$	1029.07075	46.77593	
24	1122.621		46.775875	
26	1216.172		46.775846	
28	1309.725		46.775893	
30	$\begin{cases} 1403.278 \\ 1403.222 +57 \\ 1403.200 +80 \\ 1403.235 +45 \end{cases}$	1403.27925	46.775975	$= 42° 5' 54''2$
30 bis	$\begin{cases} 1403.275 \\ 1403.220 +57 \\ 1403.198 +80 \\ 1403.230 +45 \end{cases}$	1403.27625	46.775875	$= 42° 5' 53''8$

F. n° 4, de 1^h à 3^h. Le 30e angle *bis* a été pris par Bellet.

Cassel se voit difficilement, Watten un peu mieux. En général ce sont

deux objets difficiles à appercevoir. Le clocher de Watten étoit fort court et ▬▬▬
fort obtus : nous l'avons fait exhausser depuis.)

Ces observations ont été faites aux fils verticaux.

Pour la réduction au centre.

$$r = 2^t 1844$$
$$z = 1440^s 75$$
$$41.03$$
$$41.02$$
$$41.02$$

Milieu 1441.00
30° angle 1403.278

$$y = 37.722 = 33° 56' 59''$$

Résumé des trois séries.

				Réduction.	Angles réduits au centre.
1ere série	20 angles. D. n° 1.	42° 6' 28''46	— 18''11		42° 6' 10''35
2e série	16 angles. F. n° 1.	42° 6' 27''4	— 18''11		42° 6' 9''29
3e série	30 angles. F. n° 4.	42° 5' 53''8	+ 15''58		42° 6' 9''38
					42° 6' 9''67
Réduction à l'horizon					— 0''86
Angle à l'horizon ou angle sphérique					42° 6' 8''81
En se rapprochant de la première série, qui est la meilleure					42° 6' 9''34

C'est à ce dernier résultat que s'est arrêtée la commission spéciale nommée
pour examiner les observations.

Après cet exemple, nous serons moins prolixes pour les angles suivans.

Dunkerque.

Entre Gravelines et Watten.

20　1041ᵇ5755　52ᵇ078775 = 46° 52' 15"231　D. n° 1.

$$r = 0^t7675$$
$$z = 1219^s13$$
$$1041.58$$

$$y = \quad 177.55 = 159° 47' 42''$$

De 3ʰ 51' à 5ʰ 7'. Les objets se voyoient fort bien.

20　1041.42625　52.071325 = 46° 51' 51"05　F. n° 4.

$$r = 2^t1844 \quad y = \quad 76° 2' 53''$$

30　1562.172　52.0724 = 46° 51' 54"6　D. n° 1.

$$r = 2^t0959 \quad y = \quad 84^s42 = 75° 58' 41''$$

Watten bien foible, sur-tout au commencement.

20　1041.48652　52.0743 = 46° 52' 0"73　F. n° 1.

$$r = 1^t6678 \quad y = \quad 103^s138 = 92° 49' 21''$$

De 5ʰ ½ à 7ʰ.

20　1041.683　52.08415 = 46° 52' 32"65　B. n° 4.

$$r = 1^t9925 \quad y = \quad 209^s55 = 188° 35' 42''$$

Watten se voyoit toujours foiblement.

Résumé.

		Réduction.	Angl. réduits au centre.	
20 angles	46° 52' 15"23	— 11"79	46° 52' 3"44	D. n° 1.
20 angles	46° 51' 51"05	+ 7"04	46° 51' 58"09	F. n° 1.
30 angles	46° 51' 54"60	+ 6"79	46° 52' 0"81	D. n° 1.
20 angles	46° 52' 0"73	— 2"46	46° 51' 58"27	F. n° 1.
20 angles	46° 52' 32"65	— 31"54	46° 52' 1"11	B. n° 4.

Milieu . . . . 46° 52' 0"44

— 0"12

Angle à l'horizon . . . . 46° 52' 0"32

Cet angle a été trouvé de 46° 52' 0" en 1740. Voyez *Méridienne vérifiée*, page xij.

Le clocher de Gravelines est une flèche très-aiguë, et les objets de cette espèce ont toujours fait notre tourment. La pointe n'est pas toujours visible : on observe tantôt un point plus élevé, et tantôt un point plus bas, et si le clocher est éclairé obliquement, le point auquel on vise est plus ou moins éloigné de l'axe du clocher.

Les angles suivans ont été pris pour déterminer la position d'une maison nommée ci-devant l'*intendance*, située rue du Jeu-de-Paume, et dans laquelle j'ai fait les observations de latitude.

Dunkerque.

Entre Cassel et le belvédère de l'intendance.

10   1060.800   1060.800 $=$ 95° 28′ 19″2   D. n° 4.

Entre Bollezele et le belvédère de l'intendance.

10   1360.866   1360.866 $=$ 122° 28′ 40″6   D. n° 4.

On ne pouvoit voir à la fois ces objets et le centre de la station. Pour déterminer la position de ce centre par rapport à celui de l'instrument, on a mesuré la perpendiculaire $ON = 0^t 7639$ (*fig.* 1.)

La ligne . . . . $FP = 0.8611$

D'où . . . . $PK = 1.6250$
Enfin la longueur . . . $FN = 1.3056$
D'où l'on conclut la distance au centre, ou $r = 2^t 0844 = OP$
Et l'angle $KOP = \quad$ 51° 13′ 18″
La direction à Gravelines fait, avec ZA ou OK, un
angle de . . . . 24° 58′

Donc entre le centre et Gravelines . . . . 76° 11′ 18″
Entre Gravelines et Watten . . . . 46° 52′
Entre Watten et Cassel . . . . 42° 6′ 12″
Entre Cassel et le belvédère . . . . 95° 28′ 10″

Donc entre le centre et le belvédère . . . . . 260° 37′ 40″
Ou entre le belvédère et le centre . . . . . . 99° 22′ 20″ $= y$

Ces valeurs de x et y serviront pour réduire les deux angles de Cassel et Bollezele avec le belvédère.

Ainsi entre Cassel et le belvédère de l'intendance . . . 95° 28' 19"2

$$+ \quad 2"8$$

Horizon . . . . 95° 28' 22"0

$$- \quad 30' 53"$$

Centre . . . . 94° 57' 29"

Entre Bollezele et le belvédère . . . . 122° 28' 40"6

$$+ \quad 4' 22"7$$

Horizon . . . . 122° 33' 3"3

$$- \quad 31' 14"$$

Centre . . . . 122° 1' 49"3

BELVÉDÈRE DE L'INTENDANCE.

DISTANCES AU ZÉNIT.

Tour de Watten. D. B. n° 1.

4   399.676   99.2190 $= 89°$ 55' 37"6

Tour de Cassel. D. B. n° 1.

4   398.994   99.7485 $= 89°$ 46' 25"1

En ajoutant 1' environ, on aura la distance de Socx au zénit.

Clocher de Hondschoote. D. B. n° 1.

4   399.448   99.8620 $= 89°$ 52' 32"9

Tour de Dunkerque. D. B. n° 1.

Le point observé est ce qui reste du support de la croix.

6   570.250   95.04166 $= 85°$ 32' 15"

Clocher de Bollezele. D. B. n° 1.

6   599.336   99.88933 $= 89°$ 54' 1"4

ANGLES.

Entre Watten et Cassel. D. B. n° 1.

Belvedéré
de
l'intendance.

	Réduct. à l'horizon.	Réduct. au centre.	Angles réduits.
10 465.062	46.85062 = 41° 51′ 20″1 − 0″4	0″0	41° 51′ 19″7

Entre Cassel et Hondschoote. D. B. n° 1.

10 565.664	56.5644 = 50° 54′ 35″1 + 0″6	0″0	50° 54′ 35″7

Entre Socx et Hondschoote. D. B. n° 1.

10 582.002	58.2002 = 52° 22′ 48″6 + 0″6	0″0	52° 22′ 49″2

Entre Bollezele et Hondschoote. D. B. n° 1.

10 868.603	86.8603 = 78° 10′ 27″4 + 0″6	0″0	78° 10′ 28″0

Entre la tour de Dunkerque et Cassel. D. B. n° 1.

10 934.804	93.4804 = 84° 7′ 56″5 − 0″7 − 41″3		84° 7′ 14″5

$r = 0^{l}1944$ $y = 108°$

TOUR DE WATTEN.

Watten.

I I.

La tour de Watten a 15^t environ de hauteur, et se termine par une plate-forme. A la face qui regarde un peu obliquement Helfaut et Saint-Omer, étoit un petit clocher qui a été détruit peu de temps après, et que nous avons pris pour signal, n'osant pas en faire construire un autre dans les circonstances où nous nous trouvions alors. L'élévation du clocher au-dessus de la plate-forme étoit de 1^{t}9¹67; la hauteur du parapet est de 0^t75 environ : ainsi le clocher ne s'élevoit que de 1^t1667 au-dessus du parapet; ce qui rendoit l'observation difficile, comme nous l'avons éprouvé à Dunkerque. C'est ce qui m'a déterminé enfin à placer au-dessus de ce clocher une espèce de parallélipipède de 0^t28 de largeur, sur 1^t25 de hauteur. Ce nouveau signal s'élevoit donc de 2^t4167 au-dessus du parapet, et de la même quantité au-dessus de la lunette : ainsi $dH = 2^t4$.

DISTANCES AU ZÉNIT.

Signal de Dunkerque.

10   1001^s997   100^s1997 $= 90° 10' 47''$ (dans le ciel.)
D. et B. n° 1. 26 mai 1793. Le signal ne se voit pas bien.

Pointe de la tour de Cassel. 6^h ½.

10   997.919   99.7919 $= 89° 48' 45''8$ (dans le ciel.) D. B. n° 1.

Clocher de Fiefs, 3 juin.

10   999.500   99.95 $= 89° 57' 18''$ (dans le ciel.) F. B. n° 1.

Clocher de Gravelines, 25 mai.

10   1002.190   100.219 $= 90° 11' 49''6$ (dans le ciel.) F. B. n° 4.
Barom. 28^{po} 1^{li}, therm. $+ 0.11 = 8^d8$

La même le 31 mai.

10   2004.263   100.21315 $= 90° 11' 30''6$ F. B. n°. 4.
Barom. 28^{po} 1^{li}, therm. $+ 0.116 = + 9^d28$

On voyoit très-bien Gravelines. La différence entre ces observations et les précédentes vient en partie de ce que l'objet étant mieux éclairé le 31 que le 25, on pouvoit viser exactement au-dessous du coq ; au lieu que le 25, le coq ne se voyant pas, on observoit un point plus bas et plus éloigné du zénit.

Clocher d'Helfaut. F. B. n° 1.

10   999ᵇ816   99ᵇ9816 $= 89° 59' 0''4$

ANGLES.

Entre Cassel et Dunkerque.

20   1655ᵇ25475   82ᵇ7627375 $= 74° 29' 11''27$
$r = 1ᵗ8449$ $y = 117° 10' 52''$ Réduct. — $33''74$

D. n° 1. Beaucoup de vent, horizon pur. On avoit assez de peine à observer le signal de Dunkerque, sur-tout en commençant.

Même angle. D. n° 1.

20   1655ᵇ30925   82ᵇ7654625 $= 74° 29' 20''1$
$r = 1ᵗ8333$ $y = 133ᵇ78 = 120° 24' 7''$ Réduct. — $34''85$

On voyoit fort mal Dunkerque.

Même angle. D. n° 1.

20   . . . .   82ᵇ7645 $= 74° 29' 16''98$
Même place que le précédent . . . — $34''85$

Même angle. F. n° 1.

26   2151ᵇ917   82ᵇ7660385 $= 74° 29' 21''96$
Même place . . . . — $34''85$

Quoique le signal de Dunkerque se vît fort bien, il étoit difficile à observer.

Même angle. B. n° 4.

20   1655ᵇ0605   82ᵇ753025 $= 74° 28' 39''8$
$r = 2ᵗ4653$ $y = 283ᵇ271 = 254° 56' 38''$ $+ 11''17$

I.   3

Même angle. F. n° 4.

10 . . . . 82§75025   = 74° 28' 30″8
Continuation de la série précédente   + 11″9

Signal éclairé et presque invisible.

Même angle. F. B. n° 4.

30   2482§60875   82§753625   = 74° 28' 41″75
r = 2'4919 y = 282§6.   = 254° 20' 24″.   + 10″70

On croyoit voir le signal de Dunkerque.

Même angle. F. n° 4.

14   1158§53675   82§752625   = 74° 28' 38″5
Même place . . . . + 10″70

On n'a pas été plus loin, parce qu'on ne voyoit plus le signal.

Quand nous avons quitté Dunkerque pour aller à
Watten, on plantoit un mât tout près du coq, pour y
placer un grand pavillon tricolor, qu'à notre retour à
Dunkerque nous avons en effet vu flotter en cet endroit.
Ce pavillon n'y étoit pas resté continuellement. J'ai
toujours été persuadé que nous l'avons quelquefois observé au lieu du signal, et j'ai même cru deux ou trois
fois le voir changer de direction avec le vent. C'est
peut-être là la cause principale des différences éton-
nantes qu'on trouve entre ces observations. Dans cette
incertitude, j'ai cru devoir observer la tourelle V, qui
se voyoit beaucoup mieux (*fig.* 1).

Entre Cassel et la tourelle V. D. n° 1.

20   165585495   82⁵777475 = 74⁵ 29′ 59″02
    $r = 1°8333$ $y = 120°$ 24′ 7″ = 34″86

Même angle. F. n° 4.

16   132451′9875   82⁵7624219 = 74° 29′ 9″89
    $r = 3°0891$ $y = 256°$ 30′ 22″ + 15″85

Résumé.

20	D. n° 1.	74° 28′ 37″53	Difficile à voir.
20	D. n° 1.	45″25	On voyoit mal.
20	D. n° 1.	42″13	On voyoit bien.
26	F. n° 1.	47″11	Difficile, quoiqu'on vît bien.
20	B. n° 4.	50″97	
10	F. n° 4.	41″97	Presque invisible.
30	F. B. n° 4.	52″45	On n'étoit pas sûr de voir.
14	F. n° 4.	49″21	On ne voyoit pas bien.
160		74° 28′ 45″85	. Milieu des 8 séries.

Tourelle V.

20	D. n° 1.	74° 29′ 24″16
16	F. n° 4.	74° 29′ 25″74
		74° 29′ 24″95
Réduct. au signal ...		— 37″30
		74° 28′ 47″65
Réduc. à l'horizon ...		— 2″77
Angle horizontal ...		74° 28′ 44″88

Entre Fiefs et Cassel.

20 1546ᵉ2785   77ᵉ313925 $=$ 69° 34′ 57″12

D. nᵒ 1. Vent très-incommode.

20 1546ᵉ2685   77ᵉ313425 $=$ 69° 34′ 55″5

F. nᵒ 1. Beaucoup de vent; il cesse vers la fin.

20 1546ᵉ24725   77ᵉ3123625 $=$ 69° 34′ 52″05 B. nᵒ 1.

Milieu . . . . 69° 34′ 54″89
$r = 1ᵗ8333$ $y = 194° 53′ 29″$ — 9″95

Angle réduit au centre . . . . . . 69° 34′ 44″94
+ 0″14

Angle horizontal . . . . 69° 34′ 45″08

Entre Dunkerque et Gravelines.

10 506ᵉ287   506ᵉ287 $=$ 45° 33′ 56″988
$r = 1ᵗ8333$ $y = 74° 50′ 12″$ — 13″275

Angle réduit au centre . . . . . 45° 33′ 43″713
+ 0″935

Angle horizontal . . . . 45° 33′ 44″648

D. nᵒ 1. J'ai voulu continuer cette série : au 12ᵉ angle on ne voyoit presque plus le signal. Le 12ᵉ donneroit 1″45 de moins. Il m'a paru plus sûr de m'en tenir au 10ᵉ.

Entre Cassel et Gravelines.

20 2667ᵉ87366   1333ᵉ93683 $=$ 120° 3′ 15″533

En s'arrêtant au 12ᵉ, après lequel on a cessé de bien voir Gravelines, on aura . . . . 120° 3′ 16″787
$r = 1ᵗ8333$ $y = 74° 50′ 12″$ — 48″136

D. nᵒ 1.   Angle réduit au centre . . . . . 120° 2′ 28″651

Même angle. F. n° 4.

30   4001$370   133$3790 $=$ 120° 2' 27"96
$r =$ 3'0891 $y =$ 234$39 $=$ 210° 57' 4" $+$ 2"79

Angle réduit au centre	120° 2' 30"75
Je suppose	120° 2' 30"0
	$-$ 1"33

Angle horizontal	120° 2' 28"67
Entre Cassel et Dunkerque	74° 28' 44"88

Donc entre Dunkerque et Gravelines . . .	45° 33' 43"8
Observation directe ci-dessus	45° 33' 44"6

Différence	0"8

Entre Helfaut et Cassel.

20   1659$29525   82$9646625 $=$ 74° 40' 5"51
$r =$ 1'8449 $y =$ 212$964 $=$ 191° 40' 3" $-$ 41"60

Au centre	74° 39' 23"91

D. n° 1. Temps superbe, un peu de vent. Helfaut blanc et noir, parce qu'il est éclairé obliquement.

20   1658$6865   82$934325 $=$ 74° 38' 27"21   F. n° 4.
$r =$ 1'8892 $y =$ 37.1$768 $=$ 334° 35' 28" $+$ 55"49

Au centre	74° 39' 22"70
Milieu	74° 39' 23"3
	$-$ 0"1

Angle horizontal	74° 39' 23"2

TOUR DE CASSEL.

III.

La tour de Cassel est carrée, et terminée par une pyramide quadrangulaire fort écrasée, autour de laquelle est une galerie de o^t1667 de large. Le mur d'appui a par-tout o^t5 de hauteur, excepté du côté qui regarde Watten, où il a o^t6667. (Voyez *fig.* 2.)

La direction de ce côté fait, avec la direction à Watten, un angle de . . . . . 3058232 $=$ 275° 42′ 36″

Duquel retranchant . . . , . . . , . 45°

On a l'angle entre Watten et la
diagonale de la tour . . . . 230° 42′ 36″

Le centre de notre instrument étoit sur cette diagonale, à une distance du centre de 2^t2686, et l'angle entre Watten et le centre étoit 230° 42′ 36″

La hauteur du sommet de la pyramide au-dessus de la galerie étoit de . . . . 1^t6667

Celle de l'instrument étoit de 0.7778

La hauteur du point de mire au-dessus de
la lunette, ou $dH =$ 0.8889

La pointe du clocher ne s'élevant que d'une toise environ au-dessus du mur d'appui, cette pointe est souvent difficile à voir, et quelquefois il est impossible de l'observer, quoiqu'on la voie en l'écartant un peu des

fils. Aussi le plus souvent nous avons été obligés d'observer deux angles du mur, tels que D et K, en les
faisant toucher aux deux fils, comme on le voit dans
la *fig*. 3.

La pointe de la pyramide est bien dans l'axe de la
tour carrée, et l'observation des deux angles du mur
auroit la même exactitude que l'observation de la pointe,
si le mur étoit par-tout d'une hauteur égale; mais l'un
de ces murs est plus élevé de 0ᵗ1667 que les trois autres.
En plaçant sur les fils deux points inégalement élevés,
D et K, l'axe de la tour ne passe plus par le centre C
de la lunette; il s'en écarte d'une quantité égale à la
moitié de la différence de hauteur entre les points D
et K. Si D est le point le plus élevé, l'axe de la tour
sera à droite de C vers K, et si l'objet auquel on compare Cassel est plus voisin de D que de K, l'angle
observé sera trop foible; il sera trop fort si l'objet est
plus voisin de K.

Le mur le plus élevé est celui qui regarde Watten.
De Watten on auroit observé deux points également
élevés : il n'y auroit point eu d'erreur. D'ailleurs on a
observé la pointe, ainsi qu'à Dunkerque.

A Fiefs on a observé deux points inégalement élevés,
et le plus élevé étoit à gauche : ainsi les angles à Fiefs,
dans lesquels Cassel étoit l'objet à droite, sont trop
petits; il faut les augmenter de $\frac{0^{t}0833}{18039^{t}\ sin.\ 1^{''}} = 0^{''}953$. Il
faut diminuer de la même quantité ceux dans lesquels
Cassel étoit l'objet à gauche : ainsi l'on diminuera de

o″953 l'angle entre le Mesnil et Cassel, et l'on augmentera de o″953 les angles entre Cassel et Helfaut, entre Cassel et Watten.

Au Mesnil on a observé deux points inégalement élevés, et le plus haut étoit à droite. On augmentera donc l'angle au Mesnil, entre Cassel et Fiefs, de

$$\frac{0^{t}0833}{21046^{t}\ sin.\ 1''} = 0''817.$$

A Béthune nous avons oublié de marquer si c'est la pointe ou les angles des murs qu'on a observés.

DISTANCES AU ZÉNIT.

Tourelle de Dunkerque.

10   1004ᵇ032   1005ᵇ032   = 90° 21′ 46″4   (dans le ciel.)
D. n° 1.   10 juin, à 2ʰ.

Signal de Watten.

10   1003ᵇ429   1005ᵇ3429   = 90° 18′ 31″   (en terre.)
D. n° 1.   A 1ʰ. J'ai pris la partie la plus élevée du signal.

Signal du Mesnil.

10   1001ᵇ719   1005ᵇ1719   = 90° 9′ 17″
F. n° 1.   3ʰ ½. Il se projette sur un bois; il égale les arbres en hauteur.

Clocher de Fiefs.

10   1000ᵇ780   1005ᵇ078   = 90° 4′ 12″7   (dans le ciel.)
F. n° 1.   On ne voyoit pas bien la pointe.

Clocher d'Helfaut.

10   1002ᵇ793   1005ᵇ2793   = 90° 15′ 4″9   (en terre.) F. n° 1.

Signal de Béthune.

6   6015968 .1005328o   = 90° 17′ 42″72 (en terre.)

D. n° 1. Horizon embrumé. On avoit peine à voir le signal.

ANGLES.

Entre la tourelle S de Dunkerque et Watten.

40 28185007 705450175 =	63°	24′	18″57

Réduction au signal (Voyez page 2.) . . . . + 36″28

Entre le signal de Dunkerque et Watten . . 63° 24′ 54″85

$r = 2^t2686$ $\gamma = 23o°$ 42′ 36″ + 6″63

Au centre . . . . 63° 25′ 1″48

+ 4″30

A l'horizon . . . . 63° 25′ 5″78

D. F. n° 1. De 5ʰ, au coucher du soleil. J'ai observé les 21 premiers angles. Nous nous étions trop mal trouvés du signal de Dunkerque à Watten pour perdre notre temps à l'observer à Cassel.

Entre Watten et Fiefs.

30   26608776   8856925333 = 79° 49′ 23″81

$r = 2^t2686$ $y = \begin{Bmatrix} 23o° 42′ 36″ \\ -79° 49′ 24″ \end{Bmatrix} = 15o° 53′ 12″$ — 49″57

Au centre . . . . 79° 48′ 34″24

+ 0″82

Horizon . . . . 79° 48′ 35″06

D. F. n° 1. 9 juin 1793, à 2ʰ — 3ʰ ⅓. Le Français visoit à Fiefs, et moi à Watten.

Entre Fiefs et le signal du Mesnil.

30   99469975   33515665835 = 29° 50′ 27″57

D. puis F. n° 1. 7 juillet 1793. Fiefs foible et éclairé du soleil ; signal d'abord brillant, puis foible.

20   66351295   335156475 = 29° 50′ 26″98

F. n° 1. Les deux objets sont beaux.

1.

4

Le cercle, au lieu d'être en d, à l'extrémité de la diagonale (*fig.* 2), comme dans les observations précédentes, avoit été avancé en d'; en sorte que

$$
\begin{aligned}
d\,d' &= \text{0'239583} \\
d\,m &= \text{1.604167} \\[4pt]
d'\,m &= \text{1.364584} \\
a\,d'\,w &= 275°\ 42'\ 36'' \\
m\,d'\,c &= 49°\ 36'\ 50'' \\[2pt]
\hline
c\,d'\,w &= 226°\ \ 5'\ 46'' \\
w\,d'\,F &= -\ 79°\ 49'\ 24'' \\
F\,d'\,M &= -\ 29°\ 50'\ 28'' \\[2pt]
\hline
y &= 116°\ 25'\ 54'' \qquad r = \text{2'1061}
\end{aligned}
$$

Milieu des deux séries . . . $29°\ 50'\ 27''28$

$5''\text{11}$

Angle réduit au centre . . . $29°\ 50'\ 22''17$

Cet angle exige encore une correction d'une autre espèce.

Soit M le centre du signal du Mesnil, F Fiefs, C Cassel (*fig.* 4).

Le signal se projettoit sur un bois; pour le rendre plus visible, on avoit blanchi la face AB, et on ne voyoit que celle-là. L'angle FMC est de $58°\ 58'\ 15''$. Au lieu de viser en M nous avons visé en m, au milieu de la partie AB fortement éclairée par le soleil. Par conséquent l'angle observé est trop foible; il faut l'augmenter de $mCM =$

$$
\frac{mM \sin. 58°\ 58'\ 15''}{CM \sin. 1''} = \frac{mM \sin. 58°\ 58'\ 15''}{21041 \sin. 1''}
$$

$$
= \frac{\text{0'6667} \sin. 58°\ 58'\ 15''}{21041 \sin. 1''} = 5''6
$$

Angle observé . . . . 29° 50' 22"17.

$m\,CM$ . . . . 5"6

Angle véritable . . . . 29° 50' 27"77

— 0"18

Horizon . . . . 29° 50' 27"59

Entre Watten et Helfaut.

22 10665636   485483473 = 43° 38' 6"45

D. n° 1. 11 juin, à midi. Les objets beaux en commençant; à la fin on ne voyoit presque plus Helfaut.

20 9695656   4854828 = 43° 38' 4"27   F. n° 1.

Milieu . . . . 43° 38' 5"36

$r = 2^t 2686 \quad y = \begin{cases} 230° 42' 36'' \\ -43° 38' 6'' \end{cases} = 187° 4' 30'' - 31"58$

Au centre . . . . 43° 37' 33"78

+ 1"95

Horizon . . . . 43° 37' 35"73

Entre Helfaut et Fiefs.

30 1206525625   405208542 = 36° 11' 15"68

D. puis F. n° 1. 12 juin 1793, 10ʰ — 12ʰ 45'. On voyoit à peine Helfaut.

Le centre de l'instrument étoit avancé de d vers a, en sorte que

$d\,d'$ = 0'20833

$d\,m$ = 1.60416

$d'\,m$ = 1.39583

$m\,d'\,C$ = 48° 58' 23"

$a\,d'\,w$ = 275° 42' 36"

$C\,d'\,w$ = 226° 44' 13"

$w\,d'\,f$ = 79° 49' 24"

y = 146° 54' 49" $r = 2^t 1265$

Angle observé . . . . 36° 11′ 15″68
— 15″48

Centre . . . . 36° 11′ 0″20
— 1″2

Horizon . . . . 36° 10′ 59″0
Angle à l'horizon entre Watten et Helfaut . 43° 37′ 35″73
Entre Helfaut et Fiefs . . . . 36° 10′ 59″00

Donc entre Fiefs et Watten . . . . 79° 48′ 34″73
Observations directes ci-dessus . . . . . . 79° 48′ 35″05

Différence . . . . 0″32

Entre Fiefs et le signal de Béthune.

26   1147ᵗ08375   44ˢ118606 = 39° 42′ 24″28

D. puis F. n° 1.   9 juillet, 5ʰ 50′ — 7ʰ 30′.   Fiefs et le signal étoient éclairés.
A la même place que pour Fiefs et le Mesnil. Ainsi $r = 2ᵗ1061$.

Entre Fiefs et Béthune . . . . 39° 42′ 24″
Entre Fiefs et le Mesnil, page 27 . . . . . 29° 50′ 28″

Donc entre Béthune et le Mesnil . . . . . 9° 51′ 56″
Pour Fiefs et le Mesnil nous avions y = 116° 25′ 54″

Donc pour Fiefs et Béthune y = 106° 33′ 58″
Réduction . . . . — 12″35

Entre Fiefs et Béthune.   Centre . . . . . 39° 42′ 11″93
— 1″42

Horizon . . . . . 39° 42′ 10″51
Entre Helfaut et Fiefs . . . . 36° 10′ 59″0

Donc entre Helfaut et Béthune . . . . . 75° 53′ 9″51

FIEFS.

I V.

LA flèche de Fiefs est une pyramide octogone dont le côté étoit d'environ 0^{t}5, à la hauteur à laquelle nous avons placé notre instrument. La hauteur totale au-dessus du sol est de . . . . 19^{t}5

Notre lunette étoit élevée de . . . . 41.

Ainsi $dH = 5.5$

Cette flèche, longue et menüe, ne paroît incliner d'aucun côté.

Le milieu du clocher est occupé par une poutre perpendiculaire carrée, dont le côté est de 0^{t}1076. Elle empêchoit de viser exactement au centre et d'en prendre la distance r. On visoit alternativement à deux arrêtes, dont on mesuroit aussi les distances au centre du cercle, pour en conclure par le calcul r et y, ainsi qu'il est expliqué dans le discours préliminaire.

DISTANCES AU ZÉNIT.

Tour de Watten.

10   10038598   10083598   = 90° 19' 25"8 (dans le ciel.)

F. n° 4.   On ne voyoit pas le signal, et fort mal là tour. La pointe du signal s'élève de 2^{t}4167 au-dessus du parapet, et 2^{t}4167 à la distance de Fiefs, valent 26". On peut supposer 90° 19' pour la distance zénit du signal.

Tour de Cassel.

10   10028087   10082087   = 90° 11' 16"2 . (dans le ciel.) F. n° 4.

Clocher d'Helfaut.

10   1003ᵍ710   100ᵍ3710   =   90° 20′ 2″0 (dans le ciel.)

F. nᵒ 4. On voyoit à peine Helfaut.

Signal du Mesnil.

10   1001ᵍ804   100ᵍ1804   =   90° 9′ 44″5 (en terre.)

F. nᵒ 1. A 5ʰ.

Clocher de Sauti.

10   1001ᵍ630   100ᵍ163   =   90° 8′ 48″ (dans le ciel.)

F. nᵒ 1. A 6ʰ ½. On voyoit foiblement Sauti.

Clocher de Bonnières.

10   1002ᵍ055   100ᵍ2055   =   90° 11′ 5″8 (dans le ciel.)

F. nᵒ 1. A 7ʰ 10′. On voyoit mal Bonnières.

ANGLES.

Entre Cassel et Helfaut

20   756ᵍ7795   37ᵍ838975 = 34° 3′ 18″28

D. nᵒ 1. 3 juillet 1793, 4ʰ. Fortes ondulations.

$r' = r'' = 0^g3166$ $z' = 886^g422$

$$z'' = 909.085$$

Milieu . . . $z = 897.7535$

20ᵉ angle . . .   756.7795

$$y = 140.9740 \quad = 126° 52′ 36″$$

$$r = 0^g36765$$

On a observé les deux arrêtes de la face voisine.

Réduction au centre . . . . — 3″99

Angle au centre . . . . 34° 3′ 14″29

Correction. (Voyez Cassel, p. 24.) . + 0″95

Angle vrai . . . . 34° 3′ 15″24

+ 0″23

Horizon . . . . 34° 3′ 15″47

Entre le signal de Mesnil et Cassel.

20 2026$44725 1018322362 $= 91° 11' 24''46$

D. n° 1. 3 juillet, vers 2^h. Objets foibles, et sur-tout Cassel. Vers la fin de la série on voyoit mieux.

Même place que le précédent, ainsi $r = 0^t36765$

           y précédent 126° 52' 36''

Entre Cassel et Helfaut . . 34° 3' 18''

Donc . . . . $y =$ 160° 55' 54'' $-$ 8''26

Au centre . . . .   91° 11' 16''20

Même angle.

20 2026$46725 1018323362 $= 91° 11' 27''69$

F. n° 4. De 5^h à 7$^h \frac{1}{2}$. Objets bien visibles; mais Cassel éclairé à gauche, ce qui pouvoit augmenter l'angle.

$r' = r'' = 0^t3102$ $y = $161° 20' 56'' $-$ 8''08

$r = 0^t35996$ Au centre . . . . .   91° 11' 19''61

Même angle.

20 2026$4525 1018322625 $= 91° 11' 25''3$ B. n° 4.

$r' = r'' = 0^t3194$ $y = 177^t6415 = $159° 52' 35'' $-$ 8''33

$r = 0^t36915$ Au centre . . . . .   91° 11' 16''97

Même angle. 1ere place.

20 2026$46725 1018323362 $= 91° 11' 27''69$ F. n° 1.

                                   $-$ 8''26

Au centre . . . .   91° 11' 19''43

Milieu entre les quatre séries . . . . . .   91° 11' 18''05

Correction. (Voyez Cassel, p. 23 et 24.) . $-$ 0''95

Angle vrai . . . .   91° 11' 17''10

                                   $+$ 1''94

Horizon . . . .   91° 11' 19''04

Chacune de ces séries, prise séparément, paroit également bonne; elles présentent le même accord dans toutes leurs parties. Il y a quelque apparence que le Français Lalande et moi n'observons pas exactement le même point de la tour, qui n'étoit pas bien éclairée.

Entre Cassel et le signal de Watten.

$$10 \quad 340^g130 \quad 34^g5o130 \quad = 3o° \; 36' \; 42''12$$
$$r' = r'' = 0^t3194 \quad y = 145^g2635 = 13o° \; 44' \; \underline{14''} \; — \; 1''65$$
$$r = 0^t35996 \quad \text{Au centre} \ldots \ldots \quad 3o° \; 36' \; 40''47$$

F. n° 4. La nuit a empêché de continuer.

Même angle.

$$44 \quad 1496^g553 \quad 34^g5o12568 \quad = 3o° \; 36' \; 40''72$$
Même place $\ldots \ldots \ldots \quad — \; 1''65$
Au centre $\ldots \ldots \ldots \quad \underline{3o° \; 36' \; 39''07}$
Je suppose $\ldots \ldots \ldots \quad 3o° \; 36' \; 39''50$
Correction. (Voyez Cassel, page 24.) $\ldots \quad + \; 0''95$
Réduction à l'horizon $\ldots \ldots \quad + \; 0''19$
Horizon $\ldots \ldots \ldots \quad \overline{3o° \; 36' \; 40''64}$

D. puis F. n° 1. Point de soleil; on voyoit bien les objets.

Entre le clocher de Sauti et le Mesnil.

$$20 \quad 955^g50025 \quad 47^g7750125 = 42° \; 59' \; 51''04$$
$$r = 0^t38665 \quad y = 153^g 37' \; \underline{1''} \; — \; 4''64$$
$$\text{Au centre} \ldots \ldots \ldots \quad 42° \; 59' \; 46''40$$

F. n° 4. Le Mesnil beau, Sauti difficile.

Même angle.

$$20 \quad 955^g5210 \quad 47^g77605 \quad = 42° \; 59' \; 54''4$$
$$r = 0^t46689 \quad y = 143° \; 41' \; \underline{37''} \; — \; 6''06$$
$$\text{Au centre} \ldots \ldots \ldots \quad 42° \; 59' \; 48''34$$

D. n° 1. De midi à $1^h \frac{1}{2}$. On voyoit mal en commençant, ensuite bien. Les premiers angles sont de 1 ou 2'' plus forts que les derniers.

Même angle.

20   955852925   47ᵉ7764625 = 42° 59' 55"74
                                    — 6"06

Au centre . . . . 42° 59' 49"68

F. n° 4. De 7 à 8ʰ. Sauti, éclairé de côté, paroît courbe.

Même angle.

20   955855375   47ᵉ7776875 = 42° 59' 59"71
                                    — 4"64

Au centre . . . . 42° 59' 55"07

D. n° 1 + première place. Grand vent; Sauti foible et courbe; ondulations au Mesnil; fils en + série à rejeter.

Milieu entre les trois premières . . . . . 42° 59' 48"14
                                              + 0"58

Horizon . . . . 42° 59' 48"72

Pour ne pas négliger tout-à-fait la dernière,
je suppose   42° 59' 49"22

Le clocher de Sauti et les flèches voisines nous ont fort exercés par leurs phases différentes.

Entre les clochers de Bonnières et Sauti.

20   767ᵉ770   38ᵉ3885   = 34° 32' 58"74

D. n° 1. 3 juillet, 5ʰ 40' — 7ʰ 20'. Objets éclairés du soleil; Sauti tout-à-fait courbe.

Même angle.

20   767ᵉ739   38ᵉ38695   = 34° 32' 53"72

F. n° 4. 4 juillet, 3ʰ 10' — 5ʰ 45'. Objets assez beaux en commençant; ils l'étoient moins vers le milieu.

Même angle.

12   460ᵉ659   38ᵉ388225 = 34° 32' 57"85

B. n° 4. A la fin du jour. Bonnières éclairé du soleil.

5

1.

Même angle.

20   76787525   38387625 = 34° 32' 55"9

D. n° 1. *5 juillet, vers* 2ʰ. *Objets foibles, vent considérable qui agitoit le clocher de Fiefs ; mais jamais il n'a fait sortir les objets de dessous les fils en* ┼

Milieu entre les quatre séries . . . . 34° 32' 56"39
Milieu entre la seconde, d'une part, et les
trois autres réunies, de l'autre part . . . . . 34° 32' 55"50
Milieu entre la seconde et la quatrième . . 34° 32' 54"81

$$r = 0^t4132 \quad y = 196^v 12' 11'' \quad - \quad 3''15$$

Au centre . . . . 34° 52' 51"66

$$+ \quad 0''47$$

Horizon . . . . 34° 32' 52"13

Les séries 2 et 4 n'étoient point éclairées par le soleil, et c'est ce qui leur a fait donner la préférence.

BÉTHUNE.

V.

L<small>E</small> signal étoit placé sur la tour de Saint-Vast. C'étoit une pyramide quadrangulaire de 1ᵗo de base sur 2ᵗ1667 de hauteur. Le centre répondoit au milieu d'une trape qui n'est pas tout-à-fait au milieu de la tour, mais à

2ᵗ7361 de la face nord,
3.4167 de la face sud,
2.8750 de la face est,
3.3472 de la face ouest :

$$dH = 1.4167.$$

On monte à la plate-forme de la tour par un escalier

de 252 marches et de 25 toises de hauteur. Le signal de Béthune ne se voyoit pas de Fiefs, et le travail de cette station ne servira qu'à déterminer la position de Béthune.

DISTANCES AU ZÉNIT.

Tour de Cassel.

6   599ᵗ620   99ᵗ92667   = 89° 56′ 2″4   (dans le ciel.)

F. nᵒ 4.   Après le 6ᵉ angle on ne voyoit plus Cassel.

Clocher d'Helfaut. F. nᵒ. 4.

10   1000ᵗ730   100ᵗ0730   = 90° 3′ 56″5   (dans le ciel.)

Clocher de Fiefs. F. nᵒ 4.

10   997ᵗ067   99ᵗ7067   = 89° 44′ 9″7   (dans le ciel.)

Signal du Mesnil. F. nᵒ 1.

10   994ᵗ699   99ᵗ4699   = 89° 31′ 22″5   (dans le ciel.)

ANGLES.

Entre Cassel et Helfaut.

20   833ᵗ091   41ᵗ65455   = 37° 29′ 20″9

Au centre. D. nᵒ 1. Objets assez beaux; vent horrible.

20   833ᵗ1125   41ᵗ655625   = 37° 29′ 24″2

F. nᵒ 4. En même temps que le précédent.

$r = 1^t 2222$ $y = 243^t 951 = 219°$ 33′ 21″ —   5″8

· Au centre . . . . 37° 29′ 18″4
Milieu entre les deux séries . . . . . . 57° 29′ 19″65
                             — 0″79

· Horizon . . . . 37° 29′ 18″86

Entre Cassel et Fiefs.

20   1748s047   87s40235   = 78° 39' 43"61

Au centre. D. n° 1. Objets embrumés, puis beaux.

Même angle.

20   1748s05075   87s4025375 = 78° 39' 44"22

F. n° 4. En même temps que la série précédente.

$r = $ 1's0139 $y = $ 244s305 = 219° 52' 28"2 $+$ 0"06

Au centre. . . . . 78° 39' 44"28

Milieu entre les deux séries . . . . . . : 78° 39' 43"95

$+$ 0"63

Horizon. . . . . 78° 39' 44"58

J'avois placé l'instrument n° 4 sur la circonférence du cercle circonscrit au triangle formé par Cassel, Fiefs et Béthune, afin que la réduction fût nulle. Cependant j'ai engagé le citoyen le Français Lalande à mesurer à l'ordinaire r et y, et la réduction en effet est insensible.

Pour rendre la réduction nulle et pouvoir observer hors du centre un angle absolument égal à celui qui s'observeroit du centre, il faut se placer (*fig.* 6) en quelque point G de la circonférence ; alors on aura

$$y = BGC = BAC \text{ ou } y = A; \; sin. (A - y) = 0;$$

et par conséquent la réduction elle-même $= 0$. (Voyez page 8, seconde formule.)

La même chose auroit lieu de l'autre côté du centre en F ; car alors on auroit

$$AFC = 360° - (O + y) = B;$$

d'où

$$360° - O - B = y = 180 - (180 - A) = A.$$

Ainsi, pour se placer sur la circonférence, il faudroit porter le cercle à droite du centre en G, de manière à ce que la direction GC au centre, et la direction GB à l'objet à gauche, fissent un angle égal à l'angle A ; ou bien il faudroit porter le cercle à gauche du centre, de manière à ce que la direction FC au centre fît à droite de la direction FA un angle B.

En fixant d'abord les deux lunettes à l'angle A ou B, il suffira de faire mouvoir le cercle dans la direction EB ou DA, jusqu'à ce que l'une des deux lunettes étant dirigée à l'un des signaux, l'autre soit dirigée au centre.

Quand le centre est libre, comme il l'étoit à Béthune et au Mesnil, le procédé est plus facile. Par le centre C menez une ligne CE, qui fasse à droite de CA l'angle $ACE = B$, ou bien une ligne CD, qui fasse à gauche de CB l'angle $BCD = A$, la ligne ECD sera tangente au cercle circonscrit ; cette tangente se confondra sensiblement avec le cercle. Placez donc l'instrument en E ou en D, à deux ou trois toises de C, et la réduction sera insensible. Dans la rigueur géométrique, au lieu de rester en E, il faudroit s'avancer dans la direction en B d'une quantité $EG = \dfrac{(CE)^2}{EB} = \dfrac{r^2}{G}$; et de F il faudroit s'avancer vers A de $DF = \dfrac{CD^2}{DA} = \dfrac{r^2}{D}$. Mais on peut sans scrupule rester sur la tangente.

Ces pratiques seront utiles quand on éprouvera quelque difficulté à mesurer la distance au centre ; mais lorsque

Béthune.

c'est y qu'on ne peut bien observer, il faut se placer de manière à ce que $(A - y) = 90°$, ou $y = A + 90°$.

Entre Helfaut et Fiefs.

20   914°997   45°74985 = 41° 10′ 29″51

D. n° 1. Helfaut d'abord embrumé, puis beau par intervalles.

Même angle, observé en même temps.

18   823°500   45°7500 = 41° 10′ 30″0 F. n° 4.

$r = 1°0278$ $y = 222° 30′ 46″$ — 0″08

Au centre . . . . 41° 10′ 29″92
Milieu entre les deux séries . . . . . . 41° 10′ 29″71
                                          — 4″27

Horizon . . . . 41° 10′ 25″44

J'avois encore placé le cercle n° 4 de manière à ce que le Français Lalande pût observer le même angle que moi qui étois au centre. On voit en effet que la différence entre nos deux séries n'est que de 0″4; elle étoit de 0″67 à l'angle entre Cassel et Fiefs.

Entre Fiefs et le signal du Mesnil.

40   2796°740   69°9185 = 62° 55′ 35″94
                                          + 4″10

Horizon . . . . 62° 55′ 40″04

F. puis B. n° 1. Au centre. 28 juin 1793.

Beaucoup de vent, et Fiefs n'étoit pas toujours bien visible. Les 20 premières observations donneroient environ 2″ de plus que les 40 réunies.

J'étois absent, et à mon retour je n'ai pas pris la peine de recommencer l'observation d'un angle qui ne devoit pas servir.

SIGNAL DE MESNIL.

V I.

La montagne sur laquelle nous avons placé ce signal est dans l'arrondissement de Mesnil-les-Ruitz, appelé plus communément Mesnil-Caillou, sur la même montagne à laquelle on a donné le nom de Rébreuve dans les méridiennes de 1740 et de 1718. Les deux bois taillis entre lesquels on s'étoit placé alors, subsistent toujours. Je me suis approché du signal de 1740, autant que la distribution actuelle du terrain l'a permis.

Notre signal n'étoit pas dans le milieu du plateau; il étoit beaucoup plus près du bois qui aboutit à Fresnicourt et Verdrel que de celui qui regarde Rébreuve.

La distance de notre signal à la lisière du bois voisin étoit de 47ᵗ33. La perpendiculaire qui mesuroit cette distance tomboit un peu à gauche d'un petit chemin qui entre dans le bois, et vis-à-vis duquel le fossé de limite est interrompu.

Le signal étoit composé de quatre arbres enfoncés en terre d'environ une demi-toise, et dont la hauteur visible étoit de 1ᵗ667. Couverts de planches, ils formoient un parallélépipède qui étoit proprement le signal, et dont la base carrée avoit 1ᵗ3333 de côté. Ce parallélépipède étoit surmonté d'une pyramide tronquée dont la hauteur étoit de 1ᵗ4167. La face qui regardoit Fiefs avoit été blanchie à cause des arbres verts sur lesquels elle se projettoit. En observant ce signal, on plaçoit la pyramide sous la croisée des fils, et l'on ne voyoit que le parallélépipède. La face blanchie, quand elle étoit éclairée du soleil, étoit extrêmement brillante. J'avois choisi cette forme, parce que de Fiefs, et même de Cassel, le signal ne pouvoit se voir qu'éclairé du soleil. Cette circonstance exigeoit une correction, et le calcul en étoit plus facile et plus sûr que si le signal eût été une pyramide. La face blanchie étoit tournée directement vers Fiefs.

Les habitans du pays m'ont assuré qu'en 1740 le signal étoit un grand arbre dont le sommet avoit été couvert d'un drap blanc.

DISTANCES AU ZÉNIT.

Signal de Béthune.

10   1005,8800   1005,5800 $=$ 90° 31′ 19″2 (en terre.)   F. n° 4.

Tour de Cassel.

10   1001,5726   1005,1726 $=$ 90° 9′ 19″ (dans le ciel.) F. n° 4.

Clocher de Fiefs.

12   1199,8567   995,9641 $=$ 89° 58′ 3″7 (dans le ciel.) F. n° 4.

Clocher de Sauti.

10   1000,8325   1005,0325 $=$ 90° 1′ 45″3 (dans le ciel.) F. n° 4.

Toutes ces distances ont été mesurées le 21 juin 1793.

ANGLES.

Entre Béthune et Fiefs.

20   194⁵58365   97⁵241825 $=$ 87° 31′ 3″51

$\qquad\qquad\qquad\qquad\qquad\qquad$ — 1″40

Horizon . . . . 87° 31′ 2″11

D. et F. n° 1. Au centre. Ondulations ; à cela près, les deux objets bien visibles.

D. et F. signifient que les deux observateurs étoient ensemble, l'un à la lunette supérieure, et l'autre à l'inférieure. Quand les observateurs changeoient de lunette, on en a averti expressément.

Entre Cassel et Fiefs.

30   196⁵86955   65⁵5231889 $=$ 58° 58′ 15″13   D. n° 1.

20   131⁰844475   65⁵5222375 $=$ 58° 58′ 12″05   F. n° 4.

$r =$ 1ᵗ2292 $y =$ 167⁵462 $=$ 150° 42′ 57″   0″00

30   196⁵868175   65⁵522725 $=$ 58° 58′ 13″63   F. puis D.

30   196⁵8701   65⁵523367 $=$ 58° 58′ 15″71   B. n° 4.

Milieu entre les quatre séries . . . . . . 58° 58′ 14″13

Correction. (Voyez Cassel, page 24.) . . . $+$ 0″82

$\qquad$ Angle vrai . . . . 58° 58′ 14″95

$\qquad\qquad\qquad\qquad\qquad\qquad$ — 0″86

Horizon . . . . 58° 58′ 14″09

Les deux premières séries ont été observées simultanément le 23 juin 1793, à 1ʰ. Bel horizon, vent considérable et froid, ondulations à Fiefs. N° 1 au centre du signal, et n° 4 à 1ᵗ2292 de distance. La troisième série, commencée par le Français-Lalande, a été terminée par moi : les 20 premiers angles, qui sont de le Français, donneroient 12″3 ; les 10 derniers, qui sont de moi, donneroient 16″3 ; ce qui diffère peu de ma première série, et encore moins de la dernière, qui est de Bellet. Les deux séries de le Français s'accordent aussi très-bien ; ce qui prouve que nous avions une manière différente de prendre le même objet, et que nous l'avons conservée les deux jours. En comparant cet angle à ceux qui ont été observés à Cassel et Fiefs, on voit par la somme qu'on auroit pu ajouter 1″ à ce dernier.

A la troisième série les objets étoient beaux et le temps calme.

Entre Fiefs et Sauti.

$$
\begin{array}{llllll}
20 & 228^\text{o}880125 & 114^\text{o}0400625 = & 102^\circ\ 38'\ 9''8 & D.\ n^\circ\ 1. \\
20 & 228^\text{o}879625 & 114^\text{o}0398125 = & 102^\circ\ 38'\ 8''99 & F.\ n^\circ\ 4.
\end{array}
$$

$r = 0^\text{t}8252 \quad y = 247^\text{t}096 = 222^\circ\ 23'\ 11'' \quad — \quad 0''25$

$$
\begin{array}{lr}
 & 102^\circ\ 38'\ 8''74 \\
\text{Milieu entre les deux séries} \ldots\ldots & 102^\circ\ 38'\ 9''27 \\
 & —\ 0''05
\end{array}
$$

Horizon. . . . . 102° 38′ 9″22

Ces deux séries ont été observées simultanément. J'avois placé l'instrument n° 4 de manière à ce que la réduction fût nulle : elle s'est trouvée de 0″25.

SAUTI.

VII.

LE clocher de Sauti est une tour carrée, en pierres et en briques, surmontée d'une belle flèche qui a été refaite vers 1780. Il n'y a plus de galerie, comme il y en avoit une en 1740, et nous avons observé dans l'intérieur, à la troisième enrayure.

Hauteur totale du clocher 24ᵗ1667

Hauteur de la lunette au-dessus du sol . 19.5000

$$dH = 4.6667$$

L'ancienne flèche avoit 1ᵗ667 de moins que la nouvelle.

ANGLES.

Entre Béthune et Fiefs.

20 1944⁵8365 975241825 = 87° 31′ 3″51
— 1″40

Horizon . . . . 87° 31′ 2″11

D. et F. n° 1. Au centre. Ondulations ; à cela près, les deux objets bien visibles.

D. et F. signifient que les deux observateurs étoient ensemble, l'un à la lunette supérieure, et l'autre à l'inférieure. Quand les observateurs changeoient de lunette, on en a averti expressément.

Entre Cassel et Fiefs.

30 1965⁵6955 6585231889 = 58° 58′ 15″13 D. n° 1.
20 1310⁵44475 6585222375 = 58° 58′ 12″05 F. n° 4.
r = 1ᵗ2292 y = 1675462 = 150° 42′ 57″ 0″00
30 1965⁵68175 655522725 = 58° 58′ 13″63 F. puis D.
30 1965⁵701 655523367 = 58° 58′ 15″71 B. n° 4.

Milieu entre les quatre séries . . . . . . 58° 58′ 14″13
Correction. (Voyez Cassel, page 24.) . . . + 0″82

Angle vrai . . . . 58° 58′ 14″95
— 0″86

Horizon . . . . 58° 58′ 14″09

Les deux premières séries ont été observées simultanément le 23 juin 1793, à 1ʰ. Bel horizon, vent considérable et froid, ondulations à Fiefs. N° 1 au centre du signal, et n° 4 à 1ᵗ2292 de distance. La troisième série, commencée par le Français-Lalande, a été terminée par moi : les 20 premiers angles, qui sont de le Français, donneroient 12″3 ; les 10 derniers, qui sont de moi, donneroient 16″3 ; ce qui diffère peu de ma première série, et encore moins de la dernière, qui est de Bellet. Les deux séries de le Français s'accordent aussi très-bien ; ce qui prouve que nous avions une manière différente de prendre le même objet, et que nous l'avons conservée les deux jours. En comparant cet angle à ceux qui ont été observés à Cassel et Fiefs, on voit par la somme qu'on auroit pu ajouter 1″ à ce dernier.

A la troisième série les objets étoient beaux et le temps calme.

Entre Fiefs et Sauti.

$$20 \quad 228^{\text{m}}80125 \quad 114^{\text{m}}0400625 = 102° \ 38' \ 9''8 \quad \text{D. n° 1.}$$
$$20 \quad 228^{\text{m}}79625 \quad 114^{\text{m}}0398125 = 102° \ 38' \ 8''99 \quad \text{F. n° 4.}$$
$$r = 0^{\text{t}}8252 \quad y = 247^{\text{t}}096 = 222° \ 23' \ 11'' \quad — \ 0''25$$

$$102° \ 38' \ 8''74$$

Milieu entre les deux séries . . . . 102° 38' 9″27

$$— \ 0''05$$

Horizon. . . . . 102° 38' 9″22

Ces deux séries ont été observées simultanément. J'avois placé l'instrument n° 4 de manière à ce que la réduction fût nulle : elle s'est trouvée de 0″25.

S A U T I.

V I I.

LE clocher de Sauti est une tour carrée, en pierres et en briques, surmontée d'une belle flèche qui a été refaite vers 1780. Il n'y a plus de galerie, comme il y en avoit une en 1740, et nous avons observé dans l'intérieur, à la troisième enrayure.

Hauteur totale du clocher 24ᵗ1667
Hauteur de la lunette au-dessus du sol . 19.5000

$$dH = 4.6667$$

L'ancienne flèche avoit 1ᵗ667 de moins que la nouvelle.

DISTANCES AU ZÉNIT.

Signal de Mesnil.

8   8015051   1005131375 = 90° 7′ 6″   (dans le ciel.)
D. n° 1.   La nuit approchoit.

Clocher de Fiefs.

4   4005373   100509325 = 90° 5′ 2″1   (dans le ciel.)
D. n° 1.   Je n'ai pu en prendre davantage.

Clocher de Bonnières.

10   10015509   1005l509   = 90° 8′ 9″   (dans le ciel.)
D. n° 4.   A 7ʰ ½.

Clocher de Beauquêne.

10   10015535   1005l535   = 90° 8′ 17″3   (dans le ciel.) D. n° 4.

Clocher de Mailli.

10   10015740   1005l740   = 90° 9′ 23″76   (dans le ciel.)
D. n° 4.   Toutes ces distances ont été observées à la fin du jour, les 13,
16 et 17 juillet 1793.

ANGLES.

Entre Mesnil et le clocher de Fiefs.

20   763572375   385l861875 = 34° 22′ 3″25
D. n° 1.   Objets foibles d'abord ; le clocher l'a été jusqu'à la fin. Le signal
n'a pas tardé à devenir très-beau : on n'en voyoit que la face qui regarde
Sauti. 5ʰ ½ — 7ʰ.

20   763570195   385l85975 = 34° 22′ 2″66
F. n° 4.   Fiefs blanc d'abord, ensuite foible. 5ʰ ¼ — 7ʰ.

Milieu des deux séries . . . . 34° 22′ 2″95
  r = 0ᵗ4239 y = 179° 18′ 58″   — 3″89

Au centre . . . . 34° 21′ 59″06

Correction. (Voyez ci-après, p. 44.) . . . . + 2″37

Angle vrai . . . . 34° 22′ 1″43
                                    + 0″13

Horizon . . . . 34° 22′ 1″56

Cet angle avoit besoin d'une correction. Pour viser au centre M du signal (*fig.* 5), il auroit fallu viser au point n de la face AD, qui seule étoit visible, parce que le soleil l'éclairoit, tandis que la face DC étoit dans l'ombre, et qu'elle n'étoit pas même couverte de planches. L'angle $FMS = 102°\ 38'\ 8''$;

$$FMm = 90°;$$
$$mMS = 12°\ 38'\ 8'';$$
$$mSM = \frac{Mm\ sin.\ mMS}{SM\ sin.\ 1''}$$
$$= \frac{0'6667\ sin.\ 12°\ 38'\ 8''}{12656\ sin.\ 1''}$$
$$= 2''37.$$

Entre Fiefs et Bonnières.

20 1216'7525   60'837625 $= 54°\ 45'\ 13''90$

D. n° 1.   14 juillet, $3^h - 5^h$. Fiefs toujours foible, Bonnières blanc sur la fin.

20 1216'7835   60'839175 $= 54°\ 45'\ 18''93$

F. n° 4. $5^h\ 50' - 7^h\frac{1}{2}$. Fiefs toujours blanc, Bonnières blanc sur la fin.

20 1216'778   60'8389 $= 54°\ 45'\ 18''04$

B. n° 1.   16 juillet, 6^h.

20 1216'77225   60'8386125 $= 54°\ 45'\ 17''10$

D. n° 1.   Les deux clochers éclairés par intervalles.✿

Milieu . . . . $54°\ 45'\ 16''99$

$r = 0'53824 \quad y = 98°\ 23'\ 10''$ — $7''93$

Au centre . . . . $54°\ 45'\ 9''06$

$+\ 0''32$

A l'horizon . . . . $54°\ 45'\ 9''38$

La première série est peut-être la meilleure, parce que dans les trois autres les objets étoient obliquement éclairés par le soleil. On pourroit donc diminuer cet angle de 3''.

Entre Bonnières et Beauquêne.

20 1435^{g}920   71^{8}7960 $= 64°\ 36'\ 59''04$
$r = 0^t42755$ $y = 153°\ 37'\ 37''$ $—\ \ 9''65$

Centre . . . . $64°\ 36'\ 49''39$

F. n° 4. 13 juillet, $5^h\frac{1}{4} — 7^h\frac{1}{4}$. Les deux objets d'abord assez beaux, puis Beauquêne éclairé à gauche dans la lunette qui renverse, c'est-à-dire à droite.

20 1435^{8}87675   71^{8}7938385 $= 64°\ 36'\ 52''04$
$r = 0^t42228$ $y = 155°\ 55'\ 6$ $—\ \ 9''44$

Centre . . . . $64°\ 36'\ 42''60$

D. n° 1. 14 juillet, $6^h\frac{3}{4}$. Objets beaux en commençant, Beauquêne un peu pâle sur la fin.

Cette série a été troublée par un grand nombre de curieux.

20 1435^{8}93325   71^{8}7966625 $= 64°\ 37'\ 1''19$
                              $—\ \ 9''44$

Centre . . . . $64°\ 36'\ 51''75$

B. n° 1. 15 juillet, $3^h — 5^h$. Même place.

20 1435^{8}9255   71^{8}796275 $= 64°\ 36'\ 59''93$
                            $—\ \ 9''44$

Centre . . . . $64°\ 36'\ 50''49$

F. n° 4. $1^h\ 50' — 3^h\ 25'$. Même place.

Milieu des quatre séries . . . . $64°\ 36'\ 48''51$
En rejetant la seconde . . . . $64°\ 36'\ 50''54$
                                   $+\ 0''74$

Horizon . . . . $64°\ 36'\ 51''28$

Sauti.

Entre Beauquêne et Mailli.

20   1176;75875   588;8379375 = 52° 57′ 14″92

F. n° 4. 14 juillet, 2ʰ ¼ — 4ʰ ¾. Mailli blanc et quelquefois courbe, Beauquêne assez beau.

20   1176;72975   588;8364875 = 52° 57′ 10″22

D. n° 1. 15 juillet, 5ʰ 50′ — 7ʰ ¾. Objets éclairés du soleil.

20   1176;798   588;8399   = 52° 57′ 21″28 B. n° 4.
20   1176;7950   588;83975 = 52° 57′ 20″63

B. n° 1. Midi.

20   1176;7745   588;838725 = 52° 57′ 17″47

D. n° 1. 3ʰ. Le soleil s'est très-peu montré, et par cette raison on pourroit
s'en tenir à cette série, qui d'ailleurs tient à-peu-près le milieu entre toutes
les autres.

Milieu entre les cinq séries . . . .   52° 57′ 16″90
En rejetant les deux premières . . . . .   52° 57′ 19″79

Angle observé, quatrième série . . . . .   52° 57′ 17″47
                                            —   4″39
                                         ——————————
Centre . . . .   52° 57′ 13″08
                                            +   0″68
                                         ——————————
Horizon . . . .   52° 57′ 13″76

Entre Mailli et le signal du Mesnil.

20   3406;828   1708;3414 = 153° 18′ 26″14
r = 0ᵗ47852 y = 249° 31′ 15″   + 15″32
                                         ——————————
Centre . . . .   153° 18′ 41″36
                                            —   4″95
                                         ——————————
Horizon . . . .   153° 18′ 46″41

D et B. n° 1. 18 juillet. Point de soleil, excepté vers la fin.

Tour de l'horizon.

Entre Mailli et le Mesnil . . . . 153° 18' 46"41
Entre le Mesnil et Fiefs . . . . 34° 22' 1"56
Entre Fiefs et Bonnières . . . . 54° 45' 9"38
Entre Bonnières et Beauquêne . . . . 64° 36' 51"28
Entre Beauquêne et Mailli . . . . 52° 57' 13"76

$$360° \quad 0' \quad 2"39$$

BONNIÈRES.

VIII.

LE clocher de Bonnières est une flèche octogone sur une tour carrée. L'instrument étoit placé à la seconde enrayure à la hauteur de . . . . 12^t
La hauteur totale du clocher est de . . 17.6667

$$dH = 5.6667$$

DISTANCES AU ZÉNIT.

Clocher de Fiefs.

8 8008029   1008003625 = 90° 1' 57"5 (dans le ciel.) D. et B. n° 1.

Clocher de Sauti.

8 7998611   998951625 = 89° 57' 23"3 (dans le ciel.) D. et B. n° 1.

Clocher de Beauquêne.

10 10008652   10080652   = 90° 3' 31"25 (dans le ciel.) D. et B. n° 1.

Les distances au zénit de ces trois flèches pointues sont très-difficiles à prendre exactement.

ANGLES.

Entre Sauti et Fiefs.

$$20 \quad 2015\text{,}8605 \quad 100\text{,}878025 = 90°\ 42'\ 8''01$$

D. et B. n° 1. 21 juillet 1793, $8^h \frac{1}{2}$ — $10^h \frac{1}{4}$ du matin. Objets un peu foibles, point de soleil.

$$20 \quad 2015\text{,}62725 \quad 100\text{,}7813625 = 90°\ 42'\ 11''61$$

D. et B. n° 1. 4^h. Objets éclairés obliquement du soleil.

$$20 \quad 2015\text{,}60125 \quad 100\text{,}780625 = 90°\ 42'\ 7''70$$

D. et B. n° 1. 22 juillet, $8^h \frac{1}{4}$ — $9^h \frac{1}{2}$. Point de soleil.

$$20 \quad 2015\text{,}63475 \quad 100\text{,}7817375 = 90°\ 42'\ 12''83$$

D. et B. n° 1. $2^h \frac{1}{2}$ — $3^h \frac{1}{2}$. Objets éclairés obliquement.

Milieu entre les deux suites du matin . .	90° 42′ 7″86
$r = 0\text{,}32854 \quad y = 99°\ 17'\ 29''$	— 5″67
Centre	90° 42′ 2″19
	— 0″08
Horizon	90° 42′ 2″11

Il est à remarquer que les deux suites du matin, quand le soleil n'éclairoit pas les clochers, s'accordent parfaitement; que les deux suites du soir, quand le soleil éclairoit obliquement, s'accordent aussi très-passablement, mais différent des deux suites du matin. Je m'en tiens à celles-ci.

Entre Beauquêne et Sauti.

$$30 \quad 1731\text{,}86085 \quad 57\text{,}87202833 = 51°\ 56'\ 53''72$$

D. et B. n° 1. 21 juillet, $11^h \frac{1}{2}$. Objets beaux, mais fortes ondulations.

$$30 \quad 1731\text{,}86065 \quad 57\text{,}8720217 = 51°\ 56'\ 53''50$$

D. et B. n° 1. 22 juillet, 10^h. Ondulations; sur la fin les objets étoient éclairés de côté à peu près l'un comme l'autre.

Milieu	51° 56′ 53″61
$r = 0\text{,}32854 \quad y = 189°\ 59'\ 40''$	— 4″62
Centre	51° 56′ 48″99
	— 0″30
Horizon	51° 56′ 48″69

BEAUQUÊNE.

IX.

LE clocher de Beauquêne est une flèche octogone sur une tour carrée. Le cercle étoit placé à la première enrayure, qui a 2ᵗ2708 de diamètre. La hauteur totale du clocher au-dessus du sol est de 16ᵗ $\frac{1}{8}$ environ, dont 6ᵗ $\frac{1}{8}$ au-dessus de la première enrayure; ce qui donne $dH = 6^t$.

Nous avons vu sans peine tous les objets dont nous avions besoin, excepté Villers-Bretonneux. Pour en appercevoir foiblement la pointe, il falloit monter à la troisième enrayure, dont le demi-diamètre étoit plus petit que la longueur de nos lunettes. Cependant en 1740 on a observé ce clocher, le centre du quart de cercle étant à 4 pieds du centre, ce qui n'étoit possible qu'à la première enrayure. J'ai même retrouvé sept pieds plus bas des vestiges d'un ancien échafaud, qui m'ont fait soupçonner qu'on avoit alors observé dans une espèce de chambre carrée percée d'une fenêtre à chaque face, et qui se trouve à l'endroit où commence la charpente. Les arbres qui nous ont caché Villers-Bretonneux n'étoient peut-être pas plantés alors, ou ils étoient beaucoup plus petits.

Pour remplacer Villers-Bretonneux, j'ai observé le clocher de Bayonvillers.

DISTANCES AU ZÉNIT.

Clocher de Sauti.

10　　999ᵍ013　　99ᵍ9013 = 89° 54′ 4″　　(dans le ciel.)

D. et B. n° 1. Pointe difficile à saisir.

Clocher de Bonnières.

10　　1000ᵍ557　　100ᵍ0557 = 90° 3′ 0″5　　(dans le ciel.)

D. et B. n° 1. Pointe plus difficile encore.

Clocher de Mailli.

10　　1000ᵍ227　　100ᵍ0227 = 90° 1′ 13″5　　(dans le ciel.)

D. et B. n° 1. Observé à la chûte du jour.

Clocher de Vignacourt.

10　　1001ᵍ061　　100ᵍ1061 = 90° 5′ 43″8　　(dans le ciel.)

D. et B. n° 4.

Clocher de Bayonvillers.

10　　1002ᵍ124　　100ᵍ2124 = 90° 11′ 28″2　　(dans le ciel.)

D. et B. n° 1. Objet foible; curieux fort incommodes.

ANGLES.

Entre Sauti et Bonnières.

20　　1409ᵍ7985　　70ᵍ489925 = 63° 26′ 27″36

D. et B. n° 1. 25 juillet 1793, fini à 4ʰ. Objets beaux, très-peu éclairés; un peu d'ondulations dans le commencement.

20　　1409ᵍ80125　　70ᵍ4900625 = 63° 26′ 27″80

D. et B. n° 1. 27 juillet, 0ʰ ¾ — 1ʰ ¼.

Milieu entre les deux séries . . . . . .　63° 26′ 27″58

$r = 0^t37108$　$y = 148°$ 2′ 51″　　— 8″33

Centre . . . .　63° 26′ 19″25

　　　　　　　　　　　　　　　— 0″54

Horizon . . . .　63° 26′ 18″71

Entre Mailli et Sauti.

20 . 1312542225 6556211125 = 59° 3' 32"40

D. et B. n° 1. 25 juillet, fini à 7ʰ.

20 . 1312544495 . 655622475 = 59° 3' 36"82

D. et B. n° 1. Fortes ondulations ; les objets par fois un peu éclairés.

20 . 1312544675 6556223375 = 59° 3' 36"37

D. et B. n° 1. Mailli quelquefois si foible qu'on a été forcé d'interrompre.

20 . 1312544825 6556224125 = 59° 3' 36"72

D. n° 1. Objets un peu éclairés ; ondulations à Mailli.

20 . 13125447 65562235 = 59° 3' 36"41

D. n° 1. Pendant les dix premiers angles les objets étoient beaux et point éclairés ; pendant les dix derniers les objets étoient éclairés : mais on en voyoit la fine pointe, et l'erreur doit être insensible.

Milieu des cinq séries . . . . 59° 3' 35"73

r = 0.42402 y = 114° 40' 10" — 7"56

Centre . . . . 59° 3' 28"17

— 0"32

Horizon . . . . 59° 3' 27"85

Entre Bayonvillers et Mailli.

20 1157557225 5788786125 = 52° 5' 26"70

D. et B. n° 1. 27 juillet, fini à 4ʰ. Bayonvillers très-foible.

26 15048832 5788815 = 52° 5' 25"21

D. et B. n° 1. Bayonvillers par fois un peu pâle.

Milieu entre les deux séries . . . . . . 52° 5' 25"95

r = 0.42935 y = 135° 50' 36" — 8"71

Centre . . . . 52° 5' 17"24

— 0"59

Horizon . . . . 52° 5' 16"65

Entre Vignacourt et Bayonvillers.

20 20785063 103590315 = 93° 30' 46"18

D. n° 1. 29 juillet, 2ʰ — 3ʰ ¼.

14 14545651 103590643 = 93° 30' 47"8   D. n° 1.

Milieu. . . . . 93° 30' 47"0

$r = 0^t27275$ $y = 49° 59' 6"$ + 1"21

Centre . . . . 93° 30' 48"21

+ 1"24

Horizon . . . . 93°. 30' 49"45

Entre Bayonvillers et Mailli, horizon. . . 52° 5' 16"65

Entre Vignacourt et Bayonvillers . . . . 93° 30' 49"45

Donc entre Vignacourt et Mailli . . . . . 145° 36' 6"10

MAILLI.

X.

LE clocher de Mailli est une belle flèche octogone placée sur la croisée de l'église. L'instrument étoit à la seconde enrayure, à laquelle on monte par 107 marches et échellons, à partir du pavé. La partie de la flèche au-dessus de la seconde enrayure est de 4ᵗ58 : ainsi $dH = 3^t8333$.

DISTANCES AU ZÉNIT.

Clocher de Sauti. . . .

10 9985760 9985760 = 89° 53' 18"2   (dans le ciel.)

D. n° 1. 2 août 1793. Ces flèches pointues sont difficiles à prendre.

Clocher de Beauquéne.

10   10008136   10080136 = 90° 0′ 44″   (dans le ciel.) D. et B. n° 1.

Clocher de Bayonvillers.

10   10028045   10082045 = 90° 11′ 2″6   (dans le ciel.)
D. et B. n° 1. Fortes ondulations.

Clocher de Villers-Bretonneux.

10   10018805   10081805 = 90° 9′ 47″   (dans le ciel.)
D. et B. n° 1. 5 août. Le 4 au soir, pendant la pluie, j'avois trouvé 20″ de moins pour cette distance; c'est probablement l'effet d'une plus grande réfraction.

ANGLES.

Entre Sauti et Beauquéne.

30   22668394   75854647 = 67° 59′ 30″56
r = 0′54458   y = 193° 41′ 44″   — 9″87
Centre . . . . 67° 59′ 20″69
— 0″24

Horizon . . . . 67° 59′ 20″45
D. et B. n° 1. 2 août, 2ʰ — 3ʰ 45′. Fortes ondulations en commençant; elles ont été en diminuant jusqu'à la fin.

Entre Beauquéne et Bayonvillers.

30   32718723   109805745 = 98° 9′ 6″14
D. et B. n° 1. 4 août, 8ʰ ¼ — 11ʰ ⅓. Objets beaux à la fin et au commencement; vers le milieu Bayonvillers embrumé et éclairé successivement.
30   327187133   109805704 = 98° 9′ 4″81
D. et B. n° 1. 11ʰ ½ — 1ʰ ¼. Ondulations assez fortes.
La première série est plus sûre, et je m'y tiens.
r = 0′47337   y = 101° 54′ 35″   — 12″02
Centre . . . . 98° 8′ 54″12
+ 0″28

Horizon . . . . 98° 8′ 54″40

Entre Beauquêne et Villers-Bretonneux.

20　1753815625　87ᵇ65785125 = 78° 53′ 31″31

D. et B. nº 1. 4 août 11ᵇ ¼. — 0ᵇ ¼. Objets beaux en commençant; à la fin Villers-Bretonneux un peu éclairé.

30　(2629876875)　87ᵇ65895833 = 78° 53′ 35″02

D. et B. nº 1. Un peu d'ondulations dans le commencement, ensuite les objets assez beaux.

Milieu	78° 53′ 33″17
$r = 0^{t}83288$　$\gamma = 76° 45′ 14″$	— 4″45
Centre	78° 53′ 28″72
	— 0″02
Horizon	78° 53′ 28″70

Je ne croyois pas alors que cet angle dût servir, sans quoi je l'aurois observé de nouveau. En 1740 on a trouvé 78° 53′ 22″; on l'a porté dans les calculs à 24 et même 27″.

Entre Beauquêne et Bayonvillers. Horizon . . . . . . 98° 8′ 54″40
Beauquêne et Villers-Bretonneux. Horizon . . . . . . 78° 53′ 28″70

Donc entre Villers-Bretonneux et Bayonvillers. Horizon　19° 15′ 25″70

Je ne prévoyois pas avoir besoin de cet angle, que j'aurois pu observer directement.

BAYONVILLERS.

XI.

Lᴇ clocher de Bayonvillers est une flèche octogone sur une tour carrée. L'instrument étoit à la seconde enrayure, élevée de 13ᵗ33 environ au-dessus du sol. Le reste de la flèche est de 5 toises; et $dH = 8\frac{1}{8}$.

Je n'ai pu voir Vignacourt, dont j'aurois eu besoin

pour supprimer Villers-Bretonneux, qu'on ne voit plus de Beauquêne.

Bayonvillers.

DISTANCES AU ZÉNIT.

Clocher de Mailli.

8   799ᵍ701   99ᵍ9626 = 89° 57′ 58″8   (dans le ciel.)
D. et B. n° 1. 18 août 1793.

Clocher de Beauquêne.

10   1000ᵍ043   100ᵍ0043 = 90° 0′ 14″   (dans le ciel.) D. et B. n° 1.

Clocher de Villers-Bretonneux.

10   999ᵍ200   99ᵍ9200 = 89° 55′ 41″   (dans le ciel.) D. et B. n° 1.

Clocher d'Arvillers.

10   999ᵍ817   99ᵍ9817 = 89° 59′ 1″   (dans le ciel.) D. et B. n° 1.

Clocher de Sourdon.

10   999ᵍ868   99ᵍ9868 = 89° 59′ 17″2   (dans le ciel.) D. et B. n° 1.

ANGLES.

Entre Mailli et Beauquêne.

20   661ᵍ391   33ᵍ06955   = 29° 45′ 45″34

D. n° 1. 18 août, fini à 6ʰ. Beauquêne assez beau, mais un peu éclairé; Mailli le plus souvent éclairé tout blanc. J'observois seul, et le grand ressort étoit cassé. On ne peut compter sur cette série.

20   661ᵍ42575   33ᵍ0712875 = 29° 45′ 50″97

D. et B. n° 1. Beauquêne beau; Mailli le plus souvent éclairé, mais plus facile à observer que la veille : on voyoit mieux la pointe. Le ressort étoit rétabli.

Bayonvillers.

20　66¹ᵇ42¹25　33ᵇ0⁷12¹25 = 29° 45′ 50″73.　D. et B. n° 1.

Milieu des deux dernières séries . . . .　29° 45′ 50″85

$r = 0^{\iota}45449$　$y = 204°$ 21′ 10″　— 3″65

Centre . . . .　29° 45′ 47″20

— 0″07

Horizon . . . .　29° 45′ 47″13

On peut ajouter 0″38 à cet angle. (Voyez page suivante.)

Entre Mailli et Villers-Bretonneux.

20　1775ᵇ765　88ᵇ78825 = 79° 54′ 33″93

$r = 0^{\iota}45449$　$y = 154°$ 12′ 27″　— 16″01

Centre . . . .　79° 54′ 17″92

+ 0″11

Horizon . . . .　79° 54′ 18″03

D. et B. n° 1. 19 août, 5ʰ — 6ʰ. On peut retrancher 0″38 de cet angle.
(Voyez page suivante.)

Entre Beauquêne et Villers-Bretonneux.

20　1114ᵇ3365　55ᵇ716825 = 50° 8′ 42″51

D. et B. n° 1. 19 août, 3ʰ 45′ — 4ʰ 45′. Beauquêne éclairé obliquement.

20　1114ᵇ33325　55ᵇ7166⁸25 = 50° 8′ 41″99

D. et B. n° 1. 4ʰ ¾ — 5ʰ. Les deux objets beaux.

Milieu . . . .　50° 8′ 42″25

$r = 0^{\iota}45449$　$y = 154°$ 12′ 27　— 12″36

Centre . . . .　50° 8′ 29″89

— 0″15

Horizon . . . .　50° 8′ 29″74

On peut ajouter 0″38 à cet angle. (Voyez page suivante.)

Nous avons trouvé entre Mailli et Beauquêne, à l'horizon . 29° 45' 47"13

Entre Beauquêne et Villers-Bretonneux . . . . 50° 8' 29"74   Bayonvillers.

Donc entre Mailli et Villers-Bretonneux . . . . 79° 54' 16"87

L'observation directe a donné . . . . 79° 54' 18"03

Différence . . . . 1"16

Pour faire accorder ces angles on peut ajouter 0"38 à chacun des angles partiels, et diminuer de 0"38 l'angle total.

Entre Villers-Bretonneux et Arvillers.

30   34¹¹⁸718   1135723933 = 102° 21' 5"54

D. et B. n° 1. 18 août, 0ʰ — 2ʰ. Grand vent, objets assez beaux.

30   34¹¹⁸7176   1135723g2 = 102° 21' 5"50

D. et B. n° 1. 19 août, 10ʰ ½ — 0ʰ ⅓. Point de vent, objets beaux.

Milieu . . . . 102° 21' 5"52

$r = 0^t 35983$ $y = 65° 51' 30"$ — 6"52

Centre . . . . 102° 20' 59"00

+ 0"12

Horizon . . . . 102° 20' 59"12

On pourroit diminuer cet angle de 1" environ. (Voyez ci-après.)

Entre Villers-Bretonneux et Sourdon.

12   685⁸367   5751139167 = 51° 24' 9"09

$r = 0^t 45449$ $y = 102° 48' 18"$ + 2"30

Centre . . . . 51° 24' 11"39

— 0"08

Horizon . . . . 51° 24' 11"31

D. et B. n° 1. 20 août. Fortes ondulations à Sourdon. Un dérangement à la lunette inférieure a empêché de passer le douzième angle.

1.

Entre Sourdon et Arvillers.

$$2o \quad 1132\text{\textsterling}194 \quad 56\text{\textsterling}6097 = 5o° \; 56' \; 55''43$$
$$r = o^s5117 \quad y = 137° \; 5o' \; 28'' \quad\quad - \; 11''98$$

Centre . . . . 5o° 56' 43''45

$$+ \; o''o1$$

Horizon . . . . 5o° 56' 43''46

D. et B. n° 1. 2o août. Beaucoup d'ondulations à Sourdon.

Entre Villers-Bretonneux et Sourdon, à l'horizon . . . 51° 24' 11''31

Entre Sourdon et Arvillers, à l'horizon . . . . . . 5o° 56' 43''46

Donc entre Villers-Bretonneux et Arvillers . . . . . 102° 2o' 54''77

Observations directes . . . . 102° 2o' 59''12

Différence . . . . 4''35

Les observations directes sont de beaucoup préférables, soit par leur nombre, soit par leur bonté; cependant, pour ne pas négliger tout-à-fait les autres, on pourroit retrancher environ 1'' de l'angle total.

VILLERS-BRETONNEUX.

XII.

LE clocher de Villers-Bretonneux est une flèche octogone sur une tour carrée. Le cercle étoit à la première enrayure, élevée de 11^t6 au-dessus du sol. La hauteur de la flèche est de 5^t2; la hauteur totale, 16^t8, et celle du clocher au-dessus de la lunette, ou $dH = 4^t5$.

De Beauquêne nous n'avons pu observer Villers-Bretonneux, et cependant de Villers-Bretonneux nous avons très-bien vu Beauquêne au-dessus du bois. Il est vrai

qu'il se trouve dans la direction un arbre plus haut que
les autres.

La distance de l'arbre au zénit est de 90° 0′ 12″

La distance du clocher de Beauquêne
au zénit est de . . . . 89° 58′ 34″

Différence . . . . 1′ 38″

La distance de Villers-Bretonneux à Beauquêne est
de 13260ᵗ. La partie du clocher qui s'élève au-dessus
de l'arbre est de 13260ᵗ *tang.* 1′ 38″ = 6ᵗ4285.

Le trou que nous avions fait à Beauquêne pour voir
Villers-Bretonneux étoit 6ᵗ plus bas que la pointe du
clocher : le rayon visuel venant de Villers-Bretonneux
au sommet de l'arbre, et prolongé jusqu'à Beauquêne,
arrivoit donc 0ᵗ4285 plus bas que le trou. On voyoit
donc de Villers-Bretonneux la place où étoit notre cercle
à Beauquêne ; réciproquement de Beauquêne nous aurions dû voir la place du cercle à Villers-Bretonneux,
c'est-à-dire 4ᵗ50 de la flèche, et cependant nous n'avons
rien vu. Cet effet est dû probablement à la réfraction.

D I S T A N C E S   A U   Z É N I T.

Clocher de Beauquêne.

8   799ᵍ789   99ᵍ9736 = 89° 58′ 34″   (dans le ciel.) D. et B. n° 1.

Arbre qui se projette sur le clocher de Beauquêne.

8   800ᵍ027   100ᵍ00375 = 90° 0′ 12″   D. et B. n° 1.

Clocher de Mailli

10   999ᵍ742   99ᵍ9742   = 89° 58′ 36″4   (dans le ciel.) D. et B. n° 1.

Villers-Breton-
neux.

Clocher de Bayonvillers.

10   10006252   10050252 = 90°   1' 21"65 (dans le ciel.) D. et B. n° 1.

Clocher d'Arvillers.

10   10006350   10050350 = 90°   1' 53"4   (dans le ciel.) D. et B. n° 1.

Clocher de Sourdon.

14   13996586   99697043 = 89° 58' 24"2   (dans le ciel.) D. et B. n° 1.

Coq de la flèche d'Amiens.

10   9996999   99699999 = 89° 59' 59"7   (dans le ciel.)

D. n° 1. Le point observé dans les angles des triangles étoit environ 1' plus bas que le coq : ainsi pour les réductions à l'horizon on ajoutera 1' à la distance du coq au zénit, et l'on aura 90° 1'.

Faîte de l'église d'Amiens.

10   10026140   10052140 = 90° 11' 33"4   (en terre.)   D. et B. n° 1.

Clocher de Vignacourt.

10   10006522   10050522 = 90°   2' 49"1   (dans le ciel.) D. et B. n° 1.

Clocher de Lihons.

10   10006201   10050201 = 90°   1' 5"1   (dans le ciel.)

D. n° 1. Le clocher observé en 1740 a été abattu.

La flèche d'Amiens paroissoit sous un angle de 11' 33"7 à la distance de 8066 ½ ; ce qui donne 27'128 pour la hauteur de cette flèche au-dessus de l'église. (Voyez Vignacourt.)

ANGLES.

Entre Bayonvillers et Mailli.

20   17966857867   8968289333 = 80° 50' 45"74

D. et B. n° 1. 23 août. Fini à 6h ½. Le soleil éclairoit les deux clochers.

20   1796⁵56075   89⁵8280375 = 80° 50' 42″84

D. et B. n° 1. Fini à 6ʰ ¼. Le soleil éclairoit encore.

30   2694⁵8655   89⁵82885   = 80° 50' 45″47

D. et B. n° 1. 9ʰ ¼ — 10ʰ ¼. Point de soleil.

70   6288⁵00492   89⁵828642   = 80° 50' 44″8

$r = 0^t 49486$ $y = 147°$ 16' 36″   — 22″92

Centre . . . .   80° 50' 21″88

                                        — 0″05

Horizon . . . .   80° 50' 21″83

Il ne paroît pas que le soleil ait nui à l'exactitude de ces observations, puisque la première série s'accorde avec la troisième. Voilà pourquoi j'ai pris le milieu entre les 70 observations.

Entre Mailli et Beauquêne.

20   781⁵71725   39⁵0858625 = 35° 10' 38″19

D. et B. n° 1. 26 août, 5ʰ ¼ — 6ʰ ½. Objets éclairés au commencement, beaux à la fin.

20   781⁵70925   39⁵0854625 = 35° 10' 36″90

D. et B. n°. 1. 27 août, même heure. Objets beaux, vent incommode.

Milieu . . . .   35° 10' 37″55

$r = 0^t 44041$ $y = 194°$ 8' 29   — 3″91

Centre . . . .   35° 10' 33″64

                                        + 0″01

Horizon . . . .   35° 10' 33″65

Entre Beauquêne et Vignacourt.

20   779⁵625   38⁵98125   = 35° 4' 59″25

D. et B. n° 1. 5ʰ ½ — 7ʰ. Les deux objets beaux.

30   1169⁵45025   38⁵981675 = 35° 5' 0″63

D. et B. n° 1. 3ʰ ½ — 5ʰ ½. Objets foibles, vent incommode.

Milieu . . . .   35° 4' 59″94

$r = 0^t 31811$ $y = 162°$ 21' 25   — 2″87

Centre . . . .   35° 4' 57″07

                                        — 0″20

Horizon . . . .   35° 4' 56″87

Entre Vignacourt et Amiens.

$$20 \quad 5355139 \quad 26875695 = 24° \ 4' \ 52''52$$
$$r = 0^t40333 \quad y = 144° \ 23' \ 53'' \qquad — \ 4''85$$

Centre . . . . 24° 4' 47''67
$$— \ 0''08$$

Horizon . . . . 24° 4' 47''59

D. n° 1. 25 août, 4ʰ ¼. Objets beaux.

Entre Amiens et Sourdon.

$$20 \quad 1667512775 \quad 8383563875 = 75° \ 1' \ 14''69$$
D. et B. n° 1. 9ʰ ¼. Ondulations à Sourdon.
$$20 \quad 1667511275 \quad 8383556375 = 75° \ 1' \ 12''27$$
D. et B. n° 1. Midi. Objets assez beaux.

Milieu . . . . 75° 1' 13''48
$$r = 0^t3698 \quad y = 157° \ 42' \ 34'' \qquad — \ 10''41$$

Centre . . . . 75° 1' 3''07
$$— \ 0''05$$

Horizon . . . . 75° 1' 3''02

Entre Vignacourt et Sourdon.

$$20 \quad 2202\overline{5}210 \quad 11051105 = 99° \ 5' \ 58''02$$
D. et B. n° 1. 10ʰ ¼. Vignacourt embrumé et éclairé ; ondulations à Sourdon.
$$20 \quad 220252275 \quad 11051114 = 99° \ 6' \ 0''85$$
D. et B. n° 1. 26 août, 4ʰ. Observations beaucoup meilleures ; on voyoit bien
les deux pointes.

Je suppose . . . . 99° 6' 0''0
$$r = 0^t43941 \quad y = 158° \ 25' \ 48'' \qquad — \ 9''48$$

Centre . . . . 99° 5' 50''52
$$— \ 0''07$$

Horizon . . . . 99° 5' 50''45

Entre Arvillers et Bayonvillers.

20 1099⁵20625 54⁵9603125 $= 49°\ 27'\ 51''41$
D. et B. n° 1. 11ʰ ¼. Ondulations.
14 769⁵444 54⁵960314 $= 49°\ 27'\ 51''42$
D. et B. n° 1. 9ʰ ¼. Ondulations.

$r = 0^{t}41089$ $y = 138°\ 16'\ 30''$ $-\ 14''98$

Centre . . . . $49°\ 27'\ 36''43$

$+\ 0''02$

Horizon . . . . $49°\ 27'\ 36''45$

Entre Sourdon et Arvillers.

20 1341⁵03025 67⁵0515 $= 60°\ 20'\ 46''86$
D. et B. n° 1. Arvillers éclairé tout blanc ; on voyoit les girouettes.
30 2011⁵579 678052633 $= 60°\ 20'\ 50''53$
D. et B. n° 1. Grand vent et beaucoup d'ondulations.
20 134180505 678052525 $= 60°\ 20'\ 50''18$
D. et B. n° 1. Objets beaux ; ni vent ni soleil.
Je m'en tiens à cette dernière série.

$r = 0^{t}39403$ $y = 185°\ 24'\ 26$ $-\ 6''49$

Centre . . . . $60°\ 20'\ 43''69$

$-\ 0''07$

Horizon . . . . $60°\ 20'\ 43''62$

Entre Sourdon et la paroisse de Lihons.

20 2242⁵243 1·12⁵11215 $= 100°\ 54'\ 3''37$
$r = 0^{t}41040$ $y = 138°\ 21'\ 36$ $-\ 13''17$

Centre . . . . $100°\ 53'\ 50''20$

$-\ 0''03$

Horizon . . . . $100°\ 53'\ 50''17$
D. et B. n° 1. 28 août, 1ʰ. Objets beaux.

Entre Lihons et Mailli.

$$30 \quad 2991_{8}581 \qquad 99_{5}7197 \;=\; 89° \; 44' \; 51''83$$
$$r = 0^{t}34559 \quad y = 58° \; 55' \; 3'' \qquad\qquad — \; 1''05$$

Centre . . . .   89° 44' 50''78

                                  — 0''02

Horizon . . . .   89° 44' 50''76

D. et B. n° 1   Temps couvert, horizon superbe.

Tours d'horizon.

Entre Bayonvillers et Mailli	80° 50' 21''83
Entre Mailli et Beauquêne	35° 10' 33''65
Entre Beauquêne et Vignacourt	35° 4' 56''87
Entre Vignacourt et Amiens	24° 4' 47''59
Entre Amiens et Sourdon	75° 1' 3''02
Entre Sourdon et Arvillers	60° 20' 43''62
Entre Arvillers et Bayonvillers	49° 27' 36''45
Sept angles	360° 0' 3''03

Entre Bayonvillers et Mailli	80° 50' 21''83
Entre Mailli et Beauquêne	35° 10' 33''65
Entre Beauquêne et Vignacourt	35° 4' 56''87
Entre Vignacourt et Sourdon	99° 5' 50''45
Entre Sourdon et Arvillers	60° 20' 43''62
Entre Arvillers et Bayonvillers	49° 27' 36''45
Six angles	360° 0' 2''87

Entre Sourdon et Lihons	100° 53' 50''17
Entre Lihons et Mailli	89° 44' 50''76
Entre Mailli et Beauquêne	35° 10' 33''65
Entre Beauquêne et Vignacourt	35° 4' 56''87
Entre Vignacourt et Sourdon	99° 5' 50''45
Cinq angles	360° 0' 1''90

ARVILLERS.

XIII.

LE clocher d'Arvillers est une tour presque carrée, surmontée d'une espèce de pyramide en ardoises. Je dis espèce de pyramide, car deux de ses faces seulement sont triangulaires; les deux autres sont des trapèzes : en sorte que le toit a la forme d'un coin dont l'arrête supérieure est moins longue que le côté de la base. A chacune des extrémités est une girouette, et au milieu un coq sur une croix.

Au haut de la tour, et à la naissance du toit, est une galerie ou gouttière où nous nous sommes placés. Le mur d'appui a 0^t4167 de hauteur.

Soit $ABCD$ (*fig.* 7) le contour intérieur du mur d'appui :

$$AB = CD = 3^t2222; \quad AC = BD = 3^t26389.$$

Soit ab parallèle à AB. Le centre de l'instrument étoit en O; de sorte que

$$Ox = 0^t11574; \quad Ax = 0^t78935.$$

Soit de plus $O\beta$ la direction à Bayonvillers.

L'angle $bO\beta = MO\beta = 369{,}601 = 332° 38' 27''$

$$tang. MOK = \frac{MK}{MO} = \frac{\frac{1}{2}AC - Ox}{\frac{1}{2}AB - Ax}$$

$$= \frac{1^t51620}{0^t82176} = tang. \ 61° 32' 40''$$

D'où angle entre Bayonvillers et le centre, ou $\beta OK = 271° 5' 47''$

$$OK = \frac{MO}{sin. \ OKM} = \frac{MK}{sin. \ MOK} = 1^t72458. = r$$

J'ai mesuré directement OK en faisant passer une ficelle par un trou pratiqué dans le toit, et j'ai trouvé $OK = 1^t 72222.$

Hauteur de la galerie au-dessus du sol . . 10^t

Hauteur du toit mesurée intérieurement . . 5^t

Hauteur totale . . . . 15^t

$$dH = 4^t 25$$

DISTANCES AU ZÉNIT.

Clocher de Bayonvillers.

8   $800^g 359$ $100^g 044875 = 90°$ 2' 25"4   (dans le ciel.)

D. n° 1 : 31 août 1793. Malgré la brume on voyoit assez bien Bayonvillers. La pluie empêche d'aller plus loin.

Clocher de Villers-Bretonneux.

10   $1000^g 384$ $100^g 0384$ $= 90°$ 2' 4"4   (dans le ciel.) D. n° 1.

Clocher de Coivrel.

10   $1000^g 003$ $100^g 0003$ $= 90°$ 0' 9"72   (dans le ciel.) D. n° 1.

Clocher de Sourdon.

10   $999^g 468$ $99^g 9468$ $= 89°$ 57' 7"6   (dans le ciel.) D. n° 1.

Ces trois dernières distances ont été observées le premier septembre 1793, entre dix et onze heures du matin. Le citoyen Bellet caloit le niveau. Ce qui doit s'entendre de toutes les distances au zénit observées entre Dunkerque et Rodez sans exception, à moins que le contraire ne soit dit expressément.

ANGLES.

Entre Bayonvillers et Villers-Bretonneux.

40   125³51395   31⁵3284875,   = 28° 11' 44"3

D. puis B. n° 1. 30 août, 2ʰ — 4ʰ ½. Ondulations ; objets presque toujours beaux.

30   939⁵865   31⁵328833   = 28° 11' 45"4

D. puis B. n° 1. On voit assez bien, mais beaucoup de vent.

Je suppose	28° 11' 44"5
$r = 1'7246$ $y = 242° 54' 7"$	— 16"44
Centre	28° 11' 28"06
	+ 0"02
Horizon	28° 11' 28"08

Entre Villers-Bretonneux et Sourdon.

20   1503⁵33825   75⁵1669125 = 67° 39' 0"8

D. et B. n° 1. 30 août, 4ʰ ¼ — 6ʰ. Sourdon n'est pas aisé à observer.

20   1503⁵3475   75⁵167375 = 67° 39' 2"3

D. et B. n° 1. 5ʰ ½ — 6ʰ ½.

Milieu	67° 39' 1"5
$r = 1'7246$ $y = 175° 15' 6"$	— 40"18
Centre	67° 38' 21"32
	— 0"15
Horizon	67° 38' 21"17

Entre Sourdon et Coivrel.

20   1344⁵344   67⁵2172   = 60° 29' 43"73

D. et B. n° 1. 10ʰ — 11ʰ. Vent incommode ; on voit mal Coivrel.

20   1344ᵇ33925   6782169625 = 60° 29' 42"96

D. et B. n° 1. On voit moins mal ; le vent est de même.

20   1344ᵇ34625   6782173125 = 60° 29' 44"09

D. et B. n° 1. On voit très-bien ; le vent est très-fort.

Moyenne . . . .   60° 29' 43"59

$r = 1^t7246$ $y = 114°\ 45'\ 22''$ — 25"03

Centre . . . .   60° 29' 18"56

— 0"05

Horizon . . . .   60° 29' 18"51

SOURDON.

XIV.

Le clocher de Sourdon est dans le genre de celui d'Arvillers ; mais il n'y a point de galerie.

La hauteur perpendiculaire de notre échafaud étoit de 9ᵗ26389

La hauteur du toit au-dessus de l'échafaud , 3.41667

Hauteur totale 5.84722

$dH = 2.667$

DISTANCES AU ZÉNIT.

Clocher d'Arvillers.

20   10018485   10081485 = 90° 8' 1"14 (dans le ciel.) D. n° 1.

Clocher de Villers-Bretonneux.

10   10018579   10081579 = 90° 8' 31"6 (dans le ciel.) D. n° 1.

Clocher de Vignacourt.

Sourdon?

10 10018553 10081553 = 90° 8′ 23″2 (dans le ciel.)
D. n° 1. Vignacourt pâle et difficile.

Flèche d'Amiens.

10 10018378 10081378 = 90° 7′ 26″5 (en terre.)
D. n° 1. Des arbres se projettent sur la flèche et n'en laissent voir que
5′ 8″ = 16′67. C'est ce qui fait que d'Amiens on ne voit pas Sourdon.
(Voyez *Méridienne vérifiée.*)

Clocher de Noyers.

10 9998618 9989618 = 89° 57′ 56″23 (dans le ciel.)
D. n° 1. 6h ½, 9 septembre. La réfraction du soir a pu diminuer cette
distance.

Clocher de Coivrel.

10 10008874 10080874 = 90° 4′ 43″2 (dans le ciel.) D. n° 1.

ANGLES.

Entre Arvillers et Villers-Bretonneux.

20 1155897475 5787987375 = 52° 1′ 7″61
D. et B. n° 1. 6 septembre. Point de de vent; les objets beaux.
20 115896325 5787981125 = 52° 1′ 5″88
D. et B. n° 1. Objets difficiles d'abord; plus beaux ensuite.

Je suppose.	52° 1′ 7″0
r = 0′6875 y = 184° 45′ 36″	— 11″41
Centre	52° 0′ 55″59
	+ 0″58
Horizon	52° 0′ 56″17

Entre Villers-Bretonneux et Amiens.

20   987ˢ840   49ˢ3920   = 44° 27′ 10″1

Objets beaux ; mais la lunette inférieure en grande partie couverte par une planche. Au 18 et 20° on ne voyoit plus pour lire. En m'arrêtant au 18°, qui s'accorde mieux avec les précédens, j'aurai

18   889ˢ070   49ˢ3928   = 44° 27′ 12″6
20   987ˢ882   49ˢ3941   = 44° 27′ 16″9

D. et B. n° 1. Les objets beaux : la planche avoit été coupée.

20   987ˢ86525   49ˢ3932625 = 44° 27′ 14″2

D. et B. n° 1. Objets beaux, et presque point de soleil.

Milieu des trois séries . . . . 44° 27′ 14″6
$r = 0^t76736$ $y = 155°$ 20′ 8″   — 11″3

Centre . . . . 44° 27′ 3″3
                + 0″45

Horizon . . . . 44° 27′ 3″75

Entre Villers-Bretonneux et Vignacourt.

20   1090ˢ48675   54ˢ5243325 = 49° 4′ 18″84

D. et B. n° 1. Villers-Bretonneux beau ; Vignacourt mal terminé. Ni vent ni soleil.

20   1090ˢ49375   54ˢ5246875 = 49° 4′ 19″99

D. et B. n° 1. Un peu de soleil à Villers-Bretonneux ; Vignacourt passable.

Moyenne . . . . 49° 4′ 19″41
$r = 0^t66667$ $y = 140°$ 58′ 17″   — 7″00

Centre . . . . 49° 4′ 12″41
                + 0″57

Horizon . . . . 49° 4′ 12″98

Entre Coivrel et Arvillers.

20   1539.88875   768.994375   = 69° 17' 41"77

D. et B. n° 1. Ni vent ni soleil, horizon pur.

20   1539.90425   768.9952125 = 69° 17' 44"49

D. et B. n° 1. Horizon pur, point de vent, un peu de soleil; mais les ardoises étoient noires.

20   1539.89375   768.9946875 = 69° 17' 42"74

D. et B. n° 1. Un peu de soleil à Coivrel. Il doit faire peu d'effet sur ce clocher. Temps favorable d'ailleurs.

Moyenne . . . . 69° 17' 43"02

$r = 0'75$ $y = 112°$ 4' 8"   — 15"56

Centre . . . . 69° 17' 27"46

＋ 0"32

Horizon . . . . 69° 17' 27"78

Entre Noyers et Coivrel.

20   1390.8213   69.851065   = 62° 33' 34"51

D. et B. n° 1. Objets beaux; ni vent ni soleil; horizon pur. Cependant Noyers difficile à observer dans la lunette inférieure, parce qu'il est très-petit, et que la lunette inférieure ne vaut pas l'autre.

20   1390.820725 69.85103625 = 62° 33' 33"57

Même remarque.

Moyenne . . . . 62° 33' 34"04

$r = 0'75$ $y = 181°$ 21' 51".   — 13"11

Centre . . . . 62° 33' 20"93

— 0"28

Horizon . . . . 62° 33' 20"65

VIGNACOURT.

XV.

LE clocher de Vignacourt est une tour carrée surmontée d'un toit assez semblable à celui d'Arvillers.
Notre instrument étoit sur le plancher, à côté des cloches, vers l'angle qui regarde Villers-Bretonneux.

ABED (*fig.* 8) est le périmètre intérieur du clocher ;
O la place du cercle ; *NPQ* la charpente qui portoit
les cloches et empêchoit de voir le centre *C*.

$$AB = 3^t78819 \qquad Ox = 0^t68403$$
$$BE = 3^t81944 \qquad Oy = 0^t24305$$

aOb de droite à gauche $= 2828425 = 254°$ 10' 57"

$$OM = \tfrac{1}{2} BE - Ox = 1^t22569$$
$$CM = \tfrac{1}{2} AB - Oy = 1^t65162$$

COM . . . . $= 53°$ 25' 12"

Angle entre Amiens et le centre,
  ou aOC . . . . $= 200°$ 45' 45"

Entre Amiens et Villers-Bretonneux, 25° 11' 15"

Pour l'angle entre Amiens et Villers-Bretonneux . . . . $y = 175°$ 34' 30"

Entre Villers-Bretonneux et Beauquêne . . . . 65° 15' 35°

Pour l'angle entre Villers-Breton-
neux et Beauquêne . . . . . . $y = 110°$ 18' 55"

$$OC = r = 2^t0567$$

Hauteur du plancher des cloches . . . 9ᵗ58333

Hauteur de la charpente 5ᵗ41667

Hauteur totale 15ᵗ00000

$$dH = 4ᵗ6667$$

DISTANCES AU ZÉNIT.

Clocher de Beauquêne.

10   999ᵍ409   99ᵍ9409 = 89° 56′ 48″5 (dans le ciel.) D. et B. n° 1.

Clocher de Villers-Bretonneux.

10   1001ᵍ453   100ᵍ1453 = 90° 7′ 50″8 (dans le ciel.) D. et B. n° 1.

Flèche de l'église d'Amiens.

10   1000ᵍ711   100ᵍ0711 = 90° 3′ 50″4 (dans le ciel.) D. et B. n° 1.

Fatte de l'église d'Amiens.

10   1003ᵍ008   100ᵍ3008 = 90° 16′ 14″6 (en terre.)   D. et B. n° 1.

La flèche soustend un angle de 12′ 24″ à la distance de 7735ᵗ.

Elle a donc 27ᵗ90

Par l'observation de Villers-Bretonneux on a trouvé 27ᵗ13

Milieu 27ᵗ515

Clocher de Sourdon.

10   1001ᵍ253   100ᵍ1253 = 90° 6′ 10″ (dans le ciel.) D. et B. n° 1.

ANGLES.

Entre Sourdon et Villers-Bretonneux.

20   707ᵍ478   358ᵍ3739   = 31° 50′ 11″44

D. et B. n° 1. 14 septembre, 4ʰ ½. Objets noirs d'abord, puis éclairés, sur-tout Villers-Bretonneux.

20   707ᵍ4655   358ᵍ73275   = 31° 50′ 9″41

D. et B. n° 1. Objets assez beaux.

Moyenne . . . . 31° 50′ 10″42

r = 2ᵗ0567   y = 175° 34′ 30″   — 12″68

Centre . . . . 31° 49′ 57″74

                       + 0″17

Horizon . . . . 31° 49′ 57″91

Entre Amiens et Villers-Bretonneux.

20   559ᵍ72125   275ᵍ9860625   = 25° 11′ 14″84

D. et B. n° 1. Objets beaux.

20   559ᵍ72875   275ᵍ9864375   = 25° 11′ 16″06

D. et B. n° 1. Au lieu de la pointe de la flèche, qui n'est pas bien droite, nous avons observé le milieu de la couronne qui est au-dessous de la seconde galerie, environ 9′ plus bas que la pointe. Objets beaux.

r = 2ᵗ0567   y = 175° 34′ 30   — 21″58

Centre . . . . 25° 10′ 54″48

                       — 0″05

Horizon . . . . 25° 10′ 54″43

Entre Villers-Bretonneux et Beauquêne.

20   145ᵍ08225   72ᵍ51125   = 65° 15′ 36″45   D. et B. n° 1.

20   145ᵍ08219   72ᵍ51095   = 65° 15′ 35″48

D. et B. n° 1. Objets éclairés au commencement, noirs à la fin; mais Villers-Bretonneux un peu foible.

Moyenne . . . . 65° 15′ 35″96

r = 2ᵗ0567   y = 110° 18′ 55   — 45″12

Centre . . . . 65° 14′ 50″84

                       — 0″79

Horizon . . . . 65° 14′ 50″05

AMIENS.

XVI.

Je me suis placé, comme on avoit fait en 1740, dans la seconde galerie de la flèche de Notre-Dame. L'intérieur est embarrassé de charpente. La flèche est octogone, ainsi que les deux galeries.

Le côté extérieur de la seconde galerie est, par un milieu, de . . . . 1^t45254

La hauteur de la seconde galerie au-dessus du sol, de . . . . 32^t1667

La hauteur du faîte de l'église, de . . . 26^t1667

La flèche s'élève au-dessus de l'église de . 27^t5.

Hauteur totale . . . . 53^t6667

Hauteur de la lunette au-dessus du sol . 33^t

$$dH = 20^t6667$$

La flèche penche vers le chef de l'église, et par conséquent vers l'orient.

Pour trouver la distance au centre et les angles de direction, soit (*fig.* 9) C le centre du clocher; AB le côté d'un octogone qui a C pour centre, et dont tous les côtés sont parallèles à ceux de la seconde galerie.

AB a été trouvé de . . . . $1^t121528$

$$\tfrac{1}{2} AB = MB = 0^t560764$$

Soit D le centre de l'instrument; $DB = 0^t420138$

Donc $DM = 0^t140626$

$$CM = BM.\ tang.\ B = BM.\ tang.\ 67°\ 30' = 1^t3538$$

$$tang.\ MDC = \frac{CM}{MD} = tang.\ 84°\ 4'\ 11''$$

Soit G Vignacourt; $\quad GDA = 193°\ 4'\ 44''$

Retranchez $MDC = \underline{\quad 84°\ 4'\ 11''}$

Reste $GDC = y = 109°\ 0'\ 33''$

$$CD = r = \frac{CM}{sin.\ 84°\ 4'\ 11''} = 1^t3611.$$

DISTANCES AU ZÉNIT.

Clocher de Villers-Bretonneux.

10 999ᵉ208 99ᵉ9208 = 89° 55′ 43″392 (dans le ciel.) D. n° 1.

Clocher de Vignacourt.

10 998ᵉ207 99ᵉ8207 = 89° 50′ 19″068 (dans le ciel.)
D. n° 1. Grand vent.

ANGLES.

Entre Villers-Bretonneux et Vignacourt.

20 2905ᵉ6545 145ᵉ282725 = 130° 45′ 16″03
D. et B. n° 1. 10 août, vers 2ʰ. Point de soleil; il pleut de temps en temps à Vignacourt.

20 2905ᵉ66925 145ᵉ2834625 = 130° 45′ 18″42
D. et B. n° 1. 11 août, 10ʰ ½. Villers - Bretonneux beau ; Vignacourt éclairé par intervalles. Ni vent ni ondulations.

20 2905ᵉ66825 145ᵉ2834125 = 130° 45′ 18″26
B. n° 1. 14 août, vers 11ʰ. Vignacourt presque toujours éclairé, sur-tout en commençant.

Moyenne	130°	45′ 17″57
$r = 1^t3611$　$y = 109°\ 0'\ 33''$	—	1′ 4″38
Centre	130°	44′ 13″19
	+	1″79
Horizon	130°	44′ 14″98

COIVREL.

XVII.

LE clocher de Coivrel, incendié par la foudre il y a quelques années, a été rebâti à la même place. C'est une pyramide quadrangulaire. Notre cercle étoit placé sur la première enrayure. La hauteur totale du clocher est de 9^{t}8 environ, et $dH = 2^t$08333.

DISTANCES AU ZÉNIT.

Clocher d'Arvillers.

10   100^{g}502   100^{g}502 $= 90°$ 8' 6"65   (dans le ciel.) D. n° 1.

Clocher de Sourdon.

10   100^{g}588   100^{g}0588 $= 90°$ 3' 10"51   (dans le ciel.) D. n° 1.

Clocher de Noyers.

10   999^{g}748   99^{g}9748 $= 89°$ 58' 38"35   (dans le ciel.) D. n° 1.

Tourelle de Clermont.

10   100^{g}944   100^{g}0944 $= 90°$ 5' 5"9   (dans le ciel.) D. n° 1.

Clocher de Saint-Christophe.

10   100^{g}325   100^{g}0325 $= 90°$ 1' 45"3   (dans le ciel.) D. n° 1.

Signal de Jonquières.

6   600^{g}638   100^{g}106333 $= 90°$ 5' 44"4   (dans le ciel.) D. n° 1.

ANGLES.

Entre Arvillers et Sourdon.

20   1116^g06775   55^g8033875 = 50° 13′ 22″9755

D. et B. n° 1.   24 septembre, 2ʰ ¼.   Objets blancs d'abord, noirs à la fin.

30   1674^g12825   55^g804275 = 50° 13′ 25″851

D. et B. n° 1.   26 septembre, 0ʰ ¼. Objets blancs, sur-tout en commençant.

Les 20 derniers . . . .   50° 13′ 23″664

Moyenne entre les deux séries . . . . .   50° 13′ 24″41

$r = 0^t77504$ $y = 177°$ 27′ 54″   — 10″97

Centre . . . .   50° 13′ 13″44

     + 0″04

Horizon . . . .   50° 13′ 13″48

Entre Sourdon et Noyers.

20   1270^g6815   63^g534075 = 57° 10′ 50″4

D. et B. n° 1.   24 septembre, 5ʰ.   Objets beaux.

20   1270^g68025   63^g5340125 = 57° 10′ 50″2

D. et B. n° 1.   27 septembre, 1ʰ ¼.   Sourdon éclairé, Noyers beau, Même place que l'angle précédent.

Moyenne . . . .   57° 10′ 50″3

$r = 0^t77504$ $y = 120°$ 17′ 4″   — 11″99

Centre . . . .   57° 10′ 38″31

     — 0″14

Horizon . . . .   57° 10′ 38″17

Entre Clermont et Saint-Christophe.

20   729ᵍ520   36ᵍ4760   = 32° 49′ 42″24

D. et B. nᵒ 1. 25 septembre, 3ʰ ¼. Objets assez beaux ; Saint-Christophe éclairé du soleil.

20   729ᵍ514   36ᵍ4757   = 32° 49′ 41″26

27 septembre, 0ʰ ¼.

Moyenne	32° 49′ 41″75
$r = 0^t 5257$ $y = 123° 29′ 54″$	— 1″49
Centre	32° 49′ 40″26
	— 0″08
Horizon	32° 49′ 40″18

Entre Noyers et Clermont.

20   1385ᵍ871   69ᵍ29355   = 62° 21′ 51″10

D. et B. nᵒ 1. 25 septembre, 0ʰ ¼. Objets un peu foibles en commençant ; ce qui a déterminé à prendre cet angle avec les fils verticaux ╪. A la fin les objets étoient beaux.

22   1524ᵍ4435   69ᵍ292889   = 62° 21′ 48″94

D. et B. nᵒ 1. Même jour, 5ʰ. Fils inclinés ╳ à l'ordinaire ; objets beaux. Le tourillon de Clermont est bien court, ce qui le rend difficile à observer.

Moyenne	62° 21′ 50″02
$r = 0^t 5257$ $y = 156° 19′ 36″$	— 10″11
Centre	62° 21′ 39″91
	— 0″24
Horizon	62° 21′ 39″67

Entre Clermont et le signal de Jonquières.

20   1399⁵724   69⁵9862   = 62° 59′ 15″29

D. et B. n° 1. 26 septembre, 2ʰ ¼. Le signal très-difficile à voir ; fils verticaux ╾╂╼.

Il ne restoit plus qu'une des trois arrêtes de la pyramide triangulaire qui composoient le signal ; le lendemain il ne restoit plus rien. On ne fera aucun usage de cet angle.

$r = 0^{t}80667$ $y = 104°$ 12′ 54″   — 11″13

Centre . . . . 62° 59′ 4″16

                         + 0″32

Horizon . . . . 62° 59′ 4″48

Entre Clermont et la cheminée du meûnier de Jonquières.

30   2102⁵12925   70⁵070975   = 63° 3′ 49″96

D. et B. n° 1. 27 septembre, 4ʰ. La cheminée est très-courte : nous avons observé aux fils verticaux ╾╂╼.

20   1401⁵420   70⁵0710   = 63° 3′ 50″00

Moyenne . . . . 63° 3′ 49″98

$r = 0^{t}80667$ $y = 104°$ 8′ 19″   — 11″12

Centre . . . . 63° 3′ 38″86

                         + 0″32

Horizon . . . . 63° 3′ 39″18

Réduction au signal. (Voyez Jonquières.) .   — 4′ 29″34

Angle entre Clermont et le signal de Jonquières,   62° 59′ 9″84

La comparaison de cet angle avec celui qui précède prouve que le débris observé étoit de 0ᵗ29 environ plus près de Clermont que le centre du signal, et cela étoit en effet ainsi, à fort peu près.

NOYERS.

XVIII.

LE clocher de Noyers est une flèche octogone placée au-dessus de la porte d'entrée. Par les observations faites à Clermont et à Coivrel, je m'étois aperçu que ce clocher n'étoit plus à la même place qu'en 1740, et le calcul m'avoit donné 5^{t}997 pour la distance des centres des deux clochers. On m'a montré à Noyers la place de l'ancien clocher, qui étoit à l'autre bout de la nef, et la distance se trouve en effet de 6^t à très-peu près.

La hauteur totale du clocher est de . . . . . 12^t

La lunette de l'instrument étoit élevée au-dessus du sol de . . . . 10^{t}8680

$$dH = \overline{\quad 1^t1320 \quad}$$

L'ancien clocher étoit plus haut de 2^{t}5 que le nouveau. Notre échafaud étoit à la seconde enrayure.

DISTANCES AU ZÉNIT.

Clocher de Sourdon.

10   10015558   10051558   = 90° 8' 24"8

D. et B. n° 1. 6 octobre.

Clocher de Coivrel.

6   60089̄88   10051646   = 90° 8' 53"3

D. et B. n° 1. 5 octobre au soir. Coivrel se projette sur un arbre.

Tourelle de Clermont.

8   80¹ᵍ505   100ᵍ188125
ou 510   100ᵍ18875   = 90° 10′ 11″5

D. n° 1. 5 octobre au soir.

ANGLES.

Entre Coivrel et Sourdon.

30   2008ᵍ900   66ᵍ96333   = 60° 16′ 1″2

D. et B. n° 1. 8 octobre, 4ʰ ¼. En commençant on ne voyoit pas la pointe de Coivrel ; elle n'a paru qu'au 14ᵉ angle.

En rejetant 6 angles . . . . 60° 16′ 4″3

Milieu . . . . 60° 16′ 2″75

40   2678ᵍ545   66ᵍ963625   = 60° 16′ 2″14

7 octobre, 11ʰ ½.

60° 16′ 2″45

r = 0ᵗ2636   y = 93° 6′ 23″   — 3″02

Centre . . . . 60° 15′ 59″43

+ 0″75

Horizon . . . . 60° 16′ 0″18

Entre Clermont et Coivrel.

40   2664ᵍ76475   66ᵍ619118   = 59° 57′ 25″94

D. et B. n° 1. 5 octobre, 2ʰ ½. Coivrel difficile à démêler d'entre les branches de l'arbre. Brume.

r = 0ᵗ30253   y = 155° 13′ 15″   — 5″54

Centre . . . . 59° 57′ 20″40

20   1332ᵍ367   66ᵍ61835   = 59° 57′ 23″45

D. et B. n° 1. 6 octobre, 3ʰ ½. Point de soleil ; Coivrel difficile à voir.

r = 0ᵗ31941   y = 156° 21′ 20″   — 5″84

Centre . . . . 59° 57′ 17″61

20 1332836625 6886183125 = 59° 57' 23"33

7 octobre, 10ʰ. On voit un peu mieux Coivrel ; pour le bien voir, il faudroit qu'il fût éclairé.

Même place que le précédent . . . . .   — 5"84

Centre . . . .   59° 57' 17"49

20 1332838425 6886192125 = 59° 57' 26"25

7 octobre 1793, 4ʰ ¼. Coivrel éclairé en face par le soleil, et bien visible. Clermont éclairé obliquement de manière à augmenter l'angle de 3"17.

                                              — 5"84

Centre . . . .   59° 57' 20"41

Correction du soleil = $\dfrac{d \sin. 2 \frac{1}{2} (x - z)}{D \sin. 1''}$ — 3"17

                                            59° 57' 17"24

$d = \frac{1}{2}$ diamètre de la tourelle ; x et z sont les azimuts de l'observateur et du soleil sur l'horizon de la tourelle, et D la distance de la tourelle. Cette correction est additive si le soleil et l'objet observé avec Clermont sont du même côté de la tourelle ; elle est soustractive dans le cas contraire. (Voyez le discours préliminaire.)

20 1332364 6886182 = 59° 57' 22"97

8 octobre, 3ʰ ½. Coivrel se voyoit bien ; Clermont éclairé obliquement : mais la partie obscure n'étoit pas tout-à-fait invisible, sans quoi la correction du soleil seroit —4"26 ; ce qui est sûrement trop. Je la réduis à moitié par estime.

$r = 0'30253$ $y = 155° 13' 15''$ — 5"54

                                        59° 57' 17"43

                                              — 2"13

                                        59° 57' 15"30

Il y a quelque apparence que dans la première série Clermont étoit éclairé obliquement ; mais la brume empêchoit de le distinguer. La correction solaire seroit — 4"6, et l'angle corrigé seroit 59° 57' 15"8.

Je suppose qu'il doit être . . . . . .   59° 57' 16"3

                                              + 0"90

Horizon . . . .   59° 57' 17"20

Pour vérifier les angles précédens, que la difficulté de voir Coivrel rend un peu incertains, j'ai observé l'angle suivant.

Noyers.

Entre Clermont et Sourdon.

20. 2671.621 .13358105 $=$ 120° 13' 22"6
D. et B. n° 1. 6 octobre, 2^h ¼.

$r =$ 0.27324 $y =$ 101° 11' 30"   — 8"61

Centre . . . . 120° 13' 13"99

                                             + 2"57

Horizon . . . . 120° 13' 16"56
Entre Coivrel et Sourdon, à l'horizon . . 60° 16' 0"18

Donc entre Clermont et Coivrel . . . . 59° 57' 16"38
Observation directe . . . . 59° 57' 17"20

Différence . . . .   0"82

On pourroit donc diminuer de 0"82 l'angle entre Clermont et Coivrel ; peut-être même la réduction doit être plus forte. En effet, le 25° triangle nous a forcés d'ajouter 0"6 à l'angle entre Coivrel et Sourdon. En recommençant le calcul ci-dessus avec l'angle augmenté de 0"6, on trouveroit 1"42 à retrancher de l'angle observé entre Clermont et Coivrel. Dans cette incertitude je suppose 59° 57' 16"0 en nombre rond.

Clermont.

CLERMONT.

XIX.

La flèche observée en 1740 a été incendiée ; il ne reste que la tour carrée. A l'un des angles est une tourelle qui renferme l'escalier. Elle est cylindrique et se termine en cône tronqué. Elle nous a servi de signal. Elle s'élève de 1^t833 au-dessus de la tour, et de 1^t417 au-dessus de ce qui reste de la balustrade.

Le cercle n° 1 étoit placé à l'un des angles de la

tour. La distance du centre à celui de la tourelle étoit de $2^t 01736 = r$.

L'angle entre Noyers et le milieu de la tourelle a été trouvé de 41° 24′ par un milieu entre treize mesures.

Le cercle n° 4 a été placé un peu plus près de la tourelle. On a trouvé $r' = 1^t 3611$, et l'angle entre Noyers et le centre 33° 18′ 0″.

DISTANCES AU ZÉNIT.

Clocher de Noyers.

10   999ᵗ7805   99ᵗ97805 $= 89° 58' 48''9$ D. et B. n° 1.

Clocher que nous avions d'abord pris pour Coivrel.

10   1000ᵗ8647   100ᵗ80647 $= 90° 3' 29''6$ D. et B. n° 1.

Clocher de Coivrel.

10   1000ᵗ8730   100ᵗ80730 $= 90° 3' 56''5$ F. et B. n° 1.

Signal de Jonquières.

6   600ᵗ8579   100ᵗ80965 $= 90° 5' 12''66$ (en terre.)
F. et B. n° 1. La pluie a interrompu.
4   400ᵗ8385   100ᵗ809625 $= 90° 5' 12''0$
6   600ᵗ8583   100ᵗ8097167 $= 90° 5' 14''8$
Vent très-violent.

Clocher de Saint-Christophe.

10   998ᵗ89225   99ᵗ889225 $= 89° 54' 10''9$ (dans le ciel.) D. et B. n° 1.

Clocher de Dammartin.

10   1000ᵗ89095   100ᵗ809095 $= 90° 4' 54''7$ (dans le ciel.) D. et B. n° 1.

Clocher de Saint-Martin du Tertre.

10　999.8807　998.9807 = 89° 58' 57"5　(dans le ciel.) D. et B. n° 1.

ANGLES.

Entre Coivrel et Noyers.

20　1281.8828　64.80914　= 57° 40' 56"14　D. n° 1.
r = 2.0174　y = 41° 24'　　　　+ 12"72
Centre . . . .　57° 41' 8"86
20　1281.82625　64.80913125 = 57° 40' 55"85　F. n° 4.
r = 1.36111　y = 33° 18'　　　　+ 11"65
Centre . . . .　57° 41' 7"50
Milieu . . . .　57° 41' 8"18
　　　　　　　　　　　　　　　　　 — 0"16
Horizon . . . .　57° 41' 8"02

Entre le signal de Jonquières et Coivrel.

30.　1951.85805　65.80526833 = 58° 32' 50"694.
D. n° 1. Vent très-violent qui agitoit l'instrument et rendoit l'observation
et la lecture très-difficiles.
r = 2.0174 y = 99° 4' 56"　　　　 — 23"22
Centre . . . .　58° 32' 27"47
　　　　　　　　　　　　　　　　　 + 0"20
Horizon . . . .　58° 32' 27"67

Entre Saint-Christophe et le signal de Jonquières.

20　1096.13325　54.8066625 = 49° 19' 33"59　D. n° 1.
r = 2.1074　y = 157° 37' 47"　　　 — 33"31
Centre . . . .　49° 19' 0"28
　　　　　　　　　　　　　　　　　 — 1"17
Horizon . . . .　49° 18' 59"11

Entre Dammartin et le signal de Jonquières.

20 1465ᵇ928   73ᵇ2964   = 65° 58′ 0″336   D. n° 1.

r = 2ᵗ01736   y = 157° 37′ 47″   — 27″233

Centre . . . . 65° 57′ 33″10

+ 0″29

Horizon . . . . 65° 57′ 33″39

Entre Saint-Martin du Tertre et Saint-Christophe.

20 1214ᵇ8495   60ᵇ742475   = 54° 40′ 5″62   D. n° 1.

r = 2ᵗ01736   y = 206° 57′ 21   — 6″57

Centre . . . . 54° 39′ 59″05

20 1214ᵇ85575 60ᵇ7427875 = 54° 40′ 6″63   F. n° 4.

r = 1ᵗ36111   y = 198° 51′ 21″   — 7″71

Centre . . . . 54° 39′ 58″92

Milieu des deux séries . . . . 54° 39′ 58″97

— 0″08

Horizon . . . . 54° 39′ 58″89

Entre Saint-Martin du Tertre et Dammartin.

20 845ᵇ03725   428ᵇ518625 = 38° 1′ 36″03   D. n° 1.

r = 2ᵗ01736   y = 223° 35′ 47″   — 12″64

Centre . . . . 38° 1′ 23″39

10 4228ᵇ5075   428ᵇ2575   = 38° 1′ 32″43

F. n°. 4. La nuit empêche d'aller plus loin.   — 9″44

Centre . . . . 38° 1′ 22″99

Milieu. . . . . 38° 1′ 23″19

— 0″40

Horizon . . . . 38° 1′ 22″79

SIGNAL DE JONQUIÈRES.

XX.

En 1740 on avoit pris pour signal le moulin; mais en 1792 il n'offroit aucun point qu'on pût observer avec sûreté. Le centre de mon signal étoit éloigné de 7 toises de celui du moulin, et cette distance faisoit avec Dammartin un angle de 251° 7' 5".

Ce signal étoit une pyramide triangulaire de 3 toises de haut : ainsi $dH =$ 2^{t}25. Les trois faces étoient couvertes de paille. J'avois fait enfoncer un pieu au centre, et je l'avois recouvert de terre. Quinze mois après, je l'ai retrouvé.

Le cercle n° 1 étoit au centre du signal; le cercle n° 4 en étoit éloigné d'une toise, et cette distance faisoit avec Dammartin un angle de 133° 41' 36"

Lorsque je vins, en 1793, à Coivrel pour observer ce signal, il avoit été détruit par les vents; il n'en restoit qu'un des trois arbres qui le composoient, et il fut arraché le jour même que nous l'observâmes. Il étoit très-difficile à voir, et d'ailleurs le vent qui avoit abattu les deux autres l'avoit probablement dérangé. Ne pouvant faire aucun fond sur une observation si incertaine, je pris le parti d'observer la cheminée du meûnier. Il faut réduire au signal l'observation de la cheminée. Soit C (*fig.* 10) le milieu de la cheminée; S le centre du signal. Je fis planter en P un piquet. SP fut trouvé de 7^{t}3333.

Angle PSC.

8   5108338   63879225 = 57° 24′ 47″

Angle CPS.

10   10768219   10786219 = 96° 51′ 35″

Angle KSC.

6   7928483   13280805 = 118° 52′ 21″

d'où l'on conclut $CS = 16^t 771$.

Soit SL la direction à Coivrel : $LSC = 60°$ 23′ 57″. Ainsi SC vu de Coivrel paroissoit sous un angle de 4′ 29″34 qu'il faut retrancher de l'angle entre Clermont et la cheminée du meûnier.

DISTANCES AU ZÉNIT.

Clocher de Coivrel.

10   10008616   10080616 = 90° 3′ 19″6 (dans le ciel.)
D. et B. n° 1. Septembre 1793.

Tourelle de Clermont.

10   10008175   10080817 5 = 90° 4′ 24″9 (en terre.)
D. et B. n° 1. 22 juillet 1792. Difficile à voir.

Clocher de Saint-Christophe.

10   998857125   99885712 5 = 89° 52′ 17″1 (dans le ciel.) D. et B. n° 1.

Clocher de Saint-Martin du Tertre.

10   10008622   10080622 = 90° 3′ 21″5 (dans le ciel.) D. et B. n° 1.

Clocher de Dammartin.

10   1000868975   1008068975 = 90° 3′ 43″5 (dans le ciel.) D. et B. n° 1.

1.   12

ANGLES.

Entre Coivrel et Clermont.

18   1169ᵍ4695   64ᵍ97052778 = 58° 28' 24"51

D. et B. n° 1. 27 septembre 1793, 4ʰ.½.

$$+ \; 0''14$$

Horizon . . . . 58° 28' 24"65

Entre Coivrel et Saint-Christophe.

20   2479ᵍ191   123ᵍ95955 = 111° 33' 48"94

D. et B. n° 1. 27 septembre 1793, 3 à 4ʰ.

$$- \; 0''24$$

Horizon . . . . 111° 33' 48"70

Entre Clermont et Saint-Christophe.

20   1179ᵍ88025   58ᵍ9940125 = 53° 5' 40"6   F. n° 4.

r = 1ᵗ   y = 161° 21' 46" $- \; 17''27$

Centre . . . . 53° 5' 23"33

20   1179ᵍ7985   58ᵍ989925 = 53° 5' 27"36 D. n° 1.

Je m'en tiens à cette série, beaucoup meilleure que la précédente.

$$- \; 1''26$$

Horizon . . . . 53° 5' 26"10

Entre Clermont et Dammartin.

16   1435ᵍ7385   89ᵍ73365 = 80° 45' 37"05

D. n° 1. Vent horrible, objets presque invisibles. Nous observions tous deux en même temps.

12   1076ᵍ832   89ᵍ736   = 80° 45' 44"64

F. n° 4. Nous n'avons pas repris cet angle qui est inutile.

r = 1ᵗ   y = 133° 41' 36" $- \; 17''70$

Centre . . . . 80° 45' 26"94

Moyenne . . . . 80° 45' 32"00

$$+ \; 0''25$$

Horizon . . . . 80° 45' 32"25

Entre Saint-Martin du Tertre et Dammartin.

Jonquières.

20 805884325   408292l625 = 36° 15' 46"61

D. n° 1. Les deux objets se voient très-bien.

14 564813375   408295268 = 36° 15' 56"67

F. n° 4. Cet angle est inutile comme le précédent.

$r = 1^t$ $y = 133°$ 41' 36"   — 6"01

Centre . . . . 36° 15' 50"66

Je suppose . . . . 36° 15' 48"5

+ 0"07

Horizon . . . . 36° 15' 48"57

Entre Clermont et Saint-Martin du Tertre.

20   988858525   498442625 = 44° 29' 54"10

F. n° 4. Cet angle est encore inutile.

$r = 1^t$ $y = 169°$ 57' 32"   — 11"66

Centre . . . . 44° 29' 42"44

+ 0"10

Horizon . . . . 44° 29' 42"54

Entre Clermont et Saint-Martin, à l'ho-
rizon . . . . 44° 29' 42"54
Entre Saint-Martin et Dammartin. . . . 36° 15' 48"57

Donc entre Clermont et Dammartin . . . . 180° 45' 31"11
Observation directe ci-dessus . . . . . . 80° 45' 32"25

Différence . . . . 1"14

SAINT-CHRISTOPHE.

XXI.

LE clocher de Saint-Christophe a été rebâti depuis l'opération de 1740. Il est beaucoup moins haut, mais à la même place que l'ancien. Il s'élève de 5^{t}17 environ au-dessus du faîte de l'église ; et $dH = 3^t8056$.

Ce clocher est un hexagone surmonté d'une pointe terminée par une boule.

DISTANCES AU ZÉNIT.

Clocher de Coivrel.

10   10028364   10052364   = 90° 12' 45"9   (dans le ciel.)
D. et F. n° 1. Je ne suis pas sûr d'avoir observé la pointe.

Tourelle de Clermont.

10   10028501   10052501   = 90° 13' 30"3   (en terre.)
D. et F. n° 1. Clermont ne se voyoit que foiblement et par intervalles.

Signal de Jonquières.

10   10028553   10052553   = 90° 13' 47"2   (en terre.)
D. et F. n° 1. Le signal a paru alternativement éclairé et obscur. Il paroît beaucoup plus gros quand il est éclairé. Il en est de même de la tourelle de Clermont.

Clocher de Saint-Martin du Tertre.

10   10006498   10050498   = 90° 2' 41"35   (dans le ciel.)
D. et F. n° 1. Fortement éclairé du soleil. On ne voit pas la pointe avec précision.

Clocher de Dammartin.

10   1001ᵉ127   1008ᵉ1127   = 90°   6′ 5″1 (dans le ciel.)

D. et F, n° 1. Dammartin se voit assez bien.

ANGLES.

Entre Coivrel et Clermont.

20 . 873ᵉ53325   43ᵉ6766625 = 39° 18′ 32″39

D. n° 1. Coivrel se confond avec les arbres qui le joignent : on ne peut l'observer en ce moment. On ne fera aucun usage de cette série.

12   52ᵉ52005   43ᵉ683375 = 39° 18′ 54ᵉ135

F. n° 1. Coivrel est séparé des arbres ; mais il n'est pas trop clair. Cet angle est inutile.

$$+ \quad 1″076$$

Horizon . . . .   39° 18′ 55″211

Entre Jonquières et Clermont.

20   1724ᵉ27375   86ᵉ2136875 = 77° 35′ 32″35 D. n° 1.
20   1724ᵉ28875   86ᵉ2144375 = 77° 35′ 34″78

F. n° 1. Les deux objets se voyoient mal assez souvent.

Moyenne . . . .   77° 35′ 33″57

$$+ \quad 2″62$$

Horizon . . . .   77° 35′ 36″19

Entre Clermont et Saint-Martin du Tertre.

20   1949ᵉ44125   97ᵉ4720625 = 87° 43′ 29″48

D. n° 1. 3 août 1792, matin. Clermont éclairé et pâle.

20   1949ᵉ437   97ᵉ4718·5 = 87° 43′ 28″79

F. n° 1. Le soir et noir. Quelquefois difficile à voir.

Moyenne . . . .   87° 43′ 29″14

$$+ \quad 0″55$$

Horizon . . . .   87° 43′ 29″69

Entre Saint-Martin du Tertre et Dammartin.

20	13918'4752'5	69°57'37625	= 62° 36' 58"99	D. n° 1.
20	13918'4815"	69°57'74675"	= 62° 37' 0"00	F. n° 4.
18	125283185	69°57325	= 62° 36' 57"33	D. n° 1.

Moyenne . . . . 62° 36' 58"77

. . . . 0"13

Horizon . . . . 62° 36' 58"90

SAINT-MARTIN DU TERTRE.

XXII.

LE clocher de Saint-Martin du Tertre a été rebâti en 1745, c'est-à-dire environ cinq ans après les opérations de la *Méridienne vérifiée.* Déja cependant il menace ruine. Il n'est pas à la même place que l'ancien clocher. $dH = 3t5$.

La charpente est dans le plus mauvais état, et nous ne pouvions faire le moindre mouvement sur notre échafaud sans faire tout trembler. Cette station d'ailleurs a été très-rude par les vents impétueux et les pluies continuelles.

DISTANCES AU ZÉNIT,

Tourelle de Clermont.

5	500°810	100°162	
Correction du niveau	081	} 100°262 = 90° 14' 9"
(dans le ciel.) F. n° 1.		

Clocher de Saint-Christophe.

$$5 \quad 5005124 \quad 10050248 \left.\right\} \quad 10051248 = 90°\ 6'\ 44''$$
$$+ \quad 0^{s}1 \left.\right\}$$

(dans le ciel.) D. n° 1. Il n'étoit pas possible de prendre ces deux distances au zénit par les angles doubles, comme à l'ordinaire : la direction étoit trop oblique à l'ouverture par laquelle nous observions. La manière dont on a pris ces angles exige une correction dont on verra la détermination ci-après. (Voyez Dammartin et Brie.)

Clocher de Dammartin.

$$10 \quad 10015209 \quad 10051209 = 90°\ 6'\ 31''72 \quad \text{(dans le ciel.)}$$
D. n° 1. Le vent, les nuages et le soleil ont nui à ces angles.

Dôme du Panthéon.

$$10 \quad 10028812 \quad 10052812 = 99°\ 15'\ 11'' \quad \text{(dans le ciel.)} \quad \text{Fumée}$$

ANGLES.

Entre Saint-Christophe et Clermont.

$$20 \quad 83558225 \quad 41579125 = 37°\ 36'\ 43''24$$
D. n° 1. Clermont tantôt blanc, tantôt noir ; le plus souvent difficile à observer.
$$20 \quad 83558\,975 \quad 41579\,9875 = 37°\ 36'\ 42''80$$
F. n° 1. Clermont éclairé et dichotome.

Moyenne	37° 36' 43''02
r = 0'44444 y = 208° 51' 37'' . .	— 3''75
Centre	37° 36' 39''27
Correction du soleil (Voyez p. 83.) . .	— 2''93
Angle corrigé	37° 36' 36''34

$$20 \quad 83558\,0375 \quad 41579\,01875 = 37°\ 36'\ 40''21$$
F. n° 1. Clermont éclairé en face ; ce qui rend nulle la correction du soleil.

r = 0'45139 y = 207° 9' 11''	— 3''89
Centre	37° 36' 36''32
	— 0''02
Horizon	37° 36' 36''30

Entre Dammartin et Saint-Christophe.

20　12518820　6285910　＝　56° 19' 54"84

$r =$ 0'430555　$y =$ 291° 39' 24"　＋ 5"04

Centre . . . . 56° 19' 59"92

24　150281765　6285906041 ＝ 56° 19' 53"56

$r =$ 0'430555　$y =$ 289° 5' 20"　＋ 4"85

Centre . . . . 56° 19' 58"41

D, n° 1. 15 et 16 septembre 1792. Ces deux séries me paroissoient bonnes ; elles marchent avec beaucoup de régularité : il est pourtant très - probable qu'elles sont mauvaises, et cela provient sans doute de la mobilité de l'échafaud. Le mouvement que je faisois pour porter l'œil d'une lunette à l'autre se communiquoit à l'instrument et altéroit l'angle.

Moyenne . . . . 56° 19' 59"17

20　12518891　6285 9465 ＝ 56° 20' 6"34

F. n° 1. Cet angle ne s'accordant pas du tout avec le mien, le citoyen le Français l'a recommencé.

20　12518879　628 59385 ＝ 56° 20' 4"07

F. n° 1. On voyoit mieux que dans la série précédente.

. . . . 56° 20' 5"20

$r =$ 0'44444　$y =$ 288° 44' 29"　＋ 4"97

Centre . . . . 56° 20' 10"17

Pour savoir si la différence entre ces deux séries et les deux miennes provenoit en effet de la mobilité du plancher, j'ai fait prendre le même angle par les citoyens le Français et Bellet réunis.

Cinquième série.

24　15028243　6285934583 ＝ 56° 20' 2"8

F. et B. n° 1. Cette dernière série paroît devoir mériter la préférence. Je n'y ai pas pris de part moi-même. La taille du citoyen le Français se prêtoit mieux à l'espace que nous avions, et lui permettoit de faire porter le poids de son corps sur les auvents du clocher. Aussi les deux séries qu'il a observées s'accordent très-passablement avec la dernière, dans laquelle les deux observateurs ont toujours conservé la même position.

$$r = 0^{,}5 \quad y = 296° \; 3' \; 50'' \qquad + \; 6''2$$

Centre	56° 20'	9''0
	+	0''41
Horizon	56° 20'	9''41

Entre le Panthéon et Dammartin.

36	3041^{g}629	84^{g}48969	= 76° 2' 26''6	D. puis B.
18	1520^{g}817	84^{g}48986	= 76° 2' 27''06	F. n° 1.
			76° 2' 26''83	

$$r = 0^{,}21181 \quad y = 6° \; 56' \; 53'' \qquad + \; 2''48$$

	76° 2' 29''31

20	1689^{g}792	84^{g}4896	= 76° 2' 26''30	D. n° 1.

$$r = 0^{,}37153 \quad y = 10° \; 51' \; 10'' \qquad + \; 3''98$$

	76°	2' 30''28
Première série	76°	2' 29''08
Seconde série	76°	2' 29''54
Moyenne	76°	2' 29''63
	+	1''20
Horizon	76°	2' 30''83

DAMMARTIN.

XXIII.

Je me suis placé, comme on avoit fait en 1740, dans le clocher de la Collégiale. J'avois été prévenu qu'il

1.

alloit bientôt être abattu, et en effet il l'a été quelques mois après ; c'est ce qui m'a déterminé à commencer l'opération par les stations environnantes, au lieu d'aller directement à Dunkerque.

Notre échafaud étoit un peu au-dessous de la place des cloches. Les ouvertures du clocher étoient fort étroites ; ce qui nous a fort gêné, soit pour les distances au zénit, soit pour chercher les points d'où l'on pût voir deux objets à la fois. Nous avions pour l'instrument un échafaud indépendant de celui qui portoit l'observateur : cependant l'instrument éprouvoit une agitation continuelle quand on étoit obligé de toucher aux vis du pied. Ce tremblement étoit incommode, sur-tout pour les distances au zénit. $dH = 5^t5556$.

DISTANCES AU ZÉNIT.

Clocher de Saint-Christophe.

10   10008518   10080518 $= 90°$ 2' 47"8 (dans le ciel.)

D. et B. n° 1. 8 août 1792. La situation gênée de l'observateur augmentoit encore l'inconvénient qui résultoit du peu de solidité.

Clocher de Saint-Martin du Tertre.

10   10008291   10080291 $= 90°$ 1' 34"3 (dans le ciel.) D. et B. n° 1.

Tourelle de Clermont.

Cette distance ne pouvoit se prendre par les angles doubles, à cause du peu de largeur de l'ouverture et de l'obliquité de la direction. Dans ce cas je mets les

deux lunettes sur zéro et sur l'objet à observer. Alors ═══════
je cale le niveau par la vis du tambour. Par cette
opération les deux lunettes s'écartent de, l'objet que
j'observe, et pour y ramener la supérieure je suis obligé
de lui donner un mouvement vertical. De cette manière
je trouve une première distance qui dans l'angle présent
est de 100ᵇ119.

Je donne un mouvement pareil à la lunette inférieure,
et la ramène à coïncider avec la supérieure sur la pointe
du signal; et recommençant des opérations pareilles à
celles que j'ai faites quand les deux lunettes étoient au
point zéro du limbe, je trouve pour la distance double
200ᵇ238 : ainsi la distance est 100ᵇ119. Cette mesure
seroit bonne si le niveau que porte la lunette inférieure
étoit parallèle à l'axe optique de cette lunette. Nous verrons ci-après que les distances prises de cette manière
sont trop foibles de 0ᵇ1. Ainsi la distance corrigée est

100ᵇ219 $=$ 90° 12′ 0″ (dans le ciel.) D. et B. n° 1.

Signal de Jonquières.

12 1202ᵇ740 100ᵇ2283 $=$ 90° 12′ 20″ (dans le ciel.)
F. et B. n° 1. Le signal est difficile à voir.

Dôme des Invalides.

3 300ᵇ452 100ᵇ15067⎫ 100ᵇ2507 $=$ 90° 13′ 33″
Correction du niveau 0.1 ⎭
D. et B n° 1. Observations douteuses.

3 300ᵇ486 100ᵇ162 ⎫ 100ᵇ262 $=$ 90° 14′ 9″
           $+$ 0.1 ⎭
F. et B. n° 1. On voit très-bien les Invalides.

Dôme du Panthéon.

4 . 400ᵍ598   100ᵍ1495 ⎱
          + 0.1 ⎰ 100ᵍ2495 = 90° 13′ 28″ (en terre.) D. et B. n° 1.

Pavillon de Bellassise.

10   100ᵍ8898   100ᵍ1898 = 90° 10′ 15″ (dans le ciel.) D. et B. n° 1.

ANGLES.

Entre Saint-Christophe et Saint-Martin du Tertre.

20 . 1356ᵍ68675   67ᵍ834325 = 61° 3′ 3″2   D. n° 1.
r = 0ᵗ5139 y = 156° 24′ 53″   — 8″58
Centre . . . .   61° 2′ 54″62
14   949ᵍ678   67ᵍ834143 = 61° 3′ 2″62 F. n° 1.
r = 0ᵗ5139 y = 154° 56′ 55″   — 8″59
Centre . . . .   61° 2′ 54″03
Moyenne . . . .   61° 2′ 54″32
                   + 0″05
Horizon . . . .   61° 2′ 54″37

Entre Clermont et Saint-Martin du Tertre.

12   640ᵍ4475   53ᵍ370625 = 48° 2′ 0″825
D. n° 1. Clermont difficile à voir; la nuit empêche de continuer.
r = 0ᵗ463 y = 141° 29′ 50″   — 5″34
Centre . . . .   48° 1′ 55″48
20   1067ᵍ4.075   53ᵍ3704875 = 48° 2′ 0″38 B. n° 4.
20   1067ᵍ4105   53ᵍ370525 = 48° 2′ 0″50 F. n° 4.
r = 0ᵗ4653 y = 136° 41′ 9″   — 5″45
Milieu entre les deux dernières . . . . . 48° 1′ 54″99
Milieu entre les trois . . . . 48° 1′ 55″15
                    — 0″71
Horizon . . . . 48° 1′ 54″24

Entre Jonquières et Clermont.

18   665ᵍ6655   36ᵍ9814166 = 33° 16′ 59″79

F. n° 1. Clermont se voit difficilement.

$r = 0^t74306 \quad y = 182° \ 9′ \ 36″ \quad . \ — \ 4″30$

Centre . . . . 33° 16′ 55″49

20   739ᵍ637   36ᵍ98175   = 33° 17′ 0″87

B. n° 4. Clermont très-foible.

Cet angle a été pris avec les fils verticaux ╬, parce que la tourelle de Clermont, vue de si loin, est trop courte pour être observée autrement. Cet angle, qui est inutile, m'a toujours paru trop incertain, et je ne l'ai point observé.

$r = 0^t75 \quad y = 181° \ 52′ \ 52″ \quad — \ 4″34$

Centre . ╦ . . . . ╦ . 33° 16′ 56″53

Moyenne . . . . ╦ . . . . . 33° 16′ 56″01

+ 0″77

Horizon . . . . 33° 16′ 56″78

Entre Jonquières et Saint-Martin du Tertre.

20   1807ᵍ02825   90ᵍ3514125 = 81° 18′ 58″56   D. n° 1.

$r = 0^t51389 \quad y = 147° \ 39′ \ 14″ \quad — \ 8″49$

Centre . . . . 81° 18′ 50″07

22   1987ᵍ760   90ᵍ3527273 = 81° 19′ 2″84

B. n° 1. Fils verticaux ╬. Le citoyen Bellet n'étoit pas content de cette série.

$r = 0^t51319 \quad y = 149° \ 5′ \ 6″ \quad — \ 8″40$

Centre . . . . 81° 18′ 54″40

14   1264ᵍ936   90ᵍ352571 = 81° 19′ 2″33

F. n° 1. Jonquières difficile à voir.

$r = 0^t51389 \quad y = 146° \ 34′ \ 23″ \quad — \ 8″55$

Centre . . . . 81° 18′ 53″78

20 1807ᵍ045   90ᵍ35225   = 81° 19′ 1″3

F. n° 1. Le signal de Jonquières n'étoit pas assez grand pour être vu de Dammartin ni de Saint-Martin du Tertre. Cet angle est inutile.

$$— \ 8″55$$

Centre . . . . 81° 18′ 52″75

Cette dernière série tient le milieu entre les quatre. Deux autres qui ont été supprimées auroient donné pour milieu entres les six 81° 18′ 51″5.

Entre Saint-Martin du Tertre et les Invalides.

20 1186ᵍ32975   59ᵍ3164875 = 53° 23′ 5″42

D. n° 1. Le dôme se voyoit foiblement.

$r = 1^t$ $y = 173° 54′ 28″$ — 12″81

Centre . . . . 53° 22′ 52″62

30 1779ᵍ47675   59ᵍ3158917 = 53° 23′ 3″49

F. n° 4. Cette série a été souvent interrompue par le mauvais temps.

$r = 1^t04167$ $y = 172° 24′ 8″$ — 13″50

Centre . . . . 53° 22′ 49″99

Moyenne . . . . 53° 21′ 51″29

$$— \ 1″06$$

Horizon . . . . 53° 21′ 50″23

Entre les Invalides et Bellassise.

30 2127ᵍ53375   70ᵍ91783   = 63° 49′ 33″77

D. n° 1. L'observation de cette série a duré plus de 8ʰ. Les Invalides étoient difficiles à voir, et souvent invisibles.

$r = 0^t81944$ $y = 105° 53′ 22″$ — 10″27

Centre . . . . 63° 49′ 23″50

20 1418ᵍ38175   70ᵍ9190875 = 63° 49′ 37″84 F. n° 1.

$r = 0^t81944$ $y = 104° 24′ 3″$ — 10″11

Centre . . . . 63° 49′ 27″73

10   7095182   7059182 $= 63°$ 49' 34"97   B, n° 1.

$- 10"11$

Centre . . . .   63° 49' 24"86

Moyenne entre les 60 observations . . . .   63° 49' 25"14

$+ 1"52$

Horizon . . . .   63° 49' 26"66

Entre Saint-Martin du Tertre et le Panthéon.

46   2930₅832   63₅7137 $= 57°$ 20' 32"51

D. puis F. n° 1. Cette série a été faite en deux jours ; les 14 premiers angles avoient duré 7ʰ.

En rejetant les 24 premiers et les 2 derniers .   57° 20 34"49

En rejetant les 14 premiers et les 2 derniers .   57° 20' 33"07

Je suppose . . . .   57° 20' 33"36

$r = 1ᵗ06944$ $y = 167°$ 28' 19" $- 14"77$

Centre . . . .   57° 20' 18"59

$- 0"60$

Horizon . . . .   57° 20' 17"99

Entre le Panthéon et Bellassise.

40   2660₅88625   66₅52215625 $= 59°$ 52' 11"79

D. puis F. n° 1. J'ai passé une journée entière à prendre les 20 premiers angles. Le citoyen le Français a pris les 20 suivans le lendemain en moins de deux heures. On voyoit beaucoup mieux. On pourroit s'en tenir aux 20 derniers.

Les 20 derniers seuls . . . .   59° 52' 10"63

Je suppose . . . .   59° 52' 11"2

$r = 0ᵗ81944$ $y = 104°$ 24' 11" $- 9"39$

Centre . . . .   59° 52' 1"81

$+ 1"34$

Horizon . . . .   59° 52' 3"15

PANTHÉON FRANÇAIS.

XXIV.

Nous avions pris pour point de mire la calotte de la lanterne qui terminoit alors le dôme du Panthéon. Quand nous sommes revenus l'hiver à Paris, pour y faire les observations, le haut de la lanterne étoit abattu. Nous nous sommes placés dans la partie inférieure qui subsistoit encore, et la lunette de l'instrument étoit élevée de $1^t 431$ au-dessus de la dernière marche de l'escalier. D'après les plans qui m'ont été communiqués par le citoyen Rondelet, la calotte s'élevoit de $4^t 85$ au-dessus de la dernière marche. Il y avoit en outre l'épaisseur de la calotte, qu'on peut estimer $0^t 17$. Ainsi $dH = 3^t 5$.

DISTANCES AU ZÉNIT.

Clocher de Saint-Martin du Tertre.

10    $999^g 358$ $99^g 9358$ $= 89°$ 56' 32"   D. et B. n° 1.
11 février 1793.

Clocher de Dammartin.

8    $800^g 100$ $100^g 0125$ $= 90°$ 0' 40"5   D. et B. n° 1.

Pavillon de Bellassise.

6    $600^g 498$ $100^g 083$ $= 90°$ 4' 28"9   F. et B. n° 1.

Clocher de Brie.

8    $800^g 852$ $100^g 1065$ $= 90°$ 5' 45"   D. et B. n° 1.

Signal de Montlhéri.

4   400ᵇ276   100ᵇ069   = 90° 3′ 43″6

D. et B n° 1. 10 février au soir.

Clocher de Torfou.

14   14016181   100ᵇ084357 = 90° 4′ 33″3   D. et B n° 1.

La même.

14   14015212   100ᵇ08657   = 90° 4′ 40″5

D. et B n° 1. 9 mars. Beau temps ; mais un peu de brume et d'ondulations.

Signal de l'observatoire.

10   1023ᵇ622   102ᵇ3622   = 92° 7′ 33″5

D. et B n° 1. J'ai observé la partie du signal qui est à la hauteur du toit de tuiles qui étoit alors sur la terrasse au-dessus de l'escalier, et qui s'élevoit d'environ une toise et demie.

Dôme des Invalides.

8   800ᵇ050   100ᵇ00625   = 90° 0′ 20″25 D. n° 1.

J'ai observé une croix qui n'existe plus.

Tour de Croy.

8   797ᵇ582   99ᵇ69775   = 89° 43′ 40″71

D. et B n° 1. Cette distance est celle du point que j'ai observé avec les Invalides. (Voyez ci-après.)

Sommet de la tour de Croy.

8   797ᵇ308   99ᵇ6635   = 89° 41′ 49″74 D. et B n° 1.

Observatoire de la rue de Paradis.

6   617ᵇ730   102ᵇ955   = 92° 39′ 34″2

D. et B n° 1. J'ai observé le sommet du toit tournant.

1.   14

Pyramide de Montmartre.

$$8 \quad 801^g874 \quad 100^g23425 \;=\; 90^\circ\; 12'\; 38''97$$

Belvedère Flécheux à Montmartre.

$$8 \quad 799^g900 \quad 99^g9875 \;=\; 89^\circ\; 59'\; 19''5$$

ANGLES.

Entre Dammartin et Saint-Martin du Tertre.

$$20 \quad 1036^g0005 \quad 51^g800025 \;=\; 46^\circ\; 37'\; 12''08$$

D. n° 1. 11 février 1793. Un peu de brume empêchoit quelquefois de distinguer les pointes des clochers.

$$20 \quad 1035^g99725 \quad 51^g7998625 \;=\; 46^\circ\; 37'\; 11''55$$

F. n° 1. 25 février 1793. Brouillard à Saint-Martin ; Dammartin superbe.

Milieu . . . . 46° 37' 11″82

                          — 0″13

Horizon . . . . 46° 37' 11″69

Entre Bellassise et Dammartin.

$$20 \quad 1073^g20125 \quad 53^g6600625 \;=\; 48^\circ\; 17'\; 38''67$$

D. n° 1. Le soleil éclairoit Bellassise ; je ne voyois pas le toit, et en me dirigeant sur la partie blanche j'ai dû trouver l'angle trop grand.

$$8 \quad 429^g275 \quad 53^g659375 \;=\; 48^\circ\; 17'\; 36''37$$

D. n° 1. La pluie empêche de continuer.

$$18 \quad 965^g86975 \quad 53^g65943 \;=\; 48^\circ\; 17'\; 36''55$$

D. n° 1. La pointe du pavillon noire, et tranche bien avec le fond du ciel. Un peu de brume à Dammartin, qui se voit pourtant assez bien.

$$20 \quad 1073^g16425 \quad 53^g6582125 \;=\; 48^\circ\; 17'\; 32''9$$

F. n° 1. On voyoit mieux Bellassise vers la fin de la série que dans le commencement ; cependant c'est toujours un objet difficile à observer.

20 1073515975 5356584875 = 48° 17' 33"50 B. n° 1.

Moyenne . . . . 48° 17' 35"53   Panthéon.

— 0"09

Horizon . . . . 48° 17' 35"44

Au lieu de prendre la moyenne entre les 5 séries, je pense qu'on feroit mieux de s'en tenir à la troisième. Alors l'angle seroit plus grand de 1".

Entre Brie et Bellassise.

20 8225 8365 4151 41825 = 37° 1' 39"52 D. n° 1.

10 4115 425 4151 425 = 37° 1' 41"7

F. n° 1. Après le dixième on ne voyoit plus.

14 5755 9975 4151 42679 = 37° 1' 42"28

F. n° 1. On voyoit un peu mieux ; mais Bellassise est toujours difficile à observer.

44 1810 52590 4151 4225 = 37° 1' 40"89

+ 0"15

Horizon . . . . 37° 1' 41"04

Entre le signal de Montlhéri et Brie.

20 1360 56675 685 033375 = 61° 13' 48"13

D. n° 1. 10 février 1793. Le signal a été dérangé par le vent; il penche du côté de Brie. Dix jours après ces observations, on a visité le signal pour le faire redresser et lui donner plus de solidité. Il penchoit alors de manière à diminuer l'angle entre Montlhéri et Brie de .   3"5

Ainsi l'angle corrigé seroit de . . . . . . 61° 13' 51"63

Mais il vaut mieux rejeter cette série, car rien n'assure que le signal ait toujours penché de la même quantité.

30 2040 59965 685 03320 = 61° 13' 47"57

D. n° 1. 28 février. Le signal étoit solidement rétabli.

20 1360 56825 685 034125 = 61° 13' 50"56

F. n° 1. Objets superbes.

20 1360 5662 685 03310 = 61° 13' 47"24 B. n° 1.

Moyenne entre les trois dernières séries . 61° 13' 48"4

+ 0"20

Horizon . . . . 61° 13' 48"6

Entre les Invalides et la tour de Croy, près Châtillon.

20	1549^{s}141	77^{s}45705	= 69° 42′ 40″842	D. n° 1.
20	1549^{s}1625	77^{s}458125	= 69°.42′ 44″325	F. n° 1.

$$— \; 1″17$$

Horizon . . . . ; 69° 42′ 43″15

Le propriétaire de la tour avoit fait ôter le signal que j'y avois placé avec
sa permission. J'ai observé la fenêtre du milieu, qui n'est pas tout-à-fait
dans la direction du centre. J'ai engagé le citoyen le Français à observer
successivement les deux pans de la tour, et je m'en tiens à ce qu'il a trouvé.

Entre le signal de l'observatoire et le dôme des Invalides.

10	872^{s}41675	87^{s}241675	= 78° 31′ 3″03

$$— \; 0″06$$

Horizon . . . . 78° 31′ 2″97

Le signal de l'observatoire étoit sur le puits, c'est-à-dire sur la méridienne
même à 10^t environ de la face méridionale.

Entre Dammartin et le belvedère Flécheux.

20	1089^{s}214	54^{s}4607	= 49° 0° 52″7	D. et B. n° 1.

Réduction à l'horizon . . . . . ; 0″0

Entre l'observatoire rue de Paradis et la pyramide de Montmartre.

16	674^{s}851	42^{s}178,875	= 37° 57′ 37″3

$$— \; 3′ 49″8$$

Horizon . . . . 37° 53′ 47″5

Pour observer le toit tournant de mon observatoire, qui étoit très-difficile
à reconnoître parmi les maisons sur lesquelles il se projettoit, j'y avois fait
mettre un linge blanc ; mais il n'avoit pas été placé aussi exactement que
j'aurois voulu, et j'ai vu, en rentrant après l'observation de l'angle ci-dessus,

que la partie observée étoit un peu à droite du centre, et qu'ainsi l'angle
est un peu trop fort peut-être de 3 à 4″; ce qui tient à deux centimètres
de distance à l'axe du toit tournant. La même erreur doit avoir lieu dans
l'angle suivant.

Entre le même observatoire et le belvedère Flécheux.

$$12 \quad 42\overset{s}{4}5121 \quad 35\overset{s}{8}3434177 \; = 31° \; 48' \; 32''67$$
$$- \quad 6' \; 2''8$$
$$\overline{}$$

Horizon . . . . 31° 42′ 29″87

Supplément à la station du Panthéon.

L'objet des observations suivantes a été de joindre
aux triangles de la méridienne mon observatoire de la
rue de Paradis au Marais, dans lequel j'ai observé avec
soin la hauteur du pôle et les azimuths.

Depuis ma première station au Panthéon le dôme a
éprouvé quelques changemens. On a supprimé les trois
dernières marches du dernier escalier, dont la hauteur
est ainsi diminuée de 0ᵗ25. La hauteur de la lunette
étoit autrefois de 1ᵗ43056 au-dessus de la quarantième
et dernière marche, c'est-à-dire 1ᵗ68056 au-dessus de la
trente-septième, qui est maintenant la dernière. Dans
la nouvelle station la lunette n'étoit élevée que de
0ᵗ76389 au-dessus de la trente-septième marche, c'est-
à dire 0ᵗ91667 moins qué la première fois.

Pour trouver *dH* j'ai mesuré la hauteur intérieure de
l'espèce de lanterne qui est au haut du Panthéon, et
dans laquelle nous avons observé. Elle est de 1ᵗ61111;
à quoi ajoutant l'épaisseur de la calotte 0ᵗ5278, on a

1^{t}76389 ; d'où retranchant, o^{t}76389, hauteur de l'instrument, il reste enfin $dH =$ 1^{t}oo.

Autrefois la surface extérieure de la calotte s'élevoit de 5^{t}o2 au-dessus de la quarantième marche, ou de 5^{t}27 au-dessus de la trente-septième ; aujourd'hui elle ne s'élève plus que de 1^{t}76. La hauteur du Panthéon est donc diminuée de 3^{t}51.

Au point supérieur de la calotte est planté un bonnet de la liberté dont la tige a servi de point de mire dans les observations faites rue de Paradis et à Montmartre. Une poutre horizontale, appuyée sur les fenêtres de la lanterne, soutient cette tige et empêche aujourd'hui d'observer au centre de la lanterne ; et d'ailleurs le peu de largeur des fenêtres suffiroit seule pour forcer à prendre une position nouvelle pour chaque angle qu'on auroit à mesurer, au lieu que dans l'ancienne station tout a été observé au centre.

DISTANCE AU ZÉNIT.

Nouveau signal de la tour de Croy à Châtillon.

10 · 996^{s}238　996^{s}6238 = 89° 39' 41"1　(dans le ciel.) T. n° 4.

Cette observation, et toutes celles qui sont marquées d'un T, sont du citoyen Tranchot.

ANGLES.

Entre les Invalides et le signal de Croy.

20　1549^{s}364　77^{s}4682　= 69° 43' 16"97 D. et B. n° 4.

$r =$ o^{t}4336　$y =$ 118° 43' 17"　— 29"86

Centre . . . . 69° 42' 47"11

D et B.
20   15498391   77ᵇ46955 = 69° 43′ 21″34
$r = 1ᵗ4314$ $y = 118° 53′ 36″$ — 29″95

Centre . . . . 69° 42′ 51″39

Milieu entre les deux séries . . . . . . 69° 42′ 49″25
        — 1″37

Horizon . . . . 69° 42′ 47″88

Entre la pyramide de Montmartre et les Invalides.

20   13238805   66ᵇ194025 = 59° 34′ 28″64
Même place que le précédent . . . . . .   — 24″90

Centre . . . . 59° 34′ 3″74
        — 0″79

Horizon . . . . 59° 34′ 2″95
Entre la tour de Croy et les Invalides . . . 69° 42′ 47″88

Donc entre la pyramide et la tour de Croy . 129° 16′ 50″83

Entre l'observatoire rue de Paradis et la pyramide de Montmartre.

20   84388225   42ᵇ191125 = 37° 58′ 19″245
$r = 0ᵗ38399$ $y = 242° 34′ 5″$ — 58″71

Centre . . . . 37° 57′ 20″53
        — 3′ 43″72

Horizon . . . . 37° 53′ 36″81
En 1793 j'avois trouvé . . . . 37° 53′ 47″5

Milieu . . . . 37° 53′ 42″1

Je ne pouvois, dans l'une ni dans l'autre série, viser au milieu de mon toit tournant qu'à deux décimètres près, et cette erreur en pouvoit produire une de 5″ dans l'angle. J'avois déja reconnu en 1793 que mon angle étoit trop grand de 4″ environ. En faisant cette correction on se rapprocheroit beaucoup du milieu des deux séries, auquel je m'arrête. Cet angle, au reste, ne doit servir qu'à déterminer la position de mon observatoire, et deux décimètres d'erreur dans cette position ne sont d'aucune conséquence.

Pour réduire à l'horizon ce dernier angle, on a diminué les deux distances au zénit observées en 1793, en leur appliquant l'équation $-\dfrac{0^t 91667\ P}{D \sin. 1''}$, D étant 884^t pour mon observatoire, et 1780 pour la pyramide ; et enfin 0^{t}91667 la différence de hauteur de la lunette dans les deux stations de 1793 et de l'an 7.

PYRAMIDE DE MONTMARTRE.

XXV.

L E cercle étoit placé en avant de la pyramide, sur le massif de pierres qui lui sert de base.

Le socle de la pyramide a 0^{t}58333 de côté.

Entre le Panthéon et l'une des arrêtes de la face sud de la pyramide . . . . . . 156^{g}055 = 140° 26′ 58″2

Entre le Panthéon et l'autre arrête de la même face, 236^{g}285 = 212° 29′ 23″4

Distance du centre du cercle à la première arrête . . . . = 0^{t}45678 = r

Distance à la seconde arrête . . . = 0^{t}51837 = r'

D'où r = 0^{t}68129.

DISTANCES AU ZÉNIT.

Panthéon.

10    $997^{s}238$ $99^{s}7238 = 89° 45' 5''1$ (dans le ciel.) D. et B. n° 4.

Observatoire de la rue de Paradis.

10    $1010^{s}947$ $10^{s}10947 = 90° 59' 6''8$ (en terre.)   D. et B. n° 4.

Dôme des Invalides.

10    $997^{s}120$ $99^{s}7120 = 89° 44' 26''9$ D. et B. n° 1.
La boule se projette sur un arbre.

ANGLES.

Entre le Panthéon et l'observatoire de la rue de Paradis.

30    $593^{s}611$ $19^{s}870333 = 17° 48' 29''99$ D. et B. n° 4.
$r = 0^{s}68129$ $y = 122° 38' 12''$ $— 25''2$
Réduction à l'horizon. . . . . . $— 2' 31''3$

Au centre et à l'horizon . . . $17° 45' 33''5$

La petitesse de cet angle ne permettant pas de l'observer à deux, j'ai pris seul les 20 premiers angles ; le citoyen Bellet a continué jusqu'au 30°, et nous ne différons que de 0''1.

Entre les Invalides et le Panthéon.

20    $769^{s}054$ $38^{s}4527 = 34° 36' 26''75$
$r = 0^{s}68129$ $y = 175° 56' 42''$ $— 38''68$

Centre . . . . $34° 35' 48''07$
    $+ 1''26$

Horizon . . . . $34° 35' 49''33$

OBSERVATOIRE DE LA RUE DE PARADIS.

XXVI.

LES observations ont été faites sur la terrasse de mon observatoire. L'axe du toit tournant a été considéré comme le centre de la station, et le sommet du cône tronqué a été pris pour point de mire. $dH = 0$.

DISTANCES AU ZÉNIT.

Sommet de la calotte du Panthéon.

6   582³303   97ᵍ0505 = 87° 20' 43"6 (dans le ciel.) D. et B. n° 1.

Pyramide de Montmartre.

6 593ᵍ207   98ᵍ867 = 88° 58' 49"08 (en terre.)   D. et B. n° 1.

Belvedère Flécheux.

6 590ᵍ376   98ᵍ3960 = 88° 33' 23"04 (dans le ciel.) D. et B. n° 1.

Clocher Saint-Laurent.

10 991ᵍ607   99ᵍ1607 = 89° 14' 40"67 (dans le ciel.) D. et B. n° 1.

Clocher Sainte-Marguerite.

10 996ᵍ124   99ᵍ6124 = 89° 39' 4"18 (dans le ciel.) D. et B. n° 1.

DISTANCES AU ZÉNIT.

Panthéon.

10   997^{8}238   99^{8}7238 = 89° 45' 5"1 (dans le ciel.) D. et B. n° 4.

Observatoire de la rue de Paradis.

10   1010^{8}947   10180947 = 90° 59' 6"8 (en terre.)   D. et B. n°.4.

Dôme des Invalides.

10   997^{8}120   99^{8}7120 = 89° 44' 26"9 D. et B. n° 1.
La boule se projette sur un arbre.

ANGLES.

Entre le Panthéon et l'observatoire de la rue de Paradis.

30   593^{8}611   19^{8}7870333 = 17° 48' 29"99 D. et B. n° 4.
$r = 0^t68129$ $y = 122° 38' 12"$ — 25"2
Réduction à l'horizon . . . . .   — 2' 31"3

Au centre et à l'horizon . . .   17° 45' 33"5

La petitesse de cet angle ne permettant pas de l'observer à deux, j'ai pris seul les 20 premiers angles ; le citoyen Bellet a continué jusqu'au 30°, et nous ne différons que de 0"1.

Entre les Invalides et le Panthéon.

20   769^{8}054   38^{8}4527 = 34° 36' 26"75
$r = 0^t68129$ $y = 175° 56' 42"$ — 38"68

Centre . . . .   34° 35' 48"07
                              + 1"26

Horizon . . . .   34° 35' 49"33

OBSERVATOIRE DE LA RUE DE PARADIS.

XXVI.

LES observations ont été faites sur la terrasse de mon observatoire. L'axe du toit tournant a été considéré comme le centre de la station, et le sommet du cône tronqué a été pris pour point de mire. $dH = 0$.

DISTANCES AU ZÉNIT.

Sommet de la calotte du Panthéon.

6   582ᵇ303   97ᵇ0505 = 87° 20′ 43″6   (dans le ciel.) D. et B. nᵒ 1.

Pyramide de Montmartre.

·6   593ᵇ207   98ᵇ867 = 88° 58′ 49″08 (en terre.)   D. et B. nᵒ 1.

Belvedère Flécheux.

6   590ᵇ376   98ᵇ3960 = 88° 33′ 23″04 (dans le ciel.) D. et B. nᵒ 1.

Clocher Saint-Laurent.

10   991ᵇ607   99ᵇ1607 = 89° 14′ 40″67 (dans le ciel.) D. et B. nᵒ 1.

Clocher Sainte-Marguerite.

10   996ᵇ124   99ᵇ6124 = 89° 39′ 4″18 (dans le ciel.) D. et B. nᵒ 1.

ANGLES.

Entre la pyramide de Montmartre et le Panthéon.

20 27605100   13850505   = 124° 12' 16"2 D. et B. n° 1.

Réduction à l'horizon. . . . . . .   + 6' 19"32

$r = 0^t 689814$ $y = 341° 15' 11''$ + 2' 8"7

124° 20' 44"2

20 2760541875 13850209375 = 124° 13' 7"83 D. et B. n° 1.

+ 6' 19"32

$r = 0^t 83333$ $y = 0° 16' 59''$ + 1' 18"31

124° 20' 45"46

Milieu . . . . 124° 20' 44"8

Entre le Belvédère Flécheux et le Panthéon.

12   17585359   146852992 = 131° 52' 36"94

+ 9' 42"0

Horizon . . . . 132° 2' 18"94

$r = 0^t 708333$ $y = 110° 38' 50''$ — 3' 54"67

Centre . . . . 131° 58' 24"27

Quand les corrections sont aussi considérables, il est plus exact de commencer par réduire au plan de l'horizon, car c'est dans ce plan que doit se calculer la réduction au centre.

Entre le clocher de Saint-Laurent et la pyramide de Montmartre.

20   632519275   3156096375 = 28° 26' 55"2255 D. B. n° 1.

20   632521475   3156107375 = 28° 26' 58"79

Milieu . . . . 28° 26' 57"0

$r = 0^t 83333$ $y = 124° 49' 7''$ + 10"06

Réduction à l'horizon . . . .   + 8"23

Centre et horizon . . . . 28° 27' 15"29

Entre les clochers de Sainte-Marguerite et de Saint-Laurent.

$$20 \quad 2473^{\text{s}}73675 \quad 1236868375 = 111° \; 19' \; 5''35$$
$$r = 0^{\text{s}}8333 \quad y = 153° \; 16' \; 2'' \qquad - \quad 4' \; 23''88$$

Centre . . . . 111° 14' 41''47

$$20 \quad 2474^{\text{s}}121 \quad 1236870605 = 111° \; 20' \; 7''6$$
$$r = 0^{\text{s}}902777 \quad y = 108° \; 17' \; 36'' \qquad - \quad 5' \; 25''4$$

Centre . . . . 111° 14' 42''2
Milieu entre les deux séries . . . . . . 111° 14' 41''9
$$+ \; 26''3$$

Horizon . . . . 111° 15' 8''2

Entre le Panthéon et Sainte-Marguerite.

$$20 \quad 2130^{\text{s}}52975 \quad 1065264875 = 95° \; 52' \; 25''82$$
$$+ \; 1' \; 21''83$$
$$r = 0^{\text{s}}83333 \quad y = 264' \; 14''33 \qquad + \; 2' \; 59''51$$

Centre et horizon . . . . 95° 56' 47''16

$$20 \quad 2131^{\text{s}}7815 \quad 1065689075 = 95° \; 55' \; 48''60$$
$$+ \; 1' \; 21''83$$
$$r = 0^{\text{s}}902777 \quad y = 219° \; 37' \; 44'' \qquad - \; 26''49$$

Centre et horizon . . . . 95° 56' 43''94
Milieu des deux séries . . . . . 95° 56' 45''55

Tour de l'horizon.

Entre le Panthéon et Sainte-Marguerite . . . 95° 56' 45''55 + 1''6
Entre Sainte-Marguerite et Saint-Laurent . . . 111° 15' 8''2 + 0''3
Entre Saint-Laurent et la pyramide . . . . . 28° 27' 15''29 + 1''8
Entre la pyramide et le Panthéon . . . . . . 124° 20' 44''8 + 0''86

Milieu entre toutes les observations . . 359° 59' 53''84 + 4''56
$$+ \; 4''56$$

En prenant les angles les plus forts . . . 359° 59' 58''40

La petite incertitude de ces angles vient de la grandeur des réductions. Quand les objets sont aussi près, la moindre erreur sur la distance au centre produit aussitôt plusieurs secondes d'incertitude sur la réduction. C'est pour cela que la plupart de ces angles ont été observés de deux places différentes, dans l'espérance d'obtenir quelque compensation dans les erreurs.

Observatoire
de la
rue de Paradis.

Je suppose entre le Panthéon et Sainte-Marguerite . . . 95° 56′ 48″

Entre Sainte-Marguerite et Saint-Laurent . . . . 111° 15′ 9″

Entre Saint-Laurent et la pyramide . . . . 28° 27′ 17″

Entre la pyramide et le Panthéon . . . . 124° 20′ 46″

360° 0′ 0″

PAVILLON DE BELLASSISE.

Bellassise.

XXVII.

LA résistance invincible que j'éprouvai de la part des habitans de Montjai, lorsque je voulus placer un signal sur les débris de leur tour, comme on avoit fait en 1670 et en 1740, et l'impossibilité de voir cette tour du dôme des Invalides, que je voulois alors employer au lieu du Panthéon, me déterminèrent à choisir le pavillon du milieu du château de Bellassise.

Nous nous sommes placés dans l'étage supérieur de ce pavillon, dont la charpente est faite avec beaucoup de soin et de régularité.

Le pavillon est une pyramide quadrangulaire tronquée, dont la base supérieure a une toise de côté. J'aurois bien desiré placer un signal sur ce pavillon; mais ce que je venois d'éprouver à Montjai m'avoit fait sentir la nécessité de cacher mes opérations. Tous mes soins n'ont pu empêcher qu'on ne m'ait trouvé à

Bellassise à l'instant où je finissois mes observations, et qu'on ne m'ait emmené à Lagni, où j'ai été un jour en état d'arrestation. C'étoit le 4 septembre 1792. Le mois suivant je suis revenu à Bellassise pour substituer le Panthéon aux Invalides. $dH = 3^t.667.$

DISTANCES AU ZÉNIT.

Clocher de Dammartin.

14　1399^{g}665　99^{g}9760　= 89° 58' 42"0　(dans le ciel.) D. n° 1.
+ 27"8

Dôme du Panthéon.

10　1001^{g}400　100^{g}140　= 90° 7' 33"6　(en terre.)　F. n° 1.
+ 24"0

Clocher de Brie.

14　1401^{g}587　100^{g}1333　= 90° 6' 7"0　(dans le ciel.)
+ 39"7

D. n° 1. Beaucoup d'ondulations ; pointe difficile à observer.

Ces trois distances ont été observées dans un grenier au-dessous du pavillon, 1^{t}833 plus bas que l'endroit où les autres observations ont été faites. Ainsi ces trois distances sont trop foibles ; et pour les réduire au pavillon il faut les augmenter, la première de 27"8, la seconde de 24"0, et la troisième de 39"7.

Dôme des Invalides.

10　1002^{g}023　100^{g}2023　= 90° 10' 55"45 (en terre.)
F. n° 1. Observée dans le pavillon.

ANGLES.

Entre Dammartin et le Panthéon.

20　1596^{g}5675　79^{g}828375　= 71° 50' 43"94

D. n° 1. 9 octobre 1792 et le 11 matin. Temps affreux, mauvaises observations.

24 1915^s910   79^s8295833 = 71° 50′ 47″85

F. n° 1. 12 et 13 octobre.

20 1596^s5925   79^s829625 = 71° 50′ 47″98   D. n° 1.

Milieu des deux dernières séries . . . . 71° 50′ 47″91

$r = $ 1ʰ7396 $y = $ 186° 12′ 13″   — 23″35

Centre . . . . 71° 50′ 24″56

— 0″31

Horizon . . . . 71° 50′ 24″25

Entre le Panthéon et Brie.

20 1274^s65875   63^s7329375 = 57° 21′ 34″72

D. n° 1. On voyoit très-foiblement le Panthéon.

30 1911^s961   63^s732371 = 57° 21′ 32″69

F. n° 1. On ne voyoit pas très-bien le Panthéon.

20 1274^s626   63^s7313 = 57° 21′ 29″41

F. n° 1. On voit bien les deux objets.

20 1274^s68175   63^s7340875 = 57° 21′ 38″44

D. n° 1. On ne voit plus si bien, mais on peut observer.

20 1274^s63375   63^s7316875 = 57° 21′ 30″67 F. n° 1.

10 637^s36275   63^s736275 = 57° 21′ 47″49 B. n° 1.

20 1274^s640   63^s7320 = 57° 21′ 31″68 D. et B. n° 1.

140 8922^s56400   63^s7326 = 57° 21′ 33″624

$r = $ 1ʰ7396 $y = $ 128° 50′ 58″   — 31″824

Centre . . . . 57° 21′ 1″80

+ 0″52

Horizon . . . . 57° 21′ 2″32

Il y a apparence qu'on n'a pas toujours observé les mêmes points des deux objets. Nous avons cru aussi que la mobilité du plancher avoit pu contribuer aux différences étranges que présentent ces différentes séries, et la dernière a été faite par deux observateurs immobiles et assis pendant toute l'opération.

En général les flèches aigües, comme celle de Brie, nous ont fort exercés.

Entre Dammartin et Brie.

3o.	4306ᵇ87575	143ᵇ562525	= 129° 12′ 22″58	D. nᵒ 1.
14.	2009ᵇ87925	143ᵇ5628035	= 129° 12′ 23″48	F. nᵒ 1.

Moyenne . . . . 129° 12′ 23″o3
r = 1ᵗ6944 y = 129° 50′ o″   — 53″99

Centre . . . . 129° 11′ 29″o4
                                   + o″19

Horizon . . . . 129° 11′ 29″23

4o.	5742ᵇ51575	143ᵇ562894	= 129° 12′ 23″78	F. puis D. nᵒ 1.
2o.	2871ᵇ2525	143ᵇ562625	= 129° 12′ 22″90	D. et B. nᵒ 1.

Moyenne . . . . 129° 12′ 23″34
r = 1ᵗ7396 y = 128° 50′ 38″   — 55″55

Centre . . . . 129° 11′ 27″79
                                 + o″19

Horizon . . . . 129° 11′ 27″98
Par un milieu à l'horizon . . . . 129° 11′ 28″6
Par les observations que je préfère . . . 129° 11′ 28″o

Entre les Invalides et Brie.

20 13o4ᵇ28125 65ᵇ2140625 = 58° 41′ 33″56
D. nᵒ 1. On voit foiblement les Invalides.

20 13o4ᵇ296 65ᵇ2148 = 58° 41′ 35″95
F. nᵒ 1. On voit foiblement les Invalides.

8 521ᵇ709 65ᵇ213825 = 58° 41′ 32″79
F. nᵒ 1. Les Invalides toujours foibles.

48 313o5ᵇ28625 65ᵇ214298 = 58° 41′ 34″32
r = 1ᵗ6944 y = 129° 50′ o″   — 31″24

Centre . . . . 58° 41′ 3″o8
                                 — o″35

Horizon . . . . 58° 41′ 2″73

Entre Dammartin et les Invalides.

38   2977^{s}2071   78^{s}34755   = 70° 30′ 46″06

D. n° 1. Les deux objets sont très-beaux.

20   1566^{s}972   78^{s}3486,   = 70° 30′ 49″46   F. n° 1.

Moyenne . . . .   70° 30′ 47″76

$r =$ 1^{t}6944 . $y =$ 188° 31′ 34″   — 22″68

Centre . . . .   70° 30′ 25″08

— 0″54

Horizon . . . .   70° 30′ 24″54, ou 22″84, si je
m'en tiens à mon observation.

Entre les Invalides et Brie, à l'horizon .   58° 41′ 2″73
Entre Dammartin et les Invalides . . . .   70° 30′ 24″54

Donc entre Dammartin et Brie . . . . .   129° 11′ 27″27, ou 25″77
Observation directe . . . . . .   129° 11′ 28″0

Entre Dammartin et le Panthéon . ᵔ . .   71° 50′ 24″25
Entre le Panthéon et Brie . . . .   57° 21′ 2″32

Donc entre Dammartin et Brie . . . . .   129° 11′ 26″57
Observation directe . . . . . .   129° 11′ 28″0

BRIE.

XXVIII.

LE clocher de Brie est une belle tour carrée terminée par une pyramide octogone de 10^t de hauteur. Cette pyramide a été bâtie à la place de la lanterne qui a servi en 1740. Nous nous sommes établis sur la troisième enrayure. $dH =$ 6^{t}6667.

1.   16

Brie.

On monte à la pyramide par un escalier de 166 marches.

N'ayant pu obtenir à temps les signaux de Malvoisine, Montlhéri et Châtillon, j'ai observé les différens points de ces objets qui m'ont paru les plus propres à être réduits aux signaux; me réservant d'observer ces angles plus exactement quand je reviendrois à Brie pour lier aux triangles principaux la base qu'on se proposoit alors de mesurer entre Villejuif et Juvisi. Nous avons trouvé depuis plus commode de placer la base sur le chemin de Melun, et différens obstacles m'ont longtemps empêché de retourner à Brie. Cette station a été enfin terminée en frimaire an 6.

DISTANCES AU ZÉNIT.

Panthéon français.

14   140ᵍ5970   100ᵍ0693   = 90° 3′ 45″   (dans le ciel.) F. et B. n° 1.

Bellassise.

10   99ᵍ8703   99ᵍ9703   = 89° 58′ 24″   (dans le ciel.) F. et B. n° 1.

La même par des angles simples.

Cinq observations	399ᵍ305	
Supplément à 400	0ᵍ695	
Cinquième ou hauteur simple	0ᵍ139	
Complément ou distance au zénit . . .	99ᵍ861	= 89° 52′ 29″64
Par les angles doubles	99ᵍ9703	= 89° 58′ 23″77
Correction du niveau	+ 0ᵍ1093	= + 5′ 54″13

Ces observations prouvent que les distances au zénit prises par les angles simples sont trop foibles de 0ᵍ1093, ou que l'axe optique de la lunette inférieure du cercle n° 1 fait un angle de 5′ 54″ au-dessus de l'horizon quand le niveau est calé. Ainsi les distances au zénith qu'on a prises en supposant l'axe de la lunette parallèle à celui du niveau, ont besoin d'être augmentées de cette quantité.

La ruine la plus haute de la tour de Montlhéri.

10   999ᵍ990   99ᵍ999 = 89° 59′ 57″ (dans le ciel.) F. et B.

Par les angles simples.

Trois observations	399ᵍ706
Supplément ou triplé hauteur	0ᵍ294
Hauteur simple.	0ᵍ098
Complément ou distance au zénit	99ᵍ902
Par les angles doubles	99ᵍ999
Correction du niveau	+ 0ᵍ097

Corniche de la tour de Montlhéri.

10   1000ᵍ298   100ᵍ0298 = 90° 1′ 36″6   D. et B. n° 4.

Tour de Croy à Châtillon.

10   999ᵍ912   99ᵍ9912 = 89° 59′ 31″5 (dans le ciel.)
F. et B. n° 1.

La même par les angles simples.

6 399ᵍ355		
Supplément .	0ᵍ645	0ᵍ1075
Complément	99ᵍ8925	
Ci-dessus	99ᵍ9912	
Correction du niveau	+ 0ᵍ0987	

Pavillon attenant à la tour de Croy.

10   1000ᵍ000   100ᵍ000 = 90° 0′ 0″
F. et B. n° 1. On ne voyoit pas le toit de ce pavillon.

La même distance par les angles simples a donné pour correction du niveau . . . . + 0^{s}095

La tour avoit donné . . . . + 0^{s}0987

La ruine de Montlhéri . . . . + 0^{s}0970

Bellassise . . . . + 0^{s}1093

Milieu . . . . + 0^{s}10025 = 5′ 24″8

C'est d'après ces observations qu'on a corrigé les distances au zénit observées à Dammartin par des angles simples.

Cheminée à l'extrémité de Malvoisine.

10   1000^{s}154   100^{s}0154   = 90° 0′ 50″   (dans le ciel.) D. et B. n° 1.

Moulin de Fontenai.

10   999^{s}993   99^{s}9993   = 89° 59′ 58″   D. et B. n° 1.

ANGLES.

Entre Bellassise et le Panthéon.

30   2854^{s}042   95^{s}134733   = 85° 37′ 16″54   D. n° 1.

$r = 0^t 336875$ $y = 241°$ 17′ 14″   + 0″59

Centre . . . .   85° 37′ 17″13

20   1902^{s}6915   95^{s}134575   = 85° 37′ 16″02   F. n° 4.

$r = 0^t 33801$ $y = 241°$ 39′ 7″   + 0″65

Centre . . . .   85° 37′ 16″67

30   2854^{s}0705   95^{s}135683   = 85° 37′ 19″6

F. n° 4.   Fils verticaux +.

$r = 0^t 28403$ $y = 231°$ 24′ 26″   — 0″76

85° 37′ 18″84

12 . . . . 95ᵉ1360
14 . . . . 95ᵉ1357
10 . . . . 95ᵉ1360
24 . . . . 95ᵉ13544

Moyenne . . . . 95ᵉ135785 = 85° 37′ 19″94

B. n° 1. Cet angle a paru plus grand lorsque Bellassise étoit éclairé du soleil.

24   2283ᵉ240   95ᵉ1350 = 85° 37′ 17″4

                + 0″6

Centre . . . . 85° 37′ 18″0

B. n° 1. Fils inclinés ✕.

10   95ıᵉ355   95ᵉ1355 = 85° 37′ 19″02

                — 0″76

Centre . . . . 85° 37′ 18″26

B. n° 1. Fils verticaux ✚.

Première série . . . . 85° 37′ 17″13
Seconde série . . . . 85° 37′ 16″67
Troisième série . . . . 85° 37′ 18″84
Quatre suivantes . . . . 85° 37′ 19″94
Huitième série . . . . 85° 37′ 18″00

Moyenne . . . . 85° 37′ 18″14

                — 0″11

Horizon . . . . 85° 37′ 18″03

Suite de la station de Brie. Frimaire an 6.

Les trous que nous avons faits au clocher ne suffisoient pas pour prendre les distances au zénith à la manière ordinaire, qui exige environ une ouverture de 0ᵗ167. Par cinq observations d'angles simples mesurés à la suite les uns des autres, j'ai trouvé que la distance au zénith, pour le signal de Montlhéri, surpassoit de 3′ 1″44 celle de la plus haute ruine de la tour, et pour le signal de Malvoisine elle étoit de 47″3 moindre que celle de la cheminée à l'extrêmité du bâtiment. On aura donc les quantités suivantes.

DISTANCES AU ZÉNIT.

Signal de Montlhéri. . . . . 90° 2′ 58″4
Signal de Malvoisine . . . . 90° 0′ 2″7

ANGLES.

Entre le Panthéon et le signal de Montlhéri.

30 18625142   6250720667 = 55° 51′ 53″696
D. et B. n° 1. Frimaire an 6. Point de soleil.
30 18625212   625073733   = 55° 51′ 58″885
D. et B. n° 1. Signal de Montlhéri éclairé.

Nous n'étions pas d'accord sur la manière d'observer. J'ai fait seul la série suivante.

30 18625160   6250720   = 55° 51′ 53″28
D. n° 1. Peu ou point de soleil.
30 18625194   625073133   = 55° 51′ 56″45 B. seul.
40 2482589525 625073238125 = 55° 51′ 54″515 D. seul.
Objets foibles; point de soleil.
4   2485290   6250725   = 55° 51′ 54″9 B. n° 1.
12 7445870   6250725   = 55° 51′ 54″9 B. n° 1.
20 12415442   6250721   = 55° 51′ 53″6 B. n° 1.
Objets foibles; point de soleil.
10 6205734   625073.4   = 55° 51′ 57″816 B. n° 1.
Signal éclairé. Angle trop fort.
20 12415466   625073.3   = 55° 51′ 57″492 B. n° 1.
Signal éclairé.

Milieu entre les 222 angles . . 55° 51′ 55″476

Séries sans soleil.

Première 30   55° 51' 53"476 D. et B. n° 1.
Seconde 30   55° 51' 53"28   D. n° 1.
Troisième 20   55° 51' 53"6   B. n° 1.
                              ─────────────────
                        80   55° 51' 53"4

$r = 0{,}34302$ $y = 186° 17' 56''$ — 4"11
                                           ─────────────────
Centre . . . . 55° 51' 49"29
                                        + 0"11
                                     ─────────────────
Horizon . . . .   55° 51' 49"40

Entre les signaux de Montlhéri et Malvoisine.

        20   900ᵍ990   45ᵍ0495   = 40° 32' 40"38
D. et B. n° 1.   Point de soleil.

        20   901ᵍ00375   45ᵍ0501875 = 40° 32' 42"648 D. et B. n° 1.
                                     ─────────────────
Milieu . . . .   40° 32' 41"514
$r = 0{,}3566$ $y = 185° 48' 10''$ — 3"461
                                     ─────────────────
Centre . . . .   40° 32' 38"053
                                         — 0"096
                                     ─────────────────
Horizon . . . .   40° 32' 37"957

SIGNAL DE MONTLHÉRI.

XXIX.

La tour de Montlhéri est en ruines et ne présente aucun point que l'on puisse observer bien sûrement. En 1740 on a visé au milieu de la tour; mais cette tour est accompagnée d'une tourelle dans laquelle étoit l'escalier, et cette tourelle, qui est placée du côté de Paris, fait que le centre apparent, vu de Brie, est à droite du centre véritable. Ainsi il y a quelque apparence que les angles à Brie, entre Montlhéri et l'Observatoire, entre Montlhéri et Montmartre, sont trop petits, et que l'angle entre Malvoisine et Montlhéri est trop grand de la même quantité. Pour éviter cet inconvénient j'ai placé un signal sur le mur qui joint la tour. Ce signal est une pyramide tronquée, dont l'axe est à quelques pouces en avant du mur, à la distance de 3^{t}5 de l'angle curviligne formé par le mur et la tour. Je m'étois d'abord contenté d'y placer un tronc d'arbre : il fut renversé et mis en pièces le lendemain. Le procureur de la commune en fit replacer un autre aux frais du délinquant; mais ce nouvel arbre étoit trop petit, et je ne pus l'appercevoir de Brie. Je fus obligé d'aller à Montlhéri pour commander le signal actuel. Il ne put être achevé assez tôt. Pour y suppléer, j'avais essayé à Brie d'observer divers points de la tour : mais, outre l'incertitude de ces observations, j'ai éprouvé d'assez grandes difficultés pour réduire au signal les angles observés; en sorte que toute cette partie a été recommencée en l'an 6, à mon retour de Rodez.

Les deux cercles ont été placés pendant toute la station aux deux mêmes endroits, et les quantités r sont par conséquent constantes. Quant aux angles y, il a suffi d'en observer un seul pour en conclure tous les autres.

Ainsi pour le cercle n° 1 :

Pour Brie et le Panthéon . . . $y =$ 151° 26' 25"
                                      62° 55' 26"

Pour Malvoisine et Brie . . . . $y =$ 214° 21' 51"
                                       65° 19' 32"

Pour Torfou et Malvoisine . . . $y =$ 279° 41' 23"
                                       74° 39' 31"

Pour Brie et la tour de Croy . $y =$ 139° 42' 20"
$r =$ 3ᵗ60185.

Pour le cercle n° 4 :

Pour Brie et le Panthéon . . . $y =$ 75° 12' 56"
                                     62° 54' 48"

Pour Malvoisine et Brie . . . . $y =$ 138° 7' 44"
                                      65° 19' 54"

Pour Torfou et Malvoisine . . . $y =$ 203° 27' 38"
                                       74° 38' 39"

Pour Brie et la tour de Croy . $y =$ 63° 29' 5"
$r =$ 3ᵗ68055; $dH =$ 3ᵗ.

DISTANCES AU ZÉNIT.

Haut de la lanterne du Panthéon.

10 .1000ᵖ978 .10050978 $=$ 90° 5' 16"9 (dans le ciel.) F. et B. n° 4.

Clocher de Brie.

10 1001ᵖ270 1005127 $=$ 90° 6' 51"5 (dans le ciel.)
F. et B. n° 4. Le clocher finit par une pointe si déliée qu'il est difficile d'observer toujours le même point.

Signal de Malvoisine.

10　999ᵍ850　99ᵍ985　= 89° 59' 11"4

F. n° 4. Ce premier signal n'étoit autre chose que la cheminée méridionale de Malvoisine, que j'avois fait hausser de 1ᵗ33.

Clocher de Torfou.

10　998ᵍ820　99ᵍ882　= 89° 53' 37"7　(dans le ciel.)　F. et B. n° 4.

Signal de la tour de Croy.

10　999ᵍ039　99ᵍ9039　= 89° 54' 48"6　(dans le ciel.)

D. et B. n° 1. J'ai observé le haut du signal.

Clocher de Saint-Yon.

8　798ᵍ870　99ᵍ85875 = 89° 52' 22"3　(dans le ciel.)

ANGLES.

Entre Brie et le Panthéon.

$$20\quad 1398ᵍ304\quad 69ᵍ9152\quad = 62° 55' 25"25\quad D. n° 1.$$
$$r = 3ᵗ60185\quad y = 151° 26' 25"\quad — 1' 0"71$$

Centre . . . . 62° 54' 24"54

$$20\quad 2398ᵍ073\quad 69ᵍ90365\quad = 62° 54' 47"93\quad F. n° 4.$$
$$r = 3ᵗ68055\quad y = 75° 12' 56"\quad — 20"65$$

Centre . . . . 62° 54' 27"28

$$20\quad 1398ᵍ32075\quad 69ᵍ9160375 = 62° 55' 27"96\quad F. n° 1.$$
$$— 1' 0"71$$

Centre . . . . 62° 54' 27"25

Moyenne . . . . 62° 54' 26"36

$$+ 0"36$$

Horizon . . . . 62° 54' 26"72

Entre Malvoisine et Brie.

22 .1596884375 , 728583804 $=$ 65° 19′ 31″52 D. n° 1.

$r =$ 3'60185 , $y =$ 214° 21′ 51″ — 50″73

Centre . . . . 65° 18′ 40″79

20 .1451881575, 728590787 5 $=$ 65° 19′ 54″15

F. n° 4. Les deux objets par fois difficiles à voir.

$r =$ 3'68055 $y =$ 138° 7′ 44″ — 1′ 12″81

Centre . . . . 65° 18′ 41″34

Moyenne . . . . 65° 18′ 41″06

— 0″29

Horizon . . . . 65° 18′ 40″77

Entre Torfou et Malvoisine.

30 .1838857025 618285675 $=$ 55° 9′ 25″59

D. et F. n° 1. Les 8 premiers angles sont du citoyen le Français, et donneroient encore 2″ de moins que les 30.

$r =$ 3'60185 $y =$ 279° 41′ 23″ + 31″90

Centre . . . . 55° 9′ 57″49

28 171780575 6183235 $=$ 55° 11′ 28″14 F. n°. 4.

· $r =$ 3'68055 $y =$ 203° 27′ 38″ — 1′ 25″64

Centre . . . . 55° 10′ 2″50

40 245184453 618286075 $=$ 55° 9′ 26″88

D. puis B. enfin F. n° 1. J'attribue la différence entre ces séries à la
manière dont Malvoisine étoit éclairé. Il paroît, par les deux autres angles
du triangle, que la seconde série est la meilleure, quoique dans la dernière
les trois observateurs soient bien d'accord.

+ 31″90

Centre . . . . 55° 9′ 58″78

Moyenne . . . . 55° 9′ 59″6

— 0″12

Horizon . . . . 55° 9′ 59″48

Entre Saint-Yon et Torfou.

20 436ᵍ1855 21ᵍ809275 $= 19° 37' 42''05$

B. n° 4. Cet angle a été pris seulement pour déterminer la position du clocher de Saint-Yon, qui paraît inexacte dans la *Méridienne* vérifiée.

$r = 3ᵍ68055$ $y = 258°.44' 30''$ — .19''11

Centre . . . . .19° 37' 22''94

+ 0''15

Horizon . . . . 19° 37' 23''09

Entre Brie et le signal de la Tour de Croy.

10 829ᵍ5535 82ᵍ95535 $= 74° 39' 35''334$

D. n° 1. J'ai observé le bas du signal qui étoit une poutre verticale.

$r = 3ᵍ60185$ $y = 139° 42' 20''$ — 1' 24''28

Centre . . . . 74° 38' 11''05

30 2488ᵍ625 82ᵍ954167 $= 74° 39' 31''5$

D. n° 1. J'ai observé le haut du signal. On voyoit assez mal en commençant.

— 1' 24''28

Centre . . . . 74° 38' 7''22

20 1659ᵍ05275 82ᵍ9526375 $= 74° 39' 26''55$

F. n° 1. On n'appercevoit que le haut du signal, et assez mal.

— 1' 24''28

Centre . . . . 74° 38' 2''27

30 2488ᵍ14525 82ᵍ938175 $= 74° 38' 39''69$

$r = 3ᵍ68055$ $y = 63° 29' 5''$ — 35''25

Centre . . . . 74° 38' 4''44

Milieu entre les 90 observations . . . . 74° 38' 5''62

— 0''82

Horizon . . . . 74° 38' 4''8

Supplément à la station de Montlhéri.

Cette station, restée incomplète en 1792, a été achevée en ventose an 6. Le signal venoit d'être abattu et emporté par des voisins; on en a retrouvé chez eux des fragmens, et entre autres le carré qui servoit de base : on l'a replacé sur des supports pareils, et enfoncés dans les mêmes trous du mur. Cette fois, pour observer, on s'est tenu sur ce mur même. Et $dH = 1^t 833$.

DISTANCES AU ZÉNIT.

Panthéon français.

10   10018065   10051065 = 90° 5' 45"06   (dans le ciel.)
T. et B. n° 1. 3ʰ.

En 1792 cette distance étoit de 90° 5' 16"9

Le Panthéon étoit alors plus élevé de 3ᵗ5. (Voyez p. 110), et l'instrument étoit plus bas de 1ᵗ2. (Voyez p. 129).

Signal de Lieursaint.

4   4008805   10052012 5 = 90° 10' 52"0
T. et B. n° 1. Midi. Le grand vent ne permet pas de continuer.

La même.

10   10018804   10051804 = 90° 9' 44"0 (la pointe dans le ciel.)
D. et B. n° 1. Vent par intervalles.

ANGLES.

Entre Brie et le Panthéon.

30   2096ᵍ991   69ᵍ89970o   = 62° 54′ 35″o28

T. et B. n° 1. 5 ventose. Objets bien visibles ; Brie quelquefois trop éclairé.

50   3494ᵍ9615   69ᵍ89923   = 62° 54′ 33″5o5

D. et B. n° 1. Brie beau et point éclairé ; Panthéon un peu incertain.

Milieu entre les 80 observations   62° 54′ 34″076

$r = 1^t$389 $y = $ 195° 30′ 25″   — 12″489

                                   62° 54′ 21″587

En 1792 j'avois trouvé . . . .   62° 54′ 24″5

Milieu . . . .   62° 54′ 23″o43

                                  + o″357

Horizon . . . .   62° 54′ 23″4oo

Deux autres séries rapportées précédemment donneroient plus encore, et je crois devoir porter cet angle à 62° 54′ 23″5

Entre les signaux de Torfou et de Malvoisine.

20   1226ᵍo255   61ᵍ3o1275 = 55° 10′ 16″131

B. et T. n° 1. 5 ventose, 10ʰ $\frac{1}{2}$. Vent, sur-tout depuis le 14ᵉ angle.

$r = $ o^{t}7o199 $y = $ 135° 7′ 33″   — 15″7o4

Centre . . . .   55° 10′ o″427

                                — o″12

Horizon . . . .   55° 10′ o″3o7

Quatre anciennes séries donneroient un peu moins ; mais l'une d'entre elles donneroit 2″ de plus, et il paroît par les deux autres angles du triangle que c'est celle qu'on doit préférer.

Entre les signaux de Malvoisine et Lieursaint.

20 1101861975 5580809875 = 49° 34' 22"3995

B. et T. n° 1. 5 ventose. Beaux objets ; grand vent.

40 2203827775 5580819375 = 49° 34' 25"4775

D. B. et T. n° 1. Série préférable à la précédente.

Le milieu entre les 60 feroit . . . 49° 34' 24"4515

Mais je m'en tiens à la seconde série.

$r = $ 0'70197 $y = $ 85.33.8   — 1"947

Centre . . . . 49° 34' 23"53

— 0"91

Horizon . . . . 49° 34' 22"62

M A L V O I S I N E.

X X X.

LE signal de Malvoisine est la cheminée méridionale qui a servi en 1740. Je l'ai fait hausser d'environ 1ᵗ33, pour qu'on la vît au-dessus des arbres qui entourent la ferme. J'ai fait placer un fil à plomb dans le milieu de la cheminée, et je l'observois par un trou fait au mur pour prendre la distance au centre et l'angle de direction y. Notre échafaud étoit au-dessous du toit de l'escalier, 0ᵗ25 plus bas que le haut de la porte du grenier qui est au-dessus du logement du fermier. J'ai trouvé, par la comparaison de mes observations à celle de Picart, que l'ancien pavillon devoit être au-dessus du grenier dont je viens de parler.

Élévation du haut de la cheminée au-dessus de l'instrument, ou $dH = 4^t 875$.

La cheminée de Malvoisine étoit difficile à voir quand elle étoit foiblement éclairée du soleil, sa couleur se confondoit alors avec le fond du ciel. Je l'avois bien pressenti; mais, après ce qui venoit de m'arriver à Montjai et à Bellassise, il auroit été imprudent de faire placer un autre signal.

On ne voit plus Mespui de Malvoisine; j'ai remplacé ce clocher par celui de Forêt-Sainte-Croix.

DISTANCES AU ZÉNIT.

Clocher de Brie.

$$10 \quad 100^s 1500 \quad 100^s 1500 = 90° \ 8' \ 6''0 \quad \text{(dans le ciel.)}$$
$$+ \ 37''5$$
$$\overline{90° \ 8' \ 43''5}$$

D. n° 4. J'ai pris cette distance par une fenêtre de la chambre dont la cheminée a servi de signal. Le plancher de la chambre étoit $2^t 9722$ au-dessous de l'instrument d'en haut. La différence de hauteur entre les deux instrumens étoit $2^t 25$: ainsi il faut augmenter de $37''5$ la distance observée.

Signal de Montlhéri.

$$5 \quad 399^s 780 \quad 99^s 956 \quad \text{(en terre.)}$$
Correction du niveau . . $0^s 8525$
$$\overline{100^s 04125} = 90° \ 2' \ 14''0$$

Le haut de la tour de Montlhéri est dans le ciel.

Clocher de Torfou.

$$10 \quad 999^g990 \quad 99^g999 \quad = 89° \ 59' \ 56''76 \quad \text{(dans le ciel.)}$$
Par les angles simples . . 99^g91375

Correction du niveau . . $0^g08525 = 0° \ 4' \ 36''0$

A Brie nous avions trouvé la correction du niveau $+ 0^g10025 = 5' \ 24'' 8$; elle a pu varier dans le transport.

Clocher de Forêt-Sainte-Croix.

$$10 \quad 1000^g8688 \quad 100^g80688 \quad = 90° \ 3' \ 43''0 \quad \text{(dans le ciel.)}$$
Réduction . . . . $+ 45''2$

$$90° \ 4' \ 28''0$$

J'ai observé dans le corridor qui mène à la chambre dont il est parlé à la distance de Brie au zénit.

Clocher de Chapelle-l'Égalité (ci-devant la Reine.)

$$5 \quad 399^g82 \quad 99^g964 \quad \text{(dans le ciel.)}$$
Correction du niveau . . 0^g8525

$$100^g04925 = 90° \ 2' \ 40''0$$

Porte de la maison de madame Lelong, à Bruyères.

$$6 \quad 60^g8615 \quad 100^g26917 = 90° \ 14' \ 32''0 \quad \text{(en terre.)}$$

J'ai observé le haut de la porte qui paroissoit comme une tache noire sur une surface blanche.

Cette porte est celle du milieu de la façade sur le jardin.

ANGLES.

Entre Brie et le signal de Montlhéri.

24　1977ᵍ37　82ᵍ380708　= 74° 8′ 33″49

D. puis F. n°. 1. Dans les quatre derniers angles, on avoit beaucoup de peine
à voir le signal de Montlhéri.

Les 20 premiers donnent . . . . . 74° 8′ 32″53

20　1647ᵍ60375　82ᵍ3801875　= 74° 8′ 31″81

F. n° 1. Fils verticaux +.

Milieu entre 40 observations . .	74° 8′ 32″17
r = 1ᵗ013889　y = 243° 43′ 12″	+ 9″84
Centre	74° 8′ 42″01
	+ 0″24
Horizon	74° 8′ 42″35

Entre les signaux de Montlhéri et Torfou.

20　974ᵍ9285　48ᵍ746425　= 43° 52′ 18″42　D. n° 1.

r = 1ᵗ17708　y = 191° 23′ 40″　— 16″02

Centre	43° 52′ 2″40
	— 0″09
Horizon	43° 52′ 2″31

Entre Torfou et Forêt-Sainte-Croix.

42　2491ᵍ5055　59ᵍ310833　= 53° 22′ 47″10　D. puis F. n° 1.

r = 1ᵗ1944　y = 138° 33′ 31″　— 22″76

Centre	53° 22′ 24″34
	— 0″09
Horizon	53° 22′ 24″25

Entre Forêt-Sainte-Croix et Chapelle-l'Égalité.

40 3,14983′7725   78573443,12 = 70° 51′ 39″56

D. n° 1 les 20 premiers angles, et F. n° 1 les 20 derniers.

$r =$ 1ᵗ20486 $y =$ 65° 43′ 31″   — 1″31

Centre . . . . 70° 51′ 38″25

+ 0″15

Horizon . . . . 70° 51′ 38″40

Entre Bruyères (milieu de la porte de la maison de madame Lelong) et Torfou.

14   330866425   235618785 = 21° 15′ 24″86

D. n° 1. Cet angle doit être trop petit de 1″ environ.

$r =$ 1ᵗ40375 $y =$ 191° 0′ 25″   — 8″73

Centre . . . . 21° 15′ 16″13

— 4″67

Horizon . . . . 21° 15′ 11″46

Supplément à la station de Malvoisine.

Les raisons qui m'avoient empêché en 1792 de placer un signal sur la cheminée de Malvoisine, ne subsistant plus en l'an 6, j'y fis placer une pyramide de 0ᵗ5 de base sur 1ᵗ5 de hauteur, et je fis faire un échafaud tout auprès et sur le faîte de la maison. Ce signal étoit noirci. Il y avoit une ouverture pour mesurer la distance au centre et l'angle de direction. $dH =$ 1ᵗ04167.

DISTANCES AU ZÉNIT.

Signal de Melun.

10　100³⁵1090　100⁵3109 = 90° 16′ 47″316　(en terre.)

D. n° 1. 29 pluviose, 0ʰ ¼. Le signal se voit passablement.

Signal de Montlhéri.

10　1001⁵297　100⁵1297 = 90° 7′ 0″228　(en terre.)

D. n° 1. 1ʰ. Signal assez beau.

Signal de Lieursaint.

10　1002⁵590　100⁵2590 = 90° 13′ 59″16　(en terre.)

D. n° 1. 1ʰ ½.

ANGLES.

Entre les signaux de Melun et Montlhéri.

20　2609⁵09275　130⁵4546475 = 117° 24′ 33″06

D. et B. n° 1. 29 pluviose, fini à 2ʰ. On voyoit bien Melun, passablement Montlhéri. Réduction à l'horizon . . . .　　　　+ 3″82

Entre les signaux de Melun et Lieursaint.

20　902⁵60075　45⁵1300375 = 40° 37′ 1″32

D. et B. n° 1. 3ʰ. Objets très-beaux d'abord ; foibles depuis le treizième angle jusqu'à la fin. On a été obligé de suspendre entre le treizième et le quatorzième.

20　902⁵587　45⁵12935　= 40° 36′ 59″09

Objets superbes ; vent excessivement incommode, sur-tout depuis le quinzième angle.

Les 14 premiers donnent . . . . 40° 37′ 1″89

20　902⁵6025　45⁵130125 = 40° 37′ 1″6

Milieu entre les 3 séries en rejetant 6 angles 40° 37′ 1″6

$r = 0^s53064$　$y = 108° 23′ 16″$　　— 6″204

Centre . . . . 40° 36′ 55″396

　　　　　　　　　　　　　+ 1″41

Horizon . . . . 40° 36′ 56″806

Entre les signaux de Lieursaint et Montlhéri.

20   1706ᵍ523   85ᵍ32615   = 76° 47' 36″726

D. et B. n° 1. 29 pluviose, 4ʰ. Lieursaint souvent foible ; Montlhéri bien visible, excepté aux deux derniers angles.

20   1706ᵍ51975   85ᵍ3259875 = 76° 47' 36″1995

D. et B. n° 1. 30 pluviose. Horizon pur, objets superbes ; mais grand vent.

20   1706ᵍ514   85ᵍ3257   = 76° 47' 35″268

D. et B. n° 1. Premier ventose. Objets bien visibles.

Milieu . . . . 76° 47' 36″065

$r = 0^t53064$ $y = 31° 35' 40''$ + 5″958

Centre . . . . 76° 47' 42″023

+ 1″260

Horizon . . . . 76° 47' 43″283

Entre les signaux de Montlhéri et de Torfou.

20   974ᵍ730   48ᵍ7365   = 43ᵍ 51' 46″26

B. et T. n° 1. Premier ventose.

$r = 0^t83029$ $y = 336° 59' 37''$ + 15″984

Centre . . . . 43° 52' 2″244

— 0″09

Horizon . . . . 43° 52' 2″154

En 1792 . . . . 43° 52' 2″31

Milieu . . . . 43° 52' 2″23

SIGNAL DE MELUN.

XXXI.

Terme austral de la base.

L A base s'étend de Melun à Lieursaint, le long de la grande route. Le terme austral est à la réunion de cette route à celle de Brie. Il est marqué par un massif de pierres de taille, solidement et régulièrement construit, et fondé sur le roc. La dernière assise est une pierre de 0t67 de côté, encadrée dans une bordure qui s'élève de 0t083 plus haut, et qui a aussi intérieurement 0t67 de côté.

Le fil à plomb, abaissé du sommet du signal, ne tomboit pas exactement au centre du cadre; mais à 0t25463 de la partie intérieure de la bordure du côté de Melun, et à 0t26620 de la partie intérieure de la bordure, côté gauche quand on regarde Melun.

Autour du point marqué sur la pierre par la pointe du fil à plomb, on a tracé un cercle; et creusant dans la pierre un trou cylindrique, on y a enfoncé et scellé en plomb un cylindre de cuivre de telle sorte que la base supérieure fût concentrique au cercle tracé sur la pierre. Sur cette base on a décrit plusieurs cercles dont le centre commun est en même temps le pied de la perpendiculaire ou du fil à plomb, et le terme austral de la base de Melun.

Le cylindre a été recouvert d'une pierre creusée en calote sphérique, au-dessus de laquelle on a fait provisoirement en ciment une petite pyramide fort écrasée, qui ne s'élevoit que de quelques pouces au-dessus du terrain.

Melun.

Le signal étoit une pyramide quadrangulaire dont l'étage supérieur étoit fermé de planches, et a servi d'observatoire. Le plancher étoit un carré d'une toise, et il étoit élevé de 10^{t}25 au-dessus du sol. Le reste avoit 2^{t}95833 ; la hauteur totale étoit donc 13^{t}20833. La lunette étoit à 11^t du sol, et $dH = 2^t20833$.

Au terme boréal près de Lieursaint on avoit construit une pyramide pareille, et cependant, malgré cette hauteur, pour les voir l'une de l'autre, il a fallu élaguer plus de 500 arbres de la route.

Les deux signaux étoient sur l'acôtement à droite de la chaussée quand on va de Melun à Lieursaint.

DISTANCES AU ZÉNIT.

Signal de Lieursaint.

10   999^{g}5280   99^{g}9280 = 89° 56′ 6″72   (dans le ciel.)   D. et B. n° 1.

Signal de Malvoisine.

10   998^{g}006   99^{g}8006 = 89° 48′ 9″14   (dans le ciel.)

D. et B. n° 1.   18 pluviose, de 4^h à 4^h ½. Signaux bien visibles ; mais vent incommode.

ANGLES.

Entre les signaux de Lieursaint et Malvoisine.

40. 283252505 | 708062625 = 63° 43′ 32″28

D. et B. n° 1. De 2ʰ ½ à 3ʰ ½. Le signal de Lieursaint n'a commencé à se voir passablement qu'au dixième angle ; à la fin il étoit superbe. Celui de Malvoisine a toujours été beau. Vent incommode, en ce qu'il fait balancer notre observatoire. Il faut rejeter les 10 premiers angles ; alors on aura par les 30 derniers . . . . 63° 43′ 33″53
De 10 à 30 on auroit . . . . 63° 43′ 33″22

40. 283252735 | 708068375 = 63° 43′ 34″15

D. et B. jusqu'à 20, B. et T. jusqu'à 30, T. et D. jusqu'à 40. Moins de vent, signaux superbes.

Par les 80 . . . . 63° 43′ 33″2
Par les 20 premiers de la 2ᵉ série . . . . 63° 43′ 33″55
Par les 30 de la 1ʳᵉ et les 40 de la 2ᵉ . . . 63° 43′ 33″85
$$+ \quad 0''23$$
Horizon . . . . 63° 43′ 34″08

SIGNAL DE LIEURSAINT.

XXXII.

Terme boréal de la base.

LE signal de Lieursaint étoit tout semblable à celui de Melun.

Hauteur du plancher de l'observatoire . . . 9ᵗ9167
Partie supérieure 2ᵗ9583
Hauteur totale 12ᵗ8750
Hauteur de la lunette 10ᵗ6667

$$dH = 2^t2083$$

Le massif n'avoit pas tout-à-fait les mêmes dimensions que celui de Melun.

Dans le sens de la base il avoit intérieurement . . . . $0^t 61574$

Dans le sens perpendiculaire . . . . $0^t 59027$

La hauteur du bord ou du cadre . . . . $0^t 11111$

Le fil à plomb ne tomboit pas exactement au milieu.

La distance au bord intérieur vers Melun étoit . . . . $0^t 26158$

La distance au bord intérieur vers Malvoisine étoit . . . . $0^t 27894$

Pour marquer et conserver le terme boréal de la base on a pris les mêmes précautions qu'à Melun.

DISTANCES AU ZÉNIT.

Signal de Melun.

10   $100^g 1150$ $100^g 1150 = 90° 6' 12''6$ (en terre.)   D. et B. n° 1.

Signal de Malvoisine.

10   $998^g 468$ $99^g 8468 = 89° 51' 43''63$ (dans le ciel.) D. et B. n° 1.

Signal de Montlhéri.

10   $999^g 630$ $99^g 9630 = 89° 58' 0''12$ (en terre.)   D. et B. n° 1.

Le signal se projette sur le pied de la tour, de laquelle il se distingue très-bien, par la précaution qu'on a prise de blanchir le signal et de noircir la tour.

Arc du vertical entre le signal de Malvoisine et le point opposé de l'horizon . . . . $199^g 855$

1.   19

Lieursaint.

Arc du vertical entre le signal de Montlhéri et le point opposé de l'horizon 199ᵍ960

Ces deux dernières observations ont eu lieu pour savoir si de Malvoisine et Montlhéri le signal de Lieursaint se verroit dans le ciel ou en terre. Il étoit prouvé par la première que de Malvoisine il se verroit en terre, et par la seconde il y avoit tout lieu de croire que de Montlhéri la pointe du signal se verroit dans le ciel. C'est ce que l'événement a vérifié. (Voyez pages 133 et 140.)

ANGLES.

Entre le signal de Montlhéri et celui de Malvoisine.

20. 1191ᵍ80225 59ᵍ5901125 = 53° 37′ 51″965

D. et B. nº 1. 23 pluviose. Les deux signaux se voient très-bien.

40 2383ᵍ6445 59ᵍ5911125 = 53° 37′ 55″2

D. et B. nº 1. 24 pluviose. Les signaux bien visibles; temps calme, horizon pur. Après cette série on a touché à l'objectif de la lunette inférieure, parce qu'il y avoit un peu de parallaxe dans les fils.

20 1191ᵍ8395 59ᵍ591975 = 53° 37′ 57″999

D. et B. nº 1. 25 pluviose. Horizon un peu embrumé. Malvoisine se voit bien, mais Montlhéri est un peu foible.

Milieu entre les deux séries des 23 et 25   53° 37′ 54″98
Milieu entre les 80 angles . . . .   53° 57′ 55″093
                       — 0″097

Horizon . . . . 53° 57′ 54″996

Entre les signaux de Malvoisine et de Melun.

30 2521ᵍ97775 84ᵍ065925 = 75° 39′ 33″597

D. et B. nº 1. 23 pluviose. Le signal de Melun foible et difficile à observer.

40 3362ᵍ6045 84ᵍ0651125 = 75° 39′ 30″9645

D. et B. nº 1. 24 pluviose, 2ʰ — 4ʰ. Le signal de Malvoisine se voyoit parfaitement; celui de Melun beaucoup mieux que le 23. Il se projette sur

un arbre éloigné avec lequel on a pu le confondre le 23. Le citoyen Burckhardt
a continué cette série avec le citoyen Bellet, jusqu'à cinquante angles, qui
ont donné 75° 39′ 31″7.

    20 1681ᵇ3015 84ᵇ065075 = 75° 39′ 30″843.

Horizon un peu embrumé ; le signal de Melun se voit foiblement.

Milieu des 100 angles	75° 39′ 32″0985
Milieu des deux dernières séries	75° 39′ 30″9
Je m'en tiens à la série du 24	75° 39′30″96
	— 1″15
Horizon	75° 39′ 29″81

BRUYÈRES.

XXXIII.

Maison de madame Lelong, porte du jardin.

J'AI fait cette station pour joindre aux triangles de la
méridienne une maison dans laquelle j'ai fait plusieurs
observations astronomiques, et où, depuis, j'ai fait
construire un petit observatoire.

DISTANCES AU ZÉNIT.

Cheminée de Malvoisine.

10 998ᵇ615, 998ᵇ615 = 89° 52′ 31″ (dans le ciel.) D. n° 4.

Clocher de Torfou.

10 994ᵇ277 994ᵇ277 = 89° 29′ 6″ (dans le ciel.)

Il pleuvoit pendant ces observations.

Pointe du signal de Torfou.

10 993ᵇ783 993ᵇ783 = 89° 26′ 26″   D. n° 4.

ANGLES.

Entre le signal de Torfou et la cheminée de Malvoisine.

22 1071ᵍ49725   48ᵍ70441 $=$ 43° 50′ 2″29

D. nº 4. J'ai observé le bas du signal ; Bellet en a ensuite observé la pointe, et il a trouvé l'angle plus grand de 8″ : mais ce signal n'est pas parfaitement vertical. Cependant je crois qu'on peut ajouter 2″ à l'angle que j'ai observé, pour me rapprocher du sien.

$r =$ 0ᵗ23611 $y =$ 198° 4′ 52″   — 9″6

Centre . . . . 43° 49′ 52″69
                                        — 3″37

Horizon . . . . 43° 49′ 49″32
                          ou 43° 49′ 51″0

TORFOU.

XXXIV.

LE clocher de Torfou, qui se termine par un toit semblable à celui d'une maison ordinaire, n'offre aucun point que l'on puisse observer. J'y ai fait planter solidement une poutre verticale de 0ᵗ11111 d'écarrissage, qui nous a servi de signal. Elle étoit attachée intérieurement à 0ᵗ17 de distance du pignon qui regarde Montlhéri. Au pied de la poutre j'ai fait suspendre un fil à plomb pour indiquer le centre auquel il falloit réduire les angles observés. Ce centre n'étoit pas au milieu de la largeur du clocher, mais environ un 0ᵗ17 à droite quand on regarde Montlhéri.

J'ai constamment observé la partie du signal voisine
du faîte du clocher, parce que la poutre n'étoit pas parfaitement verticale.

Toutes nos observations ont été faites sur le plancher
au-dessous des cloches, excepté celles de Mespui qu'on
ne pouvoit apercevoir que par une fenêtre qui est dans
un des pignons, à la hauteur de la partie inférieure du
toit. $dH = 3^t8333$.

On monte au plancher où étoit notre instrument par
un escalier de 80 marches fort hautes. Ainsi la hauteur
totale doit être de 13^t5 environ.

DISTANCES AU ZÉNIT.

Signal de Montlhéri.

10 1001^{s}450 100^{s}1450 $= 90°$ 7' 50" (en terre.) F. et B. n° 4.

Signal de Malvoisine.

10 1000^{s}640 100^{s}064 $= 90°$ 3' 27"4 (dans le ciel.) F. et B. n° 4.

Clocher de Chapelle.

10 1001^{s}609 100^{s}1609 $= 90°$ 8' 41"3 (dans le ciel.) F. et B. n° 4.

Lanterne du Panthéon.

10 1001^{s}930 100^{s}1930 $= 90°$ 10' 25"3 (dans le ciel.) F. et B. n° 4.

Porte de la maison de Bruyères.

10 1005^{s}440 100^{s}544 $= 90°$ 29' 22"6 (en terre.) D. et B. n° 4.

Clocher de Mespui.

6 600^{s}790 100^{s}1317 $= 90°$. 7' . 6"7 (dans le ciel.) D. et B. n° 4.

Torfou.

Clocher de Forêt.

8   800^{g}841   100^{g}10501 = 90° 5′ 40″   (dans le ciel.)

Clocher de Saint-Yon.

5   399^{g}213   99^{g}8426

Correct. du niv.   + 0^{g}0853

————

99^{g}9279 = 89° 56′ 6″4

ANGLES.

Entre Malvoisine et le signal de Montlhéri.

40   3597^{g}735   89^{g}943375 = 80° 56′ 56″53

D. les 20 premiers, F. les 20 derniers.

Les 20 derniers seuls donnent . . . . .   80° 56′ 57″79

r = 1^{g}625 y = 342° 0′ 40″5   + 57″25

Centre . . . .   80° 57′ 55″04

              + 0″38

————

Horizon . . . .   80° 57′ 55″42

Entre Malvoisine et Bruyères.

20   2553^{g}34325   127^{g}6671625 = 114° 54′ 1″6

D. n° 1. Par la manière dont j'ai observé cet angle, il doit être un peu trop petit, peut-être, de 1 ou 2″.

r = 1^{g}42477 y = 352° 15′ 49″   + 48″42

Centre . . . .   114° 54′ 50″02

              + 5″50

————

Horizon . . . .   114° 54′ 55″52

Entre Malvoisine et le Panthéon.

20 1849ᵉ02975 928ᵉ4514875 = 83° 12' 22"82
$r =$ 1ᵗ534722 $y =$ 347° 48' 34"2   + 44"27

Centre . . . .   83° 13' 7"09
+ 0"50

Horizon . . . .   83° 13' 7"59

Entre Chapelle et Malvoisine.

40 1593ᵉ46625 39ᵉ83665625 = 35° 51' 10"77
D. les 20 premiers, F. les suivans, n° 4.
$r =$ 0ᵗ8333 $y =$ 144° 41' 2"4   — 13"59

Centre . . . . :   35° 50' 57"18
— 0"11

Horizon . . . .   35° 50' 57"07

Entre Forêt et Malvoisine.

40 3627ᵉ4225 90ᵉ68555 = 81° 37' 1"18
D. les 20 premiers, F. les suivans. Grand froid.
$r =$ 1ᵗ78125 $y =$ 56° 28' 43"   — 12"23

Centre . . . .   81° 36' 48"95
+ 0"28

Horizon . . . .   81° 36' 49"23

Entre Montlhéri et Saint-Yon.

20 1295ᵉ7175 64ᵉ785875 = 58° 18'26"23   B. n° 4.
$r =$ 1ᵗ1875 $y =$ 261° 43' 36"   + 1' 28"24
Centre . . . .   58° 19' 54"47
— 0"91
Horizon . . . .   58° 19' 53"56

Forêt.

FORÊT-SAINTE-CROIX (près d'Étampes.)

XXXV.

Pour remplacer Mespui, que je n'ai pu voir de Malvoisine, j'ai pris Forêt, à une lieue de Mespui et deux d'Étampes. Ce clocher est terminé par une pyramide quadrangulaire trop écrasée pour y placer un nstrument. Je me suis placé au-dessous des cloches. La lunette du cercle étoit à la hauteur du faîte de l'église. $dH = 2^t25$.

J'avois fait construire un échafaud pour l'observateur et un autre pour l'instrument.

DISTANCES AU ZÉNIT.

Clocher de Chapelle.

10   1000⁵839   100⁵0839 = 90° 4′ 32″   D. et B. n° 1.

La même par les angles simples.

5   0⁵120   100⁵0240
Par les angles doubles . . .   100⁵0839

Correction du niveau . . . + 0⁵0599
Il paroît que les voyages changent sensiblement la correction du niveau.

Cheminée de Malvoisine.

5   399⁵772   99⁵9544
Correction du niveau . . . + 0⁵0600

100⁵0144 = 90° 0′ 46″   D. et B. n° 1.

Clocher de Torfou.

5   399ᵍ537   99ᵍ9074
              0ᵍ060
            _____
              99ᵍ9674 = 89° 58′ 14″

Bas de la flèche de Pithiviers.

5   0ᵍ085   100ᵍ017
Correction du niveau . . . + 0ᵍ060
            _____
              100ᵍ077 = 90° 4′ 9″5

Tour de Méréville.

4   399ᵍ528   0ᵍ1180
                99ᵍ8820
Correction du niveau . . . + 0ᵍ060
            _____
              99ᵍ942 = 89° 56′ 52″

ANGLES.

Entre Malvoisine et Torfou.

36 1800ᵍ550 50ᵍ0152889 = 45° 0′ 49″54

D. jusqu'à 20, F. les 16 autres, n° 1.

Je m'en tiens aux 20 premiers qui donnent, 45° 0′ 50″75

$r = 0ᵍ48264$ $y = 100°$ 7′ 30″   — 6″21

Centre . . . .   45° 0′ 44″54
                                        — 0″05
                                    _____
Horizon . . . .   45° 0′ 44″49

1.   20

Entre Chapelle et Malvoisine.

24 1674ᵍ3985   69ᵍ76660 $= 62°\ 47'\ 23''78$

D. n° 4. Chapelle très-foible et Malvoisine presque invisible. Je rejette cette série. Je voyois les fils doubles dans la lunette inférieure.

$r = 0^t378472 \quad y = 124°\ 31'\ 5'' \qquad — \quad 7''00$

Centre . . . . 62° 47' 16''78

20 1395ᵍ4215 . 69ᵍ771075 $= 62°\ 47'\ 38''28$ D. n° 1.

$r = 0^t43287 \quad y = 126°\ 14'\ 2'' \qquad — \quad 8''05$

Centre . . . . 62° 47' 30''23

20 1395ᵍ42025 69ᵍ7710125 $= 62°\ 47'\ 38''28$ F. n° 1.

$r = 0^t43055 \quad y = 130°\ 14'\ 4'' \qquad — \quad 8''09$

Centre . . . . 62° 47' 30''19

Milieu entre les deux dernières. . . . . 62° 47' 30''21

— 0''04

Horizon . . . . 62° 47' 30''17

Entre le bas de la flèche de Pithiviers et Chapelle.

20 1524ᵍ4510   76ᵍ22255 $= 68°\ 36'\ 1''06$

D. n° 4. Je pourrois rejeter cette série par les raisons rapportées ci-dessus.

$r = 0^t378472 \quad y = 187°\ 18'\ 29'' \qquad — \quad 5''55$

Centre . . . . 68° 35' 55''51

20 1524ᵍ470   76ᵍ2235 $= 68°\ 36'\ 4''14$ F. n° 1.

$r = 0^t381944 \quad y = 187°\ 30'\ 51'' \qquad — \quad 5''60$

Centre . . . . 68° 35' 58''54

20 1524ᵍ4875   76ᵍ2240375 $= 68°\ 36'\ 5''88$ D. n° 1.

— 5''60

Centre . . . . 68° 36' 0''28

20 1524⁵48425 76⁵2242125 = 68° 36' 6"45 F. n° 1.

$r =$ 0'368056 $y =$ 186° 58' 24" — 5"42

Centre . . . . 68° 36' 1"03

Par les trois dernières séries . . . . . . 68° 35' 59"95

Milieu entre les quatre . . . . 68° 35' 58"88

　　　　　　　　　　　　　　 + 0"22

Horizon . . . . 68° 35' 59"10

Quoique la flèche de Pithiviers soit d'un assez petit diamètre relativement à sa hauteur, la partie que nous avons observée étoit trop grosse pour espérer beaucoup d'accord entre les différentes séries. Nous n'avons pas observé le haut, parce que la flèche, à partir de la lanterne qui en occupe le milieu, prend une inclinaison très-sensible. Aux autres stations nous avons observé la lanterne ; mais en arrivant à Forêt nous ne la connoissions pas, et le temps n'étoit pas assez clair pour l'apercevoir en commençant.

Entre la tour de Méréville et Pithiviers.

20 1270⁵90725 63⁵5453625 = 57° 11' 26"97

$r =$ 0'45833 $y =$ 233° 43' 48" — 8"04

Centre . . . . 57° 11' 18"93

　　　　　　　　　　　　　　 — 0"42

Horizon . . . . 57° 11' 18"51

CHAPELLE-L'ÉGALITÉ,

(ci-devant Chapelle-la-Reine).

XXXVI.

Ce clocher est une tour carrée surmontée d'une pyramide quadrangulaire. Nous étions placés auprès des cloches, 11ᵗ8333 au-dessus du sol, et 7ᵗ au-dessous de la pointe de la pyramide. Ainsi $dH = 7^t$,

Forêt.

Chapelle.

DISTANCES AU ZÉNIT.

Chapelle.

Premier signal de Malvoisine.

8' 800^s388 1005o485 = 90° 2' 37"1

F. n° 1. 27 décembre 1792.

Clocher de Forêt.

4 1005o810 = 90° 4' 22"4

F. n° 1. Le mauvais temps n'a pas permis d'en prendre davantage.

Clocher de Pithiviers.

6 600^s503 1005o838 = 90° 4' 32"

On ne voyoit pas Pithiviers. J'ai observé un gros arbre dont le sommet est à la hauteur du bas de la flèche. L'horizon étoit fort embrumé.

Bas de la flèche.

6 600^s513 1005o855 = 90° 4' 37"

Cette fois je voyois la flèche.

Lanterne de Pithiviers.

6 600^s060 1005o10 = 90° 0' 32" (dans le ciel.)

19 frimaire an 2. Brouillard épais.

La même.

10 1005o627 1005o627 = 90° 3' 23"1

20 frimaire, 11ʰ ¼. Horizon superbe. La différence entre ces deux distances tient au changement de la réfraction.

La même.

10 1005o268 1005o268 = 90° 1' 26"8

20 frimaire, 3ʰ ¼. Horizon encore assez beau ; nuages et un peu de pluie. La réfraction varie considérablement.

Bas de la flèche.

10   1000ᵍ747   1000ᵍ0747 $= 90°$ 4' 2"0

En 1792, j'avois trouvé 30" à 35" de plus; mais la réfraction, dans une saison si avancée, est bien variable.

Clocher de Boiscommun.

10   1000ᵍ740   1000ᵍ074 $= 90°$ 4' 0"0

D. n° 1. On ne voyoit pas le clocher de Boiscommun, qui ne se montre que le soir, quand la réfraction augmente. J'ai observé l'horizon.

Clocher de Bromeille.

10   999ᵍ705   99ᵍ9705 $= 89°$ 58' 24"0 D. n° 1.

ANGLES.

Entre Malvoisine et Forét.

20   1030ᵍ0625   51ᵍ503125 $= 46°$ 21' 10"13

D. n° 1. Grand vent et pluie par intervalles. J'ai été quatre heures à observer cette série.

$r = 1'27778$ $y = 157°$ 23' 31" — 15"93

Centre . . . . 46° 20' 54"20

14   721ᵍ03575   51ᵍ5025536 $= 46°$ 21' 8"27

F. n° 4. Le mauvais temps n'a pas permis d'en prendre davantage.

$r = 1'27778$ $y = 157°$ 10' 40" — 15"91

Centre . . . . 46° 20' 52"30

Moyenne . . . . 46° 20' 53"28

+ 0"04

Horizon . . . . 46° 20' 53"32

Entre Forêt et Pithiviers.

50   2838ᵍ23825   56ᵍ764765 = 51° 5′ 17″84

D. puis F. puis D. n° 1. 6 janvier 1793. Les 20 premiers angles ne sont pas si sûrs que les autres. Les 30 derniers donnent

$$56^g764a167 = 51° \; 5′ \; 16″06$$

Je suppose	51° 5′ 16″95
$r = 0^l47222$ $y = 221° \; 5′ \; 9″$	— 2″80
Centre	51° 5′ 14″15
	+ 0″12
Horizon	51° 5′ 14″27

Entre Pithiviers et Boiscommun.

14   497ᵍ56775   35ᵍ4055357 = 31° 59′ 11″39

F. n° 1. 31 décembre 1792. Fils verticaux +.

10   355ᵍ399   35ᵍ5399   = 31° 59′ 9″3

D. n° 1. Fils inclinés ✕.

Moyenne	31° 59′ 10″35

Boiscommun ne paroissoit qu'après le coucher du soleil. On n'avoit que très-peu de temps pour l'observer : on ne le voyoit que comme un trait délié et presque imperceptible. Il y a toute apparence qu'on n'observoit que l'un des côtés, et qu'on ne visoit pas au centre,

L'année suivante je fis couvrir d'une toile brune la lanterne de Boiscommun, qui est toute à jour. Par ce moyen je l'ai vue beaucoup mieux, et un peu plus long-temps ; mais jamais avant le coucher du soleil. Pour le gros du clocher il a toujours été invisible. Dans les deux séries précédentes nous avions observé le bas de la flèche de Pithiviers, parce que nous pensions alors que nous nous placerions à Pithiviers dans le bas de la flèche ; mais nous y avons fait nos observations dans la lanterne.

En conséquence je suis revenu à Chapelle en décembre 1793, et j'ai pris l'angle entre la lanterne de Pithiviers et celle de Boiscommun. L'observation, quoique plus aisée et plus sûre que celles de l'année précédente, avoit encore ses difficultés. On n'avoit que très-peu de temps, parce que le crépuscule étoit très-court, et la saison étoit très-rigoureuse.

Comme je n'avois cette fois rien à faire le jour, j'ai employé mon loisir à examiner s'il y avoit quelque différence à observer le bas de la flèche de Pithiviers ou la lanterne; je n'en ai trouvé aucune. En effet, il n'y a que la partie supérieure à la lanterne qui soit inclinée.

Entre la lanterne de Pithiviers et celle de Boiscommun.

14   497ᵍ53625   35ᵍ53833 $= 31° 59' 4''2$

D. et B. n° 1. 6 décembre 1793, ou 15 frimaire an 2.

On feroit peut-être mieux de s'en tenir à la seconde série qui a été observée avec moins de précipitation.

16   568ᵍ60325   35ᵍ537703 $= 31° 59' 2''16$

D. et B. n° 1. 18 frimaire an 2.

Moyenne	31° 59' 3''19
$r = 1'26389$, $y = 164° 52' 38''$.	— 9''17
Centre	31° 58' 54''02
	— 0''10
Horizon	31° 58' 53''32

Entre Pithiviers et Bromeille.

20   789ᵍ66725   39ᵍ48336 $= 35° 32' 6''09$

D. n° 1. 28 décembre 1792. Le clocher de Bromeille est terminé par un toit semblable à celui de Torfou. J'ai observé la pointe du pignon qui regarde Pithiviers.

8   315^s86925 $39^s48365625 = 35°$ 32' 7"05   F. n° 1.

Je suppose . . . .   35° 32' 6"3
$r = 1^t20833$ $y = 159°$ 53' 38"   — 28"17

Centre . . . .   35° 31' 38"13
— 0"44

Horizon . . . .   35° 31' 37"69

PITHIVIERS.

XXXVII.

Nous étions placés pour observer dans la lanterne au milieu de la flèche, sous la cloche de l'horloge ; la lunette étoit élevée de 23^t3333 au-dessus du sol. Le point de mire étoit le même que le point de centre, et $dH = 0$.

DISTANCES AU ZÉNIT.

Clocher de Boiscommun.

8   800^s147 $100^s018375 = 90°$ 0' 59"5   (dans le ciel.)
D. et B. n° 1.   Vent impétueux et froid.

Clocher de Bromeille.

6   600^s391 $100^s065167 = 90°$ 3' 31"1   D. n° 1.

Clocher de Chapelle.

6   600^s716 $100^s11923 = 90°$ 6' 26"6   (dans le ciel.) B. n° 1.

Clocher de Forêt.

6   600ᵍ721   100ᵍ120167   = 90° 36′ 29″3   (dans le ciel): B. n° 1.

Tour de Méréville.

2   200ᵍ150   100ᵍ075   = 90° 4′ 3″ B. n°. 1.

Signal du Haut de Châtillon.

4   399ᵍ800   99ᵍ950   = 89° 57′ 18″   (dans le ciel.) D. et B. n° 1.
Thermomètre — 0ᵈ8.

Flèche d'Orléans.

6   600ᵍ677   100ᵍ112833   = 90° 6′ 5″6   (dans le ciel:) D. et B. n° 1.
25 brumaire an 2. La flèche paroissoit courte, ainsi je n'en ai pas observé
la pointe.

Clocher de Neuville (lanterne de l'horloge.)

8   800ᵍ438   100ᵍ05475   = 90° 2′ 57″4   (dans le ciel.) D. et B. n° 1.

Flèche de Neuville.

8   800ᵍ828   100ᵍ1035   = 90° 5′ 35″3   (dans le ciel.) D. et B. n° 1.

ANGLES.

Entre Chapelle et Forêt.

20   1340ᵍ32625   675ᵍ0163125   = 60° 18′ 52″27 B. n° 1.
20   1340ᵍ3005   675ᵍ015025   = 60° 18′ 48″68

D. et B. n° 1. On voyoit mieux, et comme l'angle a été pris à deux observateurs, on n'avoit rien à craindre de la mobilité du plancher. Je m'en
tiens à cette seconde série.

$r = 0^r04167$ $y = 240° 19′$ — 0″52

Centre . . . . 60°. 18′ 48″16.

+ 0″43

Horizon . . . . 60°. 18′ 48″59.

1.   21

Entre Boiscommun et Bromeille.

20   1377$692   68$8846 = 61° 59' 46"10

B. n° 1. Cet angle doit être un peu trop petit, parce qu'au lieu de viser au pignon observé de Boiscommun, et qui se présente presque de face à Pithiviers, on a visé au milieu du clocher. L'erreur, au reste, doit être fort légère : on peut ajouter 1 ou 2" à l'angle observé.

$r = 0^t06944$ $y = 0$ + 1"4

Centre . . . . 61° 59' 47"5

                                  — 0"2

Horizon . . . . 61° 59' 47"48

Entre Boiscommun et Chapelle.

24 2451$16075 1025131$6979 = 91° 55' 6"70

B. n° 1. 1 brumaire. Vent impétueux ; Chapelle pâle, Boiscommun beau.

20 2048$622 1025131$1 = 91° 55' 4"76

D. et B. n° 1. Je m'arrête à cette série par les raisons exposées ci-dessus.

$r = 0^t06944$ $y = 330°$ 4' 43"   + 1"87

Centre . . . . 91° 55' 6"63

                                  + 0"12

Horizon . . . . 91° 55' 6"75

Entre Boiscommun et Chapelle . . . . . 91° 55' 6"75

Entre Boiscommun et Bromeille . . . . . 61° 59' 47"48

Donc entre Chapelle et Bromeille . . . . 29° 55' 19"00

Entre le signal de Châtillon et Boiscommun.

20   708$5845   35$429225 = 31° 53' 10"69

D. et B. n° 1. 21 nivose an 2. Boiscommun un peu embrumé, visible cependant. Le signal se voit mieux. Vent froid et piquant.

$r = 0^t6667$ $y = 158°$ 11' 45"   — 8"84

Centre . . . . 31° 53' 1"85

                                  — 0"21

Horizon . . . . 31° 53' 1"64

Entre Orléans et Boiscommun.

20   162⁵3215   81⁵066075 $=$ 72° 57′ 34″08

D. et B. n° 1. 24 brumaire. Orléans très-foible : la flèche paroît fort longue.

20   162⁵3120   81⁵0656 $=$ 72° 57′ 32″54

D. et B. n° 1. Horizon très-pur ; vent horrible. La flèche paroissoit plus courte.

Moyenne	72° 57′ 33″31
$r = 0^t 05556$ $y = 324°$	$+ 0″68$
Centre	72° 57′ 33″99
	$+ 0″01$
Horizon	72° 57′ 34″0

Entre Neuville et Boiscommun.

20   187⁹57665   93⁵988325 $=$ 84° 35′ 22″17

3 brumaire, 4ʰ $\frac{1}{2}$.

20   187⁹57495   93⁵987475 $=$ 84° 35′ 19″42

5 brumaire. Vent très-violent.

	84° 35′ 20″8
$r = 0^t 04167$ $y = 50° 25′$	$- 0″1$
Centre	84° 35′ 20″7
	$+ 0″03$
Horizon	84° 35′ 20″73

On peut comparer cet angle avec la somme des deux suivans observés vers 1740, et rapportés dans le livre de la *Méridienne vérifiée*.

Entre Neuville et la Courdieu . . . . page 208.		39° 20′ 15″
Entre la Courdieu et Boiscommun . page 207.		45° 15′ 4″
Donc entre Neuville et Boiscommun		84° 35′ 19″

Entre la flèche de Neuville et Boiscommun.

20   1878ᵗ243   93ᵍ91215 $= 84° 31' 15''37$

5 brumaire. Horizon très-pur ; objets très-beaux ; vent impétueux et très-incommode.

24   2253ᵗ8985   93ᵍ9124375 $= 84° 31' 16''30$

6 brumaire. Vent violent.

La flèche et le clocher de l'horloge observés ci-dessus sont de la même église.

Moyenne . . . .   84° 31' 15''83
— 0''10

Centre . . . .   84° 31' 15''73
+ 0''08

Horizon . . . .   84° 31' 15''81

Entre Forêt et Méréville.

10   3408ᵗ175   3408ᵗ175 $= 30° 40' 24''87$

$r = 0ᵗ59722$ $y = 149^g 19' 35''$ — 4''39

Centre . . . .   30° 40' 20''48
— 0''75

Horizon . . . .   30° 40' 19''73

BOISCOMMUN.

XXXVIII.

Nous étions, comme en 1740, dans la lanterne de l'horloge. La lunette étoit élevée de 18ᵗ au-dessus du sol. Il restoit environ 1ᵗ8333 au-dessus de la lunette.

Ainsi $dH = $ 1ᵗ8333.

Le bedeau de Boiscommun, qui avoit été témoin de

l'opération de 1740, nous à dit qu'on avoit monté le
quart de cercle en dehors, en mettant des rouleaux sous
la boîte, afin qu'elle glissât plus aisément sur les ardoises.
En effet la trappe, par laquelle on entre dans la lanterne, s'est trouvée juste de la grandeur nécessaire pour
laisser passer notre cercle qui étoit moitié plus petit que
le quart de cercle de 1740.

La lanterne est carrée, et elle a une toise environ de
côté. Les huit soutiens de la partie supérieure nous ont
empêché d'observer tout du centre.

DISTANCES AU ZÉNIT.

Clocher de Chapelle.

6   600^{s}984   100^{s}1640   = 90° 8′ 51″4   D. et B· n° 1.

Quand j'ai mesuré cette distance, le clocher se voyoit passablement bien ;
on distinguoit la tour carrée et la pyramide qui la termine. La pluie survint,
et je ne pus passer le sixième angle. Deux jours après, le clocher de Chapelle,
vu dans le brouillard, me parut singulièrement amplifié. A l'ordinaire il paroît
moitié plus petit qu'un arbre qui se voit en même temps dans la lunette ;
ce jour-là il paroissoit un tiers plus grand, et gros à proportion. Frappé de
ce changement, je fis les observations suivantes, à la fin desquelles le clocher
paroissoit déja diminuer un peu.

10   1001^{s}197   100^{s}1197   = 90° 6′ 27″8
Ci-dessus . . . .   90° 8′ 51″4

Différence . . . .   2′ 23″6

1 brumaire, 10 ^{h} ½.

Lanterne de Pithiviers.

4   400^{s}410   100^{s}1025   = 90° 5′ 32″1

Signal de Châtillon.

10   999^{s}389   99^{s}9389   = 89° 56′ 42″04
1 nivose. Bar. 27^p 1^5. Therm. + 0.04 = + 3^{d}2.

10   999ᵍ419   99ᵍ9419   = 89° 56' 51"75

Boiscommun.   7 nivose. Bar. 27ᵖ. 6ˡ7. Therm. + 0.05 = + 4ᵈo.

Clocher de Châteauneuf.

10   1001ᵍ202   100ᵍ1202   = 90° 6' 29"4

24 frimaire, 10ʰ ¹⁄₇. Bar. 27ᵖ 3ˡ3, Therm. + 0.0933 = 5ᵈ6.
Châteauneuf un peu éclairé ; horizon médiocrement beau. On se servira de cette distance pour la réduction à l'horizon.

Coq de Châteauneuf.

10   1001ᵍ118   100ᵍ1118   = 90° 6' 2"2

24 frimaire, 12ʰ ¹⁄₄. Bar. 27ᵖ 1ˡ9. Therm. 0.099 = 7ᵈ92. A 1ʰ ¹⁄₄ la distance étoit encore la même. Bar, 27ᵖ 1ˡo. Therm. 0.065 = 1ᵈ32.

10   1001ᵍ073   100ᵍ1073   = 90° 5' 47"65

A 2ʰ ¹⁄₄. Bar. 27ᵖ 0ˡ5. Therm. 0.155 = + 9ᵈ2. D. et B. n° 1.
Le baromètre et le thermomètre étoient placés environ 1ᵗ8 au-dessous de la lunette.

Après ces observations je suis resté pendant une demi-heure à la lunette, pour voir si la réfraction ne changeroit pas la distance : je n'ai pas vu la moindre variation. Horizon très-pur, point de soleil.

10   1001ᵍ110   100ᵍ1110   = 90° 5' 59"64

25 frimaire, 3ʰ ¹⁄₄. Bar. 27ᵖ 4ˡ. Therm. + 0.11 = 8ᵈ8. Temps pluvieux ; horizon assez beau.

10   1001ᵍ074   100ᵍ1074   = 90° 5' 47"98

27 frimaire, 4ʰ 10'. Bar. 27ᵖ 9ˡ5. Therm. + 0.085 = + 6ᵈ8. Horizon moins beau; on voyoit pourtant bien.

10   1001ᵍ068   100ᵍ1068   = 90° 5' 46"0

28 frimaire, 4ʰ 10'. Bar. 27ᵖ5. Therm. + 0.088 = + 7ᵈ04.

10   1001ᵍ099   100ᵍ1099   = 90° 5' 56"1

29 frimaire, 3ʰ 45'. Bar. 27ᵖ 4ˡ5. Therm. + 0.08 = + 6ᵈ4. Horizon superbe.

10   1001ᵍ130   100ᵍ113   = 90° 6' 6"1

30 frimaire, 3ʰ ¹⁄₇. Bar. 27ᵖ 3ˡ. Therm. + 0.067 = 5ᵈ36. Brouillard humide.

10 10015049   10051049 · = 90° 5' 39"9

1 nivose. Bar. 27ᵖ 1ˡ5. Therm. + 0.04 = + 3ᵈ2. Horizon passable.

10 10015000   1005100 . = 90° 5' 24" ˒

2 nivose. Bar. 26ᵖ 1ˡo. Therm. + 0.1 = + 8ᵈo. Bel horizon.

Nota. Dans ces observations de thermomètre je prends pour unité l'intervalle entre la glace et l'eau bouillante. En multipliant les décimales par 80, on aura les dégrés des thermomètres ordinaires.

Faîte de l'église.

10 10015682   10051682 = 90° 9' 4"97

30 frimaire, 3ʰ ¼. Bar. 27ᵖ 3ˡ. Therm. + 0.045 = 3ᵈ6. Brouillard humide.

8 8015262   100515775 = 90° 8' 31"11

1 nivose, 4ʰ ¼. Bar. 27ᵖ 1ˡ5. Therm. + 0.03 = + 2ᵈ4.

Clocher de Saint-Germain de Sulli.

10 10015465   10051465 = 90° 7' 54"66

Grande flèche dont la pointe est difficile à saisir.

10015500 Bas de la flèche.

Partie visible . o5o35   . o5oo35 = 1' 53"4

Clocher de Lorris.

6   600565o   1005108333 = 90° 5' 51"

Bar. 27ᵖ 5ˡ1. Therm. + 0.69 = 7ᵈ2.

ANGLES.

Entre Chapelle et Pithiviers.

20   12465652   6253326 = 56° 5' 57"62

D. et B. n° 1. 30 brumaire, à midi. Objets foibles, horizon embrumé.

20   12465654   6253327 = 56° 5' 57"95

D. et B. n° 1. 3ʰ ¼. On voyoit plus mal encore.

30　18ᵍᵒˢ018　62ᵍ33375　= 56° 6′ 1″35

D. et B. n° 1. 2 frimaire. On voyoit mieux. Pithiviers éclairé obliquement. L'angle est peut-être trop fort.

20　1246ᵍ667　62ᵍ33350　= 56° 6′ 0″54

Objets peu distincts, mais point de soleil. Cette dernière série est peut-être la plus sûre.

Moyenne	56° 5′ 59″4
Je suppose	56° 6′ 0″0
r = 0ᵗ08333　y = 303° 54′	+ 1″55
Centre	56° 6′ 1″55
	+ 0″39
Horizon	56° 6′ 1″94

Entre Pithiviers et le signal de Châtillon.

20　1167ᵍ80775　58ᵍ3903875　= 52° 33′ 4″86

D. et B. n° 1. 2 nivose, 2ʰ ½. Objets beaux, mais un peu éclairés.

24　1401ᵍ36875　58ᵍ3909646　= 52° 33′ 6″72

3 nivose, 3ʰ.

30　1751ᵍ7115　58°3903833　= 52° 33′ 4″84

Pithiviers embrumé et par fois éclairé du soleil.

Moyenne	52° 33′ 5″47
r = 0ᵗ06944　y = 210°	— 0″08
Centre	52° 33′ 5″39
	— 0″66
Horizon	52° 33′ 4″73

Entre le signal de Châtillon et Châteauneuf.

20　1389ᵍ4645　69ᵍ473225　= 62° 31′ 33″25

D. et B. n° 1. 2 nivose, 3ʰ ½. Objets beaux.

r = 0ᵗ125　y = 167° 28′　　— 4″52

Centre . . . . 62° 31′ 28″73

22   1528,408   69,4730909 = 62° 31′ 32″81

D. et B. n° 1. 3 nivose, 4ʰ.

$r = 0{,}069444$ $y = 147°\ 28′$ — 2″12

Centre . . . .   62° 31′ 30″69

20   1389,4635   69,473175 = 62° 31′ 33″09

7 nivose, 3ʰ ½. Temps brumeux ; Châteauneuf difficile à voir.

$r = 0{,}06944$ $y = 142°\ 22′$ — 1″98

Centre . . . .   62° 31′ 31″11

Moyenne . . . .   62° 31′ 30″18

— 0″55

Horizon . . . .   62° 31′ 29″63

Entre Pithiviers et Châteauneuf.

20   2557,29225   127,8646125 = 115° 4′ 41″34

D. et B. n° 1. 24 frimaire, midi. Horizon superbe ; peu ou point de soleil.

20   2557,2775   127,863875 = 115° 4′ 38″96

3ʰ. Bel horizon ; point de soleil.

Moyenne . . . .   115° 4′ 40″15

$r = 0{,}08333$ $y = 122°\ 27′\ 40″$ — 2″81

Centre . . . .   115° 4′ 37″34

+ 0″84

Horizon . . . .   115° 4′ 38″18

Entre Pithiviers et Châtillon, à l'horizon . . . . . .   52° 33′ 4″73
Entre Châtillon et Châteauneuf . . . .   62° 31′ 29″63

Donc entre Pithiviers et Châteauneuf . . . .   115° 4′ 34″36
Observation directe . . . .   115° 4′ 38″18

Différence . . . .   3″82

La différence vient probablement de la difficulté qu'il y a à observer la lanterne de Pithiviers.

Entre Châteauneuf et Lorris.

20   1402851075 705125375 = 63° 6' 46"2

D. et B. n° 1. 28. frimaire, 3ʰ ¼. Bel horizon ; grand vont.

$r =$ 0ᵗ0125 $y =$ 281° 53' 7"   + 3"24

Centre . . . . 63° 6' 49"44

                                        + 0"37

Horizon . . . . 63° 6' 49"81

On peut observer les trois angles du triangle entre Boiscommun, Châteauneuf et Lorris, quoique en 1740 on ait conclu l'angle à Lorris. Il est vrai que la trappe de la lanterne est si étroite que nous n'aurions pu y faire entrer que le plus petit de nos deux cercles.

Entre Saint-Germain de Sulli et Lorris.

20   731887625 3655938125 = 325 56' 3"95

29 frimaire, 3ʰ. Nous avons pris ces angles lorsque je cherchois à me dispenser du signal de Châtillon.

$r =$ 0ᵗ0555 $y =$ 297°   + 0"65

Centre . . . . 32° 56' 4"6

HAUT DE CHATILLON.

XXXIX.

L'IMPOSSIBILITÉ absolue d'observer de Pithiviers et Boiscommun le clocher de la Courdieu, employé en 1740, et couvert aujourd'hui par des arbres très-élevés, m'a forcé de chercher un point assez haut pour être aperçu à la fois de Pithiviers, Boiscommun, Châteauneuf et Orléans, malgré les arbres de la forêt. Je n'ai pu trouver aucun clocher qui réunît ces conditions. On m'avoit d'abord indiqué le Haut de Châtillon ; mais il est tout couvert de chênes fort élevés, et il falloit y construire un signal fort dispendieux, qui, dans les circonstances où nous étions, devoit répandre l'alarme dans les environs. Ces considérations, et quelques autres aussi puissantes, me portèrent à essayer s'il ne seroit pas possible de former une autre suite de triangles en abandonnant la station d'Orléans. Je visitai d'abord le Haut du Turc où l'on avoit observé en 1740 ; il présentoit encore plus de difficulté que celui de Châtillon. Je trouvai ensuite qu'on pouvoit faire un beau triangle entre Chapelle, Montargis et Boiscommun ; un autre entre Montargis, Boiscommun et Lorris ; un troisième entre Boiscommun, Lorris et Châteauneuf, et un quatrième enfin entre Boiscommun, Châteauneuf et Saint-Germain de Sulli-sur-Loire. Pour achever, il auroit fallu que de Sulli on pût voir le clocher de Vouzon. Je n'ai pu l'apercevoir ; il est vrai que l'horizon n'étoit pas bien clair, mais une montagne voisine m'a fait perdre tout espoir. Je fus donc contraint de revenir à Châtillon. Je fis construire un signal de 10^{t}667 de hauteur. Le quatrième étage, où étoit notre cercle, étoit un carré de 1^{t}08 de côté. Le signal se terminoit par une pyramide quadrangulaire dont les faces étoient couvertes de planches. La lunette étoit à 8^{t}50 de terre, et conséquemment $dH = 2^t$167.

Au Haut de Châtillon est une petite ferme et un champ cultivé, tout le reste est couvert d'arbres. Le long de ce champ passe le chemin de Pithiviers à Châteauneuf. Le signal étoit entre ce chemin et la lisière du bois. Ce

Haut
de Châtillon.

chemin est traversé par un sentier qui mène à la ferme. Du sentier jusqu'à l'endroit du chemin où répondoit le centre de notre signal, j'ai compté 53 pas ; et de cet endroit à celui où finit le champ, et où l'on rentre dans le bois, j'en ai compté 52½.

Au milieu de la base on avoit enfoncé un piquet. Le fil à plomb abaissé du sommet tomboit 0ᵗ056 plus loin, un peu à gauche de la direction à Châteauneuf; j'y ai fait enfoncer un second piquet.

Cette station fut commencée le 12 nivose an 2 ; elle fut très-pénible. J'y reçus l'avis d'un arrêté du comité de salut public, qui m'ordonnoit d'interrompre mes opérations. Je pris sur moi de les continuer jusqu'aux clochers de Châteauneuf et d'Orléans, afin qu'on pût les reprendre, quand on le jugeroit à propos, à ces deux points qu'on étoit sûr de retrouver en tout temps.

DISTANCES AU ZÉNIT.

Clocher de Boiscommun.

6   600ˢ433   100ˢ072167 = 90° 3' 53"8 (dans le ciel.) D. et B. n° 1.
12 nivose, 1ʰ ¾. Therm. — 0.01 = — 0ᵈ8.

Lanterne de Pithiviers.

8   801ˢ164   100ˢ1455 = 90° 7' 51"4 (dans le ciel.) D. et B. n° 1.
12 nivose, 1ʰ ¾. On voit difficilement.

Tours d'Orléans.

8   800ˢ877   100ˢ109625 = 90° 5' 55"2 (dans le ciel.) D. et B. n° 1.
12 nivose, 1ʰ. Therm. + 0.04 = + 0ᵈ32.

Flèche d'Orléans.

10 10008861 10080861 $= 90°$ 4′ 38″96 (dans le ciel.) D. et B. nᵒ 1.
17 nivose. Therm. — 0.04 $= - 0^\text{d}32$.

Faîte de l'église.

10 10018740 1008174 $= 90°$ 9′ 23″76 (dans le ciel.)

Longueur de la flèche $=$ *tang.* 4′ 44″80 $\times$ 15617ᵗ $=$ 21ᵗ663.
17 nivose. Therm. — 0.04 $= - 0^\text{d}32$.

Clocher de Châteauneuf.

6 6008798 1008133 $= 90°$ 7′ 10″9 (dans le ciel.)
15 nivose, 1ʰ ¼. Therm. + 0^d01. D. et B. nᵒ 1.

ANGLES.

Entre Boiscommun et Pithiviers.

20 21238634̄25 10681817125 $=$ 95° 33′ 48″71
D. et B. nᵒ 1. Midi. Un peu de brume ; Pithiviers éclairé, mais en face.

16 16988877̄33 1068179833 $=$ 95° 35′ 42″66
Même jour, 3ʰ ¼. Un peu de vent ; Pithiviers éclairé obliquement, et très-difficile à observer.

Je ne réponds pas tout-à-fait de la correction : cette série est très-incertaine.

Correction du soleil, environ   + 10″05

Angle corrigé . . . . 95ᵈ 35′ 53″71

20 21238̄6445 1068182225 $=$ 95° 33′ 50″41
15 nivose. Objets beaux ; point de soleil. On peut s'en tenir à cette série.

Moyenne . . . . 95° 33″ 50″77

+ 0″60

Horizon . . . . 95° 33′ 51″37

Haut de Châtillon.

Entre Châteauneuf et Boiscommun.

20 . 2066ᵍ75366　103ᵍ3376833 = 93° 0′ 14″1
En s'arrêtant au 18ᵉ angle . . . 93° 0′ 15″48

Grand vent qui agitoit le signal et l'instrument. Horizon très-pur. Le 20ᵉ angle est moins sûr que les autres.

20　2066ᵍ769　103ᵍ33845　= 93° 0′ 16″58 D. et B. n° 1.

Moyenne . . . . 93° 0′ 16″03
　　　　　　　　　　　　　　　　 + 0″53

Horizon . . . . 93° 0′ 16″56

Entre la flèche d'Orléans et Châteauneuf.

20　1121ᵍ54525　56ᵍ0772625　= 50° 28′ 10″33

Orléans foible, Châteauneuf beau.

40　2243ᵍ033667　56ᵍ07584144 = 50° 28′ 5″73

Horizon très-pur ; point de soleil. Orléans se voit beaucoup mieux.

Les 30 premiers donnent . . . . 50° 28′ 6″03
Les 20 derniers . . . . 50° 28′ 6″40

Milieu entre les 60 angles . . . 50° 28′ 7″26
$r = 0′100694$　$y = 70°$ 4′ 59″　　 — 0″74

Centre . . . . 50° 28′ 6″52
　　　　　　　　　　　　　　　　 + 0″19

Horizon . . . . 50° 28′ 6″71

CHATEAUNEUF.

XL.

Châteauneuf.

LA lanterne qui termine le clocher de Châteauneuf étoit trop embarrassée pour y placer notre cercle. J'ai fait construire un échafaud sur la partie supérieure du

béfroi, et j'y ai fait tomber un fil à plomb du centre de
la lanterne.

La lunette étoit au-dessus du sol de 13^t333

De là jusqu'à la cloche qui est dans
la lanterne . . . . $5^t 166 = dH$.

DISTANCES AU ZÉNIT.

Clocher de Boiscommun.

6   600$064   100$010667 $= 90°$ 0′ 34″56   (dans le ciel.)

30 nivose an 2, 2^h ½.

Signal de Châtillon.

6   599$723   99$953833 $= 89°$ 57′ 30″4   (dans le ciel.)

Tours d'Orléans.

6   599$878   99$979667 $= 89^b$ 58′ 54″1   (dans le ciel.)

La flèche se projettoit sur les tours, et il n'étoit pas souvent facile de la
distinguer. La boule qui termine cette flèche s'élève au-dessus des tours.

Clocher de Vouzon.

6   600$269   100$044833 $= 90°$ 2′ 25″3

11 frimaire an 4. On ne voit guère que la pyramide d'ardoises de ce clocher.

ANGLES.

Entre Boiscommun et le signal de Châtillon.

40   108$637   27$190925 $= 24°$ 28′ 18″6

D. puis B. n° 1. Objets foibles en commençant. On les a vus de mieux en
mieux depuis le 10° angle jusqu'au 40°.

$r = 1'66898$ $y = 213°$ ———— 6″74

Centre . . . .   24° 28′ 11″86
———— 0″19

Horizon . . . .   24° 28′ 11″67

Ou mieux . . . .   24° 28′ 12″3

Les 30 derniers angles donnent 0″6 de plus que les 40.

Châteauneuf.

Entre le signal de Châtillon et la flèche d'Orléans.

20   1946ᵍ52975   97ᵍ3264875 = 87° 35′ 37″8

30 nivose an 3. Bel horizon ; mais il est difficile de distinguer la flèche d'avec les tours, qui ont beaucoup de parties en relief.

Entre le signal de Châtillon et la boule de la flèche d'Orléans.

30   2919ᵍ850   97ᵍ32833 = 87° 35′ 43″8

D. et B. nᵒ 1. 1 pluviose an 2. Orléans très-difficile à voir.

20   1946ᵍ5505   97ᵍ327525 = 87° 35′ 41″2

Orléans éclairé obliquement, ainsi que dans la série précédente.

Moyenne . . . . 87° 35′ 42″5

$r = 1^{s}30555.$ $y = 144° 13′ 43″$ — 33″33

Centre . . . . 87° 35′ 9″17

                               + 0″06

Horizon . . . . 87° 35′ 9″23

Entre Orléans et Vouzon.

20   1640ᵍ099   82ᵍ00495 = 73° 48′ 16″04

11 frimaire an 4. Bellet visoit à Orléans et moi à Vouzon. Il étoit incommode de changer de place.

20   1640ᵍ13025   82ᵍ0065125 = 73° 48′ 21″1

Je visois à Orléans, Bellet à Vouzon.

20   1640ᵍ11375   82ᵍ0056875 = 73° 48′ 18″43

Bellet visoit à Orléans.

Nous n'étions pas d'accord sur la manière d'observer Orléans. Je m'en tiens à la seconde série, dans laquelle je visois à Orléans, qui d'ailleurs se voyoit mieux pendant que je l'observois.

$r = 0^{s}36896$ $y = 130° 9′ 9″$ — 6″74

Centre . . . . 73° 48′ 14″36

                               — 0″08

Horizon . . . . 73° 48′ 14″28

ORLÉANS.

Flèche de l'église Sainte-Croix, premier étage.

Hauteur du faîte de l'église . . . . 23^t

Longueur de la flèche . . . . 21^t6667

Hauteur de la boule . . . . 44^t6667

$d.H = 19^t5$

La flèche est un octogone dont le diamètre est de 5^t à la base : il est assez difficile d'en déterminer le centre avec précision. J'ai fait tout le tour de l'église pour examiner si la flèche penchoit de quelque côté. Je n'y ai remarqué aucune inclinaison ; cependant, comme elle a près de 22^t de hauteur, il n'est pas probable qu'elle soit bien exactement droite. La boule qui la termine est un peu trop grosse pour être un signal bien sûr. Elle portoit autrefois une croix qui auroit été plus commode à observer ; on l'avoit remplacée par un gros bonnet rouge, porté par une tige qui avoit une inclinaison très-sensible.

Je n'ai pu voir Boiscommun et Pithiviers ni de la première, ni de la seconde galerie ; la troisième étoit embarrassée par les échafauds qui avoient servi à monter le bonnet rouge, et je n'aurois pu y placer mon cercle. Cette station, commencée en brumaire an 2, n'a été

1.

23

continuée qu'en frimaire an 4, pour la raison rapportée à l'article de Châtillon.

DISTANCES AU ZÉNIT.

Clocher de Châteauneuf.

10   1000§887   100§0887 = 90° 4' 47"4 (dans le ciel.) D. et B. n°. 1.

Signal de Châtillon.

2   200§125   100§0625 = 90° 3' 22"5

D. et B. n°. 1. 3 pluviose. Au coucher du soleil : il se pourroit, par cette raison, que la distance fût trop foible de 2' environ.

Clocher de Chaumont.

12   1201§176   100§098 = 90° 5' 17"5 (dans le ciel.)

D. et B. n°. 1. 8 frimaire, 4ʰ. Cette distance pourroit être trop foible.

2   200§240   100§120 = 90° 5' 26"8

24 messidor an 4. La pluie empêche de continuer.

Clocher de Vouzon.

10   1000§969   100§0969 = 90° 5' 14" (dans le ciel.) D. et B. n°. 1.

Clocher de la Courdieu.

10   1001§021   100§1021 = 90° 5' 31"

Flèche très-aiguë, qui paroît plus ou moins longue, selon qu'elle est éclairée.

ANGLES.

Entre Châteauneuf et le signal de Châtillon.

16   745§7915   465§1193.125 = 41° 57' 2"66.

3 pluviose an 2, 4ʰ ¼. Horizon superbe. La nuit n'a pas permis d'aller plus loin. Le 16ᵉ angle est même douteux ; on peut s'arrêter au 14ᵉ.

Le temps s'est mis à la pluie. Je n'ai pu reprendre cet angle : un arrêté du comité de salut public me rappeloit à Paris depuis un mois ; je ne pouvois plus long-temps différer d'obéir.

Les 14 premiers donnent	41° 57′ 3″59
$r = 1′7604$ $\gamma = 156°$ 6′ 18″	— 18″75
Centre	41° 56′ 44″84
	+ 0″10
Horizon	41° 56′ 44″94

Entre Châteauneuf et la Courdieu.

24 1034 00675	43 0836 45	=	38° 46′ 30″9

D. et B. n° 1. Horizon un peu embrumé.

20 861 681	43 08405	=	38° 46′ 32″3

D. et B. n° 1. La Courdieu peu visible.

Moyenne	38° 46′ 31″6
$r = 1′7581$ $\gamma = 159°$ 3′ 2″	— 19″51
Centre	38° 46′ 12″09
	+ 0″16
Horizon	38° 46′ 12″25

En 1740 on a trouvé 1″25 de plus. La flèche n'étoit plus la même : l'ancienne avoit été enlevée par un ouragan.

Entre Vouzon et Châteauneuf.

20 1299 02025	64 9510125	=	58° 27′ 21″28

D. et B. n° 1. Horizon un peu embrumé.

20 1299 0105	64 9 50525	=	58° 27′ 19″70

D. et B. n° 1. On voit mieux. On pourroit s'en tenir à la seconde série, ou supposer 58° 27′ 20″0.

Moyenne	58° 27′ 20″50
$r = 0′3333$ $\gamma = 325°$ 38′ 49″	+ 5″01
Centre	58° 27′ 25″51
	+ 0″24
Horizon	58° 27′ 25″75

Entre Chaumont et Vouzon.

$$22 \quad 540^{s}91275 \quad 24^{s}5869432 = 22°\ 7'\ 41''7$$

D. et B. n° 1. Un peu de brume; on voyoit pourtant assez bien.

$$20 \quad 491^{s}732 \quad 24^{s}5866 = 22°\ 7'\ 40''58$$

D. n° 1. Chaumont quelquefois foible, d'autrefois noir, et d'autres blanc.

Le citoyen Bellet ayant continué la série précédente jusqu'à 36 angles, a trouvé pour résultat général de ses observations, jointes aux miennes :

$$36 \quad 885^{s}37 \quad 24^{s}587138 = 22°\ 7'\ 42''33$$

Milieu entre toutes les observations . . . 22° 7' 42''0

$$r = 1''7708 \quad y = 1168°\ 0'\ 52'' \quad = 6'20$$

Centre . . . . 22° 7' 35''8

$$+ 0''1$$

Horizon . . . . 22° 7' 35''9

VOUZON.

XLII.

LE clocher de Vouzon est une tour presque carrée, surmontée d'une pyramide quadrangulaire en ardoises. Nous avons observé partie à l'étage des cloches, et partie sur la première enrayure, c'est-à-dire sur la base de la pyramide. Pour la première position $dH = 7^{t}8333$, et pour la seconde $dH = 4^{t}167$. La hauteur totale du clocher $18^{t}67$.

A la première enrayure je réduisois les angles au milieu de la poutre verticale qui renferme l'axe de la pyramide.

A l'étage des cloches qui est embarrassé de charpente,

Vouzon;

je déterminois ma position relativement au centre par des perpendiculaires Op et On (*fig.* 11) abaissées du centre de l'instrument sur les murs BC et CD. Les côtés AD et BC étoient de 3ᵗ2083; AB et CD de 3ᵗ0833. La ligne pOq parallèle à CD fesoit, avec la direction à Orléans, un angle $pOa = Oab = 73° 55' 4''$.

On avoit $tang. \ mOK = \dfrac{Km}{mO} = \dfrac{\frac{1}{2}BC - On}{\frac{1}{2}CD - Op};$

$$OK = mO \ sec. \ mOK$$
$$= KM \ cosec. \ mOK = r.$$

DISTANCES AU ZÉNIT.

Clocher de Châteauneuf.

10   100₈050   100₈105 $= 90° \ 5' \ 40''$ (dans le ciel.)
D. et B. n°. 1.   24 brumaire an 4.   Tantôt noir, tantôt éclairé, et alors difficile.

Flèche d'Orléans.

10   1000₈484   100₈0484 $= 90° \ 2' \ 36''8$ (dans le ciel.)
D. et B. n°. 1.   On voit la flèche toute entière, bien séparée des tours. Dans les dernières observations on voyoit bien la boule.

Clocher de Chaumont.

10   99.9₈569   99₈9569 $= 89° \ 57' \ 40''4$
D. et B. n°. 1.   On voit le clocher tout entier dans le ciel. J'ai pris le haut de la flèche au pied du support de la girouette.

Les trois distances précédentes ont été observées à l'étage des cloches.

Clocher de Soême.

10   100₈242   100₈1242 $= 90° \ 6' \ 42''4$ (en terre.) D. et B. n°. 1.
Soême étoit très-foible : j'ai observé un arbre voisin, et qui a même hauteur à peu près. On peut supposer 90° 6' 50'', ou, si l'on veut, 90° 7' pour Soême.

Même distance, angles simples.

5   0ᵇ299   100ᵍ0598   D. et B. nº 1.

Correction du niveau   0ᵍ0644 = 0ᵍ 3′ 28″7

Signal d'Ennordre.

5   0ᵇ13r   100ᵍ0262   (en terre.)

Correction du niveau   + 0ᵍ0644

100ᵍ0906 = 90ᵍ 4′ 53″5

Le signal étoit si foible que j'ai observé un arbre voisin.

Clocher de Sainte-Montaine.

4   0ᵇ053   100ᵍ01325   (en terre.)   D. et B. nº 1.

Correction du niveau   + 0ᵍ0644

100ᵍ07765 = 90ᵍ 4′ 11″6

Signal d'Oison.

4   399ᵇ660   99ᵍ9150   D. et B. nº 1.

Correction du niveau   + 0ᵍ644

99ᵍ9794 = 89ᵍ 58′ 53″3

Ces cinq distances ont été prises en haut à la base de la pyramide ; les quatre dernières ont été observées par des angles simples, à cause de l'obliquité de la direction ; car, pour observer des angles doubles, il faut une ouverture = 0ᵇ1389 *sécante obliquité*, à moins de changer l'instrument de place toutes les fois qu'on le retourne ; ce qui nous est arrivé quelquefois, mais n'est pas toujours possible.

ANGLES.

Entre Châteauneuf et Orléans.

20   100ᵍ945ᵇ   53ᵇ04725 = 47ᵇ 44′ 33″09

D. et B. nº 1. 24 brumaire, 1ᵉ ¾. Châteauneuf d'abord difficile, puis tout noir et bon à observer.

20 1060894275 5380471375 = 47° 44′ 32″73

Châteauneuf et Orléans éclairés du soleil, mais peu obliquement. On voyoit par fois la boule dorée d'Orléans : alors c'est elle qu'on a observée.

Moyenne . . . . 47° 44′ 32″91

r et y ont été déterminés par les distances perpendiculaires aux deux murs voisins. (Voyez *fig.* 11.) On avoit pour la première série $On = $ 0ᵗ65278 et $Op = $ 0ᵗ96180, d'où $r = $ 1ᵗ1142, $y = $ 195° 16′ 44″, et la réduction au centre — 10″879. Pour la seconde série on avoit $On = $ 0ᵗ63194, $Op = $ 0ᵗ96527, d'où $r = $ 1ᵗ1303, $y = $ 194° 34′ 42″, et la réduction — 11″118.

Ainsi par un milieu, réduction .   — 11″00

Centre . . . . 47° 44′ 21″91

+ 0″03

Horizon . . . . 47° 44′ 21″94

Entre Orléans et Chaumont.

20 1947957 97839785 = 87° 39′ 29″03

D. et B. n° 1. 24 brumaire. Orléans foible en commençant; mais ensuite objets beaux et point de soleil. $On = $ 0ᵗ66667, $Op = $ 0ᵗ76389.

Ainsi $r = $ 1ᵗ21815 $y = $ 115° 56′ 28″   — 42″51

Centre . . . . 87° 38′ 46″52

20 1947891475 973957375 = 87° 39′ 22″19

25 brumaire. Orléans et Chaumont éclairés du soleil; mais de la même manière. Le cercle placé comme à la seconde des deux séries de l'angle précédent.

Ainsi $r = $ 1ᵗ1303 $y = $ 106° 55′ 20″   — 39″38

87° 38′ 42″81

Moyenne . . . . 87° 38′ 44″66

— 0″11

Horizon . . . . 87° 38′ 44″55

La réduction au centre est ici d'environ 6″ pour 0ᵗ17 de distance au centre, et l'on n'est pas sûr de cette distance à 0ᵗ04 ou 0ᵗ05 près : ainsi cet angle pourroit être trop fort ou trop foible de quelques secondes ; mais peu importe, le sinus ne variera pas sensiblement.

Entre Chaumont et Soême.

20 210.51855 105.209275 $= 94° 41' 18''041$

D. et B. n° 1. 27 brumaire, 1ʰ. Chaumont très-beau, Soême beaucoup moins. Grand vent qui agite l'instrument.

20 210.5179 105.20895 $= 94° 41' 16''998$

30 brumaire, 1ʰ. Soême un peu foible, Chaumont superbe. On pourroit s'en tenir à la seconde série, et retrancher par conséquent 0''5 des angles réduits.

Cet angle a été pris en haut, sur la base de la pyramide.

Milieu	94° 41' 17''5
$r = 1^\iota60823$ $y = 115° 3' 28''$	$— 51''88$
Centre	94° 40' 25''62
	$— 0''21$
Horizon	94° 40' 25''41

Entre Soême et le signal d'Ennordre.

14 301.548 218.39143 $= 19° 23' 6''8$

D. et B. n° 1. 29 brumaire, midi. On n'a pu aller plus loin. Cet angle est fort douteux, mais il est inutile.

Cet angle a été observé en haut.

$r = 1^\iota4464$ $y = 122° 41' 36''$	$+ 1''25$
Centre	19° 23' 8''05
	$— 0''02$
Horizon	19° 23' 8''03

Entre Soême et Sainte-Montaine.

20 556.89225 27.8446125 $= 25° 3' 36''54$

D. n° 1. 27 brumaire, 2ʰ ¼. Sainte-Montaine foible en commençant. Bellet a continué jusqu'à 30, et l'angle a sensiblement augmenté, comme on voit ci-après. Sainte-Montaine étoit toujours foible, et le vent étoit augmenté. Je crois que je ferois mieux de m'en tenir à mes observations et de diminuer de 2"34 les angles réduits. L'erreur du triangle seroit considérablement diminuée.

Cet angle a été observé en haut.

30	885ˢ360	27ˢ84533	$= 25°$ 3' 38"88
$r = 1$ˢ4297	$y = 22°$ 46' 59"		$+ 10$"15

Centre . . . . 25° 3' 49"03

$+ 0$"02

Horizon . . . . 25° 3' 49"05

Entre Soême et le signal d'Oison.

20 908ˢ503   45ˢ42515 $= 40°$ 52' 57"486

Soême éclairé obliquement, pâle et difficile. Oison le plus souvent éclairé, quelquefois noir, et alors presque invisible. Angle très-douteux et devenu inutile : il a été observé en haut.

$r = 0$ˢ91998 $y = 17°$ 51' 43" $+ 10$"96

Centre . . . . 40° 53' 8"45

$- 0$"67

Horizon . . . . 40° 53' 7"78

Entre le signal d'Oison et Châteauneuf.

12, 1187ˢ414 985951667 $= 89°$ 3' 21"78

D. et B. n° 1. 25 brumaire. Le signal quelquefois brillant et facile, quelquefois très-foible, et enfin invisible.

20 1979ˢ0215 985951075 $= 89°$ 30' 21"48

D. et B. n° 1. 26 brumaire, 3ʰ ½. Cet angle a été pris en bas : il est devenu inutile. *On* $= 0$ˢ67361 ; *Op* $= 1$ˢ65972.

Moyenne . . . . 89° 3' 21"63

$r = 0$ˢ93802 $y_1 = 204°$ 25' 45" $- 2$"96

Centre . . . . 89° 3' 18"67

$- 0$"11

Horizon . . . . 89° 3' 18"56

1.

Tour de l'horizon.

Entre Châteauneuf et Orléans	47° 44' 21"94
Entre Oison et Châteauneuf	89° 3' 18"56
Entre Soême et Oison	40° 53' 7"78
Entre Chaumont et Soême	94° 40' 25"41
Entre Orléans et Chaumont	87° 38' 44"55
	359° 59' 58"24
Erreur	1"76

Chaumont.

CHAUMONT.

XLIII.

L E clocher de Chaumont est une tour presque carrée, surmontée d'un toit semblable à celui d'Arvillers. Ce toit renferme une pyramide hexagonale irrégulière, mais symmétrique, qui se termine par une lanterne de même forme, et toute à jour : elle est immédiatement au-dessus du faîte du toit. C'est là sans doute qu'on a observé en 1740, et mon intention étoit d'en faire de même; mais, pendant tout le temps de cette station, il a souflé un vent froid et impétueux qui nous a forcés de chercher un abri dans la tour, à l'étage des cloches. Autant que nous avons pu voir, l'axe de la pyramide est le même que celui de la tour, et j'ai réduit les angles observés, au centre du quadrilatère formé par les quatre murs; j'ai déterminé la position du cercle par rapport à ce centre, en menant des perpendiculaires aux murs voisins.

La lanterne porte une flèche assez haute, et qui paroît
assez droite; je n'ai pu en mesurer directement la hauteur, que j'ai estimée de 6 à 7^t. Je me proposois de la
déterminer comme j'ai fait pour les flèches d'Amiens
et d'Orléans, par des distances au zénit prises dans les
stations voisines : le temps n'étoit pas assez clair pour
reconnoître la place de la lanterne; je n'ai pu l'observer
que de Soême. Cette observation, comparée à celles que
j'ai faites à Orléans et Vouzon du sommet de la flèche,
donne 5 à 6^t pour la hauteur de la flèche au-dessus de
la lanterne. Ainsi l'on peut porter à 22^t la hauteur totale
du clocher au-dessus du sol; car le bas de la lanterne
est élevé de 15^{t}4. L'étage des cloches est moins haut
de 7^{t}4. Ainsi $dH = $ 14^t environ.

Le mur qui regarde Orléans, ou AD (*fig.* 12), a
de largeur intérieurement . . . . 2^{t}7222

Le mur opposé BC a . . . . 2^{t}75

Le mur qui regarde Vouzon ou AB a de
largeur. . . . . 2^{t}9583

Le mur opposé CD . . . . 2^{t}9444

J'ai supposé par un milieu $AD = BC = $ 2^{t}7361
$$AB = CD = 2^t9514$$

L'angle $VOq = BVO = $ 75° 19′ 37″.

Cet angle, avec les distances Op, On, aux deux
murs, sert à calculer la ligne $OK = r$ et les angles y
qu'elle fait avec les directions à Soême, Vouzon et
Orléans, ainsi qu'il a été dit page 181.

Chaumont?

DISTANCES AU ZÉNIT.

Clocher de Vouzon.

10   999ᵍ250   99ᵍ9250 $=$ 89° 55' 57" (dans le ciel.)

D. et B. n° 1. On voit le clocher presque jusqu'au pied. On distingue la tourelle de l'escalier, le coq et son support. Beaucoup de vent.

La même par les angles simples.

5   399ᵍ288   99ᵍ8576

Correction du niveau . . . . $+$ 0ᵍ0674 $=$ 0° 3' 38"4

Flèche d'Orléans.

10   1000ᵍ478   100ᵍ0478 $=$ 90° 2' 34"9

D. n° 1. On voit la flèche en entier, dans le ciel, et bien séparée des tours. On ne distinguoit pas la boule : le point observé est un peu plus élevé que les tours. Beaucoup de vent.

Clocher de Soême.

3   0ᵍ078   100ᵍ026

Correction du niveau . . . . $+$ 0ᵍ0674

100ᵍ0934 $=$ 90° 5' 2"6 (en terre.)

D. n° 1. On voit une bonne partie du clocher, mais point l'église. Beaucoup de vent ; pointe très-difficile à observer.

ANGLES.

Entre Vouzon et Orléans.

20   1560ᵍ589   78ᵍ02945 $=$ 70° 13' 35"42

3 frimaire, 2ʰ ¼. Orléans beau, Vouzon superbe ; mais grand vent qui agite l'instrument.

20 1560858675 7856293375 = 70° 13' 35"65

Moyenne . . . . 70° 13' 35"24

Distance au mur qui regarde Soême, ou Op (*fig.* 12.) . . . 1'1944

Distance au mur opposé à celui qui regarde Vouzon, ou On . 0'7153

$r = 0'71079$ $y = 298°$ 24' 32" $+ 11"28$

Centre . . . . 70° 13' 46"52

$- 0"26$

Horizon . . . . 70° 13' 46"26

Entre Soême et Vouzon.

20 1296800o 6488000 = 58° 19' 12"0

D. et B. n° 1. 3 frimaire, 0ʰ ¼. Objets très-beaux ; point de soleil ; beaucoup de vent : mais nous étions à l'abri.

20 129589915 648799575 = 58° 19' 10"6

D. et B. n° 1. 5 frimaire. Vouzon beau, Soême passable ; point de soleil.

Moyenne . . . . 58° 19' 11"3

Distance au mur qui regarde Soême . . . . 0'4628

Distance au mur opposé à celui qui regarde Vouzon . . . . 0'4722

$r = 1'3977$ $y = 35°$ 27' 57" $- 5"78$

Centre . . . . 58° 19' 5"52

$- 0"63$

Horizon . . . . 58° 19' 4"89

SOÊME.

XLIV.

LE clocher de Soême est une flèche octogone, étroite
et longue. Nous nous sommes placés à la seconde enrayure, à 10ᵗ2 au-dessus du sol de l'église ; la flèche

s'élève encore de 6ᵗ8 au-dessus de la seconde enrayure. Ainsi la hauteur totale est de 17ᵗ. Et $dH = 6ᵗ.1111$.

La seconde enrayure étoit embarrassée de charpente, et nous y étions fort gênés. Des bois voisins nous ont empêchés de voir le signal d'Oison, quoique du signal on vît la plus grande partie du clocher.

DISTANCES AU ZÉNIT.

Signal d'Ennordre.

8   798ᵍ690   99ᵍ83625 = 89ᵍ 51′ 9″5 (on terre.)

D. et B. nᵒ 1. 12 brumaire. Grand vent ; position incommode.

Même distance.

5   398ᵍ852   99ᵍ7704

Correction du niveau . + 0ᵍ06585

Clocher de Vouzon.

5   399ᵍ780   99ᵍ956

Correction du niveau . + 0ᵍ06585

100ᵍ02185 = 90° 1′ 10″8

D. et B. nᵒ 1. On ne voit que la partie supérieure du clocher.

Clocher de Chaumont.

3   399ᵍ990   99ᵍ99667

+ 0ᵍ06585

100ᵍ06252 = 90° 3′ 22″6 (dans le ciel.)

D. et B. nᵒ 1. Cette distance est celle du point observé dans les angles horizontaux, c'est-à-dire, de la lanterne.

Signal de Méri.

5 398ᵇ297 99ᵇ6594
+ 0ᵇ06585

99ᵇ72525 = 89° 45′. 9″8 (dans le ciel.)

D. et B. n° 1. On voit le signal en entier.

Clocher de Sainte-Montaine.

5 399ᵇ127 99ᵇ8254
+ 0ᵇ06585

99ᵇ89125 = 89° 54′ 7″6

D. et B. n° 1. On voit le clocher tout entier.

Tour d'Aubigni.

5 0ᵇ0 99ᵇ7592
+ 0ᵇ06585

99ᵇ82505 = 89° 52′ 33″2 (dans le ciel.)

D. et B. n° 1. C'est la tour observée en 1740. La même église avoit aussi une flèche qui ne subsiste plus.

ANGLES.

Entre Vouzon et Chaumont.

20 600ᵇ20625 30ᵇ0103125 = 27° 0′ 33″41

D. n° 1. 13 brumaire, 1ʰ. Objets fort beaux ; point de soleil, horizon pur.

20 600ᵇ21675 30ᵇ0108375 = 27° 0′ 35″11

B. n° 1. 2ʰ ¼. On pourroit s'en tenir à la première série, et diminuer de 0″85 les angles réduits.

Moyenne	27°	0′ 34″26
r = 0ᵇ34491 y = 67° 23′ 28″	+	1″27
Centre	27°	0′ 35″53
	—	0″07
Horizon	27°	0′ 35″46

Entre les signaux de Méri. et d'Ennordre.

20   780.53675   395.026837 5 = 35°   7′ 26″95

D. et B. n° 1. 11 brumaire, 2ʰ ¼ — 5ʰ. Mauvais temps. Nous n'avons pas repris cet angle, qui n'est pas nécessaire.

$r = 0.40046$ $y = 209° 31′ 20″$ — 0″82

Centre . . . . 35°   7′ 26″13

                                        + 0″32

Horizon . . . . 35°   7′ 26″45

Entre le signal d'Ennordre et Vouzon.

20   287.307875   143.6539375 = 129° 17′ 18″76

Ou bien, en rejetant une mauvaise observ. 129° 17′ 19″78

11 brumaire, 1ʰ. Au commencement Vouzon étoit difficile et Ennordre éclairé obliquement.

20   287.309175   143.6545875 = 129° 17′ 20″86

15 brumaire. Vouzon foible, Ennordre éclairé obliquement ; mais on s'est dirigé, autant qu'on a pu, sur l'arrête qui séparoit la partie obscure de la partie éclairée.

20   287.311775   143.6558875 = 129° 17′ 25″08

16 brumaire, 2ʰ. Vouzon foible et pâle. On visoit à la partie éclairée d'Ennordre : ainsi cet angle est trop grand et a besoin d'une réduction de 4″18. (Voyez page suivante.) Il sera donc de 129° 17′ 20″9

Par un milieu, je le suppose de . . . . 129° 17′ 20″0

                                    129° 17′ 20″

$r = 0.400463$ $y = 80° 14′ 1″$ — 12″37

Centre . . . . 129° 17′ 7″63

                                       + 0″32

Horizon . . . . 129° 17′ 7″95

Cet angle n'a été pris que pour vérifier les deux suivans ; mais il n'est pas assez sûr. Si Vouzon étoit aussi éclairé, comme il est très-probable, cet angle doit être trop petit. . . . .

Entre le signal d'Ennordre et Sainte-Montaine.

20   768ʳ519   38ʳ42595 $= 34° 35' 0''08$

D. et B. n° 1. 13 brumaire, $11^h \frac{1}{2}$. Signal d'Ennordre éclairé obliquement. On se dirigeoit, autant qu'on pouvoit, au milieu de la partie blanche et de la noire; mais ce milieu n'est pas le milieu du signal.

$$\text{Correction} = \frac{0'0914 \; sin. \; 65° \; 41' \; 30''}{7491^t \; sin. \; 1''} \qquad - \; 2''29$$

$$34° \; 34' \; 57''79$$

20   768ʳ50475   38ʳ4252375 $= 34° 34' 57''77$

14 brumaire. Ennordre éclairé obliquement. On visoit à la partie supérieure du signal.

En rejetant un mauvais angle . . . . . . $34° 35' 2''94$

$$\text{Correction} = -2''29 - \frac{0'1667 \; sin. \; 24° \; 18'}{7491 \; sin. \; 1''} \qquad - \; 4''18$$

$$34° \; 34' \; 58''76$$

20   768ʳ56875   38ʳ4284375 $= 34° 35' 8''14$

D. et B n° 1. 16 brumaire, 1^h. On visoit à la partie éclairée d'Ennordre vers le milieu de la hauteur. Sainte-Montaine éclairée de côté.

$$\text{Correction} = 2.355 \times 4''18 \qquad - \; 9''8$$

Les corrections augmentent selon que le point observé est plus bas, et par conséquent plus loin de l'axe du signal.

$$34° \; 34' \; 58''34$$

Moyenne . . . . $34° 34' 58''30$

$r = 0'400463 \quad y = 174° 56' 21'' \qquad - \; 6''71$

Centre . . . . $34° 34' 51''59$

$$+ \; 0''43$$

Horizon . . . . $34° 34' 52''02$

Entre Sainte-Montaine et Vouzon.

　　　　20　2104^{s}59775　105^{s}2298875 = 94° 42' 24"83
D. et B n° 1. 12 brumaire, 1^h. Vent très-incommode.
　　　　20　2104^{s}6165　105^{s}230825 = 94° 42' 27"87
D. et B. n° 1. 15 brumaire, midi. Sainte-Montaine éclairée obliquement.
　　　　20　2104^{s}610　105^{s}2305 = 94° 42' 26"82
D. et B. n° 1. 16 brumaire. Vouzon un peu foible.

Il y a beaucoup d'apparence que la première série est encore la meilleure.

Moyenne . . . . 94° 42' 26"51
$r = 0^t 400463$　$y = 80°$ 14' 1"　　　— 5"67
───────────────
Centre . . . . 94° 42' 20"84
　　　　　　　　　　　　— 0"15
───────────────
Horizon . . . . 94° 42' 20"69

Entre Ennordre et Sainte-Montaine, horizon . . . . 34° 34' 52"02
Entre Sainte-Montaine et Vouzon . . . . 94° 42' 20"69
Donc entre Ennordre et Vouzon . . . . 129° 17' 12"71
Observation directe . . . . 129° 17' 7"95

Je ne sais à quoi attribuer cette différence, à moins que ce ne soit aux phases du clocher de Sainte-Montaine. Il paroît que les deux angles partiels sont trop grands, sur-tout le second.

Entre Aubigni et Vouzon.

　　　　20　2303^{s}24975　115^{s}1624875 = 103° 38' 46"46
D. et B. n° 1. 13 brumaire, 2^h.
　　　　20　2303^{s}2505　115^{s}162525 = 103° 38' 46"58
D. et B. n° 1. 15 brumaire, 3^h.

Moyenne . . . . 103° 38' 46"52
$r = 0^t 400463$　$y = 80°$ 14'　　　— 7"49
───────────────
Centre . . . . 103° 38' 39"03
　　　　　　　　　　— 0"05
───────────────
Horizon . . . . 103° 38' 38"98

SIGNAL D'OISON.

X L V.

L e signal d'Oison étoit une pyramide tronquée, de 3ᵗ66 de hauteur, et de 1ᵗ43 de base. Deux faces seulement étoient couvertes de planches ; l'une regardoit Châteauneuf, l'autre Soême. La diagonale s'alignoit presque à Vouzon.

Le signal étoit dans une plaine inculte du territoire d'Oison, à droite du chemin d'Aubigni à Concressaut. Cette plaine s'appelle les bruyères d'Helvessans. Il étoit, à quelques toises près, au même endroit qu'en 1740.

De ce signal on ne voit plus Salbris dont la flèche n'existe plus. On voit très-bien celle de Soême, et j'avois espéré que de Soême je verrois le signal d'Oison. Je n'ai pu l'apercevoir, et la station d'Oison est devenue inutile.

DISTANCES AU ZÉNIT.

Clocher de Châteauneuf.

10 10035388 10053388 = 90° 18' 17"7 (dans le ciel.) D. nᵒ 1.
14 fructidor, 2ʰ. Objet très-foible.

Clocher de Vouzon.

10 10035227 10053227 = 90° 17' 25"5 (dans le ciel.) D. nᵒ 1.

Clocher de Soême.

10 10035564 10053564 = 90° 19' 14"7 (dans le ciel.) D. nᵒ 1.
Pointe très-fine et difficile. Grand vent.

Oison.

Ces distances ont été prises dans un temps très-obscur, et elles ne peuvent être d'une grande précision. L'erreur ne doit pas cependant être d'une minute. Les deux premières diffèrent de 8 à 9' de celles qui ont été observées en 1740. Pour lever tout soupçon, j'ai engagé le citoyen Bellet à les observer. Voici ce qu'il a trouvé.

Clocher de Châteauneuf.

4   401ˢ345   100ˢ33625 = 90° 18' 9"5

Méridienne-vérifiée, p. xxx 90° 8' 0"0

Clocher de Vouzon.

4   401ˢ251   100ˢ31275 = 90° 16' 53"3

Méridienne vérifiée, p. xxx 90° 9' 0"0

Clocher de Soême.

4   401ˢ432   100ˢ3580 = 90° 19' 19"3

Tour d'Aubigni.

6   601ˢ905   100ˢ3175 = 90° 17' 8"7   Plessis, n°. 1.

ANGLES.

Entre Châteauneuf et Vouzon.

20   76gˢ5065   38ˢ475325 = 34° 37' 40"05

Grand vent. Les objets qui étoient beaux en commençant, se sont obscurcis, et à la fin ils étoient à peine visibles.

En rejetant 4 angles douteux . . . . . .   34° 37' 42"34

30   1154ˢ286   38ˢ4762   = 34° 37' 42"88

Moyenne . . . .   34° 37' 42"62

                                          +   1"67

Horizon . . . .   34° 37' 44"29

Entre Vouzon et Soême.

20 751880673 3785903365 = 33° 49' 52"69
D. et B. n° 1. 14 fructidor. Objets foibles et difficiles.

20 751879 3758895 = 33° 49' 48"20
15 fructidor. Objets presque invisibles.

20 751880325 3785901625 = 33° 49' 52"13
15 fructidor. On voit un peu mieux.

20 751878575 3785892875 = 33° 49' 49"29
16 fructidor. Soême éclairé obliquement.

Moyenne . . . . 33° 49' 50"56
                              + 1"66
                              _____
Horizon . . . . 33° 49' 52"22

Entre Châteauneuf et Soême.

30 2281895625 76806520833 = 68° 27' 31"27
16 fructidor. Objets bien visibles, mais Soême éclairé obliquement.
                              + 4"17
                              _____
Horizon . . . . 68° 27' 35"44

Entre Châteauneuf et Vouzon, à l'horizon. . . . . . . 34° 37' 44"29
Entre Vouzon et Soême. . . . . 33° 49' 52"22

Donc entre Châteauneuf et Soême . . . . 68° 27' 36"51
Observation directe . . . . 68° 27' 35"44

Différence . . . . 1"07

Entre Vouzon et Aubigni.

20 6508514 3252507 = 29° 16' 21"23 Plessis, n° 1.
                              + 1"31
                              _____
Horizon . . . . 29° 16' 22"54

SAINTE-MONTAINE.

XLVI.

Le clocher de Sainte-Montaine est une petite flèche octogone. On ne peut y monter plus haut que la première enrayure, qui est à 7^t83 du sol de l'église. La hauteur totale au-dessus du pavé de l'église 13^t167.

$$dH = 4^t5.$$

Ce clocher est si étroit et si embarrassé, que nous y étions dans une situation fort gênante pour observer.

DISTANCES AU ZÉNIT.

Clocher de Vouzon.

3   0^s130 100^{s}04333
    + 0^s06585
    _____
    100^{s}10918 $= 90°$ 5' 53"7

D. et B. n° 1. 18 brumaire. On voit le clocher et le faîte de l'église.

Clocher de Soême.

3. 0^s199 100^{s}06633
    + 0^s06585
    _____
    100^{s}13218 $= 90°$ 7' 8"3 D. et B. n° 1.

Signal d'Ennordre.

3 399^{s}325   99^{s}7750
    + 0^s06585
    _____
    99^{s}84085 $= 89°$ 51' 24"4   (en terre.)

D. et B. n° 1.

ANGLES.

Entre Vouzon et Soême.

```
  20   1338ᵍ49825   66ᵍ9249125 = 60° 13' 56"72
```
D. et B. nº 1. Objets beaux, horizon pur, point de soleil.
```
  20   1338ᵍ50225   66ᵍ9251125 = 60° 13' 57"36
```

Moyenne . . . .   60° 13' 57"04

$r = $ 0ᵗ331147 $y = $ 187° 50' 45"   — 3"07

Centre . . . .   60° 13' 53"97
                              + 0"43

Horizon . . . .   60° 13' 54"40

Entre Soême et le signal d'Ennordre.

```
  30   3197ᵍ25125   106ᵍ575041667 = 95° 55' 3"13
```
19 brumaire, 0ʰ ¼. Objets beaux; on distinguoit parfaitement toutes les parties du signal.

$r = $ 0ᵗ18055 $y = $ 59° 47'   — 4"85

Centre . . . .   95° 54' 58"28
                              — 0"97

Horizon . . . .   95° 54' 57"31

SIGNAL D'ENNORDRE.

XLVII.

LE signal d'Ennordre étoit une pyramide tronquée de 1ᵗ5 de base, et de 4ᵗ de hauteur. Trois de ses faces étoient couvertes de planches; l'une regardoit Vouzon, l'autre Morogues, et la troisième étoit vue obliquement de Soême et de Méri.

Pour retrouver la place du signal, prenez à droite, en sortant d'Ennordre, le chemin de Nançai; suivez-le jusqu'à une borne d'un pied de hauteur qui se trouve dans le chemin même. Arrivé à la borne, faites 53 pas parallèlement à la lisière du chemin; alors sur une direction perpendiculaire à la première, faites à gauche 117 pas, et vous serez au centre du signal. Il étoit dans une pièce de terre cultivée.

Le pilier de bois, dont il est parlé dans la *Méridienne vérifiée*, page xxx, a été abattu il y a quelques années, mais le pied du poteau est encore en terre. Je l'ai fait recouvrir de terre et de cailloux qui serviront à le retrouver. J'aurois voulu pouvoir y planter mon signal, mais on n'y voyoit pas les objets dont j'avois besoin.

DISTANCES AU ZÉNIT.

Sainte-Montaine.

10 1001ᵇ070 100ᵇ107 = 90.° 5′ 46″7 (dans le ciel.)
D. et B. nᵒ 1. 4 vendémiaire, 3ʰ ¼.

Clocher de Vouzon.

10 1001ᵇ932 100ᵇ1932 = 90° 10′ 25″97 (dans le ciel.)
D. et B. nᵒ 1. 3ʰ ½.

Clocher de Soême.

10 1002ᵇ164 100ᵇ2164 = 90° 11′ 41″1 (dans le ciel.)
D. et B. nᵒ 1. 3ʰ ½.

Signal de Méri.

10. 99^g6140   99^g6140 = 89° 39′ 25″6   (dans le ciel.)

D. et B. n° 1. 5 vendémiaire, 6^h. Trop foible probablement de quelques secondes, à cause de la réfraction terrestre qui alloit en augmentant pendant le cours de cette série. Les deux premiers angles donneroient 16″ de plus.

Signal de Morogues.

10 99^g5049   99^g5049 = 89° 33′ 15″9   (dans le ciel.)

D. et B. n° 1. 4^h ½.

ANGLES.

Entre Sainte-Montaine et Soême.

20 1100^g04275 55^g00213575 = 49° 30′ 6″93

D. et B. n° 1. 3 vendémiaire, 3^h ½. On voit bien les deux clochers, qui sont très-aigus ; mais ondulations excessives. Ces ondulations n'étoient pas toujours très-rapides ; elles portoient quelquefois la pointe du clocher d'un côté ou d'un autre, et l'y retenoient près d'une minute de temps.

20. 1100^g05975 55^g0029875 = 49° 30′ 9″68

D. et B. n° 1. 5 vendémiaire, 3^h. Ondulations excessives.

Moyenne	49° 30′ 8″80
	+ 0″30
Horizon	49° 30′ 9″1

Entre Vouzon et Soême.

20 69^g52025 34^g810125 = 31° 19′ 44″80

D. et B n° 1. 3 vendémiaire, 4^h ¼. Moins d'ondulations.

30 1044^g32975 34^g8109917 = 31° 19′ 47″61

D. et B n° 1. Ondulations, grand vent. On voyoit mal Vouzon en commençant. Je rejette les 10 premiers angles.

Les 20 derniers	31° 19′ 45″49
Milieu entre les 40	31° 19′ 45″15
	+ 0″59
Horizon	31° 19′ 45″74

1.

Entre Soême et le signal de Méri.

10   1203ᵇ327   120ᵇ3327 $=$ 108° 17′ 57″95

D. et B. nᵒ 1.   3 vendémiaire, 5ʰ ₇. On voyoit mal Méri.

20   2406ᵇ637   120ᵇ33185 $=$ 108° 17′ 55″19

D. et B. nᵒ 1.   4 vendémiaire, 5ʰ ¼.

20   2406ᵇ63625   120ᵇ3318125 $=$ 108° 17′ 55″07 D. et B. nᵒ 1.

Milieu entre les 40 derniers . . .   108° 17′ 55″13

                        —   2″79

Horizon . . . . .108° 17′ 52″34

En employant la première série on ajouteroit 0″6 à l'angle.

Entre les signaux de Méri et Morogues.

20   1053ᵇ170   52ᵇ6585 $=$ 47° 23′ 33″54

D. et B. nᵒ 1.   3 vendémiaire, 5ʰ.

16   842ᵇ538   52ᵇ658625 $=$ 47° 23′ 33″94

D. et B. nᵒ 1.   4 vendémiaire, 5ʰ.

Moyenne . . . . 47° 23′ 33″74

                        $+$ 3″90

Horizon . . . . 47° 23′ 37″64

SIGNAL DE MÉRI.

XLVIII.

Le signal de Méri-ès-bois étoit pareil à celui d'Ennordre. On ne put trouver assez de planches pour le couvrir en entier. On n'en mit qu'à la face qui regardoit Ennordre et Vouzon : on devoit couvrir le reste en paille. L'ouvrier manqua de parole, et j'observai le signal tel qu'il étoit. Je n'ai pu le placer au même endroit qu'en 1740, une touffe d'arbres empêchoit de voir Bourges.

La distance du nouveau signal à l'ancien étoit de 72^t3, et elle faisoit à gauche de Bourges un angle de 47° 34′. L'ancien étoit un poteau établi sur des fondemens en maçonnerie; il a été renversé à la révolution comme signe de féodalité, en même-temps que celui d'Ennordre. J'en ai retrouvé les fondemens, et j'y ai fait placer au même point un poteau qui s'élève de quelques pouces seulement au-dessus du terrain.

Du signal on ne voit plus Michavant masqué par des arbres, ni Salbris, depuis qu'il n'a plus sa belle flèche qui a été brulée par le tonnerre.

DISTANCES AU ZÉNIT.

Signal d'Ennordre.

10 100^d8066 100^d4066 = 90° 21′ 57″4 (en terre.)
D. et B. n° 1. 6 vendémiaire, 3^h ¼.

Clocher de Vouzon.

10 100^d3190 100^d3190 = 90° 17′ 13″6 (dans le ciel.)
D. et B. n° 1. Second jour complémentaire, 5^h ¾.

Clocher de Soême.

10 100^d8145 100^d4145 = 90° 22′ 23″0 (en terre.)
D. et B. n° 1. 4^h 10′.

Clocher de Chaumont.

4 40^d8379 100^d34475 = 90° 18′ 37″0 (dans le ciel.) D. et B. n° 1.

Tour de Bourges.

10　100ˢ2468　100ˢ2468　= 90° 13′ 19″6　(dans le ciel.)

D. et B. n° 1.　2ʰ ¼.　Beaucoup d'ondulations.

Signal de Morogues.

10　995ˢ589　995ˢ589　= 89° 36′ 10″8　(dans le ciel.)

D. et B. n° 1.　2ʰ 25′.

ANGLES.

Entre le signal d'Ennordre et Soême.

20　812ˢ8225　40ˢ641125　= 36° 34′ 37″25

+ 2″84

Horizon . . . .　36° 34′ 40″09

D. et B. n° 1.　6 vendémiaire, 2ʰ ¼. Temps couvert, objets foibles.

Entre le tourillon du Pélican de Bourges et le signal de Morogues.

20　1731ˢ66425　86ˢ5832125　= 77° 55′ 29″55

Objets bien visibles ; fortes ondulations.

20　1731ˢ66725　86ˢ5833625　= 77° 55′ 30″09

Il n'y a plus d'ondulations. Le signal par fois foible et par fois très-éclairé.

Moyenne . . . .　77° 55′ 29″82

— 7″04

Horizon . . . .　77° 55′ 22″78

Entre les signaux de Morogues et d'Ennordre.

20　2215ˢ64725　110ˢ7823625　= 99° 42′ 14″85

D. et B. n° 1.　Point de soleil ni d'ondulations : on voit bien.

20　2215ˢ6445　110ˢ782225　= 99° 42′ 14″41

D. et B. n° 1.　Objets un peu foibles.

Moyenne . . . .　99° 42′ 14″63

— 7″67

Horizon . . . .　99° 42′ 6″96

SIGNAL DE MOROGUES.

XLIX.

Le signal de Morogues étoit semblable à celui d'Ennordre. Il avoit 4ᵗ33 de haut, et 1ᵗ33 de base. Il étoit placé sur le chemin d'Henrichemont à la Charité, au-dessus du village de la Borne, en un lieu qu'on nous a dit s'appeler la Potence, et qui est le plus haut de la montagne. Cette montagne s'appelle aussi dans le pays montagne d'Auüi. D'après la carte de Cassini, je crois qu'au lieu de Auüi il faut dire Chautué.

$dH = $ 1ᵗ42 pour la première distance au zénit ; et $dH = $ 3ᵗ58 pour les autres.

DISTANCES AU ZÉNIT.

Signal d'Ennordre.

10   1006ᵉ791   100ᵉ6791 $=$ 90° 36′ 40″3   (en terre.)   D. et B. nᵒ 1.
9 vendémiaire an 4, 4ʰ.

Clocher de Vouzon.

4   402ᵉ050   100ᵉ5125 $=$ 90° 27′ 40″5   (dans le ciel.)   D. et B. nᵒ 1.

Clocher de Chaumont.

6   603ᵉ093   100ᵉ5155 $=$ 90° 27′ 50″3   (dans le ciel.)   D. et B. nᵒ 1.

Clocher de Soême.

6   603ᵉ186   100ᵉ5310 $=$ 90° 28′ 40″4   (dans le ciel.)   D. et B. nᵒ 1.

Signal de Méri.

10   1005ᵉ570   1005ᵉ5570 $= 90°\ 30'\ 4''7$ (dans le ciel.)   D. et B. nᵒ 1.
Horizon très-embrumé ; le signal est très-pâle.

Clocher de Vasselai.

4   403ᵉ048   1005ᵉ7620 $= 90°\ 41'\ 8''9$ (en terre.)   D. et B. nᵉ 1.

Clocher des Ais-Dam-Gillon.

4   405ᵉ757   101ᵉ43925 $= 91°\ 17'\ 43''2$ (en terre.)   D. et B. nᵒ 1.

Tourillon de Bourges.

10   1005ᵉ927   1005ᵉ5927 $= 90°\ 32'\ 0''3$ (en terre.)   D. et B. nᵒ 1.
Horizon très-embrumé. On ne distinguoit pas le Pélican.

Tour de Dun-sur-Auron.

10   100ᵖ4ᵉ941   1005ᵉ4941 $= 90°\ 26'\ 40''9$ (en terre.)   D. et B. nᵒ 1.

ANGLES.

Entre les signaux d'Ennordre et de Méri.

8   292ᵉ473   36ᵉ559125 $= 32°\ 54'\ 11''56$
40   1462ᵉ360   36ᵉ559 $= 32°\ 54'\ 11''16$
$+\ 5''11$

Horizon . . . . $32°\ 54'\ 16''27$

D. et B. nᵒ 1. Nous étions, pour observer, dans une position excessivement
gênante. De terre on ne voyoit pas Ennordre. J'avois fait construire un échafaud à moitié de la hauteur du signal ; nous y étions assis sur les planches
qui portoient l'instrument, et nous avions peine à voir et à observer. Plusieurs fois nos lunettes s'étoient dérangées. Enfin j'ai fait venir quelques bottes
de paille pour nous élever, et nous avons pris les quarante angles de la
dernière série.

Entre Vouzon et Bourges.

10   1061ꞵ860   10681860 $= 95° 34'$ 2"6
                                    $+ 17"0$

Horizon . . . . $95° 34'$ 19"6

D. et B. n° 1. Horizon très-embrumé ; Vouzon difficile à voir. Cet angle est inutile, ainsi que les deux suivans.

Entre Chaumont et le signal de Méri.

10   304ꞵ7815   30ꞵ47815 $= 27° 25'$ 49"2
                                    $+$ 3"6

Horizon . . . . : $27° 25'$ 52"8

Entre Soême et le signal de Méri.

10   303ꞵ1845   30ꞵ31845 $= 27° 17'$ 11"8

Entre le signal de Méri et Bourges.

20   1303ꞵ42325   65ꞵ1711625 $= 58° 39'$ 14"57

Le soleil éclaire le toit de la tour, et la pointe du tourillon est invisible jusqu'au dixième angle.

20   1303ꞵ43675   65ꞵ1718375 $= 58° 39'$ 16"75

Le toit n'est plus éclairé ; la pointe est toujours difficile à voir.

20   1303ꞵ4425   65ꞵ172175 $= 58° 39'$ 17"85

Moyenne . . . . $58° 39'$ 16"39
                                    $+$ 9"41

Horizon . . . . $58° 39'$ 25"80

Correction pour le pilier qui accompagne le tourillon . . . . $-$ 4"9

Angle corrigé . . . . $58° 39'$ 20"9

Les 10 derniers angles de la première série, les seuls dans lesquels on ait bien vu la pointe, donnent . . . . $58° 39'$ 12"82
                                    $+$ 9"41

Horizon . . . . $58° 39'$ 22"23

Cet angle est très-douteux ; l'horizon a toujours été fort embrumé du côté de Bourges, qui se projette en terre. Il y a grande apparence que cet angle a besoin d'une correction, parce que le tourillon est accompagné d'un pilier surmonté d'une roue. Dans la brume, lorsqu'on ne pouvoit distinguer la pointe, on devoit observer l'ensemble du tourillon et de la roue, et l'angle en étoit augmenté ; mais, quand on distinguoit la pointe, on n'étoit pas exposé à cette erreur. Il paroît donc qu'il faut s'en tenir aux 10 angles dans lesquels on a vu la pointe ; ou, si l'on veut employer les 60 angles, il en faudra corriger 50, c'est-à-dire les $\frac{5}{6}$ de la somme de la réduction due au pilier ; ce qui revient à prendre les $\frac{5}{6}$, de la correction — 4"9, qui se réduira à 4"08. Quelque soit le parti que l'on prenne, on aura, comme l'on voit, à très-peu près la même chose.

Entre Bourges et Dun.

20   746ᵍ754   37ᵍ33 77   = 33° 36' 14"15

D. et B. n° 1.   28 fructidor, 1ʰ $\frac{1}{2}$.   Objets foibles.

20   746ᵍ76625   37ᵍ3383125 = 33° 36' 16"13

D. et B. n° 1.   29 fructidor.   Objets presque invisibles.

Moyenne . . . .   33° 36' 15"14

                     +   4"13

Horizon . . . .   33° 36' 19"27

Il vaut mieux s'en tenir à la première série, c'est-à-dire diminuer les angles de 1".

Entre le signal de Méri et Dun.

20   2050ᵍ18475   102ᵍ5092375 = 92° 15' 29"93

D. et B. n° 1.   30 fructidor, 3ʰ $\frac{1}{4}$.

                     + 14"57

Horizon . . . . :   92° 15' 44"5o

Cet angle a été mesuré pour servir de preuve aux deux précédens. Il pourroit faire croire que les corrections que j'ai appliquées aux deux angles partiels, sont inutiles ; mais il n'a été observé qu'un jour, et les circonstances n'étoient pas assez favorables pour fournir rien de bien décisif. D'ailleurs il peut aussi avoir besoin d'une réduction à cause de la lucarne qui renferme la cloche de l'horloge de Dun, et qui doit avoir augmenté l'angle. (Voyez Dun.)

Entre Méri et Bourges, à l'horizon . . . . 58° 39' 22"23
Entre Bourges et Dun . . . . 33° 36' 18"27

Donc entre Méri et Dun . . . . 92° 15' 40"50
    Observation directe . . . . 92° 15' 44"5

    Différence . . . . 4"0

La réduction indiquée page précédente, ne peut aller qu'à 2".

Entre Méri et le clocher de Vasselai.

10   48₁₆081   48₅₁081 = 43° 17' 50"2

Vasselai très-difficile à voir.

$$+ 7"43$$

    Horizon . . . . 43° 17' 57"63

Cet angle et les deux suivans n'ont été pris que pour connoître la distance de Bourges à Vasselai, nécessaire pour quelques réductions.

Entre Méri et Bourges, à l'horizon . . . . 58° 39' 22"23
Entre Méri et Vasselai . . . . 43° 17' 57"63

Donc entre Vasselai et Bourges . . . . 15° 21' 24"6

Entre Méri et les Ais-Dam-Gillon.

10   799₅623   79₅9623 = 71° 57' 57"85

Beaucoup de vent ; le clocher des Ais très-foible.

$$+ 23"22$$

    Horizon . . . . 71° 58' 21"07

Entre Méri et Bourges, à l'horizon . . . . 58° 39' 22"23
Entre Méri et les Ais . . . . 71° 58' 21"07

Donc entre les Ais et Bourges . . . . 13° 18' 58"84

L'angle suivant a été observé dans le clocher des Ais-Dam-Gillon.

Entre Vasselai et Bourges.

4   117₅294   29₅3235 = 26° 23' 28"1
r = 0'9444 y = 191° 42'   — 12"0

Aux Ais, entre Vasselai et Bourges . . 26° 23' 16"0

Cet angle ne sert encore que pour la distance de Bourges à Vasselai.

BOURGES.

L.

LA tour de Saint-Étienne de Bourges a 33^t de hauteur, sans compter la balustrade qui a o^{t}542. Le Pélican qui est au-dessus du tourillon de l'horloge, et que j'ai pris pour point de mire, comme en 1740, s'élève de 3^{t}167 au-dessus de la balustrade, et de 3^t environ au-dessus de la lunette. Ainsi $dH = 3^t$.

Les piliers qui soutiennent la tourelle du Pélican, et la pyramide quadrangulaire qui forme le toit de la tour, ont empêché d'observer au centre. Cette pyramide a pour base un carré dont le côté est à très-peu près de 5^t. La diagonale a donc 7^t, et la demi-diagonale 3^{t}5. Le centre de la tourelle, auquel on a réduit tous les angles, tombe à o^{t}0625 de l'extrémité de cette diagonale; ainsi de l'axe de la pyramide à l'axe de la tourelle il y a 3^{t}4375. Du sommet de la pyramide à l'axe de la tourelle, nous avons trouvé, par une mesure effective, 3^{t}444; ce qui s'accorde fort bien avec les mesures et les calculs ci-dessus. L'axe de la pyramide est dans le milieu de la tour : on lit pourtant, dans la *Méridienne vérifiée*, page LXIV, que la distance du milieu de la tour au centre de la tourelle est de 17 pieds ou 2^{t}833 ; l'erreur est au moins de o^{t}6.

Par plusieurs angles mesurés à l'extrémité des deux diagonales de la pyramide ou du toit, nous avons trouvé que l'une des diagonales est sensiblement dans la direction de la tour d'Issoudun. Il s'ensuit de là que l'angle au centre de la tour, entre l'axe de la tourelle du Pélican et la tour d'Issoudun, est de 90°. Par les angles mesurés au centre de la tourelle, nous avons trouvé, entre Issoudun et l'axe du toit, 90° 5'. Ainsi l'angle au centre de la tour, entre la tourelle et la tour d'Issoudun, doit être, à quelques secondes près, de 89° 55', au lieu de 90° que nous avons trouvé ci-dessus. Dans la *Méridienne vérifiée* on trouve que cet angle est de 131°, c'est 41° de trop. Ainsi l'on paroît s'être trompé en 1740 sur les deux élémens de la seconde réduction que l'on a faite à l'azimut observé d'Issoudun.

DISTANCES AU ZÉNIT.

Clocher des Ais-Dam-Gillon.

6   600^{s}279   10050465   = 90° 2' 30″
D. et B. n° 1. 20 messidor an 4.

Signal de Morogues.

10   995^{s}962   995962   = 89° 38' 11″8   (dans le ciel.)
D. et B. n° 1. 14 vendémiaire.

Signal de Méri.

10   999^{s}089   999089   = 89° 55' 4″8   (dans le ciel.)
D. et B. n° 1.

Clocher de Vasselai.

10   1001^{s}970   10051970   = 90° 10' 38″   (en terre.)
20 messidor, 7^{h}¼. Bar. 27^p 7^{l}5. Therm. + 0.23 = 18^{d}4.

La même.

16 16035110 1005194375 $= 90° 10' 29''8$

D. et B. no 1. 21 messidor. Bar. 27ᵖ 7¹2. Therm. $+ 0.182 = 12^d 96$.

La même.

12 12025378 1005198167 $= 90° 10' 42''9$

Moyenne . . . . $90° 10' 37''$

D. et B. no 1. 23 messidor. La pointe est déliée et difficile à saisir. On ne voyoit pas toujours le coq : alors j'en estimois la place comme je pouvois.

Tour d'Issoudun.

10 10025250 1005225o $= 90° 12' 2''5$

D. et B. no 1. On ne la voit pas toujours.

Clocher de Chézal-Benoît.

10 10015530 100515 3o $= 90° 8' 15''7$ (dans le ciel.)

D. et B. no 1. Horizon embrumé ; pointe difficile.

Tour de l'horloge de Dun.

10 10015158 1005115 8 $= 90° 6' 15''8$ (en terre.)

Autre clocher de Dun.

8 8015058 100513225 $= 90° 7' 8''5$ (en terre.)

D. et B. no 1. 18 messidor.

Signal de Morlac.

10 10015216 1005121 6 $= 90° 6' 27''8$ (en terre.)

D. et B. no 1. Ne voyant pas le signal qui est sur l'église, on a observé le faîte de l'église. On peut retrancher environ 32'' pour le faîte du signal.

ANGLES.

Entre le clocher des Ais et celui de Vasselai.

10	560ᵍ904	56ᵍ0904	$=$ 50° 28′ 52″9
$r =$ 1ᵍ61111	$y =$ 73° 0′ 29″		— 44″5

Centre . . . . 50° 28′ 8″4
                                    — 0″2

Horizon . . . . 50° 28′ 8″2

Entre les signaux de Morogues et de Méri.

30   1447ᵍ47225   48ᵍ249075 $=$ 43° 25′ 27″0 .

D. et B. n° 1. 14 vendémiaire. Méri facile à observer : Morogues l'étoit aussi quand il étoit éclairé ; mais, quand il ne l'étoit plus, on ne voyoit que la partie inférieure.

20   964ᵍ9995   48ᵍ249975 $=$ 43° 25′ 29″9

D. et B. n° 1. Objets beaux ; Morogues éclairé.

16   772ᵍ01075   48ᵍ250671875 $=$ 43° 25′ 32″2

D. et B. n° 4. Les deux signaux foibles.

20   964ᵍ97475   48ᵍ2487375 $=$ 43° 25′ 25″9

D. et B. n° 4. Morogues éclairé pendant les deux premiers angles ; le reste du temps on l'a vu noir, ce qui n'étoit pas encore arrivé. Il paroît que l'angle diminue quand Morogues n'est plus éclairé.

20   964ᵍ98025   48ᵍ2490125 $=$ 43° 25′ 26″8

D. et B. n° 4. Morogues éclairé pendant quatre angles ; noir pour les autres. Il paroît constant que l'angle diminue quand Morogues est noir.

En rejetant les 4 angles éclairés . . . . . 43° 25′ 24″9

Moyenne entre toutes les observations . . 43° 25′ 28″4

Milieu des deux derniers jours . . . . . 43° 25′ 26″3

Deux derniers jours, en rejetant 6 angles
éclairés . . . . 43° 25′ 24″86

$r =$ 1ᵍ72917 $y =$ 73° 47′ 22″   — 5″38

Centre . . . . 43° 25′ 19″48
                                    — 1″87

Horizon . . . . 43° 25′ 17″61

Entre Vasselai et la tour d'Issoudun.

20   2454₆850   1225₇425 $=$ 110° 28' 5"7   D. et B. nº 1.

$r =$ 1ᵗ229167 $y =$ 323° 26' 23"   — 27"35

Centre . . . . 110° 27' 38"35

+ 3"24

Horizon. . . . . 110° 27' 41"59

Entre Issoudun et Dun.

20   2116₆683   . 105₆83415 $=$ 95° 15' 2"65   D. et B. nº 1.

$r =$ 2ᵗ28472 $y =$ 121° 54' 40"   — 46"52

Centre . . . . 95° 14' 16"13

+ 1"45

Horizon . . . . 95° 14' 17"58

Entre Vasselai et Issoudun, à l'horizon . . . . 110° 27' 41"59

Entre Issoudun et Dun . . . . 95° 14' 17"58

Donc entre Vasselai et Dun . . . . 205° 41' 59"17

Entre Vasselai et Chézal-Benoît.

20   3060₆062   153₆0031 $=$ 137° 42' 10"0   D. et B. nº 1.

20   3060₆05475   153₆0027375 $=$ 137° 42' 8"87

Moyenne . . . . 137° 42' 9"43

$r =$ 1ᵗ22917 $y =$ 185° 44' 14"   — 33"77

Centre . . . . 137° 41' 35"66

+ 3"99

Horizon . . . . 137° 41' 39"65

Entre Chézal et Dun.

10	755^{s}698	75^{s}5698	= 68° 0' 46"15	D. et B. n° 1.
20	1511^{s}44975	75^{s}5724875	= 68° 0' 54"87	
20	1511^{s}44925	75^{s}5724625	= 68° 0' 54"78	

$$68° \; 0' \; 54''82$$

$r = 2^t 28472 \quad y = 121° \; 54' \; 40'' \qquad — 34''83$

Centre . . . . 68° 0' 19"99

$+ \; 0''58$

Horizon . . . . 68° 0' 20"57

Entre Vasselai et Chézal, à l'horizon . . . . 137° 41' 39"65
Entre Chézal et Dun . . . . 68° 0' 20"57

Donc entre Vasselai et Dun . . . . 205° 42' 0"22
Ci-dessus, par Issoudun . . . . 205° 41' 59"17
Milieu . . . . 205° 41' 59"7

Entre Dun et le signal de Morogues.

20	2454^{s}79075	1228^{s}7395375	= 110° 27' 56"10

D. et B. n° 1. Dun constamment beau ; le signal par intervalles.

20	2454^{s}79675	1228^{s}7398375	= 110° 27' 57"07

Dun constamment beau ; le signal un peu obscur : cependant on en voit la pointe.

18	2209^{s}310	1228^{s}73944	= 110° 27' 55"8	D. et B. n° 4.

Moyenne . . . . 110° 27' 56"32

$r = 1^t 7292 \quad y = 117° \; 12' \; 52'' \qquad — 42''82$

Centre . . . . 110° 27' 13"50

$— \; 0''86$

Horizon . . . . 110° 27' 12"64

Entre Dun et Morogues, à l'horizon . . . . 110° 27' 12"64
Entre Vasselai et Dun . . . . 205° 41' 59"7

Donc entre Vasselai et Morogues . . . . 316° 9' 12"34
Ou entre Morogues et Vasselai . . . . 43° 50' 47"66

Entre Morlac et Dun.

10   449ᵍ611   44ᵍ9611   == 40° 27′ 53″96
20   899ᵍ221   44ᵍ96105   == 40° 27′ 53″8

B. n° 1. 9 et 10 fructidor an 4. Le signal étoit trop difficile à voir ; je n'ai pris aucune part à l'observation.

30   1348ᵍ8365   44ᵍ961217 == 40° 27′ 54″34

D. n° 1. On voyoit un peu moins mal.

18   809ᵍ290   44ᵍ960555 == 40° 27′ 52″2

B. n° 1. 4ʰ. On voyoit mieux. Le signal a paru alternativement noir et blanc : or, quand il étoit blanc, l'angle devoit être trop grand, parce que le soleil, à 4ʰ, est à droite de Morlac. On pourroit donc croire que l'angle donné par la dernière série est trop grand, et à plus forte raison ceux des séries précédentes où Morlac étoit presque invisible. Dans l'incertitude, je réduis l'angle à 40° 27′ 53″0, ce qui est encore trop.

Milieu entre tous les angles..	40° 27′ 53″66
Je suppose	40° 27′ 53″0
$r = 2ᵗ55903$ $y = 124° 20′ 25″$	— 26″58
Centre	40° 27′ 26″42
	+ 0″24
Horizon.	40° 27′ 26″66

DUN-SUR-AURON.

L I.

Tour de l'horloge.

LA tour de l'horloge de Dun est composée d'une pyramide tronquée, d'une lanterne percée de huit ouvertures, et enfin d'une pyramide dans laquelle est le timbre de l'horloge. Nous avons observé dans la lanterne.

La lunette étoit élevée de 17ᵗ5 au-dessus du sol ; et *dH*, ou ce qui restoit de la tour au-dessus de la lunette, étoit de 2ᵗ5 environ.

La pyramide du timbre est percée de quatre lucarnes, dont l'une est plus grande que les trois autres. Son toit a une saillie de 0ᵗ417 environ sur la face inclinée de la pyramide. Cette saillie étoit sensible de Bourges, où elle rendoit les observations plus difficiles. Elle a dû rendre un peu trop grands les angles observés à Morogues, où la brume empêchoit de distinguer les parties de la tour, et ne permettoit d'observer que l'ensemble.

DISTANCES AU ZENIT.

Signal de Morogues.

8   798ᵍ750   99ᵍ84375 = 89° 51′ 34″   (dans le ciel.)   D. et B. nᵒ 1.
23 vendémiaire an 4. Le signal étoit bien foible.

Tourillon de Bourges.

10   1000ᵍ628   100ᵍ0628 = 90° 3′ 23″   (dans le ciel.)   D. et B. nᵒ 1.
Bourges se voit très-bien ; mais la mobilité du plancher a pu nuire à ces observations.

Signal de Morlac.

10   1000ᵍ256   100ᵍ0256   = 90° 1′ 22″9   (dans le ciel.)   D. et B. nᵒ 1.
14 fructidor an 5. La pluie a souvent interrompu ces observations.

Belvédère Béthune-Charost.

10   996ᵍ295   99ᵍ6295 = 89° 40′ 0″   (dans le ciel.)   D. et B. nᵒ 1.
15 fructidor, 2ʰ.

1.

ANGLES.

Entre le signal de Morogues et Bourges.

20   79⁸⁵756   39⁸⁵9378   = 35° 56′ 38″47

D. et B. n° 1. 23 vendémiaire, 3ʰ. Bourges beau ; le signal éclairé ou foible ; échafaud extrêmement mobile. Nous sommes entourés de curieux qui font sans cesse remuer l'instrument.

20   79⁸⁵7265   39⁸⁵936275 = 35° 56′ 33″5

24 vendémiaire. L'échafaud est solide, et nous sommes seuls. Objets beaux jusqu'au 18ᵉ angle, où le signal a commencé à être foible, parce qu'il n'étoit plus éclairé du soleil.

En s'arrêtant au 18ᵉ . . . . .   35° 56′ 33″18

$r = 0^t 28472$ $y = 262° 43′ 41″$ + 2″12
_____

Centre . . . .   35° 56′ 35″30

— 1″81
_____

Horizon . . . .   35° 56′ 33″49

Entre Bourges et Morlac.

20   226⁸⁵3815   113⁸⁵19075   = 101° 48′ 25″8

D. et B. n° 1. 14 fructidor. Bourges superbe ; le signal foible et difficile.

20   226⁸⁵38625   113⁸⁵193125 = 101° 48′ 26″57

D. et B. n° 1. 15 fructidor. Objets beaux, et point de soleil.

Moyenne . . . .   101° 48′ 26″18

$r = 0^t 37847$ $y = 132° 25′ 11″$ — 8″95
_____

Centre . . . .   101° 48′ 17″23

+ 0″11
_____

Horizon . . . .   101° 48′ 17″34

Entre Morlac et le belvédère Béthune-Charost.

16 734⁸046 45⁸877875 $= 41° 17' 24''31$
D. et B. n° 1. 14 fructidor. Le signal foible : pluie.

20 917⁸55275 45⁸776375 $= 41° 17' 23''5$
D. et B. n° 1. 15 fructidor. Objets beaux, et point de soleil.

$$41° 17' 23''8$$

$r = 0^{t}319444$ $y = 95° 22' 23''$ $\quad - 4''67$

Centre . . . . $41° 17' 19''13$

$$- 4''74$$

Horizon . . . . $41° 17' 14''39$

MORLAC.

LII.

Le clocher de Morlac, qui a servi en 1740, a été rasé à la hauteur du faîte de l'église, il y a quelques années, comme beaucoup d'autres : il étoit fort difficile à remplacer. Sur la base carrée qui portoit autrefois la flèche, j'ai fait construire une pyramide en charpente et en planches; elle s'élevoit de 3^{t} au-dessus du toit de l'église.

La hauteur de la lunette au-dessus du sol étoit de 6^{t}833; et $dH = 3^{t}$.

DISTANCES AU ZÉNIT.

Tour de Bourges.

4 400⁸742 100⁸1855 $= 90° 10' 1''$ (en terre.) D. et B. n° 1.
La nuit empêche d'aller plus loin.

Morlac.

10   1001ᵍ991   1005ᵍ1991 = 90° 10′ 45″

Ces distances sont plus sûres que les précédentes. Le soleil n'étoit pas encore couché ; la réfraction terrestre étoit moindre.

Tour de Dun.

10   1001ᵍ818   1005ᵍ1818 = 90° 9′ 49″   (dans le ciel.) D. et B. n° 1.

Belvédère Béthune-Charost.

10   998ᵍ089   998ᵍ089 = 89° 49′ 40″8   (dans le ciel.) D. et B. n° 1.
Midi. Le belvédère tout blanc et difficile à observer. Ondulations.

Signal de Saint-Saturnin.

10   996ᵍ486   996ᵍ486 = 89° 41′ 1″5   (en terre.)   D. et B. n° 1.
En 1740 on a trouvé 89° 51′ ; c'est peut-être une faute d'impression.

Signal de Cullan.

10   996ᵍ561   996ᵍ561 = 89° 41′ 25″8   (dans le ciel.) D. et B. n° 1.
0ʰ½. Le signal est très-beau.

ANGLES.

Entre Dun et Bourges.

10   419ᵍ328   415ᵍ9328 = 37° 44′ 22″27
D. et B. n° 1. 20 fructidor, à la fin du jour. Bourges difficile à observer ; cependant on voyoit les deux tourelles.

10   419ᵍ330   415ᵍ9330 = 37° 44′ 22″90
D. et B. n° 1. 21 fructidor, comme le 20.

20   838ᵍ670   415ᵍ9335 = 37° 44′ 24″5
D. et B. n° 1. 22 fructidor, 5ʰ. On voit un peu mieux.

$$37° \ 44′ \ 23″22$$

$r = 0ᵍ59722 \quad y = 153° \ 10′ \ 16″ \qquad - \quad 4″32$

Centre . . . .   37° 44′ 18″90

$+ \ 0″63$

Horizon . . . .   37° 44′ 19″53

Entre le belvédère et Dun.

3o   1.178⁵71825   39⁵290608   = 35° 21' 41"57

22 fructidor, 11ʰ. Brume. Dun passable ; le belvédère difficile : alternativement éclairé et obscur. L'angle peut-être un peu trop grand.

3o   1.178⁵72775   39⁵290915   = 35° 21' 42"56

22 fructidor. Objets beaux.

$$35° \ 21' \ 42"06$$

$r = 0ᵗ69444 \quad y = 199° \ 51' \ 42"$ — 8"96

Centre . . . . 35° 21' 33"10

                   — 5"46

Horizon . . . . 35° 21' 27"64

Entre le signal de Cullan et le belvédère.

20   1646⁵69975   82⁵3349875   = 74° 6' 5"36

D. et B. nᵒ 1. Signal superbe ; le belvédère éclairé par le bas ; toit presque invisible. Un arbre cache partie du bas.

20   1646⁵741   82⁵33705   = 74° 6' 12"0

D. nᵒ 1. 11ʰ ½. Cullan beau ; le belvédère éclairé de côté ; très-blanc.

3o   2469⁵92725   82⁵330908   = 74° 5' 52"14

D. nᵒ 1. 4ʰ. Objets beaux ; le belvédère noir et visible.

20   1646⁵6465   82⁵332375   = 74° 5' 56"89

D. nᵒ 1. Midi. Objets foibles d'abord ; puis plus beaux.

3o,   2470⁵022   82⁵33406   = 74° 6' 2"35

D. et B. nᵒ 1. 5ʰ. Objets foibles en commençant, puis plus beaux.

20   1646⁵72475   82⁵33622   = 74° 6' 9"35

D. et B. nᵒ 1. 11ʰ. Le belvédère foible, mal terminé, blanc ; ondulations.

3o   2470⁵02925   82⁵33430833   = 74° 6' 3"64

D. et B. nᵒ 1. Objets beaux ; le belvédère noir et visible.

170   1399⁵7905   82⁵33406   = 74° 6' 2"35

$r = 0ᵗ59027 \quad y = 134° \ 43' \ 2"$ — 14"97

Centre . . . . 74° 5' 47"38

                   + 2"37

Horizon . . . . 74° 5' 49"75

De toutes ces séries les seules qui méritent quelque confiance sont la septième et la cinquième. Celle-ci tient le milieu entre toutes les autres ; mais la septième paroît préférable. La troisième auroit dû être bonne ; mais j'étois seul, et l'échafaud n'étoit pas assez solide. Voyez d'ailleurs l'avertissement en tête de la station suivante.

Entre les signaux de Saint-Saturnin et Cullan.

20   832$\frac{5}{6}$76225   41$\frac{5}{6}$63811 $= 37°$ 28' 27"48

D. et B. n° 1.   0^h $\frac{1}{2}$.   Cullan superbe, Saint-Saturnin foible.

20   832$\frac{5}{6}$76275   41$\frac{5}{6}$638375 $= 37°$ 28' 28"33

D. et B. n° 1.   3^h $\frac{1}{2}$.   De même.

Moyenne . . . .   37° 28' 27"90

$r = 0^t59027$ $y = 208°$ 49' 5"   — 2"65

Centre . . . .   37° 28' 25"25

+ 2"08

Horizon . . . .   37° 28' 27"33

BELVÉDÈRE BÉTHUNE - CHAROST.

L I I I.

Au signal des Praux j'ai substitué le belvédère que le citoyen Béthune-Charost a fait construire en 1765 à trois quarts de lieue au sud-est de Saint-Amand, et à 100 toises du signal.

Le belvédère est un salon octogone dont le toit est une pyramide aussi octogone. Autour de la pyramide est une galerie de 0^{t}375 de largeur, avec une grille à hauteur d'appui.

La base du toit est un octogone dont le côté est de 1^{t}7778,

L'apothème de cette base est de (0^t8889) *cotang.* $22^o\frac{1}{2}$ $= 2^t1458$.

Le centre de l'instrument étoit sur le prolongement de l'apothème, 0^t2847 vers le couchant. Ainsi la distance du cercle à l'axe de la pyramide $= 2^t43056 = r$.

L'angle entre le signal de Cullan et l'axe de la pyramide étoit de $116^g955 = 105^o\ 15'\ 4''$.

La hauteur estimée de la pyramide est de . . 3^t3333

$$dH = 2^t5833$$

La hauteur de la galerie au-dessus du sol . . 3^t0833

Hauteur totale . . . . 6^t4167

Le belvédère, vu de Dun, étoit un signal bien beau et bien facile à observer; mais à Morlac il nous a beaucoup exercés par les différentes manières dont il étoit éclairé. Lorsqu'il étoit éclairé obliquement, et qu'on ne voyoit pas le sommet de la pyramide, l'erreur étoit d'autant plus considérable, que l'on voyoit une partie moindre du toit, et que le soleil étoit plus près de midi. Ainsi, en supposant qu'on ne vît que les trois quarts de la hauteur du toit, l'erreur, à Morlac, devoit être $11''$ *sin.* B, B étant l'angle au belvédère entre Morlac et le vertical du soleil. Cette remarque explique le peu d'accord entre les angles observés à Morlac entre Cullan et le belvédère; mais il est difficile de corriger ces angles, parce qu'on ne sait quelle étoit la partie visible du toit, et qu'il ne paroissoit pas toujours de la même longueur. Voilà pourquoi je m'en suis tenu à la dernière série, observée à deux observateurs, le soir, le toit étant tout noir et bien visible.

DISTANCES AU ZÉNIT.

Dun, tour de l'horloge.

10   1004^{g}727   1008^{g}4727 $=$ 90° 25′ 31″6   D. et B. n° 1.

27 fructidor an 4. La partie supérieure de la tour se projette sur des arbres; mais la pointe s'élève par-dessus.

Signal de Morlac.

10   1003^{g}131   1008^{g}3131 $=$ 90° 16′ 54″4   (en terre.)   D. et B. n° 1.

Signal de Cullan.

10   999^{g}380   99^{g}938 $=$ 89° 56′ 39″   D. et B. u° 1.

En terre, mais bien visible.

ANGLES.

Entre Dun et Morlac.

20   2297^{g}22075   114^{g}8610375 $=$ 103° 22′ 29″76

D. et B. n° 1. Les deux objets assez beaux.

22   2526^{g}91425   114^{g}85973 $=$ 103° 22′ 25″53

D. et B, n° 1. Objets passables; Dun éclairé obliquement. Il est arrivé quelque dérangement au dix-septième angle.

En rejetant le 17° et le 18°. . . . . . . 103° 22′ 30″33

Moyenne entre les 40 angles . . . . . . 103° 22′ 30″04

$r = 2^t 43056$ $y = 160°$ 40′ 33″ — 1′ 17″70

Centre . . . . 103° 21′ 12″34

+ 9″57

Horizon . . . . 103° 21′ 21″91

On peut diminuer cet angle de 0″30. (Voyez l'angle entre Dun et Cullan.)

Entre les signaux de Morlac et de Cullan.

20 ,123ᵇ65975 ,618582987₅ = 55° 25′ 28″88

D. et B. n° 1. 29.fructidor 2ʰ. Objets passables. Morlac éclairé obliquement; mais on voit la partie obscure assez bien.

20 ,123ᵇ662 618583₁ = 55° 25′ 29″24

D. et B. n° 1. Même jour, 4ʰ ᵀ. Objets comme ci-dessus.

Moyénne . . . . 55° 25′ 29″06
r = 2ᵗ43056   y = 105° 15′ 4″   — 23″50

Centre . . . . 55° 25′ 5″56
— 2″95

Horizon . . . . 55° 25′ 2″61

On peut diminuer cet angle de 0″30.

Entre Dun et le signal de Cullan.

20 352ᵇ84375 176ᵇ4421875 = 158° 47′ 52″69

D. et B. n° 1. 27 fructidor.

30 529ᵇ27875 176ᵇ442625 = 158° 47′ 54″1

D. et B. n° 1. 28 fructidor.

50 882ᵇ1225 176ᵇ44245 = 158° 47′ 53″5
r = 2ᵗ43056   y = 105° 15′ 4″   — 1′ 40″64

Centre . . . . 158° 46′ 12″86
+ 10″77

Horizon . . . . 158° 46′ 23″63
Entre Dun et Morlac. . . . . 103° 21′ 21″91
Entre Morlac et Cullan . . . . 55° 25′ 2″61

Donc entre Dun et Cullan . . . . . 158° 46′ 24″52
Observation directe . . . . . . 158° 46′ 23″63

Différence . . . . 0″89

Pour faire accorder ces trois angles, il faut diminuer de 0″30 chacun des deux angles partiels, et augmenter d'autant l'angle total.

3ᵉ. Très-foible : le toit paraît très-court.

SIGNAL DE CULLAN.

LIV.

CE signal étoit placé presqu'au même endroit que celui de 1740, sur la montagne de Ripolle, qu'on nomme aussi Puy-de-Vesdun. C'étoit une pyramide quadrangulaire dont la base avoit 1^{t}333 de côté. La hauteur étoit de 3^{t}333. Les quatre faces étoient couvertes de paille, depuis le sommet jusqu'à 1^t de terre. A 2^t du centre du signal, vers l'ouest, en tirant un peu au nord, on trouvoit un trou rond, garni circulairement de pierres, qui ne paroissent pas avoir été arrangées ainsi sans dessein. J'ai tout lieu de croire que c'étoit la place du signal de 1740. $dH = 2^t5833$.

Du signal de Cullan on voyoit Bourges dans le ciel. On distinguoit parfaitement le tourillon du Pélican, l'escalier et l'autre tour.

DISTANCES AU ZÉNIT.

Signal de Morlac.

10 100^{g}48815, 100^{g}48815 = 90°. 26′ 0″ . (en terre). D. et B. n° 1. 2e jour complémentaire, 0^h. Bien visible; éclairé en face. Ondulations qui empêchent de bien saisir la pointe.

Belvédère.

10 100^{g}28341 100^{g}28341 = 90° 12′ 38″5 (dans le ciel.) D. et B. n° 1. 3^h. Très-foible : le toit paroît très-court.

Signal de Saint-Saturnin.

10   998ᵍ424   998424 = 89° 51' 29"4 (dans le ciel.) D. et B. n° 1.
0ʰ ¼. Vent et fortes ondulations.

Signal de Laage.

10   995ᵍ674   995674 = 89° 36' 38"4 (dans le ciel.) D. et B. n° 1.
3ʰ ¼. On voit la montagne bien détachée, et la principale roche paroît à côté du signal. —

Clocher d'Arpheuille.

10.   999ᵍ140   999140 = 89° 55' 21"4
4ᵉ jour complémentaire, 4ʰ. Cette distance est véritablement celle d'un arbre qui se projette sur le clocher. Le clocher s'élève au-dessus de l'arbre de l'épaisseur du fil : ainsi pour le clocher on peut supposer 89° 55' 15".

ANGLES.

Entre le belvédère et Morlac.

20   1121ᵍ882   56ᵍ0941 = 50° 29' 4"88
D. et B. n° 1. — 2ᵉ jour complémentaire, 4ʰ. Morlac foible d'abord, puis bien visible et toujours noir ; le belvédère éclairé par le bas ; le toit noir, mais très-court.

20   1121ᵍ92825 56ᵍ0964125 = 50° 29' 12"35
D. et B. n° 1. 4ᵉ jour, 0ʰ ¼. Morlac foible quelquefois, le plus souvent éclairé et très-beau. Le belvédère bien visible ; cependant le toit très-court.

20   1121ᵍ9245 56ᵍ096225 = 50° 29' 11"77
D. et B. n° 1. Le belvédère se voyoit parfaitement ; Morlac moins bien. Point de soleil.

Milieu entre les trois séries . . 50° 29' 9"67
                                   + 1"43
                                   _____
Horizon . . . . 50° 29' 11"10

Entre Morlac et Saint-Saturnin.

20   2058801855   1028900925   = 92° 36′ 38″997

D. et B. n° 1. 2° jour complémentaire, 1ʰ.⁴. Morlac éclairé presque en face; Saturnin noir. Ondulations.

20   2058801575   1028900787,5   = 92° 36′ 38″55

3° jour complémentaire, midi. Même remarque.

Moyenne . . . . 92° 36′ 38″773

— 3″583

Horizon . . . . 92° 36′ 35″19

Entre les signaux de Saint-Saturnin et Laage.

7339832525 669662625   = 60° 16′ 9″69

3° jour complémentaire, 1ʰ.⁴. Ondulations à Saint-Saturnin; Laage éclairé obliquement.

30   2008809485   66896495   = 60° 16′ 6″44

3ʰ. Moins d'ondulations; Laage à peu près de même.

20   1339831,51   668965775   = 60° 16′ 9″11

D. et B. n° 1. Horizon très-pur; un peu de vent.

70   468789035   668966575643   = 60° 16′ 8″47

+ 0″97

Horizon . . . . 60° 16′ 9″44

Entre le signal de Laage et le clocher d'Arpheuille.

10   3708016   3780016   = 33° 18′ 5″18

D. et B. n° 1. 2° jour complémentaire, 4ʰ.⁴.

4   148800,5   3780012,5   = 33° 18′ 4″05

D. et B. n° 1. 3° jour complémentaire. Nous n'avons pu en prendre davantage. Arpheuille est en terre, à côté d'un gros arbre. Il se voit rarement.

18   666ᵇ04475   37ᵇ002486 = 33° 18′ 8″05

D. et B. nᵒ 1.   1 vendémiaire, midi.   Horizon pur ; un peu de vent. L'arbre voisin du clocher gêne beaucoup.

20   740ᵇ05375   37ᵇ0026875 = 33° 18′ 8″7

Même remarque.

Les 52 angles . . . .   37ᵇ002298 = 33° 18′ 7″45

— 4″00

Horizon . . . . 33° 18′ 3″45

SIGNAL DE SAINT-SATURNIN.

Saint-Saturnin.

L V.

L E signal de Saint-Saturnin étoit semblable à celui de Cullan, à l'exception qu'il n'avoit que 0ᵗ8333 de base, et 3ᵗ de hauteur. Je n'ai pu le placer au même endroit qu'en 1740, à cause de quelques arbres plantés depuis, et qui bornoient la vue.

Le signal étoit dans la *Brande-Charbonnet*, vis-à-vis le clos nommé le *grand Pâtureau-Charbonnet*, à droite, et sur le bord du chemin de Saint-Saturnin à Boussac, un peu plus loin que l'endroit où ce chemin est traversé par celui de Cullan à la Châtre.

L'une des faces du signal étoit tournée vers Cullan, à très-peu-près. $dH = 2ᵗ25$.

DISTANCES AU ZÉNIT.

Signal de Morlac.

10   1005ᵇ363   1005ᵇ363 = 90° 28′ 57″6 (en terre.)

D. et B. nᵒ 1.   2 vendémiaire an 5, 11ʰ ¾.

Signal de Cullan.

10   100ᵍ25616   100ᵍ2616 = 90° 14' 7"6   (dans le ciel.)
D. et B. n° 1.   Fortes ondulations.

Signal de Laage.

10   996ᵍ332   99ᵍ6332 = 89° 40' 11"6   (dans le ciel.)
D. et B. n° 1.   Fortes ondulations.

ANGLES.

Entre les signaux de Cullan et Morlac.

22   1220ᵍ16175   55ᵍ46189   = 49° 54' 56"5
D. et B n° 1.   2 vendémiaire, 0ʰ ¾.   Objets très-difficiles à voir.

20   1109ᵍ25075   55ᵍ4625375 = 49° 54' 58"6
D. et B. n°. 1.   2 vendémiaire, 3ʰ ¾.   Beaucoup d'ondulations. Cullan beau;
Morlac éclairé obliquement, ce qui doit avoir augmenté l'angle.

16   887ᵍ385   55ᵍ4615625 = 49° 54' 55"46
D. et B. n°. 1.   2 vendémiaire, 5ʰ.   Cullan bien visible; Morlac éclairé
obliquement : mais on voit la partie noire.

20   1109ᵍ2425   55ᵍ462125   = 49° 54' 57"28
3 vendémiaire, 4ʰ.   Cullan beau; Morlac difficile sur la fin.

Milieu entre les 4 séries . .   49° 54' 56"96
La troisième série est celle qui mérite plus
de confiance. Pour m'en rapprocher je suppose   49° 54' 56"0
                                                +   1"69

Horizon . . . .   49° 54' 57"69

Entre les signaux de Laage et de Cullan.

20   1796ᵍ8735   89ᵍ843675 = 80° 51' 33"51
D. et B. n° 1.   2 vendémiaire, 2ʰ.   Ondulations par intervalles. Cullan
éclairé en face; Laage obliquement.

    20 1796^{s}8895 89^{s}844475 = 80° 51' 36"08

D. et B. n° 1. 2 vendémiaire, 4^h $\frac{1}{2}$. Moins d'ondulations.

    20 1796^{s}888 89^{s}8444   = 80° 51' 35"86

D. et B. n° 1. 3 vendémiaire, midi.

    Milieu entre les 3 séries . . . ~ 80° 51' 35"15

                                 — 5"78

    Horizon . . . . 80° 51' 29"37

SIGNAL DE LAAGE.

LVI.

Le signal de Laage-Bartillat, autrefois Laage-Chevalier, étoit pareil aux précédens : il avoit 1^{t}33 de base, et environ 3^{t}33 de hauteur. Il étoit placé, comme en 1740, sur la montagne nommée Pierre-Giraut. Du centre du signal jusqu'au milieu de la roche la plus remarquable de la montagne la distance étoit de 9^{t}67. Cette roche est composée de plusieurs morceaux : j'y ai planté un bâton. L'angle entre ce bâton et Sermur étoit de 13° 20' de droite à gauche.

L'une des diagonales du signal s'alignoit sensiblement à Sermur. $dH = 2^t5833$.

DISTANCES AU ZÉNIT.

Signal de Cullan.

10 1006^{s}6095 1006^{s}6095 = 90° 32' 54"8 (dans le ciel.) D. et B. n° 1. 7 vendémiaire.

Signal de Saint-Saturnin.

10 1005^{s}5200 1005^{s}5200 = 90° 28' 4"8 (dans le ciel.) D. et B. n° 1. Pointe fine difficile à observer.

Clocher d'Arpheuille.

10   10015632   10051632   = 90° 8' 48"8 (en terre.)   D. et B. n° 1.
8 vendémiaire, 4ʰ.

Signal d'Orgnat.

12   12015730   10051441,67 = 90° 7' 47"7 (en terre.)   D. et B. n° 1.
La tour paroît de même hauteur que le signal.

Tour de Sermur.

10   9985842   9958842   = 89° 53' 44"8 (dans le ciel.) D. et B. n° 1.

Clocher de Toulx-Sainte-Croix.

10   9965070   9956070   = 89° 38' 46"7 (dans le ciel.) D. et B. n° 1.
Pointe très-fine : le soleil se couchoit.

Clocher d'Évaux.

10   10035188   10053188   = 90° 17' 12"9 (en terre.)   D. et B. n° 1.
On ne voyoit pas bien la pointe.

ANGLES.

Entre les signaux de Cullan et Saint-Saturnin.

20   86358,525   435,907625 = 38° 52' 18"07
D. et B n° 1. 7 vendémiaire, 4ʰ. Objets très-beaux ; un peu de vent.

24   10365060825   435,19201   = 38° 52' 22"11
D. et B. n° 1. Vent excessivement incommode et qui agite l'instrument. La première série est préférable, et je m'y tiens. En rejetant 4 angles mauvais, on auroit 38° 52' 20"66.

$$+ 5''44$$

Horizon . . . . 38° 52' 23"51

Entre Arpheuille et Cullan.

20 2553561925 127568o9625 = 114° 54' 46"3

D. et B. n° 1. Arpheuille éclairé de côté ; ce qui doit avoir augmenté l'angle. Cullan fort beau.

20 2553561o ......127568o55 = 114° 54' 44"98

D. et B. n° 1. Arpheuille foible ; Cullan très - beau. Point de soleil. On peut s'en tenir à cette série.

$$+ 10"31$$

Horizon . . . . 114° 54' 55"29

Entre Sermur et Arpheuille.

20 1251569 95 625584975 = 56° 19' 35"32

D. et B. n° 1. 8 vendémiaire. Ondulations à Sermur; Arpheuille éclairé de côté. Il est vrai qu'on voyoit la pointe.

20 1251568 75 625584 4375 = 56° 19' 33"6

D. et B. n° 1. 9 vendémiaire. Objets foibles ; beaucoup de vent.

Moyenne . . . . 56° 19' 34"46

$$- 1"79$$

Horizon. . . . . 56° 19' 32"67

Entre le signal d'Orgnat et Sermur.

20 953523825 47566191 25 = 42° 53' 44"6

D. et B. n° 1. 8 vendémiaire, 11ʰ. Orgnat difficile à voir ; ondulations à Sermur.

20 953523325 47566166 25 = 42° 53' 43"78

9 vendémiaire, 3ʰ. Objets foibles ; un peu de vent.

Moyenne . . . . 42° 53' 44"19

$$- 2"14$$

Horizon . . . . 42° 53' 42"o5

Entre le signal d'Orgnat et le clocher d'Évaux:

20 .1360ᵍ22925 688ᵒ0114625 = 61° 12° 37″07

D. et B. nº 1. 8 vendémiaire. Objets foibles, et par fois invisibles.

20 1360ᵍ23375 688ᵒ011875 = 61° 12′ 38″5

D. et B. nº 1. On voit mieux; grand vent.

Moyenne . . . . 61° 12′ 37″78

+ 0″95

Horizon . . . . 61° 12′ 38″73

Entre Toulx-Sainte-Croix et Sermur.

20 1590ᵍ68375 795ᵒ9841875 = 71° 59′ 8″77

D. et B. nº 1. Toulx très-beau, Sermur foible; beaucoup de vent.

+ 1″06

Horizon . . . . 71° 59′ 9″83

CLOCHER D'ARPHEUILLE.

LVII.

L E clocher d'Arpheuille est une flèche octogone sur une pyramide quadrangulaire tronquée; il a été rebâti depuis l'opération de 1740, à la même place que l'ancien, mais plus étroit. Il est tout couvert en bardeaux, ce qui le fait paroître très-blanc, pour peu qu'il soit éclairé du soleil. Notre échafaud étoit au-dessous de la cloche, à la base de la pyramide tronquée, 5ᵗ4 au-dessus du sol. La hauteur du reste du clocher a été estimée de 5ᵗ8. Ainsi $dH = 5ᵗ$ environ.

Pour observer le signal de Cullan il a fallu élaguer

un arbre voisin du clocher, et qui, quand nous étions
à Cullan, ne laissoit voir que partie de la flèche, et Arpheuille.
rendoit l'observation assez difficile.

DISTANCES AU ZÉNIT.

Signal de Cullan.

10 1004ᵍ218 1004ᵍ218 = 90° 22' 47" (dans le ciel.)

D. et B. nº 1. 14 vendémiaire an 5. Le signal étoit foible, et cette distance est peut-être trop forte de quelques secondes.

Signal de Laage.

8 800ᵍ116 1005ᵍ0145 = 90° 0' 47"

D. et B. nº 1. On voit le signal entier dans le ciel, ainsi que les principales roches.

Tour de Sermur.

10 997ᵍ341 99ᵍ87341 = 89° 45' 38"5

D. et B. nº 1. On voit la tour toute entière dans le ciel, et l'on distingue parfaitement les deux ruines qui restent seules de l'étage supérieur ; l'une exactement à un des angles de la tour, l'autre vers l'angle opposé.

ANGLES.

Entre les signaux de Cullan et de Laage.

20 706ᵍ40375 35ᵍ3201875 = 31° 47' 17"4

13 vendémiaire, 2ʰ. Cullan foible, Laage beau.

10 353ᵍ199 35ᵍ3199 = 31° 47' 16"48

13 vendémiaire, 4ʰ ½. Cullan foible, Laage beau.

30 1059ᵍ60275 35ᵍ3200916,7 =	31° 47' 17"09	
$r = 0^t 45925$ $y = 155°$ 5' 31"	— 3"56	
Centre	31° 47' 13"53	
	— 6"70	
Horizon	31° 47' 6"83	

Arpheuille.

Entre le signal de Laage et la tour de Sermur.

20   18705g355   93g546775 = 84° 11' 31"55
D. et B. n° 1.   13 vendémiaire, 3ʰ ½.   Objets passables.

29   18705924   93g5462   = 84° 11' 29"69

Moyenne . . . .   84° 11' 30"62
r = 0ᵗ60517 y = 79° 9' 19"   — 4"40

Centre . . . .   84° 11' 26"22
                                    — 0"37

Horizon . . . .   84° 11' 25"85

TOUR DE SERMUR.

Sermur.

LVIII.

LA tour de Sermur est en ruines : l'hiver de l'an 4 a fait tomber la partie supérieure. Les décombres emplissent l'intérieur de la tour et couvrent le sommet de la montagne, qui est fort escarpée : en sorte qu'il étoit également difficile de placer un signal à l'extérieur ou sur la tour, dans laquelle on ne peut entrer que par une fenêtre qui est à 2ᵗ5 de hauteur. Heureusement il est resté à l'un des angles, celui qui regarde le plus directement Arpheuille, un parallélépipède de 3ᵗ3 pieds de hauteur, dont on voit la coupe horizontale *rstu* (*fig.* 14). Les deux faces extérieures *ru*, *rs*, sont entières et bien unies; celles qui regardent l'intérieur de la tour sont un peu dégradées vers le milieu de la hauteur. La surface supérieure du parallélépipède forme un carré de 0ᵗ667 de côté. Vers l'angle opposé de la tour il reste une partie de mur moins haute et moins régulière.

J'ai pris pour signal le parallélépipède, et j'ai placé l'instrument en O à quelque distance de l'angle qui est commun à la tour et au parallélépipède, en un point d'où l'on apercevoit tous les objets qu'il falloit observer.

Dans l'axe du parallélépipède est donc en K le centre de la station, et c'est à cet axe qu'il falloit réduire les angles observés. On ne pouvoit prendre directement ni la distance de l'instrument à cet axe, ni l'angle que faisoit cette distance avec les objets observés. Pour y suppléer, voici ce qu'on a fait.

Au haut du parallélépipède étoit un rebord composé de trois créneaux à chacune des deux faces extérieures ; ces créneaux paroissoient d'en bas également espacés.

En bornoyant au créneau du milieu avec un fil à plomb, on a marqué un point A sur le mur de la tour, à la hauteur de l'instrument ; puis, par une opération semblable, on a marqué sur le mur contigu de la tour un point B à pareille hauteur.

La distance du point A à l'angle de la tour, ou Ar, s'est trouvée de 0ᵗ34722

La distance du point B au même angle, Br, s'est trouvée de 0ᵗ36111

La distance du centre de l'instrument au point A ou Oa étoit de 1ᵗ61805

La distance du centre de l'instrument au point B où Ob étoit de 1ᵗ47916

L'angle entre Arpheuille et le point *A* étoit de
1308222 = 117° 11' 59".

L'angle entre Arpheuille et le point *B* étoit de
1508583 = 135° 31' 29".

D'où l'on conclut l'angle entre Arpheuille et le centre
de la station 128° 29'; et la distance du centre de l'instrument au centre de la station 1ᵗ76855 = *r*.

Cette distance *r* est constante pour tous les angles
observés.

Quant à l'angle que fait la direction au centre avec
un objet quelconque, il est bien facile de le déterminer
en retranchant de 128° 29' l'angle entre Arpheuille et
l'objet en question. Dans la *fig.* 14 *R* est Arpheuille,
L Laage, *T* Toulx, *Q* Orgnat, *F* la Fagitière, et *M*
Mendren; *C* est le centre de la tour.

La tour, quand elle étoit entière, avoit par-tout la
même hauteur que le parallélépipède qui nous a servi
de signal, et cette hauteur est de 7ᵗ5, sans compter la
plinthe qui s'élève de 0ᵗ2 à 0ᵗ5 au-dessus de la crête
de la montagne.

La station de Sermur a été commencée en brumaire
an 5. L'impossibilité de voir Herment nous a empêchés
de la terminer cette fois.

Nous y sommes revenus au mois de prairial suivant,
après avoir substitué le signal des Bordes à celui de
Mendren, qui étoit trop près de la Fagitière. Pour
observer ce nouveau signal, il a fallu transporter le
cercle de l'autre côté de la tour; et pour voir Herment

il a fallu construire un échafaud au haut de la tour.
Sur cet échafaud la lunette étoit élevée de 3t67 au-
dessus du terrain où le cercle avoit été placé dans les
autres observations, et 3t833 au-dessous du sommet de
la ruine qui a servi de signal.

La saison rigoureuse pendant laquelle cette station
a commencé n'a pas permis de s'établir d'abord au haut
de la tour, ni d'y placer un signal. Entourés de ruines,
le vent pouvoit à chaque instant les faire tomber sur
nous; et en effet l'hiver suivant a renversé le parallélépipède qui nous a servi de signal, et qu'il nous avoit
paru trop dangereux de faire démolir. Il n'étoit pas
même très-sûr d'observer trop près du mur; et le premier jour, pendant que nous faisions nos préparatifs,
une pierre pesant au moins un kilogramme tomba entre
notre cercle et nous de 7t5 de hauteur, et nous força
à changer de position, en sorte que nous avons été
réduits à faire, non ce qu'il y auroit eu de mieux, mais
ce que nous avons jugé le moins mauvais.

La tour n'est pas exactement carrée; le côté qui regarde Herment a de largeur 3t64583

Le côté qui regarde Laage 3t28819

DISTANCES AU ZÉNIT.

Signal de Laage.

10. 10045218   10054218 = 90°.22′ 46″6   (dans le ciel.)

D. et B. n° 1.   7 brumaire.   Grand vent.

Clocher d'Arpheuille.

10 1005ᵍ075 1005ᵍ075 = 90° 27′ 4″3   (dans le ciel.)

D. et B. n° 13. Un peu de vent.

Signal d'Orgnat.

10 1005ᵍ187 1005ᵍ187 = 90° 28′ 0″6   (en terre.)

D. et B. n° 1. Le sommet à l'horizon ; grand vent.

Signal de Mendren.

10 998ᵍ205 998ᵍ205 = 89° 50′ 18″4   (dans le ciel.)

D. et B. n° 1. 13 brumaire.

Puy de Dôme.

10 992ᵍ062 992ᵍ062 = 89° 17′ 8″1   (dans le ciel.)

D. et B. n° 1. 8 brumaire. J'ai observé le point le plus haut. Un peu d'ondulations.

La même distance.

10 992ᵍ316 992ᵍ316 = 89° 18′ 30″4

D. et B. n° 1. 11 prairial, 4ʰ ½. Vent incommode.

La même.

10 992ᵍ320 992ᵍ320 = 89° 18′ 31″68

D. et B. n° 1. 14 prairial, 4ʰ ½. Même vent. Il paroît qu'en brumaire la réfraction plus forte élevoit la montagne.

La plus haute pointe du Mont-d'Or.

6 593ᵍ971 98ᵍ9951 = 89° 5′ 44″12

D. et B. n° 1. 14 prairial, 4ʰ. Même vent. Après le sixième angle les nuages ont couvert le Mont-d'Or.

Signal des Bordes.

10   999ˢ755 : 99ˢ9755 = 89° 58′ 40″62   (dans le ciel.)
D. et B. n° 1. 11 prairial, 2ʰ. Vent incommode.

Signal de la Fagitière.

10   997ˢ990 : 99ˢ7990 = 89° 49′ 8″76   (dans le ciel.)
D. et B. n° 1. 2ʰ ½. Même vent.

Toutes ces distances ont été observées au pied de la tour. $dH = 6ˢ67$.
La suivante a été mesurée au haut de la tour; et $dH = 3ˢ833$.

Clocher d'Herment.

10   998ˢ952 : 99ˢ8952 = 89° 54′ 20″448 (en terre.)
D. et B. n° 1. 13 prairial. Moins de vent.

ANGLES.

Entre Arpheuille et le signal de Laage.

20   877ˢ40975 : 43ˢ8704875 = 39° 29′ 0″38
D. et B. n° 1. Objets foibles.

20   877ˢ410 : 43ˢ8705 = 39° 29′ 0″42
D. et B. n° 1. Arpheuille passable, Laage un peu foible.

Moyenne	39° 29′ 0″40
$r = 1ˢ76855$ $y = 89°$ 0′	— 1″13
Centre	39° 28′ 59″27
	+ 3″67
Horizon	39° 29′ 2″94

Entre les signaux de Laage et d'Orgnat.

16 . . 897^{s}106 . : 56^{s}069125 . . == 50° 27′ 43″965

B. n° 1.　Laage très-visible, Orgnat foible; point de soleil.

16 . . 897^{s}125 . . 56^{s}07015625 = 50° 27′ 47″3

B. n° 1.　J'ai trouvé les objets trop foibles pour prendre part à l'observation. Vent froid et incommode. Les fils de la lunette étoient relâchés et courbes.

20 . . 1121^{s}398 . . 56^{s}0699 . . == 50° 27′ 46″476

D. et B. n° 1.　18 brumaire, 10^h $\frac{1}{2}$.　Laage éclairé de côté et foible; Orgnat éclairé, plein et beau.

Réduction du soleil. (Voyez ci-après.) . . . . — 2″65

Angle corrigé . . . . 50° 27′ 43″83

$r =$ 1^{s}76855　$y =$ 38° 32′ 16″ . . . + 1″53

Centre . . . . 50° 27′ 45″36

. . . . + 5″09

Horizon . . . . 50° 27′ 50″45

Cet angle doit être trop grand. Si l'on a visé à la pointe du signal, la réduction doit être — $\dfrac{0^s08333 \; sin. \; 45°}{20571^s \; sin. \; 1″}$ = — 0″6 ; si l'on a visé au bas, elle doit être — $\dfrac{0^s6667 \; sin. \; 45°}{20571^s \; sin. \; 1″}$ = — 4″70.

Par un milieu je suppose — 2″65, parce qu'on se dirigeoit sur la totalité du signal, dont la longueur n'étoit que de 22″, supposé qu'on l'ait vu tout entier.

Par cette réduction la troisième série s'accorde parfaitement avec la première, qui a été observée par un temps couvert.

Le signal d'Orgnat n'exige point de correction, parce que la face éclairée étoit tournée directement vers l'observateur ; au lieu que la face éclairée de Laage faisoit un angle de 135° avec le rayon visuel.

Entre les signaux d'Orgnat et de Mendren.

20. 1944·36375 · 9782181875 = 87° 29' 46"93

D. et B. n° 1. Orgnat beau, Mendren un peu foible. Ce signal est fort délié et se place très-bien entre les fils.

En s'arrêtant au 18° angle on auroit 1"73 de plus.

$r = 1·76855$; $y = 311°$ 2' 28"   + 35"55

Centre . . . . 87° 30' 22"48

                — 5"08

Horizon . . . . 87° 30' 17"40

Entre les signaux d'Orgnat et des Bordes.

34 23478690 · 6980497 = 62° 8' 41"028

Orgnat étoit si foible que je n'ai pas voulu l'observer. Je visois au signal des Bordes, et Bellet à celui d'Orgnat.

30 · 2071847975 · 6980049267 = 62° 8' 39"624

D. et B. n° 1. Les deux signaux noirs.

Milieu . . . . 62° 8' 40"326

$r = 4·283$ $y = 191°$ 13' 32"   — 48"098

Centre. (Voyez page 244.) . . 62° 7' 52"228

                — 4"142

Horizon . . . . 62° 7' 48"086

Entre les signaux des Bordes et de la Fagitière.

20 7508538 · 3785269 = 33° 46' 27"156

D. et B. n° 1. 1ʰ. Vent incommode.

20 7508543 · 3785715 = 33° 46' 27"966

D. et B. n° 1. 5ʰ.

Milieu . . . . 33° 46' 27"511

$r = 4·283$ $y = 157°$ 27' 5"   — 34"611

Centre . . . . 33° 45' 52"900

                — 1"097

Horizon . . . . 33° 45' 51"803

Le point O, dans la *fig.* 15, représente la position de l'instrument par rapport à la tour ; OF est la direction à la Fagitière, OR la direction aux Bordes ; A et B sont les angles de la tour, et le centre du signal étoit en K.

$$OA = 2^t13194 ;$$
$$OB = 1^t40972 ;$$

la perpendiculaire $Om = 0^t6578$ environ.

$$FOA = 120845 = 108° 24' 18''.$$

D'après ces mesures et celles qui ont été rapportées précédemment, on peut calculer $r = OK$, et $y = FOK$ et ROK pour les deux angles ci-dessus.

Entre le signal de la Fagitière et le clocher d'Herment.

50	28948656	57889312 =	52° 6' 13''71
$r = 2^t3428$	$y = 119° 33' 14''$		— 25''697
Centre			52° 5' 48''013
			+ 0''355
Horizon			52° 5' 48''368

Cet angle a été observé au haut de la tour et à l'intérieur.

Distance Oa de l'instrument à l'angle intérieur de la tour, près du signal (*fig.* 16) . . . 1^t9444

Distance Oc de l'instrument à l'angle intérieur opposé à celui du signal . . . . 1^t8889

Largeur intérieure de la tour du côté d'Arpheuille et du côté de la Fagitière, ou $ab = cd$ 1^t91667

Largeur intérieure de la tour du côté d'Herment et du côté d'Orgnat, ou $ad = bc$ . . . . 2^t2847

C'est d'après ces mesures et celles qui sont rapportées plus haut qu'on a calculé r et y.

Le centre étoit en K: $abcd$, est le périmètre intérieur de la tour; le quadrilatère $rsau$ est la coupe horizontale du parallélépipède, dont les côtés ur, rs, étoient l'épaisseur des murs.

Entre Toulx-Sainte-Croix et le signal d'Orgnat.

B. n° 1. $_{10}$ 3228280 · 3282286 — = 29° 0′ 18″,72 Cet angle a été observé au pied de la tour.

$r = 1^t 76855$, $y = 38° 32′ 16″$

Centre . . . . 29° 0′ 17″,72

Horizon . . . . 29° 0′ 16″,7

SIGNAL D'ORGNAT.

LIX.

Le signal d'Orgnat étoit semblable aux précédens. Je l'ai placé à 3^{t}o42 du bord de la tour, de manière que de toutes les stations environnantes il en parût séparé. Je ne songeai point alors à Évaux. Là il paroissoit projetté sur la tour, ce qui le rendoit impossible à observer. Il auroit été mieux sur la tour même, et c'étoit ma première idée : plusieurs raisons m'ont forcé d'y renoncer.

L'une des diagonales du signal se dirigeoit sensiblement sur Évaux.

Orgnat.

J'ai donné à ce signal le nom d'Orgnat, comme en 1740 ; cependant il est sur le territoire de Villemonteix, ainsi que la tour qui dans le canton se nomme tour ou moulin de Villemonteix. Orgnat et Villemonteix sont très-voisins, et situés l'un et d'autre à trois quarts de lieue à l'ouest de Chénerailles.

Lorsque je fis planter ce signal il me fut impossible de découvrir l'arbre et la chapelle de Saint-Michel. Réciproquement de Saint-Michel je n'ai pu découvrir Orgnat. J'ai donc renoncé à Saint-Michel ; d'autant plus volontiers que l'arbre qui a servi en 1740 m'a paru, du moins quant à présent, faire un assez mauvais signal. Il auroit fallu abattre cet arbre et treize autres qu'on a depuis plantés autour, afin de mettre à découvert la chapelle, dont le clocher, quoique petit, eût été plus commode à observer. J'ai depuis aperçu l'arbre de Saint-Michel : il faut pour cela un horizon très-clair ; des arbres voisins le cachent quand on est au centre du signal, et l'on ne pourroit l'observer avec Sermur qu'en s'éloignant de plusieurs toises, tant du signal que de la tour.

La hauteur du signal est de 4^t, ainsi que celle de la tour. Ainsi $dH = 3^t25$.

Le demi-diamètre de la tour est de . . . . 19^{t}306

Distance du centre du signal et le bord voisin de la tour. . . . . 3^{t}0417

Distance au centre de la tour . . . . 4^{t}97^{u}31

Angle entre le clocher d'Évaux et l'un
des pans de la tour. . . . . 148° 11′ 20″

Angle entre le clocher d'Évaux et le
second pan de la tour. . . . . 193° 48″ 35‴

Le second pan de la tour est le montant de la porte
que l'on a à la droite quand on regarde Saint-Michel
de dessous la porte.

Ces indications feroient retrouver la place du signal,
et serviroient à réduire mes observations au centre de
la tour, pour les comparer aux anciennes observations.

La tour a été autrefois celle d'un moulin à vent. Il
ne reste que le mur circulaire. Il peut durer long-temps,
si l'on n'en hâte la ruine pour avoir les pierres.

DISTANCES AU ZÉNIT.

Tour de Sermur.

10   9965576   9965576 = 89° 41′ 30″6   (dans le ciel.)
D. et B. n° 1. 25 brumaire an 5, 3ʰ.

Signal de Laâge.

10   10005963   10050963 = 90° 5′ 12″0   (dans le ciel.)
D. et B. n° 1. 0ʰ ⅗.

Signal de Mendren.

10   9965437   9965437 = 89° 40′ 46″   (dans le ciel.)
D. et B. n° 1. 2ʰ. Un peu foible.

Clocher d'Évaux.

10   10025589   10052589 = 90° 13′ 58″8   (en terre.)
D. et B. n° 1. 2ʰ ¼. La pointe étoit peu visible.

Orgnat

Clocher de Toulx-Sainte-Croix.

10　997ᵍ5080　99ᵍ7080 = 89° 44' 13"9　(dans le ciel.)

D. et B. n° 3. Pointe très-aiguë.

Arbre de Saint-Michel.

6　598ᵍ5251　99ᵍ7085 = 89° 44' 15"5　(dans le ciel.)

D. et B. n° 1. 3ʰ ¼.

Signal des Bordes.

10　995ᵍ5610　99ᵍ5610 = 89° 36' 17"64　(dans le ciel.)

20 prairial, vers 6ʰ; après la pluie.

ANGLES.

Entre Sermur et Laage.

20　192ᵍ54005　96ᵍ270025 = 86° 38' 34"88

D. et B. n° 1. Horizon pur; ni vent ni soleil.

20　192ᵍ54025　96ᵍ270125 = 86° 38' 35"20

Même remarque.

20　192ᵍ53800　96ᵍ2690 = 86° 38' 31"55

D. et B. n° 1. Laage éclairé plein et en face jusqu'au 3ᵉ angle, noir et beau le reste du temps; Sermur superbe.

Moyenne . . . . 86° 38' 33"88

— 1"90

Horizon . . . . 86° 38' 31"98

Je n'ai pas la moindre raison de préférence pour aucune de ces trois séries. Je prends la moyenne.

Entre le signal de Mendren et la tour de Sermur.

20　1036ᵍ2955　51ᵍ814775 = 46° 37' 59"87

D. et B. n° 1. 24 brumaire, 1ʰ ½. Horizon très-pur; malgré cela le signal est presque imperceptible.

20   1036527675   51581385   = 46° 37′ 56″87

D. et B. n° 1. On voyoit Mendren un peu mieux ; il étoit encore bien foible. Sermur superbe.

Moyenne . . . .   46° 37′ 58″37

$r = 0^{l}18750$ $y = 273° 34′ 19″$ + 1″49

Centre . . . .   46° 37′ 59″86

+ 2″66

Horizon . . . .   46° 38′ 2″52

Entre Évaux et le signal de Laage.

20   844569 2   4252346   = 38° 0′ 40″1

D. et B. n° 1. 25 brumaire, 2ʰ. Laage tantôt noir et tantôt blanc ; Évaux assez bien.

20   844570625   4250353125 = 38° 0′ 42″41

D. et B. n° 1. Laage foible, puis noir et plus beau. Évaux passable ; la pointe un peu obscure.

Moyenne . . . .   38° 0′ 41″25

$r = 0^{l}08333$ $y = 160° 59′ 40″$ — 0″75

Centre . . . .   38° 0′ 40″50

— 0″40

Horizon . . . .   38° 0′ 40″10

Entre le signal des Bordes et celui de Sermur.

50   3279527 75   65558555   = 59° 1′ 37″18

+ 4″174

Horizon . . . .   59° 1′ 41″354

D. et B. n° 1. 20 prairial, de 3ʰ ½ à 5ʰ ½. Pendant les 10 premières observations Sermur foible et obscur, bien visible ensuite jusqu'à la fin. Le signal des Bordes généralement beau ; mais sur la fin alternativement blanc et noir. En rejetant les premières et les dernières observations, l'angle reste toujours le même.

1.

Entre Sermur et Toulx-Sainte-Croix.

30 360^{s}48$_7$635 120^{s}158$_7$833 = 108° 8′ 34″458
En rejetant les 10 premiers . . . 108° 8′ 31″11

D. et B. n° 1. Objets fort beaux, vent très-incommode.

CLOCHER D'ÉVAUX.

LX.

CE clocher est celui de la ci-devant abbaye.

L'observatoire où j'ai déterminé la hauteur du pôle étoit sur la porte de la ville, du côté de Chambon.

De la fenêtre du clocher je voyois mon observatoire et le cercle qui servoit aux observations d'étoiles pour le pendule; et du centre du clocher au centre de ce cercle la distance, mesurée sur le pavé de la rue, s'est trouvée de 29^{t}833.

La lunette de ce cercle dans l'observatoire étoit de 4^{t}166 au-dessus du pavé, et la hauteur de la boule du clocher au-dessus du même pavé étoit de 4^{t}166 + 29^{t}833 *cotang.* 60° 26′ 44″ = 4^{t}166 + 16^{t}916 = 21^{t}08

La lunette au clocher étoit élevée de . . . . 10^{t}67

$$\text{Ainsi } dH = \overline{10^t 41}$$

DISTANCES AU ZÉNIT.

Signal de Laage.

10 997^{s}8690 99^{s}7690 = 89° 47′ 31″6 (dans le ciel.)

D. et B. n° 4. On distingue les roches.

Tour d'Orgnat.

10 999.8172 99.69172 $=$ 89° 55' 32"3
D. et B. n° 1. En terre, mais bien visible.

ANGLE.

Entre le signal de Laage et la tour d'Orgnat.

20 1795.8237 89.876185 $=$ 80° 47' 8"4
$r = 1^s5139$ $y = 150°$ 5' 33" — 35"45

Centre . . . . 80° 46' 32"95

Réduction au signal $= \dfrac{4^s9722 \; sin. \; 171°}{14124 \; sin. \; 1''}$ $+ 11''36$

Entre les signaux de Laage et d'Orgnat . 80° 46' 44"31
$+ 0''75$

Horizon . . . . 80° 46' 45"06

On ne voit pas le signal qui se projette sur la tour. Pour la correction qu'il faut en conséquence faire à l'angle observé, voyez à la station d'Orgnat la position du signal par rapport au centre de la tour.

SIGNAL DES BORDES.

LXI.

CE signal, semblable à tous les précédens depuis Cullan et Saint-Saturnin, étoit au plus haut point de la montagne des Bordes, commune de Saint-Quentin, à deux petites lieues de Felletin, sur une espèce de tertre, dans l'angle formé par un bourlet de terre recouvert de pierres, qui fait la séparation de deux champs.

Les Bordes. Avant de trouver la place de ce signal, j'en avois provisoirement placé un sur la montagne qui est auprès de Mendren, quelques pas à gauche du chemin de Felletin à Courtine. Ce signal provisoire, observé à Orgnat et Sermur, est devenu inutile. $dH = 3^t$.

DISTANCES AU ZÉNIT.

Signal d'Orgnat.

10 100^{s}6378 100^{s}6378 $= 90°$ 34' 25"42 (en terre.)

D. et B. n° 1. 23 prairial, 4^h $\frac{1}{2}$. Bien visible.

Tour de Sermur.

10 100^{s}2138 100^{s}2138 $= 90°$ 11' 32"7 (dans le ciel.)

D. et B. n° 1. 5^h. Les deux ruines se confondent; mais celle que j'ai prise pour signal a le double de l'autre en hauteur.

Signal de la Fagitière.

10 99^{s}7150 99^{s}7150 $= 89°$ 44' 36"6 (dans le ciel.)

D. et B. n° 1. 5^h $\frac{1}{2}$.

ANGLES.

Entre les signaux de Sermur et d'Orgnat.

20 130^{s}59575 65^{s}3797875 $= 58°$ 50' 30"51153

Sermur passable; Orgnat foible d'abord, puis passable.

20 130^{s}600 65^{s}3800 $= 58°$ 50' 31"2

Objets assez beaux; point de soleil.

Milieu . . . . 58° 50' 30"856

$+$ 1"127

Horizon . . . . 58° 50' 31"983

On feroit peut-être mieux de s'en tenir à la seconde série.

Entre les signaux de la Fagitière et de Sermur.

20   1779ᴮ10075   88ᴮ9550375 = 80° 3' 34"32

Objets beaux ; point de soleil.

40   3558ᴮ174   88ᴮ95435   = 80° 3' 32"09

Objets foibles ; soleil, vent et ondulations.

— 3"704

Horizon. . . . . 80° 3' 30"616

Je m'en tiens à la première série.

SIGNAL DE LA FAGITIÈRE.

LXII.

CE signal, semblable aux précédens, étoit placé, comme en 1700 et 1740, sur une montagne auprès de Soudé, commune du Truc, à peu de distance à la gauche du chemin de Felletin à la Courtine. La montagne est plus connue dans le canton sous le nom de la Maïade que sous celui de la Fagitière. Je n'ai pu retrouver qu'après les observations la place des anciens signaux, parce que le champ avoit été labouré il y a environ treize ans, après un repos de plus de cent années. Par la comparaison des observations de 1740 avec les miennes, j'ai trouvé que pour arriver du nouveau signal à l'ancien il falloit avancer de 22ᵗ sur une ligne qui faisoit un angle de 8° à gauche d'Herment. Là j'ai trouvé éparses quelques pierres qui avoient servi à fixer les anciens signaux, au rapport de deux habitans de Soudé, qui m'assurèrent qu'il y avoit autrefois à

La Fagitière. cette place un trou dans lequel on avoit planté un grand arbre il y a vingt-deux ans, apparemment pour la carte de France. $dH = 3^t$.

DISTANCES AU ZÉNIT.

Signal de Sermur.

10 1004^s117 $100^s4117 = 90° 22' 13''9$ (dans le ciel.)

D. et B. n° 1. 26 prairial, 3ʰ. Sermur beau ; vent assez fort.

Signal des Bordes.

10 1003^s793 $100^s3793 = 90° 20' 28''9$ (dans le ciel.)

D. et B. n° 1. 4ʰ. La pluie a forcé d'interrompre au 4ᵉ angle.

Clocher d'Herment.

10 1002^s162 $100^s2162 = 90° 11' 40''5$ (en terre.)

4ʰ ¼. Du 4ᵉ au 8ᵉ angle le clocher se voyoit mal, parce qu'il n'étoit pas éclairé du soleil.

Signal de Meimac.

10 998^s002 $99^s8002 = 89° 49' 12''6$ (dans le ciel.)

D. et B. n° 1. 3ʰ ¼. Il pleuvoit pendant les observations.

Signal de Bort.

10 1002^s048 $100^s2048 = 90° 11' 3''15$ (en terre.)

D. et B. n° 1. 4ʰ ¼. Objet foible ; tantôt noir, tantôt blanc.

De la Fagitière on voit Toulx-Sainte-Croix et le signal de Puy-Violan.

ANGLES.

Entre les signaux de Sermur et des Bordes.

20 1470^s570 $7^s5285 = 66° 10' 32''34$
$+ 5''152$

Horizon . . . . $66° 10' 37''492$

D. et B. n° 1. 26 prairial. La pluie a forcé d'interrompre après le 13ᵉ angle, et depuis ce moment les objets ont été foibles. En s'arrêtant au 12ᵉ angle on auroit 0''9 de plus.

Entre le clocher d'Herment et le signal de Sermur.

12 784^g1625 65^g346875 = 58° 48' 43"875

D. et B. n° 1. 28, 5ʰ. Sermur foible ; Herment éclairé presque en face. La pluie a empêché de continuer.

Même angle.

40 2613^g89325 65^g34733125 = 58° 48' 45"35

Le 29, de 2ʰ à 4ʰ. Ondulations assez fortes. Sermur foible quelquefois, le plus souvent passable ; Herment éclairé : mais en réunissant les deux séries l'erreur doit se compenser.

Les 52 3398^g05575 65^g347225 = 58° 48' 45"008

            + 1"948

Horizon . . . . 58° 48' 46"956

Entre le signal de Bort et le clocher d'Herment.

20 1541^g80115 77^g050575 = 69° 20' 43"863

D. et B. n° 1. 29, 5ʰ ½. Herment éclairé.

Même angle.

40 3082^g07975 77^g06199375 = 69° 20' 48"46

D. et B. n° 1. Le 30, de 4ʰ 50' à 6ʰ ½. Bort et Herment éclairés.

20 1541^g03125 77^g80515625 = 69° 20' 47"065

Même remarque. Je regarde cette troisième série comme la meilleure.

Les 80 6164^g61225 77^g05153125 = 69° 20' 46"960

            + 1"554

Horizon . . . . 69° 20' 48"514

Entre les signaux de Meimac et de Bort.

20 1110^g35725 55^g5178625 = 49° 57' 57"87

D. et B. n° 1. 29, 6ʰ ½. Meimac noir et superbe ; Bort éclairé.

Même angle.

20 1110^g306 55^g5153 = 49° 57' 49"372

Le 30, vers 6ʰ ½. Même remarque. Je ne conçois pas pourquoi cette série diffère tant de la précédente.

Même angle.

20 , 11105333 , 55851665 ＝ 49° 57′ 53″946

D. et B. n° 1. 1 messidor, vers 5^h ⅓. Meimac noir ; Bort éclairé les trois quarts du temps.

Les 60　3330599625　55851660417 ＝ 49° 57′ 53″7975

40 . . . . 49° 57′ 55″91, en rejetant la seconde série.

. . . . — 4″47

Horizon . . . . 49° 57′ 51″44

CLOCHER D'HERMENT.

LXIII.

LE clocher d'Herment étoit une pyramide octogone tronquée de 3^{t}333 de base, sur 3^{t}67 environ de hauteur, terminée par une lanterne où l'on a observé en 1700 et 1740. La lanterne n'existe plus, et il ne restoit que la charpente de la pyramide. Je l'ai fait couvrir de paille dans une longueur de 2^t environ, à partir du sommet ; et du côté qui regarde Sermur je l'ai fait couvrir d'un drap blanc qui descendoit un peu plus bas. La tour en pierres qui porte la pyramide a 9^{t}33 de hauteur au-dessus du pavé de l'église. Cette tour est à gauche du portail, en entrant.

Il y a à Herment une tour carrée plus haute et mieux située ; il n'en reste que les murs. Le milieu du clocher est embarrassé d'une poutre verticale qui a empêché de se placer au centre. $dH = 3^t$.

DISTANCES AU ZÉNIT.

Tour de Sermur.

10   1003ᵍ078   100ᵍ3078 = 90° 16′ 37″3

D. et B. n° 1. 4 messidor; 3ʰ. Grand vent. Les deux ruines sont dans le ciel, le bas de la tour en terre; on n'en voit même qu'une partie.

En rejetant deux mauvais angles . . . . . .   90° 16′ 31″8

Signal de la Fagitière.

10   999ᵍ669   99ᵍ9669 = 89° 58′ 12″8   (dans le ciel.)

D. et B. n° 1. 3ʰ ½. Même vent.

Puy de Bort.

10   1001ᵍ398   100ᵍ1398 = 90° 7′ 32″952 (dans le ciel.)

D. et B. n° 1. 5 messidor, 6ʰ. Beaucoup de vent.

Le signal n'étoit pas visible : j'ai observé le haut de la montagne. Il faut retrancher de la distance observée l'angle sous-tendu par le signal, c'est-à-dire 3₉″9.

ANGLES.

Entre les signaux de Sermur et de la Fagitière.

40   3070ᵍ84175   76ᵍ77104375 = 69° 5′ 38″182

$r = 0^t 4956$ $y = 152° 55′ 40″$ — 8″575

Centre . . . .   69° 5′ 29″607

                                    — 1″474

Horizon . . . .   69° 5′ 28″233

D. et B. n° 1. 4 messidor, de 3ʰ ½ à 5ʰ. Horizon superbe; objets bien visibles. Point de soleil; vent incommode.

1.   **33**

Entre les signaux de la Fagitière et de Bort.

$$40 \quad 3347^s2535 \quad 83^s68_{,}1337_5 = 75° \ 18' \ 47''535$$
$$r = 0^t4956 \quad y = 77° \ 36' \ 52'' \qquad — \quad 1''188$$

Centre . . . . $\quad 75° \ 18' \ 46''347$
$$— \quad 0''348$$

Horizon . . . . $\quad 75° \ 18' \ 45''999$

D. et B. n° 1. 5 messidor, de 3^h à 5^h. La Fagitière très-beau ; Bort un peu foible par fois : mais point de soleil.

En mesurant l'angle entre Sermur et le Puy-de-Dôme je me suis assuré que le signal de 1740 étoit, à très-peu près, au plus haut de la montagne. Ainsi la distance de Sermur au Puy-de-Dôme, prise dans la *Méridienne vérifiée*, pourra servir à calculer la hauteur du Puy-de-Dôme au-dessus de la mer, au moyen des distances au zénit observées à Sermur.

SIGNAL DU PUY-DE-BORT.

LXIV.

CE signal, semblable aux précédens, étoit placé au sommet de Mont-Chagni, qui est la partie la plus élevée du Puy-de Bort. Le centre étoit à 2^t d'un trou où étoit placé le signal de 1700. 0^{t}667 en avant de ce trou, dans la direction de Meimac à peu près, on voit deux pierres entre lesquelles étoit probablement le signal de 1740. La distance du nouveau signal au milieu entre les deux pierres étoit de 1^{t}2222, et cette distance faisoit un angle de 298° à gauche d'Herment. *dH* = 3^t.

DISTANCES AU ZÉNIT.

Clocher d'Herment.

10   10025014   10052014 = 90° 10′ 52″5   (dans le ciel.)

D. et B. n° 1. 8 messidor, 4ʰ. Bien visible ; vent incommode.

Signal de la Fagitière.

10   10015205   10051205 = 90° 6′ 30″4   (dans le ciel.)

D. et B. n° 1. 4ʰ ¾. Le signal étoit foible. Même vent.

Signal de Meimac.

10   9985948   9958948 = 89° 54′ 19″15   (dans le ciel.)

D. et B. n° 1. 10 messidor, 4ʰ. On voit le tas de pierres.

Signal d'Aubassin.

10   10045114   10054114 = 90° 22′ 12″9   (dans le ciel.)

D. et B. n° 1. 8 messidor, 5ʰ. On voit bien la roche. Bien visible, mais grand vent.

Signal de Puy-Violan.

10   9865388   9856388 = 88° 46′ 29″712   (dans le ciel.)

D. et B. n° 1. 5ʰ ¼. Même vent ; pointe difficile à saisir.

La plus haute pointe du Mont-d'Or.

10   9805522   9850522 = 88° 14′ 49″13   (dans le ciel.)

D. et B. n° 1. 6ʰ. Objet facile à observer ; mais toujours un peu de vent.

L'angle entre le signal de Puy-Violan et la plus haute pointe du Mont-d'Or étoit de 109511 = 98° 11′ 56″ : il étoit de 98° 13′ en 1740 ; ce qui prouve que le signal de 1740 étoit au sommet du Mont-d'Or.

ANGLES.

Entre le clocher d'Herment et le signal de la Fagitière.

40   1560⁵72725   39⁵26818125 = 35° 20' 28"91
                                          + 0"161

Horizon . . . . 35° 20' 29"071

D. et B. n° 1. 8 messidor, vers 4ʰ. Au commencement Herment foible
et mal terminé ; la Fagitière beau. Vers le milieu les deux objets passables ;
vers la fin la Fagitière foible, Herment assez beau ; un peu de vent.

Entre les signaux de la Fagitière et de Meimac.

20   687⁵49075   348³745375 = 30° 56' 13"5
D. et B. n° 1. 10 messidor, 4ʰ ½. Objets fort passables.
$r = 0'2138$ $y = 149° 3' 50''$ — 1"067

Centre . . . . 30° 56' 12"433

30   1031⁵200   348³73333 = 30° 56' 9"6 au centre.

13 messidor, 3ʰ ¼. Meimac passable ; la Fagitière toujours foible et pâle,
parce qu'il étoit éclairé du soleil : par fois presque invisible. Je m'en tiens
à la première série.

                                          — 2"311

Horizon . . . . 30° 56' 10"122

Entre les signaux de Meimac et d'Aubassin.

20   1780⁵013   89⁵00065   = 80° 6' 2"106
D. et B. n° 1. 10 messidor, 5ʰ ½. Objets bien visibles; point de soleil.

Même angle.

20   1780⁵01375   89⁵0006875 = 80° 6' 2"228
D. et B. n° 1. 13 messidor, 2ʰ ¼. Meimac assez beau d'abord; foible aux
derniers angles. Aubassin assez beau. Un peu d'ondulations.

Milieu . . . . 80° 6' 2"167
                                          — 3"042

Horizon . . . . 80° 5' 59"125

Entre les signaux d'Aubassin et de Puy-Violan.

30   2169^{s}400   72^{s}313333 $= 65° 4' 55''2$

D. et B. n° 1. 13 messidor, de 0^h à 1^h 20'. Violan un peu foible ; Aubassin assez beau. Ondulations.

40   2892^{s}577   72^{s}314425 $= 65° 4' 58''74$

D. et B. n° 1. Aubassin beau, Violan foible ; point d'ondulations. Dans les deux séries Violan étoit éclairé du soleil.

Les 70   5061^{s}977   72^{s}313957 $= 65° 4' 57''231$

$— 55''312$

Horizon . . . . $65° 4' 1''919$

SIGNAL DE MEIMAC.

L X V.

LE signal de Meimac, semblable aux précédens, étoit placé, comme en 1740, sur le sommet du mont Besson, à une bonne heure et demie de chemin de Meimac.

Sur le haut de la montagne on voit une pyramide de pierres au sommet de laquelle on a planté un arbre il y a environ vingt ans, sans doute pour la carte de France.

Le centre du nouveau signal étoit à 5^{t}67 de celui de la pyramide, et cette distance faisoit à gauche de Bort un angle de 217° 10' $\frac{1}{2}$.

Les habitans des environs de Meimac et de Bort vouloient abattre ces deux signaux, qu'ils regardoient comme la cause des pluies continuelles qui tomboient

Mcimac.

depuis deux mois. Les administrations de cantons ont été obligées de faire plusieurs proclamations pour les préserver. $dH = 3^t$.

DISTANCES AU ZÉNIT.

Signal de la Fagitière.

10   1003ᵉ416   1008³416 $= 90° 18' 26''8$ (dans le ciel.)

D. et B. n° 1.   15 messidor, 1ʰ ¼.   La Fagitière pâle et foible ; fortes ondulations ; beaucoup de vent.

La même.

10   1003ᵉ484   1008³484 $= 90° 18' 48''8$

D. et B. n° 1.   17, 0ʰ ¼.   Vent et ondulations.

Je suppose . . . .   90° 18' 40''0

Signal de Bort.

14   1404ᵉ908   1008³5057 $= 90° 18' 55''8$ (en terre.)

15, 7ʰ.   Bort très - difficile à voir ; il disparoissoit même totalement par intervalles.

La même.

10   1003ᵉ541   1008³541 $= 90° 19' 7''3$

D. et B. n° 1.   17, 2ʰ.   Bort éclairé, mais foible.

Je suppose . . . .   90° 19' 2''0

Signal d'Aubassin.

10   1005ᵉ796   1008⁵796 $= 90° 31' 17''9$ (en terre.)

D. et B. n° 1.   Aubassin foible ; grand vent.

La même.

10   1005ᵉ707   1008⁵707 $= 90° 30' 49''1$

17, 1ʰ.   Vent ; point d'ondulations.

On peut supposer . . . . .   90° 31' 0''0

ANGLES.

Entre les signaux de Bort et de la Fagitière.

24 2642860275 110810448 ‾ = 99° 5' 51"37

D. et B. nº 1. 15 messidor, de 4ʰ à 6ʰ ¹⁄₂. La Fagitière bien visible ; Bort blanc et bien visible jusqu'au 14ᵉ angle : depuis il ne s'est montré que par intervalles. Vent assez fort.

Les 14 premiers	54"78
Les 20 premiers	52"11

30 3303238 1108107933 = 99° 5' 49"70

La Fagitière passable ; Bort éclairé. Du 10ᵉ au 20ᵉ très-difficile à voir.

En rejetant les 10 du milieu . .   51"34

20 2202183 110810915 = 99° 5' 53"646

D. et B. nº 1. 17, 3ʰ ¹⁄₂. Objets passables ; Bort éclairé ; vent assez fort ; ondulations à la Fagitière.

Je suppose . . . .   99° 5' 52"12
                                       + 7"33
                                   ─────────────
Horizon . . . .   99° 5' 59"45

Entre les signaux d'Aubassin et de Bort.

10 578803 578803

Un dérangement dans les lunettes force à recommencer.

30 173639425 57879980833 = 52° 5' 30"562

D. et B. nº 1. De 5 à 7ʰ. Bort éclairé presque en face ; Aubassin éclairé obliquement.

Les 40 231519725 57879993125 = 52° 5' 30"977
24 1389140 578880833 = 52° 5' 33"90

Les 64 réunis . . . .   52° 5' 32"073
                                      + 4"098
                                   ─────────────
Horizon . . . .   52° 5' 36"171

SIGNAL DU PUY-D'AUBASSIN.

LXVI.

C'est le même qui est désigné par le nom d'Ovassins dans les opérations de 1700 et 1740. Dans le canton on écrit et l'on prononce Aubassin.

Ce signal, semblable aux précédens, étoit placé à peu près au point le plus haut de la montagne, entre deux amas de roches ; les unes grises, les autres blanches. Il étoit plus près des roches blanches. $dH = 3^t$.

Au centre du signal j'ai fait enfoncer en terre un pieu de 0^t167 de longueur et de 0^t03 d'écarrissage.

Angle entre le signal de Meimac et l'une des diagonales du signal d'Aubassin . . $79^g322 = 71° 23' 23''$.

DISTANCES AU ZÉNIT.

Signal de Meimac.

10   997^g737 $99^g7737 = 89° 47' 46''8$ (dans le ciel.)

D. et B. n° 1. 6 thermidor, $5^h \frac{1}{2}$. Le signal un peu foible ; beaucoup de vent.

Signal de Bort.

10   998^g504 $99^g8504 = 89° 51' 55''3$ (en terre,)

D. et B. n° 1. 5^h. Objet foible, blanc et noir ; même vent.

Signal de Violan.

10   985^g560 $98^g5560 = 88° 42' 1''4$ (dans le ciel.)

D. et B. n° 1. 4^h. Bien visible ; mais beaucoup de vent.

Signal de la Bastide.

10   1000ᵇ348.   1008o348 = 90°   1′ 52″75   (dans le ciel.)

D. et B. n° 1. 4ʰ ½. Bien visible; même vent.

ANGLES.

Entre les signaux de Bort et de Meimac.

20   1062ᵇ368   53ᵇ1184   = 47° 48′ 23″6

D. et B. n° 1. 6 thermidor, 6ʰ. Objets foibles, sur-tout vers la fin; Bort noir et blanc.

20   1062ᵇ44025   53ᵇ1220125   = 47° 48′ 35″3

D. et B. n° 1. 7 thermidor, 4ʰ ½. Les deux objets éclairés obliquement; point de vent.

20   1062ᵇ391   53ᵇ11955   = 47° 48′ 27″3

D. n° 1. 7 thermidor, 5ʰ ¼. Objets moins éclairés et très-passables; ni vent ni ondulations.

10   53ᵇ186.   53ᵇ1186.   = 47° 48′ 24″3

B. n° 1. Au coucher du soleil. Objets très-foibles.

20   1062ᵇ411   53ᵇ12055   = 47° 48′ 30″6

B. n° 1. 8 thermidor, 6ʰ. Bort difficile à voir.

Les 90   4780ᵇ79625   53ᵇ11995833 = 47° 48′ 28″665
                                           + 0″655
                                      _____
Horizon . . . . 47° 48′ 29″32

Je crois que l'on feroit mieux de s'en tenir à la troisième série, qui me paroît la meilleure. L'angle seroit plus foible de 1″33.

Entre les signaux de Violan et de Bort.

20   1194ᵇ70675   59ᵇ7353385 = 53° 45′ 42″5

D. et B. n° 1. 6 thermidor, 2ʰ ½. Objets foibles, beaucoup de vent; Bort éclairé.

30   1792ᵇ002   59ᵇ7334   = 53° 45′ 36″2

D. et B. n° 1. 7 thermidor, 2ʰ ½. Point de vent. Bort éclairé tout blanc;

1.

Violan plus visible, à mon avis : mais Bellet en jugeoit autrement. Un peu d'ondulations par intervalles à Violan.

$$20 \quad 1194^s7105 \quad 59^s735525 = 53° \ 45' \ 43''1$$

D. et B. n° 1. 8 thermidor, 2ʰ ½. Violan très-foible ; Bort éclairé.

$$20 \quad 1194^s680 \quad 59^s7340 = 53° \ 45' \ 38''2$$

D. n° 1. 8 thermidor, 4ʰ. On voyoit mieux Violan.

$$\text{Les } 90 \quad 5376^s09925 \quad 59^s734439 = 53° \ 45' \ 39''58$$
$$— \ 25''67$$

Horizon . . . . 53° 45' 13''91

On feroit peut-être mieux de préférer la dernière série.

Entre les signaux de la Bastide et de Violan.

$$20 \quad 1850^s177 \quad 92^s50885 = 83° \ 15' \ 28''7$$

D. et B. n° 1. 6 thermidor, 3ʰ ½. Objets fort passables, mais beaucoup de vent.

$$30 \quad 2775^s328 \quad 92^s510733 = 83° \ 15' \ 34''8$$

D. et B. n° 1. 7 thermidor, 3ʰ ½. Objets visibles, éclairés ; point de vent. Un peu d'ondulations à la Bastide. On remarque une augmentation très-sensible après le 18ᵉ angle, qui donnoit 83° 15' 31''9.

$$20 \quad 1850^s18625 \quad 92^s5093125 = 83° \ 15' \ 30''2$$

D. et B. n° 1. 8 thermidor, midi. Objets passables ; un peu d'ondulations.

$$\text{Les } 70 \quad 6475^s68525 \quad 92^s5097894 = 83° \ 15' \ 31''72$$
$$— \ 8''83$$

Horizon . . . . 83° 15' 22''89

SIGNAL DU PUY-VIOLAN.

LXVII.

J'écris Violan comme les auteurs de la *Méridienne vérifiée*, et non pas Violent, comme le livre de la grandeur et la figure de la terre, et les cartes de Cassini.

Le président de l'administration de Salers m'a assuré
que le nom véritable est bien Violan.

Le signal de Violan étoit une pyramide composée de
quatre arbres, de 3ᵗ667 de hauteur au-dessus du sol.
La base n'avoit que 0ᵗ333 de côté. Les roches n'ont
pas permis de donner à ce signal une base de 1ᵗ333,
comme à l'ordinaire. La moitié supérieure étoit couverte de paille ; la moitié inférieure étoit restée à jour,
quoique j'eusse ordonné de la couvrir comme le reste.
C'est ce qui a rendu ce signal si difficile à apercevoir
des stations de Bort, Aubassin et la Bastide, qui ont
été faites avant celles de Violan. En partant pour Montsalvy, j'ai fait remplir le vide.

Le signal étoit placé à la partie la plus haute de
la montagne, à l'extrémité qui regarde Aubassin. A
une toise du centre, et sur le prolongement de la direction à Aubassin, c'est-à-dire plus loin d'Aubassin,
on remarque une motte de terre autour de laquelle sont
trois trous : je soupçonne que c'est la place du signal
de 1740.

Dans l'impossibilité de placer l'instrument au centre,
je l'en ai approché autant qu'il a été possible. Du point
où je l'ai mis on voyoit tous les signaux que j'avois
à observer.

Distance du centre du cercle à l'axe du signal, ou
$r = 0ᵗ48783$.

Angle entre le signal d'Aubassin et le centre du
signal $= 329° 55' 11''$. $dH = 3ᵗ$.

DISTANCES AU ZÉNIT.

Signal de Bort.

10 . 10158898 10185898 = 91° 25' 51″ (en terre.)
D. et B. n° 1. 11 thermidor, 4ʰ ½. Objet foible.

Signal d'Aubassin.

10 10175177 10187177 = 91° 32' 45″3 (en terre.)
D. et B. n° 1. Le 11, 2ʰ. Objet foible; beaucoup de vent.

Signal de la Bastide.

10 10125438 10152438 = 91° 7' 9″9 (en terre.)
D. et B. n° 1. Le 12, 4ʰ. Objet foible; beaucoup de vent.

Signal de Montsalvy.

10 10125304 10152304 = 91° 6' 26″5 (en terre.)
D. et B. n° 1. Le 11, 3ʰ ¼. Objet foible; le vent un peu diminué.

Puy - Mary.

10 9835518 9835518 = 89° 30' 59″8 (dans le ciel.)
D. et B. n° 1. Objet bien visible; vent incommode.

ANGLES.

Entre les signaux de Bort et d'Aubassin.

30 20385425 6789514167 = 61° 9' 22″6
20 derniers 13950205 6785951025 = 61° 9' 21″32
r = 0'48783 y = 329° 55' 11″ + 5″95
Centre . . . . 61° 9' 27″27
+ 1' 21″89
Horizon . . . . 61° 10' 49″16
D. et B. n° 1. 16 thermidor, vers 11ʰ ½. Bort a toujours été éclairé

Aubassin l'étoit aux 10 premières observations, de manière à augmenter l'angle.
Aux vingt dernières Aubassin étoit noir.

Entre les signaux d'Aubassin et de la Bastide.

$\qquad$ 4 $\quad$ 227ᵍ370 $\quad$ 56ᵍ8425 $\quad$ = 51° 9' 29"7

D. et B n° 1. Observations incertaines ; il n'a pas été possible de continuer.

$\qquad$ 14 $\quad$ 795ᵍ812 $\quad$ 56ᵍ84370 $\quad$ = 51° 9' 33"6

D. et B. n° 1. Objets très-foibles. Le signal de la Bastide se projette sur un arbre, duquel il est difficile de le distinguer quand il n'est pas éclairé.

$\qquad$ 20 $\quad$ 1136ᵍ836 $\quad$ 56ᵍ8418 $\quad$ = 51° 9' 27"4

Aubassin passable ; la Bastide foible ; grand vent. Bellet, qui a observé seul cette série, n'y avoit aucune confiance, et ne me l'a communiquée qu'au bout de deux jours.

$\qquad$ 20 $\quad$ 1136ᵍ850 $\quad$ 56ᵍ8425 $\quad$ = 51° 9' 29"7

D. et B. n° 1. Le 19, de 6 à 7ʰ du matin. Les deux signaux éclairés du soleil et assez visibles.

$\qquad$ 16 $\quad$ 909ᵍ469 $\quad$ 56ᵍ8418125 $\quad$ = 51° 9' 27"5

B. n° 1. Le 20, à 8ʰ. Aubassin passable ; la Bastide foible. Les deux objets éclairés du soleil.

$\qquad$ 36 $\quad$ 2046ᵍ319 $\quad$ 56ᵍ84219455 = 51° 9' 28"59
$\qquad$ $r = 0^{c}48783$ $\quad$ $y = 278° 45' 41"$ $\qquad$ + 1"15

Centre . . . . 51° 9' 29"74
$\qquad\qquad\qquad\qquad\qquad\qquad\qquad$ + 47"45

Horizon . . . . 51° 10' 17"19

Correction du signal d'Aubassin . . . . $\qquad$ — 3"47
Correction du signal de la Bastide . . . $\qquad$ — 2"41

Angle corrigé . . . . 51° 10' 11"31

Cet angle a besoin de corrections pour la manière oblique dont les deux signaux étoient éclairés. Le rayon visuel dirigé au milieu de la face visible ne passoit point par l'axe du signal.

Soit $ABCD$ (*fig.* 17), le périmètre du signal d'Au-bassin, OV la direction à Violan. De Violan on ob-servoit le milieu m de la face éclairée AB, tandis que pour viser au centre il eût fallu observer le point x.

Il s'ensuit que l'angle observé est trop grand d'une quantité égale à l'angle $mVx = \dfrac{mx \, sin. \, Oxm}{18283 \, sin. \, 1''} = 3''469$; car il résulte des observations faites à Aubassin, que $BOx = 7°3'$. D'ailleurs $OBx = 45°$: donc $Oxm = 52°3'$. De plus $mx = Bm - Bx = 0^t5 - \dfrac{0^t5}{sin. \, 45°} \cdot \dfrac{sin. \, 7°3'}{sin. \, 52°3'}$ $= 0^t5 - 0^t 11006 = 0.38994.$

Soit maintenant $acde$ (*fig.* 17) le signal de la Bastide, bV la direction à Violan. On voit par les observations faites à la Bastide que $abV = 18°35'$; mais $bam' = 45°$: donc $bym' = 63°35'$; $ay = \dfrac{ab \, sin. \, abV}{sin. \, y} = \dfrac{am'}{sin. \, 45°} \cdot \dfrac{sin. \, 18°35'}{sin. \, 63°35'} = \dfrac{0^t6667}{sin. \, 45°} \cdot \dfrac{sin. \, 18°35'}{sin. \, 63°35'}$ $= 0^t3355$. Ainsi $m'y = am' - ay = 0^t3312$, et $m'Vy = \dfrac{m'y \, sin. \, y}{25423 \, sin. \, 1''} = 2''41$. C'est la quantité dont l'angle observé est trop grand, en raison de ce qu'on a observé le point m' au lieu du point y qui est dans la direction du centre.

Bm et am' sont chacun la moitié du côté de la base du signal; car les deux signaux étant fort éloignés, et se projettant sur d'autres objets terrestres, ils étoient foibles et difficiles à observer, et l'on étoit forcé de se diriger principalement sur la partie inférieure, qui est la plus large.

Entre les signaux de la Bastide et de Montsalvy.

Violan.

     8   358ᵍ366   44ᵍ79575   = 40° 18' 58"23

D. et B. n° 1. 14 thermidor, midi. Objets foibles; beaucoup de vent.

    20   895ᵍ92425   44ᵍ7962125   = 40° 18' 59"73

D. et B. n° 1. Le 16, 2ʰ ½. Objets foibles; point de soleil.

    10   447ᵍ942   44ᵍ7942   = 40° 18' 53"21

B. n° 1. Le 19, vers 3ʰ. Montsalvy passable, la Bastide foible; beaucoup de vent.

Les 38 1703ᵍ23225 44ᵍ79558553 = 40° 18' 57"7

$r = $ 0'48783 $y = $ 238° 26' 42"   — 0"34

Centre . . . . 40° 18' 57"36

                + 28"59

Horizon . . . . 40° 19' 25"95

Entre les signaux d'Aubassin et de Montsalvy.

    20   2032ᵍ539   101ᵍ62695   = 91° 27' 51"32

$r = $ 0'48783 $y = $ 238° 26' 42"   + 0"80

Centre . . . . 91° 27' 52"12

                + 1' 50"48

Horizon . . . . 91° 29' 42"60

D. et B. n° 1. 18 thermidor, 5ʰ. Aubassin bien visible, Montsalvy très-foible; tous deux noirs.

Entre Aubassin et la Bastide, horizon . . 51° 10' 11"31
Entre la Bastide et Montsalvy, horizon . 40° 19' 25"95

Donc entre Aubassin et Montsalvy . . . 91° 29' 37"26
Observation directe . . . . . . 91° 29' 42"6

Différence . . . . 5"34

Cette différence paroîtroit prouver que j'ai eu tort de corriger l'angle entre Aubassin et la Bastide, pour la manière oblique dont les signaux étoient éclairés du soleil; mais cette correction me paroît démontrée. D'ailleurs il est possible d'expliquer autrement cette différence. D'abord, dans l'observation de l'angle entre Aubassin et Montsalvy, ce dernier signal étoit très-foible; ce qui rend l'observation un peu douteuse : elle pourroit bien, pour cette raison avoir donné un angle trop fort de 2″. Le soir approchoit. Supposons que la réfraction terrestre augmentant, ait élevé les signaux chacun d'une minute, l'angle réduit à l'horizon diminuera de 2″8. Les angles partiels ont une moindre réduction à l'horizon; ils dépendent beaucoup moins de l'exactitude des distances au zénit. Les observations sont plus nombreuses.

SIGNAL DE LA BASTIDE.

LXVIII.

LE clocher de la Bastide, dont le toit n'est que symmétrique et non régulier, et qui ne s'élève que de 2^{t}5 au-dessus de l'église, fait en lui-même un assez mauvais signal; il est de plus assez difficile à démêler parmi les arbres qui l'avoisinent.

En 1740 on n'avoit pu observer toujours le milieu de ce clocher; on avoit été réduit à observer quelquefois le pan occidental, c'est-à-dire la façade de l'église, et quelquefois l'extrémité orientale du bâtiment, parce que le clocher ne pouvoit se distinguer des objets environnans.

Pour n'être pas obligé d'observer ainsi différens points successivement, ce qui auroit nécessité des réductions incertaines, il auroit fallu placer un signal sur le haut du clocher, et s'y échafauder; ce qui présentoit plus d'un inconvénient.

J'ai trouvé beaucoup plus simple de placer un signal

au bout d'une plaine qui est à l'ouest de l'église, et
qui s'abaisse insensiblement. C'est dans cette plaine que
se tiennent chaque année plusieurs foires considérables.

On verra par les observations que le signal étoit à
133ᵗ du milieu du clocher, et que le sol y étoit de 7ᵗ4
plus bas que le sommet du clocher. J'ai fait plusieurs
tentatives pour me placer plus haut et plus près; elles
ont été inutiles. En m'écartant de l'endroit que j'ai
choisi, je perdois de vue Aubassin ou Montsalvy. A
l'est de l'église le terrain étoit plus élevé; mais le signal
se seroit projetté sur les édifices ou sur des arbres
voisins.

Le signal étoit une pyramide de 5ᵗ de hauteur; la
base avoit 1ᵗ417 de côté. L'une des diagonales faisoit à
droite d'Aubassin un angle de 27°. $dH = 4^t 250$.

DISTANCES AU ZENIT.

Signal d'Aubassin.

10   10028698   10082698. = 90° 14′ 34″15   (en terre.)
23 messidor, 6ʰ. Bien visible.

La même.

10   10028790   10082790 = 90° 15′ 3″96
Le 30, 4ʰ ½.

Puy-Violan.

10   9918663   9981663 = 89° 14′ 58″8   (dans le ciel.)
Le 23, 6ʰ ½. On ne voyoit pas le signal.

La même.

10   9918692   9981692 = 89° 15′ 8″2
1 thermidor, 5ʰ. J'ai observé le point le plus haut de la montagne.

I.   35

Signal de Montsalvy.

10 1000⁵159 100⁵0159 = 90° 0′ 51″516 (en terre.)
23 messidor, 7ʰ ¼. Éclairé d'abord ; puis noir.

La même.

10 1000⁵410 100⁵0410 = 90° 2′ 12″8
24 messidor, 1ʰ. J'étois seul à prendre cette distance.

La même.

10 1000⁵314 100⁵0314 = 90° 1′ 41″7
30 messidor, 5ʰ. Montsalvy foible ; il disparoît de temps en temps. Bellet étoit au niveau ; ce qu'il faut sousentendre toutes les fois que le contraire n'est pas dit expressément.

J'ai répété ces distances, qui varient à différentes heures du jour par les changemens de la réfraction terrestre, pour avoir plus exactement la réduction à l'horizon pour les angles entre Violan et les deux autres signaux.

Clocher de la chapelle Saint-Jean, près de Rieupeiroux.

10 1002⁵079 100⁵2079 = 90° 11′ 13″6 (dans le ciel.)
23 messidor, 7ʰ du soir. Éclairé du soleil.

Plomb du Cantal.

10 990⁵308 99⁵0308 = 89° 7′ 39″8 (dans le ciel.)
24 messidor, 3ʰ ¼. Objet bien facile ; ni vent ni ondulations. J'étois seul. Le Cantal est 119⁵5 à gauche de Rieupeiroux.

Col de Cabre.

10 991⁵540 99⁵1540 = 89° 14′ 18″96 (dans le ciel.)
124⁵26 à gauche de Rieupeiroux.

Grosse montagne entre le col de Cabre et Violan.

10 990⁵095 99⁵0095 = 89° 6′ 30″8 (dans le ciel.)
129⁵27 à gauche de Rieupeiroux. Il paroît que c'est la grosse montagne dont il est question dans le livre de la *Méridienne vérifiée*, p. 230.

La Bastide.

Seuil de la chapelle Saint-Laurent, près de Saint-Mamet.

10   10015285   10051285 = 90° 6' 56"   (en terre.)

Le huitième angle ne donnoit que 90° 6' 45" : il paroît qu'il est arrivé quelque dérangement au neuvième angle. Les huit premiers étoient bien d'accord.

Clocher de la Bastide.

8   7748250   96878125 = 87° 6' 11"25

Arcs du vertical.

Entre le clocher de Saint-Jean de Rieupeiroux et le point opposé de l'horizon 200ᵗ470

Entre le signal d'Aubassin et le point opposé de l'horizon . . 200ᵗ775

Entre Puy-Violan et le point opposé de l'horizon 199ᵗ910

Entre le signal de Montsalvy et le point opposé de l'horizon . 200ᵗ775

Ces observations ont été faites pour reconnoître de quelles stations le signal de la Bastide se verroit dans le ciel. Elles prouvent que Violan est la seule de laquelle on dût le voir projetté en terre : l'expérience l'a prouvé.

ANGLES.

Entre les deux arrêtes de la façade du clocher.

6   88930   1848833 = 1° 20' 22"2

Le clocher se présentoit un peu obliquement. Pour le voir en face et bien directement, il falloit avancer de 14ᵗ à droite. La largeur de la façade est de 3ᵗ1389. Le toit déborde de chaque côté, et sa base a 3ᵗ5. Il est à remarquer que ce clocher n'est pas exactement au-dessus de la porte d'entrée.

Entre les clochers de Saint-Jean de Rieupeiroux et de Montsalvy.

6   3738950   6283250 = 56° 5' 33"0

Entre les clochers de Saint-Jean de Rieupeiroux et de la Bastide.

$$6 \quad 54^{\text{s}}808 \quad 90^{\text{s}}30_133 \quad = 81° \ 16' \ 16''3$$

J'ai observé ces deux angles pour déterminer la position du signal par rapport au clocher de la Bastide. Ces deux angles, et le triangle observé en 1740 entre les clochers de la Bastide, de Montsalvy et de Saint-Jean de Rieupeiroux, donnent pour la distance entre le signal et le clocher 133ᵗ, et cette distance faisoit au centre du clocher un angle de 154° 39' 23'' à droite du clocher de Montsalvy.

Entre les signaux de Violan et d'Aubassin.

$$20 \quad 1013^{\text{s}}00075 \quad 50^{\text{s}}6500375 = 45° \ 35' \ 6''_{121}$$
$$— 35''_{721}$$

Horizon . . . . $45° \ 34' \ 30''4$

Angle corrigé . . . . $45° \ 34' \ 29''7$

D. et B. n° 1. Le 28, 7ʰ. Aubassin assez beau ; Violan très-foible. On n'a pu commencer plutôt, ni en faire davantage.

Je retranche 0''7 de cet angle, par la raison qu'on va voir.

Entre les signaux de Montsalvy et de Violan.

$$10 \quad 72^{\text{s}}5663 \quad 72^{\text{s}}5663 \quad = 65° \ 18' \ 34''8$$

D. n° 1. De 4ʰ ½ à 7ʰ ½. Les deux objets éclairés et presque invisibles.

$$20 \quad 1451^{\text{s}}286 \quad 72^{\text{s}}5643 \quad = 65° \ 18' \ 28''33$$

D. et B. n° 1. Le 26, 11ʰ. Montsalvy très-passable ; point éclairé, si ce n'est un peu vers la fin : Violan presque invisible. Le 20ᵉ angle est fort incertain. Je m'en tiens aux 18 premiers de la seconde série, et je rejette totalement la première.

Les 18 premiers $\quad 72^{\text{s}}564555 = 65° \ 18' \ 29''16$
$$— 9''95$$

Horizon . . . . $65° \ 18' \ 19''21$
$$— 0''7$$

Angle corrigé . . . . $65° \ 18' \ 18''51$

Je retranche 0''7 de cet angle, par la raison qu'on va voir.

Entre les signaux de Montsalvy et d'Aubassin.

La Bastide.

40 492⁸9755   123⁵199⁵0⁵7⁵ = 110° 52' 46"02

D. et B. n° 1. 27 messidor, de 4 à 6ʰ. Aubassin noir et facile ; Montsalvy noir d'abord, ensuite plus ou moins blanc, et souvent foible.

18 2217⁸58425   123⁸199125 = 110° 52' 45"16

D. et B. n° 1. Le 29, 5ʰ ¼. Aubassin très-passable ; Montsalvy foible sur la fin : point de soleil.

Les 58   714⁵⁵5595   123⁵199⁵3017 = 110° 52' 45"74
$$+ \; 1''39$$
_____

Horizon . . . . 110° 52' 47"13

Entre Violan et Aubassin, horizon . . . . 45° 34' 30"4

Entre Montsalvy et Violan, horizon . . . . 65° 18' 19"2

Donc entre Montsalvy et Aubassin, horizon . . . . . 110° 52' 49"6

Observation directe . . . . 110° 52' 47"1
_____

Différence . . . . 2"5

Les observations de l'angle total sont plus nombreuses et plus sûres que celles des deux angles partiels. On pourroit donc retrancher 1"2 de chacun des deux angles partiels, pour les faire accorder avec l'angle total : je me suis borné à en retrancher 0"7.

Entre le clocher de Saint-Jean de Rieupeiroux et le signal de Montsalvy.

32 2044⁸44025   63⁸8887563 = 57° 29' 59"57

D. n° 1. 24 messidor, de 10 à 11ʰ ¾.

Le 20ᵉ angle donnoit 63⁸889²5   = 57° 30' 1"17

Fortes ondulations à Montsalvy ; Rieupeiroux un peu obscur. Le clocher est gros et court, et point facile à bien observer.

20 1277⁸7955   63⁸889775 = 57° 30' 2"87

D. et B. n° 1. Le 25, midi. Rieupeiroux plus difficile ; Montsalvy éclairé obliquement et moins beau. Point d'ondulations, et vent assez fort.

20   1277ᵗ80275   63ᵗ8901375 = 57° 30′ 4″05

D. et B. n° 1. Le 28, 10ʰ. Rieupeiroux un peu foible ; Montsalvy beau : vent considérable.

20   1277ᵗ800   63ᵗ8900   = 57° 30′ 3″6

D. et B. n° 1. Le 28, midi. Objets passables.

20   1277ᵗ848   63ᵗ8924   = 57° 30′ 11″4

D. et B. n° 1. Le 28, 11ʰ. Fils en croix verticale +.

20   1277ᵗ802   63ᵗ8901   = 57° 30′ 3″92

D. n° 1. Fils en +.

Les 132   9072ᵗ3805   63ᵗ8900035 = 57° 30′ 3″6

Je m'en tiens à ce résultat moyen, qui diffère très-peu de celui des trois meilleures séries.

— 0″209

Horizon . . . . 57° 30′ 3″391

SIGNAL DE MONTSALVY.

LXIX.

CE signal étoit, comme les précédens, une pyramide quadrangulaire. Elle étoit placée sur le puy de l'arbre, à peu de distance de Montsalvy, à droite du chemin qui mène à Aurillac. Au haut de ce puy on trouve les vestiges d'un ancien fort environné de fossés et de retranchemens.

Les restes de ce fort sont de figure ovale irrégulière ; ils ont 115 pas de circuit. En partant du centre du signal pour faire le tour, et me dirigeant d'abord sur Montsalvy, j'ai compté 40 pas sur le bord d'un trou en losange dans lequel étoit autrefois plantée une croix. Ce trou est à peu près au plus haut point du contour.

On y auroit placé le signal, si cet endroit avoit eu une largeur suffisante.

A 16 pas du centre du signal, en allant vers Montsalvy, est un petit sentier par lequel on descend vers l'extrémité d'un retranchement qui environne et défend le fort du côté de Montsalvy et dans les trois quarts environ du pourtour.

Entre le signal de la Bastide et l'une des diagonales du signal l'angle étoit de $83^t5 = 75^\circ 9'$. $dH = 3^t$.

DISTANCES AU ZÉNIT.

Signal de Violan.

4 396^s665 $99^s14125 = 89^\circ 13' 37''65$ (dans le ciel.)

D. et B. n° 1. Le signal étoit foible ; il a disparu après le 4⁰ angle.

Puy-Violan.

10 991^s476 $99^s1476 = 89^\circ 13' 58''2$ (dans le ciel.)

D. et B. n° 1. 25 thermidor, 8^h. On ne voyoit pas le signal.

Signal de la Bastide.

10 1002^s130 $100^s2130 = 90^\circ 11' 30''12$ (dans le ciel.)

D. et B. n° 1. 24 thermidor, $11^h \frac{3}{4}$. Beaucoup de vent.

Clocher de la chapelle Saint-Jean de Rieupeiroux.

10 1002^s340 $100^s2340 = 90^\circ 12' 38''16$ (dans le ciel.)

D. et B. n° 1. Midi. Beaucoup de vent.

Tour de Rodez.

10 1003^s736 $100^s3736 = 90^\circ 20' 10''5$ (en terre.)

D. et B. n° 1. $0^h \frac{3}{4}$. Foible et enfumée. On ne voyoit pas assez la statue pour l'observer.

Clocher de Montsalvy.

10   1009ᵍ145   1008ᵍ9145 = 90° 49' 22"98 (en terre.)
D. et B. n° 1. 10ʰ ½. Beaucoup de vent.

Col de Cabre.

10   989ᵍ253   988ᵍ9253 = 89° 1' 58"0   (dans le ciel.)
D. et B. n° 1. 7ʰ du matin. Beaucoup de vent.

Grosse montagne entre le col de Cabre et Violan.

10   988ᵍ527   988ᵍ8527 = 88° 58' 2"7   (dans le ciel.)
D. et B. n° 1. 7ʰ ½. Assez de vent.

Plomb du Cantal.

6   592ᵍ101   988ᵍ6835 = 88° 48' 54"5   (dans le ciel.)
8ʰ ¼. Les nuages ont empêché d'en observer davantage.

Arcs du vertical.

Entre Rodez et le point opposé de l'horizon . . . . 200ᵍ398.
Entre Saint-Jean de Rieupeiroux et le point opposé (sur le Cantal) 199ᵍ226
Entre la Bastide et le point opposé 199ᵍ927
Ces observations prouvent que le signal de Montsalvy ne peut être vu dans le ciel que de Rodez, et l'expérience l'a vérifié.

ANGLES.

Entre les signaux de Violan et de la Bastide.

20   1652ᵍ813   82ᵍ64065 = 74° 22' 35"7
                              — 15"2
                        ─────────────
Horizon . . . . 74° 22' 20"5
D. n° 1. 25 thermidor, 5ʰ. Violan très-foible, sur-tout aux deux derniers

angles ; de plus éclairé obliquement : ce qui peut avoir augmenté l'angle ; car on ne voyoit le plus souvent que la partie noire. Au reste le signal est si mince que l'erreur doit être peu de chose. La Bastide bien visible. Point de vent.

Bellet a voulu observer à son tour. La foiblesse du signal de Violan ne lui a pas permis de passer l'angle double, qui s'est trouvé le même que le mien.

Entre le signal de la Bastide et le clocher de Saint-Jean de Rieupeiroux.

$$20 \quad 1949^g378 \quad 97^g4689 \quad = 87° 43' 19''24$$

D. et B. n° 1. 24 thermidor. Objets passables ; vent très-incommode, qui nous a forcés d'interrompre pendant 3ʰ après le 4° angle. Fini à 6ʰ ½.

$$20 \quad 1949^g3955 \quad 97^g469775 \quad = 87° 43' 22''07$$

D. et B. n° 1. 25 thermidor, 1ʰ. Objets passables d'abord, foibles vers la fin ; beaucoup moins de vent.

$$20 \quad 1949^g38875 \quad 97^g4694375 = 87° 43' 20''98$$

26 thermidor, 3ʰ ½. Objets beaux ; ni vent ni soleil.

On feroit mieux de s'en tenir au milieu entre les deux dernières séries ; l'angle augmenteroit de 0''86.

Les 60 . . . . 87° 43' 20''76
$$+ 2''44$$
Horizon . . . . 87° 43' 23''20

Entre Saint-Jean de Rieupeiroux et Rodez.

$$40 \quad 1520^g42725 \quad 38^g010678125 = 34° 12' 34''6$$

D. et B n° 1. 26 thermidor, 2ʰ ½. Ni vent ni soleil. Objets bien visibles pendant les 20 premiers angles ; un peu foibles pendant le reste de la série.

Les 20 premiers $\quad 38^g010^9$ . . . $= 34° 12' 35''3$
$$20 \quad 76^g52175 \quad 38^g010875 \quad = 34° 12' 35''2$$

D. et B n° 1. Ni vent ni soleil. Saint-Jean beau, Rodez passable.

Les 60 2280^g64475 $38^g010745833 = 34° 12' 34''82$
$$+ 0''75$$
Horizon : . . . . 34° 12' 36''05

Je m'en tiens aux 20 premiers angles, confirmés par les 20 derniers.

CLOCHER DE LA CHAPELLE SAINT-JEAN DE RIEUPEIROUX.

L X X.

LE clocher de la chapelle Saint-Jean est sur une montagne voisine de Rieupeiroux. C'est une tour quadrangulaire terminée par une pyramide un peu écrasée; elle forme le vestibule de la chapelle. La face principale *AB* (*fig.* 18), celle dans laquelle est le portail, a 2^{t}417 de largeur. Les faces latérales sont moindres, et un peu inégales entre elles : l'une est de 2^{t}2361; l'autre, de 2^{t}1944. J'ai supposé par un milieu 2^{t}2153. Ces mesures ont été prises en bornoyant avec un fil à plomb, et en faisant marquer sur les murs latéraux de la chapelle des points *d* et *e* dans le plan du mur *DE*.

On ne peut guère observer dans l'intérieur : les fenêtres ne sont ni assez larges ni assez bien tournées vers les objets, et la pyramide a trop peu de hauteur. Je me suis placé à l'extérieur, comme en 1740.

J'ai placé l'instrument en *O* à 0^{t}4167 du milieu du mur qui regarde Montsalvy et Rodez : ainsi la distance au centre *OC* est de 1^{t}625 $=$ *r*. Cette quantité est constante pour toute la station.

Entre Montsalvy et le centre 188^{g}832 $=$ 169° 56′ 56″
Donc entre la Bastide et le centre . . . 135° 10′ 20″
Entre Rodez et le centre . . . . 225° 57′ 19″

DISTANCES AU ZÉNIT.

Signal de la Bastide.

10   1002$637   100$2637 = 90° 16′ 14″4   (dans le ciel.)

D. et B. n° 1. 4 fructidor, 0ʰ ½. Le signal est foible et ne se montre que par intervalles.

Signal de Montsalvy.

10   1001$753   100$1753 = 90° 9′ 28″0   (en terre.)

D. et B. n° 1. 4 fructidor, 10ʰ ½. Il se projette sur le Cantal. Le signal est en ce moment presque invisible.

Tour de Rodez.

10   1003$381   100$338ı = 90° 18′ 15″4   (en terre.)

D. et B. n° 1. 3 fructidor, 6ʰ. On ne voit que la pointe et la balustrade de la tour octogone.

Col de Cabre.

10   997$908   99$7908 = 89° 48′ 42″2   (dans le ciel.)

D. et B. n° 1. 4 fructidor, 2ʰ.

Plomb du Cantal.

10   996$727   99$6727 = 89° 42′ 19″55   (dans le ciel.)

D. et B. n° 1. 5 fructidor, 3ʰ. Des nuages couvroient par intervalles le sommet du Cantal.

Clocher de Saint-Jean de Rieupeiroux.

4   272$855   68$214 = 61° 23′ 33″36

Cette distance a été prise à 9ᵐ889 du centre. On a par conséquent $dH =$ 9ᵐ889 cot. 61° 23′ 33″3, et la hauteur du clocher = $dH + $ 0ᵐ5972.

ANGLES.

Entre les signaux de Montsalvy et de la Bastide.

20	772ᵗ81725　3886408625	= 34° 46′ 36″4
Les 10 premiers	3886403	= 34° 46′ 34″57
Les 10 derniers	3886641425	= 34° 46′ 38″22

Différence . . . . 　　3″65

D. et B. n° 1. Le 4, 4ʰ. Les deux signaux éclairés jusqu'au 10ᵉ angle ; après cela souvent noirs et par fois éclairés. L'angle augmente visiblement quand les objets sont noirs. Le résultat des 20 angles est donc trop petit ; le résultat des 10 derniers est même encore trop foible.

30	15598250　3886641667	= 34° 46′ 39″0

Les 10 premiers angles de la première série
ont donné . . . . 34° 46′ 34″6

Différence . . . . 　　4″4

Le 5, 5ʰ. Objets très-passables. Montsalvy blanc le plus souvent, rarement noir ; quelquefois on voyoit en même temps la face noire et la face blanche.

Cet angle a besoin d'une correction, mais moindre que si les objets eussent été constamment éclairés.

Par la comparaison des 10 premiers angles de la première série avec les 10 suivans, on voit que l'angle diminuoit de plus de 3″65 quand les signaux étoient éclairés. Par la comparaison des 10 premiers angles de la première série avec les 30 de la seconde, on voit que l'angle diminuoit de plus de 4″4.

Quand le signal de Montsalvy étoit éclairé, le point qu'on observoit étoit à 0ᵗ667 du centre ; et cette distance faisoit, avec le rayon visuel dirigé au centre du signal, un angle de 57° 34′.

La correction de l'angle observé étoit de $+ \dfrac{0^t6667 \; sin. \; 57° \; 34'}{25259^t \; sin. \; 1''} = +4''595$

Quand le signal de la Bastide étoit éclairé, la correction étoit de . . . . . . $+ \dfrac{0^t6667 \; sin. \; 6° \; 23'}{29925^t \; sin. \; 1''} = +0''511$

Correction totale . . . . . . 　　$+5''1$

Si j'ajoute à la première série les deux tiers de la correction, ou 3″4, elle
donnera . . . . 34° 46′ 39″8

Si j'ajoute à la seconde série le tiers de la correction, ou
1″7, elle donnera . . . . 34° 46′ 40″7

Par un milieu entre les 50 observations j'aurai . . . . 34° 46′ 40″3
et je suis persuadé que cette quantité sera trop foible, parce que je n'ai pas
employé de corrections assez fortes. On pourroit supposer 34° 46′ 41″ : je
m'en tiendrai cependant à 40″3.

Angle observé . . . . 34° 46′ 40″3
$r = 1^t 625 \quad y = 135° 10′ 20″$ — 5″58

Centre . . . . 34° 46′ 34″72
     + 0″31

Horizon . . . . 34° 46′ 35″03

Entre la tour de Rodez et le signal de Montsalvy.

18   1120⁵128   62⁵2293 = 56° 0′ 22″93
D. et B. n° 1. 4 fructidor, 5ʰ ½. Objets blancs au commencement, puis
noirs le plus souvent ; à la fin Montsalvy très-foible.

22   1369⁵017   62⁵228045 = 56° 0′ 18″57
D. et B. n° 1. Le 5, de 11 à 2ʰ. Objets foibles et beaucoup de vent.

20   1244⁵59675   62⁵2298375 = 56° 0′ 24″6735
D. et B. n° 1. Le 5, 6ʰ du soir. Objets noirs le plus souvent ; quelquefois blancs, et Montsalvy par fois noir et blanc.

20   1244⁵576   62⁵2288 = 56° 0′ 21″312
D. et B. n° 1. Le 6, 6ʰ du soir. Objets foibles et éclairés du soleil.

Les 80 . . . . . . 62⁵228962 = 56° 0′ 21″84
$r = 1^t 625 \quad y = 169° 56′ 56″$ — 19″28

Centre . . . . 56° 0′ 2″56
     + 1″16

Horizon . . . . 56° 0′ 3″72

La partie sud de cette station a été faite par le citoyen
Méchain. Voyez page 289.

TOUR DE RODEZ.

LXXI.

On monte à la tour de Rodez par un escalier de 397 marches; les unes de 9, les autres de 8, 7, 6 et 5 pouces; mais le plus grand nombre est de 6 pouces.

La tour finit par une plate-forme entourée d'une balustrade de 1ᵗ667 de hauteur, et qui, sans empêcher tout-à-fait l'observation, la rend au moins fort difficile.

Au milieu de la plate-forme s'élève une tourelle qui renferme le timbre de l'horloge, et qui est surmontée d'une statue de la Vierge, en pierre, qui a servi de point de mire. La tourelle est octogone, ainsi que la tour.

L'apothème de la tourelle est de 0ᵗ6111; celui de la tour est de 2ᵗ1528 intérieurement.

Contre la face de la tourelle, celle qui regarde le plus exactement Rieupeiroux, j'ai fait placer un échafaud de 1ᵗ125 de hauteur. De là on pouvoit voir les signaux par-dessus la balustrade, diriger la lunette supérieure au centre de la station, et mesurer directement la distance au centre.

DISTANCES AU ZÉNIT.

Signal de Montsalvy.

10 999ᵇ612 99ᵇ9612 = 89° 57′ 54″3 (dans le ciel.)

D. et B. n° 1. 9 fructidor, 6ʰ ½. Horizon pur ; grand vent.

La même.

10 999ᵇ6925 99ᵇ9625 = 89° 57′ 58″5

D. et B. n° 1. 10 fructidor, 4ʰ ¾. Objets un peu foibles ; presque point de vent.

Clocher de Saint-Jean de Rieupeiroux.

10 998ᵇ502 99ᵇ8502 = 89° 51′ 54″6 (dans le ciel.)

D. et B. n° 1. 9 fructidor, 6ʰ ¼ du soir. Horizon pur, grand vent.

La même.

10 998ᵇ540 99ᵇ8540 = 89° 52′ 6″96

10 fructidor, 11ʰ. Objet bien visible.

Statue de la Vierge, dont la tête a servi de point de mire.

4 97ᵇ455 24ᵇ36375 = 21° 55′ 38ᵇ55

Cette distance a été observée à 2ᵗ167 du centre et du milieu de la statue.

Hauteur de la tourelle au-dessus de la plate-forme,

$$= 2ᵗ1667 \ cot. \ 21° \ 55′ \ 39 + 0ᵗ6667.$$
$$dH = 0ᵗ6667 \ cot. \ 21° \ 55 \ 39 - 1ᵗ125.$$

A N G L E S.

Entre le signal de Montsalvy et le clocher de Saint-
Jean de Rieupeiroux.

     30   299380685   99876895 $= 89°$ 47' 31"4

D. et B. n° 1. 9 fructidor, de 5 à 6ʰ. Objets bien visibles, point de soleil, vent assez fort.

     20   199588389   99876945 $= 89°$ 47' 33"0

D. et B. n° 1. 10 fructidor, 4ʰ ½. Objets passables. Calme pendant les 12 premières observations; vent comme le 9 pendant les 8 dernières.

  Les 50   498884575   998769115 $= 89°$ 47' 32"05

     $r = 1^t 1667$ $y = 186°$ 34' 28"   — 9"48

  Centre . . . . 89° 47' 22"57

                               + 0"25

  Horizon . . . . 89° 47' 22"82

La partie sud de cette station et toutes les stations suivantes ont été faites par le citoyen Méchain.

De-Rodez je suis revenu à Paris dans les premiers jours de vendémiaire an 6, pour fixer définitivement les termes de la base de Melun, commander les signaux et observer les angles qui devoient servir à joindre cette base au triangle qui a pour côté la distance de Montlhéri à Malvoisine, et enfin pour terminer la station de Brie, restée incomplète en 1792. Ces différens soins m'ont occupé depuis vendémiaire jusqu'en ventose.

CLOCHER DE LA CHAPELLE SAINT-JEAN DE RIEUPEYROUX.

Rieupeyroux

XIX bis.

TOUTES les observations suivantes, et jusqu'au terme austral de la méridienne, sont présentées dans le même ordre et de la même manière que les précédentes du citoyen Delambre : il n'y a que deux légères différences, que je ferai connoître.

Depuis cette station-ci jusqu'aux Pyrénées je ne me suis servi que d'un seul cercle. Il est absolument semblable à celui n° 1 du citoyen Delambre ; de même diamètre, divisé en 400 parties ou *grades* ; et construit aussi par l'habile artiste Lenoir. Au Puy de la Estella, qui tient au Canigou, et à quelques stations en Catalogne, on a fait usage d'un autre cercle divisé en 360 degrés ; mais de même diamètre que le premier. Quand cela aura eu lieu, on en avertira ; d'ailleurs il sera aisé de le reconnoître, parce qu'alors les arcs ne seront rapportés qu'en parties sexagésimales.

Ces deux cercles ont aussi quatre alidades, qu'on lisoit toujours en commençant et en finissant une série d'angles, et souvent plusieurs fois dans le cours d'une même série ; et, excepté dans une ou deux circonstances, on n'a jamais manqué de lire la première alidade à chaque double observation, afin de reconnoître la marche des observations, et de s'assurer qu'il ne s'y glissoit point d'erreurs notables. Les quatre alidades de l'un et de l'autre cercle ne sont pas non plus tout-à-fait à angles droits; les différences en sont même sujettes à varier, soit par l'effet de la température, soit par de petites altérations qu'on a cru reconnoître après que les instrumens avoient été démontés pour les nettoyer, soit enfin par l'inexactitude de l'estime, parce que les verniers ne donnant que deux décimales, la troisième n'est qu'évaluée; mais on a toujours vérifié ces différences, apprécié leurs variations, et on en a tenu compte.

Les distances au zénith ont été observées communément dix fois, et assez souvent on en a fait plusieurs séries pour un même objet. Dans ces observations, on mettoit ordinairement le fil de la lunette en contact extérieur avec le sommet du signal ou l'extrémité supérieure de l'objet. Ce sont les distances observées de cette manière qui ont servi pour calculer la réduction des angles à l'horizon; mais dans le calcul de la différence de niveau et celui de la réfraction terrestre, on doit augmenter ces distances au zénith de la demi-épaisseur du fil, qui a été déterminée de 3″. J'y applique encore une autre correction, qui est le petit arc soustendu par l'excès de la hauteur du signal observé audessus du sol, sur celle du cercle prise de même au point de l'observation. Par là on obtient la distance au zénith telle qu'elle auroit été observée si le centre du cercle eût pu être placé au pied du signal de la station, et qu'on eût visé au pied de l'autre signal. Cette deuxième correction est désignée par dH'; elle est donnée en parties de la toise et en arc de cercle. Voilà les seules différences qu'on trouvera entre les données de mes observations de distances au zénith et celles du citoyen Delambre. D'ailleurs je rapporterai quelquefois la quantité qu'il a nommée dH, c'est-à-dire la hauteur du signal ou de l'objet où se faisoit l'observation au-dessus de la lunette du cercle; mais cela ne sera pas toujours utile, à cause que plusieurs des signaux ayant été détruits par la malveillance ou autrement, dans l'intervalle du passage d'une station à une autre, la hauteur des nouveaux signaux n'étoit plus la même que celle des premiers. Ces changemens jetteroient au moins quelque confusion pour les réductions, ou les rendroient plus embarrassantes.

Les angles des triangles principaux ont été observés au moins vingt fois, et souvent beaucoup plus, si ce n'est dans quelques circonstances particulières qui forçoient de finir plutôt; mais, autant qu'il a été possible, on a fait plusieurs séries d'un même angle, et à différentes heures du jour.

Quelquefois j'ai disposé le réticule des lunettes en sorte que les deux fils faisoient un angle de 45 degrés avec l'horizon; je l'indiquerai, comme le citoyen Delambre, par le signe ×. Mais cette disposition ne me paroissant point présenter un grand avantage, j'ai le plus souvent laissé les fils droits, c'est-à-dire l'un parallèle et l'autre perpendiculaire à l'horizon : dans ce cas, il n'y aura point de signe particulier.

Outre la réduction des angles au centre et celle à l'horizon, on y en a encore fait une troisième, que le citoyen Delambre a négligée, parce qu'elle est en effet très-négligeable : elle dépend de l'excentricité de la lunette inférieure, qui est de 26 lignes environ pour mes deux cercles, et à droite du centre. J'avois employé cette correction dans une première rédaction, et la commission spéciale chargée de discuter toutes nos observations l'ayant conservée, j'ai dû la rapporter.

Le résultat définitif pour chaque angle des triangles principaux, sera toujours celui que la commission a adopté. J'en avertis ici une fois pour toutes.

Parmi les observations des distances au zénith et des angles, on en trouvera un assez grand nombre qui appartiennent à des triangles secondaires que j'ai formés, toutes les fois que l'occasion s'en est présentée, pour lier des points remarquables à la chaîne principale. Les angles de ces triangles secondaires n'ont pas été observés autant de fois que ceux des triangles de la méridienne, et le troisième angle n'en a été mesuré que bien rarement : il sera conclu des deux autres.

Les objets que j'avois à observer de Rieupeyroux étant situés dans la partie méridionale, je ne pouvois pas placer mon cercle au même point que le citoyen Delambre avoit choisi ; j'ai été obligé de m'en éloigner de 4 toises environ, et vers le nord-ouest, afin d'apercevoir d'un même endroit le Puy-Saint-Georges, la Gaste et Rodez. Ce nouveau point est désigné sur la *fig.* 18, par la lettre *O'.*

Au moyen de plusieurs aplombs établis avec soin, on a marqué sur le sol, dans l'intérieur du clocher, le

point C, centre de la station, et pied d'une verticale
abaissée du centre de la figure de ce clocher, prise à
la hauteur du bord du toit ; une portion de cette verticale étoit même représentée par un cordeau attaché
par en haut à la voûte, et fixé par le bas sur un piquet
enfoncé au point C. La distance horizontale du centre
du cercle à cette verticale étoit de 3ᵗ8854, et l'angle
entre la même verticale et la tour de Rodez, résultant
de plusieurs mesures, a été trouvé de 326ᵍ283 = 293°
39′3 de la division sexagésimale. Le citoyen Delambre
a désigné la première de ces quantités par la lettre r,
et la seconde par la lettre y : je les désignerai de
même.

Le centre du cercle a toujours été placé exactement
au même point pour tous les angles mesurés ici ; on le
faisoit convenir chaque fois, sous l'intersection de deux
ficelles attachées à des repaires bien fixes.

Par une petite opération trigonométrique j'ai déterminé la hauteur totale du clocher ou celle de l'épi du
toit au-dessus du centre C de la station, de 5ᵗ9618,
et la hauteur du même point au-dessus de la lunette
du cercle, placé verticalement pour l'observation des
distances au zénith, de 5ᵗ3947 ; c'est ce que le citoyen
Delambre appelle dH.

Les noms des observateurs sont indiqués par des lettres initiales ; d'ailleurs je les ferai connoître successivement. Depuis Rieupeyroux jusqu'à Carcassonne, j'ai
observé seul les angles des triangles ; mais, pour les
distances au zénith, j'ai été aidé par le citoyen Agoustenc

de Carcassonne : il caloit le niveau. Ce jeune homme m'a secondé dans toute cette partie de la chaîne des triangles avec bien du zèle, de l'activité et de l'intelligence.

DISTANCES AU ZÉNITH.

Rodez (sommet de la tête de la statue sur la tour de).

10   1003ᵍ38175   100ᵍ338175 = 90° 18′ 15″7   (en terre.)

M. et A. 20 thermidor an 6, à 5ʰ ½ du soir. Soleil. Objet très-distinct.

La même.

10.   1003ᵍ3485   100ᵍ33485 = 90° 18′ 4″9

M. et A. 24 thermidor, à 5ʰ ½ du soir. Thermomètre + 13ᵈ6 en 80ᵈ. Calme. L'objet est dans l'ombre; on le voit bien.

Milieu des deux séries . . . . . . 90° 18′ 10″3
pour la réduction à l'horizon.

Demi-épaisseur du fil . . . . .   + 3″0

$dH' = -$ 0ᵍ5671 $=-$ 8″2
_____
90° 18′ 5″1

pour la différence de niveau et la réfraction.

Signal de la Gaste.

10   999ᵍ5615   99ᵍ95615 = 89° 57′ 37″9   (dans le ciel.)

M. et A. 18 thermidor, à 6ʰ ½ du soir. Thermomètre 15ᵈ0. Soleil. Le grand vent agite le niveau, et le signal est difficile à distinguer.

La même.

10   999ᵍ5285   99ᵍ95285 = 89° 57′ 27″2

M. et A. 21 thermidor, à 7ʰ ½ du matin. Thermomètre 15ᵈ0. Calme. Objet assez net; il n'y a point d'ondulations.

Moyenne . . . . 89° 57′ 32″6
pour la réduction à l'horizon.

Demi-épaisseur du fil . . . .   + 3″0

dH' 1ᵍ7665 $=+$ 18″4
_____
89° 57′ 54″0

pour la différence de niveau et la réfraction.

Signal de Puy-Saint-Georges.

10   1006⁸9030   100⁸69030 $= 90° 37' 16''6$ (en terre.)

M. et A. 18 thermidor, à 6ʰ ¼ après midi, Thermomètre 15ᵈ0. Vapeurs, et le vent agitoit le niveau.

La même.

10   1006⁸92725   100⁸692725 $= 90° 37' 24''4$

M. et A. 21 thermidor, à 8ʰ ½ du matin. Thermomètre, 9ᵈ7. Soleil; signal un peu diffus.

Moyenne . . . .   90° 37' 20''5

pour la réduction à l'horizon.

Demi-épaisseur du fil . . ⌐ . . $+$ 3''0

$d H'$ 2ᵗ4885 $=$ $+$ 29''3

90° 37' 52''8

pour la différence de niveau et la réfraction.

Albi (tourelle sur la tour de la cathédrale d')

10   1010⁸0655   101⁸00655 $= 90° 54' 21''2$ (en terre.)

pour la réduction à l'horizon. M. et A. 25 thermidor, à 3ʰ ¼. Thermomètre, 19ᵈ0. Soleil; air très-clair; l'objet est bien visible.

Demi-épaisseur du fil . . . . . $+$ 3''0

$d H' = - 0ᵗ5671$ $-$ 5''2

90° 54' 19''0

pour la différence de niveau et la réfraction.

La Rogière, montagne (au pied du signal de).

10   997⁸39125   99⁸739125 $= 89° 45' 54''8$ (dans le ciel.)

M. et A. 20 thermidor, à 11ʰ 20'. Vapeurs. Le sommet de la montagne est mal terminé.

La même.

1°   997ᵍ430   995ᵍ430   = 89° 46′ 7″3

A préférer pour la réduction à l'horizon. M. et A. 25 thermidor, à 3ʰ.
Thermomètre, 20ᵈ. Soleil; calme; atmosphère très-pure; sommet bien tranché.

Demi-épaissur du fil . . . . .   + 3″0

$dH' = 0ᵍ567$ . . .   — 3″2

                          89° 46′ 7″1

pour la différence de niveau et la réfraction.

A N G L E S.

Entre le signal de la Gaste et la tour de Rodez.

24 1066ᵍ9675 44ᵍ4569792 = 40° 0′ 40″61

M. 20 thermidor, vers 6ʰ du matin. Soleil; un peu de vapeurs pour la
Gaste; Rodez dans l'ombre et dans la direction du soleil. On visoit à la
tête de la statue, qui se distinguoit bien.

16 71ᵍ3285 44ᵍ4580 3125 = 40° 0′ 44″02

M. 6ʰ du soir. Objets très-nets; bien éclairés du soleil jusqu'à la seizième
observation, après quoi ils se sont embrumés, et l'on n'a pas pu continuer.

24 1066ᵍ99425 44ᵍ4580 9375 = 40° 0′ 44″22

M. Le 23, à 6ʰ ½ du matin. Calme; soleil foible; la statue de Rodez bien
visible; la Gaste dans l'ombre et assez net.

Les 64 2845ᵍ29025 44ᵍ4576601 56 = 40° 0′ 42″82

Correction pour l'excentricité . .   — 0″04

$r = 3ᵗ8854$ $x = 293° 39′3$. Réduction

au centre . . . .   + 33″78

Angle au centre . . . . . .   40° 1′ 16″56

Réduction à l'horizon . . . .   — 4″71

Angle à l'horizon . . . . .   40° 1′ 11″85

Nota. Même angle par Cassini et Lacaille 40° 1′ 10″ (*Méridienne
vérifiée*, p. xliv.)

Entre les signaux de Puy-Saint-Georges et de la Gaste.

32 185151125   57g84726525 = 52° 3′ 45″141

M. 20 thermidor, 7ʰ du matin. Signaux dans l'ombre, mais un peu difficiles à voir, et il y a des vapeurs.

24 1388533075   57g847114583 = 52° 3′ 44″65 ×

M. 21 thermidor, 6ʰ du soir. Signaux parfaitement distincts. Celui de
Puy-Saint-Georges éclairé en face, et celui de la Gaste sur les deux côtés
tournés vers l'observateur.

16 925856625   57g847890625 = 52° 3′ 47″17

M. 24, à 7ʰ du matin. Signaux très-diffus, et ils le sont devenus tellement
qu'on a été obligé de discontinuer. On a rejeté cette dernière série, et on
a pris le milieu arithmétique des deux premières.

$$
\begin{array}{ll}
\text{Donc moyen} \dots\dots\dots & 52° \ 3′ \ 44″896 \\
\text{Excentricité} \dots\dots\dots & +\ 0″014 \\
r = 3{,}8854 \quad y = 333° \ 40′ & +\ 37″839 \\
\hline
\text{Centre} \dots\dots\dots\dots & 52° \ 4′ \ 22″749 \\
& -\ 11″555 \\
\hline
\text{Horizon} \dots\dots\dots\dots & 52° \ 4′ \ 11″194
\end{array}
$$

Entre le signal de Puy-Saint-Georges et Rodez.

20 2045859415   1028297075 = 92° 4′ 2″52

M. 28 thermidor, 6ʰ du soir. Objets très-apparens

$$
\begin{array}{ll}
\text{Excentricité} \dots\dots\dots & -\ 0″03 \\
r = 3{,}8854 \quad y = 293° \ 39′3 & +\ 1′ \ 11″61 \\
\text{Centre} \dots\dots\dots\dots & 92° \ 5′ \ 14″10 \\
& +\ 12″40 \\
\hline
\text{Horizon} \dots\dots\dots\dots & 92° \ 5′ \ 26″50 \\
\text{Somme des deux angles partiels précédens} & 92° \ 5′ \ 23″05 \\
\hline
\text{Différence} \dots\dots\dots\dots & 3″45
\end{array}
$$

La commission n'a pas jugé à propos d'avoir égard à cet angle total, à
cause du petit nombre d'observations, en comparaison de celles pour chacun
des deux angles partiels.

Entre Albi et le signal de la Gaste.

12   89857310   74889425 = 67° 24' 17"37

M. 24 thermidor, 6^h après midi. Soleil. Les objets sont bien éclairés ; mais il est si rare de voir Albi qu'on n'a pu faire que ces 12 observations.

Excentricité	— 0"01
r = 3,8854 y = 333° 40'0	+ 41"42
Centre	67° 24' 58"78
	— 13"26
Horizon	67° 24' 45"52

Entre les signaux de la Gaste et de la Rogière.

12   74780710   62825591,66 = 56° 1' 49"17

M. 25 thermidor, 4^h ¼. On voit passablement bien le signal de la Rogière ; celui de la Gaste est très-distinct.

Excentricité	— 0"05
r = 3,8854 y = 227° 38'2	+ 3"72
Centre	56° 1' 52"84
	— 0"45
Horizon	56° 1' 52"39

Entre les signaux de Montrédon et de la Gaste.

20   116841475   58832073,75 = 52° 29' 19"19

M. 25 thermidor, 5^h ½ après midi. Temps calme et très-serein. Les deux signaux bien éclairés jusqu'à la douzième observation ; après quoi, celui de Montrédon a disparu dans l'ombre du château.

Excentricité	— 0"04
r = 3,8854 y = 333° 40'	+ 28"53
Centre	52° 29' 47"68
	— 6"59
Horizon	52° 29' 41"09

On ne fait pas usage de cet angle. On avoit tenté de l'observer pour former un grand triangle, lequel, joint à celui de la Gaste, Montrédon et Montalet, auroient pu dispenser des stations intermédiaires Puy-Saint-Georges et Puy-Cambatjou; mais le signal de Montalet ayant été abattu pendant qu'on étoit à la Gaste, tous les angles des deux grands triangles n'ont pu être mesurés. D'ailleurs la disposition du temps et la grande distance d'ici à Montrédon n'ont permis de faire que la seule série qu'on vient de rapporter; on n'a même pas pu observer la distance de Montrédon au zénith : on l'a calculée, et on l'a supposée 90° 26′ 54″.

Rieupeyroux.

TOUR DE RODEZ.

Rodez.

L X X I bis.

LES vides qui se trouvent dans les ornemens dont la balustrade qui termine la tour est décorée, m'ont donné la facilité de voir, de dessus la plate-forme, les objets que j'avois à observer. J'ai marqué sur la dernière pierre du noyau de l'escalier dans la tourelle, le pied de la verticale abaissée du milieu de la tête de la statue qui surmonte la tourelle, et qui a servi de point de mire aux autres stations correspondantes. Ce point a été déterminé avec précision au moyen de plusieurs fils à plomb. J'y avois établi verticalement une grande règle de bois; en sorte que l'une de ses arêtes représentoit l'axe de la station. C'est à cette arête que l'on a visé pour prendre l'angle qui sert à calculer la réduction des angles au centre, et c'est de là qu'on a mesuré la distance horizontale au centre du cercle, désignée par la lettre r.

Lorsque le cercle étoit disposé pour observer les

distances au zénith, la lunette étoit, au-dessous du niveau de la tête de la statue, de 5^t4255 = dH.

En l'an 8, le citoyen Tedenat, professeur de mathématiques à l'école centrale de l'Aveyron, et associé de l'Institut national, a déterminé la hauteur de la tête de la statue, au-dessus du niveau du pavé de l'église, de 43^t50 : c'est 6^t534 de plus que la hauteur de la tour méridionale de Notre-Dame de Paris, aussi au-dessus du pavé de l'église, et seulement 0^t145 de moins que celle du sommet du dôme du Panthéon. Le citoyen Tedenat avoit mesuré une base sur la place qui est au-devant de l'église ; et il a observé les angles avec un cercle de 6 pouces de diamètre que je lui ai fait construire, et avec lequel il exerce ses élèves.

DISTANCES AU ZÉNITH.

Rieupeyroux (l'épi du toit du clocher de la chapelle de).

    10   998^g53575   998^g853575   = 89° 52' 5"58   (dans le ciel.)

M. et A. 2 thermidor, à 11^h. L'objet est bien visible.

La même.

    10   998^g4765   99^g847650   = 89° 51' 46"39

M. et A. 2 thermidor, une demi-heure avant le coucher du soleil. Vent d'est violent. Thermomètre, 16^d. L'objet est dans l'ombre et très-distinct.

La même.

    8   798^g7820   99^g847750   = 89° 51' 46"71

M. et A. 4 thermidor, une demi-heure avant le coucher du soleil. Thermomètre, 9^d. Objet ombré et très-net.

La même.

10   998$5550   99$85550   = 89° 52′ 11″82

M. et A. 11 thermidor, à midi ¼. Soleil; un peu de vapeurs. Thermomètre, 16ᵈ.

Moyenne des 4 séries . . . . .   89° 51′ 57″62

Je préfère la moyenne des 2 séries observées
vers midi . . . .   89° 51′ 46″55

pour la réduction à l'horizon.

Pour le fil . . . .   0″00

$d\,H' = $ 11ᵗ38₇15   + 2′ 45″53
─────────────
89° 54′ 32″08

pour la différence de niveau et la réfraction.

Nota. Je prends le sommet de la tête de la statue pour terme de la tour
de Rodez.

Signal de la Gaste.

10   995$10625   99$510625 = 89° 33′ 34″43

M. et A. 1 thermidor, à 10ʰ ¼. Calme; temps très-serein. On voit bien
le signal.

La même.

10   995$0680   99$50680   = 89° 33′ 22″03

M. et A. 4 thermidor, à 6ʰ ¼ du soir. Thermomètre, 10ᵈ5. Signal éclairé;
un peu de vapeurs.

La même.

10   995$11425   99$511425 = 89° 33′ 37″02

M. et A. 5 thermidor, à 6ʰ ½ du soir. Thermomètre, 14ᵈ7. Objet très-
distinct.

Moyenne . . . .   89° 33′ 31″16

pour la réduction à l'horizon.

Demi-épaisseur du fil . . . . .   + 0′ 3″00

$d\,H' = $ 7ᵗ7587   + 2′ 5″37
─────────────
89° 35′ 39″5

pour la différence de niveau et la réfraction.

La Rogière (*au pied du signal de*).

10   991ᵍ47725   99ᵍ147725   = 89° 13' 58"63 (dans le ciel.)

M. et A. 9 thermidor, à 6ʰ ¼ du soir. Thermomètre, 9ᵈo. Soleil; le sommet de la montagne est bien tranché.

La même.

10   991ᵍ47250   99ᵍ147250   = 89° 13' 57"09

M. et A. 11 thermidor, à 11ʰ. Thermomètre, 16ᵈo. Un peu de vapeurs.

Moyenne. . . . .   89° 13' 57"86

pour la réduction à l'horizon.

Demi-épaisseur du fil . . . . .   + 3"00
$dH' = 5^t 42535$ + 47"95
                          _____
                          89° 14' 48"81

pour la différence de niveau et la réfraction.

Signal du Montsalvy.

12   1199ᵍ61475   99ᵍ96789583   = 89° 58' 15"98 (dans le ciel.)

M. 2 thermidor, à 6ʰ du soir. Thermomètre, 18ᵈo. Vent d'est assez fort; signal noir : on le voit très-nettement.

La même.

12   1199ᵍ85990   99ᵍ9665833   = 89° 58' 11"73

M. et A. 8 thermidor, à 5ʰ 30'. Beau temps; signal éclairé d'un côté : on le voit bien.

Moyenne . . . .   89° 58' 13"86
Demi-épaisseur du fil . . . . .   + 0' 3"00
$dH' = 8^t 92535$ + 1' 28"00
                          _____
                          89° 59' 44"86

pour la différence de niveau et la réfraction.

Plomb du Cantal.

12   1193^{s}0495   99^{s}4207917 = 89° 28' 43"4 (dans le ciel.)

M. 2 thermidor, à 6^h ½ du soir. Thermomètre, 17^{d}o. Vent d'est fort ; sommet bien tranché ; point d'ondulations.

Demi-épaisseur du fil	+ 3"o
$dH' = 5^t42535$	+ 27"2

89° 29' 13"6

pour la différence de niveau et la réfraction.

Puy-Violan (sommet occidental le plus haut du)

10   997^{s}1815   99^{s}71815 = 89° 44' 46"8 (dans le ciel.)

M. et A. 10 thermidor, à 6^h ¼ du soir. On vise au pied du signal, qui est bien visible.

Demi-épaisseur du fil	+ 3"o
$dH' = 5^t42535$	+ 25"2

89° 45' 15"o

pour la différence de niveau et la réfraction.

ANGLES.

Entre le clocher de Saint-Jean de Rieupeyroux et le signal de la Gaste.

24   2516^{s}05025   104^{s}8354270833 = 94° 21' 6"78

M. 2 thermidor, à 10^h. Temps serein ; la Gaste noir ; le clocher de Rieupeyroux a l'une de ses faces éclairée ; on pointe alternativement à l'un et l'autre des deux angles opposés et les plus saillans.

30   3145^{s}06275   104^{s}8354250   = 94° 21' 6"78 ×

M. 4 thermidor, à 4^h ½ du soir. On voit bien les objets. Rieupeyroux noir ; la Gaste quelquefois éclairé d'un côté, et quelquefois noir.

24   2516^{s}0470   104^{s}835291667   = 94° 21' 6"35

M. 5 thermidor, à 6^h du soir. Les objets sont très-distincts. Rieupeyroux paroît noir ; le signal de la Gaste présente une face éclairée, mais on vise au milieu de la base supérieure. Rieupeyroux n'a jamais été bien visible que vers la fin de l'après-midi.

Moyen arithmétique	94° 21' 6"64	
Excentricité	— 0"01	
$r = 2^t 06343$ $y = 223° 37'4$	+ 2"92	
Centre	94° 21' 9"55	
	+ 4"22	
Horizon	94° 21' 13"77	

Nota. Même angle . . . . 94° 21' 24"00   (*Méridienne vérifiée*, p. xlij.)

Entre les signaux de la Gaste et de la Rogière.

12   1483595225   1236626875 = 111° 17' 47"11

M.   9 thermidor, à 6ʰ. du soir.

Excentricité	+ 0"08	
$r = 1^t 84537$ $\ddot{y} = 272° 23'9$	+ 28"29	
Centre	111° 18' 15"48	
	+ 32"44	
Horizon	111° 18' 47"92	

Le citoyen Bonaterre, professeur d'histoire naturelle à l'école centrale de l'Aveyron, qui a parcouru toutes les montagnes d'Aubrac dans le département de la Lozère, présume que le sommet nommé *la Rogière* est le point le plus élevé de cette chaîne. C'est à la demande de ce savant, et sur l'invitation de l'administration départementale de l'Aveyron, que j'ai lié ce sommet aux triangles de la méridienne. L'administration envoya y placer un signal pendant que j'étois à Rodez; mais comme il étoit un peu foible pour être aisément aperçu de Rieupeyroux et de la Gaste, les citoyens Bonaterre et Tedenat, qui alloient passer les vacances à Saint-Geniès, se rendirent à la montagne, qui n'en est pas bien éloignée, et ils y firent ériger un nouveau signal beaucoup plus grand que le premier, et qui fut très-visible de Rieupeyroux et de la Gaste : la Rogière et ces deux points forment un triangle plus avantageux que celui appuyé sur Rodez et la Gaste.

SIGNAL DE LA GASTE.

LXXII.

CE signal a été élevé dans la partie la plus haute du sommet de la montagne, et presque à l'extrémité nord. On a tâché de le placer au même endroit que celui de 1739, dont la position avoit été retrouvée et marquée par le citoyen Deslongschamps, ci-devant ingénieur-géographe employé à la grande carte de France, et actuellement propriétaire d'une métairie dite le *Vittarel*, qui est située sur le revers de la montagne du côté du midi, au-dessus du village de Durenque.

Notre signal étoit une pyramide quadrangulaire tronquée, semblable à celles que le citoyen Delambre a employées et décrites à plusieurs des stations précédentes. La hauteur de celle-ci au-dessus du sol étoit de 2^{t}333, la base inférieure avoit 1^{t}o56 de côté, et la base supérieure o^{t}333. Les quatre faces étoient garnies de planches depuis le haut jusqu'à une toise du sol.

Au centre de la base supérieure on avoit fixé un petit crochet à vis, auquel on suspendoit un fil-aplomb qui représentoit l'axe du signal ; et lorsqu'on disposoit le cercle pour prendre les angles entre les objets, on faisoit convenir son centre très-exactement sous la pointe du plomb, ou bien sous l'intersection de deux ficelles attachées aux arêtiers, laquelle intersection se trouvoit également dans l'axe du signal.

Quand on établissoit une pyramide ou un signal de cette forme, on enfonçoit dans le terrain, et vers le milieu de la base, un gros piquet de bois dur, et, sur la tête de ce piquet, au point où répondoit la pointe de l'aplomb on frappoit une cheville de fer qui marquoit le centre de la station. Cela servoit aussi à examiner de temps en temps si l'action du vent sur le corps du signal, ou quelqu'autre accident, ne le dérangeoit point. Les mêmes précautions ont été prises pour tous les signaux semblables. D'ailleurs, afin de leur donner toute la stabilité possible, les quatre arêtiers de la pyramide étoient enfoncés de plusieurs pieds en terre, et fermement callés avec des pierres et de la terre battue. Chaque arêtier étoit encore consolidé par des étaies inclinées, assemblées par un bout près de la partie supérieure du signal; et dont l'autre bout étoit enfoncé dans le terrain et entouré de grosses pierres.

Le premier signal que j'avois fait élever ici, l'été précédent, étoit beaucoup plus grand que celui dont je viens de donner les dimensions; mais comme des malveillans l'avoient coupé à quatre pieds de terre, il a fallu se servir pour le nouveau des bois qui restoient de l'autre. Tous les signaux érigés aussi dans le cours de l'été précédent, depuis la Montagne-Noire jusqu'ici, ont été pareillement abattus ou incendiés, même plusieurs fois de suite, et je ne pus parvenir cette fois-ci à conserver les nouveaux que par l'effet des proclamations que les administrations départementales firent publier et afficher dans les villages et métairies des environs;

on fut même obligé d'en faire garder plusieurs par la
force armée. Ces obstacles et quelques autres ont beaucoup retardé la mesure des triangles entre Carcassonne et
Rodez.

La Gaste.

DISTANCES AU ZÉNIT.

$$dH = 1^t 6667.$$

Rodez (*sommet de la tête de la statue sur la tour de*).

10   1006568575   1008668575 = 90° 36' 6″18   (en terre.)

M. et A.   2 fructidor, à 4ʰ 40' après midi. Thermomètre, 17ᵈ5. Objet bien
visible.

La même.

10   1006568575   1008668575 = 90° 36' 6″18

M. et A.   3 fructidor, à 11ʰ. Therm. 21ᵈ5. Objet légèrement embrumé.

Moyenne . . . .   90° 36' 6″18
pour la réduction à l'horizon.

Demi-épaisseur du fil . . . . .   + 3″00
              $dH' = - 0^t 6667$ — 10″77
                                    ─────────────
                                    90° 35' 58″41
pour la différence de niveau et la réfraction.

Rieupeyroux (*l'épi du toit du clocher de la chapelle de*).

10   1003853570   1008353570 = 90° 19' 5″99   (dans le ciel.)

M. et A.   2 fructidor, à 5ʰ ¼ après midi. Therm. 17ᵈ. Objet bien distinct.

La même.

10   1003853570   1008353570 = 90° 19' 5″99

M. et A.   4 fructidor, à 4ʰ du soir. Thermomètre, 21ᵈ. Soleil; vent d'est
très-fort; objet très-apparent.

Moyenne. . . . .   90° 19′ 5″99

pour la réduction à l'horizon.

Demi-épaisseur du fil . . . . .   + 3″00

$dH' = 5^t 29514$ + 55″18

—————————

90° 20′ 4″17

pour la réfraction et la différence de niveau.

Signal de Puy Saint-Georges.

10 1009⁸61975 1008⁸961975 = 90° 51′ 56″8 (dans le ciel.)

M. et A. 2 fructidor, à 5ʰ 35′ soir. Therm. 16ᵈ. Soleil foible ; le sommet du signal est bien terminé.

La même.

8   807⁸70575 1008⁸96321875 = 90° 52′ 0″83

M. et A. 4 fructidor, à 10ʰ ½. Therm. 19ᵈ. Vent d'est très-fort, mais on est abrité ; signal un peu embrumé.

Moyenne . . . .   90° 51′ 58″81

pour la réduction à l'horizon.

Demi-épaisseur du fil . . . . .   + 3″00

$dH' = 2^t 3889$ + 29″86

—————————

90° 52′ 31″67

pour la réfraction et la différence de niveau.

Albi (tourelle sur la tour de la cathédrale d')

10   1011⁸4810 1018⁸14810 = 91° 1′ 59″84 (en terre)

M. et A. 5 fructidor, à 9ʰ 20′. Therm. 18ᵈ3. Soleil ; objet très-diffus ; on ne fait que soupçonner la tourelle.

La même.

10   1011⁸3860 1018⁸13860 = 91° 1 29″06, à préférer.

M. et A. 8 fructidor, à 8ʰ du matin. Therm. 12ᵈ. La tour est éclairée du soleil et se voit bien.

Demi-épaisseur du fil . . . . .   + 3″00

$dH' = - 0^t 6667$ — 5″84

—————————

91° 1′ 26″22

pour la réfraction et la différence de niveau.

Signal de Montrédon.

8   805827925   100°659906 = 90° 35′ 38″1   (en terre.)

M. et A. 2 fructidor, à 6ʰ 8′ du soir. Therm. 15ᵈ5. Signal embrumé, difficile à voir.

La même.

10   100°66160   100°66160 = 90° 35′ 43″58

M. et A. 8 fructidor, à 5ʰ 10′ du soir. Signal dans l'ombre très-net ; mais fort petit, à cause de l'éloignement.

Moyenne . . . .   90° 35′ 40″84
Demi-épaisseur du fil . . . . .   + 3″00
$dH' = 2^t5486$ + 19″87
                                    ―――――――
                                    90° 36′ 3″71

pour la réfraction et la différence de niveau.

Signal du Puy-Cambatjou.

10   1003°83750   100°383750 = 90° 20′ 43″35 (en terre.)

M. et A. 2 fructidor, à 6ʰ ½ du soir. Therm. 15ᵈ. Signal très-visible ; éclairé en face.

La même.

10   1003°38355   100°383550 = 90° 20′ 42″70

M. et A. 7 fructidor, à 7ʰ ¼ du matin. Therm. 13ᵈ. Objet passable et éclairé du soleil.

Moyenne . . . .   90° 20′ 43″02
pour la réduction à l'horizon.

Demi-épaisseur du fil . . . . .   + 3″00
$dH' = 2^t6111$ + 34″57
                                    ―――――――
                                    90° 21′ 20″59

pour la réfraction et la différence de niveau.

Signal de Montalet.

10   997ᵍ89525   998ᵍ89525 = 89° 48' 38"06 (dans le ciel.)

M. et A. 3 fructidor, à 7ʰ ½ du matin. Therm. 15ᵈ5. Temps couvert; signal dans l'ombre.

Demi-épaisseur du fil . . . . . $+$ 3"00
$dH' = $ 2ᵗ500 $+$ 19"86

─────────────
89° 49' 0"92

pour la réfraction et la différence de niveau.

Nota. Dans la nuit du 3 au 4, ce signal a été détruit pour la troisième fois, et l'on n'a pu répéter ici l'observation de sa distance au zénit, ni prendre l'angle avec Montrédon, comme on se le proposoit.

La Rogière (au pied du signal de).

10   997ᵍ06925   998ᵍ06925 = 89° 44' 10"43 (dans le ciel.)

M. et A. 3 fructidor, à 9ʰ 25' du matin. Therm. 18ᵈ. Soleil; la montagne est un peu embrumée.

La même.

10   997ᵍ0460   998ᵍ70460 = 89° 44' 2"9, à préférer, et pour la réduction à l'horizon. M. et A. 5 fructidor, à 10ʰ ¼. Therm. 18ᵈ7. Soleil; vent d'est; sommet assez bien terminé, et beaucoup mieux que le 3.

Demi-épaisseur du fil . . . . . $+$ 3"0
$dH' = $ — 0ᵗ6667   — 4"5

─────────────
89° 44' 1"4

pour la réfraction et la différence de niveau.

ANGLES observés au centre.

Entre Rodez et Rieupeyroux.

24   1216ᵍ72775   506ᵍ969896 = 45° 37' 38"25

M. 3 fructidor, vers 6ʰ du soir. Les objets sont dans l'ombre; Rodez bien distinct; Rieupeyroux un peu embrumé.

24   1216871450   5086964375 = 45° 37′ 36″46 ×

M. 4 fructidor, à 6ʰ ½ du matin. Soleil; Rieupeyroux éclairé en face; Rodez l'est de côté, et un peu embrumé; on voit cependant la statue.

24   1216870575   5086960729 = 45° 37′ 35″27

M. 6 fructidor, vers 5ʰ ¾ du soir. Soleil; les deux objets noirs. Rodez et Rieupeyroux se voient bien nettement.

Moyenne des deux dernières séries	45° 37′ 35″86
Excentricité	+ 0″06
	+ 2″60
Horizon	45° 37′ 38″52

Nota. Même angle . . . . 45° 37′ 36″00 (*Méridienne vérifiée*, p. xliv.)

Entre Rieupeyroux et le Puy Saint-Georges.

24   1515836050   6381400208₃ = 56° 49′ 33″668 ×

M. 4 fructidor, à 8ʰ du matin. Soleil; Rieupeyroux en face, mais embrumé; Saint-Georges éclairé de côté, et très-distinct.

24   1515836825   6381403437₅ = 56° 49′ 34″714 ×

M. 4 fructidor, à 5ʰ ¼ du soir. Les objets sont dans l'ombre, et assez visibles.

18   1136853850   6381410277₈ = 56° 49′ 36″93

M. 5 fructidor, de 4 à cinq heures du soir. Soleil; les objets présentent les côtés ombrés, et sont très-nets. Après la 18ᵉ observation Rieupeyroux s'est embrumé.

24   1515838₁0   6381408750 = 56° 49′ 36″435

M. 8 fructidor, à 4ʰ ½ après midi. Beau temps; objets bien terminés; vent nord-ouest assez fort, qui agite un peu le cercle.

Les 90 5682864825 6381405361₁ =	56° 49′ 35″34
Excentricité	— 0″02
	+ 3″21
Horizon	56° 49′ 38″53

Entre les signaux de Puy Saint-Georges et de Puy-Cambatjou.

22 - 1303^g07325 59^g23060227 = 53° 18′ 27″151

M. 5 fructidor, de 6 à 7ʰ 40′ du matin. Les signaux sont éclairés du soleil, mais un peu embrumés. Celui de Cambatjou est encore plus mal terminé que le premier ; il est devenu invisible après la 22ᵉ observation. Le grand vent a aussi rendu les observations longues et difficiles.

24 - 142185490 59^g23120833 = 53° 18′ 29″115

M. 7 fructidor, de 5ʰ ¼ à 6ʰ ½ du soir. Temps très-favorable ; les signaux sont éclairés du soleil et se voient parfaitement.

24 142185^g3375 59^g23057292 = 53° 18′ 27″056

M. 8 fructidor, de 5ʰ ½ à 7ʰ ¼ du matin. Soleil ; Puy Saint-Georges éclairé de côté, mais bien visible en entier ; Cambatjou éclairé sur la face tournée vers l'observateur.

Ajoutant la seconde série à la demi-somme de la première et de la troisième, et divisant par deux, on a eu pour l'angle adopté. . . . . 53° 18′ 28″109

Excentricité . . . . — 0″008

+ 3″074

Horizon . . . . 53° 18′ 31″18

Entre les signaux de Rieupeyroux et de Montrédon.

24 243285^g0350 101^g83459792 = 91° 12′ 40″973

M. 8 fructidor, vers 10ʰ ¼ du matin. Rieupeyroux éclairé ; Montrédon dans l'ombre, et difficile à voir,

Excentricité . . . . + 0″028

+ 12″200

Horizon . . . . 91° 12′ 53″20

On n'a pas fait usage de cet angle, par les raisons rapportées page 299.

Entre Rieupeyroux et Albi.

20 1370844225 6885221125 = 61° 40' 11"645 ,

M. 5 fructidor, vers 8ʰ ¼. On vise à la tourelle de la tour d'Albi. Cet objet est un peu embrumé.

Excentricité . . . .   + 0"016
                                     + 3"783

Horizon . . . .   61° 40' 15"44

Entre le signal de la Rogière et Rieupeyroux.

12 121781625 101843020833 = 91° 17' 13"874

M. 7 fructidor, vers 7ʰ ¼ du matin, Soleil ; on voit bien le signal de la Rogière, et Rieupeyroux est très-apparent.

Excentricité . . . .   — 0"037
                                     — 5"197

Horizon . . . .   91° 17' 8"64

Nota. Au moyen de quelques opérations secondaires dont les résultats doivent être assez exacts, on a trouvé qu'un petit tertre contre lequel la métairie du *Vittarel* est adossée, et qui la domine très-peu, est éloigné du centre du signal de 549 toises, et qu'il est au-dessous du niveau du sol de la Gaste de 25ᵗ7 ; d'où l'on a conclu la hauteur de ce tertre sur le niveau de la mer de 445 toises environ.

PUY SAINT-GEORGES.

LXXIII.

J'AI pris cette station et la suivante au Puy-Cambatjou, pour former quatre triangles au lieu de deux entre Rieupeyroux, la Gaste, Montrédon et Montalet, parce que les distances des deux derniers lieux aux deux

1.   40

premiers étoient trop grandes. Le sommet du Puy Saint-Georges est divisé en deux buttes assez remarquables; elles gissent à peu près nord et sud. C'est sur celle du sud que se trouve une ancienne chapelle qui avoit été dédiée à saint Georges, d'où la montagne a pris son nom. La chapelle est surmontée d'une petite campanille, que Cassini et Lacaille avoient prise pour point de mire de leurs stations de Rieupeyroux et de la Gaste; mais de Montrédon ils avoient été obligés de viser au coin oriental de la chapelle, parce que la campanille n'y étoit point visible. En effet, nous avons reconnu qu'elle étoit trop petite et trop courte pour présenter un point de mire assez précis des autres stations correspondantes; qu'il seroit fort difficile, et même dispendieux de s'y établir pour observer, à cause que les murs voisins sont en ruines : d'après ces considérations, on a fait élever un signal sur la butte nord, qui est même plus haute que l'autre.

Ce signal, de même forme que celui de la Gaste, a été placé à 149^{t}5 du milieu de la Campanille. Sa hauteur au-dessus du piquet qui marquoit le pied de l'axe de la pyramide, ou le centre de la station, étoit de 3^{t}1111; la base inférieure avoit une toise de côté, et la supérieure 0^{t}3333. L'une des diagonales étoit dans la direction du Puy-Cambatjou.

DISTANCES AU ZÉNIT.

$$dH = 2^t 4167.$$

Rieupeyroux (l'épi du toit du clocher de la chapelle de).

10   99s57740   99s57740 = 89° 37' 10"78 (dans le ciel.)

M. et A.   12 fructidor, à 3ʰ. Therm. 23ᵈ. Soleil ; objet bien éclairé, mais un peu tremblant par l'effet des vapeurs.

La même.

10   999s57335   99s57335 = 89° 36' 57"654

M. et A.   12 fructidor, à 6ʰ du soir, Therm. 19ᵈ7. Vent sud-ouest ; très-beau temps ; objet parfaitement terminé.

Moyenne . . . .   89° 37'   4"22

pour la réduction à l'horizon.

Demi-épaisseur du fil . . . .   0"00

$dH' = 5^t 3229$ + 1' 2"70

                                   89° 38' 6"9

pour la différence de niveau et la réfraction.

Signal de la Gaste.

10   992s9995   99s29995 = 89° 22' 11"84

M. et A.   12 fructidor, à 4ʰ ½ après midi. Therm. 22ᵈ. Très-beau temps, mais il y a un peu de vapeurs.

La même.

10   992s97875   99s297875 = 89° 22' 5"12

M. et A.   14 fructidor, à 6ʰ 5'. Therm. 19ᵈ. Soleil ; on distingue bien le signal.

Moyenne . . . .   89° 22'   8"48

pour la réduction à l'horizon.

Demi-épaisseur du fil . . . . .   + 3"00

$dH' = 1^t 6944$ + 21"18

                                   89° 22' 32"7

pour la différence de niveau et la réfraction.

Signal du Puy-Cambatjou.

10   994ᵍ42375   99ᵍ442375 = 89° 29′ 53″30
pour la réduction à l'horizon.

Demi-épaisseur du fil . . . . .   + 3″00
$dH' = 2^t6389$ + 37″08

89° 30′ 33″38

pour la différence de niveau et la réfraction.

Signal de Montrédon.

10   1000ᵍ01225   100ᵍ001225 = 90° 0′ 0″37
pour la réduction à l'horizon. M. et A. 12 fructidor, à 5ʰ ¼ du soir.
Therm. 20ᵈ. Objet très-net.

Demi-épaisseur du fil . . . . .   + 3″00
$dH' = 2^t5764$ + 33″38

90° 0′ 36″7

pour la différence de niveau et la réfraction.

Albi (tourelle sur la tour de la cathédrale d')

10   1012ᵍ3230   101ᵍ23230 = 91° 6′ 32″65
pour la réduction à l'horizon.

Demi-épaisseur du fil . . . . . .   + 3″00
$dH' = - 0^t6389$ — 18″21

91° 6′ 17″4

pour différence de niveau et la réfraction.

ANGLES observés au centre.

Entre le signal de la Gaste et Rieupeyroux.

24   1896ᵍ0260   79ᵍ0010833 = 71° 6′ 3″510 ×
M. 13 fructidor, à 7ʰ ¼ du matin. -Beau temps, calme; la Gaste éclairée
de côté, et un peu de vapeurs; Rieupeyroux éclairé du côté de l'est, et
assez bien terminé.

24 1896ᵍ04225 79ᵍ0017604 = 71° 6′ 5″704 ×

M. 13 fructidor, à 4ʰ ¾ du soir. Très-beau temps ; objets bien visibles, ils sont éclairés de côté.

24 1896ᵍ00425 79ᵍ0001771 = 71° 6′ 0″574

M. 14 fructidor, à 8ʰ du matin. Beau temps ; la Gaste dans l'ombre et mal terminée ; Rieupeyroux éclairé du côté de l'est et diffus. On a rejeté cette série.

24 1896ᵍ05375 79ᵍ0022396 = 71° 6′ 7″256

M. 13 fructidor, 5ʰ ¼ après midi. Temps favorable ; les objets se voient très-nettement.

A la demi-somme des résultats de cette 4ᵉ série et de la 2ᵉ on a ajouté celui de la première série, et, divisant par deux, on a . . . . 71° 6′ 4″995

Excentricité . . . .   + 0″007

                                        + 10″160

Horizon . . . . 71° 6′ 15″16

Entre les signaux de Cambatjou et de la Gaste.

30 2002ᵍ1085 66ᵍ736950 = 60° 3′ 47″738 ×

M. 13 fructidor, de 5ʰ 20′ à 6ʰ 15′. Très-beau temps ; les signaux sont éclairés du soleil et se voient bien distinctement.

24 1601ᵍ66975 66ᵍ7362396 = 60° 3′ 45″416

M. 14 fructidor, vers 9ʰ du matin. Beau temps. Les faces des signaux tournées vers l'observateur sont dans l'ombre. Il y a des vapeurs dont l'effet est assez sensible.

24 1601ᵍ6725 66ᵍ73635417 = 60° 3′ 45″788

M. 15 fructidor, vers les 9ʰ du matin. Mêmes circonstances que pour la première série.

Les 78 5205ᵍ45075 66ᵍ7365481 = 60° 3′ 46″416

Excentricité . . . .   + 0″019

                                        + 11″201

Horizon . . . . 60° 3′ 57″64

Entre les signaux de Montrédon et de Cambatjou.

24   1325^s9470   55^s24779167 = 49° 23' 22^s845 x

M. 13 fructidor, entre 10 et 11^h. Beau temps ; vent très-foible. Signaux dans l'ombre et très-distincts, quoiqu'il y ait un peu de vapeurs.

24, 1325^s94425 . 55^s2476771 = 49° 23' 22"474

M. 15 fructidor, vers les 4^h après midi. Temps très-favorable. On voit très-distinctement les côtés des signaux éclairés du soleil et ceux qui sont dans l'ombre, et l'on vise au milieu.

Moyen arithmétique . . . . . 49° 23' 22"659
Excentricité . . . . — 0"014
                                    — 06"710

Horizon . . . . 49° 23' 15"94

Entre le signal de Montrédon et la tourelle sur la tour de la cathédrale d'Albi.

12   723^s67475   60^s3062292 = 54° 16' 32"185

M. 14 fructidor, à 5^h ½ du soir. Temps favorable ; on distingue parfaitement les objets.

Excentricité . . . . + 0"163
                                    — 27"790

Horizon . . . . 54° 16' 4"56

Nota. Si l'on veut réduire ces angles au centre de la campanille, ou comparer le premier et le dernier avec ceux de la *Méridienne vérifiée*, pages 234 et 236, qui se rapportent à ce centre, voici des élémens que j'ai déterminés avec assez de précision pour cela.

Entre le milieu de la campanille et Rieupeyroux, 168° 8' 10".

Distance du centre du signal au centre de la campanille, 149^t5402. Cette distance ne peut pas être en erreur de 0^t08.

Le sommet de la campanille est au-dessous du niveau du centre de la base du signal de 2^t2336.

PUY DE CAMBATJOU.

LXXIV.

Le Puy de Cambatjou est une éminence qui se trouve à l'extrémité nord de la montagne de *Montfranc*, et à demi-lieue environ du village de ce nom. Le signal a été établi vers le milieu du plateau de l'éminence, à trois cents pas au nord d'un amas de maisons qu'on nomme aussi *Cambatjou*. Ces maisons sont situées dans un petit fond par où passe le grand chemin de Montfranc à Albi.

Le signal étoit semblable à celui de Puy Saint-Georges. Hauteur, $3^t 2778$; côtés, à fleur de terre, $1^t 0556$; de la base supérieure, $6^t 3333$.

DISTANCES AU ZÉNIT.

$$dH = 2^t 6458.$$

Signal de la Gaste.

10. 998.5685   998.5685 = 89° 52′ 16″ 19 (dans le ciel.)
M. et A. Le 1er complémentaire, à $10^h \frac{1}{2}$. Therm. 16^d. Beau temps et calme; signal dans l'ombre. Il n'y a presque pas d'ondulations.

La même.

10. 998.45775   998.45775 = 89° 51′ 40″ 31
M. et A. 2e complémentaire, à $6^h 20^t$ du matin. Therm. 11^d. Temps favorable; calme; soleil. Objet parfaitement terminé; point d'ondulations.

Puy-Cambatjou.

Moyenne . . . . 89° 51' 58"25
pour la réduction à l'horizon.
Demi-épaisseur du fil . . . . . .   + 3"00
$$d\,H' = 1^t7014 \qquad\qquad + 22"53$$

89° 52' 23"78

pour la différence de niveau et la réfraction.

Signal de Puy Saint-Georges.

10   1007°77775   1005°777775 = 90° 41' 59"99 (en terre.)

M. et A. 1er complémentaire, à 9h ¼. Therm. 15d7. Beau temps. Le signal est éclairé du soleil ; mais il y a de fortes ondulations, occasionnées principalement par les vapeurs qui s'élèvent du sol de la montagne qui se prolonge dans la direction vers l'objet.

La même.

10   1007°60025   1005°760025 = 90° 41' 2"48

M. et A. 2e complémentaire, à 7h du matin. Therm. 12d7. Soleil ; calme. L'objet paroît très-bien ; il y a de légères ondulations.

Moyenne . . . . 90° 41' 31"24
Demi-épaisseur du fil . . . . . .   + 3"00
$$d\,H' = 2^t4236 \qquad\qquad + 34"68$$

90° 42' 8"92

pour la différence de niveau et la réfraction.

Signal de Montrédon.

10   1006°95475   1005°695475 = 90° 37' 33"34

M. et A. 1er complémentaire, à 9h. Therm. 15d. Calme ; signal éclairé ; il est un peu ondoyant.

La même.

10   1006°91175   1005°691175 = 90° 37' 19"41

M. et A. 1er complémentaire, à 5h 50' du soir. Therm. 15d. Soleil ; calme ; objet très-bien terminé. Cette distance paroîtroit devoir être préférée à la précédente et à la suivante.

La même.

10 .100688425   100868425 = 90° 36' 56"97

M. et A. 2 complémentaire, à 7ʰ ½ du matin. Therm. 14ᵈ5. Très-beau temps; soleil; signal très-apparent, mais il y a de légères ondulations.

Moyenne . . . . 90° 37' 16"57

pour la réduction à l'horizon.

Demi-épaisseur du fil . . . . .   + 3"00

$d\,H' = 2^t5833$ = + 41"55

_____

90° 38' 1"12

pour la différence de niveau et la réfraction.

Signal de Montalet.

10   98982860   98892860 = 89° 2' 8"66 (dans le ciel.)

M. et A. 1ᵉʳ complémentaire, à 8ʰ ½. Thermomètre, 14ᵈ7. Temps favorable. Le soleil est presque dans la direction du signal, et il y a de l'ondulation assez sensiblement.

La même.

8   79184340   98892925 = 89° 2' 10"77

M. et A. 1ᵉʳ complémentaire, à 6ʰ du soir. Thermomètre, 13ᵈ5. Soleil; très-beau temps; objet bien terminé.

Moyenne . . . . 89° 2' 9"71

pour la réduction à l'horizon.

Demi-épaisseur du fil . . . . .   + 3"00

$d\,H' = 2^t5208$ = + 40"57

_____

89° 2' 53"28

pour la différence de niveau et la réfraction.

Nota. J'ai remarqué à cette station, plus que par-tout ailleurs, de très-grandes variations dans la réfraction terrestre; cela provenoit sans doute de ce que les rayons visuels rasoient le sol dans une grande longueur. Le sommet de cette montagne, quoiqu'élevé au-dessus de la mer de plus de 400 toises, est presque une plaine; elle est assez étendue, et cultivée dans la plus grande partie.

ANGLES observés au centre.

Entre les signaux de la Gaste et de Puy Saint-Georges.

24   1776^g7925   74^g033020833 = 66° 37′ 46″988 ×

M. 2 complémentaire, de 8 à 9^h ¼. Très-beau temps; soleil; calme. Le signal de la Gaste paroît sombre; celui de Puy Saint-Georges est éclairé sur les deux faces qui sont visibles d'ici; il est un peu ondoyant.

20   1480^g6630   74^g033150 = 66° 37′ 47″406

M. 2 complémentaire, de 5 à 6^h après midi. Il y a quelques nuages; mais le temps est très-favorable. Les deux signaux sont toujours dans l'ombre, et on les voit très-bien.

Les 44   3257^g4555   74^g0330795 = 66° 37′ 47″177

Excentricité. . . . . = 0″011

= 13″095

Horizon . . . . 66° 37′ 34″07

Entre les signaux de Puy Saint-Georges et de Montrédon.

30   2375^g1075   79^g170250 = 71° 15′ 11″610 ×

M. 30 fructidor, vers 4^h ½. Soleil; très-beau temps; Saint-Georges éclairé du sud à l'ouest jusqu'à la 16e observation, et ensuite tout dans l'ombre. Montrédon toujours noir.

24   1900^g0805   79^g170020833 = 71° 15′ 10″861

M. 2 complémentaire, de 7 à 8^h du matin. Il y a quelques nuages; mais le temps est favorable. Montrédon tout dans l'ombre. Puy Saint-Georges présente une face éclairée; mais on distingue bien l'autre, et l'on vise au milieu de la base supérieure du signal.

Les 54   4275^g1880   79^g170014815 = 71° 15′ 11″280

Excentricité. . . . . = 0″018

+ 19″307

Horizon . . . . 71° 15′ 30″57

Entre les signaux de Montrédon et de Montalet.

24   2407.89270   100.33029166 = 90° 17′ 50″145 ×

M. 30 fructidor, de 5ʰ ¼ jusqu'au coucher du soleil. Circonstances favorables ; les signaux sont parfaitement distincts. Celui de Montrédon est dans l'ombre ; Montalet présente une face éclairée, mais on voit très-bien l'autre.

24   2407.89190   100.32995833 = 90° 17′ 49″065

M. 2 complémentaire, de 10ʰ ¼ à midi. Soleil ; on voit passablement bien les signaux, quoiqu'il y ait un peu d'ondulation. La face la plus inclinée de celui de Montalet est éclairée ; mais on distingue fort bien l'autre qui est dans l'ombre, et l'on vise au milieu de la base supérieure.

Moyen arithmétique	90° 17′ 49″605
Excentricité	— 0″000
	— 37″422
Horizon	90° 17′ 12″18

Entre les signaux de Montalet et de la Gaste, pour compléter le tour de l'horizon.

24   3515.814475   146.464364583 = 131° 49′ 4″541

M. 1ᵉʳ complémentaire, vers 3ʰ ½. Très-beau temps ; soleil ; la Gaste noire ; Montalet présente une face éclairée, l'autre est dans l'ombre, et l'on vise au milieu de la base supérieure.

Excentricité	+ 0″018
	+ 37″506
Horizon	131° 49′ 42″06
La Gaste et Puy Saint-Georges . . .	66° 37′ 34″07
Puy Saint-Georges et Montrédon . . .	71° 15′ 30″57
Montrédon et Montalet	90° 17′ 12″18
Somme	359° 59′ 58″88
Donc erreur sur le tour de l'horizon . .	— 1″12

Cette erreur est si légère que la commission spéciale n'a pas cru devoir en tenir compte pour les trois angles entre la Gaste et Montalet ; elle y a vu seulement une preuve qu'il ne s'étoit point glissé d'erreur sensible dans la mesure de ces angles.

MONTRÉDON.

LXXV.

MONTRÉDON est assez escarpé, ainsi que sa déno-
mination l'indique. Il est dans le nord-ouest du bourg
de *la Bessonié*, à mille toises environ de distance, et
à trois lieues au nord-nord-est de Castres. Il y a sur le
sommet de cette montagne un édifice qui en occupe
presque toute l'étendue ; c'est un ancien château-fort,
abandonné et en ruines depuis long-temps : il est de
forme quadrangulaire. Au milieu de la façade d'entrée
s'élève une tour carrée de 4^{t}8333 de côté. En 1740 on
avoit pris cette tour pour signal, et son centre pour
centre de la station. C'étoit un assez mauvais signal,
et dont les dimensions étoient trop considérables. Depuis ce temps-là deux pans de la tour et sa plate-forme
se sont écroulés, en sorte qu'il n'étoit même plus possible d'y établir un signal particulier. J'en ai donc fait
placer un sur une butte isolée qui se trouve en avant
de la tour. Ce signal étoit semblable aux précédens. Sa
hauteur au-dessus du piquet qui marque le centre de la
station, 3^{t}2156 ; la base avoit une toise de côté à fleur
du sol ; celle supérieure, 0^{t}3333.

Voici des élémens qui pourront servir pour réduire
nos angles au centre de la tour, si l'on veut les comparer à ceux de la *Méridienne vérifiée* qui sont rapportés à ce centre.

Distance du centre du signal
à celui de la tour 20ᵗ5138

Angle entre Puy Saint-
Georges et le centre de la tour, 72ᵍ5500 = 65° 15′

Angle entre le centre de la
tour et le signal de Nore . . . 121ᵍ9814 = 109° 47′

DISTANCES AU ZÉNIT.

$$d H = 2^{t}5764.$$

Signal de Puy Saint-Georges.

10   1002ᵍ42825   100ᵍ242825 = 90° 13′ 6″75 (en terre.)

M. et A. 23 fructidor, à 9ʰ ¼. Therm. 15ᵈ. Vent sud-est fort ; objet foiblement éclairé.

La même.

10   1002ᵍ41225   100ᵍ241225 = 90° 13′ 1″57

M. et A. 25 fructidor, à 5ʰ ¼ après midi. Therm. 14ᵈ5. Beau temps ; signal éclairé du soleil.

Moyenne. . . . . 90° 13′ 4″16
pour la réduction à l'horizon.

Demi-épaisseur du fil . . . . .   + 3″00
      $d H' = 2^{t}4167$ + 31″45

               90° 13′ 38″61

pour la différence de niveau et la réfraction.

Signal de Puy-Cambatjou.

10   994ᵍ95175   99ᵍ495175 = 89° 32′ 44″37

pour la réduction à l'horizon. M. et A. 23 fructidor, à 10ʰ ½ du matin. Therm. 16ᵈ. Vent sud-est fort ; signal dans l'ombre.

Demi-épaisseur du fil . . . . .   + 3″00
      $d H' = 2^{t}6389$ + 42″44

               89° 33′ 29″81

pour la différence de niveau et la réfraction.

Signal de Montalet.

10 988s99375   988s99375 = 89°. 0′ 33″98 (dans le ciel.)
pour la réduction à l'horizon. M. et A. 23 fructidor, à midi ¼. Therm.
17ᵈ. Grand vent qui agite un peu le niveau ; le signal ne se voit pas bien
clairement.

$$\begin{array}{ll}\text{Demi-épaisseur du fil} \dots & + 3''00 \\ d\,H' = 2^{t}5139 & = + 28''52 \\ \hline & 89°\ 1'\ 5''50\end{array}$$

pour la différence de niveau et la réfraction.

Signal de Saint-Pons.

10   994s4780   99s44780 = 89° 30′ 10″87 (dans le ciel.)
pour la réduction à l'horizon. M. et A. 23 fructidor, à 1ʰ ¼. Therm. 17ᵈ5.
Grand vent qui agite un peu le niveau ; objet passable.

$$\begin{array}{ll}\text{Demi-épaisseur du fil} \dots & + 3''00 \\ d\,H' = 2^{t}1979 & = + 21''44 \\ \hline & 89°\ 30'\ 35''31\end{array}$$

pour la différence de niveau et la réfraction.

Signal de Nore.

10 990s27825   99s027825 = 89° 7′ 30″15 (dans le ciel.)
M. et A. 24 fructidor, à 1ʰ. Therm. 18ᵈ5. Beau temps, calme ; signal
dans l'ombre, et passablement terminé.

La même.

8   792s18175   99s02271875 = 89° 7′ 13″61
M. et A. 24 fructidor, à 6ʰ après midi. Therm. 15ᵈ. Temps sombre ; on
voit bien l'objet ; il n'y a point de vapeurs.

$$\begin{array}{ll}\text{Moyenne} \dots & 89°\ 7'\ 21''88 \\ \text{pour la réduction à l'horizon.} \\ \text{Demi-épaisseur du fil} \dots & + 3''00 \\ d\,H' = 1^{t}8056 & = + 19''89 \\ \hline & 89°\ 7'\ 44''77\end{array}$$

pour la différence de niveau et la réfraction.

Castres (sommet de la flèche de la cathédrale de). Montrédon.

$$10 . 10158\,4965 \quad 10158\,549650 = 91° \; 23' \; 40''87 \text{ (en terre.)}$$

pour la réduction à l'horizon. M. et A. 23 fructidor, à 11ʰ ¼. Therm. 16ᵈ5. Vent sud-est fort; temps à demi-couvert.

Pour le fil . . . . $0''00$

$$dH' = - 0^t6389 \qquad \underline{\quad - 19''00\quad}$$

$$91° \; 23' \; 21''87$$

pour la différence de niveau et la réfraction.

Pic des Pyrénées. (On croyoit que c'étoit le pic du midi de Bigorre; mais on a reconnu depuis que c'est le sommet d'une montagne qui est beaucoup plus vers l'orient.)

$$8 \quad 796\,86975 \quad 99\,860871875 = 89° \; 38' \; 52''25 \text{ (dans le ciel.)}$$

M. et A. 23 fructidor, à midi. Therm. 17ᵈ. Vent sud-est assez fort; temps entre-couvert. Le pic n'est pas bien terminé.

La même.

$$10 \quad 996\,80880 \quad 99\,860880 = 89° \; 38' \; 52''51$$

M. et A. 24 fructidor. Therm. 18ᵈ5. Beau temps, calme; le pic est assez bien terminé.

Moyenne . . . . 89° 38' 52''38

pour la réduction à l'horizon.

Demi-épaisseur du fil . . . . . $+ 3''00$

$$dH' = - 0^t6389 \qquad = \underline{- \; 1''10 \text{ à peu près.}}$$

$$89° \; 38' \; 54''28$$

pour la différence de niveau et la réfraction.

Rieupeyroux (sommet du toit du clocher de la chapelle de). . . . . .

$$10 \quad 100083590 \quad 100803590 = 90° \; 1' \; 56''32 \text{ (dans le ciel.)}$$

pour la réduction à l'horizon. M. et A. 23 fructidor, à 3ʰ 40'. therm. 15ᵈ5.

Montrédon.

Vent sud-est très-fort; temps à demi-couvert; point d'ondulations, mais l'objet est foible à cause de son grand éloignement.

Pour le fil . . . . 0″00

$$dH' = 5^{\text{s}}3229 \qquad = + 32″84$$

$$90°\ 2'\ 29″16$$

pour la différence de niveau et la réfraction.

Signal de la Gaste.

10 997^{s}7160 99^{s}77160 = 89° 47′ 39″98 (dans le ciel.)

pour la réduction à l'horizon. M. et A. 23 fructidor, à 4^{h}. Therm. 15^{d}5. Même temps que pour Rieupeyroux. On voit le signal très-nettement; il est dans l'ombre et paroît fort petit à cause de l'éloignement.

Demi-épaisseur du fil . . . . . + 3″00

$$dH' = 1^{\text{s}}6944 \qquad = + 13″16$$

$$89°\ 47'\ 56″14$$

pour la différence de niveau et la réfraction.

ANGLES observés au centre.

Entre les signaux de Puy-Cambatjou et de Puy Saint-Georges.

24 1573^{s}9895 655582895833 = 59° 1′ 28″583

M. 22 fructidor, vers les 10^{h} ¾. Temps favorable; soleil. Cambatjou éclairé sur une face; mais on voit l'autre qui est obscure, et l'on vise au milieu des deux. Saint-Georges éclairé en plein.

24 1573^{s}9945 655583104167 = 59° 1′ 29″258

M. 23 fructidor, vers 8^{h} ¾. Temps entre-couvert; vent sud-est fort. Cambatjou dans l'ombre; Saint-Georges foiblement éclairé.

18 1189^{s}49325 655582895833 = 59° 1′ 28″785

M. 23 fructidor, de 5^{h} 20′ à 6^{h} après midi. Cambatjou éclairé en plein; Saint-Georges l'est foiblement. Après la 18e observation il s'est obscurci, et l'on n'a pu continuer de l'observer.

Les 66 4328^{s}47725 655582898864 = 59° 1′ 28″883

Excentricité . . . . + 0″033

$$- 12″041$$

Horizon . . . . 59° 1′ 16″87

Entre les signaux de Montalet et du Puy de Cambatjou.

24   1195ᵍ44925   49ᵍ810385417 = 44° 49' 45"649

M. 22 fructidor, vers 11ʰ ¼. Soleil; circonstances favorables; on distingue parfaitement les objets.

24   1195ᵍ42625   49ᵍ8094271   = 44° 49' 42"544

M. 24 fructidor, vers 5ʰ ½ du soir. Temps sombre; les signaux sont ex-trèmement diffus. On a rejeté cette série.

30   1494ᵍ31115   49ᵍ8103833   = 44° 49' 45"642

M. 25 fructidor, vers 3ʰ ¼. Temps entre-couvert; calme. Les signaux sont très-souvent éclairés en plein.

1ᵉʳᵉ et 3ᵉ 54 2689ᵍ76075   49ᵍ81038426   = 44° 49' 45"645

Excentricité . . . .   — 0"049

                                      + 2"576
                                      _____

Horizon . . . .   44° 49' 48"17

Entre les signaux de Saint-Pons et de Montalet.

24   666ᵍ06025   27ᵍ525104167 = 24° 58' 38"134

M. 23 fructidor, vers 7ʰ du matin. Temps entre - couvert; vent sud - est assez fort. Les signaux sont dans l'ombre, mais un peu déformés par les ondulations, qui sont assez sensibles.

24   666ᵍ05775   27ᵍ75240625   = 24° 58' 37"796

M. 24 fructidor, vers les 8ʰ du matin. Beau temps; calme absolu. Signaux dans l'ombre ou dans la direction du soleil : celui de Montalet très-net; celui de Saint-Pons un peu affoibli par les vapeurs.

24   666ᵍ05325   27ᵍ75221875   = 24ᵍ 58' 37"149

M. 25 fructidor, de 4ʰ 20' à 5ʰ après midi. Temps favorable; calme. Les signaux sont éclairés de temps en temps, mais le plus souvent dans l'ombre.

Moyen des 3 séries . . . . .   24° 58' 37"693

Excentricité . . . .   — 0"017

                                    — 9"585
                                    _____

Horizon . . . .   24° 58' 28"09

1.   42

Entre les signaux de Nore et de Saint-Pons.

24   963^g7200   40^g155000 $=$ 36° 8' 22"20

M. 24 fructidor, de 6^h ¼ à 7^h du matin. Très-beau temps ; calme absolu. Nore dans l'ombre, et très-net ; Saint-Pons est aussi dans l'ombre, mais il y a des ondulations.

30   1204^g6650   40^g15550 $=$ 36° 8' 23"82

M. 24 fructidor, de 3^h ¼ à 4^h ¼. Temps sombre. Les objets sont très-bien terminés ; mais comme on a été troublé par beaucoup de monde dans le cours de cette série, et qu'il y a de grandes différences entre les résultats des premières observations et ceux des dernières, on l'a rejetée.

24   963^g72525   40^g15521875 $=$ 36° 8' 22"909 ×

M. 24 fructidor, de 5^h ¼ à 6^h du soir. Temps sombre ; les objets se distinguent parfaitement.

Moyen de la 1ere et de la 3e série	36° 8' 22"554
Excentricité	+ 0"013
	+ 2"716
Horizon	36° 8' 25"28

Entre le signal de la Gaste et le clocher de la chapelle de Rieupeyroux.

18   725^g88475   40^g32693055 $=$ 36° 17' 39"255

M. 23 fructidor, de 4^h 25' à 5^h après midi. La Gaste dans l'ombre, et très-foible ; Rieupeyroux se voit assez bien. Après la 18e observation la Gaste est devenu imperceptible.

Excentricité	+ 0"017
	— 2"557
Horizon	36° 17' 36"715

Nota. On n'emploie point le grand triangle, dont cet angle est le troisième, parce qu'on n'a pu faire qu'une série d'observations de chacun des trois angles, et parce qu'on n'a mesuré que deux angles du triangle qui lui est adjacent. (*Voyez* p. 299.)

Entre le clocher de la cathédrale de Castres et le Montrédon. signal de Nore.

10   452853625   458253625 = 40° 43' 41"745
M. 24 fructidor, à 11ʰ ¼. Temps favorable.

Excentricité . . . .   + 0"195
— 3' 37"203
_____
Horizon . . . .   40° 40' 4"74

Entre la plus grande flèche de Castres et le signal de Nore.

10   455833450   45853450 = 40° 58' 51"78
Excentricité et réduction à l'horizon . . .   — 3' 37"01
_____
Horizon . . . .   40° 55' 14"77

Entre le pic des Pyrénées, dont la distance au zénit est rapportée page 327, et le signal de Nore.

8   569857320   71821650 = 64° 5' 41"56.
M. 24 fructidor, à 10ʰ ¼. Le pic paroît bien nettement; on vise au milieu.

+ 7"95
_____
Horizon . . . .   64° 5' 49"51
Un mamelon sur l'extrémité occidentale
du pic . . . .   + 1' 16"04
_____
Donc . . . .   64° 7' 5"155

MONTALET.

LXXVI.

C'est l'un des trois sommets les plus remarquables des montagnes de la Caune, et le plus oriental. Il est moins élevé de 1ᵗ5 que celui du milieu, et de 3 à 4 toises que le plus occidental. Ce sommet est surmonté d'un rocher escarpé qui forme un plateau long de 15 toises et large de 3 à 4 toises, et c'est ce qui a fait donner à cette montagne le nom de *roc de Montalet*. Il est à une lieue de la petite ville de la Caune, dans l'est-sud-est, et à une demi-lieue du village de Nages, dans l'ouest-nord-ouest.

Le signal a été établi sur le roc, à très-peu près au même point que celui de 1740. Il étoit pareil aux précédens. Sa hauteur au-dessus de la tête du piquet qui en marque le centre, étoit de 3ᵗ1528.

Il existe encore sur ce roc une croix de pierre de une toise de hauteur, qui pourroit servir à retrouver le centre de la station, au moyen des mesures que j'ai prises, et qui sont :

Distance du centre du signal
à l'axe de la croix 1ᵗ6945

Au même centre, entre l'axe
de la croix et le signal de Mont-
rédon, à gauche . . . .   99ᵍ830 = 89° 22′ 12″

DISTANCES AU ZENIT.

$$dH = 2^t5139.$$

Signal de la Gaste.

10   1006⁵2855   1006⁵28550   = 90° 33′ 56″150 (dans le ciel.)

M. et A. 3 vendémiaire an 7, à 4^h ¼. Therm. 11^d7. Soleil; objet très-foible à cause de son éloignement; point d'ondulations.

La même.

10   1006⁵30025   1006⁵6300250   = 90° 34′ 1″28

M. et A. 9 vendémiaire, à midi ¼. Therm. 6^d5. Vent sud froid; on voit très-bien le signal, et il n'y a point d'ondulations.

Moyenne . . . .   90° 33′ 58″89
pour la réduction à l'horizon.

Demi-épaisseur du fil . . . . .   + 3″00
$dH' = 1^t6944$ = + 12″97
                                   ⎯⎯⎯⎯⎯⎯⎯
                                   90° 34′ 14″86

pour la différence de niveau et la réfraction.

Signal de Cambatjou.

10   1012⁵59175   1012⁵259175   = 91° 7′ 59″73 (en terre.)

M. et A. 4 complémentaire, à 3^h ¼. Therm. 11^d6. Ciel couvert en grande partie; il y a un peu de brume.

La même.

19   1012⁵60025   1012⁵260025   = 91° 8′ 2″48

M. et A. 3 vendémiaire, à 3^h ¼. Therm. 14^d7. Beau temps; calme; signal éclairé. On le distingue bien, et il n'y a pas d'ondulations.

Moyenne . . . .   91° 8′ 1″10
pour la réduction à l'horizon.

Demi-épaisseur du fil . . . . .   + 3″00
$dH' = 2^t6389$ = + 42″44
                                   ⎯⎯⎯⎯⎯⎯⎯
                                   91° 8′ 46″54

pour la différence de niveau et la réfraction.

Montalet.

Signal de Montrédon.

10 1013ᶢ91225 1018ᶢ91225 = 91° 15′ 7″57

(contre le château.) M. et A. 3 vendémiaire, à midi. Therm. 14ᵈ7.
Soleil ; point d'ondulations.

La même.

10 1013ᶢ89675 1018ᶢ89675 = 91° 15′ 2″55

M. et A. 6 vendémiaire, à 1ʰ. Therm. 8ᵈ. Vent du nord ; air un peu brumeux. Le signal est éclairé du soleil, mais un peu diffus ; cependant l'ondulation n'est pas sensible.

Moyenne . . . . 91° 15′ 5″06
pour la réduction à l'horizon.

Demi-épaisseur du fil . . . . . + 3″00
$dH' = 2ᵗ5765$ = + 29″23
_____
91° 15′ 37″29

pour la différence de niveau et la réfraction.

Signal de Nore.

10 1002ᶢ3685 1008ᶢ36850 = 90° 12′ 47″39

M. et A. 4 vendémiaire, à 3ʰ ¼. Therm. 15ᵈ5. Beau temps ; objet dans
l'ombre.

La même.

10 1002ᶢ3505 1008ᶢ35050 = 90° 12′ 41″56

6 vendémiaire, à 1ʰ ¼. Therm. 8ᵈ. Soleil ; vent nord. Signal dans l'ombre ;
un peu d'ondulations.

La même.

10 1002ᶢ37150 1008ᶢ37150 = 90° 12′ 48″37

9 vendémiaire, à midi ¼. Therm. 6ᵈo. Vent sud, assez fort et froid. Signal
dans l'ombre, et très-apparent ; il se projette sur les Pyrénées, qui sont
couvertes de neige.

Moyenne . . . . 90° 12′ 45″77
pour la réduction à l'horizon.

Demi-épaisseur du fil . . . . . + 3″00
$dH' = 1ᵗ8055$ = + 19″83
_____
90° 13′ 8″60

pour la différence de niveau et la réfraction.

Signal de Saint-Pons.

10   1008᠊7725   1008᠊877250   = 90° 47′ 22″29 (dans le ciel.)

M. et A. 3 vendémiaire, à 4ʰ ¼. Therm. 12ᵈ. Soleil; calme. L'objet est dans l'ombre, et bien terminé.

La même.

10   1008᠊7715   1008᠊877150   = 90° 47′ 21″97

.4 vendémiaire, à 2ʰ ¼. Therm. 13ᵈ7. Mêmes circonstances que pour la première série.

Moyenne . . . .   90° 47′ 22″13

pour la réduction à l'horizon.

Demi-épaisseur du fil . . . . .   + 3″00

$dH' = 2^t1979$ = + 52″79

—————————

90° 48′ 17″92

pour la différence de niveau et la réfraction.

Pic du Canigou.

10   998᠊1780   998᠊817800   = 89° 50′ 9″67 (dans le ciel.)

M. et A. 6 vendémiaire, à 2ʰ. Therm. 8ᵈ. Soleil; vent nord-ouest fort. Le pic est un peu embrumé.

La même.

10   998᠊1460   998᠊814600   = 89° 49′ 59″30

Même jour, vers 4ʰ. Therm. 8ᵈ5. Vent ouest fort. Le pic est assez bien terminé; point d'ondulations.

Moyenne . . . .   89° 50′ 4″48

pour la réduction à l'horizon.

Demi-épaisseur du fil . . . . .   + 3″00

$dH' = - 0^t6389$ = - 2″25

—————————

89° 50′ 5″23

pour la différence de niveau et la réfraction.

Montalet.

La mer. *(Direction, 22° 3o′ du sud à l'est).*

16 1618ᵍ7285 101ᵍ17053,125 = 91° 3′ 12″52

M. et A. 8 vendémiaire, à 3ʰ ¼. Therm. 4ᵈ. Vent ouest très-froid. Horizon un peu embrumé, mais encore assez bien tranché.

La même *(même direction).*

16 1618ᵍ79575 101ᵍ1747344 = 91° 3′ 26″14 à préférer.

9 vendémiaire, à 2ʰ ¼. Therm. 6ᵈ. Vent froid, sud en bas, nord en haut. Horizon parfaitement tranché.

Demi-épaisseur du fil . . . . . . + 3″oo

Pour la différence de niveau . . . . . . 91° 3′ 29″14

Il faut tenir compte de la hauteur du cercle sur le roc, de 0ᵐ6389.

ANGLES observés au centre.

Entre les signaux du Puy de Cambatjou et de Montrédon.

24 1196ᵍ64525 49ᵍ86021875 = 44° 52′ 27″109

M. 4 vendémiaire, vers midi. Soleil; signaux très-apparens : celui de Cambatjou éclairé en plein; celui de Montrédon ne présente qu'une face éclairée, mais on voit bien l'autre.

24 1196ᵍ65175 49ᵍ86048958 = 44° 52′ 27″986 x

6 vendémiaire, vers 5ʰ. Soleil faible; vent nord - ouest très - froid; objets très-nets. Cambatjou ne présente qu'une face éclairée, mais on voit bien l'autre. Signal de Montrédon dans l'ombre; mais sa blancheur le détache des murs du château, sur lesquels il se projette d'ici.

Milieu des deux séries . . . . 44° 52′ 27″548

Excentricité . . . . + 0″o5o

+ 36″373

Horizon . . . . 44° 53′ 3″97

Entre les signaux de Montrédon et de Saint-Pons.

22 2354$\cdot$7025 107$\cdot$0122841 $= 96° 18' 39''801$ ×

M. 4 vendémiaire, de 1 à 2^h. Soleil; air assez calme. Montrédon foiblement éclairé; Saint-Pons noir. Ils paroissent très-nettement l'un et l'autre.

24 2568$\cdot$29475 107$\cdot$01228125 $= 96° 18' 39''791$

6 vendémiaire, vers midi. Temps assez calme, mais un peu brumeux. Signal de Montrédon éclairé du soleil; celui de Saint-Pons noir.

24 2568$\cdot$2920 107$\cdot$012166 $= 96° 18' 39''420$ ×

8 vendémiaire, vers 5^h. Therm. 2^{d}5. Vent ouest-nord-ouest, fort et très-froid; signaux très-visibles. Celui de Montrédon noir; celui de Saint-Pons éclairé en plein.

Moyen arithmétique des trois résultats . . 96° 18' 39''670
Excentricité . . . . — 0''121
. . . . + 1' 10''078
_____
Horizon . . . . 96° 19' 49''63

Entre les signaux de Montrédon et de Nore.

24 1623$\cdot$6355 67$\cdot$65147917 $= 60° 53' 10''792$

M. 3 vendémiaire, vers 1^h ¼. Beau temps; soleil; Montrédon foiblement éclairé, Nore noir.

24 1623$\cdot$6185 67$\cdot$65077083 $= 60° 53' 8''497$ ×

9 vendémiaire, à 10^h. Vent sud très-froid; Montrédon éclairé, Nore dans l'ombre.

20 1353$\cdot$0360 67$\cdot$651800 $= 60° 53' 11''832$

9 vendémiaire, à 11^h ¼. Mêmes circonstances que pour la seconde série.

Les 68 4600$\cdot$2900 67$\cdot$65132353 $= 70° 53' 10''288$
Excentricité . . . . 0''000
. . . . — 9''046
_____
Horizon . . . . 60° 53' 1''24

1.

43

Entre les signaux de Nore et de Saint-Pons.

20   787^{s}7760   39^{s}388800   = 35° 26′ 59″7,2

M. 3 vendémiaire, vers 2^h ¼. Beau temps; soleil; les deux signaux noirs. Nore un peu foible; Saint-Pons bien apparent et très-net.

20   787^{s}79275   39^{s}3896375   = 35° 27′ 2″426 ×

9 vendémiaire, vers les 11^h. Soleil; vent sud.; objets noirs et bien distincts.

Moyen	35° 27′ 1″069
Excentricité	— 0″124
	— 11″303
Horizon	35° 26′ 49″64
Angle précédent	60° 53′ 1″24
Somme des deux angles partiels .	96° 19′ 50″88
Angle total	96° 19′ 49″63
Différence	1″25

SIGNAL DE SAINT-PONS.

LXXVII.

CE signal a été placé sur la haute montagne qui domine Saint-Pons de *Thomières* du côté du nord-ouest. C'étoit au milieu d'un amas de rochers, et à peu près à l'endroit où celui de 1740 avoit été planté. On nomme cette partie de la montagne *Roc en grenier*. La métairie dite le *Moulinet*, à une demi-lieue vers le nord, est l'habitation qui en soit plus proche; nous nous y retirions.

Le premier signal que j'avois fait élever ici n'a été observé que d'Alaric; sa hauteur étoit de 2^{t}7917.

Le nouveau signal, au temps que j'y ai observé, et
qui l'a été de Montrédon, Montalet et Nore, étoit
semblable au premier et à ceux des lieux qu'on vient
de citer. Il a été replacé très-exactement au même point
que l'autre, au moyen du piquet enfoncé en terre, sur
la tête duquel on avoit frappé une pointe de fer qui
marquoit le pied de l'axe de la pyramide. Sa hauteur
étoit de 2ᵗ8368.

Saint-Pons.

DISTANCES AU ZÉNIT.

$$dH = 2^t22685.$$

Signal de Montalet.

10   992ᵍ46775   99ᵍ2467750   = 89° 19′ 19″55 (dans le ciel.)
M. et A. 11 vendémiaire, à 2ʰ ¼. Therm. 10ᵈ. Soleil; vent nord-ouest
très-fort; signal bien visible.

La même.

10   992ᵍ46350   99ᵍ246350   = 89° 19′ 18″17
18 vendémiaire, 2ʰ ¼. Therm. 12ᵈ5. Vent d'est; ciel sans nuages, mais un
peu de vapeurs; signal éclairé.

Moyenne . . . .   89° 19′ 18″86
pour la réduction à l'horizon.

Demi-épaisseur du fil . . . . .   + 3″00

$dH' = 2^t5417$ = + 58″37

89° 20′ 20″23
pour la différence de niveau et la réfraction.

Signal de Montrédon.

10   1008ᵍ9615   100ᵍ896150 = 90° 48′ 23″53
M. et A. 13 vendémiaire, à 10ʰ ¼. Therm. 7ᵈ8. Vent sud-est; signal
éclairé du soleil, mais un peu diffus, et il y a de l'ondulation.

La même.

10   1009ᵍ00925   1005ᵍ900925 = 90° 48′ 38″99

18 vendémiaire, à midi ¼. Therm. 12ᵈ5. Vent d'est ou marin; horizon sans nuages; signal embrumé. Il ne s'élève que de très-peu au-dessus du terrain et des bois environnans.

Moyenne . . . .   90° 48′ 31″26

pour la réduction à l'horizon.

Demi-épaisseur du fil . . . . .   + 3″00

$dH' = 2ᵗ6042$ = + 25″41

———————————

90° 48′ 59″67

pour la différence de niveau et la réfraction.

Signal de Nore.

10   996ᵍ3805   996ᵍ38050 = 89° 40′ 27″28 (dans le ciel.)

M. et A. 11 vendémiaire, sur les 3ʰ. Therm. 10ᵈ. Vent nord-ouest fort; temps serein; signal noir et bien visible.

La même.

10   996ᵍ3795   996ᵍ637950 = 89° 40′ 26″96

18 vendémiaire, à midi ¼. Therm. 12ᵈ. Vent d'est ou marin. Il y a un peu de vapeurs.

Moyenne . . . .   89° 40′ 27″12

pour la réduction à l'horizon.

Demi-épaisseur du fil . . . . .   + 3″00

$dH' = 1ᵗ8333$ = + 20″15

———————————

89° 40′ 50″27

pour la différence de niveau et la réfraction.

Signal d'Alaric.

10   1008ᵍ2225   1008ᵍ22250 = 90° 44′ 24″09 (en terre.)

M. et A. 11 vendémiaire, à 3ʰ ½. Therm. 9ᵈ5. Beau temps; grand vent de nord-ouest; objet assez visible, mais un peu foible.

La même.

10 1008521225 1008821225 = 90° 44' 20"77

17 vendémiaire, à 5ʰ après midi. Therm. 9ᵈ5. Vent du nord; soleil; objet foible.

Moyenne . . . .   90° 44' 22"43

pour la réduction à l'horizon.

Demi-épaisseur du fil . . . . .   ⊹ 3"00

$dH' = 1'9055$ = + 17"89
_____

90° 44' 43"32

pour la différence de niveau et la réfraction.

Narbonne (donjon de la tour méridionale de la cathédrale de).

10 1015585675 1015585675 = 91° 25' 37"59 (en terre.)

pour la réduction à l'horizon. M. et A. 7 vendémiaire, à 4ʰ. Therm. 9ᵈ. Vent violent de nord-ouest. L'objet est éclairé du soleil et bien visible.

Demi-épaisseur du fil . . . . .   + 3"00

$dH' = -$ 0'6111   = — 5"61
_____

91° 25' 34"98

pour la différence de niveau et la réfraction.

Beziers (sommet de la tour de la cathédrale de).

10 1015522290 1015522900 = 91° 22' 14"16 (en terre.)

pour la réduction à l'horizon. M. et A. Même jour que la précédente, et mêmes circonstances.

Demi-épaisseur du fil . . . . .   + 3"00

$dH' = -$ 0'6111   = — 5"61
_____

91° 22' 11"55

pour la différence de niveau et la réfraction.

Pic des Pyrénées. (Celui qu'on a observé de Montrédon.)

12   1199ᵍ1215   99ᵍ92679167 = 89° 56′ 2″80 (dans le ciel.)
pour la réduction à l'horizon. M. et A. 19 vendémiaire, à 1ʰ. Therm.
11ᵈ. Point d'ondulations, mais l'objet est foible.

$$\text{Demi-épaisseur du fil .....} \qquad + \;3''00$$
$$dH' = -\; 0^t6111 \qquad = -\quad 1''58$$
$$\overline{\qquad\qquad\quad 89°\; 56'\; 4''2}$$

pour la différence de niveau et la réfraction.

Nota. Ce pic peut être celui de *Mont-Vallier*, à l'est de celui du midi de
Bigorre, qui étoit caché par la Montagne-Noire.

Puy-Prigue. (Le même point du pic du milieu, observé de Noré.

10   995ᵍ3750   99ᵍ537500 = 89° 35′ 1″50 (dans le ciel.)
M. et A. 19 vendémiaire, à 5ʰ ¼, vers le coucher du soleil. Le pic est
bien visible.

La même.

10   995ᵍ2265   99ᵍ522650 = 89° 34′ 13″14
22 vendémiaire, à midi ¼. Therm. 6ᵈ. Soleil; vent nord-ouest. Objet un
peu embrumé et légères ondulations.

$$\text{Moyenne ....} \qquad 89°\; 34'\; 37''32$$
pour la réduction à l'horizon.

$$\text{Demi-épaisseur du fil .....} \qquad + \;3''00$$
$$dH' = -\; 0^t6111 \qquad = -\quad 2''10$$
$$\overline{\qquad\qquad\quad 89°\; 34'\; 38''22}$$

pour la différence de niveau et la réfraction.

Nota. C'est à Puy-Prigue que la rivière de la *Têt*, qui passe à Perpignan,
prend sa source. Cette montagne est plus haute que le Canigou; elle est
située dans le nord-ouest de Mont-Libre, à huit mille toises environ de
distance. Son sommet est divisé en trois pointes ou mornes très-remarquables.
Le morne du milieu paroît ici le plus gros et le plus haut; c'est à sa pointe
orientale que l'on a visé.

Pic de Salfare (observé de Nore).

10 1003⁸6275 1008362750 = 90° 19′ 35″31 (dans le ciel.)
pour la réduction à l'horizon. M. et A. 22 vendémiaire, à 11ʰ¼. Therm.ʳ
5ᵈ5. Soleil; vent nord-ouest; pic légèrement embrumé, mais point d'ondulations.

Demi-épaisseur du fil . . . . . $+ 3″00$
$dH' = - 0ᵗ6111$ $= - 1″93$
90° 19′ 36″4

pour la différence de niveau et la réfraction.

Nota. Le pic de Salfare paroît être le point le plus élevé des montagnes
nommées les *Albères.* Ces montagnes sont la continuation des Pyrénées vers
l'orient, entre Bellegarde et la mer.

La mer. (Direction est.)

10 1010⁸59775 1018059775 = 90° 57′ 13″67
M. et A. 11 vendémiaire, à 4ʰ⅐. Therm. 9ᵈ2. Soleil; vent nord - ouest
violent. L'horizon n'est pas très-bien terminé.

La même. (Direction sud-ouest.)

10 1010⁸5055 1018050550 = 90° 56′ 43″78
22 vendémiaire, à 11ʰ¼. Therm. 5ᵈ. Soleil; vent nord-ouest. Cette partie
de la mer réfléchit la lumière du soleil et paroît bien tranchée.

La même. (Direction 20ᵈ plus à l'ouest et vers Beziers.)

12 1212⁸7000 1018058333 = 90° 57′ 9″00
26 vendémiaire, dans l'après-midi. Therm. 9ᵈ5. Vent nord-ouest fort. L'horizon est parfaitement tranché.

Moyenne . . . . 90° 57′ 2″15
Demi-épaisseur du fil . . . . . $+ 3″00$
90° 57′ 5″15

pour la différence de niveau et la réfraction.
Il faut tenir compte de la hauteur du
cercle de 0ᵗ6111

ANGLES observés au centre.

Entre les signaux de Montalet et de Montrédon.

24 1565ᵗ6760   65ᵗ236500   = 58° 42' 46"260

M. 13 vendémiaire, sur les 11ʰ. Signaux éclairés du soleil. Celui de Montrédon se voit bien, l'autre assez difficilement. Ondulations sensibles.

24 1565ᵗ68875 65ᵗ23703125 = 58° 42' 47"981 ×

19 vendémiaire, vers les 10ʰ. Vent d'est ou marin. Le soleil éclaire les deux signaux; il y a un peu d'ondulation.

24 1565ᵗ68325 65ᵗ2368021 = 58° 42' 47"239

26 vendémiaire, vers les 10ʰ. Vent du nord très-fort, mais on en est abrité; temps très-clair; signaux éclairés, et ils se voient très-nettement.

Moyen des trois résultats . . . 58° 42' 47"160
Excentricité . . . .   + 0"138
                                      — 1' 1"599
                                     ─────────────
Horizon . . . . 58° 41' 45"70

Entre les signaux de Montrédon et de Nore.

24 1637ᵗ39525 68ᵗ2248021 = 61° 24' 8"359

M. 17 vendémiaire, vers 3ʰ ¼. Temps à demi-couvert. Les deux objets sont dans l'ombre : Montrédon beau en commençant, foible à la fin; Nore toujours très-apparent et bien net.

24 1637ᵗ4050   68ᵗ2251875 = 61° 24' 9"607 ×

18 vendémiaire, vers les 9ʰ ¼. Vent d'est foible. Il n'y a point de nuages, mais l'air est un peu brumeux; Montrédon éclairé, Nore obscur.

24 1637ᵗ38925 68ᵗ224552083 = 61° 24' 7"549

19 vendémiaire, vers 4ʰ ¼. Circonstances favorables.

Moyen . . . . 61° 24' 8"505
Excentricité . . . .   — 0"069
                                      — 31"879
                                     ─────────────
Horizon . . . . 61° 23' 36"56

Entre les signaux de Nore et d'Alaric.

28   1598649575   5780891391 $= 51° 22' 48''811$ ×

M.   18 vendémiaire, vers les 4ʰ. Beau temps. Les deux signaux noirs : celui de Nore très-distinct ; Alaric foible, à cause de son éloignement et parce qu'il se projette sur des montagnes. Point d'ondulations.

24   1370614275   5780892812 5 $= 51° 22' 49''271$ ×

19 vendémiaire, vers les 3ʰ. Les deux objets dans l'ombre ; Nore très-net, Alaric un peu foible.

24   1370612725   578088635417 $= 51° 22' 47''179$

22 vendémiaire, vers 5ʰ ¼. Beau temps ; mêmes circonstances que pour la seconde série. On ne pouvoit apercevoir le signal d'Alaric que vers le milieu de l'après-midi.

20   1141677275   5780886375 $= 51° 22' 47''186$

26 vendémiaire, vers les 2ʰ. Vent nord-ouest très-fort, mais on est abrité ; soleil ; air très-pur. Objets dans l'ombre ; Nore très-distinct, Alaric toujours foible.

Les 96   5480653850   5780889427 1 $= 51° 22' 48''174$

Excentricité . . . . $+ 0''073$

$- 35''775$

Horizon . . . . $51° 22' 12''47$

Entre le signal d'Alaric et le donjon de la tour méridionale de la cathédrale de Narbonne.

24   1110699635   4629014583 $= 41° 39' 40''072$

M.   16 vendémiaire, vers 4ʰ ½. Soleil ; grand vent de nord-ouest ; on est abrité. Alaric foible et difficile à voir ; Narbonne très-distinct.

Excentricité . . . . $+ 0''002$

$+ 8''539$

Horizon . . . . $41° 39' 48''61$

1.   44

Entre le signal d'Alaric et la tour de Beziers.

24   1965.46375   8.89432292 = 73° 42' 17"606

M. 16 vendémiaire, à 3ʰ ¼. Soleil; grand vent de nord-ouest. Les objets sont diffus et peu apparens.

Excentricité . . . .   + 0"002

+ 44"087

Horizon . . . .   73ᵈ 43' 1"69

Entre Beziers et le signal de Montalet, pour compléter le tour de l'horizon.

20   2551.7940   1278589700 = 114° 49' 50"628

M. 17 vendémiaire, vers les 10ʰ. Soleil; vent nord; Beziers dans l'ombre, Montalet bien visible.

Excentricité . . . .   — 0"143

— 30"479

Horizon . . . .   114° 49' 20"01

Tour de l'horizon.

Entre Montalet et Montrédon	58° 41' 45"70
Entre Montrédon et Noreˉ	61° 23' 36"56
Entre Nore et Alaric	51° 22' 12"47
Entre Alaric et Beziers	73° 43' 1"69
Entre Beziers et Montalet	114° 49' 20"01
Somme	359° 59' 56"43
Erreur	— 3"57

Il est probable que cette erreur provient plutôt des deux derniers angles, dont on n'a fait qu'une série d'observations, que des autres pour lesquels il y a eu au moins trois séries.

Entre le signal de Montrédon et le pic des Pyrénées
observé de Montrédon.

Saint-Pons.

16   115150480   718940500 = 64° 44' 47"22

M. 19 vendémiaire, à midi ¼. Vent d'est; Montrédon difficile à voir; le pic très-foible. On pointe au milieu.

— 13"46

Horizon . . . .   64° 44' 33"76

Entre le signal de Nore et Puy-Prigue.

10   35050770   355007700 = 31° 34' 24"95

M. 19 vendémiaire, à 5ʰ. Objets très-nets.

+ 1"99

Horizon . . . .   31° 34' 26"94

Entre le signal de Nore et le pic de Salfare sur les
Albères.

6   47655400   795423333 = 71° 28' 51"60

— 9"29

Horizon . . . .   71° 28' 42"31

Pour lier la ville de Saint-Pons aux triangles, on n'a pu obtenir que les données suivantes :

Distance du clocher de la cathédrale au zénit, réduite au pied du signal . . . .   98° 21' 33"3

Angle entre le signal de Nore et le clocher, réduit au centre et à l'horizon . . . .   91° 4' 23"9

Distance horizontale du centre de la station au clocher, prise sur la grande carte de France, feuille 113, n° 18 . . .   2000 toises.

SIGNAL DE NORE.

LXXVIII.

LA partie du sommet de la *Montagne-Noire* que l'on nomme *Nore*, en est la plus haute. C'est une espèce de butte ou proéminence assez étendue, et qui de loin se distingue bien du reste du sommet. On a trouvé sur Nore plusieurs enfoncemens qui rendoient incertain sur le véritable emplacement du signal de 1740; mais quelques indications données par un habitant de *Pradelles*, village situé dans la même montagne, à demi-lieue dans le sud-ouest de Nore, et 220 toises plus bas, ont fait présumer cet emplacement. On y a érigé le nouveau signal; il étoit de même forme que les précédens, et sa hauteur au-dessus du piquet enfoncé au centre de sa base étoit de 2^t4445.

En quittant cette station on a rempli l'intérieur du signal d'un amas considérable de pierres, pour conserver le piquet et servir par la suite à le retrouver.

Les mauvais temps dont j'ai été accueilli à Nore, et sur-tout la destruction de presque tous les autres signaux correspondans, m'ont obligé d'y faire vingt-un voyages. Mon séjour dans un climat si âpre, et presque aussi sauvage que celui de Montalet, a été bien long, et il eût été assez pénible, si le citoyen Lavalette-Fabas, qui voulut bien me donner l'hospitalité chez lui à Pradelles, n'en eût adouci la rigueur et l'ennui par son aménité et l'intérêt dont il me donna des marques très-affectueuses.

DISTANCES AU ZÉNIT.

$$dH = 1^t8056.$$

Signal de Montrédon. (Le premier, hauteur 3ᵗ2708.)

10 1012ᵍ72875 101ᵍ272875 = 91° 8′ 44″12 (en terre.)

M. 18 vendémiaire an 6, vers midi. Signal éclairé; mais il y a des vapeurs et de l'ondulation.

La même.

10 1012ᵍ7310 101ᵍ273ı00 = 91° 8′ 44″84

1 brumaire, à 3ʰ ¼. On voit bien l'objet.

Moyenne . . . . 91° 8′ 44″48

pour la réduction à l'horizon.

Demi-épaisseur du fil . . . . . ;   + 3″00

$dH' = 2^t6319$ + 28″99

91° 9′ 16″47

pour la différence de niveau et la réfraction.

Extrémité de la tour du château de Montrédon.

8 809ᵍ9915 101ᵍ2489375 = 91° 7′ 26″56

pour la réduction à l'horizon. M. 14 frimaire. Therm. 11ᵈ. Soleil; un peu de vapeurs.

Demi-épaisseur du fil . . . . .   + 3″00

$dH' = -0^t6389$ — 7″04

91° 7′ 22″52

pour la différence de niveau et la réfraction.

Montalet (bord du roc, le signal étant abattu).

10 1000ᵍ7615 100ᵍ076150 = 90° 4′ 6″73 (dans le ciel.)

pour la réduction à l'horizon. M. 18 vendémiaire, à midi ¼. Soleil; un peu d'ondulation.

Pour le fil . . . .   0″00

$dH' = -0^t6389$ — 7″03

90° 3′ 59″70

pour différence de niveau et la réfraction.

Signal de Saint-Pons.

10   1005^s49475   1005^s549475 = 90° 29' 40"30 (en terre.)
M.   17 vendémiaire, à 5^h après midi. Objet très-net.

La même.

10   1005^s50325   1005^s550325 = 90° 29' 43"05
1 brumaire, à 4^h ¼. Therm. + 2^d. On ne pouvoit apercevoir ce signal que vers la fin de l'après-midi. L'objet est dans l'ombre, et très-apparent.

Moyenne . . . .   90° 29' 41"68
pour la réduction à l'horizon.

Demi-épaisseur du fil . . . . .   + 3"00
$dH' = 2^t 1979$ + 36"04
────────────
90° 30' 20"72

pour la différence de niveau et la réfraction.

Signal d'Alaric.

10   1012^s9155   1012^s291550 = 91° 9' 44"62 (en terre.)
M.   18 vendémiaire, à 3^h. Objet un peu embrumé.

La même.

10   1012^s9475   1012^s294750 = 91° 9' 54"99
1 brumaire, à 4^h. Therm. + 3^d. Soleil; signal bien visible.

Moyenne . . . .   91° 9' 49"80
pour la réduction à l'horizon.

Demi-épaisseur du fil . . . . .   + 3"00
$dH' = 1^t 8778$ + 22"52
────────────
91° 10' 15"32

pour la différence de niveau et la réfraction.

Signal de Carcassonne.

10   1027^s75075   1027^s775075 = 92° 29' 51"24 (en terre.)
M.   18 vendémiaire, à 3^h ¼. Signal dans l'ombre, difficile à voir ; on ne peut le distinguer que dans l'après-midi.

La même.

10 1027^s7650   102^s776500 = 92° 29' 55"86

1 brumaire, à 2ʰ ¼. Therm. 6ᵈ environ. Beau temps, mais l'objet est un peu diffus.

Moyenne . . . .   92° 29' 53"55

pour la réduction à l'horizon.

Demi-épaisseur du fil . . . . .   + 3"00

$d H' = 1^t 3404$ + 21"53

_____

92° 30' 18"08

pour la différence de niveau et la réfraction.

Castelnaudary (boule de la flèche de Saint-Michel de).

12 1219^s6185   101^s634875 = 91° 28' 17"00 (en terre.)

pour la réduction à l'horizon. M. 1 brumaire, à 1ʰ. Objet dans l'ombre, et assez visible.

Pour le fil . . . .   0"00

$d H' = - 0^t 6389$ — 6"01

_____

91° 28' 11"00

pour la réfraction et la différence de niveau.

La hauteur de la boule de cette flèche au-dessus du pavé de l'église est de 24ᵗ7361, selon la mesure qui en a été faite avec soin par le curé et un ancien ingénieur du district.

Castres (sommet du toit d'une tour carrée de).

10 1024^s84325   102^s484325 = 92° 14' 9"21 (en terre.)

pour la réduction à l'horizon. M. 26 vendémiaire, à 3ʰ ¼. Objet bien apparent.

Pour le fil . . . .   0"00

$d H' = - 0^t 6389$ — 9"41

_____

92° 13' 59"8

pour la réfraction et la différence de niveau.

Nota. Ce n'est point le clocher de la cathédrale observé de Montrédon.

Pic du midi de Bigorre.

12 1203ᵍ5285   100ᵍ2940167 $=$ 90° 15′ 52″70 (dans le ciel.) pour la réduction à l'horizon.   M.   16 frimaire, à 11ʰ ¾. Therm. 8ᵈ. Soleil; extrémité du pic bien tranchée.

$$\text{Pour le fil} \ldots \ldots \ldots \ldots \qquad 0″00$$
$$dH' = -\ 0ᵗ6389 \qquad\qquad -\ 1″32$$

$$\overline{\qquad\qquad 90° \ 15′ \ 51″38}$$

pour la réfraction et la différence de niveau.

Puy-Prigue, observé de Saint-Pons.

10   993ᵍ7540   998ᵍ375400 $=$ 89° 26′ 16″30 (dans le ciel.) pour la réduction à l'horizon.   M.   24 brumaire, à 2ʰ. Therm. 7ᵈ. Soleil; sommet bien tranché.

$$\text{Pour le fil} \ldots \ldots \ldots \ldots \qquad 0″00$$
$$dH' = -\ 0ᵗ6389 \qquad\qquad -\ 2″62$$

$$\overline{\qquad\qquad 89° \ 26′ \ 13″7}$$

pour la réfraction et la différence de niveau.

Pic de Salfare sur les Albères, observé de Saint-Pons.

8   803ᵍ53525   100ᵍ441906 $=$ 90° 23′ 51″77 (dans le ciel.) pour la réduction à l'horizon.   M.   24 frimaire, à 2ʰ ¾. Therm. $+$ 2ᵈ. Soleil; vent nord-nord-ouest. Le pic bien terminé.

$$\text{Demi-épaisseur du fil} \ldots \ldots \qquad +\ 3″00$$
$$dH' = -\ 0ᵗ6389 \qquad\qquad -\ 2″16$$

$$\overline{\qquad\qquad 90° \ 23′ \ 52″6}$$

pour la réfraction et la différence de niveau.

La mer. (Direction, 55ᵈ *du sud vers l'est.*)

16   1618ᵍ2135   101ᵍ13834375 $=$ 91° 1′ 28″23

M.   20 vendémiaire, à 9ʰ ¼. Vent nord foible. La mer réfléchit la lumière

du soleil, en sorte que ce n'est peut-être pas le véritable horizon que l'on
voit. Point de correction pour le fil.

La même. (Direction., 59° sud-est.)

10   101152290   1018122900 $= 91° \; 0' \; 38''20$

14 frimaire, à 11ʰ ½. Therm. 11ᵈ. Soleil; vent sud foible. L'horizon est
assez bien terminé, et encore mieux que la première fois.

Demi-épaisseur du fil . . . . . $+ \; 3''00$

Il faut avoir égard à la hauteur du cercle
sur le sol, qui étoit de 0ᵗ6389

Distances au zénit de plusieurs autres points remar-
quables, mais qui n'appartiennent pas aux triangles
qui ont ici l'un de leurs sommets.

La Gaste (le plus haut de la montagne de).

10   100565950   1008559500 $= 90° \; 30' \; 12''78$ (dans le ciel.)

M. 21 brumaire, à 3ʰ ¼. Therm. 7ᵈ5. Soleil; vent sud-est fort; objet un
peu embrumé.

$$d\,H' = - \; 0ᵗ6389 \qquad - \; 3''21$$

$$90° \; 30' \; 9''57$$

pour la différence de niveau.

Signal de Cambatjou. (Le premier. Hauteur, 3ᵗ1389.)

10   100752990   1008729900 $= 90° \; 39' \; 24''88$ (en terre.)

M. 26 brumaire, à 3ʰ ½. Soleil; vent d'ouest; signal très-apparent.

Demi-épaisseur du fil . . . . . $+ \; 3''00$
$d\,H' = + \; 2ᵗ5000$ $+ \; 20''31$

$$90° \; 39' \; 48''19$$

pour la différence de niveau.

1.   45

Rieupeyroux (sommet de la montage de).

10   1006^s8235   1006^s682350 = 90° 50′ 36″81 (dans le ciel.)

M. 21 brumaire, vers 4ʰ. Therm. 7ᵈ. Vent sud-est fort. La montagne est un peu embrumée, et l'on ne distinguoit pas assez bien la chapelle pour y pointer.

Demi-épaisseur du fil . . . . .   + 3″00

$dH' = -$ 0ᵗ6389   — 2″55

90° 50′ 37″26

pour la différence de niveau et la réfraction.

Pic du Canigou.

12   1193^s0190   99^s418250 = 89° 28′ 35″13 (dans le ciel.)

M. 26 vendémiaire, à 1ʰ ¼. Therm. 10ᵈ. Vent d'est très-foible ; soleil. Le pic, qui est couvert de neige, paroît bien terminé.

La même.

10   994^s2760   99^s427600 = 89° 29′ 5″42

24 brumaire, à 2ʰ ¼. Therm. 6ᵈ. Soleil

Moyenne . . . . 89° 28′ 50″28

Pour le fil . . . . 0″00

$dH' = -$ 0ᵗ6389   — 2″64

89° 28′ 47″64

pour la différence de niveau.

Pic de la Estella, à l'est du Canigou, et l'une de nos stations.

10   1000^s73475   1000^s073475 = 90° 3′ 58″06 (dans le ciel.)

M. 24 frimaire, à midi ¼. Therm. + 2ᵈ. Vent nord-nord-ouest ; temps couvert ; objet terminé.

Demi-épaisseur du fil . . . : .   + 3″00

$dH' = -$ 0ᵗ6389   — 2″57

90° 3′ 58″5

pour la différence de niveau et la réfraction.

Tour de Baterre, dans l'est du Canigou.

10 100^{s}8200 100^{s}282000 = 90° 15′ 13″68 (dans le ciel.)

M. 24 brumaire, à 3^h ¼. Therm. 6^d. Soleil ; vent ouest. La tour est légèrement embrumée.

Demi-épaisseur du fil . . . . . + 3″00
$$dH' = - 0^t6389 \qquad - 2″52$$

90° 15′ 14″16

pour la différence de niveau.

Nota. Cette tour est liée aux triangles de Catalogne.

Costa-Bona, haute montagne des Pyrénées.

10 997^{s}6510 99^{s}765100 = 89° 47′ 18″92 (dans le ciel.)

M. 24 brumaire, à 4^h. Therm. 5^{d}5. Soleil ; vent d'ouest fort. On visoit à une pyramide en pierres sèches que j'avois fait élever sur le sommet de cette montagne en 1792.

Pour le fil . . . . 0″00
$$dH' = - 0^t6389 \qquad - 2″28$$

.89° 47′ 16″64

pour la différence de niveau.

Nota. Ce point est lié aux triangles de Catalogne.

A N G L E S observés au centre.

Entre les signaux de Saint-Pons et de Montrédon.

20 1832^{s}4040 91^{s}8620200 = 82° 27′ 29″448

M. 2 brumaire, de 2^h ¼ à 3^h ¼. Temps sombre ; on voit bien les deux objets.

24 2198^{s}9095 91^{s}862122917 = 82° 27′ 32″783

3 brumaire, de midi à 2^h ¼. Temps sombre. Signal de Saint-Pons très-apparent ; celui de Montrédon foible, et quelquefois presque invisible.

20   183254180   918620900 $= 82°\ 27'\ 31''716$ ×

8 frimaire, à midi ¼. Soleil; temps calme et doux. Montrédon éclairé en face; Saint-Pons l'est de côté, mais on pointe au milieu de sa base supérieure.

Les 64   586357315 : 918620804669 $= 82°\ 27'\ 31''407$

Excentricité . . . .   + 0''056

+ 29''451

Horizon . . . .   82° 28' 0''91

Entre les signaux d'Alaric et de Saint-Pons.

24   250056180   104519241 67 $= 93°\ 46'\ 23''430$

M. 3 brumaire, vers 3ʰ ¼. Temps sombre. On voit très-bien les signaux, et sur-tout celui de Saint-Pons.

20   208358415   104519920750 $= 93°\ 46'\ 22''323$ ×

24 brumaire, à midi ¼. Soleil; Alaric dans l'ombre, Saint-Pons éclairé.

Les 44   458454595   104519226136 $= 93°\ 46'\ 22''927$

Excentricité . . . .   — 0''046

. . + 39''591

Horizon . . . .   93° 47' 2''47

Nota. Même angle . . . .   93° 46' 53''00 (*Méridienne vérifiée*, p. xlvj.)

Entre les signaux de Carcassonne et d'Alaric (hors du centre).

24   120058185   50503410417 $= 45°\ 1'\ 50''498$

M. 19 vendémiaire, vers 3ʰ ¼. Carcassonne dans l'ombre, Alaric éclairé du soleil. On a été obligé d'éloigner un peu l'instrument du centre, parce que l'un des arêtiers du signal y cachoit Carcassonne.

24   120058 1425   50503927083 $= 45°\ 1'\ 49''924$ ×

20 brumaire, à 10ʰ ¼. Carcassonne éclairé de côté; Alaric sombre, mais on le voit bien.

Milieu . . . . 45° 1' 50"211

$r = 0^t 0625$ $y = 9° 3'3$ . . + 0"695

Excentricité . . . . + 0"043

Centre . . . . 45° 1' 50"949

+ 19"843

Horizon . . . . 45° 2' 10"79

Nota. Même angle . . . . 45° 2' 8"5 (*Méridienne vérifiée* , p. xlvj.)

Entre le clocher de Castelnaudary et le signal de Carcassonne.

20   1168855125   5854275625 = 52° 35' 5"303

M. 1 brumaire, à midi. Objets noirs et assez visibles.

$r = 0^t 06597$ $y = 54° 5'2$.   — 0"250

Excentricité . . . .   — 0"068

Centre . . . . 52° 35' 4"985

+ 1' 28"819

Horizon . . . . 52° 36' 33"80

Entre la tour de Montrédon et Castelnaudary.

20   191188525   958592625 = 86° 2' 0"105 (au centre.)

M. 16 frimaire, à 2ʰ ⅐. On pointoit au milieu de la façade d'entrée de la tour, qui est visible d'ici, et la seule qui subsiste encore en entier; le signal avoit été abattu.

+ 1' 36"734

Horizon. . . . . 86° 3' 36"84

Réduction au signal, comme on le verra plus bas . . . . + 2' 36"68

Castelnaudary et signal de Montrédon . . 86° 6' 13"52

Cet angle complète le tour de l'horizon.

Nore.

Entre le signal de Saint-Pons et la tour de Montrédon.

20 1833ᵍ38525 91ᵍ6692625 = 82° 30' 8"410 ×

M. 13 frimaire, à 11ʰ ½. Objets très-apparens.

20 1833ᵍ3750 91ᵍ668750 = 82° 30' 6"750

14 frimaire, à 3ʰ 40'. Temps sombre, mais on voit assez bien les objets.

Milieu . . . .   82° 30' 7"580

Excentricité . . . .   + 0"056

                                      + 29"021
                                    _____

Horizon . . . .   82° 30' 36"66

Pour réduire cet angle au signal de Montrédon on a :

Au signal de Montrédon, entre le milieu de la façade
de la tour et le signal de Nore . . . . 128° 25'

Au milieu de la même façade de la tour, entre le signal
de Nore et celui de Montrédon . . . . 51° 32'4

Distance du centre du dernier signal { au milieu de la façade de la tour = 18ᵗ1667
au signal de Nore 18727ᵗ

D'où, réduction . . . .   — 2' 36"68

Donc entre les signaux de Saint-Pons et de Montrédon . . 82° 27' 59"98
Mais par l'observation directe, p. 356 . . . . 82° 28' 0"91

Tour de l'horizon.

Signaux de Montrédon et de Saint-Pons . . . . 82° 28' 0"91
Saint-Pons et Alaric . . . . 93° 47' 2"47
Alaric et Carcassonne . . . . 45° 2' 10"79
Carcassonne et Castelnaudary . . . . 52° 36' 33"80
Castelnaudary et Montrédon réduit au signal . . . . . 86° 6' 13"52
                                                     _____
Somme . . . . 360° 0' 1"49

Et . . { Tour de Montrédon et Saint-Pons . . . . . 82° 30' 36"66
Saint-Pons et Alaric . . . . 93° 47' 2"47
Alaric et Carcassonne . . . . 45° 2' 10"79
Carcassonne et Castelnaudary . . . . 52° 36' 33"80
Castelnaudary et tour de Montrédon . . . . 86° 3' 36"84
                                          _____
Somme . . . . 360° 0' 0"56

Entre le signal de Montrédon et une petite tour carrée de Castres, qui est peu élevée au-dessus d'une grosse église.

20   486.83730   248.318650 = 21° 53′ 12″43

M. 26 vendémiaire, à 2ʰ ¼. Soleil; calme. On voit bien les objets.

$$- \quad 1' \quad 1''93$$

Horizon . . . . 21ᵈ 52′ 10″50

Nous avions mesuré cet angle pour servir, avec celui que nous nous proposions d'observer à Montrédon, à lier Castres à nos triangles, et rectifier sa position déterminée dans la *Méridienne vérifiée*, que nous croyions fautive de 700 à 800 toises; mais notre objet n'a point été rempli, parce que les indicateurs qui nous avoient désigné ici cette tour de Castres pour le clocher de la cathédrale, se sont mépris, et que de Montrédon nous n'avons pu retrouver la même tour. Ainsi l'angle observé ici et celui observé à Montrédon ne pourront servir que comme directions; mais peut-être on pourroit les réduire à un même objet de Castres, au moyen d'un bon plan de cette ville.

Angles pour quelques points des Pyrénées qui ont été observés de Saint-Pons.

Entre le Puy-Prigue et le signal d'Alaric.

6   314.59230   528.487.67 = 47° 14′ 18″42

$$- \quad 1' \quad 44''57$$

Horizon . . . . 47° 12′ 33″85

Entre Alaric et Saint-Pons . . . . 93° 47′ 2″47

Donc entre Puy-Prigue et Saint-Pons . . 140° 59′ 36″32

Entre le pic de Salfare et le signal de Saint-Pons.

2   214.54630   107.82315 = 96° 30′ 30″06

M. 24 frimaire. Il n'a pas été possible d'observer cet angle un plus grand nombre de fois.

$$+ \quad 13''88$$

Horizon . . . . 96° 30′ 43″94

Entre le signal de Montrédon et le pic du midi de Bigorre.

10   947^{s}8410   94^{s}784100 $=$ 85° 18′ 20″48

M. 8 frimaire, vers 3^h. Objets très-clairs.

$$+ 15″54$$

Horizon . . . . 85° 18′ 36″02

Cet angle ne servira que comme direction. Étant à Montrédon, j'ai reconnu qu'on n'y pouvoit pas voir le pic du midi, et les circonstances ou les mauvais temps ne m'ont point permis non plus de l'observer à aucune des autres stations.

Entre Costa-Bona et le signal d'Alaric.

20   637^{s}0170   31^{s}850850 $=$ 28° 39′ 56″75

M. 14 frimaire, vers 1^h. Soleil; signal d'Alaric très-distinct. La pyramide de Costa-Bona est un peu foible, à cause de son grand éloignement; cependant on la voit assez bien.

$$- 1′ 52″77$$

Horizon . . . . 28° 38′ 3″98

Cet angle ne servira encore ici que comme direction, Costa-Bona n'étant liée qu'aux triangles de Catalogne.

Pour lier le clocher de Pradelles à la station de Nore, j'ai mesuré l'angle entre ce clocher et le signal de Carcassonne, lequel angle, réduit au centre et à l'horizon $=$ 16° 0′ 41″, Pradelles vers l'ouest; et, par quelques opérations secondaires, la distance entre le centre du signal et la verticale du clocher de Pradelles a été trouvée de 1293 toises. Ayant aussi la distance de la pointe du toit de ce clocher au zénith, observée et réduite au pied du signal de 99° 1′ 9″5; j'ai conclu des deux dernières données la différence de niveau de 205 toises, et la hauteur du clocher au-dessus du niveau de la mer de 415 toises, en supposant celle de Nore de 620.

ALARIC.

LXXIX.

La montagne d'Alaric est à demi-lieue environ de la route de Carcassonne à Narbonne, et au sud de l'étang de Marseillette; son sommet a près d'une lieue de longueur. C'est sur la partie la plus haute de ce sommet, vers l'extrémité orientale, que le signal de 1740 avoit été planté. Il étoit assez difficile d'en retrouver la place; cependant on l'a reconnue, du moins à fort peu près, au moyen des indications données par un ancien habitant de la commune de Montlaur, et un amas de pierres sembloit encore indiquer cette place. C'est à cent pas environ des rochers qui sont au bord escarpé de la montagne, au-dessus et au nord-ouest du village de *Camplong*.

Le nouveau signal qu'on y a établi étoit pareil à celui de Nore : hauteur, 2^{t}5162 ; côtés de la base inférieure, 0^{t}8333 ; ceux de la base supérieure, 0^{t}4549. Le pied de l'axe de ce signal répondoit à l'intersection des deux diagonales d'un trou carré percé dans une grosse pierre, que j'ai fait placer et maçonner dans le terrain, au milieu de la base. Ce repaire servira au besoin à retrouver le centre de la station : il a été recouvert d'un très-gros tas de pierres et de terre.

J'ai été secondé à cette station, et à la plupart des suivantes jusqu'à Barcelone, par le citoyen Tranchot, ingénieur-géographe, et par le citoyen Esteveny, artiste chargé du soin et des réparations des instrumens.

DISTANCES AU ZENIT.

$$dH = 1^t88195.$$

Signal de Saint-Pons. (Hauteur, 2^t7917.)

10   99ᵍ52915   99ᵍ52915   = 89° 34' 34"45 (dans le ciel.)

M. et T. 14 vendémiaire an 5, à 2^h,¼. Therm. 15ᵈ2. Vent d'est; ciel couvert en partie.

La même.

10   99ᵍ52940   99ᵍ52940   = 89° 34' 35"26

18 vendémiaire, à 4^h ¼. Vent violent de l'ouest-sud-ouest; objet très-net.

La même.

8   796ᵍ23025   99ᵍ52878125 = 89° 34' 33"25

27 vendémiaire, à midi. Vent nord-ouest assez fort; on voit bien le signal.

Moyenne . . . .   89° 34' 34"32

pour la réduction à l'horizon.

Demi-épaisseur du fil . . . . . .   + 3"00

$dH' = 2^t1574$ + 20"26

─────────

89° 34' 57"58

pour la différence de niveau et la réfraction.

Signal de Nore.

10   98ᵍ57610   98ᵍ976100 = 89° 4' 42"56 (dans le ciel.)

M. et T. 14 vendémiaire, à 3^h ¼. Therm. 15ᵈ2. Vent d'est; ciel entre-coupé de nuages; signal noir.

La même.

10   989ᵍ7580   98ᵍ975800 = 89° 4′ 41″59

17 vendémiaire, à 4ʰ 30″. Ce signal ne se voyoit bien que dans l'après-midi. Vent violent de l'ouest-sud-ouest; objet dans l'ombre.

Moyenne . . . . 89° 4′ 42″08

pour la réduction à l'horizon.

Demi-épaisseur du fil . . . .   + 3″00

$dH' = $ 1ᵗ8102   + 21″71

_____

89° 5′ 6″79

pour la différence de niveau et la réfraction.

Signal de Carcassonne.

10   1012ᵍ7800   1012ᵍ278000 = 91° 9′ 0″72 (en terre.)

M. et T.   13 vendémiaire, à midi ¼. Vent ouest assez fort; signal très-apparent.

La même.

10   1012ᵍ7820   1012ᵍ278200 = 91° 9′ 1″37

14 vendémiaire, à 11ʰ. Therm. 12ᵈ6. Ciel entrecoupé de nuages; objet bien visible.

La même.

10   1012ᵍ77925   1012ᵍ277925 = 91° 9′ 0″48

17 vendémiaire, à 4ʰ ¼. Signal éclairé du soleil, mais il y a beaucoup de brume.

Moyenne . . . . 91° 9′ 0″86

pour réduire à l'horizon les angles observés en l'an 5.

La même.

12   1215ᵍ2580   1012ᵍ278560 = 91° 8′ 39″66

M.   15 frimaire an 4. Soleil; signal un peu embrumé; vent nord-ouest fort.

Cette distance au zénit sert pour calculer la réduction à l'horizon des angles entre Carcassonne et Bugarach, entre Carcassonne et le Canigou, observés l'an 4.

Moyenne des quatre . . . . . . 91° 8′ 55″65
Demi-épaisseur du fil . . . . . + 3″00
$dH' = 1^t3450$ + 22″75

pour la différence de niveau et la réfraction. 91° 9′ 21″40

Signal de Bugarach. (*Hauteur*, 1t50.)

12 1,88t9205 99t07670833 = 89° 10′ 8″54 (en terre.)
pour la réduction à l'horizon. M. 15 frimaire an 4, à 3h ½ Soleil.

Demi-épaisseur du fil . . . . . + 3″00
$dH' = 0^t86574$ + 9″27

pour la différence de niveau et la réfraction. 89° 10′ 21″21

Signal de Tauch. (*Hauteur*, 2t1875.)

10 994t4050 99t440500 = 89° 29′ 47″22 (dans le ciel.)
pour la réduction à l'horizon. M. 22 frimaire an 4. Vent sud-est, ou de mer.

Demi-épaisseur du fil . . . . . + 3″00
$dH' = 1^t65324$ + 23″35

89° 30′ 13″57
pour la différence de niveau et la réfraction.

Pic du Canigou.

10 983t39075 983t39075 = 88° 30′ 18″60 (dans le ciel.)
M. 14 frimaire an 4, à 11h. Vent ouest-nord-ouest très-violent et froid. Vapeurs et ondulations considérables.

La même.

8   786ᵍ67675   98ᵍ334594 = 88° 30′ 4″08

1 nivose, au milieu du jour. Therm. 10ᵈ. Soleil; vent nord-est foible; objet très-net; point d'ondulations.

Moyenne. . . . .   88° 30′ 11″34

pour la réduction à l'horizon.

Demi-épaisseur du fil . . . . .   + 3″oo

$dH' = - $ 0ᵍ6343   — 3″58

88° 30′ 10″76

pour la différence de niveau et la réfraction.

Narbonne (Donjon de la tour méridionale de la cathédrale de).

10   101gᵍ2210   101ᵍ222100 = 91° 5′ 59″6o (en terre.)

pour la réduction à l'horizon de l'angle observé en l'an 4.   M.   13 frimaire an 4, à 2ʰ ¼. Soleil; grand vent de nord-ouest, et très-froid.

La même.

10   101gᵍ2450   101ᵍ224500 = 91° 6′ 7″38

pour la réduction à l'horizon de l'angle observé en l'an 5.   M. et T. 14 vendémiaire, à 1ʰ. Vent d'est; ciel parsemé de nuages; objet bien distinct.

Moyenne . . . .   91° 6′ 3″49

Demi-épaisseur du fil . . . . .   + 3″oo

$dH' = - $ 0ᵍ6343   — 8″27

91° 5′ 58″22

pour la différence de niveau et la réfraction.

Beziers (partie la plus éminente sur la tour de la cathédrale de).

12   1209ᵍ61975   100ᵍ8016458 = 90° 43′ 17″33 (en terre.)

pour la réduction à l'horizon de l'angle observé en l'an 4.   M. 1 nivose an 4, à 1ʰ. Therm. 10ᵈ. Soleil, et temps serein; vent nord-est foible.

La même.

10   1008ᵇ14325   1008ᵇ14325 = 90° 43′ 58″41

pour la réduction à l'horizon de l'angle observé en l'an 5. M. et T. 27
vendémiaire an 5, à 11ʰ ¼. Vent nord-ouest fort; objet bien éclairé.

Moyenne . . . .   90° 43′ 37″87

Demi-épaisseur du fil . . . . .   + 3″00

$dH' = - 0^t6343$ — 4″90
———————

90° 43′ 35″97

pour la différence de niveau et la réfraction.

La mer. (Direction à l'est.)

12   1209ᵇ5940   1008ᵇ799500 = 90° 43′ 10″38

M. et E. 13 frimaire an 4, à midi. Grand vent de nord-ouest très-froid;
horizon assez bien terminé.

La même. (6 degrés de l'est au nord.)

10   1008ᵇ0855   1008ᵇ808550 = 90° 43′ 39″70

M. et T. 18 vendémiaire an 5, à 3ʰ ¼. Vent violent ouest - sud - ouest;
horizon bien tranché.

Moyenne . . . .   90° 43′ 25″04

Demi-épaisseur du fil . . . . .   + 3″00
———————

90° 43′ 28″04

pour la différence de niveau et la réfraction.

Il faudra tenir compte de la hauteur du
cercle sur le sol, de 0ᵗ6343

ANGLES observés au centre.

Entre les signaux de Saint-Pons et de Nore.

24   929ᵍ2610   38ᵍ71920833 $= 34° 50' 50''235$

M. 13 vendémiaire an 5, vers 3ʰ ¼. Objets très-difficiles à observer. Le signal de Saint-Pons est de temps en temps éclairé du soleil, et ce n'est qu'alors qu'on peut l'apercevoir; celui de Nore est dans l'ombre, et ordinairement assez distinct : cependant des reflets de lumière le font souvent disparoître.

28   1084ᵍ16375   38ᵍ72013393 $= 34° 50' 53''234$

17 vendémiaire, vers 10ʰ ¼. On voit assez bien les objets.

20   774ᵍ39825   38ᵍ7199125 $= 34° 50' 52''516$

22 vendémiaire, à 4ʰ ¼. Air brumeux. Signaux difficiles à voir : celui de Saint-Pons éclairé; celui de Nore dans l'ombre. Après la 20ᵉ observation ils sont devenus presque invisibles, et on a cessé d'observer. On a rejeté la première série.

Les 48 dernières 1858ᵍ5620   38ᵍ72001467 $= 34° 50' 52''935$

Excentricité . . . . $- 0''027$

                              $- 3''484$

Horizon . . . . $34° 50' 49''42$

Méridienne vérifiée, p. xlvj . $34° 50' 30''5$

Entre les signaux de Nore et de Carcassonne.

20   1070ᵍ8845   53ᵍ544225 $= 48° 11' 23''289$

M. 13 vendémiaire, vers 4ʰ ¼. Objets passables; Nore dans l'ombre; Carcassonne éclairé d'un côté, mais on distingue bien l'autre.

24   1285ᵍ0720   53ᵍ544667 $= 48° 11' 24''720$

17 vendémiaire, entre 11ʰ et midi : on ne voit jamais Carcassonne plutôt. Objets assez apparens.

24   1285ᵍ0745   53ᵍ544770833 $= 48°. 11' 25''057$

Même jour, entre 3 et 4ʰ. Nore dans l'ombre, et très-distinct; signal de

Carcassonne bien apparent : l'une de ses faces est éclairée; l'autre est dans l'ombre, mais très-visible. On pointe au milieu de la base supérieure.

$$\text{Les } 68 \quad 364^\text{s}50310 \quad 53^\text{s}54457353 \quad = 48°\ 11'\ 24''418$$

$$\text{Excentricité} \ldots \ldots \ldots \ldots \ldots \quad -\ 0''050$$

$$\overline{\quad\quad -\ 2'\ 30''78}$$

$$\text{Horizon} \ldots \ldots \ldots \ldots \quad 48°\ 8'\ 53''59$$

Méridienne vérifiée, p. xlvj . $48°\ 9'\ 5''00$

Entre les signaux de Carcassonne et de Bugarach.

$$30 \quad 2517^\text{s}6595 \quad 83^\text{s}9219833 \quad = 75°\ 31'\ 47''226$$

M. et E. 15 frimaire an 4, de midi $\frac{1}{2}$ à $1^\text{h}\ \frac{1}{2}$. Objets un peu embrumés; Carcassonne éclairé du soleil. Esteveny visoit à un signal, et moi je pointois à l'autre.

$$24 \quad 2014^\text{s}1165 \quad 83^\text{s}921520833 \quad = 75°\ 31'\ 45''728$$

M. et E. 1 nivose, vers 3^h. Temps un peu brumeux; Bugarach difficile à observer.

$$\text{Les } 54 \quad 4531^\text{s}7760 \quad 83^\text{s}92177778 \quad = 75°\ 31'\ 46''560$$

$$\text{Excentricité} \ldots \ldots \ldots \quad +\ 0''065$$

$$\overline{\quad\quad -\ 1'\ 17''945}$$

$$\text{Horizon} \ldots \ldots \ldots \ldots \quad 75°\ 30'\ 28''68$$

Méridienne vérifiée, p. xlvj . $75°\ 30'\ 33''00$

Entre les signaux de Bugarach et de Tauch.

$$34 \quad 158^\text{s}27540 \quad 46^\text{s}55158823 = 41°\ 53'\ 47''146$$

M. et E. 22 frimaire, de $2^\text{h}\ \frac{1}{4}$ à $3^\text{h}\ \frac{1}{4}$. On voit les deux signaux très-distinctement, ce qui est bien rare, sur-tout pour celui de Bugarach, à cause qu'il se projette sur les Pyrénées.

$$24 \quad 1117^\text{s}23925 \quad 46^\text{s}55516354 \quad = 41°\ 53'\ 47''299$$

M. et E. 1 nivose, de 8^h à $9^\text{h}\ \frac{1}{4}$. Objets bien terminés.

$$\text{Les } 58 \quad 2699^\text{s}99325 \quad 46^\text{s}55160776 = 41°\ 53'\ 47''209$$

$$\text{Excentricité} \ldots \ldots \ldots \quad -\ 0''045$$

$$\overline{\quad\quad +\ 6''311}$$

$$\text{Horizon} \ldots \ldots \ldots \ldots \quad 41°\ 53'\ 53''48$$

Méridienne vérifiée, p. xlvj . $41°\ 53'\ 50''00$

Entre le signal de Tauch et le donjon de la tour méridionale de Saint-Just de Narbonne.

20 1970⁵7550 98⁵537750 = 88° 41′ 2″310

M. et E. 29 frimaire, après-midi. Narbonne éclairé du soleil.

Excentricité . . . . + 0″021

 — 35″871

Horizon . . . . 88° 40′ 26″46

Méridienne vérifiée, p. xlvij . 88° 40′ 26″00

Entre le signal de Tauch et la tour de Beziers.

26 3050⁵4260 117⁵324076923 = 105° 35′ 30″009

M. et E. 1 nivose, de 11ʰ ¼ à midi. On voit bien les objets.

Excentricité . . . . + 0″076

 — 16″912

Horizon . . . . 105° 35′ 13″17

Entre Narbonne et le signal de Saint-Pons.

20 1576⁵3875 78⁵819375 = 70° 56′ 14″775

M. 22 vendémiaire an 5, vers 2ʰ ¼. Air brumeux; Narbonne et Saint-Pons éclairés du soleil.

Excentricité . . . . + 0″038

 — 46″187

Horizon . . . . 70° 55′ 28″63

Méridienne vérifiée, p. xlvij . 70° 55′ 17″00

mais il y a erreur dans la réduction à l'horizon, et il faut lire 36″ au lieu de 17″.

Entre Beziers et le signal de Saint-Pons.

20 1200⁵5180 60⁵025900 = 54° 1′ 23″916

M. 27 vendémiaire, à 11ʰ. Objets éclairés et très-distincts.

Excentricité . . . . — 0″017

 — 40″469

Horizon . . . . 54° 0′ 43″43

Méridienne vérifiée, p. 254 . 54° 1′ 5″00

1.

Entre Carcassonne et le Canigou.

M. et E.

10   1077ᵍ25975   1078ᵍ725975 = 96° 57' 12"159
15 frimaire an 4, à 3ʰ. Les objets sont assez nets.

Excentricité . . . .   —   0"117
                                     —   1' 34"851
                                     _____

Horizon . . . .   96° 55' 37"19

Tour de l'horizon.

Saint-Pons et Nore	34° 50' 49"42
Nore et Carcassonne	48° 8' 53"59
Carcassonne et Bugarach	75° 30' 28"58
Bugarach et Tauch	41° 53' 53"48
Tauch et Narbonne	88° 40' 26"46
Narbonne et Saint-Pons	70° 55' 28"62
Somme	360° 0' 0"15

Et

Saint-Pons et Tauch. Somme des quatre premiers angles	200° 24' 5"07
Tauch et Beziers	105° 35' 13"17
Beziers et Saint-Pons	54° 0' 43"43
Somme	360° 0' 1"67

CARCASSONNE. (Sur la tour de Saint-Vincent.)

LXXX.

CETTE tour est octogone dans la partie supérieure; elle est terminée par une plate-forme entourée d'un parapet. Sa hauteur, depuis le seuil de la porte d'entrée de l'escalier jusqu'au bord du parapet, est de 25^{t}833.

Je n'ai pu savoir si l'on y avoit élevé un signal en 1740 ; peut-être on a visé au milieu apparent de la tour, mais ce ne seroit pas un bon signal : le diamètre de la tour est trop grand, et sa figure est irrégulière, à cause de la cage de l'escalier qui y est liée. Pour avoir un point de mire plus précis, j'ai fait établir sur la plate-forme un signal semblable aux précédens. Sa hauteur totale étoit de 2^{t}6805 ; mais il n'excédoit le bord du parapet que de 1^{t}97917.

Un pilier qui sert à conduire des fils de fer qui tirent les marteaux du timbre de l'horloge, a empêché de faire répondre le pied de l'axe du signal précisément au centre de la plate-forme. Voici les distances perpendiculaires de ce pied ou du centre de la station aux parois intérieures de quatre côtés opposés du parapet :

Aux côtés . . . .
$\begin{cases} \text{du nord . . . . } & 2^t3750 \\ \text{du sud. . . . . } & 2^t30556 \\ \text{de l'est. . . . . } & 2^t30556 \\ \text{de l'ouest . . . } & 2^t40278 \end{cases}$

DISTANCES AU ZÉNIT.

$$dH = 1^t9236.$$

Signal de Nore.

48 4675^{5}7450 97^{5}41135417 = 87° 40' 12″79 (dans le ciel.)

M. et T. Ces 48 observations sont la somme de celles de 5 séries faites à différentes époques en l'an 4 et l'an 5, le matin vers midi et dans l'après-midi, et par des températures entre 8 et 19ᵈ5. Les résultats extrêmes diffèrent du moyen de— 22″ et + 8″.

Demi-épaisseur du fil . . . . .   + 3″00

$$d\,H' = 2^{t}3889 \qquad + 38″36$$

$$\overline{87° \ 40' \ 54″15}$$

pour la différence de niveau et la réfraction.

Nota. On prend pour terme de la hauteur de la tour de Carcassonne le bord du parapet de sa plate-forme.

Signal d'Alaric.

48   4747ᵍ3535   98ᵍ9031979 = 89° 0′ 46″36 (dans le ciel.) pour réduire à l'horizon l'angle entre Alaric et Nore. M. et T. Ces 48 observations sont, comme les précédentes, la somme de 5 séries qui ont été faites dans les mêmes circonstances. Mais pour réduire à l'horizon l'angle entre Bugarach et Alaric, j'ai employé 89° 0′ 42″1, résultat moyen des deux premières séries qui ont été observées dans le même temps que cet angle.

Demi-épaisseur du fil . . . . .   + 3″00

$$d\,H' = 2^{t}4611 \qquad + 41″63$$

$$\overline{89° \ 1' \ 30″99}$$

pour la différence de niveau et la réfraction.

Signal de Bugarach.

10   984ᵍ02025   98ᵍ402025 = 88° 33′ 42″56 (dans le ciel.) M. et E.   21 brumaire, à 3ʰ ½. Temps sombre; froid. Le signal ne se voit pas très-bien.

La même.

10   984ᵍ05325   98ᵍ405325 = 88° 33′ 53″25 M. et E.   28 brumaire, à 4ʰ. Objet bien visible.

Moyenne . . . .   88° 33′ 47″91 pour la réduction à l'horizon.

Demi-épaisseur du fil . . . . .   + 3″00

$$dH' = 1^{t}44444 \qquad + 14″85$$

$$\overline{88° \ 34' \ 5″76}$$

pour la différence de niveau et la réfraction.

Pic du Canigou.

12   1178ᵉ06225   98ᵉ17185417 = 88° 21' 16″81 (dans le ciel.)

M. et E. 2 frimaire, dans l'après-midi. Therm. 8ᵈ. Pic bien terminé; il est couvert de neige.

La même.

8   785ᵉ4130   98ᵉ176625   = 88° 21' 32″27

M. et T. 28 floréal, après midi. Therm. 19ᵈ. Pic bien terminé; il n'y a point de neige.

Moyenne . . . .   88° 21' 24″54

pour la réduction à l'horizon.

Demi-épaisseur du fil . . . . .   + 3″00

$dH' = -$ 0ᵗ0556   — 0″29

88° 21' 27″25

pour la différence de niveau.

Mont Saint-Barthélemy (pic de Lestangtost, ou pic oriental et le plus haut du).

10   980ᵉ52725   98ᵉ052725 = 88° 14' 50″83 (dans le ciel.)

pour la réduction à l'horizon. M. et E. 27 brumaire, à 11ʰ. Soleil; vent sud-est fort et froid. Air brumeux; cependant le pic est assez bien terminé : il est couvert de neige.

Demi-épaisseur du fil . , ...   + 3″00

$dH' = -$ 0ᵗ0556   — 0″35

88° 14' 53″48

pour la différence de niveau.

Castelnaudary (boule de la flèche de Saint-Michel de).

8   799ᵉ9060   99ᵉ988250   = 89° 59' 21″93 (en terre.)

pour la réduction à l'horizon. M. et T. 28 floréal, à 6ʰ du soir. Therm. 19ᵈ. L'objet est presque dans la direction du soleil; on ne peut l'apercevoir que vers la fin de l'après-midi.

Pour le fil . . . .   0″00

$dH' = -$ 0ᵗ0556   — 0″66

89° 59' 21″27

pour la différence de niveau.

ANGLES.

Entre les signaux d'Alaric et de Nore.

20   1928ᵍ4145   96ᵍ420725   = 86° 46′ 43″149

M.   12 brumaire an 5, vers 11ʰ. Alaric dans l'ombre; Nore éclairé, mais un peu déformé par l'effet des vapeurs.

24   2314ᵍ07875   96ᵍ41994792 = 86° 46′ 40″631

M.   Même jour, à 4ʰ ¼. Beau temps; signaux éclairés du soleil, mais ondulations pour Nore.

32   3085ᵍ45475   96ᵍ42046094 = 86° 46′ 42″293

T.   30 brumaire, entre 2 et 4ʰ. Objets éclairés et bien visibles.

16   1542ᵍ7160   96ᵍ419750   = 86° 46′ 39″990

M.   28 floréal, à 7ʰ ¼, fini après le coucher du soleil.

20   1928ᵍ3990   96ᵍ419950   = 86° 46′ 40″638

M.   7 prairial, à 10ʰ ¼. Soleil; un peu d'ondulation.

20   1928ᵍ40325   96ᵍ4201625 = 86° 46′ 41″327

M.   8 prairial, de 6ʰ ½ à 7ʰ ½ du soir. Très-beau temps.

Les 132   12727ᵍ46625   96ᵍ4201989   = 86° 46′ 41″444

Excentricité . . . .   + 0″009

r = 0ᵗ55845   y = 35° 0′   + 2″888
                                    _____

Centre . . . .   86° 46′ 44″341

                                    + 2′ 13″46
                                    _____

Horizon . . . .   86° 48′ 57″80

Méridienne vérifiée, p. xlvij .   86° 48′ 30″00

Entre les signaux de Bugarach et d'Alaric.

32   2432ᵍ36025   76ᵍ01125781 = 68° 24′ 36″475

M. et E.   28 brumaire an 4, de 11ʰ ¼ à midi ¼. Soleil foible; objets dans l'ombre; Alaric beau, Bugarach difficile à distinguer.

28   2128ᵍ2905   76ᵍ010375   = 68° 24′ 33″615

M. et E.   29 brumaire, de 11ʰ ¼ à 2ʰ ¼. Signaux embrumés. Les observations

ont été interrompues par la pluie. La commission spéciale a rejeté cette
série.

24 1824∂2580   76∂010750 $= 68° 24' 34''830$

M. et E. 1 frimaire, de $3^h \frac{1}{4}$ à $4^h \frac{1}{4}$. Bugarach un peu embrumé jusqu'à
la 10° observation ; Alaric clair.

36 2736∂4060   76∂0112778 $= 68° 24' 36''540$

M. et E. 2 frimaire, de $2^h \frac{1}{4}$ à $4^h \frac{1}{4}$. Soleil ; calme ; signaux aussi nets
qu'on puisse le desirer.

Les 92 6993∂02425 76∂01113315	$= 68° 24' 36''071$	
Excentricité	$- 0''069$	
$n = 1'020833$ $y = 266° 9'6$	$+ 12''728$	
Centre	$68° 24' 48''730$	
	$+ 58''156$	
Horizon	$68° 25' 46''89$	
Méridienne vérifiée, p. xlvij.	$68° 25' 41''00$	

Entre le signal de Nore et Castelnaudary.

20 2034∂8605   101∂743025 $= 91° 34' 7''401$

M. 28 floréal an 5, à $5^d \frac{1}{4}$. Objets très-beaux.

Excentricité	$+ 0''042$
$r = 0'93403$ $y = 87° 36'9$	$- 10''850$
Centre	$91° 33' 56''593$
	$+ 6''212$
Horizon	$91° 34' 2''81$

Entre le pic du Canigou et le signal d'Alaric.

12 87280720   7286726667 $= 65° 24' 19''440$

M. et E. 2 frimaire, vers $4^h \frac{1}{4}$. Soleil ; calme ; objets très-nets.

Excentricité	$+ 0''122$
$r = 1'020833$ $y = 266° 9'6$	$+ 14''838$
Centre	$65° 24' 34''40$
	$+ 59''40$
Horizon	$65° 25' 33''80$

Carcassonne.

Entre le pic de Lestangtost du mont Saint-Barthélemy et le signal de Bugarach.

12 667^{g}88775 55^{g}6573125 $=$ 50° 5′ 29″693

M. et E. 27 brumaire. On vise à un petit mamelon très-remarquable sur le haut du pic. Bugarach légèrement embrumé.

Excentricité	— 0″042
$r =$ 0^{t}66667 $y =$ 185° 17′9	— 2″813
Centre	50° 5′ 26″838.
	— 1′ 11″325
Horizon	50° 4′ 15″51

Bugarach.

PIC DE BUGARACH.

LXXXI.

La montagne de Bugarach est la plus haute *des Corbières;* elle tire son nom de celui d'un village qui est au pied et dans le nord-ouest. Elle est très-escarpée, sur-tout du côté du sud-est, où elle est coupée à pic sur une hauteur de plus de deux cents toises. Dans plusieurs directions elle présente la forme d'une pyramide tronquée. Son sommet a peu d'étendue, et l'accès en est extrêmement difficile : il se divise en trois pointes, qui sont formées par deux grandes brèches dans la partie tranchée à pic. Ces trois pointes sont en ligne droite, et gissent à peu près nord et sud.

C'est sur la pointe méridionale qu'on avoit établi le premier signal en vendémiaire de l'an 2, et qui a été observé du Puy de la Estella. Il étoit formé d'un baliveau

planté bien verticalement, et maintenu dans cette position par de forts arcs-boutans ; sa tête, ou le point de
mire, étoit un cylindre de 0ᵗ8333 de hauteur, et de
0ᵗ4167 de diamètre. La hauteur totale étoit de 2ᵗ167
environ. Il y a tout lieu de croire que ce signal a été
placé au même point que celui de 1739 ; car on a retrouvé un trou creusé dans le roc, qu'un habitant de
Bugarach a indiqué comme étant le trou dans lequel
l'ancien signal avoit été planté. D'ailleurs on ne pouvoit guère se méprendre d'une toise, parce que le
plateau a si peu d'étendue, qu'à peine y pouvoit-on
mettre les arcs-boutans.

Le second signal a été élevé en vendémiaire de l'an 4,
lors de la reprise des opérations. C'étoit une pyramide
en bois quadrangulaire, surmontée d'un prisme de 0ᵗ611
de hauteur, et de 0ᵗ50 de côté : hauteur totale, 2ᵗ3333.
Il a été facile de faire répondre l'axe du prisme et de la
pyramide au même point que celui du premier signal,
au moyen des repaires marqués la première fois, et d'un
tronçon du baliveau, resté dans le roc. Le prisme n'a
servi de point de mire que pour l'angle entre la Estella et
Bugarach, observé dans ce même temps à Forceral, parce
que le signal fut renversé presque aussitôt par un ouragan.
Lorsque je fus rendu à cette station pour y faire relever
le signal et y mesurer les angles, je fis supprimer le
prisme, et on ne rétablit que la pyramide, afin de
donner moins de prise au vent. Sa hauteur au-dessus
du piquet du centre n'étoit plus que de 1ᵗ50. C'est dans
cet état qu'elle a été observée d'Alaric, de Carcassonne,

Bugarach. de Tauch, et une dernière fois de Forceral, pour l'angle entre Tauch et ce point.

DISTANCES AU ZÉNIT.

Signal de Carcassonne.

10 1019ᵍ09425 1018ᵍ909425 $=$ 91° 43' 6"54 (en terre.)
pour la réduction à l'horizon. M. et E. 6 brumaire an 4, à 3ʰ ¼. Signal éclairé et bien distinct.

Demi-épaisseur du fil	$+$ 3"00
$dH' =$ 1ᵗ36806	$+$ 14"07
	91° 43' 23"61

pour la différence de niveau et la réfraction.

Signal d'Alaric.

10 1012ᵍ2200 1018ᵍ222000 $=$ 91° 5' 59"28 (dans le ciel.)
pour la réduction à l'horizon. M. et E. 6 brumaire, à 3ʰ ¼. Soleil; objet très-apparent.

Demi-épaisseur du fil	$+$ 3"00
$dH' =$ 1ᵗ90556	$+$ 20"40
	91° 6' 22"68

pour la différence de niveau et la réfraction.

Signal de Tauch. (Hauteur, 2ᵗ5o.)

10 1009ᵍ69875 1008ᵍ969875 $=$ 90° 52' 22"40 (dans le ciel.)
pour la réduction à l'horizon. M. et E. 2 brumaire, à 2ʰ. Soleil; mais il y a des vapeurs et un peu d'ondulation.

Demi-épaisseur du fil	$+$ 3"00
$dH' =$ 1ᵗ8889	$+$ 30"26
	90° 52' 55"66

pour la différence de niveau et la réfraction.

Signal de Forceral. (*Hauteur*, 2ᵗ8808.)

10   1016⁵22175   10156221750 $=$ 91° 27′ 35″85

M. et E.   2 brumaire, à 2ʰ ¼. Soleil; objet bien visible.

La même.

8   813⁵03025   101562878125 $=$ 91° 27′ 59″25

10 brumaire, à 2ʰ ¼. Signal un peu diffus.

Moyenne . . . .   91° 27′ 47″55.

pour la réduction à l'horizon.

Demi-épaisseur du fil	$+$ 3″00
$dH' = $ 2ᵗ2708	$+$ 30″09
	91° 28′ 20″64

pour la différence de niveau et la réfraction.

Signal du puy de la Estella. (*Hauteur*, 2ᵗ3333.)

10   993⁵28025   998328025 $=$ 89° 23′ 42″80 (dans le ciel.)

pour la réduction à l'horizon. M. et E.   10 brumaire, à 1ʰ ¼. Soleil; objet terminé.

Pour le fil	0″00
$dH' = $ 1ᵗ55556	$+$ 15″12
	89° 23′ 57″92

pour la différence de niveau et la réfraction.

Pic du Canigou.

8   780⁵9295   975⁶161875 $=$ 87° 51′ 16″65 (dans le ciel.)

M. et E.   2 brumaire, à 2ʰ ¼. Soleil; pic parfaitement tranché; point d'ondulations. On vise, comme dans toutes les autres observations, au tas de pierres qui entoure le pied de la croix qui y est érigée.

Demi-épaisseur du fil	$+$ 3″00
$dH' = $ — 0ᵗ6111	— 6″33
	87° 51′ 13″32

pour la différence de niveau.

Mont Saint-Barthélemy, pic oriental ou de Lestangtost.

10   987ᵍ2330   988723300 $=$ 88° 51' 3"49 (dans le ciel.)

pour la réduction à l'horizon. M. et E. 5 brumaire, à 1ʰ ¼. Les observations ont été interrompues de temps en temps par des nuages qui enve-
loppoient le pic; mais lorsqu'il paroissoit il étoit bien terminé.

Demi-épaisseur du fil . . . . . $+$ 3"00

$dH' = -$ 0ᵍ6111 $-$ 5"00

                                         —————————
pour la différence de niveau.   88° 50' 1"49

La mer. (Direction, 60° du sud à l'est.)

10   101ᵍ2760   1018127600 $=$ 91° 0' 53"42

M. et E. 2 brumaire, à 3ʰ. Soleil; calme et temps très-clair, mais l'horizon est un peu embrumé.

La même. (Même direction.)

8   809ᵍ1590   1018145250 $=$ 91° 1' 49"40

15 brumaire. Grand vent de nord-ouest, mais on est abrité; horizon légèrement embrumé.

Moyenne . . . .   91° 1' 21"41

Démi-épaisseur du fil . . . . . $+$ 3"00

                                    —————————
pour la différence de niveau.   91° 1' 27"41

Nota. Il faut tenir compte de la hauteur du cercle au-dessus du pic, de
0ᵍ6111.

ANGLES observés au centre.

Entre les signaux d'Alaric et de Carcassonne.

18   721ᵍ1290   408062722 $=$ 36° 3' 23"220

M. et E. 6 brumaire, de 4 à 5ʰ. Soleil jusqu'à son coucher. Les signaux
se voyoient très-bien jusqu'à la 18ᵉ observation, après quoi le jour a manqué.

30   1201ᵇ89745   40ᵇ06315833 = 36° 3' 24"633

9 orumaire, de 11ʰ ½ à 1ʰ. Soleil; objets éclairés, mais un peu embrumés.

Moyen arithmétique . . . . .   36° 3' 23"927
Excentricité . . . .   + 0"004
                                       + 22"137
Horizon . . . .   36° 3' 46"07
Méridienne vérifiée, p. xlvij . 36° 4' 0"00

Entre les signaux de Tauch et d'Alaric.

24   1209ᵇ1810   50ᵇ3825417   = 45° 20' 39"435

M. et E. 6 brumaire, de 1ʰ ¼ à 2ʰ ¼. Soleil; objets bien apparens. Vent nord-ouest assez fort; mais on en est abrité, et le cercle n'est point agité.

24   1209ᵇ17525   50ᵇ382302083 = 45° 20' 38"659

9 brumaire, de 1ʰ ¼ à 2ʰ ½. Soleil; air un peu brumeux, cependant les signaux sont bien visibles; vent du sud froid et assez fort, mais le cercle est abrité.

Moyen arithmétique . . . . .   45° 20' 39"047
Excentricité . . . .   + 0"055
                                      + 23"586
Horizon . . . . 45° 21' 2"69
Méridienne vérifiée, p. xlvij . 45° 21' 8"00

Entre les signaux de Forceral et de Tauch.

18   839ᵇ0500   46ᵇ6138889   = 41° 57' 9"00

M. et E. 2 brumaire, de 3 à 4ʰ. Soleil; temps serein; objets très-nets.

24   1118ᵇ72875   46ᵇ61369792 = 41° 57' 8"381

9 brumaire, de 3ʰ ¼ à 4ʰ ¼. Temps serein; objets bien visibles, quoiqu'il y ait un peu de brume à l'horizon.

Les 42   1957ᵇ77875   46ᵇ613779762 = 41° 57' 8"646
Excentricité . . . .   — 0"029
                                      + 18"563
Horizon. . . . .   41° 57' 27"18

Nota. On ne rapporte pas l'angle de la *Méridienne vérifiée*, parce que notre signal de Forceral n'étoit pas au même endroit que celui de 1739.

Bugarach.

Entre les signaux de la Estella et de Forceral.

20   884^s4370   44^s221850   = 39° 47′ 58″794

M. et E. 6 brumaire, de 9 à 10^h. Objets dans l'ombre, et bien nets.

30   1326^s66175   44^s22205833   = 39° 47′ 59″469

10 brumaire, de 2^h $\frac{1}{4}$ à 4^h. Forceral éclairé du soleil ; la Estella dans l'ombre, mais bien visible. Pour observer ces deux séries on a été obligé d'écarter un peu le cercle du centre du signal, parce que l'un de ses arétiers cachoit la Estella.

Les 50   2211^s09875   44^s2219750   = 39° 47′ 59″199

$r = 0'0289352$ $y = 50°$ 12′   — 0″013

Centre . . . . 39° 47′ 59″186

Excentricité . . . . — 0′ 0″037

                     — 3′ 1″534

Horizon . . . . 39° 44′ 57″61

Entre le signal de Carcassonne et le mont Saint-Barthélemy.

8   820^s84925   102^s60615625 = 92° 20′ 43″946

M. et E. 9 brumaire, à 4^h $\frac{1}{4}$. On visoit à un petit mamelon très-remarquable sur le pic de l'Estangtost. Le soleil, près de son coucher, a été couvert par les nuages, et le signal de Carcassonne s'est tellement embrumé après la 8e observation, qu'on a été forcé de discontinuer.

Excentricité. . . . . — 0′ 0″022

                    — 1′ 58″199

Horizon . . . . 92° 18′ 45″73

Entre le pic du Canigou et le signal de Forceral.

20   1127^s24775   56^s3623875 = 50° 43′ 34″136

M. et E. 6 brumaire, de midi à 1^h $\frac{1}{4}$. Soleil ; pic du Canigou très-net ; Forceral un peu diffus.

Excentricité . . . . + 0′ 0″029

                    — 7′ 8″693

Horizon. . . . . 50° 36′ 25″47

SIGNAL DE TAUCH.

LXXXII.

LA montagne de Tauch, située entre les villages de Mont-Gaillard et de Tuchan, dans le sud-est du département de l'Aude, est la plus considérable des *Corbières*; son sommet a près d'une lieue de longueur et de largeur. C'est sur une butte qui se trouve dans la partie nord de ce sommet, et que l'on nomme le mont *Peyrous*, parce que son sol est de pierres, que le signal de 1739 avoit été planté. Le nouveau signal a été érigé au même endroit, autant qu'il a été possible de le reconnoître. Il étoit semblable aux précédens, et il avoit 2^{t}50 de hauteur au-dessus du piquet enfoncé au milieu de sa base, lorsqu'on l'observa de Forceral et de Bugarach en vendémiaire et brumaire de l'an 4; mais comme il fut renversé peu de temps après par un ouragan, sa hauteur a été réduite à 2^{t}1875 lorsqu'on le releva; et c'est dans ce dernier état qu'on l'a observé d'Alaric, de Forceral en pluviose, et de Perpignan.

DISTANCES AU ZÉNIT.

Signal d'Alaric.

10 $1007^s867275$ $1008^s767275 = 90°$ 41' 25"97

pour la réduction à l'horizon. M. et E. 6 nivose, à 1^h ¼. Soleil; très-peu de vapeurs.

Demi-épaisseur du fil . . . . . .   + 3"00
$dH' = 1^t9125$ + 28"75
                        90° 41' 57"72

pour la différence de niveau et la réfraction.

Signal de Bugarach.

10   992805425 998054250 $= 89°\ 17'\ 5''56$

pour la réduction à l'horizon. M. et E. 6 nivose, à $1^h\ \frac{4}{7}$. Soleil ; un peu d'ondulations.

Demi-épaisseur du fil . . . . . $+\ 3''00$

$dH' = 0^t8952$ $+\ 14''34$

$89°\ 17'\ 22''90$

pour la différence de niveau et la réfraction.

Signal de Forceral. (Hauteur, 3^t0278.)

10   101282950 1018229500 $= 91°\ 6'\ 23''58$

pour la réduction à l'horizon. M. et E. 6 nivose, à 2^h. Soleil ; un peu de vapeurs.

Demi-épaisseur du fil . . . . . $+\ 3''00$

$dH' = 2^t4236$ $+\ 47''67$

$91°\ 7'\ 14''25$

pour la différence de niveau et la réfraction.

Signal du mont d'Espira.

10   102081880 1028018800 $= 91°\ 49'\ 0''91$ (en terre.)

pour la réduction à l'horizon. M. et E. 7 nivose, à 2^h 20'. Soleil ; air brumeux, mais l'objet est bien visible, parce qu'il n'est pas très-éloigné.

Demi-épaisseur du fil . . . . . $+\ 3''00$

$dH' = 1^t5868$ $+\ 46''78$

$91°\ 49'\ 50''69$

pour la différence de niveau et la réfraction.

Narbonne (donjon de la tour méridionale de).

10   101483830 1018438300 $= 91°\ 17'\ 40''09$ (en terre.)

pour la réduction à l'horizon. M. 8 nivose, à 2^h. Soleil ; calme, et température très-douce.

Demi-épaisseur du fil . . . . . $+\ 3''00$

$dH' = -\ 0^t6042$ $-\ 6''02$

$91°\ 17'\ 37''07$

pour la différence de niveau.

Béziers (tour de la cathédrale de).

8 808ᵍ12775   101ᵍ01596875 = 90° 54' 51"74 (en terre.)
pour la réduction à l'horizon. M. 8 nivose, à 2ʰ. Mêmes circonstances
que pour la précédente.

Demi-épaisseur du fil . . . . .   + 3"00
$d\,H' = - 0^{t}6042$ — 3"76
                                    ─────────
                                   90° 54' 50"98

pour la différence de niveau.

Perpignan (tourillon nord-ouest de la tour de Saint-Jaumes de).

10   101ᵍ83950   101ᵍ839500 = 91° 39' 19"98 (en terre.)
pour la réduction à l'horizon. T. 11 nivose, à 1ʰ ½. Vapeurs.

Demi-épaisseur du fil . . . . . .   + 3"00
$d\,H' = - 0^{t}6042$ — 8"15
                                     ─────────
                                    91° 39' 14"83

pour la différence de niveau.

Fort de Bellegarde (sommet de la tour du).

8   805ᵍ9450   100ᵍ743125 = 90° 40' 7"73 (dans le ciel.)
pour la réduction à l'horizon.

Pour le fil . . . .   0"00
$d\,H' = - 0^{t}6042$ — 4"62
                                    ─────────
                                   90° 40' 3"11

pour la différence de niveau.

La mer. (Direction, 40° du sud à l'est).

10   1009ᵍ5305   100ᵍ953050 = 90° 51' 27"85
M. et E. 8 nivose, à 1ʰ 40'. Soleil; très-beau temps et calme; température fort douce, mais l'horizon de la mer est brumeux et mal tranché.

1.

La même.

2 1201ᵇ8980 100ᵇ9490 $= 90°$ 51' 14"76

T. 11 nivose, entre 3 et 4ʰ.

Moyen proportionnel . . . . . 90° 51' 25"67

pour la différence de niveau.

Il faut avoir égard à la hauteur du centre du cercle sur le sol, de 0ᵗ6042.

ANGLES observés au centre.

Entre les signaux d'Alaric et de Bugarach.

30 3091ᵇ99925 103ᵇ06664167 $=$ 92° 45' 35"919

M. et E. 6 nivose, de 10ʰ ½ à 11ʰ ½. Alaric éclairé en plein, Bugarach dans l'ombre; l'un et l'autre bien distincts.

20 206ᵇ83285 103ᵇ0664250 $=$ 92° 45' 35"217

M. 6 nivose, entre 3 et 4ʰ. Alaric très-clair, Bugarach un peu ondoyant.

Les 50 5153ᵇ3277 103ᵇ066554 $=$ 92° 45' 35"635

Excentricité . . . . $+$ 0"010

$-$ 29"579

—————————————

Horizon . . . . 92° 45' 6"05

Méridienne vérifiée, p. xlviij . 92° 45' 13"00

Entre les signaux de Bugarach et de Forceral.

30 2763ᵇ0390 92ᵇ101300 $=$ 82° 53' 28"212

M. et E. 6 nivose, de 11ʰ ¼ à midi ¼. Les deux signaux dans l'ombre et très-distincts.

38 3499ᵇ8745 92ᵇ10196184 2 $=$ 82° 53' 30"356

M. et E. 8 nivose, de 11ʰ ½ à midi ½. Mêmes circonstances que pour la première série.

24 221ᵇ84275 92ᵇ10114583 $=$ 82° 53' 27"713

T. 10 nivose, de midi ½ à 2ʰ. Le résultat de cette troisième série paroît un peu foible, mais on n'a pas cru devoir le rejeter.

Les 92   847383410   92510153261   = 82° 53' 28"966
Excentricité . . . .   — 0"038
                                      — 56"946

Horizon . . . .   82° 52' 31"98

On ne peut pas comparer cet angle à celui de la *Méridienne vérifiée*, parce que notre signal de Forceral n'étoit point à la même place que celui de 1739.

Entre les signaux de Forceral et du mont d'Espira.

24   111689630   46854o125   = 41° 53' 10"005
M. et E.   7 nivose, de midi ¼ à 1ʰ ¼. Soleil, mais les objets sont embrumés.

30   139662020   46854oo667   = 41° 53' 9"816
M. et E.   8 nivose, de 10ʰ ¼ à 11ʰ ¼. Soleil ; les deux signaux dans l'ombre, et point d'ondulations.

20   93o68o15   46854oo75   = 41° 53' 9"843
T.   11 nivose, de 11ʰ ¼ à 1ʰ. Les objets sont dans l'ombre et se voient très-bien.

Les 74   344389665   46854008784 = 41° 53' 9"885
Excentricité . . . .   — 0"102
                                      + 30"674

Horizon . . . .   41° 53' 40"46

Entre Narbonne (*donjon de la tour méridionale*) et le signal d'Alaric.

20   110783055   558365275   = 49° 49' 43"491
M.   8 nivose, à 3ʰ ¼. Objets très-beaux.
Excentricité . . . .   — 0"053
                                      + 16"418

Horizon . . . .   49° 49' 50"86

Entre la tour de Beziers et le signal d'Alaric.

20   1130^{g}92575   56^{g}5462875 = 50° 53' 29"972

M. 8 nivose, à 2ʰ ¼. Objets bien visibles.

Excentricité . . . .   — 0"092

                                            + 17"599
                                        _____

Horizon. . . . .   50° 53' 47"48

Entre le signal de Forceral et la tour de Saint-Jaumes de Perpignan.

20   737^{g}85880   368^{g}879400 = 33° 11' 29"257

T. 10 nivose, de 2ʰ ¼ à 3ʰ ¼.

Excentricité . . . .   + 0"064

                                      + 19"843
                                  _____

Horizon . . . .   33° 11' 49"16

Entre le signal de Forceral et la tour de Bellegarde.

12   156^{g}91475   13^{g}07622917 = 11° 47' 6"983

M. 8 nivose, à midi ¼. On voit très-nettement les objets.

Excentricité . . . .   + 0"101

                                      — 24"081
                                  _____

Horizon . . . .   11° 46' 43"00

SIGNAL DE FORCERAL.

LXXXIII.

LA montagne de Forceral, qui est à quatre lieues environ dans l'ouest de Perpignan, présente, sur son sommet, deux têtes ou pointes assez remarquables.

Il y a un ancien hermitage et une chapelle sur la pointe occidentale ; mais c'est sur la pointe orientale que le signal de 1739 avoit été planté, parce qu'elle est un peu plus haute que l'autre, et qu'on y découvre toute la plaine de Perpignan. Le nouveau signal a été établi sur cette pointe, dans l'angle sud-ouest des restes des murs d'un ancien fort, à 9^t72222 vers l'ouest du centre de l'ouverture d'une citerne qui se trouve encore au milieu du plateau. Il paroît que le signal de 1739 étoit près de l'extrémité orientale de ce plateau, ou de 20 toises environ plus proche de Perpignan.

Notre signal étoit formé d'un baliveau très-droit, planté bien verticalement, maintenu par de forts arcs-boutans, et surmonté d'un prisme quadrangulaire de 0^t73 de hauteur et 0^t4 de côté. Il a été élevé plusieurs fois : la première, en vendémiaire de l'an 2, pour être observé, du côté du sud, de la Estella et du Puy-Cameillas, lorsqu'on terminoit la mesure des triangles en Catalogne, et qu'on espéroit pouvoir continuer la chaîne en France ; mais des obstacles insurmontables résultans de la guerre s'y sont opposés alors. La suite des opérations de la méridienne fut interrompue même en France pendant près de deux ans ; on la reprit vers la fin de l'an 3, en vertu d'un décret de la Convention qui en ordonnoit la continuation et l'achèvement ; en conséquence je fis relever les signaux de Cameillas, de la Estella et de Forceral, aussitôt après la paix avec l'Espagne. Le dernier fut encore renversé à cette deuxième époque par un ouragan des plus violens : ainsi sa hauteur a varié ;

Forceral.

mais on la trouve indiquée telle qu'elle étoit à chacune des stations correspondantes d'où l'on a observé ce signal. Par une opération secondaire, j'ai trouvé qu'il étoit distant du milieu de la porte de la chapelle de 111ᵗ47 vers l'orient.

DISTANCES AU ZÉNIT.

Signal du mont d'Espira.

8   802ᵉ29825   100ᵉ28728125 = 90° 15′ 30″79 (dans le ciel.)

M. et E.   28 nivose, à 4ʰ ¼. Objet bien terminé.

La même.

12   1203ᵉ46825   100ᵉ28902083 = 90° 15′ 36″43

M. et E.   1 pluviose, à 1ʰ ¼. Beau temps.

Moyenne	90° 15′ 33″61
pour la réduction à l'horizon.	
Demi-épaisseur du fil	+ 3″00
$d\,H' = 1ᵗ0382$	+ 30″38

90° 16′ 6″99

pour la différence de niveau et la réfraction.

Signal de Tauch. (*Hauteur,* 2ᵗ50.)

12   1187ᵉ00075   98ᵉ9167292 = 89° 1′ 30″20 (dans le ciel.)

pour la réduction à l'horizon des angles entre Tauch et Bugarach, Tauch et la Estella, Tauch et Perpignan. M. et E.   20 vendémiaire, à 4ʰ ¼. Objet très-distinct.

Pour le fil	0″00
$d\,H' = 1ᵗ8611$	+ 36″61

89° 2′ 6″81

pour la différence de niveau et la réfraction.

La même. (Hauteur, 2ᵗ1875.)

10   980820ₛ010   98ₛ920100 = 89° 1' 41"12

pour la réduction à l'horizon de l'angle entre Tauch et le mont d'Espira.
M. et E. 3 pluviose, à midi ¼.

Demi-épaisseur du fil	+ 3"00
$dH' = 1ᵗ0347$	+ 20"35

89° 2' 4"47

pour la différence de niveau et la réfraction.

Signal de Bugarach. (Hauteur, 2ᵗ3333.)

12   1183ₛ1850   98ₛ598750 = 88° 44' 19"95 (dans le ciel.)

pour la réduction à l'horizon des angles entre ce point et la Estella et le
Canigou. M. et E. 17 vendémiaire, à 4ʰ ¼. Calme; temps clair; objet
beau.

Demi-épaisseur du fil	+ 3"00
$dH' = 1ᵗ69444$	+ 22"45

88° 44' 45"40

pour la différence de niveau et la réfraction.

La même. (Hauteur, 1ᵗ50.)

10   986ₛ0615   98ₛ606150 = 88° 44' 43"93

pour la réduction à l'horizon de l'angle entre Tauch et Bugarach. M. et E.
7 pluviose.

Demi-épaisseur du fil	+ 3"00
$dH' = 0ᵗ86111$	+ 11"41

88° 44' 58"34

pour la différence de niveau et la réfraction.

Pic du Canigou.

12 . 1144ₛ6545   95ₛ387875 = 85° 50' 56"72 (dans le ciel.)

M. et E. 15 vendémiaire, vers 11ʰ. Therm. 15ᵈ. On vise à l'amas de pierres qui est au pied de la croix. Pic bien terminé. Il n'y a point de neige. Grand vent qui agite un peu le niveau.

La même.

12   1244⁵68775   95⁵3906458 $=$ 85° 51′ 5″69
M. et E.   20 vendémiaire, à 8ʰ ¼. Temps assez calme; pic bien distinct.
Moyenne. . . . .   85° 51′ 1″70
pour la réduction à l'horizon.

Pour le fil . . . .   0″00
$dH' = -$ 0ᵗ6389 $-$ 8″38

                                    85° 50′ 53″32

pour la différence de niveau.

Signal de la Estella. (Hauteur, 2ᵗ3333.)

12   1164⁵58125   97⁵0484375 $=$ 87° 20′ 38″14 (dans le ciel.)
pour la réduction à l'horizon.   M. et E.   20 vendémiaire, à 8ʰ ¼. Beau temps et calme.

Pour le fil . . . .   0″00
$dH' = +$ 1ᵗ52778 $+$ 23″17

                                    87° 21′ 1″31

pour la différence de niveau et la réfraction.

Signal du Puy-Cameillas. (Hauteur, 2ᵗ3333.)

12   1296⁵3540   99⁵6961667 $=$ 89° 43′ 35″58 (dans le ciel.)
pour la réduction à l'horizon.   M. et E.   17 vendémiaire, à 1ʰ ¼. Calme; temps serein; objet bien net.

Pour le fil . . . .   0″00
$dH' =$ 1ᵗ52778 $+$ 18″32

                                    89° 43′ 53″90

pour différence de niveau et la réfraction.

Perpignan (tourillon nord-ouest de la tour de Saint-Jaumes de).

12 1220ᵇ3300 101ᵇ6941667 = 91° 31′ 29″10 (en terre.)

pour la réduction à l'horizon des angles entre ce point et Cameillas et Tauch. M. et E. 14 vendémiaire, à 11ʰ. Le vent agite un peu le niveau.

$$dH' = -\,0^{t}6389 \qquad -\,15''17$$

$$\overline{\qquad 91°\ 31'\ 13''93}$$

La même.

10 1016ᵇ9305 101ᵇ693050 = 91° 31′ 25″48

pour la réduction à l'horizon de l'angle entre Perpignan et le signal d'Espira. M. et E. 1 pluviose, à midi ¼. Calme; objet éclairé du soleil.

$$dH' = -\,1^{t}5278 \qquad -\,27''37$$

$$\overline{\qquad 91°\ 30'\ 58''11}$$

Moyenne . . . . 91° 31′ 6″02

pour la différence de niveau et la réfraction.

Tour de Bellegarde, sommet de la lanterne.

12 1203ᵇ0920 100ᵇ2576667 = 90° 13′ 54″84 (dans le ciel.)

M. et E. 17 vendémiaire.

$$dH' = -\,0^{t}6389 \qquad -\,7''88$$

$$\overline{\qquad 90°\ 13'\ 46''96}$$

La même.

6 601ᵇ5755 100ᵇ2625833 = 90° 14′ 10″77

pour la réduction à l'horizon. M. et E. 30 nivose.

Demi-épaisseur du fil . . . . . + 3″00

$$dH' = -\,1^{t}5278 \qquad -\,14''23$$

$$\overline{\qquad 90°\ 13'\ 59''54}$$

Moyenne . . . . 90° 13′ 53″25

pour la différence de niveau.

1.

50

Signal du Vernet, à l'extrémité sud de la base.

10   1020^{8}21775   1028021775 $=$ 91° 49′ 10″55 (en terre.)

M. et E.   28 nivose, à 3^h $\frac{3}{4}$. Objet bien terminé.

La même.

10   1020^{8}2215   1028022150 $=$ 91° 49′ 11″77

M. et E.   1 pluviose, à midi. Un peu d'ondulations.

Moyenne . . . .   91° 49′ 11″16

pour la réduction à l'horizon.

Demi-épaisseur du fil . . . . . $+$ 0′ 3″00

$dH' =$ 3^{t}19722 $+$ 1′ 24″17
                              —————————
                              91° 50′ 38″33

pour la différence de niveau et la réfraction.

Signal près Salces, à l'extrémité nord de la base.

8   81286490   1018581125 $=$ 91° 25′ 22″85

M. et E.   1 pluviose, à 3^h. Temps sombre.

Demi-épaisseur du fil . . . . . $+$ 0′ 3″00

$dH' =$ 3^{t}14237 $+$ 1′ 0″77
                              —————————
                              91° 26′ 26″62

pour la différence de niveau et la réfraction.

Tour de Tautavel.

6   600^{8}1600   1008026667 $=$ 90° 1′ 26″40

pour la réduction à l'horizon.   M. et E.   30 nivose.

Demi-épaisseur du fil . . . . . $+$ 3″00

$dH' = -$ 1^{t}15278 $-$ 45″99
                              —————————
                              90° 0′ 43″41

pour la différence de niveau.

La mer. (*Direction sud-est.*)

12   1208ᵍ8480   1008ᵍ737333 $= 90° 39' 49''08$

M. et E. 14 vendémiaire. Therm. 15ᵈ. Horizon bien tranché; grand vent qui agite le niveau.

La même. (*Direction*, 80ᵈ *du sud à l'est.*)

10   1007ᵍ2525   1008ᵍ725250 $= 90° 39' 9''81$

M. et E. 7 pluviose. Beau temps; vent d'est très-foible.

Moyenne	$90° 39' 29''45$
Demi-épaisseur du fil	$+ 3''00$
	$90° 39' 32''45$

pour la différence de niveau.

Le centre du cercle étoit élevé de 0ᵗ6389.

A N G L E S.

Entre les signaux du mont d'Espira et de Tauch.

24   1107ᵍ0615   468ᵍ1275625 $= 41° 30' 53''303$

M. 28 nivose, de 2 à 3ʰ. Horizon parsemé de nuages qui de temps en temps cachent le signal de Tauch.

24   1107ᵍ0700   468ᵍ1279167 $= 41° 30' 54''450$

M. 3 pluviose, de 11ʰ à midi ¼. Vent sud-est fort; objets bien apparens; Espira toujours éclairé du soleil, Tauch quelquefois noir.

Milieu	$41° 30' 53''877$
$r = 0ᵗ524306$ $y = 130° 34'9$	$- 5''733$
Excentricité	$+ 0''100$
Centre	$41° 30' 48''244$
	$- 59''833$
Horizon	$41° 29' 48''41$

Entre les signaux de Tauch et de Bugarach.

32   196:813475   6:828546094 = 55°   9′ 24″893

T. 6 pluviose, de 2ʰ ½ jusqu'au coucher du soleil. Vent sud-ouest assez fort; ondulations en commençant, mais elles ont cessé à la 4ᵉ observation, et les objets sont devenus bien terminés.

20   1225:86945   6:82847250 = 55°   9′ 22″509

M. 7 pluviose, de 2ʰ ½ à 3ʰ ½. Signal de Tauch quelquefois dans les nuages; Bugarach constamment beau.

32   196:81120   6:82847750 = 55°   9′ 22″590

M. 8 pluviose, de 11ʰ à 1ʰ. Forte ondulation jusqu'après la 6ᵉ observation, ensuite les objets ont été bien terminés.

Milieu arithmétique . . . . .   55°   9′ 23″331

$r = 1^t 208333$ $y = 78°\ 32′3$ +   1″491

Excentricité . . . .   +   0″067

Centre . . . .   55°   9′ 24″889

   +   38″437

Horizon . . . .   55°   10′   3″33

Entre les signaux de Bugarach et de la Estella.

20   2068:3335   103:6416675 = 93°   4′ 30″027

M. 16 vendémiaire, de 1ʰ ¼ à 2ʰ ¼. Temps brumeux; objets noirs. On les voit assez difficilement; mais par intervalles ils paroissent assez bien. Le vent incommode un peu.

24   248:99025   103:641626042 = 93°   4′ 28″684

M. 17 vendémiaire, de 2ʰ ¼ à 3ʰ ½. Soleil; calme; Bugarach éclairé, la Estella noire.

20   2068:3285   103:64164250 = 93°   4′ 29″217

M. et E. 19 vendémiaire, de 7ʰ ¼ à 8ʰ ½ du matin. Beau temps; Bugarach éclairé en plein; la Estella dans les vapeurs.

Les 64 6618865225 103841644141 = 93° 4' 29"270

      $r = 1^{l}3912037$ $y = 333°$ 18'5   + 26"373

Excentricité . . . . :   — 0"020

Centre . . . .   93° 4' 55"623

                          + 3' 45"598

Horizon . . . .   93° 8' 41"22

Entre les signaux de Tauch et de la Estella.

     20 3291821925 16485609625 = 148° 6' 17"519

M. et E. 22 vendémiaire, de 11ʰ à 1ʰ. Temps calme; Tauch éclairé en plein, la Estella dans l'ombre. On a pris cet angle provisoirement, pour en déduire celui entre Tauch et Bugarach, parce que le signal de Bugarach avoit été renversé dans la nuit du 19 au 20.

    $r = 1^{l}37152778$ $y = 333°$ 6'   + 32"511

Excentricité . . . .   + 0"047

Centre . . . . 148° 6' 50"077

                         + 11' 54"868 et 11' 56"135

par la formule du citoyen Legendre.

Horizon . . . . 148° 18' 44"945

Somme des deux partiels ci-dessus . . . 148° 18' 44"547

Entre les signaux de la Estella et de Puy-Cameillas.

     24 1211859150 508964583 = 45° 26' 48"525

M. et E. 17 vendémiaire, de midi à 1ʰ. Beau temps et calme; objets dans l'ombre, et bien nets.

     20 1009859290 508496450 = 45° 26' 48"498

M. et E. 22 vendémiaire, de 2ʰ ¼ à 3ʰ ⅐. Signaux dans l'ombre; celui de Cameillas un peu embrumé.

Moyen arithmétique . . . . . 45° 26' 48"512

    $r = 1^{l}3750$ $y = 288°$ 9'9   + 6"400

Excentricité . . . .   + 0"033

Centre . . . . 45° 26' 54"945

                        — 2' 36"647

Horizon . . . . 45° 24' 18"30

Forceral.

Entre les signaux du Vernet et du mont d'Espira.

24 148ᵇ58475 618ᵇ7326969 $=$ 55° 33' 33"938

M. 28 nivose, de midi $\frac{1}{2}$ à 1ʰ $\frac{1}{2}$. Temps calme; soleil; signal d'Espira très-distinct, celui du Vernet moins bien terminé.

24 148ᵇ55790 618ᵇ7324583 $=$ 55° 33' 33"165

M. 30 nivose. Objets noirs, mais bien terminés.

24 148ᵇ58675 618ᵇ73278125 $=$ 55° 33' 34"211

M. 1 pluviose, de 1ʰ $\frac{1}{2}$ à 2ʰ $\frac{1}{2}$. Soleil; objets parfaitement distincts.

Moyen	55° 33' 33"771
$r = 0^t5243055$ $y = 172°$ 6'4	— 12"318
Excentricité	— 0"031
Centre	55° 33' 21"422
	— 36"869
Horizon	55° 32' 44"55

Entre Perpignan et le signal de Tauch.

20 234ᵇ83560 117ᵇ167800 $=$ 105° 27' 3"672

M. et E. 20 vendémiaire, de 3 à 4ʰ. Beau temps et calme. Il n'y avoit point de signal sur la tour de Perpignan; on pointoit alternativement à l'un et à l'autre des deux angles opposés et les plus saillans.

$r = 1^t30787$ $y = 122°$ 56'4	— 44"825
Excentricité	+ 0"043
Centre	105° 26' 18"890
	— 1' 8"47
Horizon	105° 25' 10"42

Entre Perpignan et le signal du mont d'Espira.

20   142086295   71803147506 = 63° 55' 41"979

M. 3o nivose, entre midi et 1ʰ. Objets beaux.

$r = 0^t5243056$ $y = 172°$ 6'4   — 12"438

Excentricité . . . .   — 0"057

Centre . . . .   63° 55' 29"484.

                                               — 9"095

Horizon . . . .   63° 55' 20"39

Entre le signal de Cameillas et Perpignan.

20   135289052̄5   6786452125 = 60° 52' 50"489

M. et E.   20 vendémiaire, de midi à 1ʰ. Un peu de vent ; Cameillas foible, tour de Perpignan claire.

$r = 1^t354167$ $y = 228°$ 6'4   + 8"582

Excentricité . . . .   — 0"123

Centre . . . .   60° 52' 58"948

                                               — 1' 11"751

Horizon . . . .   60° 51' 47"20

Tour de l'horizon.

Espira et Tauch . . . .   41° 29' 48"41
Tauch et Bugarach . . . .   55° 10' 3"33
Bugarach et la Estella . . . .   93° 8' 41"22
La Estella et Cameillas . . . .   45° 24' 18"30
Cameillas et Perpignan . . . .   60° 51' 47"20
Perpignan et Espira . . . .   63° 55' 20"39

Somme . . . .   359° 59' 58"85

Erreur . . . .   — 1"15

Et . { Tauch et Perpignan. Somme des
       quatre angles . . . .   254° 34' 50"05
       Perpignan et Tauch . . . . . .   105° 25' 10"42

Somme . . . .   360° 0' 0"47

Erreur . . . .   + 0"47

Entre le signal de Bugarach et le pic du Canigou.

16   1407ᵍ98025 878ᵍ9987656 = 79° 11′ 56″001

M. et E. 19 vendémiaire, de 6ʰ ¼ à 7ʰ ½ du matin. Circonstances favorables.

$r = 1^t37847$ $y = 347°\ 45'6$ + 20″522

Excentricité . . . .   + 0″001

Centre . . . . 79° 12′ 16″524

                   + 3′ 42″412

Horizon . . . . 79° 15′ 58″34

Entre la tour de Bellegarde et le signal du mont d'Espira.

12   1591ᵍ8630 132ᵍ655250 = 119° 23′ 23″010

M. 30 nivose, vers midi. Temps sombre; objets bien visibles.

$r = 0^t5243056$ $y = 172°\ 5'9$ − 8″135

Excentricité . . . .   − 0″180

Centre . . . . 119° 23′ 14″695

                   + 6″601

Horizon . . . . 119° 23′ 21″30

Entre le signal du Vernet et la tour de Tautavel.

20   1382ᵍ7325 698ᵍ36625 = 62° 13′ 22″665

M. 30 nivose, vers 1ʰ ¼. Temps sombre; objets noirs et bien tranchés.

$r = 0^t5243056$ $y = 165°\ 26'1$ − 15″470

Excentricité . . . .   − 0″169

Centre . . . . 62° 13′ 7″026

                   − 51″752

Horizon . . . . 62° 12′ 15″27

SIGNAL DU MONT D'ESPIRA.

LXXXIV.

CETTE montagne se nomme *la Sierra d'Espira*, c'est-à-dire la chaîne ou file des montagnes d'Espira, qui est un village situé dans le sud-est, à une lieue environ de distance et sur la rive droite de l'Agly. Son gissement est sud-ouest et nord-est; elle commence au nord du village de Vingrau, et s'étend jusque dans le sud de la tour de Tautavel. J'y ai fait une station pour servir à lier la seconde base, que j'ai prise sur la route de Salces au Vernet, près Perpignan, aux triangles de *la Méridienne*.

Le signal a été établi sur la partie la plus élevée de cette chaîne, dans le nord-est, vers Vingrau. Il étoit pareil à celui de Tauch, et il avoit 2ᵗ19097 de hauteur au-dessus du piquet enfoncé au milieu de sa base.

DISTANCES AU ZÉNIT.

$$dH = 1^{t}59028.$$

Signal de Tauch. (*Hauteur*, 2ᵗ1875.)

10	98ᵍ056180	98ᵍ061800	= 88° 15′ 20″23	(dans le ciel.)

M. et E.   21 nivose, vers 10ʰ. Soleil; vent d'est ou marin.

La même.

8   784ᵍ5170   98ᵍ064625   = 88° 15′ 29″39

M. et E.   25 nivose, vers 1ʰ ¼. Soleil; grand vent de nord-ouest qui agite le niveau.

Moyenne . . . .   88° 15′ 24″81

pour la réduction à l'horizon.

Demi-épaisseur du fil . . . . .   + 3″oo
$dH' = $ 1ᵗ5729   + 46″37
                    ‾‾‾‾‾‾‾‾‾‾‾‾‾‾
                     88° 16′ 14″18

pour la différence de niveau et la réfraction.

Signal de Forceral. (*Hauteur*, 3ᵗo278.)

10   997ᵍ9240   99ᵍ792400   = 89° 48′ 47″18 (dans le ciel.)

M. et E.   20 nivose, vers midi. Temps sombre; objet bien terminé.

La même.

10   997ᵍ9270   99ᵍ792700   = 89° 48′ 48″35

M. et E.   25 nivose, à midi ¼. Soleil; grand vent de nord-ouest, mais on est abrité.

Moyenne . . . .   89° 48′ 47″76

pour la réduction à l'horizon.

Demi-épaisseur du fil . . . .   + 0′ 3″oo
$dH' = $ 2ᵗ4271   + 1′ 11″02
                    ‾‾‾‾‾‾‾‾‾‾‾‾‾
                     89° 50′ 1″78

pour la différence de niveau et la réfraction.

Signal du Vernet, à l'extrémité sud de la base.

6   612ᵍ0400   102ᵍ006667   = 91° 48′ 21″60 (en terre.)

M. et E.   21 nivose. Au coucher du soleil; point d'ondulations.

La même.

10   1020ᵍ0695   102ᵍ006950   = 91° 48′ 22″52

22 nivose, à 4ʰ.

La même.

12   1·2246o475   10260039583 = 91° 48′ 12″83

25 nivose, à 2ʰ ½. Objets très-beaux.

Moyenne . . . .   91° 48′ 18″98

pour la réduction à l'horizon.

Demi-épaisseur du fil . . . . .   + 0′ 3″00

$dH' = 3'74889$ + 1′ 50″93

―――――――――――――

91° 50′ 12″91

pour la différence de niveau et la réfraction.

Signal près Salces, à l'extrémité nord de la base.

12   1235636775   10269473125 = 92° 39′ 9″23 (en terre.)

M. et E.   20 nivose, à 2ʰ ¼. Objet dans l'ombre et parfaitement terminé.

La même.

10   102964760   10269476oo = 92° 39′ 10″22

25 nivose, à 2ʰ. Grand vent du nord, mais on est abrité.

Moyenne . . . .   92° 39′ 9″73

pour la réduction à l'horizon.

Demi-épaisseur du fil . . . . .   + 0′ 3″00

$dH' = 3'69444$ + 2′ 35″89

―――――――――――――

92° 41′ 48″62

pour la différence de niveau et la réfraction.

Pic du Canigou.

10   96863435   96834350 = 87° 9′ 3″29 (dans le ciel.)

pour la réduction à l'horizon. M. 26 nivose, à midi ¼. Temps serein;

pic bien terminé, et point d'ondulations.

Demi-épaisseur du fil . . . . .   + 3″00

$dH' = - 0'6007$ − 5″59

―――――――――――――

87° 9′ 0″70

pour la différence de niveau.

Tour de Bellegarde (sommet de la lanterne de la).

8   801ᵉ5225   100ᵉ1903125 $=$ 90° 10′ 16″49

pour la réduction à l'horizon. M. 26 nivose, à 1ʰ.

Demi-épaisseur du fil . . . . . $+$ 3″oo

$dH' = -$ 0ᵗ6007 $-$ 5″96

90° 10′ 13″53

Perpignan, tourillon nord-ouest de la tour de Saint-Jaumes.

12   1218ᵉ4060   101ᵉ533833 $=$ 91° 22′ 49″62 (en terre.)

pour la réduction à l'horizon. M. et E. 20 nivose, à 1ʰ¼. Objet bien visible.

Demi-épaisseur du fil . . . . . $+$ 3″oo

$dH' = -$ 0ᵗ6007 $-$ 14″82

91° 22′ 37″80

pour la différence de niveau et la réfraction.

Tour de Rivesaltes.

4   41ᵉ1150   103ᵉ028750 $=$ 92° 43′ 33″15 (en terre.)

pour la réduction à l'horizon. M. 25 nivose, vers la fin du jour.

Demi-épaisseur du fil . . . . . $+$ 3″oo

$dH' = -$ 0ᵗ6007 $-$ 28″55

92° 43′ 7″60

pour la différence de niveau et la réfraction.

La mer. (Direction est.)

10   1006ᵉ96875   100ᵉ696875 $=$ 90° 37′ 37″88

M. et E. 26 nivose, à midi. Temps serein; vent nord - ouest assez fort, mais on est abrité; horizon légèrement embrumé.

La même.

10 1006ᵍ76875 100ᵍ676875 = 90° 36' 33"08

Même jour, dans l'après-midi. Horizon plus embrumé. Cette distance paroît trop foible, et ne correspond point à la hauteur de la station. Il est plus sûr de préférer la première.

Il faut tenir compte de la demi-épaisseur du fil + 3"00, et de la hauteur du cercle sur le sol = 0ᵗ6007.

ANGLES observés au centre.

Entre les signaux de Tauch et de Forceral..

24 257589955 107ᵍ33314583 = 96° 35' 59"393

M. 25 nivose, de 11ʰ ½ à midi ½. Soleil; Tauch bien terminé; Forceral passable.

24 257589970 107ᵍ3332083 = 96° 35' 59"595

M. 26 nivose, de 1ʰ ½ à 2ʰ ½. Soleil; Tauch éclairé d'un côté, mais on voit bien l'autre; Forceral noir.

Milieu . . . . 96° 35' 59"494
Excentricité . . . . + 0"002
                                    + 31"769
                                   _____
Horizon . . . . 96° 36' 31"27

Entre les signaux de Forceral et du Vernet.

30 226581310 75ᵍ50436667 = 67° 57' 14"148

M. et E. 21 nivose, de 1ʰ ¼ à 2ʰ ¼. Beau temps; Forceral dans l'ombre; Vernet éclairé d'un côté, mais l'autre est bien visible.

24 181281095 75ᵍ5045625 = 67° 57' 14"783

M. et E. 22 nivose, de 2 à 3ʰ ½. Les observations ont été interrompues plusieurs fois par des brumes qui déroboient le signal de Forceral pendant 5 à 6 minutes.

24 18¹²⁸¹0225 75⁸⁵042604 = 67° 57' 13"804

M. De midi ⁵⁄₇ à 1ʰ ⁷⁄₇. Forceral dans l'ombre; Vernet éclairé de temps en temps.

Les 78 5889⁸34275 75⁸⁵043942 = 67° 57' 14"237
Excentricité . . . .   — 0'   0"034
                                  — 1'   4"794

Horizon. . . . . 67° 57' 9"41

La commission a trouvé 9"44 : la différence est insensible.

Entre les signaux du Vernet et de Salces, ou les deux termes de la base.

24   1539⁸0240 64⁸126000 = 57° 42' 48"240

M. 22 nivose, de midi ¹⁄₄ à 1ʰ ⁷⁄₇. Les deux signaux dans l'ombre. On ne voit jamais celui du Vernet que dans l'après-midi.

26   1667⁸2635 64⁸1255154 = 57° 42' 46"640

M. et E. 24 nivose, de 2 à 3ʰ. Soleil par intervalles; objets très-apparens.

24   1539⁸0195 64⁸1258125 = 57° 42' 47"630

M. 25 nivose, de 3 à 4ʰ. Soleil; objets bien nets.

Les 74   4745⁸3070 64⁸1257703 = 57° 42' 47"496
Excentricité . . . .   — 0'   0"143
                                  + 2' 31"655

Horizon . . . . 57° 45' 19"01

Entre le signal de Forceral et la tour de Bellegarde.

12   582⁸2480 48⁸5206667 = 43° 40' 6"960

M. 26 nivose, à 2ʰ 40'. Objets très-beaux.

Excentricité . . . .   + 0"204
                                  — 5"017

Horizon . . . . 43° 40' 2"15

Entre le signal de Forceral et la tour de Perpignan.   Espira.

20   15005224o   75801120o = 67° 30' 36"288

M. 20 nivose, à 3ʰ. Les deux objets dans l'ombre, et bien terminés.

Excentricité . . . .   + 0"051
                                         — 43"192
                                     _____
Horizon . . . . 67° 29' 53"15

Entre la tour de Perpignan et le signal près Salces.

20   12925571o   645628550 = 58° 9' 56"502

M. 24 nivose. Temps couvert, mais on distingue bien les objets.

Excentricité . . . .   — 0' . 0"186
                                   + 1' 36"452
                               _____
Horizon . . . . 58° 11' 32"77

Entre la tour de Rivesaltes et le signal près Salces.

8   38759490   485493625 = 43° 38' 39"345
Excentricité . . . .   + 0' 0"013
                                       + 3' 1"929
                                   _____
Horizon . . . . 43° 41' 41"29

SIGNAL DU VERNET.

Vernet.

L X X X V.

Terme austral de la seconde base.

CETTE base s'étend le long de la grande route de Perpignan à Narbonne, entre le Vernet et Salces. J'ai préféré cet emplacement à celui sur la plage de la mer où l'on avoit mesuré une base en 1701, et une autre en 1739, parce que cette plage est remplie d'inégalités, que le terrain en est très-mobile et changeant par le transport des sables; qu'il est entrecoupé par les rivières de l'Agly, de la Tet, par plusieurs ruisseaux et quelques marais, ce qui auroit obligé de construire des ponts; et encore parce qu'une base située à cet endroit eût été trop éloignée des sommets des triangles auxquels il falloit la lier. La partie de la grande route comprise entre le Vernet et Salces ne présentoit point ces obstacles; elle est en ligne droite, dans une longueur de 6500 toises environ. La rivière de l'Agly la traverse à peu près vers le milieu; mais il y a un pont qui dispensoit de faire aucune disposition particulière pour conduire la mesure de la base dans toute sa longueur sans interruption. Cependant, comme le pont n'a que 11 pieds de largeur, et que la direction de la route n'est pas tout-à-fait en ligne droite, j'avois bien prévu qu'on pourroit être obligé de briser la base sur le pont ou aux environs; mais ce n'étoit qu'un très-léger inconvénient, et qui ne pouvoit introduire la moindre inexactitude dans la mesure réduite en ligne droite. Les ruisseaux qui traversent la route sont couverts par des ponceaux qui embrassent toute sa largeur.

La chaussée n'ayant que six toises de largeur, on n'auroit pu y établir les signaux sans gêner la voie publique et les exposer à être dérangés; on les a donc élevés sur le revers du fossé, et du côté de l'ouest.

Ces signaux étoient de même forme que les précédens,

mais beaucoup plus grands. On les avoit blanchis, parce que, vus des stations correspondantes, ils se projettoient en terre. Au milieu de la base inférieure on a fait construire un massif de maçonnerie de 0^{t}5 de profondeur et de côté. On avoit inclus dans cette maçonnerie un piquet de bois dur, qui étoit encore enfoncé en terre de 0^{t}3, et sur la tête duquel on avoit frappé une fiche de fer qui répondoit exactement sous la pointe de l'aplomb abaissé du centre de la base supérieure du signal. Ce premier massif servoit de fondement à un autre construit en briques, de 0^{t}625 de hauteur et 0^{t}417 de côté, lequel étoit destiné à porter le cercle et à l'élever assez pour qu'on pût découvrir une partie de l'autre signal, que les inégalités du terrain et la convexité de l'arc intercepté déroboient plus bas. L'observateur étoit placé sur des planches posées sur les traverses du signal et isolées du massif, afin de ne point communiquer de mouvement au cercle.

Le terme austral de la base est au coude formé par la première partie de la route qui vient de Perpignan au Vernet, et par la seconde et la plus longue partie du Vernet à Salces. Hauteur du signal de ce terme, depuis la tête du piquet jusqu'à la base supérieure, 4^{t}349537; distance du centre au milieu de la fenêtre du rond-point de la chapelle du Vernet, 23 toises; distance du même centre à la porte du faubourg de Perpignan, 1078 toises, à très-peu près.

DISTANCES AU ZENIT.

$$dH = 3^t02083.$$

Signal de Salces, terme boréal de la base.

36 3604ᵇ159625 100ᵇ1155451 = 90° 6' 14"25 (en terre.)
pour la réduction à l'horizon. M. et T. Ces 36 observations sont la
somme de celles de quatre séries faites entre le 8 et le 25 ventose, toutes
vers la fin de l'après-midi, parce que le signal n'étoit jamais visible plutôt.
Des quatre résultats, les extrêmes diffèrent du moyen de + 27" et — 21".
Hauteur moyenne du baromètre, 28 pouces 1 ligne; celle du therm. + 6ᵈ.

Demi-épaisseur du fil	+ 0' 3"00
$dH' = 2^t966435$	+ 1' 41"88

90° 7' 59"13

pour la différence de niveau et la réfraction.

Signal du mont d'Espira.

46 4510ᵇ885125 . 98ᵇ06272 = 88° 15' 23"21 (dans le ciel.)
pour la réduction à l'horizon. M. et T. Ces 46 observations sont la somme
de celle de cinq séries faites entre le 4 et le 25 ventose, depuis midi jusque
vers 4ʰ ¼. Les résultats extrêmes diffèrent du moyen de + 6" et — 6".
Hauteur moyenne du baromètre, 28 pouces 1 ligne; celle du therm. + 6ᵈ7.

Demi-épaisseur du fil	+ 3"00
$dH' = 0^t862268$	+ 25"52

88° 15' 51"73

pour la différence de niveau et la réfraction.

Signal de Forceral. (Hauteur, 3ᵗ0278.)

10 98ᵇ66645 98ᵇ066450 = 88° 15' 35"30 (dans le ciel.)
M. et T. 4 ventose, à midi ²⁄₇. Barom. 28ᵖ 07¹, therm. 10ᵈ. Le soleil paroît
de temps en temps.

La même.

10   9806520   98606520   = 88° 15′ 31″25

M. et T.   12 ventose, vers 3ʰ. Barom. 27ᵖ 8¹3, therm. + 1ᵈ4. Temps couvert; signal bien visible.

Moyenne . . . .   88° 15′ 33″27

pour la réduction à l'horizon.

Demi-épaisseur du fil . . . . .   + 3″00

$dH' =$ 1ᵗ69792   + 43″66

————————————

88° 16′ 19″93

pour la différence de niveau et la réfraction.

Et . . . . . . • . . . . . .   88° 15′ 10″00

pour la réduction à l'horizon du seul angle entre Forceral et la tour de Perpignan, parce que le cercle étoit placé plus bas que pour les autres angles de 0ᵗ8854.

Tour de Tautavel.

10   9785915   97685915o   = 88° 4′ 23″65 (dans le ciel.)

pour la réduction à l'horizon. M. et T. 4 ventose, dans l'après-midi. Barom. 28ᵖ 0¹7, therm. 1o̅ᵈ. Objet très-net.

Demi-épaisseur du fil . . . . .   + 3″00

$dH' =$ — 1ᵗ3287   — 38″64

————————————

88° 3′ 48″o1

pour la différence de niveau.

Perpignan (tourillon nord-ouest de la tour de Saint-Jaumes de).

8   7926o63o   9980o7875   = 89° 6′ 25″52

pour la réduction à l'horizon. M. et T. 26 ventose, à 9ʰ du matin. Barom. 28ᵖ 1¹ ¹⁄₄, therm. 8ᵈ. Un peu d'ondulations.

$dH' =$ — 0ᵗ4444   — 1′ 2″11

————————————

89° 5′ 23″41

pour la différence de niveau.

ANGLES.

Entre les signaux d'Espira et de Forceral.

24　1506ᵇ3910　62ᵇ76622917 = 56° 29' 22"79

M.　4 ventose, de 4ʰ à 4ʰ ¼. Objets dans l'ombre et très-bien terminés.

24　1506ᵇ39925　62ᵇ7666354 = 56° 29' 23"90

8 ventose, de 9ʰ ½ à 10ʰ ½. Temps favorable ; objets éclairés du soleil.

20　1255ᵇ33475　62ᵇ7667375 = 56° 29' 24"23

25 ventose, entre 1 et 2ʰ. Soleil.

Les 68　4268ᵇ1250　62ᵇ76654412 = 56° 29' 23"603

$\qquad$ Excentricité . . . . ⊹ 0"034

$\qquad r = 0^t 1099537 \quad y = 60° 30'5$ ⊹ 0"378

$\qquad$ Centre . . . . 56° 29' 24"015

$\qquad$ ⊹ 1' 42"493

$\qquad$ Horizon . . . . 56° 31' 6"51

Entre les signaux de Salces et d'Espira.

12　579ᵇ4550　48ᵇ28791667 = 43° 27' 32"850

M.　4 ventose, vers le coucher du soleil. Le signal de Salces n'ayant pas été visible plus tôt, les deux signaux dans l'ombre et bien terminés.

16　772ᵇ6065　48ᵇ28790625 = 43° 27' 32"816

T.　17 ventose, de 4ʰ ½ à 5ʰ ¼. Therm. 1ᵈ6. Objets beaux jusqu'à 5ʰ ½, que le signal d'Espira s'est embrumé.

$\qquad$ Milieu . . . . 43° 27' 32"833

$\qquad r = 0^t 1099537 \quad y = 117° 0'$ — 1"636

$\qquad$ Centre . . . . 43° 27' 31"197

16   772$6065   48$28790625 = 43° 27′ 32″816

M. 24 ventose, vers le coucher du soleil. On ne voit jamais le signal de
Salces plus tôt.

24   1158$92775   48$28865625 = 43° 27′ 32″246

M. 25 ventose, de 4ʰ ⅟₂ à 5ʰ ⅟₂. Objets très-nets ; signal d'Espira éclairé de
côté, mais on vise au milieu de sa base supérieure.

Moyen de ces deux séries . .	43° 27′ 34″031
$r = 0^t 1137153$ $y = 136°$ 32′5	— 2″314
Centre	43° 27′ 31″717
Moyen des deux premières séries,	43° 27′ 31″197
Moyen des quatre séries	43° 27′ 31″457
Excentricité	+ 0′ 0″049
	— 1′ 57″775
Horizon	43° 25′ 33″73

Entre le signal de Salces et la tour de Tautavel.

12   797$45125   66$45427083 = 59° 48′ 31″838

M. A 5ʰ ¼. On voit assez bien les objets.

Excentricité	+ 0″055
$r = 0^t 059028$ $y = 75°$ 11′6	— 0″226
Centre	59° 48′ 31″667
	— 1′ 22″66
Horizon	59° 47′ 9″01

Entre la tour de Tautavel et le signal de Forceral.

20 891$9215 44$5960750 =	40° 8′ 11″283	M. Vers 3ʰ.
Excentricité	+ 0″029	
$r = 0^t 1099537$ $y = 243°$ 0′	— 0″533	
Centre	40° 8′ 10″779	
	+ 1′ 15″968	
Horizon	40° 9′ 26″75	

Entre le signal de Forceral et la tour de Saint-Jaumes de Perpignan.

$$8 \quad 107^s80670 \quad 134^s383375 = 120° \; 56' \; 42''135 \quad \text{T. Vers } 9^h.$$

$$r = 0^t708333 \quad y = 129° \; 59'2 \quad - \; 1' \; 33''592$$

Excentricité . . . . $\quad\quad\quad + 0' \; 0''175$

Centre . . . . $120° \; 55' \; 8''718$

$$+ \; 3' \; 6''816$$

Horizon . . . . $120° \; 58' \; 15''53$

Les deux entre Salces et Forceral . . . . $99° \; 56' \; 40''24$

Somme . . . . $120° \; 54' \; 55''77$

Donc entre Perpignan et le signal de Salces, $139° \; 5' \; 4''23$

SIGNAL DE SALCES.

LXXXVI.

Terme boréal de la base.

CE signal étoit établi, comme celui du Vernet, sur le revers du fossé occidental de la route, et on y avoit fait les mêmes dispositions.

Hauteur totale . . . . 4^t29514

Hauteur de la lunette . . . . 1^t27778

Distance à l'angle de la première maison sur la droite à l'entrée de Salces, 532 toises, à très-peu près.

Après que les observations furent terminées à ce signal et à celui du Vernet, je fis démolir le second massif, qui n'étoit destiné que pour porter le cercle. On découvrit la tête du piquet, où l'on avoit marqué

le pied de l'axe du signal; on y fixa avec des vis une Salces.
plaque de cuivre poli, de 4 pouces ½ de côté; sur la
surface on grava profondément un petit point, qui
répondoit exactement sous la pointe de l'aplomb abaissé
du centre de la base supérieure du signal, et de ce
point on traça fortement deux cercles concentriques,
dont l'un de 3 lignes, et l'autre de 6 lignes de rayon.
La plaque de cuivre, ainsi marquée, a été recouverte
d'une plaque de plomb dont les bords étoient repliés
sur les côtés du piquet. Les deux repaires ainsi établis
ont été entourés et recouverts de grandes briques plates,
qui laissoient un vide entre elles et les plaques; puis
on a construit par-dessus, et sur toute l'étendue de la
fondation, une pyramide très-écrasée, et dont les faces
ont été enduites de ciment, afin d'empêcher la filtration
de l'eau de pluie. Enfin on recouvrit les deux massifs
d'un tas considérable de terre, pour les garantir de
toute insulte.

Ces précautions suffirent pour bien conserver les
deux termes de la base, et le citoyen Delambre les a
retrouvés intacts lorsqu'il a été effectuer la mesure de
cette base vers la fin de l'an 6. Je n'ai point pris part à
cette dernière opération.

DISTANCES AU ZÉNIT. $dH = 3'01736$.

Signal d'Espira.

10   97057075   975070750 $= 87° 21' 49''23$ (dans le ciel.)
M. et T.   16 pluviose, à midi ½. Barom. 27ᵖ 11¹ ⁷⁄, therm. 8ᵈ ¼. Temps
calme; soleil, vapeurs et fortes ondulations.

La même.

10   9705685o   97806850   = 87° 21' 41"94

M. 19 pluviose, à 2ʰ ¼. Barom. 27ᵖ 9ˡ ½, therm. 12ᵈ. Calme; soleil pâle; point d'ondulations.

La même.

10   97087035   97807035o   = 87° 21' 47"93

M. et T. 2 ventose, à 4ʰ. Barom. 28ᵖ 2ˡ ½, therm. 9ᵈ6. Calme; soleil; point d'ondulations.

Moyenne ; . . . .   87° 21' 46"37

pour la réduction à l'horizon.

Demi-épaisseur du fil . . . . . .   + 3"00

$dH' = 0^{l}9132$ + 38"55

$$87° 22' 27"92$$

pour la différence de niveau et la réfraction.

Signal du Vernet.

12   1199802240   998918667   = 89° 55' 36"48 (en terre.)

pour la réduction à l'horizon. M. 19 pluviose, à 3ʰ ¼. Barom. 27ᵖ 9ˡ ½, therm. 11ᵈ. Calme; soleil un peu obscurci; point d'ondulations. Il ne s'est point présenté d'autres circonstances assez favorables pour répéter ces observations.

Demi-épaisseur du fil . . . . . .   + 0' 3"00

$dH' = 3^{l}07176$ + 1' 45"49

$$89° 57' 24"97$$

pour la différence de niveau et la réfraction.

Tour de Tautavel.

10   9758900   97859300o   = 87° 50' 1"32 (dans le ciel.)

pour la réduction à l'horizon. M. et T. 16 pluviose, à 1ʰ. Barom. 27ᵖ 11ˡ ½, therm. 8ᵈ ¼. Calme; soleil; ondulations.

Demi-épaisseur du fil . . . . .   + 3"00

$dH' = - 1^{l}2778$ − 39"92

$$87° 49' 24"4$$

pour la différence de niveau.

Tour de Rivesaltes.

8   797^s2900   99^s661250 = 89° 41' 42"45 (en terre.)
pour la réduction à l'horizon. T. 19 pluviose, dans la matinée.

Demi-épaisseur du fil . . . . .   + 0' 3"00
$$dH' = -1'2778 \qquad -1' 15"74$$
$$\overline{\qquad 89° 40' 29"7 \qquad}$$

pour la différence de niveau et la réfraction.

Perpignan (tourillon nord-ouest de la tour de Saint-Jaumes de).

12   1197^s3370   99^s7780333 = 89° 48'. 0"99 (en terre.)
M. 19 pluviose, à 1ʰ ¾. Barom. 27ᵖ 9ˡ ¼, therm. 11ᵈ6. Calme; soleil; peu d'ondulations.

La même.

10   997^s7790   99^s77790 = 89° 48' 0"40
M. 2 ventose, à 3ʰ ¼. Barom. 28ᵖ 2ˡ ½, therm. 9ᵈ ¼. Soleil; foibles ondulations.

Moyenne . . . . 89° 48' 0"70
pour la réduction à l'horizon.

Demi-épaisseur du fil . . . . .   + 3"00
$$dH' = -1'2778 \qquad -36"66$$
$$\overline{\qquad 89° 47' 27"04 \qquad}$$

pour la différence de niveau et la réfraction.

Pic du Canigou.

10   967^s3255   96^s732550 = 87° 3' 33"46 (dans le ciel.).
pour la réduction à l'horizon. M. et T. 2 ventose, à midi ¾. Barom. 28ᵖ 2ˡ ½, therm. 9ᵈ8. Calme; soleil; très-peu d'ondulations au pic, quoiqu'il y en ait beaucoup pour les objets plus bas. Le pic et une grande partie de la montagne sont couverts de neige.

Demi-épaisseur du fil . . . . .   + 3"00
$$dH' = -1'2778 \qquad -9"95$$
$$\overline{\qquad 87° 3' 26"5 \qquad}$$

pour la différence de niveau.

1.   53

Cap de Leucate (sommet de la redoute sur le).

4   399ᵇ5750.   99ᵇ893750 $= 89° 54' 15''75$ (dans le ciel.)

pour la réduction à l'horizon. M.

Demi-épaisseur du fil . . . . .   + 3''00

$d H' = -$ 1ᵗ2778   — 35''14

pour la différence de niveau.   ———————

                                         89° 53' 43''6

ANGLES observés au centre.

Entre les signaux d'Espira et du Vernet.

20   175ᵇ7105   87ᵇ5855250 $= 78° 49' 37''101$

M. 14 pluviose, de 3ʰ ¼ à 4ʰ ¼. Calme; temps sombre. On voit parfaitement bien les signaux.

20   175ᵇ7230   87ᵇ586150 $= 78° 49' 39''126$

19 pluviose, de 3ʰ ¼ à 4ʰ 5'. Objets beaux en commençant, vaporeux à la fin. Le signal du Vernet se déforme et devient presque invisible; ce qui force de discontinuer les observations.

22   192ᵇ8845   87ᵇ5856591 $= 78° 49' 37''535$

20 pluviose, de 3ʰ ¼ à 4ʰ ¼. Soleil par intervalles; un peu d'ondulations; mais ordinairement le signal du Vernet est assez visible.

20   176ᵇ7250   87ᵇ586250 $= 78° 49' 39''450$

2 ventose, de 4 à 5ʰ. Soleil; objets beaux.

Moyen arithmétique . . . . .   78° 49' 38''303

Excentricité . . . .   + 0''082

                                       — 30''852

                                       ——————————

Horizon . . . .   78° 49' 7''53

Entre le signal d'Espira et la tour de Rivesaltes. Salces.

12 806:16875   67:1807292 = 60° 27' 45"563

M. A 2ʰ ¼. Temps sombre.

Excentricité . . . .   — 0' 0"172
. . . . .   — 1' 7"471
                                     _____

Horizon . . . .   60° 26' 37"92

Retranchant cet angle du précédent, on a
pour l'angle entre Rivesaltes et le signal du
Vernet . . . .   18° 22' 9"61

Entre le signal d'Espira et la tour de Perpignan.

24 2307:7190   96:1549583 = 86° 32' 22"065

M. A 3ʰ ¼. Objets passables.

20 192:80935   96:1546750 = 86° 32' 21"147

M. A 3ʰ ¼. Ondulations à la tour.

Moyen . . . .   86° 32' 21"606
Excentricité . . . .   + 0"141
                                   + 20"179
                                 _____

Horizon . . . .   86° 32' 41"93

Entre la tour de Tautavel et le signal du Vernet.

20 1518:1580   75:907900 = 68° 19' 1"596

M. 18 pluviose, vers 4ʰ. Fortes ondulations.

Excentricité . . . .   + 0"104
                                   — 48"00
                                 _____

Horizon . . . .   68° 18' 13"70

Entre le signal du Vernet et la redoute du cap de Leucate.

8　126055775　15755721875 = 141° 48' 53"89

M. A 2ʰ. Temps favorable.

+ 1"29

Horizon . . . . 141° 48' 55"18

Cet angle ne peut servir que pour l'orientation du cap, parce que l'objet n'a pas été observé d'une autre station.

Opérations faites pour déterminer la hauteur du pied du signal de Salces ou du terme austral de la base au-dessus du niveau de la mer.

Il eût été assez difficile et long de faire un nivellement par la méthode ordinaire, depuis le pied du signal jusqu'au bord de la mer; on auroit eu près de six mille toises à parcourir, en faisant bien des détours pour éviter divers obstacles : mais on pouvoit obtenir cette détermination par un moyen beaucoup plus simple, plus court, et suffisamment exact, en observant la distance du sommet du signal au zénit sur le bord de l'étang de Leucate; c'est le parti que j'ai pris.

L'étang n'est séparé de la mer que par une longue langue de sable très-étroite, et il y communique souvent par une coupure près du Château-Saint-Ange, dans la partie du sud; du côté de l'ouest, il forme un enfoncement dans les terres jusqu'à une petite distance de Salces. J'ai placé le cercle à cet endroit, tout au bord d'une crique où les pêcheurs retirent leurs bateaux.

Distance du sommet du signal au zénit.

12   1193ᵉ56875   99ᵉ4640625 = 89° 31′ 3″56

Demi-épaisseur du fil . . . . . $+$ 3″00

M. et T. 1 ventose, vers 1ʰ. Très-beau temps; vent nord. Des pêcheurs que je trouvai dans la crique, et qui venoient de parcourir l'étang, m'assurèrent qu'il communiquoit alors avec la mer, et qu'ils n'avoient vu ni courant ni remous dans la coupure.

Hauteur du centre du cercle et de la lunette au-dessus de
l'étang. 1ᵗ02667
Hauteur du signal au-dessus de la plaque de cuivre qui
en marque le centre.   4ᵗ29514
Distance du centre du cercle au centre du signal 1123ᵗ33

Cette distance a été mesurée en ligne droite avec une chaîne d'arpenteur bien vérifiée, et on y a mis assez de soin pour qu'il n'y ait pas un quart de toise d'erreur; ce qui d'ailleurs n'en produiroit point de sensible sur la différence de niveau, qui n'est que de 6 toises.

PONT DE L'AGLY.

Le pont de l'Agly est presque au milieu de la longueur de la base; il étoit donc avantageux d'y observer la distance de ses deux termes au zénit, afin d'avoir un autre moyen d'en déterminer la différence de niveau.

Le cercle a été placé à l'entrée de la partie du pont qui est en bois, vers Salces, et contre le parapet en retour du côté occidental de la route.

Hauteur de la lunette au-dessus du bord du parapet, 0ᵗ2604.

DISTANCES AU ZÉNIT.

Signal du terme septentrional. (*Hauteur*, 4^{t}29514.)

10 · 1000^{t}4440 · 100^{g}04440 = 90° 2′ 23″86

Demi-épaisseur du fil . . . . . + 3″oo

M. et T. 28 ventose, à 11^h. Barom. 28^p 2^l, therm. + 11^d. Signal éclairé de temps en temps par le soleil ; ondulations sensibles.

Signal du terme austral. (*Hauteur*, 4^{t}34954.)

10 · 998^{t}35525 · 99^{g}835525 = 89° 51′ 7″10

Demi-épaisseur du fil , ... + 3″oo

M. et T. 28 ventose, à 10^{h}¼. Baromètre et thermomètre comme ci-dessus. Signal dans l'ombre et bien terminé.

Selon une détermination approchée que j'avois faite de la longueur de la base, de 6007^{t}2, la distance du cercle au signal septentrional auroit été de . . . . 3000^{t}7

Et celle du signal austral de . . . . 3006^{t}5

Mais comme la base, réduite au niveau de la mer, est plus courte d'une toise, d'après la mesure du citoyen Delambre, il faut diminuer les deux distances de 0^{t}5. ⎯

RIVESALTES (sur la tour de l'église de).

L A tour de Rivesaltes, située au nord de la route du Vernet à Salces, offroit encore une station favorable pour déterminer la différence de niveau des deux extrémités de la base, en y observant la distance des deux signaux au zénit. Cette tour est déja liée au terme boréal de la base par un triangle dont le troisième sommet est au mont d'Espira; et l'on aura facilement sa distance au terme austral, parce qu'elle est le troisième côté d'un autre triangle dont deux côtés et l'angle sont connus; savoir, le côté du terme boréal au mont d'Espira; le second côté, qui est la base même et l'angle, entre le mont d'Espira et le terme austral : on a même de plus l'angle observé à Rivesaltes.

Le cercle étoit placé sur le haut de la tour, dans la gouttière entre le toit et le parapet. Hauteur de la lunette au-dessus de ce parapet ou de l'extrémité de la tour, 0ᵗ3958.

DISTANCES AU ZÉNIT.

Signal du terme boréal de la base. (*Hauteur*, 4ᵗ29514.)

$$10 \quad 100384990 \quad 100834990 = 90° \ 18' \ 53''68$$
$$\text{Demi-épaisseur du fil} \ldots \ldots \ldots \quad + \ 3''00$$

M. et T. 10 germinal, à 4ʰ 40'. Barom. 28ᵖ 1ˡ ½; therm. + 9ᵈ6. Beau temps; soleil; un peu de vent.

Signal du terme austral. (*Hauteur*, 4ᵗ34954.)

$$10 \quad 100819360 \quad 100819360 = 90° \ 10' \ 27''26$$
$$\text{Demi-épaisseur du fil} \ldots \ldots \ldots \quad + \ 3''00$$

M. et T. 10 germinal, à 4ʰ ¼. Mêmes circonstances que pour l'observation précédente.

Pont de l'Agly, bord du parapet où les distances au zénit, page 422, ont été observées.

$$4 \quad 8389340 \quad 100898350 = 90° \ 53' \ 6''54$$
$$\text{Demi-épaisseur du fil} \ldots \ldots \ldots \quad + \ 0' \ 3''00$$
$$dH' = - \ 0ᵗ3958 = - \ 1' \ 11''81$$
$$\overline{\hspace{3cm}}$$
$$90° \ 51' \ 57''73$$

pour la différence de niveau.

La mer, direction est.

8 80189545 10082443125 = 90° 13' 11"57
Demi-épaisseur du fil . . . . .   + 3"00

Même jour, vers les 5ʰ du soir. Horizon parfaitement tranché.

ANGLE.

Entre les deux signaux de la base.

4   62083950   1558098750 = 139° 35' 19"95
r = 1'41667   y = 49° 34'3   — 1' 19"84

Centre . . . . 139° 34' 0"11
                                      + 10"09

Horizon . . . . 139° 34' 10"20

Nota. Cet angle ne diffère que de — 1"5 de celui calculé d'après les deux côtés et l'angle compris connus.

PERPIGNAN (sur la tour de Saint-Jaumes de).

LXXVII.

Cette tour n'est le sommet d'aucun de nos principaux triangles; mais il étoit intéressant de la lier à ces triangles, parce qu'elle est le terme austral de la *Méridienne vérifiée en 1739 et 1740.* Dans le temps que j'étois à Perpignan, occupé des dispositions pour continuer nos opérations vers le nord, il ne me fut pas possible de faire élever un signal sur la tour, ni même d'y mesurer l'angle entre les signaux des puys de la Estella et de Camellas, que l'on venoit de relever, et où les deux autres angles avoient été mesurés deux ans auparavant. L'intérieur de l'église et la cage de l'escalier de la tour étoient tellement encombrés de fourrages et d'autres approvisionnemens pour l'armée, qu'on ne pouvoit y monter : c'est ce qui m'obligea de l'observer des stations du nord, comme je l'ai dit page 398.

A mon retour de ces stations, l'accès de la tour étoit libre; j'en profitai pour y faire les observations suivantes.

La tour est carrée, terminée par des creneaux, avec une tourelle à chacun des quatre angles. L'intérieur en est couvert d'un toit en charpente, très-plat et garni de tuiles. Le cercle a été placé sur ce toit, à l'endroit le plus solide, et aussi près qu'on le pouvoit du centre de la tour.

DISTANCES AU ZENIT.

Le centre du cercle, ou la lunette, étoit de 1ᵗo556 au-dessous du niveau de la tourelle nord-ouest dont on a observé les distances au zénit aux stations précédentes.

Signal du terme boréal de la base.

10   100³ᵗo840   100ᵗ30840 = 90° 16′ 39″22 pour la réduction à l'horizon. M. et T. 15 thermidor, à 9ʰ ¼. Therm. 19ᵈ0. Ondulations très-fortes.

Cette distance n'est pas assez sûre pour être employée à calculer la différence de niveau.

1.   54

Signal d'Espira.

12   1183ᵗ0060   98ˢ583833 = 88° 43′ 31″62

pour la réduction à l'horizon. M. et T. 15 thermidor, à 9ʰ ¼. Foibles ondulations.

Demi-épaisseur du fil . . . . .   + 0′ 3″00

$dH' = 3ᵗ2466$ + 1′ 19″30

——————

88° 44′ 53″92

pour la différence de niveau et la réfraction.

Signal de Tauch.

10   983ˢ99075   98ˢ3990750 = 88° 33′ 33″00

pour la réduction à l'horizon. M. 25 thermidor, à 8ʰ ¼ du matin. Baróm. 28ᵖ 1¹5, therm. 20ᵈ0. Un peu de brume.

Demi-épaisseur du fil . . . . .   + 3″00

$dH' = 3ᵗ2431$ + 43″00

——————

88° 34′ 19″00

pour la différence de niveau et la réfraction.

Signal de Forceral.

10   984ˢ2665   98ˢ426650 = 88° 35′ 2″35

pour la réduction à l'horizon. M. et T. A 6ʰ ¾.

Demi-épaisseur du fil . . . . .   + 0′ 3″00

$dH' = 3ᵗ3333$ + 1′ 19″16

——————

88° 36′ 24″51

pour la différence de niveau.

Puy Camellas, sommet, le signal n'existant plus.

10   986ˢ8750   98ˢ68750 = 88° 49′ 7″50

M. 25 thermidor, à 9ʰ ¼. Baróm. 28ᵖ 1¹5, therm. 20ᵈ0.

Demi-épaisseur du fil . . . . .   + 3″00

$dH' = 1ᵗ0556$ + 14″49

——————

88° 49′ 24″99

pour la différence de niveau et la réfraction.

Pic du Canigou.

12   115284870   9680405333 = 86° 26' 11"49

M. et T. 15 thermidor, vers midi ¼. Barom. 28ᵖ 1¹5, therm. 23ᵈo. Légères ondulations.

La même.

10   9608940   9680940 = 86° 26' 7"66

M. 25 thermidor, à 11ʰ ¼. Barom. 28ᵖ 1¹5, therm. 23ᵈ ¼. Vent ouest assez fort; pic parfaitement net et terminé.

Moyenne . . . . 86° 26' 9"57
Demi-épaisseur du fil . . . . . + 3"00
$dH' = 1^s 0556$ + 10"16
_____
86° 26' 22"73

pour la différence de niveau.

La mer, direction 20ᵈ nord-est.

16   1604840045   100827528125 = 90° 14' 51"91

M. et T. 15 thermidor, à 5ʰ après midi. Barom. 28ᵖ 1¹5, therm. 20ᵈo. Horizon bien tranché.

La même, direction 80ᵈ sud-est.

10   1002587645   100827645° = 90° 14' 55"70

M. et T. 15 thermidor, à 6ʰ ¼ du soir. Baromètre et thermomètre comme la première fois. Horizon toujours bien tranché.

La même, direction 80ᵈ sud-est.

6   6018605   100826725° = 90° 14' 25"90

M. 25 thermidor, à 11ʰ ¼. Barom. 28ᵖ 1¹5, therm. 23ᵈ ¼. Horizon brumeux et mal terminé. La chaleur raccourcissoit si fort la bulle du niveau qu'il n'étoit plus possible de la rapporter aux divisions de la règle, et sa mobilité étoit si grande qu'on avoit bien de la peine à la fixer. D'après ces considérations, il paroîtroit à propos de rejeter cette troisième série.

Moyenne des 2 premières séries, 90° 14′ 53″81

Demi-épaisseur du fil . . . . . . + 3″co

On se rapellera que la lunette étoit 1ᵗ0556 au-dessous du niveau du sommet du tourillon nord-ouest.

ANGLES.

Entre le signal du terme boréal de la base et celui du mont d'Espira.

24 94ᵍ181470 39ᵍ2144583 = 35° 17′ 34″845

M. 15 thermidor, de 8 à 9ʰ du matin. Beau temps et calme. Signal de la base un peu ondoyant ; celui d'Espira très-net.

$r = 0^t20139$ $y = 316°\ 34'$ + 2″564
Excentricité . . . .   + 0″o44

Centre . . . .   35° 17′ 37″453
                                 — 1′ 54″o98

Horizon . . . .   35° 15′ 43″36

Entre les signaux d'Espira et de Forceral.

24 1295ᵍ8o8o 53ᵍ9616667 = 48° 33′ 55″8oo

M. 15 thermidor, de 11ʰ ¾ à midi ¼. Soleil. Un peu d'ondulations au signal d'Espira ; celui de Forceral est plus net.

$r = 0^t20139$ $y = 268°\ 0'2$ + 1″398
Excentricité . . . .   + 0″o71

Centre . . . .   48° 33′ 57″269
                                 + 50″615

Horizon . . . .   48° 34′ 47″88

Entre les signaux de Tauch et de Forceral.

20 919835275 45ᵉ9676375 = 41° 21′ 15″146

M. 25 thermidor, de 5 à 6ʰ du soir. Soleil; objets beaux.

$r =$ 0ᵗ04514 $y =$ 99° 9′6 — 0″671

Excentricité . . . . —. 0″107

Centre . . . . 41° 21′ 14″368

+ 48″386

Horizon . . . . 41° 22′ 2″75

SIGNAL DU PUY LA ESTELLA.

L A Estella est le pic de la montagne que Lemonnier
le médecin a appelée *la Patere* dans ses *Observations
d'histoire naturelle*, p. ccxiij de la *Méridienne vérifiée*.
La mine de fer nommée *la Pinose* en est peu éloignée;
la tour de Baterre, à mille toises de distance dans le
sud-sud-est, et le pic du Canigou à quatre mille toises
vers l'ouest.

J'ai préféré la Estella au Canigou, parce qu'il est
moins élevé et qu'il n'étoit pas aussi difficile de s'y
établir et d'y séjourner.

Le citoyen Tranchot y a fait seul toutes les observations au commencement de l'an 2. Nous étions alors
en Catalogne : les armées françaises et espagnoles étoient
en présence, vers les limites et aux environs des lieux
où nous opérions. M. Bueno, capitaine du génie militaire, l'un des deux commissaires que la cour d'Espagne
m'avoit adjoints, devoit m'accompagner par-tout; mais,

dans des circonstances aussi critiques, il n'eût pas été prudent que cet officier se hasardât d'aller à la Estella ; c'est pourquoi je fus obligé de confier cette station au citoyen Tranchot seul : d'ailleurs il avoit assez acquis la pratique des observations avec le cercle, depuis que nous étions ensemble, pour que je pusse me reposer sur lui comme sur moi-même. Dans le cours de ses observations, des *Miquelets* vinrent l'enlever et le menèrent à Perpignan ; mais dès qu'il eut fait connoître l'objet de notre mission aux autorités civiles et militaires, qui en étoient déja prévenues, on lui donna toutes facilités pour retourner à la station. Cependant, comme le président du département venoit de recevoir une lettre que je lui avois fait passer de Figuières par des officiers espagnols prisonniers de guerre qui se rendoient à Perpignan, pour le prier de faire élever des signaux à Forceral et à Bugarach, il engagea le citoyen Tranchot à aller lui-même établir ces signaux, avant de retourner à la Estella. Cet événement nous assura les moyens de compléter en l'an 2 nos observations à la Estella et au puy Camellas, qui sont les deux stations communes aux derniers triangles en France et à ceux qui traversent les Pyrénées.

On a établi un signal ici à deux époques différentes. Le premier signal, qui a été observé en l'an 2, de trois stations en Catalogne, étoit pareil au premier de Forceral. Sa hauteur sur le roc étoit de 2ᵗ0833.

Le second signal, planté au commencement de l'an 4, a été replacé exactement au même point que l'autre, au moyen de repaires bien fixes : c'étoit une forte solive dressée verticalement, fermement contenue par des arcs-boutans, et portant pour mire un parallélogramme formé de planches de 4 pieds de longueur et trois pieds de largeur. Son plan étoit perpendiculaire à la direction moyenne entre Forceral et Bugarach, d'où il a été observé. Hauteur totale de ce signal, 2ᵗ333.

La Estella.

DISTANCES AU ZÉNIT.

Nota. Ces observations et celles des angles ont été faites avec le cercle divisé en parties sexagésimales. Chaque degré y est divisé de 10 en 10 minutes, et les verniers subdivisent les dixaines de minutes en vingt parties égales, ou de 30 en 30 secondes. Hauteur de la lunette, 0ᵗ6319.

Signal de Forceral. (Hauteur, 2ᵗ75.)

12   1114° 0′ 4ᵖ78 = 1114° 2′ 23″50 . . 92° 50′ 11″96
pour la réduction à l'horizon. T. 5 brumaire an 2. Ciel nébuleux; calme.

Demi-épaisseur du fil . . . .   — 3″00
parce que le fil étoit tangente inférieure.

$dH' = 2ᵗ1181$ . . . .   + 32″11
                                              —————————
                                              92° 50′ 41″07

pour la différence de niveau et la réfraction.

Signal de Bugarach. (Hauteur, 2ᵗ167.)

12   1090° 50′ 19ᵖ19 = 1090° 59′ 35″75 . . 90° 54′ 57″98
pour la réduction à l'horizon. T. 2 brumaire, dans la matinée. Vent sud-est.

Demi-épaisseur du fil . . . .   — 3″00
$dH' = 1ᵗ5351$ . . . .   + 14″91
                                              —————————
                                              90° 55′ 9″89

pour la différence de niveau et la réfraction.

Signal de Puig-se-Calm, en Catalogne. (*Hauteur,* 2^{t}4583.)

10 . . 905° 0′ 0^{p}56 = 905°° 0′ 1″68 . . 90° 30′ 0″17
pour la réduction à l'horizon. T. 15 vendémiaire, dans la matinée. Temps favorable.

Pour le fil . . . .   — 3″00
$dH' = 1^t8264$ . . . .   + 16″18
                                              _____
pour la différence de niveau et la réfraction.   90° 30′ 13″35

Signal de Notre-Dame-du-Mont, en Catalogne. (*Hauteur du point où l'on visoit,* 3^{t}4167.)

12 . . 1095° 40′ 5^{p}78 = 1095° 44′ 53″40 . . 91° 18′ 44″45
pour la réduction à l'horizon. T. 15 vendémiaire, dans la matinée.

Pour le fil . . . .   — 3″00
$dH' = 2^t7848$ . . . .   + 36″00
                                              _____
pour la différence de niveau et la réfraction.   91° 19′ 17″45

Signal du puy Camellas, sur la limite. (*Hauteur,* 2^{t}1736.)

10 . . 925° 30′ 14^{p}70 = 925° 37′ 21″00 . . 92° 33′ 44″10
pour la réduction à l'horizon. T. 15 vendémiaire, dans la matinée.

Pour le fil . . . .   — 3″00
$dH' = 1^t5417$ . . . .   + 25″75
                                              _____
                                              92° 34′ 6″85
pour la différence de niveau et la réfraction.

Perpignan (tourillon sud-ouest de la tour de Saint-Jaumes de).

10 . . 928° 50′ 19ᵖ55 = 928° 59′ 46″15 . . 92° 53′ 58″65
pour la réduction à l'horizon. T. 12 brumaire, dans la matinée. Beau temps.

Demi-épaisseur du fil . . . . — 3″00
$dH' = -$ 0ᵗ6319 . . . . — 7″21
————————
92° 53′ 48″44

pour la différence de niveau.

La mer, direction 80ᵈ du nord à l'est.

12 . . 1094° 40′ 12ᵖ63 = 1094° 46′ 18″9 . . 91° 13′ 51″58
T. 12 brumaire, vers le coucher du soleil. Horizon bien terminé.

Demi-épaisseur du fil . . . . — 3″00

ANGLES.

Entre les signaux de Forceral et de Bugarach.

32 . . 1507° 40′ 2ᵖ56 = 1507° 41′ 8″875 . . 47° 6′ 54″902
T. 4 brumaire, de 8ʰ à 10ʰ ¼. Les signaux se voient bien.

$r =$ 0ᵗ513889 $y =$ 18° 15′ . . . . + 5″521
————————
47° 7′ 0″423

32 . . 1507° 40′ 1ᵖ21 = 1507° 40′ 36″25 . . 47° 6′ 53″633
T. 12 brumaire, de 9ʰ jusque vers midi. Objets très-distincts.

$r =$ 0ᵗ510417 $y =$ 17° 57′6 . . . + 5″491
————————
47° 6′ 59″124
Moyenne . . . . 47° 6′ 59″773
Excentricité . . . . + 0″057
————————
Centre . . . . 47° 6′ 59″830
— 36″50
————————
Horizon . . . . 47° 6′ 23″33

1.

La Estella.

Entre les signaux de Puy-Camellas et de Forceral.

26 . . 2154° 40′ 10ᵖ43 = 2154° 45′ 12″75 . . 82° 52′ 30″490

T. 4 brumaire, de midi à 3ʰ. On voyoit bien les signaux ; mais le vent s'étant élevé, on a été obligé de cesser d'observer.

$r = 0'496528$ $y = 151° 18'5$ . . . — 10″341

82° 52′ 20″149

32 . . 2652° 0′ 1ᵖ104 = 2652° 0′ 33″12 . . 82° 52′ 31″035

T. 5 brumaire, de 1ʰ jusqu'au coucher du soleil. Objets bien distincts.

$r = 0'500$. $y = 152° 36'2$ . . . . . — 10″371

82° 52′ 20″664

Moyen proportionnel des deux séries . 82° 52′ 20″433
Excentricité . . . . + 0″016

Centre . . . . 82° 52′ 20″449
+ 6′ 43″378

Horizon . . . . 82° 59′ 3″83

Entre Camellas et la tour de Saint - Jaumes de Perpignan.

16 . . 886°-40′ 2ᵖ225 = 886° 41′ 6″75 . . 55° 25′ 4″172

T. 12 brumaire, depuis 2ʰ jusqu'au coucher du soleil. Beau temps.

$r = 0'50925$. $y = 92° 30'4$ . . . . — 1″415
Excentricité . . . . + 0″055

Centre . . . . 55° 25′ 2″812
+ 4′ 3″086

Horizon . . . . 55° 29′ 5″90

Entre les signaux de Notre-Dame-du-Mont et de Camellas.

32 . . 1476° 40′ 1ʳ64 = 1476° 40′ 49″20 . . 46° 8′ 46″537

T. 13 vendémiaire, depuis 2ʰ jusqu'au coucher du soleil. Vent nord assez fort.

$r = 0^t 590278$ $y = 151° 43′2$ . . .   — 7″011

46° 8′ 39″526

32 . . 1476° 30′ 19ʳ31 = 1476° 39′ 39″30 . . 46° 8′ 44″353

T. 7 brumaire, de 1 à 4ʰ. Beau temps.

$r = 0^t 517361$ $y = 147° 52′4$ . . .   — 6″215

46° 8′ 38″138

Moyen des deux séries . . . . 46° 8′ 38″831
Excentricité . . . . — 0″039

Centre. . . . . 46° 8′ 38″792
+ 42″850

Horizon. . . . . 46° 9′ 21″64

Entre les signaux de Puig-se-Calm et de Notre-Dame-du-Mont.

32 . . 1328° 20′ 0ʳ962 = 1328° 20′ 28″86 . . 41° 30′ 38″402

T. 10 vendémiaire, de midi à 3ʰ. Beau temps.

$r = 0^t 513889$ $y = 199° 55′5$ . . . .   — 1″744
Excentricité . . . . — 0″042

Centre . . . . 41° 30′ 36″616
— 7″798

Horizon . . . . 41° 30′ 28″82

SIGNAL DE PUY-CAMELLAS.

LXXXIX.

CAMELLAS est une grosse butte située dans le col de *Portell*, 1800 toises environ au sud-ouest de Belle-garde, et de 150 toises plus élevée que les remparts de ce fort. On y découvre du côté du nord une grande partie du département des Pyrénées-Orientales et les *Corbières;* vers le midi, la vue s'étend sur toute la plaine de l'*Ampourdan*, et jusqu'aux montagnes de la partie nord-est de la Catalogne que j'avois choisies pour stations.

Ici, et à tous les autres points en Catalogne, j'ai été secondé avec le plus grand zèle par M. Bueno, l'un des commissaires que la cour d'Espagne avoit nommés pour assister à nos opérations; il prenoit aussi la peine de caler le niveau pour les observations des distances au zénit.

C'est à Camellas et à la Estella que notre mesure trigonométrique s'est terminée en l'an 2, parce que le général en chef de l'armée espagnole refusa de nous laisser passer en France, et nous obligea de rentrer en Catalogne, pour y rester jusqu'à la paix.

Le premier signal, établi en l'an 2, étoit pareil au premier de la Estella; le second, qu'on éleva en l'an 4, étoit aussi de même forme que le second relevé en même temps à la Estella. Sa partie supérieure, ou le plan qui servoit de point de mire, étoit perpendiculaire à la direction vers Forceral d'où il a été observé. Une roue de bois, que j'avois fait enterrer de trois à quatre pieds, et dont le centre assuroit la position de l'axe du premier signal, a servi à replacer l'axe du second très-exactement au même point.

DISTANCES AU ZÉNIT.

$$dH = 1^{t}5347.$$

Perpignan (tourillon sud-est de la tour Saint-Jaumes de).

4   406^{s}2430   101^{s}560750 $= 91° 24' 16''83$ (en terre.) pour la réduction à l'horizon. M. et B. 2 vendémiaire an 2, dans l'après-midi. Objet éclairé du soleil. Le vent a empêché de faire un plus grand nombre d'observations.

Demi-épaisseur du fil	$+\ 3''00$
$dH' = -0^{t}6389$	$-\ 8''77$
	$91° 24'\ 11''06$

pour la différence de niveau et la réfraction.

Tour de Tautavel.

10   1005^{s}2650   100^{s}52650 $= 90° 28' 25''86$ (dans le ciel.) M. et B. 1 brumaire. Temps sombre, objet net.

Demi-épaisseur du fil	$+\ 3''00$
$dH' = -0^{t}6389$	$-\ 6''94$
	$98° 28'\ 21''92$

pour la différence de niveau et la réfraction.

Signal de Forceral.

12   1206^{s}8470   100^{s}5705833 $= 90° 30' 48''69$ (en terre.) M. et B. 1 brumaire. Signal noir, mais bien distinct. On pointoit au milieu de la tête.

La même.

8   804⁵562   100⁵570250 $=$ 90° 30' 47"61

M. et E. 4 brumaire, à midi. Signal très-apparent. On vise au milieu de la tête.

Moyenne . . . . 90° 30' 48"15

pour la réduction à l'horizon.

$$d H' = 1'6111 \qquad + 19''32$$

$$\overline{\qquad\qquad}$$

$$90° 31' \quad 7''47$$

pour la différence de niveau et la réfraction.

Bugarach (sommet de).

4   398⁵9230   99⁵73050 $=$ 89° 45' 27"63 (dans le ciel.)

pour la réduction à l'horizon. M. et B. 2 vendémiaire après midi. Le signal n'étant point encore élevé, on a visé à l'extrémité du pic, qui paroissoit très-clairement.

Demi-épaisseur du fil . . . . . $+$ 0' 3"00

$$d H' = - 0'6389 \qquad - 4''30$$

$$\overline{\qquad\qquad}$$

$$89° 45' 26''33$$

pour la différence de niveau et la réfraction.

Puy la Estella.

12   1168⁵1775   97⁵348185 $=$ 87° 36' 47"92 (dans le ciel.)

M. et B. 1 vendémiaire, à 10ʰ du matin. On pointoit au bord du pic et au pied du signal.

Hauteur du point de mire . . . . 2'0833 $-$ 34"79

$$\overline{\qquad\qquad}$$

$$87° 36' 13''13$$

La même.

12   1168⁵0550   97⁵337g167 $=$ 87° 36' 14"85

M. et E. 3 brumaire, à 3ʰ. Signal bien éclairé. On visoit au milieu de la tête.

Moyenne . . . . 87° 36' 13"99

pour la réduction à l'horizon.

$$dH' = + 1^t4444 \qquad + 24"12$$

$$\overline{87° 36' 38"11}$$

pour la différence de niveau et la réfraction.

Signal de Notre-Dame-du-Mont. (Hauteur du point de mire, 3ᵗ1667.)

12   1187ᵍ8560   98ᵍ9880   = 89° 5' 21"12 (dans le ciel.)

pour la réduction à l'horizon. M. et B. 1 vendémiaire, vers 10ʰ ¼. Beau temps.

$$dH' = 2^t5278 \qquad + 45"02$$

$$\overline{89° 6' 6"14}$$

pour la différence de niveau et la réfraction.

Figuières (tour de l'église de).

4   408ᵍ0290   102ᵍ007250   = 91° 48' 23"89 (en terre.)

pour la réduction à l'horizon. M. et B. 2 vendémiaire.

Demi-épaisseur du fil . . . . .   + 3"00

$$dH' = - 0^t6389 \qquad - 11"63$$

$$\overline{91° 48' 15"26}$$

pour la différence de niveau.

Tour du cap Mongò ou de la Mugà.

2   20ᵍ81270   101ᵍ06350   = 90° 57' 25"74 (en terre.)

pour la réduction à l'horizon. M. et B. 2 vendémiaire.

Demi-épaisseur du fil . . . . .   + 0' 3"00

$$dH' - 0^t6389 \qquad - 5"53$$

$$\overline{90° 57' 23"21}$$

pour la différence de niveau.

Clocher de Montsalvy.

10   100ᵍ145   100ᵍ9145 = 90° 49′ 22″98   (en terre.)
D. et B. n° 1. 10ʰ ½. Beaucoup de vent.

Col de Cabre.

10   98ᵍ253   98ᵍ9253 = 89° 1′ 58″0   (dans le ciel.)
D. et B. n° 1. 7ʰ du matin. Beaucoup de vent.

Grosse montagne entre le col de Cabre et Violan.

10   988ᵍ527   988ᵍ527 = 88° 58′ 2″7   (dans le ciel.)
D. et B. n° 1. 7ʰ ½. Assez de vent.

Plomb du Cantal.

6   592ᵍ101   98ᵍ6835 = 88° 48′ 54″5   (dans le ciel.)
8ʰ ½. Les nuages ont empêché d'en observer davantage.

Arcs du vertical.

Entre Rodez et le point opposé de l'horizon. . . . . 200ᵍ398.
Entre Saint-Jean de Rieupeiroux et le point opposé (sur le
Cantal) 199ᵍ226
Entre la Bastide et le point opposé 199ᵍ927
Ces observations prouvent que le signal de Montsalvy ne peut être vu
dans le ciel que de Rodez, et l'expérience l'a vérifié.

ANGLES.

Entre les signaux de Violan et de la Bastide.

20   1652ᵍ813   82ᵍ64065 = 74° 22′ 35″7
                                    — 15″2
                                    ──────────
Horizon. . . . .   74° 22′ 20″5
D, n° 1. 25 thermidor, 5ʰ. Violan très-foible, sur-tout aux deux derniers

La mer, direction sud-est.

12 12108731315 10089429 = 90° 48′ 17″51...

M. et B. 1 vendémiaire, dans la matinée. L'horizon n'étoit pas bien tranché.

Demi-épaisseur du fil . . . . + 3″00

On aura égard à la hauteur de la lunette au-dessus du sol de 0ᵗ6389.

ANGLES.

Entre la tour de Saint-Jaumes de Perpignan et le signal de Forceral.

24 8088656750 33869403125 = 30° 19′ 28″661

M. 3 brumaire, entre midi et 1ʰ ½. Temps favorable.

Excentricité . . . . + 0″018

r = 0ᵗ79861 ẏ = 33° 23′1   + 4″557
_____

Centre . . . . 30° 19′ 33″236

— 30″345
_____

Horizon . . . . 30° 19′ 2″89

Entre les signaux de Forceral et de la Estella.

6 34485233 578420550 = 51° 40′ 42″58

M. 3 brumaire, vers 9ʰ. Cette série a été interrompue par des nuages qui ont tout-à-coup enveloppé le Canigou et la Estella; ce qui a duré jusqu'à 3ʰ ½.

32 18378420125 5784193794 = 51° 40′. 38″789

M. Même jour, de 3ʰ ¼ à 4ʰ ½. Forceral éclairé du côté de l'ouest ou en dedans de l'angle, et un peu diffus; la Estella dans l'ombre et très-distinct.

32 18378443525 578420110l6 = 51° 40′ 41″157

M. 4 brumaire, de 8 à 9ʰ ¼ du matin. Temps calme; Forceral toujours bien éclairé du soleil, mais du côté de l'est; la Estella éclairé en face, quelquefois ombré par les nuages, mais très-net. On a rejeté la première série.

Moyen des deux autres . . . . 51° 40' 39"973 .

Excentricité . . . . — 0"049

$r = 0'798611$ $y = 341°$ 42'5   + 9"457

Centre . . . . 51° 40' 49"381

— 4' 7"767

Horizon . . . . 51° 36' 41"61

Entre les signaux de la Estella et de Notre-Dame-du-Mont.

24 2228ᵍ94975 92ᵍ87253125 = 83° 35' 7"001

M. 1 vendémiaire, de 8 à 9ʰ ⁴⁄₇. La Estella éclairé en face; mais le point de mire de Notre-Dame, qui étoit un cylindre de 3 pieds de diamètre, ne présentoit qu'une moitié éclairée du côté de l'est, ou en dehors de l'angle; et comme l'on visoit à cette partie, il faut

retrancher de l'angle . . . .   2"225

pour le quart du diamètre apparent.

Donc . . . . 83° 35' 4"776

$r = 1'5439815$ $y = 204°$ 52'   — 12"896

Centre . . . . 83° 34' 51"880

32 2971ᵍ83775 92ᵍ86992969 = 83° 34' 58"572

M. 2 vendémiaire, de 1ʰ à 2ʰ ⁴⁄₇. Signal de Notre-Dame noir, parce que le soleil est derrière. Le point de mire de celui de la Estella ne présente que la moitié de sa partie éclairée en dedans de l'angle, au milieu de laquelle on pointoit; et comme c'étoit un cylindre de 0'527 de diamètre, la réduction à l'axe est de . . . .   + 2"087

Donc . . . . 83° 35' 0"659

$r = 0'50926$ $y = 163°$ 22'6   — 10"422

Centre . . . . 83° 34' 50"237

Milieu proportionnel au nombre des obser-
vations de chaque série . . . .   83° 34' 50"955

Excentricité . . . .   — 0"011

                                    + 1' 54"825

Horizon . . . .   83° 36' 45"77
Ou, selon la commission spéciale . . . .   83° 36' 45"72

Nota. L'angle total entre Forceral et Notre-Dame-du-Mont, observé vingt fois seulement, et dans des circonstances défavorables, ne diffère que très-peu de la somme des deux angles partiels précédens ; on ne le rapporte pas ici, parce que la commission n'a point cru devoir y avoir égard.

Entre le signal de Notre-Dame-du-Mont et la tour de Figuières.

10. 622^s9875 $62^s298750$ = 56° 4' 7"95
M. 1 vendémiaire.

$r = 1^s5463$ $y = 148° 48'0$ — 26"18

Centre . . . .   56° 3' 41"77
                                    — 3' 31"41

Horizon . . . .   56° 0' 10"36

Entre le signal de Notre-Dame-du-Mont et la tour du cap Mongò.

4   286^s7800 7^s86950 = 64° 31' 31"80
M. 2 vendémiaire.

$r = 1^s6463$ $y = 140° 21'0$ — 20"13

Centre . . . .   64° 31' 11"67
                                    — 1' 24"95

Horizon . . . .   64° 29' 46"72

Entre le signal de Notre-Dame-du-Mont et le clocher de Perelada.

$$2 \qquad 159^g590 \qquad 79^g7950 \qquad = 71° \; 48' \; 55''80$$

M. 2 vendémiaire.

$$r = 1^s5463 \qquad y = 133° \; 4'0 \qquad \qquad — \; 33''31$$

Centre . . . . 71° 48' 22''49

$$— \; 2' \; 43''82$$

Horizon . . . . 71° 45' 38''67

Entre le signal de Notre-Dame-du-Mont et la tour de Castellon.

$$2 \qquad 160^g130 \qquad 80^g0650 \qquad = 72° \; 3' \; 30''60$$

M. 2 vendémiaire.

$$r = 1^s5463 \qquad y = 132° \; 49'0 \qquad \qquad — \; 27''49$$

Centre . . . . 72° 3' 3''11

$$— \; 1' \; 58''76$$

Horizon . . . . 72° 1' 4''35

Entre le signal de Notre-Dame-du-Mont et la tour de la Mala-Vehina.

$$2 \qquad 180^g480 \qquad 90^g2400 \qquad = 81° \; 12' \; 57''60$$

M. 2 vendémiaire. Cette tour, très-ancienne et isolée, est située dans l'Ampourdan, au nord-est de Perelada, et sur un terrain appartenant à M. Bueno.

$$r = 1^s5463 \qquad y = 123° \; 40'0 \qquad \qquad — \; 36''15$$

Centre . . . . 81° 12' 21''45

$$— \; 2' \; 2''89$$

Horizon . . . . 81° 10' 18''56

Entre le signal de Notre-Dame-du-Mont et le fort de la Trinité ou Bouton-de-Roses.

4   357ᵉ3520   89ᵉ3380 = 80° 24' 15″12

M. 2 vendémiaire. On visoit à un point remarquable au plus haut de l'édifice, qui paroissoit répondre au milieu du fort. Cet édifice peut avoir été détruit pendant le siége du fort qui eut lieu peu de temps après.

$r = 1^s 5463$ $y = 124° 28'0$ — 25″69

Centre . . . .   80° 23' 49″43

      — 1' 17″97

Horizon . . . .   80° 22' 31″46

SIGNAL DE NOTRE-DAME-DU-MONT.

X C.

CETTE montagne est située entre les rivières de la Mugà et de la Fluvia, à quatre lieues et demie dans l'ouest de Figuières, et à une lieue au nord de Besalù : elle est assez escarpée. On trouve sur son sommet un hermitage qui en occupe presque toute l'étendue. C'est du nom de cet hermitage (*Nuestra Senôra del Monte* ou *del Mundo*) que la montagne prend le sien.

L'hermitage et sa chapelle n'offrant aucun objet qui pût servir de point de mire, j'ai fait élever un signal sur l'angle le plus nord d'un massif de maçonnerie, reste de ruines, ou plutôt de bâtisses qui paroissent n'avoir jamais été achevées.

C'est à cette station que nous avons commencé la mesure des triangles de Catalogne. Nous avions fait des dispositions pour la commencer sur la cîme des

Pyrénées; mais notre apparition sur ces montagnes, et celle des officiers espagnols qui nous accompagnoient, ayant jeté l'alarme dans les villages français voisins (la guerre n'étoit point encore déclarée), le capitaine général de la Catalogne avoit ordonné aux officiers de se retirer dans l'intérieur de la province, et de m'engager à remettre mes opérations sur les limites à un temps plus tranquille. Je fus donc obligé de prendre ce parti, puisque je ne pouvois rien faire sans l'assistance des officiers espagnols. Il en résulta qu'il fallut aller deux fois à Notre-Dame-du-Mont; la première en septembre 1792, pour n'y mesurer qu'un angle du côté du midi, celui entre Puig-se-Calm et Roca-Corva. La suite du travail jusqu'à Mont-Jouy, les observations astronomiques à faire à ce terme austral de la méridienne, un cruel accident qui m'arriva, et les dispositions du général de l'armée espagnole, ne me permirent de retourner à Notre-Dame-du-Mont, et de faire élever des signaux à Camellas et à la Estella, que vers le commencement de l'an 2.

Le premier signal, placé à l'endroit désigné ci-dessus, n'a été observé que de Puig-se-Calm et de Roca-Corva. J'avois engagé l'hermite à en faire scier la tige un peu au-dessus du mur, à l'entrée de l'hiver, afin que la violence du vent, qui est extrême dans ce lieu, ne le déracinât point entièrement. Ainsi le tronçon resté dans la maçonnerie a servi pour replacer le second signal précisément au même point.

La tête de l'un et de l'autre de ces signaux étoit un

cylindre de 3 pieds de diamètre et de 4 pieds de
hauteur.

Distance de l'axe au milieu de la porte
de la chapelle . . . . 20^{t}7463.

Angle entre ce milieu et le signal de
Roca-Corva . . . . 76° 11′ 39″.

DISTANCES AU ZENIT.

Signal de Puy-Camellas.

12   121^{s}82266   1018185550 = 91°. 4′ 1″18 (dans le ciel.)
pour la réduction à l'horizon. M. et B. 5 vendémiaire an 2, à 10^h. Objet
bien distinct. On visoit au milieu de la tête.

$$dH' = 1^t2847 \qquad \frac{+ 22″88}{91° 4′ 24″06}$$

pour la différence de niveau et la réfraction.

Tour de Baterre (dans le col au-dessous et à l'est de la Estella.

8   79585015   9984376875 = 89° 29′ 38″11 (dans le ciel.)
pour la réduction à l'horizon. M. et B. 5 vendémiaire.

$$\begin{array}{lr}
\text{Demi-épaisseur du fil . . . . .} & + 3″00 \\
dH' = -0^t6389 & - 8″64 \\
\hline
& 89° 29′ 32″47
\end{array}$$

Signal de Puy-la-Estella.

12   118585115   985792625 = 88° 54′ 48″11 (dans le ciel.)
pour la réduction à l'horizon. M. et B. 5 vendémiaire, entre 10 et 11^h.
Objet bien apparent. On visoit au milieu de la tête.

$$dH' = 1^t0278 \qquad \frac{+ 13″29}{88° 55′ 1″40}$$

pour la différence de niveau et la réfraction.

Pic du Canigou le plus proche d'ici.

10   969ᵉ9440   96ᵉ99440 = 87° 17′ 41″86 (dans le ciel.)
pour la réduction à l'horizon. M. et B. En vendémiaire. Quoique ce pic
paroisse d'ici le plus haut, on présume que ce n'est pas celui qui a été
observé des stations du côté du nord.

Pour un autre pic qui est peut-être le véritable, et qui paroissoit plus
éloigné et plus vers l'orient . . . .   + 9′ 8″53
Donc. . . . .   87° 26′ 50″39
Demi-épaisseur du fil . . . . .   + 3″00
$dH' = - 0^t6389$ — 6″94

Premier pic. . . . .   87° 17′ 37″92
Second pic . . . .   87° 26′ 46″45
pour la différence de niveau.

Sommet de Costa-Bona.

8   78ᵗ85150   97ᵉ689375 = 87° 55′ 13″58 (dans le ciel.)
pour la réduction à l'horizon. M. et B. En vendémiaire.

Demi-épaisseur du fil . . . . .   + 3″00
$dH' = - 0^t6389$ — 7″40

87° 55′ 9″18
pour la différence de niveau.

Signal de Puig-se-Calm.

12   119ᵗ86266   99ᵉ3022167 = 89° 22′ 19″15 (dans le ciel.)
pour la réduction à l'horizon de l'angle entre ce signal et celui de Puy-
Camellas. M. et B. 5 vendémiaire. Hauteur du milieu de la tête du signal
où l'on visoit, 2ᵗ0417.

$dH' = 1^t4028$ + 18″67

Réduite au pied du signal . . 89° 22′ 37″82

Distance de ce pied au zénit, observée directement.

8   794ᵍ4630   99ᵍ307875 = 89° 22′ 37″52

M. et B. 13 septembre 1792, vers midi. La tête du signal disparoissoit dans le ciel.

Demi-épaisseur du fil . . . . .   + 3″00
Hauteur de ce signal, 1ᵗ4583 .   — 19″41
                                      ─────────
                                      89° 22′ 21″01

pour la réduction à l'horizon de l'angle entre ce même signal et celui de Roca-Corva, observé les 13 et 14 septembre 1792.

$dH' = $ 0ᵗ8194   + 10″90
                       ─────────
                       89° 22′ 31″91

Milieu des deux séries . . . . 89° 22′ 34″82

pour la différence de niveau et la réfraction,

Roca-Corva.

8   803ᵍ9980   100ᵍ499750 = 90° 26′ 59″19 (dans le ciel.)

M. et B. 13 septembre 1792, vers midi. Des reflets de lumière faisoient disparoître la tête du signal. On a pointé au pied.

Hauteur du signal, 1ᵗ6528 . .   — 31″99
                                     ─────────
                                     90° 26′ 27″20

pour la réduction à l'horizon de l'angle entre ce signal et celui de Puig-se-Calm, observé les 13 et 14 septembre 1792.

Demi-épaisseur du fil . . . . .   + 3″00
$dH' = $ 0ᵗ9584   — 18″55
                                      ─────────
                                      90° 26′ 11″65

pour la différence de niveau et la réfraction.

Figuières (tour de l'église de).

6   619ᵍ6833   103ᵍ28055 = 92° 57′ 8″98 (en terre)

pour la réduction à l'horizon. M. et B. 5 vendémiaire an 2.

Demi-épaisseur du fil . . . . .   + 3″00
$dH' = -$ 0ᵗ6389   — 12″25
                                      ─────────
                                      92° 54′ 59″73

pour la différence de niveau.

1.   57

Tour du cap Mongò ou de la Mugà.

4   406.8920   1015.7230 $= 91° 33' 2''52$
pour la réduction à l'horizon. M. et B. 6 vendémiaire.

Demi-épaisseur du fil . . . . . $+ 3''00$
$dH' = - 0'6389$ $- 6''12$
                                     _____
                                     $91° 32' 59''40$
pour la différence de niveau.

Perelada (clocher de).

4   410.9860   1025.74650 $= 92° 28' 18''66$ (en terre.)
pour la réduction à l'horizon. M. et B. 5 vendémiaire.

Demi-épaisseur du fil . . . . . $+ 3''00$
$dH' = - 0'6389$ $- 10''06$
                                     _____
                                     $92° 28' 11''60$
pour la différence de niveau.

Castellon (tour de San-Domingo de).

4   409.4440   1025.3610 $= 92° 7' 29''64$ (en terre.)
pour la réduction à l'horizon. M. et B. 5 vendémiaire.

Demi-épaisseur du fil . . . . . $+ 3''00$
$dH' = - 0'6389$ $- 8''41$
                                     _____
                                     $92° 7' 24''23$
pour la différence de niveau.

Tour de la Mala-Vehina.

4   409.5775   1025.394375 $= 92° 9' 17''78$ (en terre.)
pour la réduction à l'horizon. M. et B. 6 vendémiaire.

Demi-épaisseur du fil . . . . . $+ 3''00$
$dH' = - 0'6389$ $- 9''04$
                                     _____
                                     $92° 9' 11''74$
pour la différence de niveau.

Fort de la Trinité.

4   407ᵍ3010   101ᵍ825250   = 91° 38′ 33″81

pour la réduction à l'horizon. M. et B. 5 vendémiaire.

Demi-épaisseur du fil	+ 3″oo
$d H' = -$ 0ᵗ6389	— 6″51
	91° 38′ 3o″3o

pour la différence de niveau.

La mer, direction nord-est.

8   808ᵍ8280   101ᵍ10350   = 90° 59′ 35″34

M. et B. 13 septembre, à 11ʰ du matin. Horizon assez mal terminé.

Demi-épaisseur du fil . . . . .   + 3″oo

Hauteur de la lunette, 0ᵗ6944.

ANGLES.

Entre les signaux de Camellas et de la Estella.

8   446ᵍ927875   55ᵍ8659844   = 5o° 16′ 45″789

M. 4 vendémiaire an 2, après midi. Très-grand vent : il est devenu si fort qu'on a été obligé de cesser et de porter le cercle plus près du mur, pour se mettre à l'abri et faire une autre série.

$r =$ 1ᵗ5555 $y =$ 2o3° 24′   — 18″6o7

Centre . . . .   5o° 16′ 27″182

32   178ᵍ5159   55ᵍ85987188 = 5o° 16′ 25″985

M. Même jour, de 4 à 5ʰ ⅟₂. Très-peu de vent dans cette nouvelle position ; objets très-clairs.

$r =$ 1ᵗo25463 $y =$ 278° 15′3   + 3″581

Centre . . . .   5o° 16′ 29″566

32   1787⁸717775   55⁸866180₅ = 50° 16' 46″425

M. 5 vendémiaire, de 8 à 9ʰ ½ du matin. Signaux parfaitement distincts.

$r = 1^{s}5555$ $y = 203° 24'$ — 18″607

Centre . . . .   50° 16' 27″818

On a rejeté la première série. Milieu des

deux dernières. . . . .   50° 16' 28″692

Excentricité . . . .   + 0″051

— 2' 35″348

Horizon. . . . .   50° 13' 53″39

Entre les signaux de la Estella et de Puig-se-Calm.

32   3394⁸840125   106⁸0887539 = 95° 28' 47″563

M. 4 vendémiaire, vers 9ʰ du matin. Un peu de vent. La tête du signal de Puig-se-Calm étoit un cylindre de 0ˢ5278; le soleil n'éclairoit que la moitié de la partie visible d'ici; et comme l'on pointoit au milieu de cette moitié, l'angle mesuré est trop grand du quart du diamètre apparent: donc, réduction à l'axe du signal . . . . .   — 1″755

$r = 1^{s}55555$ $y = 105° 57'2$ — 27″244

Excentricité . . . .   — 0″004

Centre . . . .   95° 28' 18″560

+ 47″821

Horizon. . . . .   95° 29' 6″38

Et selon la commission spéciale . . . .   6″37

Entre les signaux de Puig-se-Calm et de Roca-Corva.

18   1121⁸61125   62⁸31173611 = 56° 4' 50″025

M. 13 septembre 1792, au soir. On pointoit sur des réverbères fixés au centre des signaux; mais, à notre grand regret, nous n'avons pu continuer d'employer cet excellent moyen, parce que nous n'avions que deux réverbères, et sur-tout parce que cela inquiétoit trop les habitans d'un pays où nous étions étrangers et où l'on craignoit déja la guerre.

16   996⁸9960   62⁸312250 = 56° 4' 51″690

M. 14 septembre 1792, vers midi.

Les 34   2118ᵍ60725   62ᵍ31197794 = 56° 4' 50"809

    $r = 1^ι72222$ $y = 58° 16'$ — 7"478

Excentricité . . . .   — 0"063

Centre . . . .   56° 4' 43"268

                          — 33"432

Horizon . . . .   56° 4' 9"84

Et selon la commission spéciale . . . . .   9"74

Nota. Cette légère différence de 0"10 est bien au-dessous de celle des deux séries, et ne peut produire d'erreur sensible sur les côtés du triangle.

Entre la tour du cap Mongò et le signal de Camellas.

     4   384ᵍ2750   96ᵍ068750 = 86° 27' 42"75

M. 6 vendémiaire an 2.

    $r = 1^ι86111$ $y = 197° 0'$ — 7"64

Centre . . . .   86° 27' 35"11

                         + 1' 37"30

Horizon . . . .   86° 29' 12"41

Entre le signal de Roca-Corva et la tour de Figuières.

     4   432ᵍ9850   108ᵍ246250 = 97° 25' 17"85

M. 13 septembre 1792.

    $r = 1^ι72222$ $y = 320° 51'$ + 49"20

Centre . . . .   97° 26' 7"05

                         + 1' 59"13

Horizon . . . .   97° 28' 6"18

Entre la tour de Figuières et le signal de Camellas.

     8   539ᵍ790   67ᵍ473750 = 60° 43' 34"95

M. 5 vendémiaire an 2.

    $r = 1^ι555555$ $y = 253° 41'$ + 5"24

Centre . . . .   60° 43' 40"19

                         + 53"37

Horizon . . . .   60° 44' 33"56

Entre Perelada et Camellas.

$$4 \quad 226^{s}9240 \quad 56^{s}7310 = 51° \ 3' \ 28''44$$

M. 5 vendémiaire.

$$r = 1^{t}55555 \quad y = 253° \ 41' \qquad + \ 6''46$$

Centre . . . . $\overline{51° \ 3' \ 34''90}$

$$+ \ 29''04$$

Horizon . . . . $\overline{51° \ 4' \ 3''94}$

Entre Castellon et Camellas.

$$4 \quad 281^{s}1900 \quad 70^{s}29750 = 63° \ 16' \ 3''90$$

M. 5 vendémiaire.

$$r = 1^{t}55555 \quad y = 253° \ 41' \qquad + \ 12''61$$

Centre . . . . $\overline{63° \ 16' \ 16''51}$

$$+ \ 1' \ 11''92$$

Horizon . . . . $\overline{63° \ 17' \ 28''43}$

Entre la tour de la Mala-Vehina et Camellas.

$$4 \quad 209^{s}2790 \quad 52^{s}319750 = 47° \ 5' \ 15''99$$

M. 6 vendémiaire.

$$r = 1^{t}86111 \quad y = 197° \ 0' \qquad - \ 13''99$$

Centre . . . . $\overline{47° \ 5' \ 2''00}$

$$+ \ 28''38$$

Horizon . . . . $\overline{47° \ 5' \ 30''38}$

Entre le fort de la Trinité et Camellas.

$$6 \quad 434^{s}9730 \quad 72^{s}49550 = 65° \ 14' \ 45''42$$

M. 5 vendémiaire.

$$r = 1^{t}55555 \quad y = 253° \ 41' \qquad + \ 16''12$$

Centre . . . . $\overline{65° \ 15' \ 1''54}$

$$+ \ 1' \ 5''71$$

Horizon . . . . $\overline{65° \ 16' \ 7''25}$

Entre la tour de Baterre et le signal de Puig-se-Calm.

8   87356390   1095204875 $= 98°$ 17′ 3″80

M. 5 vendémiaire.

$r = 1^{t}55555$ $y = 107°$ 55′ $— 28″97$

Centre . . . .   98° 16′ 34″83

                                     $+ 23″52$

Horizon . . . .   98° 16′ 58″35

Entre la tour de Bellegarde et le signal de Puig-se-Calm.

4   66184640   16583660 $= 148°$ 49′ 45″84

M. 14 septembre 1792.

$r = 1^{t}72222$ $y = 114°$ 21′ $— 47″72$

Centre . . . . 148° 48′ 58″12

Distance de Bellegarde au zénit,

  calculée 91° 35′ 22″ . . . . $+ 30″49$

Horizon . . . . 148° 49′ 28″61

Puig-se-Calm et Roca-Corva .   56° 4′ 9″84

Somme . . . . 204° 53′ 38″45

Donc entre Roca-Corva et Bellegarde . . 155° 6′ 21″55

Entre Costa-Bona et le signal de Puig-se-Calm.

8   53284701   6685587625 $= 59°$ 54′ 10″39

M. septembre 1792. Pour Costa-Bona on visoit à une pyramide en pierres sèches que nous avions élevée sur son sommet un mois auparavant.

$r = 1^{t}72222$ $y = 114°$ 21′ $— 18″89$

Centre . . . .   59° 53′ 51″50

                                     $+ 8″90$

Horizon . . . .   59° 54′ .0″40

Entre la Estella et un grand clocher de la ville d'Aulot.

$$4 \quad 40^{s}2800 \quad 101^{s}5700 = 91° \; 24' \; 46''80$$

M. 6 vendémiaire an 2.

$$r = 0^{s}77778 \quad \gamma = 77° \; 35' \qquad \quad — 13''36$$

Centre	91° 24' 33''44
Distance d'Aulot au zénit, estimée 92° 0'.	— 2' 12''66
Horizon	91° 22' 20''8
La Estella et Puig-se-Calm	95° 29' 6''4
Donc entre Aulot et Puig-se-Calm . . .	4° 6' 45''6

Entre le signal de Roca-Corva et la tour de la cathédrale de Girone.

$$4 \quad 101^{s}4450 \quad 25^{s}361250 = 22° \; 49' \; 30''45$$

M. 14 septembre 1792.

Par estime . . . $r = 3^{s}0 \quad \gamma = 10° \; 0'' \qquad + 25''19$

Centre	22° 49' 55''64
Distance de Girone au zénit, calculée 91° 28'	— 1' 10''40
Horizon	22° 48' 45''24
Puig-se-Calm et Roca-Corva	56° 4' 9''84
Donc entre Puig-se-Calm et Girone . . .	78° 52' 55''1

Les angles suivans n'ont été observés qu'une seule fois, et pour servir de directions.

Entre Costa-Bona et le plus haut sommet de Nuria, qui est plus élevé que le Canigou . . . . 4° 55' 55'' }

Entre Costa-Bona et la plus haute pointe de Piedra-Horca . . . . . 31° 4' 35'' } dans l'ouest de Costa-Bona.

Entre le signal de Puig-se-Calm et *Suroca*, butte située près de l'extrémité occidentale du sommet de la Caballera, montagne des environs de Campredon, 34° 0'.

SIGNAL DE PUIG-SE-CALM.

XCI.

J'AI choisi Puig-se-Calm pour l'une de nos stations, d'après les relèvemens que j'en avois pris de dessus les montagnes de Serrateix, Costa-Bona, Tosa, la Caballera près Campredon, et du Col-de-Jaù. C'est le plus haut sommet des montagnes de Vidra ; il est d'une lieue environ dans le nord du village de ce nom, d'autant dans le sud-ouest de celui de Saint-Privat, et à deux lieues et demie de la ville d'Aulot. On trouve sur cette montagne, et à demi-lieue du pic, la métairie de *Platravé*.

Le signal placé à cette station en 1793, étoit pareil à ceux de Notre-Dame-du-Mont et de la Estella, d'où il a été observé.

Celui de 1792, qui a servi pour les stations méridionales, et qu'on a observé aussi de Notre-Dame-du-Mont à cette époque, étoit une tente conique. La carcasse en étoit formée de trois fortes pièces de bois, qui s'assembloient par en haut dans un plateau circulaire de deux pieds de diamètre. Les extrémités inférieures de ces montans étoient liées entre elles par des triangles de fer de six pieds de longueur, pour en empêcher l'écartement. Du centre du plateau s'élevoit un axe vertical et cylindrique de six pouces de diamètre, et long de trois pieds ; le plateau formoit la base d'un

1.

petit cône de vingt pouces de hauteur, couvert d'une toile blanche, et bordé par en bas d'une large ceinture de coutil rayé; l'axe étoit terminé par un gros corps rond, blanchi ou non, suivant les circonstances. Quand on vouloit compléter la tente, on accrochoit au bord du plateau une grande toile que l'on tendoit et arrêtoit circulairement par le bas avec des piquets de fer enfoncés dans la terre ou dans les fentes des rochers. Il étoit facile de placer le centre de l'instrument dans la verticale du point de mire ou l'axe du signal, au moyen d'un fil attaché au centre du plateau, et qui portoit un plomb terminé en pointe. On marquoit toujours sur le sol le pied de l'axe par un clou frappé sur la tête d'un gros piquet, enfoncé dans le terrain aussi profondément qu'il étoit possible. Ce repère servoit encore à rétablir l'axe et le point de mire dans leur première situation, quand ils en étoient dérangés par la violence du vent ou par quelqu'autre accident.

La difficulté, et quelquefois l'impossibilité de se procurer du bois de charpente et des ouvriers sur les montagnes de Catalogne, m'avoit déterminé à faire construire à Barcelone trois tentes semblables à celle que je viens de décrire. Elles nous servoient tout à la fois d'abris et de signaux : on les observoit avec facilité et précision. J'ai beaucoup regretté de n'en pouvoir pas faire toujours usage, soit à raison des circonstances, soit parce que cela exigeoit un certain nombre de gardiens et coopérateurs que la modicité de nos moyens et d'autres raisons ne nous permettoient pas d'avoir.

J'avois d'abord destiné ces tentes pour signaux de
nuit, en y plaçant un réverbère au centre dans l'intérieur, ou en le fixant extérieurement au haut de l'axe
du petit cône. J'ai dit ci-dessus pourquoi nous avions
été obligés de renoncer à l'usage des réverbères.

C'est le citoyen Tranchot qui a fait ici les observations du côté du nord-ouest, en 1793 et au commencement de l'an 2 : il s'est servi du cercle divisé en
parties sexagésimales. J'y avois fait toutes les autres
observations l'année précédente, et avec le cercle divisé
en quatre cents grades. J'étois accompagné de M. Bueno
et de l'artiste Esteveny.

DISTANCES AU ZÉNIT.

Sommet de Costa-Bona.

8 . . 707° 30′ 18ᵖ,83 $=$ 707° 39′ 5″49 . . 88° 27′ 23″19
(dans le ciel.) Pour la réduction à l'horizon. T. 2 vendémiaire an 2,
entre 7 et 8ʰ du matin.

$$\begin{array}{lr} \text{Demi-épaisseur du fil} \ldots \ldots \ldots & + \ 3″00 \\ d\,H' = -0^{\iota}6389 \ldots \ldots \ldots & -\ 7″87 \\ \hline & 88°\ 27′\ 18″32 \end{array}$$

pour la différence de niveau.

La Estella.

8 . . 718° 40′ 8ᵖ862 $=$ 718° 44′ 25″87 . . 89° 50′ 33″23
T. 2 vendémiaire, vers midi. On visoit au pied du signal, dont la hauteur de la tête étoit de 2ᵗ0833. Le centre du cercle étoit de 0ᵗ6667 au-dessus
du sol de Puig-se-Calm.

$$\text{Donc corrections} \ldots \begin{cases} & -\ 18″46 \\ d\,H' \ldots \ldots \ldots & -\ 5″66 \\ \text{Le fil} \ldots \ldots \ldots & +\ 3″00 \end{cases}$$

Pour la réduction à l'horizon . . . . 89° 50′ 14″77
Pour la différence de niveau et la réfraction . . 89° 50′ 30″57

Signal de Notre-Dame-du-Mont.

8 . . 726° 40' 14ᵖ471 = 726° 47' 14"13 . . 90° 50' 54"27

T. 2 vendémiaire. Le fil étoit en contact avec le bord inférieur de la tête du signal, élevé sur le sol de 2ᵗ75.

Demi-hauteur de cette tête . . . . . .　　　— 4"98

pour la réduction à l'horizon.　　　　　　90° 50' 49"29

$dH' = 2^t0833$　　　+ 27"72

pour la différence de niveau et la réfraction,　90° 51' 17"01

La même (pour le signal de 1792).

8　80ᵗ5640　100ᵗ94550 = 90° 51' 3"42 (dans le ciel:)

M. et B. 3 vendémiaire an premier. On visoit au pied du signal sur le mur, qui étoit plus bas que la tête de 1ᵗ0.

Donc . . . .　　　— 13"00

pour la réduction à l'horizon. Et par rapport　90° 50' 50"42

aux deux sols . . . . . . $dH' = 0^t6667$　+ 8"87

Demi-épaisseur du fil . . . . . .　　+ 3"00

pour la différence de niveau et la réfraction.　90° 51' 2"29

Et par un milieu . . . . . .　90° 51' 9"65

Tour de Baterre.

6　60ᵗ7475　100ᵗ291250 = 90° 15' 43"65

pour la réduction à l'horizon. M. et B. 3 vendémiaire.

$dH' = — 0^t6389$　— 5"66

Demi-épaisseur du fil . . . . .　+ 3"00

pour la différence de niveau et la réfraction.　90° 15' 41"0

Roca-Corva.

8   81153433   101°4179125 = 91° 16′ 34″04 (dans le ciel.)

M. et B. 2 vendémiaire, dans la matinée. On visoit au pied du signal, ou 1ᵗ6528 au-dessous de son point de mire.

Donc . . . .   — 26″01
                                         _____
                                         91° 16′ 8″03

pour la réduction à l'horizon.

Hauteur du cercle, 0ᵗ6389 . . . .   — 10″01
Demi-épaisseur du fil . . . . .   + 3″00
                                     _____
                                     91° 16′ 27″03

pour la différence de niveau et la réfraction.

Matagall (pic nord de Monseñ).

8   79855510   99°818875 = 89° 50′ 13″16 (dans le ciel.)

M. et B. 2 vendémiaire. On visoit au pied du signal, parce qu'on n'en voyoit pas assez distinctement la tête; elle étoit élevée de 1ᵗ6667.

Donc . . . .   — 19″06
Hauteur du cercle, 0ᵗ6389 . .   — 7″31
Demi-épaisseur du fil . . . . .   + 3″00
                                        _____
                                        89° 49′ 54″10

pour la réduction à l'horizon.

                                        89° 50′ 8″85

pour la différence de niveau et la réfraction.

Puig-Rodòs.

6   605864667   100°9411113 = 90° 50′ 49″2

M. et B. 2 vendémiaire. On visoit au pied du signal, dont la tête, qui ne se voyoit pas assez bien, étoit élevée de 1ᵗ9780.

Donc . . . .   — 21″14
Hauteur du cercle, 0ᵗ6389 . .   — 6″83
Demi-épaisseur du fil . . . . .   + 3″00
                                        _____
                                        90° 50′ 27″86

pour la réduction à l'horizon.

                                        90° 50′ 45″37

pour la différence de niveau et la réfraction.

Nota. La mer ayant toujours été embrumée, on n'a point pu en mesurer la distance au zénit.

ANGLES.

Entre le signal de Notre-Dame-du-Mont et la pyramide de Costa-Bona.

8 . . 535° 0′ 2ʳ38ᵣ5 = 535° 1′ 11″625 . . 66° 52′ 38″953

T. 2 vendémiaire an 2, de 8 à 9ʰ du matin. Temps calme.

$r = 0^r750$ $y = 75° 47′5$ . . . . .   — 2″905

Centre . . . . 66° 52′ 36″048

— 2′ 10″986

Horizon . . . . 66° 50′ 25″06

Entre les signaux de Notre-Dame-du-Mont et de la Estella.

24 . . 1032° 20′ 16ʳ80 = 1032° 28′ 11″0 . . 43° 1′ 11″00

T. 1 vendémiaire, de 9 à 11ʰ. Beau temps et calme ; mais la tête du signal de Notre-Dame-du-Mont n'étant qu'à moitié éclairée par rapport à l'observateur, et en dehors de l'angle, il faut corriger cet angle de . . . . — 1″66

Et pour l'excentricité de la lunette inférieure . . + 0″046

Donc . . . . 43° 1′ 9″386

$r = 0^r74884$ $y = 99° 47′0$ . . . . — 0″513

Centre . . . . 43° 1′ 8″873

— 37″733

Horizon . . . . 43° 0′ 31″14

Nota. Une autre série de trente-deux observations donnoit environ une seconde de plus. La commission spéciale l'a rejetée, parce qu'elle a été faite dans des circonstances très-défavorables.

ANGLES observés au centre.

Entre le signal de Notre-Dame-du-Mont et la tour de Baterre.

6   269⁵7700   44⁵9616667   = 40° 27′ 57″80

M. 3 vendémiaire an premier.

$$- 7″46$$

Horizon . . . .   40° 27′ 50″34

Entre les signaux de Roca-Corva et de Notre-Dame-du-Mont.

10   475⁵4208   47⁵542080 = 42° 47′ 16″339

M. 3 vendémiaire, dans l'après - midi. Après la dixième observation les nuages ont enveloppé les deux signaux, puis tout l'horizon s'est embrumé. On n'avoit entrepris cette série que pour vérifier le résultat d'une autre, faite le matin, et qu'on va rapporter. La commission n'a pas cru devoir l'employer ; d'ailleurs on n'avoit lu l'arc parcouru que pour une seule alidade.

20   950⁵8400   47⁵54200 = 42° 47′ 16″080

M. 3 vendémiaire, de 7 à 8ʰ ½ du matin. Temps calme ; objets noirs et bien nets.

Excentricité . . . .   + 0″026

$$+ 20″423$$

Horizon . . . .   42° 47′ 36″53

Entre les signaux de Matagall et de Roca-Corva.

8   688⁵386625   86⁵048338125   = 77° 26′ 36″616

M. 22 septembre 1792, entre midi et 1ʰ. Après la huitième observation le vent s'est élevé avec tant de violence qu'il n'a pas été possible de continuer.

8   688⁵385275   86⁵048159375 = 77° 26′ 36″036

M. 1 vendémiaire an premier, entre 2 et 3ʰ après midi. Le vent est encore devenu si impétueux qu'il a fallu se retirer.

32 2753855025   8650484453125 $=$ 77° 26' 36"963

Puig-se-Calm. M. 2 vendémiaire, de 8 à 10ʰ. Il y avoit un peu de vapeurs ; vent froid et assez fort. Thermomètre exposé au soleil $+$ 4ᵈ5.

Les 48 4130832215   865048378125 $=$ 77° 26' 36"745

Excentricité . . . .   — 0"046

                                               — 25"213

Horizon . . . .   77° 26' 11"49

Entre les signaux de Puig-Rodòs et de Matagall.

32 1240885225   3857766328 $=$ 34° 53' 56"290

M. 3 vendémiaire, de 9ʰ à 10ʰ ⅕. Matagall beau ; Rodòs un peu foible.

Excentricité . . . .   — 0"008

                                               — 48"530

Horizon . . . .   34° 53' 7"75

Entre Matagall et Aulot.

2 28483233   142161750 $=$ 127° 56' 43"75

M. 2 vendémiaire.

Distance d'Aulot au zénit, estimée 97° 40'. $+$ 14' 54"7

Horizon . . . .   128° 11' 38"4
Matagall et Notre-Dame-du-Mont . . . .   120° 13' 48"0

Donc entre Notre-Dame-du-Mont et Aulot,   7° 57' 50"4

Entre Girone et Notre-Dame-du-Mont.

4 23284175   5851043750 $=$ 52° 17' 38"18

M. 2 vendémiaire.

Distance de Girone au zénit, estimée 92° 5'. $+$ 16"01

Horizon . . . .   52° 17' 54"2

SIGNAL DE ROCA-CORVA.

XCII.

LA montagne de Roca-Corva, qui prend son nom de la forme d'un gros rocher très-apparent sur son sommet, est située entre les rivières de la Fluvia et du Ter, ou entre les villes de Castelfollit et Girone. Il y a un hermitage vers l'extrémité sud du sommet; mais comme il ne présentoit aucun objet qui fût propre à servir de point de mire, on a placé un signal dans la partie septentrionale du même sommet, à 5oo toises environ de l'hermitage, sur une butte nommée *Puchon*, et près du bord escarpé du côté de Girone. Ce signal étoit une tente conique. C'est M. Alvarez, enseigne de vaisseau et adjoint de M. Gonzalez, l'un des deux com- missaires espagnols, qui a fait établir cette tente; et il a même eu la complaisance d'y séjourner, d'y coucher, avec un gardien, durant tout le temps nécessaire pour l'observer des trois autres stations correspondantes.

DISTANCES AU ZÉNIT.

Notre-Dame-du-Mont.

8   797ᵍ3870   99ᵍ673375 = 89° 42' 21"74

M. et B. 17 septembre 1792, dans l'après-midi. On visoit au pied du signal, dont la tête étoit plus élevée de 1ᵗ0.

Donc . . . .   — 19"36

89° 42' 2"38

pour la réduction à l'horizon.

dH' relativement aux deux sols = 1ᵗ6389   + 31"72

Demi-épaisseur du fil . . . . .   + 3"00

89° 42' 37"ᵪ

pour la différence de niveau et la réfraction.

Puig-se-Calm.

8   790ᵍ3820   98ᵍ797750 = 88° 55' 4"71 (dans le ciel.)

M. et B. 17 septembre, à 5ʰ du soir. On visoit au pied du signal, dont la tête étoit plus élevée de 1ᵗ4583.

Donc . . . .   — 23"11

88° 54' 41"60

pour la réduction à l'horizon.

dH' relativement aux deux sols = 0ᵗ7638g   + 12"10

Demi-épaisseur du fil . . . . .   + 3"00

88° 54' 56"7

pour la différence de niveau et la réfraction.

Matagall.

8   791ᵍ9675   98ᵍ9959375 = 89° 5' 46"84 (dans le ciel.)

pour la réduction à l'horizon. M. et B. 18 septembre, à 11ʰ du matin. Un peu d'ondulations.

$dH' =$ 0ᵗ97222   + 10"12

Demi-épaisseur du fil . . . . .   + 3"00

89° 5' 59"96

pour la différence de niveau et la réfraction.

La mer, direction vers l'est.

6   606ᵍ2300   101ᵍ038333 = 90° 56' 4"20

M. et B.   18 septembre, à 11ʰ ¼. Horizon mal terminé.

Demi-épaisseur du fil. . . . .   + 3"00

Il faut avoir égard à la hauteur de la lunette, ou du centre du cercle sur le sol, qui étoit de 0ᵐ69444.

A N G L E S observés au centre.

Entre les signaux de Notre-Dame-du-Mont et de Puig-se-Calm.

8   721ᵍ18133   90ᵍ14766625 = 81° 7' 58"439

M.   17 septembre, à 7ʰ ½ du matin. Après la huitième observation les nuages ont caché le signal de Puig-se-Calm, et il n'a reparu que dans l'après-midi.

24   2163ᵍ555625   90ᵍ14815104 = 81° 8' 0"009

M.   Même jour, de 2ʰ ½ à 3ʰ ½. Soleil ; on voyoit bien les objets.

32   2884ᵍ7177   90ᵍ147428125 = 81° 7' 57"667

M. et A.   19 septembre, de 6ʰ ½ à 8ʰ du matin. La tête du signal de Notre-Dame-du-Mont ne présentoit que la moitié de sa partie éclairée, et en dehors de l'angle. M. Alvarez, qui observoit ce signal, mettoit le fil vertical en contact avec le bord intérieur de la partie éclairée, afin de la mieux distinguer. Ainsi il faut ajouter la demi-épaisseur de ce fil.   = + 3"00

Donc . . . .   81° 8' 0"667

Moyen proportionnel des deux dernières séries . . . . . .   81° 8' 0"385

Excentricité . . . .   + 0"037

+ 14"483

Horizon . . . .   81° 8' 14"90

Entre les signaux de Puig-se-Calm et de Matagall.

32　2228^s365125　69^s636410156 = 62° 40′ 21″969

M. 18 septembre, dans le milieu de la matinée. Soleil ; fortes ondulations. On ne pouvoit point disposer les filets des réticules à 45^d, et comme les signaux disparoissoient sous le fil vertical, on ne lui faisoit couvrir que la moitié de la tête de chaque signal, et en dehors de l'angle ; en sorte qu'il faut retrancher l'épaisseur totale du fil . . . = − 6″000

Donc . . . . 62° 40′ 15″969

16　1114^s14975　69^s634359375 = 62° 40′ 15″324

M. Même jour, au coucher du soleil et dans le crépuscule. Objets noirs et parfaitement terminés.

Moyen proportionnel . . . . . 62° 40′ 15″754
Excentricité . . . . + 0″057

+ 37″309

Horizon . . . . 62° 40′ 53″12

Entre les signaux de Notre-Dame-du-Mont et de Matagall.

24　3834^s672525　159^s778021875 = 143° 48′ 0″791

M. Même jour, entre 1 et 2^h. Objets éclairés du soleil.

Excentricité . . . . + 0′ 0″093
+ 1′ 7″713

Horizon . . . . 143° 49′ 8″50
Somme des deux partiels . . . 149° 49′ 8″02

Différence . . . . 0″48

On n'a observé cet angle total que pour vérifier les deux dont il est composé ; et la commission spéciale ne l'a considéré que comme une preuve que ceux-ci étoient suffisamment exacts.

Entre la tour de Bellegarde et le signal de Puig-se- Calm.

Roca-Corva.

M. 17 septembre.
$$4 \quad 42\text{\tiny B}7840 \quad 105\text{\tiny B}4460 = 94° 54' 5''04$$

Distance de Bellegarde au zénit,
calculée 90° 51' 34" . . . .   — 53"83

Horizon . . . .   94° 53' 11"21
Notre-Dame-du-Mont et Puig-se-Calm . .   81° 8' 14"90

Donc entre Bellegarde et Notre-Dame-du-
Mont . . . .   13° 44' 56"31

Entre la tour de la cathédrale de Girone et le signal de Notre-Dame-du-Mont.

$$4 \quad 553\text{\tiny B}820 \quad 138\text{\tiny B}4550 = 124° 56' 34''20$$

M. 18 septembre. Pour observer cet angle et le suivant, on a été obligé
d'éloigner le cercle du centre du signal.

$r = 1\text{\tiny t}5694 \quad y = 70° 21'7$ — 39"30
Centre . . . .   124° 55' 54"90
Distance de Girone au zénit, calculée 93° 7'   + 2' 23"83
Horizon . . . .   124° 58' 18"73

Entre la tour de Figuières et le signal de Notre-Dame-du-Mont.

$$2 \quad 925\text{\tiny t}2970 \quad 46\text{\tiny R}14850 = 41° 32' 1''14$$

M. 18 septembre.

$r = 1\text{\tiny t}5694 \quad y = 70° 21'7$ — 9"95
Centre . . . .   41° 31' 51"19
Distance de Figuières au zénit,
calculée 91° 47' 53" . . . .   — 2' 49"10
Horizon . . . .   41° 29' 2"09

SIGNAL DE MATAGALL OU DE MONSÊN.

XCIII.

MONSÊN est la montagne la plus considérable de la partie sud-est de la Catalogne. Son sommet se divise en deux pics très-remarquables, qui gissent à peu près nord et sud. Le signal a été placé sur le pic septentrional, qui se nomme *Matagall* : c'étoit une tente conique. L'hermitage de Saint-Sigismond est à une heure et demie de chemin de ce pic, et dans la même partie de la montagne. Le pic méridional est un peu plus élevé que l'autre; son nom est *Homa-Mort.*

Les observations de cette station ont été faites avec le cercle divisé en 360 degrés, et concurrement par le citoyen Tranchot, M. Planez, lieutenant de vaisseau et adjoint de M. Gonzalez, et par M. Chaix, que le gouvernement d'Espagne avoit autorisé à suivre nos opérations. Ce savant est actuellement vice-directeur de l'observatoire royal de Madrid.

DISTANCES AU ZÉNIT.

Signal de Roca-Corva.

20 . . 1823° 50′ 9″6 = 1823° 54′ 48″0 . . 91° 11′ 44″40
pour la réduction à l'horizon. T. 20 septembre 1792.

$$\text{Pour le fil, ... } \quad 0''00$$

$$dH' = 1'0139 \qquad + 10''6$$

91° 11′ 55″0

pour la différence de niveau et la réfraction.

Signal de Puig-se-Calm.

20 . . 1808° 30' 16ᵖ4 = 1808° 38' 12"0 . . 90° 25' 54"60
T. 20 octobre 1792.

La même.

6 . . 542° 30' 12ᵖ75 = 542° 36' 22"5 . . 90° 26' 3"75
M. Chaix. 21 octobre.

Moyenne proportionnelle . . . . 90° 25' 56"71
pour la réduction à l'horizon.

Pour le fil . . . . 0"00

$dH' = $ 1ᵗ0625 . . . . + 12"15
——————————
90° 26' 8"86]

pour la différence de niveau et la réfraction.

Signal de Puig-Rodòs.

12 . . 1101° 0' 9ᵖ8 = 1101° 4' 54"0 . . 91° 45' 24"5
T. 6 octobre.

La même.

12 . . 1101° 0' 11ᵖ67 = 1101° 5' 50"0 . . 91° 45' 29"17
M. Chaix. 7 octobre.

Moyenne . . . . 91° 45' 26"83
pour la réduction à l'horizon.

Demi-épaisseur du fil . . . . + 3"00

$dH' = $ 1ᵗ3403 . . . . + 24"55
——————————
91° 45' 54"38

pour la différence de niveau et la réfraction.

Signal de Mont-Matas.

12 . . 1105° 50' 14ᵖ6 = 1105° 57' 18"0 . . 92° 9' 46"5
pour la réduction à l'horizon. T. 6 octobre.

Pour le fil . . . . 0"00

$dH' = $ 2ᵗ0278 . . . . + 23"53
——————————
92° 9' 09"83

pour la différence de niveau et la réfraction.

On n'a point observé l'abaissement de l'horizon de la mer.

ANGLES observés au centre.

Entre les signaux de Roca-Corva et de Puig-se-Calm.

20 . . 797° 40′ 5ᴘ67 = 797° 42′ 50″1 . . 39° 53′ 8″50
T. 18 septembre, de 6ʰ à 9ʰ ½ du matin.

24 . ᷉ 957° 10′ 10ᴘ625 = 957° 15′ 18″75 . ᷉ 39° 53′ 8″281
T. et M. Planez.. 19 septembre, de 7ʰ à 11ʰ ½.

20 . . 797° 40′ 4ᴘ0 = 797° 42′ 0″0 . . 39° 53′ 6″0
M. Chaix. 19 septembre, de 1 à 3ʰ. Les vapeurs empêchoient de voir distinctement le signal de Roca-Corva ; celui de Puig-se-Calm étoit très-apparent. La commission spéciale n'a pas cru devoir faire concourir le résultat de cette série avec ceux des deux autres.

Les 44 premières observat.. 1754° 58′ 8″85 . . 39° 53′ 8″383

Excentricité . . . . — 0″011
                                        — 10″117

Horizon . . . . 39° 52′ 58″25
Et selon la commission . . . . 58″20
La différence est insensible.

Entre les signaux de Puig-se-Calm et de Puig-Rodòs.

22 . . 1731° 30′ 6ᴘ8 = 1731° 33′ 24″0 . . 78° 42′ 25″636
T. 3 octobre, de 7 à 10ʰ du matin.

6 . . 472° 10′ 8ᴘ75 = 472° 14′ 22″5 . . 78° 42′ 23″75
M. Chaix. 3 octobre. Brouillard ; il est devenu si épais qu'on n'a point pu continuer les observations. La commission spéciale a négligé le résultat de cette série.

Excentricité . . . . — 0″072
Centre . . . . 78° 42′ 25″564
                                        + 28″168

Horizon . . . . 78° 42′ 53″73

Entre les signaux de Puig-Rodòs et de Mont-Matas.

16 . . 1374° 0′ 19ᵖ2375 = 1374° 9′ 37″125 . . 85° 53′ 6″070
T. 7 octobre, entre 7 et 9ʰ du matin. Temps favorable.

16 . . 1374° 0′ 19ᵖ75 = 1374° 9′ 52″5 . . 85° 53′ 7″031
C. 6 octobre, entre 9 et 10ʰ du matin. En commençant les observations les signaux étoient très-distincts ; mais celui de Mont-Matas s'est affoibli progressivement, et si fort qu'avant 10ʰ on ne faisoit plus que le soupçonner. En conséquence la commission spéciale n'a attribué au résultat de cette seconde série que moitié de la valeur du résultat de la première.

Donc . . . . 85° 53′ 6″390
Excentricité . . . . + 0″072

Centre . . . . 85° 53′ 6″462
+ 3′ 42″055

Horizon . . . . 85° 56′ 48″52

SIGNAL DE PUIG-RODOS.

XCIV.

Puig-Rodòs est le point le plus élevé du sommet d'une montagne dont la partie orientale s'étend entre le village de l'Estan et le bourg de Moïa ; il est dans le sud du premier de ces deux lieux, à une heure de chemin ; d'autant au nord du second, et de trois à quatre lieues dans le sud-ouest de la ville de Vicq.

MM. Gonzalez, Bueno et Alvarez m'ont accompagné à cette station.

Le signal étoit une tente conique, comme aux stations précédentes.

DISTANCES AU ZÉNIT.

Signal de Puig-se-Calm.

8   79^{s}80915   99^{g}3864375 $=$ 89° 26′ 52″06 (dans le ciel.)
pour la réduction à l'horizon. M. 10 vendémiaire an premier, dans la matinée.

Pour le fil . . . .   0″00
$$d\,H' = 0^t 8194 \qquad\qquad + \; 8''76$$

pour la différence de niveau et la réfraction.   89° 27′ 0″82

Signal de Matagall.

12   117^{s}88290 . 98^{g}235750 $=$ 88° 24′ 43″83 (dans le ciel.)
M. 10 vendémiaire. On visoit au pied du signal.

Hauteur . { du sommet du signal . . 1^{t}6667 . . — 30″53
{ du cercle . . . . . . 0^{t}6389   — 11″70
Demi-épaisseur du fil . . . . .   + 3″00

88° 24′ 13″30

pour la réduction à l'horizon.

88° 24′ 35″13

pour la différence de niveau et la réfraction.

Signal de Mont-Matas.

12   1213^{s}38667   101^{g}115555 $=$ 91° 0′ 14″40 (sur la mer.)
M. 14 vendémiaire, à midi $\frac{1}{4}$. On visoit au pied du signal, parce que son sommet étoit trop diffus.

Hauteur . { du sommet du signal . 2^{t}6667   — 27″03
{ du cercle . . . . . 0^{t}6389 .   — 6″48
Demi-épaisseur du fil . . . . .   + 3″00

90° 59′ 47″37

pour la réduction à l'horizon.

91° 0′ 10″92

pour la différence de niveau et la réfraction.

Mont - Serrat.

12 11985208o 99ᵉ85o6667 = 89° 51' 56"16 (dans le ciel.)
pour la réduction à l'horizon. M. 15 vendémiaire, dans l'après-midi. On
visoit au faîte du toit de la petite chapelle qui est sur le plus haut pic de
la montagne, parce que le signal qu'on y avoit érigé étoit trop foible pour
être bien visible d'ici.

$d H'$ relativement au pavé de l'intérieur de

la chapelle = 1ᵗ0532 . . . .   + 11"30
Demi-épaisseur du fil . . . . .   + 3"oo
_____
89° 52' 10"46

pour la différence de niveau et la réfraction.

Signal de Serrateix.

8 8o6ᵉo55o 1ooᵉ756875 = 90° 40' 52"27 (en terre.)
pour la réduction à l'horizon et la différence de niveau. M. 14 vendémiaire, vers les 8ʰ du matin. Objet très-apparent. On visoit au sommet
d'un signal que j'avois fait placer sur la tour de l'église de l'abbaye qui se
trouve sur le plateau de la montagne de Serrateix, et à deux lieues environ
dans l'est de la ville de Cardona. J'avois choisi cette station pour un autre
système de triangles qui n'a pu être suivi.

La mer. Direction, 18ᵈ du sud à l'est.

8 8o8ᵉ595o 1o1ᵉo74375 = 90° 58' o"98
M. 11 vendémiaire, vers le milieu du jour. Horizon assez mal terminé.

La même.

16 1617ᵉ2o2o 1o1ᵉo75125 = 90° 58' 3"41
M. 14 vendémiaire, vers les 3ʰ après-midi. Horizon bien tranché. Cette
série est préférable à la première. On ne voit la mer d'ici que dans la direction de Mont-Matas.

Demi-épaisseur du fil . . . . .   + 3"oo
_____
Donc pour la différence de niveau . . .   90° 58' 3"41
Hauteur de la lunette sur le sol, 0ᵗ6389.

ANGLES observés au centre.

Entre les signaux de Matagall et de Puig-se-Calm.

3ᵇ   2360ᵉ684825   73ᵉ7714008   = 66ᵇ 23' 39"339

M.   10 vendémiaire, de 8ʰ ½ à 10ʰ ½. Vapeurs et ondulations; soleil par intervalles.

16   1180ᵉ34700   73ᵉ7716875   = 66° 23' 40"267

M.   Même jour, entre 4 et 5ʰ après midi. Signal de Puig-se-Calm un peu foible; celui de Matagall très-net.

Les 48   3541ᵉ031825   73ᵉ771496354 = 66° 23' 39"648

Excentricité . . . .   + 0"080

                                        + 21"273

Horizon . . . .   66° 24' 1"00

Entre les signaux de Mont-Matas et de Matagall.

8   538ᵉ831ᵣ05   67ᵉ35388125 = 60° 37' 6"575

M.   13 vendémiaire, vers les 10ʰ ½ du matin. On s'est arrêté à la huitième observation, parce que le soleil et la brume ne permettoient plus de voir assez bien le signal de Mont-Matas. D'après ces remarques, et vu le petit nombre d'observations de cette série, la commission spéciale en a rejeté le résultat.

24   1616ᵉ48150   67ᵉ35339583 = 60° 37' 5"003

M.   Même jour, de 4ʰ ¼ à 5ʰ ½ après midi. Matagall très-beau; Matas passable et éclairé du soleil de temps en temps.

Excentricité . . . .   — 0' 0"085

                                       — 2' 57"356

Horizon . . . .   60° 34' 7"56

Entre les signaux de Mont-Serrat et de Mont-Matas.

Quoique j'aie passé quinze jours à Puig-Rodòs, je n'y ai jamais eu un temps assez favorable pour voir distinctement et à la fois les signaux de Mont-Serrat et de Mont-Matas. Lorsque l'un des deux paroissoit clairement, l'autre étoit affoibli par les brumes ou enveloppé de nuages; en sorte que plusieurs séries de l'angle entre ces objets, que j'avois tentées, étoient si

incertaines que j'ai dû les rejeter. J'en ai pourtant obtenu deux qui ont toute
la précision requise ; mais ce n'a été qu'en abandonnant le signal de Mont-
Serrat, qui étoit le plus difficile à voir et le plus foible, parce qu'il n'avoit
point été possible de lui donner d'assez grandes dimensions.

Ce signal étoit planté au milieu de la porte d'une petite chapelle bâtie
sur le plus haut de tous les pics de la montagne. Pour la première série
je visois au milieu apparent de la chapelle, et le signal restoit un peu en
dedans de l'angle, ou du côté de Mont-Matas ; mais, lorsque je fus rendu
à la chapelle, me fut facile de déterminer la correction qu'il falloit appliquer à ce premier angle pour le réduire au signal. Par des mesures et
alignemens pris avec grand soin, j'ai trouvé que la perpendiculaire abaissée
du centre du signal sur la ligne tirée de Rodòs au milieu apparent de la
chapelle étoit de 0ᵗ3540, et la distance absolue des deux stations étant de
19288 toises à très-peu près, il s'ensuit que la réduction de l'angle est
de — 3″786.

A la seconde série je pointois au coin oriental de la chapelle, et je met-
tois le fil de la lunette en contact extérieur : le signal étoit alors en dehors
de l'angle observé. Ayant ensuite mesuré la perpendiculaire abaissée du centre
du signal sur la ligne tirée du coin de la chapelle à Puig-Rodòs de 0ᵗ95091,
j'ai conclu la réduction de ce second angle au signal + 10″169, à quoi il
faut ajouter 3″ pour la demi-épaisseur du fil. Voici les deux séries.

$$24 \quad 1641ᵍ51025 \quad 68ᵍ3962604 = 61° 33' 23″884$$

M. 6 octobre. On pointoit au milieu apparent de la chapelle ; le signal
ne se voyoit que de temps en temps.

Réduction au signal de Mont-Serrat . .	— 3″786
Centre	61° 33' 20″098

$$32 \quad 2188ᵍ52125 \quad 68ᵍ39128906 = 61° 33' 7″777$$

M. 7 octobre. On visoit à l'angle oriental de la chapelle.

Réduction au signal	+ 10″169
Demi-épaisseur du fil	+ 3″000
Centre	61° 33' 20″946
Milieu proportionnel au nombre des ob- servations de chaque série	61° 33' 20″582
Excentricité	+ 0″006
	— 26″778
Horizon	61° 32' 53″81

Entre les signaux de Serrateix et de Mont-Serrat.

Dans ma première excursion pour le choix des stations j'avois fait élever un signal sur la tour de l'abbaye de Serrateix, située sur une montagne à deux lieues environ et dans l'est de la ville de Cardona. Ce point entroit dans la disposition d'une autre chaîne de triangles que les circonstances m'ont obligé d'abandonner; mais comme sa position géodésique peut être utile, j'ai cru devoir rapporter les observations qui la lient à la méridienne.

16   118°41825   74°0261406 — 66° 37′ 24″696

M. 6 octobre. Je visois au milieu apparent de la chapelle de Mont-Serrat; ainsi pour réduire cet angle au signal il faut y appliquer la même correction qu'à celui de la première des deux séries précédentes, mais avec un signe contraire. Donc . . . .   + 3″786

Excentricité . . . .   + 0″025

Centre . . . .   66° 37′ 28″507

— 12″813

Horizon . . . .   66° 37′ 15″69

Entre le signal de Mont-Serrat et l'épi du toit du gros pavillon de l'ermitage de Saint-Laurent-du-Mont.

4   10°51200   25°5300 == 22° 58′ 37″20

M. 11 octobre, vers le coucher du ☉. On visoit au signal de Mont-Serrat, qui parut distinctement pendant quelques minutes.

Distance au zénit calculée 89° 57′ 53″ . .   — 0″66

Horizon . . . .   22° 58′ 36″54

Mais entre Mont-Serrat et Matas . . . .   61° 32′ 53″81

Donc entre Saint-Laurent et Matas . . .   38° 34′ 17″27

SIGNAL DE MONT-MATAS.

X C V.

MONT-MATAS est le nom d'une butte située dans la partie sud-ouest du sommet du *Mont-Alègre*, au nord-nord-est de Barcelone, et à trois lieues environ de distance. Il y a une chartreuse à mi-côte, et qui n'en est éloignée que d'un quart-d'heure de chemin.

Les observations suivantes ont été faites avec le cercle divisé en 360 degrés, par le citoyen Tranchot, MM. Planez et Chaix.

DISTANCES AU ZÉNIT.

$$dH = 2^t 0278.$$

Signal de Matagall.

20 . . 1761° 40′ 16ᴾ0 = 1761° 48′ 0″0 . . 88° 5′ 24″00

(dans le ciel.) pour la réduction à l'horizon. T. 18 octobre 1792, dans l'après-midi. Beau temps.

Pour le fil . . . . 0″00
$dH' = 1^t 0278$ . . . . + 11″92
_____
88° 5′ 35″92

pour la différence de niveau et la réfraction.

Signal de Puig-Rodòs.

24 . . 2143° 10′ 0ᴾ5 = 2143° 10′ 15″0 . . 89° 17′ 55″625

pour la réduction à l'horizon. T. 16 octobre, dans la matinée. Temps serein.

Demi-épaisseur du fil . . . . + 3″00
$dH' = 1^t 0555$ . . . . + 10″697
_____
89° 18′ 9″32

pour la différence de niveau et la réfraction.

Saint-Laurent-du-Mont (l'épi du toit de).

6 .. 531° 50' 7ᵖ2 = 531° 53' 36"0 .. 88° 38' 56"00
pour la réduction à l'horizon. T. 31 octobre.

Demi-épaisseur du fil . . . . + 3"00
$dH' = -$ 0ᵗ6389 . . . . — 10"07
—————————
88° 38' 48"9̣3̣

pour la différence de niveau et la réfraction.

Mont-Serrat.

16 .. 1424° 30' 11ᵖ67 = 1424° 35' 50"0 .. 89° 2' 14"375
(dans le ciel.) pour la réduction à l'horizon. T. 28 octobre, dans l'après-
midi. Objet très-net. On visoit du sommet du toit de la chapelle.

Demi-épaisseur du fil . . . . + 3"000
$dH' =$ 1ᵗ0532 . . . . + 10"719
—————————
89° 2' 28"09

pour la différence de niveau et la réfraction.

Signal de Valvidrera.

16 .. 1440° 50' 12ᵖ25 = 1440° 56' 7"50 .. 90° 3' 30"47
(dans le ciel.) T. 18 octobre au matin. Temps nébuleux. On visoit au
milieu de la tête de l'axe de la tente-signal.

La même.

16 .. 1440° 50' 12ᵖ2 = 1440° 56' 6"00 .. 90° 3' 30"37
M. Chaix. Même jour, vers midi. On pointoit au sommet du cône de la
tente, qui étoit 0ᵗ178 au-dessous de la tête de l'axe. Donc réduction à ce
point . . . . — 3"83

Demi-épaisseur du fil . . . . + 3"00
—————————
Réduite . . . . 90° 3' 29"54
Moyenne . . . . 90° 3' 30"00
pour la réduction à l'horizon.

$dH' =$ 1ᵗ2500 . . . . + 26"88
—————————
90° 3' 56"88

pour la différence de niveau et la réfraction.

Tour de Montjouy.

16 . . 1454° 20' 8ᵖ0 = 1454° 24' 0"0 . . 90° 54' 0"00
(sur la mer.) T. 28 octobre après midi. Très-beau temps. On visoit au bord des créneaux qui terminent la tour.

La même.

16 . . 1454° 20' 8ᵖ0 = 1454° 24' 0"0 . . 90° 54' 0"00
pour la réduction à l'horizon. M. Chaix. Il visoit au même point que le citoyen Tranchot.

· Demi-épaisseur du fil . . . . + 3"00
$dH' = - 0'6389$ . . . . — 14"07

90° 53' 48"93

pour la différence de niveau et la réfraction.

La mer. (Direction, 41ᵈ du sud à l'est.)

24 . . 2175° 20' 6ᵖ0 = . 2175° 23' 0"0 . . 90° 38' 27"50
T . 16 octobre, avant le coucher du soleil. Horizon parfaitement tranché.
Il faut tenir compte de la demi-épaisseur du fil + 3"00, et de la hauteur de la lunette sur le sol = 0'6389.

ANGLES.

Entre les signaux de Matagall et de Puig-Rodòs.

20 . . 669° 50' 12ᵖ2 = 669° 56' 6"0 . . 33° 29' 48"30
M. Chaix. 19 octobre, entre 2 et 3ʰ après midi. Objets très-distincts. On n'a marqué l'arc parcouru que d'après une seule alidade.

$r = 0'38889$ $y = 248° 40'2$ . . . . — 0"739
Excentricité . . . . + 0"015

Centre. . . . . 33° 29' 47"58

24 . . 803° 50′ 13ᵖ,08 = 803° 56′ 33″24 . . 33° 29′ 51″385

T. 20 octobre, de 8 à 11ʰ. Les objets se voyoient très-bien.

$r = 0^t 37963$ $y = 250° 10′7$ . . . . — 0″660

Excentricité. . . . . + 0″015

Centre . . . . 33° 29′ 50″740

La commission spéciale n'a adopté que ce résultat : . — 44″081

Horizon. . . . . 33° 29′ 6″66

Entre les signaux de Puig-Rodòs et de Mont-Serrat.

20 . . 1132° 50′ 6ᵖ28 = 1132° 53′ 8″4 . . 56° 38′ 39″420

T. 15 octobre, depuis 11ʰ du matin jusqu'à 2ʰ après midi. Signal de Rodòs très-apparent, mais celui de Mont-Serrat, qui de Matas répondoit directement à l'angle oriental de la chapelle, étant trop foible, on a pointé à cet angle et mis le fil en contact extérieur; en sorte qu'il faut retrancher la demi-épaisseur du fil, ou 3″0 de l'arc observé.

$r = 0^t 3750$ $y = 183° 0′$ — 3″080

Demi-épaisseur du fil . . . . — 3″00

Excentricité . . . . — 0″00

Centre . . . . 56° 38′ 33″34

— + 21″44

Horizon . . . . 56° 38′ 54″78

Nota. M. Chaix avoit aussi observé cet angle en visant directement sur les deux signaux. Son résultat s'accordoit avec le précédent, à peu de dixièmes de seconde près ; mais il a perdu la feuille de ses observations avant de pouvoir nous en donner copie.

Entre les signaux de Mont-Serrat et de Valvidrera.

24 . . 1190° 30′ 7ᵖ03 = 1190° 33′ 30″90 . . 49° 36′ 23″787

T. 25 octobre, de 8 à 10ʰ ½ du matin. Objets distincts. Comme on mettoit

le fil en contact avec l'angle de la chapelle de Mont-Serrat, il faut ajouter
la demi-épaisseur du fil . . . .   + 3″000

$r = $ o'390046 $y = $ 151° 2'3 . . .   — 5″460

Centre . . .' . . . . 49° 36' 21″327

16 . .   793° 40' 5ᵖ0   =   793° 42' 30″0 . .   49° 36' 24″375
C. 28 octobre. Même correction pour le fil . . .   + 3″000
$r = $ o'39815 $y = $ 145° 23'6 . . . .   — 5″911

Centre . . . . 49° 36' 21″464

A raison du nombre d'observations de chaque série, et parce que M. Chaix
n'a marqué l'arc parcouru que par une seule alidade, on n'a attribué à son
résultat que moitié de la valeur de celui de la première série.

Donc . . . . 49° 36' 21″373
Excentricité . . . .   — 0″119

Centre . . . . 49° 36' 21″254
    — 29″61

Horizon . . . . 49° 35' 51″64

Entre les signaux de Valvidrera et de Montjouy.

12 . .   342° 0' 18ᵖ75   =   342° 9' 22″50 . .   28° 30' 46″875
M. Planez. 24 octobre.

$r = $ o'395833 $y = $ 111° 54'2 . . .   — 2″662

Centre . . . . 28° 30' 44″213

24 . .   684° 10' 19ᵖ545 = 684° 19' 46″35 . .   28° 30' 49″431
T. 25 octobre, de 2 à 5ʰ après midi.
$r = $ o'377315 $y = $ 123° 49'2 . . .   — 3″134

Centre . . . . 28° 30' 46″297

20 . .   570° 10' 12ᵖ17   =   570° 16' 5″10 . .   28° 30' 48″255
M. Chaix. 25 octobre, dans la matinée.
$r = $ o'38889 $y = $ 123° 3'5 . . .   — 3″194

Centre . . . . 28° 30' 45″061

Mont-Matas.

La commission spéciale n'a pris que les deux dernières séries, dont le moyen proportionnel au nombre des observations est . 28° 30′ 45″731

Excentricité . . . .   — 0″006

     — 40″145

Horizon . . . . 28° 30′ 5″58

Ou, selon la commission, ... 28° 30′ 5″60

Entre les signaux de Puig-Rodòs et de Valvidrera.

20 . . 2124° 50′ 15ᵖ55 = 2124° 57′ 46″50 . . 106° 14′ 53″325

T. 28 octobre, dans la matinée.

Excentricité . . . .   — 0″119

$r = 0′38796$ $y = 142° 25′3$ . . . .   — 8″749

Centre . . . . 106° 14′ 44″457

     + 1″850

Horizon . . . . 106° 14′ 46″31

Mais ci-dessus, entre Rodòs et
Mont-Serrat . . . .   56° 38′ 54″78

Et entre Mont-Serrat et Val-
vidrera . . . .   49° 35′ 51″64

Somme . . . . 106° 14′ 46″42

Ce qui diffère très-peu de l'angle observé en une seule fois.

Entre les signaux de Mont-Serrat et de Mont-Jouy.

24 . . 1874° 50′ 08ᵖ062 = 1874° 54′ 1″86 . . 78° 7′ 15″078

T. 24 octobre. On visoit directement au signal de Mont-Serrat, qui se voyoit assez bien en ce moment.

Excentricité . . . .   — 0″123

$r = 0′37588$ $y = 120° 52′0$ . . . .   — 8″184

Centre . . . . 78° 7′ 06″771

     — 1′ 7″410

Horizon . . . . 78° 5′ 59″36

Somme des deux angles partiels . . . . 78° 5′ 57″22

Différence . . . .   2″14

Nota. J'avois recommandé d'observer ces angles pour vérifier les angles partiels des triangles adjacens dont ils sont les sommes; la commission spéciale ne les a considérés que sous ce rapport, et comme preuve qu'il n'y avoit point d'erreurs sensibles dans la mesure des angles de ces triangles. Il en a été de même pour deux autres angles totaux que M. Chaix a mesurés en particulier, et que je me dispense de rapporter, puisqu'on n'en a pas fait d'autre usage que des deux précédens, et parce qu'il n'a lu les arcs parcourus que par le Vernier d'une seule alidade.

Entre l'épi du toit de Saint-Laurent-du-Mont et le signal de Valvidrera.

8 . . 551° 50' 10ᵖ138 = 551° 55' 4"14 . . 68° 59' 23"017

T. 31 octobre.

$r = 0,41667$ $y = 155° 40'$ . . . . . — 8"318

Centre . . . . 68° 59' 14"699

— 27"395

Horizon . . . . 68° 58' 47"304

Mais on a entre Rodòs et Valvidrera . . . . . . 106° 14' 46"42

Entre Mont-Serrat et Valvidrera . . . . 49° 35' 51"64

Donc entre ⎰ Rodòs et Saint-Laurent . . . . . . 37° 15' 59"12
⎱ Saint-Laurent et Mont-Serrat . . . 19° 22' 55"66

SIGNAL DE MONT-SERRAT.

XCVI.

LE sommet de cette montagne est divisé, dans toute son étendue, en un grand nombre de pics isolés, très-élevés, et dont la plupart sont inaccessibles. J'ai choisi pour station le plus haut de tous, qui se trouve vers le milieu du sommet, et où l'on peut monter du côté de l'ermitage Saint-Gérôme, qui est même fort proche de son extrémité. Sur le plateau de ce pic il y a une petite chapelle dédiée à Notre-Dame : elle en occupe presque toute la surface. Le signal a été planté au milieu de la porte de cette chapelle. Il étoit formé d'une longue solive fermement arrêtée contre la muraille, et terminée par une petite pyramide tronquée dont la base supérieure étoit élevée au-dessus du faîte du toit de 1^t0208, et au-dessus du pavé intérieur de la chapelle de 2^t713. Le pied de l'axe de la pyramide tomboit exactement au milieu de la largeur de la porte et à fleur de la face extérieure du mur.

J'ai été accompagné à cette station par MM. Gonzalez et Alvarez.

L'abbaye de Mont-Serrat, célèbre par ses richesses, le nombre de religieux et ses pélérinages, est située dans la partie sud-ouest de la montagne, dans une espèce de gorge, environ deux cents toises au-dessous des pics, dont plusieurs l'entourent de fort près et semblent menacer de la détruire par leur éboulement. Il y a treize ermites répandus dans cette montagne, qui dépendent de l'abbaye, et dont chacun habite seul sa résidence isolée.

DISTANCES AU ZÉNIT.

Signal de Puig-Rodòs.

10   100486790   100846790 $=$ 90° 25' 16"00 (en terre.)

M. 15 octobre. On visoit au pied du signal, parce que son point de mire n'étoit pas assez net en ce moment.

Hauteur du signal, 1'978 . . . .   — 21"15

Demi-épaisseur du fil . . . . .   + 3"00

                               90° 24' 57"85

pour la réduction à l'horizon.

Hauteur du cercle au-dessus du pavé de la chapelle, 0'667 . . . .   — 7"13

                               20° 25' 11"87

pour la différence de niveau et la réfraction.

Signal du Mont-Matas.

6   60884165   101840275 $=$ 91° 15' 44"91 (sur la mer.)

M. 15 octobre. On visoit au pied du signal, dont la tête étoit élevée de 2'6667.

Donc réduction . . . .   — 27"09

Demi-épaisseur du fil . . . . .   + 3"00

Hauteur du cercle, 0'4722 . . . .   — 4"94

                               91° 15' 20"82

pour la réduction à l'horizon.

                               91° 15' 42"97

pour la différence de niveau et la réfraction.

Signal de Valvidrera.

10   101780425   101870425 $=$ 91° 32' 1"77 (sur la mer.)

pour la réduction à l'horizon. M. 14 octobre. On visoit au milieu de la tête du signal.

            $dH' =$ 1'1731   + 13"13

                               91° 32' 14"90

pour la différence de niveau et la réfraction.

Nota. La mer a été embrumée pendant les cinq à six jours qu'on a passé ici.

ANGLES.

Entre les signaux de Mont-Matas et de Puig-Rodòs.

32 · 2197$501775 68$6719305 = 61° 48' 17"055

M. 15 octobre, de midi ¼ à 3ʰ. Signaux bien visibles.

$r = 0^{t}967593$ $y = 95° 4'6$.   — 6"447

Excentricité . . . .   — 0"006

Centre . . . .   61° 48' 10"602

                         + 7"773

Horizon . . . .   61° 48' 18"38

Entre les signaux de Valvidrera et de Matas.

32 974$60880 30$456525 = 27° 24' 39"141

M. 15 octobre, de 9 à 11ʰ du matin. Les deux objets sont dans l'ombre.

$r = 0^{t}5752315$ $y = 79° 13'8$ + 1"423

Excentricité . . . .   + 0"030

Centre . . . .   27° 24' 40"594

                         + 24"788

Horizon . . . .   27° 25' 5"38

Entre les signaux de Matas et de Serrateix.

8 976$6510 122$081375 = 109° 52' 23"655

M. et A. 15 octobre. Le peu d'espace qu'il y a autour de la chapelle ne permettoit pas de se placer de manière à voir Puig-Rodòs et Serrateix.

$r = 1^{t}59028$ $y = 307° 50'4$ + 26"961

Excentricité . . . .   — 0"004

Centre . . . .   109° 52' 50"612

Distance de Serrateix au zénit,

    calculée 90° 52' 2"4 . . . .   + 1' 39"829

Horizon . . . .   109° 54' 30"44

Mais entre Matas et Rodòs . . . . . .   61° 48' 18"38

Donc entre Rodòs et Serrateix . . . . .   48° 6' 12"06

Entre le signal de Valvidrera et l'épi du toit de Saint-Laurent-du-Mont.

8	498160	628270 =	56°	2'	34"80

M. 16 octobre.

$$r = 1^{\text{·}}66667 \qquad y = 34° 56' \qquad\qquad - 0''15$$

Centre . . . . — .   56°   2'   34"65

$$- 0''03$$

Horizon . . . .   56°   2'   34"62
On a ci-dessus, entre Valvidrera et Matas,   27° 25'   5"38
Entre Matas et Rodòs. . . . .   61° 48' 18"38

Donc entre $\begin{cases}$ Matas et Saint-Laurent . .   28° 37' 29"24 $\\$ Saint-Laurent et Rodòs . .   33° 10' 49"14 $\end{cases}$

On a encore observé par une quadruple mesure, entre Matas et la tour du château de Cardona . . . . 122° 27'   2"3 $\Big\}$

Entre Saint-Laurent-du-Mont et la tour de $\qquad\qquad$ simples.
la cathédrale de Manreza . . . .   71°   8' 56"6 $\Big\}$

Le cercle étoit placé, par rapport au signal, comme pour l'observation de l'angle entre Valvidrera et Saint-Laurent; mais ces deux derniers angles ne pourront servir que de directions, parce que Cardona et Manreza n'étoient visibles d'aucune autre de nos stations.

SIGNAL DE VALVIDRERA.

XCVII.

La montagne de Valvidrera, qui n'est distante de Montjouy que de deux petites lieues, bornant absolument de ce point la vue du côté du nord-ouest, j'ai été obligé d'y prendre une station pour être le sommet commun des deux derniers triangles principaux de la méridienne.

1.   62

Le signal de cette station étoit une tente conique placée assez proche, et vers l'Est d'un grand arbre isolé qui se trouve sur le sommet de la montagne, et dont la tige trop tortueuse, en partie couverte par les branches, ne présentoit pas un point de mire assez bien défini; mais comme cet arbre est très-remarquable, qu'il se voit de tous les côtés, et de fort loin, on a pris les mesures suivantes pour déterminer sa position relativement au centre de la station.

Du centre de la station à l'axe de l'arbre . . . . 7^{t}29167

Entre l'axe de l'arbre et le signal de Montjouy, à droite . . . . 28° 39′ 50″

DISTANCES AU ZÉNIT.

Mont-Serrat (sommet du toit de la chapelle Notre-Dame de).

12　118^{s}85845　98^{s}548708　= 88° 41′ 37″81 (dans le ciel.)
M. 24 octobre, à 4^h après midi. Très-beau temps.

Réduction à la tête du signal pour 0^{t}8542,
et demi-épaisseur du fil . . . . 　　－ 8″10

$$88° \ 41′ \ 29″71$$

pour la réduction à l'horizon.

$$dH' = - 0^t6319 \qquad - 8″22$$

$$88° \ 41′ \ 21″5$$

pour la différence de niveau et la réfraction.

Mont-Serrat (campanille de la tour de l'abbaye de).

Valvidrera.

6   5968879   99ᵍ479833 = 89° 31' 54"67

pour la réduction à l'horizon. M.

dH' et demi-épaisseur du fil .   ⹀ 5"00

89° 31' 49"67

pour la différence de niveau.

Signal de Mont-Matas.

10   1000ᵍ7133   100ᵍ7133 = 90ᵘ 3' 51"11 (dans le ciel.)

pour la réduction à l'horizon. M. 20 octobre, dans l'après-midi. Beau temps.

$dH' = 2^{t}0348$ + 40"19

90° 4' 31"3

pour la différence de niveau et la réfraction.

Montjouy.

12   122ᵍ8410   101ᵍ903417 = 91° 42' 47"07

pour la réduction à l'horizon. M. 24 octobre. On visoit au pied du grand mât, à fleur du bord des créneaux qui terminent la tour.

dH' ou hauteur du cercle 0ᵗ6319 . .   — 27"90

91° 42' 19"17

pour la différence de niveau et la réfraction.

Barcelone (tablette de la balustrade de la tour septentrionale de la cathédrale de).

10   618ᵍ0480   103ᵍ0080 = 92° 42' 25"92 (en terre.) M.

Demi-épaisseur du fil . . . . .   + 0' 3"00

Réduction à la tige de la girouette (2ᵗ2500)   — 1' 43"41

dH' pour la tablette = — 0ᵗ6319 . .   — 0' 24"37

92° 40' 46"33

pour la réduction à l'horizon.

92° 42' 4"55

pour la différence de niveau et la réfraction.

Valvidrera:

Tour de la citadelle de Barcelone.

4   41¹⁸⁸733   102⁵⁹68325   = 92° 40′ 17″37 (en terre.)

M. On visoit au bord de l'entablement

Demi-épaisseur du fil . . . . .   + 3″00

$$\overline{92° 40′ 20″37}$$

pour la réduction à l'horizon.

dH' ou hauteur du cercle $=$ — 0ᵗ6875 .   — 29″71

92° 39′ 50″66

pour la différence de niveau et la réfraction.

Sommet de la lanterne à l'entrée du port de Barcelone.

6   61⁷⁸⁵825   102⁵⁹30417   = 92° 38′ 14″55

pour la réduction à l'horizon. M.

Demi-épaisseur du fil . . . . .   + 3″00

dH' ou hauteur du cercle $=$ — 0ᵗ6319 .   — 26″01

$$\overline{92° 37′ 51″54}$$

pour la différence de niveau.

Campanille de Saint-Pierre-Martyr.

4   40⁸⁷720   101⁸⁶930   = 91° 31′ 25″32

pour la réduction à l'horizon. M.

Demi-épaisseur du fil . . . . .   + 3″00

$dH' =$ — 0ᵗ6319   — 38″23

$$\overline{91° 30′ 50″1}$$

pour la différence de niveau.

Tour de Castel-de-Fells.

6   60⁸⁵275 . 101⁸42125   = 91° 16′ 44″85

pour la réduction à l'horizon. M.

Demi-épaisseur du fil . . . . .   + 3″00

$dH' =$ — 0ᵗ6319   — 12″69 .

$$\overline{91° 16′ 35″16}$$

pour la différence de niveau.

Valvidrera.

La mer. (*Direction*, 51^d *du sud à l'est.*)

12   120^{g}5775   100^{g}7147917 $=$ 90° 38′ 35″92

M. 20 octobre, un peu avant le coucher du soleil. Horizon bien tranché.

Demi-épaisseur du fil . . . . . $+$ 3″00

Hauteur du centre du cercle, 0^{t}6319.

ANGLES observés au centre.

Entre les signaux de Matas et de Mont-Serrat.

36   411^{g}82880   114^{g}4246667 $=$ 102° 58′ 55″920

24 octobre, de 2^h à 4^h après midi. Objets très-apparens et nets.

Excentricité . . . . $+$ 0″088

        $+$ 7″028

Horizon . . . . 102° 59′ 3″04

Entre les signaux de Montjouy et de Matas.

32   2598^{g}735875   81^{g}2104961 $=$ 73° 5′ 22″007

M. 20 octobre, de 1^h ½ à 3^h. Les signaux se voient très-distinctement.

Excentricité . . . . $+$ 0″236

        $-$ 20″859

Horizon . . . . 73° 5′ 1″38

Entre la tour septentrionale de la cathédrale de Barcelone et le signal de Matas.

10   640^{g}4033   64^{g}04033 $=$ 57° 38′ 10″669

M. On visoit à la tige de la girouette, au-dessus du timbre de l'horloge.

Excentricité . . . . $+$ 0′ 0″260

        $-$ 2′ 10″235

Horizon . . . . 57° 36′ 0″69

Mais on a entre Montjouy et Matas . . 73° 5′ 1″38

Donc entre Montjouy et la tour de la cathédrale . . . . 15° 29′ 0″69

Entre la tour de la citadelle de Barcelone et le signal de Matas.

4	235^{s}1100	58^{s}77750	=	52° 53' 59"10
Excentricité				+ 0' 0"22
				— 2" 36"46

Horizon	52° 51' 22"86
Montjouy et Matas	73° 5' 1"38

Donc entre Montjouy et la tour de la
citadelle . . . . 20° 13' 38"5

Entre la lanterne du port de Barcelone et le signal de Matas.

10	68^{s}50510	68^{s}10510	=	61° 17' 40"52
Excentricité				+ 0' 0"23
				— 1' 47"79

Horizon	61° 15' 52"96
Montjouy et Matas	73° 5' 1"38

Donc entre Montjouy et la lanterne du
port de Barcelone . . . . 11° 49' 8"4

Entre Montjouy et Saint-Pierre-Martyr.

6	149^{s}7400	24^{s}956667	=	22° 27' 39"61
				+ 29"88

Horizon	22° 28' 9"5

Entre le signal de Matas et la tour de l'abbaye de Mont-Serrat.

8	906^{s}6300	113^{s}328750	=	101° 59' 45"15
				— 0"44

Horizon	101° 59' 44"7

Entre Montjouy et la tour de Castel-de-Fells.

6   55o$3020   9157170   = 82° 32′ 43″o8

On a été obligé de placer le cercle en avant du centre de la station, pour voir Castel-de-Fells.

$r = 1^t4282$ $y = 234° 44′5$ $+ 31″o4$

Centre . . . . 82° 33′ 14″12
$+ 2′ 0″21$

Horizon . . . . 82° 35′ 14″3

TOUR DE MONTJOUY.

XCVIII.

CETTE tour est au milieu d'un des grands côtés du corps des casernes du fort, vers Barcelone.

Un mât d'environ vingt pieds, élevé et fermement établi sur la plate-forme de la tour, auquel on hisse des pavillons pour signaler les vaisseaux, nous a servi de point de mire pour toutes les stations correspondantes à celle-ci. On visoit à la partie de ce mât qui paroissoit à fleur des créneaux dont la plate-forme est surmontée, et qui terminent la tour.

C'est au bord de ces créneaux que nous réduirons les distances des autres objets au zénit de la tour, pour les différences de niveau.

On trouvera, dans la suite de cet ouvrage, les détails d'un nivellement et des mesures directes qui ont donné la hauteur du bord des créneaux au-dessus du niveau de la mer de 105^{t}o96.

DISTANCES AU ZÉNIT.

Signal du Mont-Matas.

8   79$^\text{s}$1120   99$^\text{s}$13900 = 89° 13′ 30″36 (dans le ciel.)

pour la réduction à l'horizon. M. 28 octobre, vers midi.

$$\begin{array}{lr}
\text{Demi-épaisseur du fil}, \ldots & + 3''00 \\
dH' = -2^\text{s}55555 & + 56''29 \\
\hline
& 89° 14′ 29''65
\end{array}$$

pour la différence de niveau et la réfraction.

La même.

12   1070° 40′ 6″3 = 1060° 43′ 9″0 — 89° 13′ 35″75

pour la réduction à l'horizon. M. 16 ventose an 1. Cette deuxième distance est employée pour la réduction de l'angle entre les signaux de Matas et du sommet de *las Agujas*, et de plusieurs autres angles qui ont été observés vers cette dernière époque.

$$\begin{array}{lr}
dH' = 2^\text{s}8681 & + 1′ 3''15 \\
\text{Demi-épaisseur du fil} \ldots & + 0′ 3''00 \\
\hline
& 89° 14′ 41''90
\end{array}$$

pour la différence de niveau.

Signal de Valvidrera.

16   157$^\text{s}$5440   98$^\text{s}$1590 = 88° 20′ 35″16 (dans le ciel.)

pour la réduction à l'horizon. M. 28 octobre 1792.

$$\begin{array}{lr}
dH' = 1^\text{s}77778 & + 1′ 3''15 \\
\hline
& 88° 21′ 38''31
\end{array}$$

pour la différence de niveau et la réfraction.

Mataró (base de la flèche du clocher de).

4   401$^\text{s}$7030   100$^\text{s}$42575 = 90° 22′ 50″4

pour la réduction à l'horizon.

$$\begin{array}{lr}
dH' = -0^\text{s}1111 & - 1''4 \\
\hline
& 90° 22′ 49''0
\end{array}$$

pour la différence de niveau.

Lanterne ou fanal à l'entrée du port de Barcelone.

$$4 \quad 42^s 9250 \quad 105^s 48125 \; = \; 94° \; 55' \; 59''26 \; \text{(sur la mer.)}$$

pour la réduction à l'horizon.

$$dH' = - 0^t 1111 \qquad \qquad - 21''74$$

$$\overline{\qquad\qquad 94° \; 55' \; 38''52}$$

pour la différence de niveau.

Tour de la citadelle.

$$4 \quad 41^s 7510 \quad 103^s 18775 \; = \; 92° \; 52' \; 8''31 \; \text{(en terre.)}$$

pour la réduction à l'horizon.

Demi-épaisseur du fil . . . . . $\qquad + \; 3''00$

$$dH' = - 0^t 1111 \qquad - 13''79$$

$$\overline{\qquad\qquad 92° \; 51' \; 57''52}$$

pour la différence de niveau.

Tour séptentrionale de la cathédrale.

$$8 \quad 82^s 8670 \quad 103^s 483375 \; = \; 93° \; 8' \; 6''14$$

Et pour 3 pouces et demi dont le centre
du cercle étoit plus bas que lors de la me-
sure des angles . . . . $\qquad + \; 8''02$

$$\overline{\qquad\qquad 93° \; 8' \; 14''16}$$

pour la réduction à l'horizon.

Nota. On visoit à un point de la tige de la girouette élevée au-dessus de
la cloche de l'horloge.

La même, en pointant au bord de la balustrade de la tour.

$$4 \quad 41^s 3870 \quad 103^s 59675 \; = \; 93° \; 14' \; 13''47$$

Demi-épaisseur du fil . . . . . . $\qquad + \; 3''00$

$$dH' = - 0^t 1111 \qquad - 18''32$$

$$\overline{\qquad\qquad 93° \; 13' \; 58''15}$$

pour la différence de niveau.

Montjouy.

Signal placé sur une terrasse de l'auberge de la Fontana de oro, où l'on a fait des observations astronomiques.

8   843ᵍ8840   105ᵍ48550   =   94° 56′ 13″0

pour la réduction à l'horizon.   M.

Saint-Pierre-Martyr (sommet de la campanille de).

4   392ᵍ6840   98ᵍ17100   =   88° 21′ 14″04 (dans le ciel.)

M. Alvarez.

Demi-épaisseur du fil . . . . .   + 3″00

                                      _____

                                       88° 21′ 17″04

pour la réduction à l'horizon.

          $dH' = -$ 0ᵗ1111 . . . . . .   — 6″72

                                      _____

                                       88° 21′ 10″32

pour la différence de niveau.

Signal sur las Agujas, l'un des sommets de la Sierra-Morella, *près des côtes de* Garaff.

12   1069° 0′ 3ᵖ3 = 1069° 1′ 39″0   89° 5′ 8″25 (dans le ciel.)

pour la réduction à l'horizon.   M.   16 ventose an 1.

Demi-épaisseur du fil . . . . .   + 3″00

          $dH' = $ 1ᵗ8680 . . .   + 37″09

                                      _____

                                       89° 5′ 48″34

pour la différence de niveau.

Signal sur un autre sommet de la Sierra-Morella.

4   395ᵍ9150   98ᵍ97875 = 89° 4′ 51″2 (dans le ciel.)
M. On visoit au pied du signal.

Demi-épaisseur du fil . . . . .   + 3″00
$dH' = 0^{\iota}2222$ + 4″1

89° 4′ 58″3

pour la différence de niveau.

Hauteur du signal, 1ᵗ0 . . . .   — 18″3

89° 4′ 40″0

pour la réduction à l'horizon.

Tour de Castel-de-Fells.

4   402ᵍ060   100ᵍ5150 = 90° 27′ 48″60 M.
Demi-épaisseur du fil . . . . .   + 3″00
$dH' = -0^{\iota}1111$ — 2″23

90° 27′ 49″37

pour la différence de niveau.

Ile Mayorque, sommet de Silla de Torellas.

16   1604ᵍ2820   100ᵍ267625 = 90° 14′ 27″11 (dans le ciel.)
M. 12 germinal an 1, vers les 5ʰ du soir. Baromètre, 27ᵖ 5ˡ95 ; thermomètre + 10ᵈ4 en 80.

$dH' = 6^{\iota}4167$ + 14″31
Demi-épaisseur du fil . . . . .   + 3″00

90° 14′ 44″42

pour la réduction à l'horizon et la différence de niveau.

La mer. (Direction sud 30ᵈ est.)

8   803ᵍ7790   100ᵍ472375 = 90° 25′ 30″50
T. 23 novembre 1792, dans l'après-midi, entre 3 et 4ʰ. Temps serein ;
horizon bien tranché. Barom. 27ᵖ 6ˡ0 ; therm. 9ᵈ6 en 80.

Centre du cercle au-dessus du bord des créneaux, 0ᵗ0833.

Deuxième série, au même point et le même jour.

6   60^t88420   100^t473667 = 90° 25′ 34″68

M.   Vent incommode.

Troisième série. Centre du cercle, ou lunette plus basse que le bord des créneaux de 0^t2514.

10   1004^t6500   100^t4650   = 90° 25′ 6″6

M.   18 ventose an 1, vers le coucher du soleil. Très-beau temps; horizon bien tranché; vent sud-sud-est. Barom. 27^p 6^l5; therm. 8^d8.

Quatrième série. Cercle dans la même position que pour la troisième série.

14   1406^t5930   100^t4709286 = 90° 25′ 25″81

M.   6 germinal an 1, vers le coucher du soleil. Temps couvert; horizon bien tranché; vent ouest-sud-ouest très-froid. Barom. 27^p 3^l3; therm. 7^d64. La distance a été en décroissant à mesure que le soleil a baissé. Par la première double observation elle étoit de 90° 25′ 37″38.

Cinquième série. Position du cercle comme pour les troisième et quatrième séries.

12   1205^t6470   100^t470583 = 90° 25′ 24″69

M.   8 germinal, avant le coucher du soleil. Vent d'est assez fort; temps nébuleux : cependant l'horizon est assez bien terminé. Barom. 27^p 2^l6; therm. 8do. La distance a diminué de 11″ de la première à la dernière observation.

Sixième série. Centre du cercle, 6^t30208 au-dessous du bord des créneaux de la tour.

14   1406^t219   100^t444214 = 90° 23′ 59″25

T.   12 germinal, vers le coucher du soleil, et tant que le jour a permis de distinguer nettement la ligne de mer. Vent ouest; temps serein. On voyoit

très-bien les montagnes de Mayorque. Barom. 27ᵖ 5ˡ95; therm. 10ᵈ4. La dernière observation de cette série ne diffère pas sensiblement de la première;
elle donne même 3″ de plus.

Ajoutez 3″ à toutes ces distances pour la demi-épaisseur du fil.

ANGLES.

Entre les signaux de Matas et de Valvidrera.

24   2090ᵇ938325   87ᵇ1224302 = 78° 24′ 36″674

M.   27 octobre 1792, de 3ʰ ½ à 4ʰ ¼ après midi. Signal de Valvidrera très-
distinct; celui de Matas un peu diffus. Le vent agitoit le cercle de temps
en temps.

$r = 1^t5313426$ $y = 169° 27′7$ — 43″633

Centre . . . .   78° 24′ 53″041

La commission spéciale a rejeté cette série, à cause qu'elle a été faite
dans des circonstances peu favorables, qu'on avoit oublié de la comprendre
dans l'envoi des observations en l'an 2, et sur-tout parce que la série suivante a paru très-concluante.

32   2787ᵇ96850   87ᵇ1240156 = 78° 24′ 41″811
$r = 1^t653935$ $y = 169° 33′6$ — 46″983
Excentricité . . . .   — 0″231

Centre . . . .   78° 23′ 54″597
                                 + 1′ 0″791

Horizon . . . .   78° 24′ 55″39

Cet angle est le troisième du dernier triangle de la chaîne principale, ou
le terme austral de la méridienne. Les angles suivans appartiennent à des
triangles secondaires, formés pour lier quelques points remarquables à cette
méridienne.

Entre la lanterne, à l'entrée du port de Barcelone, et le signal de Valvidrera.

$$
\begin{aligned}
&8 \quad 91283700 \quad 1148046250 = 102° \ 38' \ 29''85 \ \ \text{M.} \\
&r = 1^t 65046 \quad y = 169° \ 20' \quad\quad - 5' \ 35''71 \\
&\text{Excentricité} \ldots\ldots\ldots\ldots \quad\quad + 0' \ 1''66 \\
\hline
&\text{Centre} \ldots\ldots\ldots\ldots \quad 102° \ 32' \ 55''80 \\
&\quad\quad\quad\quad\quad\quad\quad\quad\quad\quad - 5' \ 37''95 \\
\hline
&\text{Horizon} \ldots\ldots\ldots\ldots \quad 102° \ 27' \ 17''85
\end{aligned}
$$

Entre la tour de la citadelle et le signal de Valvidrera.

$$
\begin{aligned}
&4 \quad 37080700 \quad 9285 1750 = 83° \ 15' \ 56''70 \ \ \text{M.} \\
&\text{Excentricité} \ldots\ldots\ldots\ldots \quad + 0' \ 0''83 \\
&r = 1^t 65436 \quad y = 169° \ 33'6 \quad\quad - 3' \ 29''32 \\
\hline
&\text{Centre} \ldots\ldots\ldots\ldots \quad 83° \ 12' \ 28''21 \\
&\quad\quad\quad\quad\quad\quad\quad\quad\quad\quad - 5' \ 42''27 \\
\hline
&\text{Horizon} \ldots\ldots\ldots\ldots \quad 83° \ 6' \ 45''94
\end{aligned}
$$

Entre la tour septentrionale de la cathédrale de Barcelone et le signal de Valvidrera. (On visoit à la tige de la girouette.)

$$
\begin{aligned}
&24 \quad 19068167750 \quad 7984236563 = 71° \ 28' \ 52''65 \\
&\text{M.} \ \ 16 \ \text{nivose an 2.} \\
&\text{Excentricité} \ldots\ldots\ldots\ldots \quad + 0' \ 1''24 \\
&r = 1^t 65972 \quad y = 165° \ 10'8 \quad\quad - 4' \ 7''16 \\
\hline
&\text{Centre} \ldots\ldots\ldots\ldots \quad 71° \ 24' \ 46''73 \\
&\quad\quad\quad\quad\quad\quad\quad\quad\quad\quad - 7' \ 57''43 \\
\hline
&\text{Horizon} \ldots\ldots\ldots\ldots \quad 71° \ 16' \ 49''30
\end{aligned}
$$

Entre le signal de la Fontana de oro *et la tour* Montjouy. *septentrionale de la cathédrale.*

24. 250 ^{g} 28550. 10 ^{g} 42856255 = 9° 23′ 8″54
M. 26 ventose an 2.

Excentricité	+	0″25
$r = 1.66667$ $y = 236° 26′1$	—	56″71

Centre . . . . 9° 22′ 12″08
— 9′ 5″69

Horizon . . . . 9° 13′ 6″39

Entre le signal de Valvidrera *et la campanille de* Saint-Pierre-Martyr.

6   60 ^{g} 9600   10 ^{g} 1600 = 9° 8′ 38″40 M.
$r = 1.6539$ $y = 160° 25′$ — 20″33

Centre . . . . 9° 8′ 18″07
+ 13″66

Horizon . . . . 9° 8′ 31″73

Entre le signal de Valvidrera *et la tour de Castel-de-Fells.*

6. 470 ^{g} 80000. 78 ^{g} 466667. = 70° 37′ 12″11 M.
$r = 0.6296$ $y = 90° 16′6$ — 3″55

Centre . . . . 70° 37′ 8″56
— 1′ 23″89

Horizon . . . . 70° 35′ 44″67

Entre les signaux de Matas et du pic las Agujas *de la* Sierra-Morella.

18 . . 2426° 0′ 12ᵖ75 = 2426° 06′ 22″5 . . 134° 47′ 1″250

M. 15 ventose an 1.

$r = 2^{t}08102 \quad y = 237°\ 45'0$ . . . .   + 44″865

Centre . . . . 134° 47′ 46″115

24 . . 3234° 50′ 6ᵖ69 = 3234° 53′ 20″7 . . 134° 47′ 13″362

M. 16 ventose an 1.

$r = 0^{t}8177083 \quad y = 288^{d}\ 7'8$ . . .   + 31″443

Centre . . . . 134° 47′ 44″805
Moyen proportionnel des deux séries . 134° 47′ 45″366
Excentricité . . . . ,   + 0″023

     + 1′ 47″396

Horizon . . . . 134° 49′ 32″78

Nota. Cet angle sera employé dans la détermination de l'azimut du signal de Matas, par rapport au méridien de Montjouy.

Entre les signaux de Matas et d'un autre pic de la Sierra-Morella.

12 . . 1644° 10′ 18ᵖ625 = 1644° 19′ 18″75 . 137° 1′ 36″56

14 décembre 1792.

$r = 2^{t}1111 \quad y = 235^{d}\ 30'9$ . . . . .   + 40″97

Centre . . . . 137° 2′ 17″53

     + 1′ 54″85

Horizon . . . . 137° 4′ 12″38
Excès de cet angle sur le précédent . . . . . . 2° 14′ 39″60

Entre le signal de la Sierra-Morella et Silla de Torellas de Majorque.

Montjouy.

2 . . 175° 40′ 14″4 . = 175° 47′ 12″00 . . 47° 53′ 36″00

On n'a pas multiplié la mesure de cet angle, parce que ce n'étoit qu'un premier essai, et qu'il n'y avoit pas de marque assez apparente au sommet de *Torellas* pour être assuré de viser toujours au même point.

$r = 2^t 1111$ $y = 147°$ 37′3 . . . . . .   — 34″4

Centre . . . .   87° 53′ 1″6

   — 15″4

Horizon . . . .   87° 52′ 46″2

Excès du premier des deux angles précédens sur le second . . . .   2° 14′ 39″6

Donc entre *las Aguyas* et *Silla de Torellas* . .   90° 7′ 25″8

Ce dernier angle est celui d'un triangle qui donnera la distance de *Silla de Torellas* à Montjouy, et celle à *las Aguyas* par approximation.

Entre Silla de Torellas et le signal de Matas.

1   150°0375 . . . . , . 135° 2′ 1″5

La mesure de cet angle n'a point été répétée, par les mêmes motifs que pour le précédent.

$r = 2^t 1111$ $y = 12°$ 32′5   — 7″6

Centre . , ...   135° 1′ 53″9

   + 3″8

Horizon . . . .   135° 1′ 57″7

Matas et la *Sierra Morella* . . . . .   137° 4′ 12″4

La *Sierra Morella* et *Silla de Torellas* . .   87° 52′ 46″2

Somme . . . .   359° 58′ 56″3

Erreur sur le tour d'horizon .   — 1′ 3″7

Cette erreur doit être principalement attribuée aux deux angles par rapport à *Silla de Torellas*, qui n'ont été mesurés que provisoirement.

Entre le clocher de Mataró et Saint-Pierre-Martyr.

$$6 \quad 73^{g}81160 \quad 121^{g}852667 = 109° \ 40' \ 2''60$$
$$r = 2^{t}0972 \quad y = 286° \ 28'2 \qquad + \ 2' \ 17''79$$

Centre . . . . 109° 42' 20''39

— 9''95

Horizon. . . . . 109° 42' 10''44

Combinant cet angle avec plusieurs des précédens, on a entre Mataró et las *Aguyas*. . . . . 156° 58' 16''2

BARCELONE.

XCIX.

Tour septentrionale de la cathédrale.

DISTANCES AU ZÉNIT.

Signal de Valvidrera.

$$6 \quad 58^{g}83833 \quad 97^{g}063883 = 87° \ 21' \ 27''00$$

M. 2 ventose an 2. Pour cette distance, la suivante et la mesure des angles, le centre du cercle étoit à peu près au niveau de la tablette de la balustrade de la tour; mais comme on visoit au pied du signal de Valvidrera, on a . . . . $dH' = — 1^{t}4097$ — 1' 6''00

87° 20' 21''00

pour la réduction à l'horizon.

Montjouy.

$$6 \quad 57^{g}83180 \quad 96^{g}386333 = 86° \ 44' \ 51''7$$

pour la réduction à l'horizon. On visoit à un point du mât un peu plus élevé que le bord des créneaux de la tour, sur lequel on a aussi visé pour mesurer les angles.

Signal sur la terrasse de la Fontana de oro.

6   637ᵉ3430   106ᵉ223833 = 95° 36' 5"2
pour la réduction à l'horizon.

ANGLES.

Entre les signaux de Valvidrera et de Montjouy.

.16   1655ᵉ01075   103ᵉ4381719 = 93° 5' 39"677
M. Le premier signal de Valvidrera n'existoit plus, et un massif de maçonnerie qui avoit été bâti dans le terrain pour en conserver le centre, ne permettant pas de placer le nouveau signal dans ce centre, on l'avoit planté six pieds en avant, et exactement dans la direction du même centre au mât de la tour de Montjouy; en sorte que l'angle entre ce mât et la tige de la girouette de la tour de la cathédrale étoit de 9° 30'1. Il résulte de-là, pour réduction à l'ancien signal de Valvidrera . .   + 0' 12"426
On a de plus, pour la réduction de l'angle au pied de l'axe de la girouette:

$r = $ 07ᵗ881944 $y = $ 51° 14'3   — 1' 20"090
Excentricité . . . .   — 0' 1"234

Centre . . . .   93° 4' 30"779
                               + 9' 35"387

Horizon . . . .   93° 14' 6"17

Entre les signaux de Montjouy et de la Fontana de oro.

.16   830ᵉ443825   51ᵉ9027391 = 46° 42' 44"875 M.
$r = $ 0ᵗ800926 $y = $ 7° 22'8   + 20"493
Excentricité . . . .   — 7"086

Centre . . . .   46° 42' 58"282
                               — 47' 24"422

Horizon . . . .   45° 55' 33"86

Signal de la Fontana de oro.

DISTANCES AU ZENIT.

Tige de la girouette de la tour septentrionale de la cathédrale.

8   745ᴮ2590   93ᴮ157375 = 83° 50' 29"9

pour la réduction à l'horizon.

Montjouy.

10   944ᴮ7650   94ᴮ476500 = 85° 1' 43"9

pour la réduction à l'horizon. On visoit au même point du mât que pour la mesure de l'angle suivant.

ANGLE observé au centre.

Entre la tour de la cathédrale et Montjouy.

16 2201ᴮ458175 137ᴮ5911359 = 123° 49' 55"28

Excentricité . . . .   + 6"84

—————————————————

Centre . . . . 123° 50'   2"12

+ 1° 1' 20"20

—————————————————

Horizon . . . . 124° 51' 22"32

ANGLES mesurés avec un graphomètre à lunettes, à la *Sierra Morella*, sur le pic de *las Agujas* et sur celui situé au sud-ouest, appartenant à des triangles secondaires qui serviront à déterminer par approximation les distances de ces points à Montjouy, Matas

et Mataró, et même celles de *Silla de Torellas* à
Montjouy et à *las Agujas.*

Le graphomètre a été construit par feu Canivet ; il a
9 pouces de diamètre, et au moyen des verniers de
l'alidade on peut estimer les arcs parcourus en quarts
de minute. La lunette supérieure ayant un mouvement vertical sur le plan du limbe, on obtient par
ce moyen les angles dans le plan de l'horizon, ou à
fort peu près.

Las Agujas.

Entre le signal de Montjouy et celui de Matas . . . . 21° 21′ 3ᴏ″ᴏ
Entre le signal de Montjouy et le clocher de Mataró . 13° 55′ ᴏ″ᴏ
Entre *Silla de Torellas* et le signal de Montjouy . . . 83° 28′ 15″ᴏ

Pic au sud-ouest de las Agujas.

Entre les signaux de Montjouy et de Matas . . . . . . 19° 24′ ᴏ″ᴏ

Dans le dessein d'étendre la mesure de la méridienne
jusqu'aux îles Baléares, en sorte que l'arc total se trouvât
divisé en deux parties égales par le quarante-cinquième
parallèle, on avoit formé un canevas de nouveaux
triangles, dont les premiers s'étendoient sur les côtes
de Catalogne, depuis Matas et Mont-Serrat jusqu'au
Mont-Sia près de Tortose. Ces triangles fournissoient une
base commune à deux autres plus grands, qui aboutis-
soient à Majorque et Ivice. La plupart des angles de
ces triangles avoient été mesurés avec le graphomètre,
et seulement pour essai. Nous nous proposions de les
rapporter ici, et d'y joindre le figuré de la nouvelle

chaîne, quoique la guerre et d'autres obstacles nous eussent empêchés d'exécuter ce travail intéressant ; mais le Gouvernement vient d'ordonner qu'il sera repris incessamment : ainsi nous attendrons les observations et les résultats, pour les donner dans un supplément.

C'est ici que se termine la partie rédigée par M. Méchain. Depuis la page 289, tout est de lui, observations, notes, calculs et renseignemens. Il avoit lui-même présidé à l'impression et revu toutes les feuilles. En partant pour la prolongation de la méridienne, il m'a remis la copie au net de toutes ses observations astronomiques, réduites et calculées ; il n'y manquoit qu'un discours préliminaire que je n'ai pu obtenir de lui. Je tâcherai d'y suppléer, en faisant usage du peu de notes que je pourrai trouver dans ses manuscrits ou dans ses lettres. Autant qu'il me sera possible, j'emploierai ses propres expressions, en le citant, et marquant ces passages par des guillemets, ainsi que j'ai toujours fait ci-dessus, dans le discours préliminaire.

TABLEAU GÉNÉRAL

DES

TRIANGLES.

LES deux premières colonnes de ce tableau n'ont aucun besoin d'explication.

La troisième indique la page de ce volume à laquelle il faut recourir pour trouver les observations de chaque angle.

La quatrième offre les angles tels qu'ils ont été arrêtés par la commission spéciale chargée d'examiner nos registres.

La cinquième contient, sous le titre d'excès sphérique, la différence entre l'angle sphérique des arcs et l'angle rectiligne des cordes. Cet excès a été calculé par les tables qui sont à la suite du discours préliminaire. La somme des trois excès sphériques particuliers a été comparée à l'excès sphérique du triangle calculé par le théorème de Wallis, ou par quelques-unes des formules que j'ai démontrées dans le discours préliminaire, et l'accord a toujours été tel qu'on pouvoit le desirer.

La sixième contient les angles sphériques corrigés pour le calcul. Ces angles, diminués chacun de son excès sphérique, ont fourni la colonne suivante, qui porte pour titre, *angle des cordes*.

Enfin la dernière colonne renferme, sous le titre *d'angles moyens*, les angles sphériques, corrigés chacun du tiers de l'excès sphérique selon le théorème de M. Legendre, et suivant le procédé qu'on suivoit généralement et comme par instinct avant que M. Legendre eût donné son curieux théorème.

Les triangles peuvent se calculer avec une égale facilité, soit qu'on emploie les angles sphériques, ou les angles des cordes, ou enfin les angles moyens, et j'ai fait ces triples calculs pour tous les triangles depuis Dunkerque jusqu'à Mont-Joui. Pour l'arc du méridien qui traverse les triangles, on peut le calculer par les arcs et les angles sphériques tout seuls, ou par les angles sphériques et les cordes, ou enfin suivant la méthode de M. Legendre, par les arcs, par les angles moyens et les angles sphériques combinés, et j'ai fait encore ces triples calculs.

Enfin, l'objet des notes est de comparer les angles de notre mesure à ceux de la *Méridienne vérifiée*, ou bien de donner quelques renseignemens sur les angles qui ne paroissent pas tout-à-fait de la même précision que les autres.

Nᵒˢ.	NOMS des stations.	Pages.	ANGLES observés.	EXCÈS sphérique.	ANGLES sphériques.	ANGLES des cordes.	ANGLES moyens.
1	Dunkerque	11	42° 6′ 9″34	— 0″34	42° 6′ 9″73	6′ 9″39	6′ 9″34
	Watten	19	74° 28′ 44″88	— 0″45	74° 28′ 45″48	28′ 44″83	28′ 44″88
	Cassel	25	63° 25′ 5″78	— 0″39	63° 25′ 6″17	25′ 5″78	25′ 5″78
			180° 0′ 0″00	— 1″18	180° 0′ 1″18	0′ 0″0	0′ 0″0
Somme des erreurs			— 1″18				
2	Dunkerque	12	46° 52′ 0″32	— 0″21	46° 52′ 0″32	52′ 0″11	52′ 0″3
	Watten	20	45° 33′ 44″65	— 0″23	45° 33′ 44″65	33′ 44″42	33′ 44″37
	Gravelines	*	87° 34′ 15″89	— 0″42	87° 34′ 15″89	34′ 15″47	34′ 15″60
			180° 0′ 0″86	— 0″86	180° 0′ 0″86	0′ 0″0	0′ 0″0

L'astérisque est la marque d'un angle conclu.

Nᵒˢ.	NOMS des stations.	Pages.	ANGLES observés.	EXCÈS sphérique.	ANGLES sphériques.	ANGLES des cordes.	ANGLES moyens.
3	Watten	20	69° 34′ 45″08	— 0″54	69° 34′ 45″38	34′ 44″84	34′ 44″82
	Cassel	25	79° 48′ 35″05	— 0″68	79° 48′ 35″35	48′ 34″67	48′ 34″79
	Fiefs	32	30° 36′ 40″64	— 0″45	30° 36′ 40″94	36′ 40″49	36′ 40″39
			180° 0′ 0″77	— 1″67	180° 0′ 1″67	0′ 0″0	0′ 0″0
Somme des erreurs			— 0″90				
4	Watten	21	74° 39′ 23″20	— 0″28	74° 39′ 23″20	39′ 22″92	39′ 22″96
	Cassel	27	43° 37′ 35″73	— 0″21	43° 37′ 35″73	37′ 35″52	37′ 35″50
	Helfaut	*	61° 43′ 1″78	— 0″22	61° 43′ 1″78	43′ 1″56	43′ 1″54
			180° 0′ 0″71	— 0″71	180° 0′ 0″71	0′ 0″0	0′ 0″0

(2) Dunkerque, *Méridienne vérifiée*, 46° 52′ 0″, page XII; 46° 52′ 30″, page 167.

Le triangle 2, dans lequel l'angle à Gravelines a été conclu, ne doit servir qu'à trouver la distance de Gravelines à Watten, pour réduire au centre les observations d'azimut faites à Watten.

Les triangles 4 et 5, dans chacun desquels un angle a été conclu, ne serviront qu'à

Nos.	NOMS des stations.	Pages.	ANGLES observés.	EXCÈS sphérique.	ANGLES sphériques.	ANGLES des cordes.	ANGLES moyens.
5	Cassel.......	28	36° 10' 59".00	— 0".11	36° 10' 59".0	10' 58".89	10' 58".63
	Fiefs........	30	34° 3' 15".47	— 0".12	34° 3' 15".47	3' 15".35	3' 15".1.
	Helfaut......	*	109° 45' 46".64	— 0".88	109° 45' 46".64	45' 45".76	45' 46".27
			180° 0' 1".11	— 1".11	180° 0' 1".11	0' 0".0	0' 0".0
6	Cassel.......	27	29° 50' 27".59	— 0".41	29° 50' 27".95	50' 27".54	50' 27".35
	Fiefs........	31	91° 11' 19".04	— 0".93	91° 11' 19".40	11' 18".47	11' 18".80
	Mesnil.......	41	58° 58' 14".09	— 0".46	58° 58' 14".45	58' 13".99	58' 13".85
Somme des erreurs.			180° 0' 0".72 / — 1".08	— 1".80	180° 0' 1".80	0' 0".0	0' 0".0
7	Cassel......	28	39° 42' 10".51	— 0".51	39° 42' 10".51	42' 10".0	42' 9".91
	Béthune.....	36	78° 39' 44".58	— 0".73	78° 39' 44".58	39' 43".85	39' 43".98
	Fiefs.......	*	61° 38' 6".71	— 0".56	61° 38 6".71	38' 6".15	38' 6".11
			180° 0' 1".80	— 1".80	180° 0' 1".80	0' 0".0	0' 0".0
8	Béthune.....	38	62° 55' 40".04	— 0".16	62° 55' 40".04	55' 39".88	55' 39".84
	Mesnil......	41	87° 31' 2".11	— 0".27	87° 31' 2".11	31' 1".84	31' 1".91
	Fiefs.......	*	29° 33' 18".44	— 0".16	29° 33' 18".44	33' 18".28	33' 18".25
			180° 0' 0".59	— 0".59	180° 0' 0".59	0' 0".0	0' 0".0

donner de la position d'Helfaut deux déterminations différentes, qu'on pourra comparer entre elles et avec celle qu'on trouve dans la *Méridienne vérifiée*, p. 183.

Les triangles 7 et 8 sont inutiles ; mais il sera curieux de comparer la distance de Fiefs au Mesnil qui en sera déduite, à celle qui est donnée directement par le triangle 6, dans lequel tout a été observé.

N.os	NOMS des stations.	Pages.	ANGLES observés.	EXCÈS sphérique.	ANGLES sphériques.	ANGLES des cordes.	ANGLES moyens.
9	Cassel	28	75° 53' 9"51	— 0"64	75° 53' 9"51	53' 8"87	53' 8"96
	Béthune	35	37° 29' 18"86	— 0"45	37° 29' 18"86	29' 18"41	29' 18"32
	Helfaut	*	66° 37' 33"27	— 0"55	66° 37' 33"27	37' 32"72	37' 32"72
			180° 0' 1"64	— 1"64	180° 0' 1"64	0' 0"0	0' 0"0
10	Helfaut	*	43° 8' 13"37	— 0"28	43° 8' 13"37	8' 13"09	8' 12"94
	Béthune	38	41° 10' 25"44	— 0"26	41° 10' 25"44	10' 25"18	10' 25"01
	Fiefs	*	95° 41' 22"48	— 0"75	95° 41' 22"48	41' 21"73	41' 22"5
			180° 0' 1"29	— 1"29	180° 0' 1"29	0' 0"0	0' 0"0
11	Fiefs	33	42° 59' 49"22	— 0"22	42° 59' 49"63	59' 49"41	59' 49"22
	Mesnil	42	102° 38' 9"22	— 0"80	102° 38' 9"63	38' 8"83	38' 9"22
	Sauti	43	34° 22' 1"56	— 0"22	34° 22' 1"98	22' 1"76	22' 1"56
			180° 0' 0"0	— 1"24	180° 0' 1"24	0' 0"0	0' 0"0
Somme des erreurs			— 1"24				
12	Fiefs	34	34° 32' 52"13	— 0"34	34° 32' 51"42	32' 51"08	32' 50"93
	Sauti	44	54° 45' 9"38	— 0"38	54° 45' 8"66	45' 8"28	45' 8"17
	Bonnières	48	90° 42' 2"11	— 0"75	90° 42' 1"39	42' 0"64	42' 0"90
			180° 0' 3"62	— 1"47	180° 0' 1"47	0' 0"0	0' 0"0
Somme des erreurs			+ 2"15				

Les triangles 9 et 10 fournissent des comparaisons du même genre; dans le dixième, l'angle à Helfaut est la différence des angles conclus des triangles 5 et 9.

(9) *Méridienne vérifiée*, p. 186. Les trois angles sont 75° 53' 30", 37° 29' 0", et 66° 37' 30", triangle secondaire dont les observations ne sont pas rapportées.

(12) *Méridienne vérifiée*, 34° 32' 48"; 54° 45' 4"; 90° 41' 46", p. XIV et XV.

Nos.	NOMS des stations.	Pages.	ANGLES observés.	EXCÈS sphérique.	ANGLES sphériques.	ANGLES des cordes.	ANGLES moyens.
13	Bonnières · · ·	48	51° 56' 48"69	— 0"25	51° 56' 49"41	56' 49"16	56' 49"13
	Sauti · · · · · · ·	45	64° 36' 51"28	— 0"29	64° 36' 51"99	36' 51"70	36' 51"72
	Beauquêne · · ·	50	63° 26' 18"71	— 0"28	63° 26' 19"42	26' 19"14	26' 19"15
Somme des erreurs ·	· · ·		179° 59' 58"68 —2"14	— 0"82	180° 0' 0"82	0' 0"0	0' 0"0
14	Sauti · · · · · · ·	46	52° 57' 13"76	— 0"18	52° 57' 13"04	57' 12"86	57' 12"85
	Beauquêne · · ·	51	59° 3' 28"53	— 0"19	59° 3' 27"81	3' 27"62	3' 27"62
	Mailli · · · · · ·	53	67° 59' 20"45	— 0"21	67° 59' 19"73	59' 19"52	59' 19"53
Somme des erreurs ·	· · ·		180° 0' 2"74 +2"16	— 0"58	180° 0' 0"58	0' 0"0	0' 00"
15	Mailli · · · · · ·	54	78° 53' 28"70	— 0"38	78° 53' 28"70	53' 28"32	53' 28"39
	Villersbreton ·	61	35° 10' 33"65	— 0"25	35° 10' 33"65	10' 33"40	10' 33"35
	Beauquêne · · ·	*	65° 55' 58"56	— 0"28	65° 55' 58"56	55' 58"28	55' 58"26
			180° 0' 0"91	— 0"91	180° 0' 0"91	0' 0"0	0' 0"0

(13) *Méridienne vérifiée*, 51° 56' 53"; 64° 36' 39"; 63° 26' 14", p. xv et xvi.

(14) *Méridienne vérifiée*, 52° 57' 0"; 59° 3' 25"; 67° 59' 11", p. xv et xvi.

(14) La commission n'a eu aucun égard à la première des cinq séries de l'angle à Beauquêne, parce qu'elle diffère des quatre suivantes, qui s'accordent fort bien entre elles.

(15) *Méridienne vérifiée*, 78° 53' 22"; 35° 10' 40"; 65° 55' 55", p. xv-xvii.

(15) et (16) Villersbretonneux étoit devenu invisible à l'observateur placé à Beauquêne; on a été forcé de conclure un angle dans chacun des triangles 15 et 16. Pour vérification, on a formé une autre suite de triangles dans lesquels tout a été observé, mais dont la disposition est moins favorable. A l'exception de ces deux angles à Beauquêne, aucun angle conclu n'entre dans le calcul de la méridienne.

N°s.	NOMS des stations.	Pages.	ANGLES observés.	EXCÈS sphérique	ANGLES sphériques.	ANGLES des cordes.	ANGLES moyens.
16	Villersbreton·	61	35° 4′ 56″87	— 0″29	35° 4′ 56″87	4′ 56″58	4′ 56″52
	Vignacourt ··	74	65° 14′ 50″05	— 0″33	65° 14′ 50″05	14′ 49″72	14′ 49″70
	Beauquêne···	*	79° 40′ 14″14	— 0″44	79° 40′ 14″14	40′ 13″70	40′ 13″78
			180° 0′ 1″06	— 1″06	180° 0′ 1″06	0′ 0″0	0′ 0″0
17	Villersbreton·	62	99° 5′ 50″45	— 0″83	99° 5′ 50″46	5′ 49″63	5′ 50″00
	Vignacourt ··	74	31° 49′ 57″91	— 0″30	31° 49′ 57″92	49′ 57″62	49′ 57″47
	Sourdon·····	70	49° 4′ 12″98	— 0″23	49° 4′ 12″98	4′ 12″75	4′ 12″53
			180° 0′ 1″34	— 1″36	180° 0′ 1″36	0′ 0″0	0′ 0″0
Somme des erreurs ·	· ·		+ 0″02				
18	Villersbreton·	63	60° 20′ 43″62	— 0″24	60° 20′ 43″56	20′ 43″32	20′ 43″32
	Sourdon·····	69	52° 0′ 56″06	— 0″22	52° 0′ 56″0	0′ 55″78	0′ 55″76
	Arvillers ····	67	67° 38′ 21″22	— 8″26	67° 38′ 21″16	38′ 20″90	38′ 20″92
			180° 0′ 0″90	— 0″72	180° 0′ 0″72	0′ 0″0	0′ 0″0
Somme des erreurs ·	· ·		— 0″18				
19	Beauquêne···	51	52° 5′ 16″65	— 0″19	52° 5′ 17″43	5′ 17″24	5′ 17″13
	Mailli ······	53	98° 8′ 54″40	— 0″55	98° 8′ 55″18	8′ 54″63	8′ 54″88
	Bayonvillers ·	56	29° 45′ 47″51	— 0″17	29° 45′ 48″30	45′ 48″13	45′ 47″99
			179° 59′ 58″56	— 0″91	180° 0′ 0″91	0′ 0″0	0′ 0″0
Somme des erreurs ·	· ·		— 2″35				

(16) *Méridienne vérifiée*, 35° 4′ 50″; 65° 14′ 38″; 79° 40′ 3″, p. XVI et XVII.

(17) *Méridienne vérifiée*, 99° 5′ 32″; 31° 49′ 55″; 49° 4′ 8″, p. XVII et XIX.

(18) *Méridienne vérifiée*, 60° 20′ 45″; 52° 0′ 42″; 67° 8′ 21″, p. XVII et XIX.

(18) J'avois fait l'angle à Sourdon de 0″1 plus grand; la commission a pris le milieu entre les deux séries.

(19), (20), (21), servent à vérifier les triangles 15, 16, 17 et 18.

N°⁵.	NOMS des stations.	Pages.	ANGLES observés.	EXCÈS sphérique.	ANGLES sphériques.	ANGLES des cordes.	ANGLES moyens.
20	Mailli	54	19° 15' 25"70	— 0"13	19° 15' 24"14	15' 24"01	15' 23"98
	Bayonvillers .	56	79° 54' 17"65	— 0"18	79° 54' 16"09	54' 15"91	54' 15"92
	Villersbreton.	61	80° 50' 21"83	— 0"18	80° 50' 20"26	50' 20"08	50' 20"10
Somme des erreurs .		. .	180° 0' 5"18	— 0"49	180° 0' 0"49	0' 0"0	0' 0"0
			+ 4"69				
21	Bayonvillers .	57	102° 20' 59"12	— 0"15	102° 20' 57"90	20' 57"75	20' 57"81
	Villersbreton.	63	49° 27' 36"45	— 0"04	49° 27' 35"23	27' 35"19	27' 35"14
	Arvillers	67	28° 11' 28"35	— 0"07	28° 11' 27"13	11' 27"06	11' 27"05
Somme des erreurs .		. .	180° 0' 3"92	— 0"26	180° 0' 0"26	0' 0"0	0' 0"0
			+ 3"66				
22	Villersbreton.	62	75° 1' 3"02	— 0"30	75° 1' 3"02	1' 2"72	1' 2"76
	Sourdon	70	44° 27' 3"75	— 0"22	44° 27' 3"75	27' 3"53	27' 3"50
	Amiens	*	60° 31' 54"00	— 0"25	60° 31' 54"00	31' 53"75	31' 53"74
			180° 0' 0"77	— 0"77	180° 0' 0"77	0' 0"0	0' 0"0

(20) Les angles sont ici, comme par-tout ailleurs, tels qu'ils ont été arrêtés par la commission, en prenant le résultat le plus probable des observations : mais il est évident que ces angles sont trop forts; dans ce cas, j'avois cru pouvoir choisir parmi les différentes séries celles qui donnoient des angles moindres, et par ce choix je réduisois l'erreur du triangle à 1"75. Cette erreur répartie sur les trois angles de la manière qui me paroissoit la plus juste, mes angles étoient 19° 15' 25"13, 79° 54' 16"18, et 80° 50' 19"18; au reste, peu importe, puisque ce triangle avec les deux précédens ne servent que de vérification.

(21) Par le choix que j'avois fait entre les différentes séries, l'erreur du triangle n'étoit que de 2"46; au reste, ce triangle ne sert que de vérification.

(21) *Méridienne vérifiée*, 102° 21' 10"; 49° 27' 40"; 28° 11' 10", page 156.

(22) *Méridienne vérifiée*, 75° 0' 46"; 44° 26' 58"; 60° 31' 56" 66" } p. 158.

(22) Sourdon, dès 1740, ne se voyoit pas d'Amiens; pour l'apercevoir, on avoit été

Nos.	NOMS des stations.	Pages.	ANGLES observés.	EXCÈS sphérique.	ANGLES sphériques.	ANGLES des cordes.	ANGLES moyens.
23	Villersbreton·	62	24° 4' 47"59	+ 0"07	24° 4' 48"74	4' 48"81	4' 48"59
	Vignacourt ··	74	25° 10' 54"43	+ 0"06	25° 10' 55"58	10' 55"64	10' 55"43
	Amiens ·····	70	130° 44' 14"98	— 0"58	130° 44' 16"13	44' 15"55	44' 15"98
Somme des erreurs ·		··	179° 59' 57"00 — 3"45	— 0"45	180° 0' 0"45	0' 0"0	0' 0"0
24	Arvillers ····	68	60' 29" 18"51	— 0"31	60° 29' 18"89	29' 18"58	29' 18"59
	Sourdon·····	71	69° 17' 27"78	— 0"33	69° 17' 28"16	17' 27"83	17' 27"85
	Coivrel······	78	50° 13' 13"48	— 0"27	50° 13' 13"86	13' 13"59	13' 13"56
Somme des erreurs ·		··	179° 59' 59"77 — 1"14	— 0"91	180° 0' 0"91	0' 0"0	0' 0"0
25	Sourdon·····	71	62° 33' 20"65	— 0"33	62° 33' 21"29	33' 20"96	33' 20"98
	Coivrel······	78	57° 10' 38"17	— 0"30	57° 10' 38"82	10' 38"52	10' 38"51
	Noyers·······	82	60° 16' 0"18	— 0"31	60° 16' 0"83	16' 0"52	16' 0"51
Somme des erreurs ·		··	179° 59' 59"00 — 1"94	— 0"94	180° 0' 0"94	0' 0"0	0' 0"0

obligé de porter une simple lunette avec un micromètre 50 pieds plus haut que le lieu de la station. Voyez la *Méridienne vérifiée*, p. XVII.

(23) *Méridienne vérifiée*, 24° 4' 45"; 25° 11' 3; 130° 44' 9", p. XVI et XVII.

(23) L'angle à Villersbretonneux est trop petit, parce que la flèche d'Amiens, qui a 27 toises de longueur au-dessus du faite de l'église, penche d'une manière sensible à la vue, mais qu'il est difficile d'estimer. Autant que je puis voir par les observations que j'ai faites dans cette vue, la correction seroit au moins de 1"3, ce qui réduit déja l'erreur à 2"1. De plus, à Amiens, on n'a pu s'assurer du centre à quelques pouces, et la réduction au centre, qui est de 64", varie de deux tiers de seconde pour chaque pouce. Ce triangle ne sert que pour déterminer la position d'Amiens : or, pour cet objet, une erreur de quelques pouces est fort indifférente.

(24) *Méridienne vérifiée*, 60° 29' 21"; 69° 17' 37"; 50° 13' 9", p. XVIII et XIX.

Nos.	NOMS des stations.	Pages.	ANGLES observés.	EXCÈS sphérique.	ANGLES sphériques.	ANGLES des cordes.	ANGLES moyens.
26	Coivrel......	79	62° 21' 39"67	— 0"35	62° 21' 38"68	21' 38"33	21' 38"34
	Noyers......	84	59° 57' 16"30	— 0"34	59° 57' 15"31	57' 14"97	57' 14"97
	Clermont....	86	57° 41' 8"02	— 0"34	57° 41' 7"04	41' 6"70	41' 6"69
Somme des erreurs .		. .	180° 0' 3"99 + 2"96	— 1"03	180° 0' 1"03	0' 0"0	0' 0"0
27	Coivrel......	80	62° 59' 9"84	— 0"37	62° 59' 9"47	59' 9"10	59' 9"12
	Clermont....	86	58° 32' 27"67	— 0"35	58° 32' 27"30	32' 26"95	32' 26"95
	Jonquières...	90	58° 28' 24"65	— 0"34	58° 28' 24"29	28' 23"95	28' 23"93
Somme des erreurs .		. .	180° 0' 2"16 + 1"10	— 1"06	180° 0' 1"06	0' 0"0	0' 0"0
28	Clermont....	86	49° 18' 59"11	— 0"25	49° 18' 58"93	18' 58"68	18' 58"65
	Jonquières...	90	53° 5' 26"10	— 0"26	53° 5' 25"91	5' 25"65	5' 25"63
	St.-Christophe	93	77° 35' 36"19	— 0"33	77° 35' 36"00	35' 35"67	35' 35"72
Somme des erreurs .		. .	180° 0' 1"40 + 0"56	— 0"84	180° 0' 0"84	0' 0"0	0' 0"0
29	Coivrel......	79	32° 49' 40"18	— 0"13	32° 49' 39"79	49' 39"66	49' 39"46
	Clermont....	86	107° 51' 26"78	— 0"74	107° 51' 26"38	51' 25"64	51' 26"05
	St.-Christophe	93	39° 18' 55"21	— 0"12	39° 18' 54"82	18' 54"70	18' 54"49
Somme des erreurs .		. .	180° 0' 2"17 + 1"18	— 0"99	180° 0' 0"99	0' 0"0	0' 0"0

(26) L'angle à Noyers est de 0"3 plus fort que celui auquel je m'arrêtois, page 84. Je donne ici, comme par-tout, les angles arrêtés par la commission spéciale. En se permettant un choix entre les séries, on feroit évanouir l'erreur.

(29) Ce triangle est inutile, au moyen des deux précédens ; il est moins bien conditionné, et les observations beaucoup moins sûres.

Nos.	NOMS des stations.	Pages.	ANGLES observés.	EXCÈS sphérique.	ANGLES sphériques.	ANGLES des cordes.	ANGLES moyens.
30	Clermont · · · ·	87	54° 39′ 58″89	— 0″33	54° 39′ 57″66	39′ 57″33	39′ 57″26
	St.-Christophe	93	87° 43′ 29″69	— 0″56	87° 43′ 28″46	43′ 27″90	43′ 28″06
	St.-Martin · · ·	95	37° 36′ 36″30	— 0″30	37° 36′ 35″07	36′ 34″77	36′ 34″68
Somme des erreurs ·		· ·	180° 0′ 4″88 + 3″69	— 1″19	180° 0′ 1″19	0′ 0″0	0′ 0″0
31	St.-Christophe	94	62° 36′ 58″79	— 0″45	62° 36′ 58″37	36′ 57″92	36′ 57″93
	St.-Martin · · ·	97	56° 20′ 9″41	— 0″43	56° 20′ 9″0	20′ 8″57	20′ 8″56
	Dammartin · ·	100	61° 2′ 54″37	— 0″45	61° 2′ 53″96	2′ 53″51	2′ 53″51
Somme des erreurs ·		· ·	180° 0′ 2″57 + 1″24	— 1″33	180° 0′ 1″33	0′ 0″0	0′ 0″0
32	Clermont · · · ·	87	38° 1′ 22″80	— 0″43	38° 1′ 22″43	1′ 22″0	1′ 21″79
	Dammartin · ·	100	48° 1′ 54″53	— 0″48	48° 1′ 54″16	1′ 53″68	1′ 53″52
	St.-Martin · ·	95-97	93° 56′ 45″71	— 1″01	93° 56′ 45″33	52′ 44″32	56′ 44″69
Somme des erreurs ·		· ·	180° 0′ 3″04 + 1″12	— 1″92	180° 0′ 1″92	0′ 0″0	0′ 0″0
33	Clermont · · · ·	87	65° 57′ 33″39	— 0″67	65° 57′ 33″31	57′ 32″64	57′ 32″58
	Jonquières · · ·	90	80° 45′ 32″35	— 0″91	80° 45′ 32″16	45′ 31″25	45′ 31″44
	Dammartin · ·	101	33° 16′ 56″78	— 0″59	33° 16′ 56″70	16′ 56″11	16′ 55″98
Somme des erreurs ·		· ·	180° 0′ 2″42 + 0″25	— 2″17	180° 0′ 2″17	0′ 0″0	0′ 0″0

(31) Il y a ici une différence de — 0″11 entre l'angle arrêté par la commission et celui qu'on trouve page 94.

(32) Ce triangle est inutile, au moyen des deux précédens qui sont mieux conditionnés. Ici le 33° angle est la somme de deux autres observés séparément pour les triangles 30 et 31.

(33) Ce triangle est encore inutile, et il n'est pas trop sûr. Il en est de même du suivant.

Nos.	NOMS des stations.	Pagos.	ANGLES observés.	EXCÈS sphérique.	ANGLES sphériques.	ANGLES des cordes.	ANGLES moyens.
34	Jonquières····	1	36° 15' 48"57	— 0"66	36° 15' 48"57	15' 47"91	15' 47"7
	Dammartin ··	102	81° 18' 52"89	— 1"03	81° 18' 52"89	18' 51"86	18' 52"0
	St.-Martin···	*	62° 25' 20"94	— 0"71	62° 25' 20"94	25' 20"23	25' 20"1
			180° 0' 2"40	— 2"40	180° 0' 2"40	0' 0"0	0' 0"0
35	St.-Martin···	97	76° 2' 30"83	— 0"72	76° 2' 31"25	2' 30"53	2' 30"66
	Dammartin ··	103	57° 20' 17"99	— 0"57	57° 20' 18"42	20' 17"85	20' 17"82
	Panthéon····	106	46° 37' 11"69	— 0"50	46° 37' 12"12	37' 11"62	37' 11"52
			180° 0' 0"51	— 1"79	180° 0' 1"79	0' 0"0	0' 0"0
Somme des erreurs ·	· ·		— 1"28				
36	Dammartin ··	103	59° 52' 3"15	— 0"63	59° 52' 2"86	52' 2"23	52' 2"20
	Panthéon····	107	48° 17' 35"44	— 0"59	48° 17' 35"15	17' 34"56	17' 34"50
	Bellassise····	119	71° 50' 24"25	— 0"75	71° 50' 23"96	50' 23"21	50' 23"30
			180° 0' 2"84	— 1"97	180° 0' 1"97	0' 0"0	0' 0"0
Somme des erreurs ·	· ·		+ 0"87				
37	Dammartin ··	103	63° 49' 26"66	— 0"71	63° 49' 26"66	49' 25"95	49' 26"02
	Bellassise····	121	70° 30' 24"54	— 0"77	70° 30' 24"54	30' 23"77	30' 23"90
	Les Invalides.	*	45° 40' 10"71	— 0"43	45° 40' 10"71	40' 10"28	40' 10"08
			180° 0' 1"91	— 1"91	180° 0' 1"91	0' 0"0	0' 0"0

(37) Ce triangle ne sert qu'à déterminer la position des Invalides. Quand j'ai voulu prendre l'angle aux Invalides, le clocher de Dammartin n'existoit plus.

Nos.	NOMS des stations.	Pages.	ANGLES observés.	EXCÈS sphérique.	ANGLES sphériques.	ANGLES des cordes.	ANGLES moyens.
38	Panthéon	107	37° 1′ 41″04	— 0″34	37° 1′ 41″00	1′ 40″66	1′ 40″59
	Bellassise	119	57° 21′ 2″32	— 0″34	57° 21′ 2″28	21′ 1″94	21′ 1″87
	Brie	125	85° 37′ 18″00	— 0″55	85° 37′ 17″95	37′ 17″40	37′ 17″54
			180° 0′ 1″36	— 1″23	180° 0′ 1″23	0′ 0″0	0′ 0″0
	omme des erreurs •	• •	+ 0″13				
39	Panthéon	107	61° 13′ 48″60	— 0″47	61° 13′ 48″41	13′ 47″94	13′ 47″94
	Brie	127	55° 51′ 49″40	— 0″44	55° 51′ 49″21	51′ 48″77	51′ 48″75
	Montlhéri ...	134	62° 54′ 23″97	— 0″48	62° 54′ 23″77	54′ 23″29	54′ 23″31
			180° 0′ 1″97	— 1″39	180° 0′ 1″39	0′ 0″0	0′ 0″0
	omme des erreurs •	• •	+ 0″58				
40	Brie		39° 42′ 39″00	— 0″00	39° 42′ 39″00	00′ 00″0	42′ 39″0
	Montlhéri ...	132	74° 38′ 4″00	— 0″00	74° 38′ 4″00	00′ 0″0	38′ 4″0
	Tour de Croy·	*	65° 39′ 17″00	— 0″00	65° 39′ 17″00	00′ 0″0	39′ 17″0
			180° 0′ 0″00		00° 0′ 0″00	0′ 0″0	0′ 0″0
41	Brie	127	40° 32′ 37″96	— 0″28	40° 32′ 37″94	32′ 37″66	32′ 37″60
	Montlhéri ...	131	45° 18′ 40″77	— 0″34	65° 18′ 40″76	18′ 40″41	18′ 40″41
	Malvoisine ..	138	74° 8′ 42″35	— 0″39	74° 8′ 42″32	8′ 41″93	8′ 41″99
			180° 0′ 1″08	— 1″01	180° 0′ 1″01	0′ 0″0	0′ 0″0
	omme des erreurs •	• •	+ 0″07				

(39) L'angle à Montlhéri est plus foible de 0″57, page 134. On le voit ici tel qu'il a été arrêté par la commission.

(40) En renonçant à la base de Villejuif et Juvisi nous rendions inutile le signal de Croy, et je n'ai point imprimé les observations que j'en avois faites à Brie.

Nos.	NOMS des stations.	Pages.	ANGLES observés.	EXCÈS sphérique.	ANGLES sphériques.	ANGLES des cordes.	ANGLES moyens.
42	Montlhéri · · ·	135	49° 34′ 22″62	— 0″20	49° 34′ 22″56	34′ 22″36	34′ 22″32
	Malvoisine · ·	141	76° 47′ 43″28	— 0″28	76° 47′ 43″21	47′ 42″93	47′ 42″98
	Lieursaint · · ·	146	53° 37′ 55″00	— 0″22	53° 37′ 54″93	37′ 54″71	37′ 54″70
			180° 0′ 0″90	— 0″70	180° 0′ 0″70	0′ 0″0	0′ 0″0
Somme des erreurs ·		· ·	+ 0″20				
43	Malvoisine · · ·	140	40° 36′ 56″81	— 0″13	40° 36′ 56″84	36′ 56″71	36′ 56″68
	Lieursaint · · ·	147	75° 39′ 29″81	— 0″19	75° 39′ 29″83	39′ 29″64	39′ 29″67
	Melun · · · · · ·	144	63° 43′ 33″79	— 0″17	63° 43′ 33″82	43′ 33″65	43′ 33″65
			180° 0′ 0″41	— 0″49	180° 0′ 0″49	0′ 0″0	0′ 0″0
Somme des erreurs ·		· ·	— 0″08				
44	Montlhéri · · · { 134 { 131		55° 10′ 0″10	— 0″14	55° 10′ 1″18	10′ 1″04	10′ 1″03
	Malvoisine · ·	141	43° 52′ 2″31	— 0″12	43° 52′ 3″39	52′ 3″27	52′ 3″25
	Torfou · · · · · ·	150	80° 57′ 54″79	— 0″17	80° 57′ 55″86	57′ 55″69	57′ 55″72
			179° 59′ 57″20	— 0″43	180° 0′ 0″43	0′ 0″0	0′ 0″0
Somme des erreurs ·		· ·	— 3″23				
45	Malvoisine · ·	139	21° 15′ 12″46	— 0″00	21° 15′ 12″46	15′ 12″46	15′ 12″36
	Torfou · · · · · ·	150	114° 54′ 56″52	— 0 28	114° 54′ 56″52	54′ 56″24	54′ 56″42
	Bruyère · · · · ·	148	43° 49′ 51″32	— 0″02	43° 49′ 51″32	49′ 51″30	49′ 51″22
			180° 0′ 0″30	— 0″30	180° 0′ 0″30	0′ 0″0	0′ 0″0

(45) Ce triangle ne sert qu'à déterminer la position de l'observatoire que j'ai à Bruyère.

N°ˢ.	NOMS des stations.	Pages.	ANGLES observés.	EXCÈS sphérique.	ANGLES sphériques.	ANGLES des cordes.	ANGLES moyens.
46	Montlhéri ···	132	19° 37′ 23″00				
	Torfou······	151	58° 19′ 54″00				
	St.-Yon·····	*	102° 2′ 43″00				
			180° 0′ 0″00				
47	Malvoisine ··	138	53° 22′ 24″25	— 0″15	53° 22′ 25″11	22′ 24″96	22′ 24″93
	Torfou······	151	81° 36′ 49″23	— 0″23	81° 36′ 50″09	36′ 49″86	36′ 49″90
	Forêt·······	153	45° 0′ 44″49	— 0″17	45° 0′ 45″35	0′ 45″18	0′ 45″17
			179° 59′ 57″97	— 0″55	180° 0′ 0″55	0′ 0″0	0′ 0″0
Somme des erreurs ·		··	— 2″56				
48	Malvoisine ··	139	70° 51′ 38″40	— 0″44	70° 51′ 38″16	51′ 37″72	51′ 37″77
	Forêt·······	154	62° 47′ 30″17	— 0″40	62° 47′ 29″93	47′ 29″53	47′ 29″54
	Chapelle ····	157	46° 20′ 53″32	— 0″34	46° 20′ 53″09	20′ 52″75	20′ 52″69
			180° 0′ 1″89	— 1″18	180° 0′ 1″18	0′ 0″0	0′ 0″0
Somme des erreurs ·		··	+ 0″71				
49	Forêt·······	155	68° 36′ 0″17	— 0″53	68° 35′ 59″64	35′ 59″11	35′ 59″16
	Chapelle ····	158	51° 5′ 14″27	— 0″43	51° 5′ 13″75	5′ 13″32	5′ 13″26
	Pithiviers····	161	60° 18′ 48″59	— 0″49	60° 18′ 48″06	18′ 47″57	18′ 47″58
			180° 0′ 3″03	— 1″45	180° 0′ 1″45	0′ 0″0	0′ 0″0
Somme des erreurs ·		··	+ 1″58				

(46) Ce triangle ne servira qu'à rectifier la position du clocher de Saint-Yon, qui est défectueuse dans la *Méridienne vérifiée*, p. 203.

(49) Pour l'angle à Forêt, la commission n'a tenu compte que des trois dernières séries.

Nos.	NOMS des stations.	Pages.	ANGLES observés.	EXCÈS sphérique.	ANGLES sphériques.	ANGLES des cordes.	ANGLES moyens.
50	Chapelle	160	35° 31′ 38″00	— 0″00	35° 31′ 38″00	0′ 0″0	31′ 38″0
	Pithiviers....	162	29° 55′ 18″00	— 0″00	29° 55′ 18″00	0′ 0″0	55′ 18″0
	Bromeille....	*	114° 33′ 4″00	— 0″00	114° 33′ 4″00	0′ 0″0	33′ 4″0
			180° 0′ 0″00	— 0″00	180° 0′ 0″00	0′ 0″0	0′ 0″0
51	Forêt	155	57° 11′ 18″00				
	Pithiviers....	164	30° 40′ 20″00				
	Méréville....	*	92° 8′ 22″00				
			180° 0′ 0″00				
52	Chapelle.....	159	31° 58′ 53″92	— 0″34	31° 58′ 53″31	58′ 52″97	58′ 52″87
	Pithiviers....	162	91° 55′ 6″75	— 0″67	91° 55′ 6″13	55′ 5″46	55′ 5″70
	Boiscommun ·	168	56° 6′ 2″48	— 0″30	56° 6′ 1″87	6′ 1″57	6′ 1″43
			180° 0′ 3″15	— 1″31	180° 0′ 1″31	0′ 0″0	0′ 0″0
Somme des erreurs ,	. .		+ 1″84				
53	Pithiviers....	167	31° 53′ 1″65	— 0″09	31° 53′ 2″52	53′ 2″43	53′ 2″40
	Boiscommun ·	168	52° 33′ 4″73	— 0″07	52° 33′ 5″59	33′ 5″52	33′ 5″48
	Châtillon	173	95° 33′ 51″37	— 0″18	95° 33′ 52″23	33′ 52″05	33′ 52″12
			179° 59′ 57″75	— 0″34	180° 0′ 0″34	0′ 0″0	0′ 0″0
Somme des erreurs ,	. .		— 2″59				

(50) et (51) Ces triangles ne serviront qu'à déterminer Bromeille et Méréville.

(52) L'angle à Boiscommun est ici de + 0″58 plus fort que le résultat auquel j'ai donné la préférence, page 168.

(52) *Méridienne vérifiée*, 31° 58′ 42″; 91° 54′ 57″; 56° 5′ 51″, p. xxvi et xxvii.

Nᵒˢ.	NOMS des stations.	Pages.	ANGLES observés.	EXCÈS sphérique.	ANGLES sphériques.	ANGLES des cordes.	ANGLES moyens.
54	Boiscommun ·	169	62° 31′ 29″63	— 0″11	62° 31′ 30″50	31′ 30″39	31′ 30″34
	Châtillon ····	174	93° 0′ 16″56	— 0″24	93° 0′ 17″43	0′ 17″19	0′ 17″27
	Châteauneuf ·	175	24° 28′ 11″67	— 0″13	24° 28′ 12″55	28′ 12″42	28′ 12″39
			179° 59′ 57″86	— 0″48	180° 0′ 0″48	0′ 0″0	0′ 0″0
Somme des erreurs ·	· ·		— 2″62				
55	Châtillon ····	174	50° 28′ 6″71	— 0″31	50° 28′ 6″82	28′ 6″51	28′ 6″42
	Châteauneuf ·	176	87° 35′ 9″23	— 0″58	87° 35′ 9″34	35′ 8″76	35′ 8″93
	Orléans ·····	179	41° 56′ 44″94	— 0″32	41° 56′ 45″05	56′ 44″73	56′ 44″65
			180° 0′ 0″88	— 1″21	180° 0′ 1″21	0′ 0″0	0′ 0″0
Somme des erreurs ·	· ·		— 0″33				
56	Châteauneuf··	176	73° 48′ 14″28	— 0″60	73° 48′ 14″14	48′ 13″54	48′ 13″62
	Orléans ·····	179	58° 27′ 25″75	— 0″49	58° 27′ 25″61	27′ 25″12	27′ 25″09
	Vouzon ·····	183	47° 44′ 21″94	— 0″46	47° 44′ 21″80	44′ 21″34	44′ 21″29
			180° 0′ 1″97	— 1″55	180° 0′ 1″55	0′ 0″0	0′ 0″0
Somme des erreurs ·	· ·		+ 0″42				
57	Orléans ·····	180	22° 7′ 35″05	— 0″24	22° 7′ 35″05	7′ 34″81	7′ 34″74
	Vouzon ·····	183	87° 38′ 40″00	— 0″44	87° 38′ 40″00	38′ 39″56	38′ 39″69
	Chaumont ···	189	70° 13′ 45″89	— 0″26	70° 13′ 45″89	13′ 45″63	13′ 45″57
			180° 0′ 0″94	— 0″94	180° 0′ 0″94	0′ 0″0	0′ 0″0

(56) *Méridienne vérifiée*, 73° 48′ 33″; 58° 27′ 21″; 47° 44′ 27″, p. XXVII et XXIX.

(57) *Méridienne vérifiée*, 22° 7′ 43″; 70° 13′ 33″; 87° 38′ 40″, p. XXVII et XXIX.

(57) Ici la commission a cru devoir s'écarter de la règle qu'elle s'étoit faite de dis-

Nᵒˢ.	NOMS des stations.	Pages.	ANGLES observés.	EXCÈS sphérique.	ANGLES sphériques.	ANGLES des cordes.	ANGLES moyens.
58	Vouzon	184	94° 40′ 25″41	— 0″39	94° 40′ 24″01	40′ 23″62	40′ 23″77
	Chaumont	189	58° 19′ 4″89	— 0″15	58° 19′ 3″49	19′ 3″34	19′ 3″25
	Soême	191	27° 0′ 34″61	— 0″17	27° 0′ 33″21	0′ 33″04	0′ 32″98
Somme des erreurs ·	· ·		180° 0′ 4″91	— 0″71	180° 0′ 0″71	0′ 0″0	0′ 0″0
			+ 4″20				
59	Vouzon	185	89° 3′ 17″2				
	Oison	196	34° 37′ 43″6				
	Châteauneuf ·	*	56° 18′ 59″2				
			180° 0′ 0″0				
60	Vouzon	185	40° 53′ 7″5				
	Oison	197	32″ 49′ 51″9				
	Soême	*	105° 17′ 0″6				
			180° 0′ 0″0				

tribuer l'erreur également entre les trois angles. Une incertitude de quelques secondes, qu'on n'avoit pu éviter dans la réduction au centre, rendoit l'angle à Vouzon beaucoup moins sûr que les deux autres. Heureusement l'angle approche si fort de 90° que cette incertitude devient fort indifférente. On auroit pu également conclure cet angle d'après les deux autres; on auroit à très-peu près trouvé la même valeur.

(58) L'erreur provient probablement, en grande partie, de la réduction au centre à Vouzon. En se permettant un choix parmi les séries, l'erreur se réduiroit à 2″74.

(59) Les deux premiers angles diffèrent ici de ce qu'ils sont parmi les observations; c'est que dans ce tableau je donne les angles arrêtés par la commission, et que, parmi les observations, j'ai donné pour dernier résultat ce qui m'a paru le plus probable quand il n'est pas le moyen arithmétique.

N.os	NOMS des stations.	Pages.	ANGLES observés.	EXCÈS sphérique.	ANGLES sphériques.	ANGLES des cordes.	ANGLES moyens.
61	Vouzon	185	25° 3′ 47″37	— 0″15	25° 3′ 47″37	3′ 47″22	3′ 47″16
	Soême	194	94° 42′ 18″86	— 0″36	94° 42′ 18″86	42′ 18″50	42′ 18″65
	Ste.-Montaine	199	60° 13′ 54″40	— 0″12	60° 13′ 54″40	13′ 54″28	13′ 54″19
			180° 0′ 0″63	— 0″63	180° 0′ 0″63	0′ 0″0	0′ 0″0
62	Soême	193	34° 34′ 51″33	— 0″04	34° 34′ 51″33	34′ 51″29	34′ 51″26
	Ste.-Montaine	199	95° 54′ 58″12	— 0″14	95° 54′ 58″12	54′ 57″98	54′ 58″04
	Ennordre	201	49° 30′ 10″78	— 0″05	49° 30′ 10″78	30′ 10″73	30′ 10″70
			180° 0′ 0″23	— 0″23	180° 0′ 0″23	0′ 0″0	0′ 0″0
63	Vouzon	184	19° 23′ 8″03	+ 0″07	19° 23′ 7″66	23′ 7″73	23′ 7″46
	Soême	192	129° 17′ 7″95	— 0″90	129° 17′ 7″57	17′ 6″67	17′ 7″38
	Ennordre	201	31° 19′ 45″74	+ 0″23	31° 19′ 45″37	19′ 45″60	19′ 45″16
			180° 0′ 1″72	— 0″60	180° 0′ 0″60	0′ 0″0	0. 0″0
Somme des erreurs ·		··	+ 1″12				
64	Soême	192	35° 7′ 26″45	— 0″08	35° 7′ 26″99	7′ 26″9	7′ 26″82
	Ennordre	202	108° 17′ 52″34	— 0″34	108° 17′ 52″88	17′ 52″54	17′ 52″71
	Méri........	204	36° 34′ 40″09	— 0″08	36° 34′ 40″63	34′ 40″55	34′ 40″47
			179° 59′ 58″88	— 0″50	180° 0′ 0″50	0′ 0″0	0′ 0″0
Somme des erreurs ·		··	— 1″62				

(61) et (62) Même remarque que sur le triangle (59).

(63) Triangle inutile et très-douteux, quoique la somme des erreurs soit presque nulle.

Nᵒˢ.	NOMS des stations.	Pages.	ANGLES observés.	EXCÈS sphérique.	ANGLES sphériques.	ANGLES des cordes.	ANGLES moyens.
65	Ennordre····	202	47° 23′ 37″64	— 0″12	47° 23′ 37″57	23′ 37″45	23′ 37″35
	Méri·········	204	99° 42′ 6″96	— 0″41	99° 42′ 6″89	42′ 6″48	42′ 6″67
	Morogues ···	206	32° 54′ 16″27	— 0″14	32° 54′ 16″21	54′ 16″07	54′ 15″98
Somme des erreurs ·	· ·		180° 0′ 0″87 + 0″20	— 0″67	180° 0′ 0″67	0′ 0″0	0′ 0″0
66	Méri·········	204	77′ 55″ 22″78	— 0″46	77° 55′ 22″27	55′ 21″81	55′ 21″90
	Morogues ···	207	58° 39′ 22″23	— 0″34	58° 39′ 21″73	39′ 21″39	39′ 21″36
	Bourges ·····	213	43° 25′ 17″61	— 0″31	43° 25′ 17″11	25′ 16″80	25′ 16″74
Somme des erreurs ·	· ·		180° 0′ 2″62 + 1″51	— 1″11	180° 0′ 1″11	0′ 0″0	0′ 0″0
67	Morogues ···	209	15° 21′ 24″5				
	Bourges ·····	213	43° 50′ 47″8				
	Vasselai ·····	*	120° 47′ 47″7				
			180° 0′ 0″0				
68	Les Ais ·····	209	26° 23′ 16″0				
	Bourges ·····	213	50° 28′ 8″0				
	Vasselai ·····	*	103° 8′ 36″0				
			180° 0′ 0″0				

(67) et (68) Ces deux triangles ne servent qu'à donner la distance de Bourges à Vasselai, nécessaire au calcul d'une réduction au centre dans les observations d'azimut. L'un des deux suffiroit, l'autre servira de vérification.

Nos.	NOMS des stations.	Pages.	ANGLES observés.	EXCÈS sphérique.	ANGLES sphériques.	ANGLES des cordes.	ANGLES moyens.
69	Morogues ...	208	33° 36' 18"27	—0"20	33° 36' 17"36	36' 17"16	36' 16"81
	Bourges	215	110° 27' 12"64	—1"28	110° 27' 11"72	27' 10"44	27' 11"17
	Dun	218	35° 56' 33"49	—0"17	35° 56' 32"57	56' 32"40	56' 32"02
			180° 0' 4"40	—1"65	180° 0' 1"65	0' 0"0	0' 0"0
Somme des erreurs ·			+2"75				
70	Bourges	216	40° 27' 27"33	—0"30	40° 27' 26"50	27' 26"20	27' 25"92
	Dun	218	101° 48' 17"34	—1"09	101° 48' 16"51	48' 15"42	48' 15"94
	Morlac......	220	37° 44' 19"53	—0"33	37° 44' 18"71	44' 18"38	44' 18"14
			180° 0' 4"19	—1"72	180° 0' 1"72	0' 0"0	0' 0"0
Somme des erreurs·			+2"47				
71	Dun	219	41° 17' 14"39	—0"12	41° 17' 13"42	17' 13"30	17' 13"18
	Morlac......	221	35° 21' 27"64	—0"15	35° 21' 26"68	21' 26"53	21' 26"43
	Belvédère....	224	103° 21' 21"61	—0"47	103° 21' 20"64	21' 20"17	21' 20"39
			180° 0' 3"64	—0"74	180° 0' 0"74	0' 0"0	0' 0"0
Somme des erreurs ·			+2"90				
72	Morlac......	221	74° 5' 49"75	—0"33	74° 5' 48"19	5' 47"86	5' 47"90
	Belvédère....	225	55° 25' 2"31	—0"27	55° 25' 0"74	25' 0"47	25' 0"46
	Cullan	227	50° 29' 13"49	—0"26	50° 29' 11"93	29' 11"67	29' 11"64
			180° 0' 5"55	—0"86	180° 0' 0"86	0' 0"0	0' 0"0
Somme des erreurs ·			+4"69				

(70) La commission a pris le milieu entre les quatre séries de l'angle à Bourges, quoique dans les trois premières cet angle fût augmenté par la manière oblique dont Morlac étoit éclairé. Je crois l'angle exact plus petit de 1"5; la répartition égale de l'erreur, le diminue de 1"1.

(70) *Méridienne vérifiée,* 40° 27' 30"; 101° 48' 19"; 37° 44' 16", p. LXX.

(72) Pour l'angle à Cullan, la commission a pris le milieu entre les deux dernières

N°.	NOMS des stations.	Pages.	ANGLES observés.	EXCÈS sphérique.	ANGLES sphériques.	ANGLES des cordes.	ANGLES moyens.
73	Morlac	222	37° 28' 27"33	— 0"17	37° 28' 27"40	28' 27"23	28' 27"1(
	Cullan	228	92° 36' 35"19	— 0"42	92° 36' 35"25	36' 34"83	36' 34"9(
	St.-Saturnin	230	49° 54' 58"06	— 0"18	49° 54' 58"12	54' 57"94	54' 57"8(
Somme des erreurs	. .		180° 0' 0"58 — 0"19	— 0"77	180° 0' 0"77	0' 0"0	0' 0"0
74	Cullan	228	60° 16' 9"44	— 0"26	60° 16' 8"95	16' 8"69	16' 8"67
	St.-Saturnin	231	80° 51' 29"37	— 0"34	80° 51' 28"88	51' 28"54	51' 28"59
	Laage	232	38° 52' 23"51	— 0"24	38° 52' 23"01	52' 22"77	52' 22"74
Somme des erreurs	. .		180° 0' 2"32 + 1"48	— 0"84	180° 0' 0"84	0' 0"0	0' 0"0
75	Cullan	229	33° 18' 3"72	— 0"10	33° 18' 2"27	18' 2"17	18' 1"77
	Laage	233	114° 54' 55"29	— 1"26	114° 54' 53"84	54' 52"58	54' 53"34
	Arpheuille	235	31° 47' 6"83	— 0"13	31° 47' 5"38	47' 5"25	47' 4"89
Somme des erreurs	. .		180° 0' 5"84 + 4"35	— 1"49	180° 0' 1"49	0' 0"0	0' 0"0
76	Laage	233	56° 19' 32"67	— 0"61	56° 19' 32"90	19' 32"29	19' 32"18
	Arpheuille	236	84° 11' 25"85	— 0"98	84° 11' 26"08	11' 25"10	11' 25"36
	Sermur	241	39° 29' 2"94	— 0"56	39° 29' 3"17	29' 2"61	29' 2"46
Somme des erreurs	. .		180° 0' 1"46 — 0"69	— 2"15	180° 0' 2"15	0' 0"0	0' 0"0

séries; il me semble que j'aurois préféré la troisième, qui est la seule dans laquelle le belvédère se vit parfaitement, et qui ne fut pas troublée par le soleil. L'angle seroit plus foible de 0"29. L'angle à Morlac est de toute l'opération celui qui présente le plus

N°ˢ.	NOMS des stations.	Pages.	ANGLES observés.	EXCÈS sphérique.	ANGLES sphériques.	ANGLES des cordes.	ANGLES moyens.
77	Laage	233	42° 53′ 42″05	— 0″56	42° 53′ 41″27	53′ 40″71	53′ 40″56
	Sermur	242	50° 27′ 50″45	— 0″57	50° 27′ 49″67	27′ 49″10	27′ 48″96
	Orgnat	248	86° 38′ 31″98	— 1″01	86° 38′ 31″20	38′ 30″19	38′ 30″48
			180° 0′ 4″48	— 2″14	180° 0′ 2″14	0′ 0″0	0′ 0″0
Somme des erreurs		· ·	+ 2″34				
78	Laage	234	61° 12′ 38″73	— 0″41	61° 12′ 37″87	12′ 37″46	12′ 37″43
	Orgnat	249	38° 0′ 40″10	— 0″37	38° 0′ 39″25	0′ 38″88	0′ 38″81
	Évaux	251	80° 46′ 45″06	— 0″54	80° 46′ 44″20	46′ 43″66	46′ 43″76
			180° 0′ 3″89	— 1″32	180° 0′ 1″32	0′ 0″0	0′ 00″
Somme des erreurs		· ·	+ 2″57				
79	Sermur	243	62° 7′ 48″09	— 0″57	62° 7′ 48″05	7′ 47″48	7′ 47″50
	Orgnat	249	59° 1′ 41″35	— 0″55	59° 1′ 41″31	1′ 40″76	1′ 40″76
	Bordes	252	58° 50′ 32″33	— 0″53	58° 50′ 32″29	50′ 31″76	50′ 31″74
			180° 0′ 1″77	— 1″65	180° 0′ 1″65	0′ 0″0	0′ 0″0
Somme des erreurs		· ·	+ 0″12				
80	Sermur	243	33° 45′ 51″80	— 0″31	33° 45′ 52″21	45′ 51″90	45′ 51″83
	Bordes	253	80° 3′ 30″62	— 0″45	80° 3′ 31″03	3′ 30″58	3′ 30″65
	Lafagitière	254	66° 10′ 37″49	— 0″38	66° 10′ 37″90	10′ 37″52	10′ 37″52
			179° 59′ 59″91	— 1″14	180° 0′ 1″14	0′ 0″0	0′ 0″0
Somme des erreurs		· ·	— 1″23				

de bizarrerie. Par le choix que j'avois cru devoir faire entre les séries, l'erreur de ce triangle étoit seulement de 3″54, et j'aurois pu la faire disparoître en n'employant que des angles réellement observés; au reste, il n'y a que quelques fractions entre les angles

Nᵒˢ.	NOMS des stations.	Pages.	ANGLES observés.	EXCÈS sphérique.	ANGLES sphériques.	ANGLES des cordes.	ANGLES moyens.
81	Sermur......	244	52° 5' 48"37	— 0"49	52° 5' 47"72	5' 47"23	5' 47"19
	Lafagitière...	255	58° 48' 46"96	— 0"52	58° 48' 46"30	48' 45"78	48' 45"77
	Hermant	257	69° 5' 28"23	— 0"58	69° 5' 27"57	5' 26"99	5' 27"04
Somme des erreurs ,		. .	180° 0' 3"56 + 1"97	— 1"59	180° 0' 1"59	0' 0"0	0' 0"00
82	Lafagitière...	255	69° 20' 48"51	— 0"83	69° 20' 48"14	20' 47"31	20' 47"32
	Hermant	258	75° 18' 46"00	— 0"95	75° 18' 45"62	18' 44"67	18' 44"80
	Bort	260	35° 20' 29"07	— 0"68	35° 20' 28"70	20' 28"02	20' 27"88
Somme des erreurs .		. .	180° 0' 3"58 + 1"12	— 2"46	180° 0' 2"46	0' 0"0	0' 0"0
83	Lafagitière...	256	49° 57' 51"44	— 0"33	49° 57' 51"69	57' 51"36	57' 51"10
	Bort	260	30° 56' 10"12	— 0"37	30° 56' 10"37	56' 10"00	56' 9"79
	Meimac	263	99° 5' 59"45	— 1"05	99° 5' 59"69	5' 58"64	5' 59"11
Somme des erreurs .		. .	180° 0' 1"01 — 0"74	— 1"75	180° 0' 1"75	0' 0"0	0' 0"0
84	Bort	260	80° 5' 59"13	— 1"18	80° 5' 58"95	5' 57"77	5' 58"03
	Meimac	263	52° 5' 36"17	— 0"79	52° 5' 35"99	5' 35"20	5 35"07
	Aubussin	265	47° 48' 27"99	— 0"79	47° 48' 27"82	48' 27"03	48' 26"90
Somme des erreurs ,		. .	180° 0' 3"29 + 0"53	— 2"76	180° 0' 2"76	0' 0"0	0' 0"0

de la commission et les miens, lorsqu'on les corrige pour le calcul, en distribuant l'erreur également entre les trois.

Nos	NOMS des stations.	Pages.	ANGLES observés.	EXCÈS sphérique.	ANGLES sphériques.	ANGLES des cordes.	ANGLES moyens.
85	Bort.........	261	65° 4' 1"92	— 0"89	65° 4' 1"54	4' 0"65	4' 0"71
	Aubassin	266	53° 45' 12"53	— 0"78	53° 45' 12"16	45' 11"38	45' 11"33
	Violan	268	61° 10' 49"16	— 0"82	61° 10' 48"79	10' 47"97	10' 47"96
			180° 0' 3"61	— 2"49	180° 0' 2"49	0' 0"0	0' 0"0
Somme des erreurs •		. .	+ 1"12				
86	Violan	269	51° 10' 11"31	— 0"99	51° 10' 11"45	10' 10"46	10' 10"29
	Aubassin	266	83° 15' 22"17	— 1"55	83° 15' 22"31	15' 20"76	15' 21"15
	Bastide......	276	45° 34' 29"57	— 0"94	45° 34' 29"72	34' 28"78	34' 28"56
			180° 0' 3"05	— 3"48	180° 0' 3"48	0' 0"0	0' 0"0
Somme des erreurs •		. .	— 0"43				
87	Violan	271	40° 19' 25"95	— 1"07	40° 19' 25"61	19' 24"54	19' 24"34
	Bastide.......	276	65° 18' 18"38	— 1"28	65° 18' 18"03	18' 16"75	18' 16"77
	Montsalvy...	280	74° 22' 20"50	— 1"44	74° 22' 20"15	22' 18"71	22' 18"89
			180° 0' 4"83	— 3"79	180° 0' 3"79	0' 0"0	0' 0"0
Somme des erreurs •		. .	+ 1"04				
88	Bastide.......	278	57° 30' 3"40	— 1"12	57° 30' 3"95	30' 2"83	30' 2"57
	Montsalvy...	281	87° 43' 24"06	— 1"98	87° 43' 24"61	43' 22"63	43' 23"23
	Rieupeiroux..	285	34° 46' 35"03	— 1"05	34° 46' 35"59	46' 34"54	46' 34"20
			180° 0' 2"49	— 4"15	180° 0' 4"15	0' 0"0	0' 0"0
Somme des erreurs •		. .	— 1"66				

(86) et (87) On a retranché 1"3 de chacun des deux angles à la Bastide, d'après les observations de la page 277.

N°ˢ	NOMS des stations.	Pages.	ANGLES observés.	EXCÈS sphérique	ANGLES sphériques.	ANGLES des cordes.	ANGLES moyens.
89	Montsalvy···	281	34° 12′ 36″00	— 0″72	34° 12′ 36″11	12′ 35″39	12′ 35″16
	Rieupeiroux ·	285	56° 0′ 3″72	— 0″72	56° 0′ 3″83	0′ 3″11	0′ 2″88
	Rodez·······	288	89° 47′ 22″81	— 1″42	89° 47′ 22″92	47′ 21″50	47′ 21″96
			180° 0′ 2″53	— 2″86	180° 0′ 2″86	0′ 0″0	0′ 0″0
Somme des erreurs ·		· ·	— 0″33				
90	Rieupeiroux ·	296	40° 1′ 11″85	— 0″40	40° 1′ 11″05	1′ 10″65	1′ 10″47
	Rodez·······	304	94° 21′ 13″77	— 0″94	94° 21′ 12″97	21′ 12″03	21′ 12″39
	Lagaste ·,···	311	45° 37′ 38″52	— 0″40	45° 37′ 37″72	37′ 37″32	37′ 37″14
			180° 0′ 4″14	— 1″74	180° 0′ 1″74	0′ 0″0	0′ 0″0
Somme des erreurs ·		· ·	+ 2″40				
91	Rieupeiroux ·	297	52° 4′ 11″20	— 0″81	52° 4′ 10″45	4′ 9″64	4′ 9″57
	Lagaste ;····	311	56° 49′ 38″53	— 0″83	56° 49′ 37″78	49′ 36″95	49′ 36″90
	St.-Georges ··	317	71° 6′ 15″16	— 0″99	71° 6′ 14″40	6′ 13″41	6′ 13″53
			180° 0′ 4″89	— 2″63	180° 0′ 2″63	0′ 0″0	0′ 0″0
Somme des erreurs ·		· ·	+ 2″26				
92	Lagaste ·····	312	53° 18′ 31″18	— 0″62	53° 18′ 30″89	18′ 30″27	18′ 30″22
	St.-Georges ··	319	60° 3′ 57″64	— 0″66	60° 3′ 57″34	3′ 56″68	3′ 56″68
	Cambatjou···	322	66° 37′ 34″07	— 0″72	66° 37′ 33″77	37′ 33″05	37′ 33″10
			180° 0′ 2″89	— 2″00	180° 0′ 2″00	0′ 0″0	0′ 0″0
Somme des erreurs ·		· ·	+ 0″89				

(90) *Méridienne vérifiée*, 40° 1′ 10″; 94° 21′ 24″; 45° 37′ 36″, p. XLIV et XLV.

Nᵒˢ.	NOMS des stations.	Pages.	ANGLES observés.	EXCÈS sphérique.	ANGLES sphériques.	ANGLES des cordes.	ANGLES moyens.
93	St-Georges ··	318	49° 43′ 15″94	— 0″51	49° 43′ 15″38	43′ 14″87	43′ 14″82
	Cambatjou ···	322	71° 15′ 30″57	— 0″64	71° 15′ 30″00	15′ 29″36	15′ 29″44
	Montredon ··	328	59° 1′ 16″87	— 0″54	59° 1′ 16″31	1′ 15″77	1′ 15″74
			180° 0′ 3″38	— 1″69	180° 0′ 1″69	0′ 0″0	0′ 0″0
Somme des erreurs ·		··	+ 1″69				
94	Cambatjou ···	323	90° 17′ 12″18	— 0″80	90° 17′ 11″26	17′ 10″46	17′ 10″74
	Montredon ··	329	44° 49′ 48″17	— 0″39	44° 49′ 47″26	49′ 46″87	49′ 46″73
	Montalet ····	336	44° 53′ 3″97	— 0″39	44° 53′ 3″06	53′ 2″67	53′ 2″53
			180° 0′ 4″32	— 1″58	180° 0′ 1″58	0′ 0″0	0′ 0″0
Somme des erreurs ·		··	+ 2″74				
95	Montredon···	329	24° 58′ 28″09	— 0″36	24° 58′ 27″48	58′ 27″12	58′ 26″95
	Montalet ····	337	96° 19′ 49″63	— 0″90	96° 19′ 49″01	19′ 48″11	19′ 48″49
	St.-Pons·····	344	58° 41′ 45″70	— 0″31	58° 41′ 45″08	41′ 44″77	41′ 44″56
			180° 0′ 3″42	— 1″57	180° 0′ 1″57	0′ 0″0	0′ 0″0
Somme des erreurs ·		··	+ 1″85				
96	Montredon ··	330	36° 8′ 25″28	— 0″60	36° 8′ 25″11	8′ 24″51	8′ 24″37
	St.-Pons ····	344	61° 23′ 36″56	— 0″66	61° 23′ 36″39	23′ 35″73	23′ 35″64
	Nore········	356	82° 28′ 0″91	— 0″98	82° 28′ 0″74	27′ 59″76	27′ 59″99
			180° 0′ 2″75	— 2″24	180° 0′ 2″24	0′ 0″0	0′ 0″0
Somme des erreurs ·		··	+ 0″51				

1.

N°ˢ.	NOMS des stations.	Pages.	ANGLES observés.	EXCÈS sphérique.	ANGLES sphériques.	ANGLES des cordes.	ANGLES moyens.
97	St.-Pons	345	51° 22′ 12″48	— 0″47	51° 22′ 11″71	22′ 11″24	22′ 11″02
	Nore	356	93° 47′ 2″47	— 1″12	93° 47′ 1″70	47′ 0″58	47′ 1″01
	Alaric........	367	34° 50′ 49″42	— 0″47	34° 50′ 48″65	50′ 48″18	50′ 47″97
			180° 0′ 4″37	— 2″06	180° 0′ 2″06	0′ 0″0	0′ 0″0
Somme des erreurs ·	. .		+ 2″31				
98	Nore	357	45° 2′ 10″79	— 0″39	45° 2′ 10″57	2′ 10″18	2′ 10″07
	Alaric	368	48° 8′ 53″59	— 0″40	48° 8′ 53″36	8′ 52″96	8′ 52″86
	Carcassone···	371	86° 48′ 57″80	— 0″71	86° 48′ 57″57	48′ 56″86	48′ 57″07
			180° 0′ 2″18	— 1″50	180° 0′ 1″50	0′ 0″0	0′ 0″0
Somme des erreurs ·	. .		+ 0″68				
99	Alaric........	368	75° 30′ 28″68	— 0″85	75° 30′ 28″86	30′ 28″01	30′ 28″13
	Carcassone···	375	68° 25′ 46″89	— 0″76	68° 25′ 47″07	25′ 46″31	25′ 46″34
	Bugarach	381	36° 3′ 46″07	— 0″58	36° 3′ 46″26	3′ 45″68	3′ 45″53
			180° 0′ 1″64	— 2″19	180° 0′ 2″19	0′ 0″0	0′ 0″0
Somme des erreurs ·	. .		— 0″45				
100	Alaric........	368	41° 53′ 53″48	— 0″40	41° 53′ 53″31	53′ 52″91	53′ 52″74
	Bugarach	381	45° 21′ 2″69	— 0″42	45° 21′ 2″52	21′ 2″10	21′ 1″95
	Tauch	386	92° 45′ 6″05	— 0″88	92° 45′ 5″87	45′ 4″99	45′ 5″31
			180° 0′ 2″22	— 1″70	180° 0′ 1″70	0′ 0″0	0′ 0″0
Somme des erreurs ·	. .		+ 0″52				

(97) *Méridienne vérifiée*, 51° 22′ 42″; 93° 46′ 53″; 34° 50′ 30″, p. XLVI et XLVII.
(98) *Méridienne vérifiée*, 45° 2′ 8″; 48° 9′ 5″; 86° 48′ 30″, *ibid.*
(99) *Méridienne vérifiée*, 75° 30′ 33″; 68° 25′ 41″; 36° 4′ 0″, *ibid.*
(100) *Méridienne vérifiée*, 41° 53′ 50″; 45° 21′ 8″; 92° 45′ 13″, *ibid.*

N°s.	NOMS des stations.	Pages.	ANGLES observés.	EXCÈS sphérique.	ANGLES sphériques.	ANGLES des cordes.	ANGLES moyens.
101	Bugarach	381	41° 57′ 27″18	— 0″32	41° 57′ 26″78	57′ 26″46	57′ 26″35
	Tauch	387	82° 52′ 31″98	— 0″58	82° 52′ 31″57	52′ 30″99	52′ 31″15
	Forceral.....	396	55° 10′ 3″33	— 0″37	55° 10′ 2″92	10′ 2″55	10′ 2″50
			180° 0′ 2″49	— 1″27	180° 0′ 1″27	0′ 0″0	0′ 0″0
Somme des erreurs •		. .	+ 1″22				
102	Tauch........	387	41° 53′ 40″46	— 0″10	41° 53′ 40″57	53′ 40″47	53′ 40″41
	Forceral	395	41° 29′ 48″41	— 0″11	41° 29′ 48″53	29′ 48″42	29′ 48″37
	Espira........	405	96° 36′ 31″27	— 0″27	96° 36′ 31″38	36′ 31″11	36′ 31″22
			180° 0′ 0″14	— 0″48	180° 0′ 0″48	0′ 0″0	0′ 0″0
Somme des erreurs •		. .	— 0″34				
103	Forceral	398	55° 32′ 44″55	— 0″13	55° 32′ 44″53	32′ 44″40	32′ 44″39
	Espira........	406	67° 56′ 9″44	— 0″17	67° 56′ 9″42	56′ 9″25	56′ 9″27
	Vernet	412	56° 31′ 6″51	— 0″14	56° 31′ 6″49	31′ 6″35	31′ 6″34
			180° 0′ 0″50	— 0″44	180° 0′ 0″44	0′ 0″0	0′ 0″0
Somme des erreurs •		. .	+ 0″06				
104	Espira........	406	57° 45′ 19″01	— 0″08	57° 45′ 19″01	45′ 18″93	45′ 18″92
	Vernet	413	43° 25′ 33″74	— 0″08	43° 25′ 33″74	25′ 33″66	25′ 33″65
	Salces	418	78° 49′ 7″53	— 0″12	78° 49′ 7″53	49′ 7″41	49′ 7″43
			180° 0′ 0″28	— 0″28	180° 0′ 0″28	0′ 0″0	0′ 0″0
Somme des erreurs •		. .	0″00				

Nᵒˢ.	NOMS des stations.	Pages.	ANGLES observés.	EXCÈS sphérique.	ANGLES sphériques.	ANGLES des cordes.	ANGLES moyens.
105	Bugarach	382	39° 44' 57"61	— 0"48	39° 44' 57"56	44' 57"08	44' 56"89
	Forceral	397	93° 8' 41"22	— 1"05	93° 8' 41"17	8' 40"12	8' 40"50
	Estella	433	47° 6' 23"33	— 0"48	47° 6' 23"28	6' 22"80	6' 22"61
			180° 0' 2"16	— 2"01	180° 0' 2"01	0' 0"0	0' 0"0
Somme des erreurs ·		. .	+ 0"15				
106	Forceral	397	45° 24' 18"30	— 0"43	45° 24' 17"59	24' 17"16	24' 17"06
	Estella	434	82° 59' 3"83	— 0"71	82° 59' 3"11	59' 2"40	59' 2"58
	Camellas	442	51° 36' 41"61	— 0"45	51° 36' 40"8	36' 40"44	36' 40"36
			180° 0' 3"74	— 1"59	180° 0' 1"59	0' 0"0	0' 0"0
Somme des erreurs ·		. .	+ 2"15				
107	Estella	435	46° 9' 21"64	— 0"37	46° 9' 21"85	9' 21"48	9' 21"39
	Camellas	443	83° 36' 45"72	— 0"61	83° 36' 45"92	36' 45"31	36' 45"47
	N.D. du Mont.	452	50° 13' 53"39	— 0"38	50° 13' 53"59	13' 53"21	13' 53"14
			180° 0' 0"75	— 1"36	180° 0' 1"36	0' 0"0	0' 0"0
Somme des erreurs ·		. .	— 0"61				
108	Estella	435	41° 30' 28"82	— 0"53	41° 30' 27"50	30' 26"97	30' 26"71
	N.D. du Mont.	453	95° 29' 6"37	— 1"31	95° 29' 5"05	29' 3"74	29' 4"26
	Secalm	462	43° 0' 31"14	— 0"53	43° 0' 29"82	0' 29"29	0' 29"03
			180° 0' 6"33	— 2"37	180° 0' 2"37	0' 0"0	0' 0"0
Somme des erreurs ·		. .	+ 3"96				

Nᵒˢ	NOMS des stations.	Pages.	ANGLES observés.	EXCÈS sphérique.	ANGLES sphériques.	ANGLES des cordes.	ANGLES moyens.
109	N.D.du Mont	453	56° 4' 9"74	— 0"39	56° 4' 9"79	4' 9"40	4' 9"35
	Secalm	463	42° 47' 36"53	— 0"36	42° 47' 36"58	47' 36"22	47' 36"14
	Roca	467	81° 8' 14"90	— 0"57	81° 8' 14"95	8' 14"38	8' 14"51
			180° 0' 1"17	— 1"32	180° 0' 1"32	0' 0"0	0' 0"0
Somme des erreurs			— 0"15				
110	Secalm	464	77° 26' 11"49	— 0"89	77° 26' 11"28	26' 10"39	26' 10"55
	Roca	468	62° 40' 53"12	— 0"70	62° 40' 52"92	40' 52"22	40' 52"18
	Matagalls	472	39° 52' 58"20	— 0"61	39° 52' 58"00	52' 57"39	52' 57"27
			180° 0' 2"81	— 2"20	180° 0' 2"20	0' 0"0	0' 0"0
Somme des erreurs			+ 0"61				
111	Secalm	464	34° 53' 7"75	— 0"52	34° 53' 7"57	53' 7"05	53' 6"93
	Matagalls	472	78° 42' 53"73	— 0"78	78° 42' 53"54	42' 52"76	42' 52"90
	Rodos	476	66° 24' 1"00	— 0"62	66° 24' 0"81	24' 0"19	24' 0"17
			180° 0' 2"48	— 1"92	180° 0' 1"92	0' 0"0	0' 0"0
Somme des erreurs			+ 0"56				
112	Matagalls	473	85° 56' 48"52	— 0"89	85° 56' 48"24	56' 47"35	56' 47"60
	Rodos	476	60° 34' 7"56	— 0"53	60° 34' 7"29	34' 6"76	34' 6"65
	Matas	482	33° 29' 6"66	— 0"50	33° 29' 6"39	29' 5"89	29' 5"75
			180° 0' 2"74	— 1"92	180° 0' 1"92	0' 0"0	0' 0"0
Somme des erreurs			+ 0"82				

Nos.	NOMS des stations.	Pages.	ANGLES observés.	EXCÈS sphérique.	ANGLES sphériques.	ANGLES des cordes.	ANGLES moyens.
113	Rodos.....	477	61° 32' 53"81	— 1"12	61° 32' 52"59	32' 51"47	32' 51"49
	Matas......	482	56° 38' 54"78	— 1"07	56° 38' 53"57	38' 52"50	38' 52"46
	Mont-Serrat .	488	61° 48' 18"38	— 1"13	61° 48' 17"16	48' 16"03	48' 16"05
Somme des erreurs .		..	180° 0' 6"97 +3"65	— 3"32	180° 0' 3"32	0' 0"0	0' 0"0
114	Matas.......	483	49° 35' 51"64	— 0"20	49° 35' 52"10	35' 51"90	35' 51"62
	Mont-Serrat..	488	27° 25' 5"38	— 0"29	27° 25' 5"84	25' 5"55	25' 5"36
	Valvidrera ...	493	102° 59' 3"04	— 0"94	102° 59' 3"49	59' 2"55	59' 3"02
Somme des erreurs .		..	180° 0' 0"06 — 1"37	— 1"43	180° 0' 1"43	0' 0"0	0' 0"0
115	Matas.......	484	28° 30' 5"60	— 0"11	28° 30' 4"95	30' 4"84	30' 4"81
	Valvidrera ...	493	73° 5' 1"38	— 0"14	73° 5' 0"73	5' 0"59	5' 0"59
	Montjoui	501	78° 24' 55"39	— 0"16	78° 24' 54"73	24' 54"57	24' 54"60
Somme des erreurs .		...	180° 0' 2"37 + 1"96	— 0"41	180° 0' 0"41	0' 0"0	0' 0"0

Les triangles qui suivent ont été formés pour lier aux triangles principaux la maison de l'intendance, où j'ai pris la hauteur du pôle à Dunkerque; mon observatoire, rue de Paradis, à Paris, où j'ai pris également la hauteur du pôle, et enfin l'observatoire impérial, où M. Méchain a fait des observations semblables.

Pour l'intendance à Dunkerque, chacun des trois premiers triangles suffiroit séparément; mais comme j'ai été forcé d'y conclure un angle fort petit, j'ai voulu me procurer une double vérification.

Dans le troisième triangle, j'ai emprunté de la *Méridienne vérifiée* la distance de Dunkerque à Bollezèle.

Les triangles 4 et 5 donneront une double détermination du dôme des Invalides. Les angles au Panthéon sont des sommes d'angles réellement observés, mais que je n'ai point imprimés. Les deux angles aux Invalides ont été conclus. Quoique ces deux triangles

TRIANGLES SECONDAIRES.

NOMS DES STATIONS.	PAGES.	ANGLES.		
1 { Tour de Dunkerque	14	94°	57'	29"0
Tourelle de l'intendance	15	84°	7'	15"0
Cassel	*	0°	55'	16"0
2 { Tour de Dunkerque	11-14	137°	3'	38"0
Tourelle de l'intendance	15	42°	15'	55"0
Watten	*	0°	40'	27"0
3 { Tour de Dunkerque	14	122°	1'	49"0
Tourelle de l'intendance	15	56°	51'	22"0
Bollezèle	*	1°	6'	49"0
4 { Dammartin	102-103	3°	57'	24"5
Panthéon		114°	46'	12"6
Invalides	*	61°	16'	22"9
5 { Bellassise	119-121	1°	19'	59"7
Panthéon		163°	3'	48"0
Invalides	*	15°	36'	12"3
6 { Brie	Ces deux triangles ont été observés par M. Tranchot.	16°	9'	1"0
Panthéon		90°	11'	36"0
Tour de Croy		73°	39'	23"0
7 { Invalides		89°	36'	1"0
Panthéon		69°	42'	51"0
Tour de Croy		20°	41'	8"0

onnassent, à un ou deux pieds près, la même distance du Panthéon aux Invalides, j'avois
désiré la déterminer plus sûrement encore, et j'avois observé de Brie et du Panthéon la
our de Croy; mais mon signal avoit été détruit avant que j'eusse pu voir moi-même à
uel point il avoit été placé. M. Tranchot ayant eu depuis besoin de cette même tour, du
Panthéon et des Invalides, voulut bien me fournir les triangles 6 et 7. Par là j'obtenois
ne base pour les triangles 8 et 9, et mon observatoire de la rue de Paradis étoit lié aux
riangles principaux.

NOMS DES STATIONS.	PAGES.	ANGLES.
8 ⎰ Panthéon	111	59° 34′ 3″0
⎱ Pyramide de Montmartre	113	34° 35′ 49″0
Invalides	*	85° 50′ 8″0
9 ⎰ Panthéon	111	37° 53′ 42″0
⎱ Observatoire de la rue de Paradis	115	124° 20′ 45″0
Pyramide de Montmartre	113	17° 45′ 33″0
10 ⎰ Panthéon		49° 0′ 53″0
⎱ Dammartin		6° 23′ 7″0
Belvédère Flécheux, à Montmartre		124° 36′ 0″0
11 ⎰ Panthéon		31° 42′ 30″0
⎱ Observatoire de la rue de Paradis		131° 58′ 24″0
Belvédère Flécheux, à Montmartre	*	16° 19′ 6″0
12 ⎰ Panthéon		78° 30′ 36″0
⎱ Observatoire impérial		73° 45′ 56″0
Invalides		27° 43′ 28″0
13 ⎰ Panthéon		138° 4′ 39″0
⎱ Observatoire impérial		33° 13′ 53″0
Pyramide de Montmartre		8° 41′ 28″0

Dans le 10°, l'angle au Panthéon a été réellement observé; les autres ont été déduits d'observations ou de calculs fondés sur ces observations.

Le 11° me donne une seconde fois le belvédère Flécheux d'où j'avois, en 1792, observé le signal que j'avois placé sur la terrasse de l'observatoire, à 8 ⅐ toises de la face méridionale, sur l'espèce de puits qui descendoit jusqu'au fond des caves. Voyez le plan de l'observatoire dans l'*Histoire céleste* de M. Lemonnier. Ce signal ayant été déplacé pendant les orages de la révolution, j'eus recours, pour la position de l'observatoire, à la table des clochers de Paris que j'ai mise dans le tome VIII des *Éphémérides* de M. Lalande, p. LXI.

Les triangles 12 et 13 sont déduits de mes observations et de plusieurs distances prises dans cette table. Les angles ne sont sûrs qu'à quelques secondes près; ce qui est plus que suffisant. Je n'ai pas eu le loisir de les observer directement. J'espérois les trouver dans les papiers de M. Méchain, mais je n'en ai vu nulle trace, et j'ignore comment il a déterminé la différence de latitude entre l'observatoire impérial et le Panthéon.

TRIANGLES SECONDAIRES FORMÉS PAR M. MÉCHAIN.

N°ˢ.	NOMS des stations.	Pages.	ANGLES observés.	N°ˢ.	NOMS des stations.	Pages.	ANGLES observés.
1	Rieupeyroux . .	298	56° 1′ 52″4	4	Rieupeyroux . .	298	52° 29′ 41″1
	Lagaste	313	91° 17′ 8″6		Lagaste	312	91° 12′ 53″2
	La Rogière . .	*	32° 41′ 4″6		Montredon . .	330	36° 17′ 36″7
			180° 0′ 5″6				180° 0′ 11″0
					Somme des erreurs .	. .	+ 8″14
2	Rodez	304	111° 18′ 47″9	5	Montredon . .	329	61° 6′ 55″4
	Lagaste	311-315	45° 39′ 30″1		Montalet . . .	337	60° 53′ 1″2
	La Rogière . .	*	23° 1′ 44″7		Nore	359	58° 0′ 15″9
			180° 0′ 2″7				180° 0′ 12″5
					Somme des erreurs .	. .	+ 9″64
3	Rieupeyroux . .	298	67° 24′ 45″5	6	Nore	357	52° 36′ 33″8
	Lagaste	313	61° 40′ 15″4		Carcassonne . .	375	91° 34′ 2″8
	Alby	*	50° 55′ 2″9		Castelnaudari .	*	35° 49′ 25″5
			180° 0′ 3″8				180° 0′ 2″1

J'ai conclu le troisième angle d'après l'excès sphérique calculé par la table VI pour tous les points qui sont sur les planches VII et VIII; pour les autres j'ai pris le supplément à 180°. Quand les trois angles ont été observés, j'ai rapporté ces angles sans aucun changement, et j'ai indiqué la somme des erreurs. Pour le calcul, j'ai distribué cette somme ou l'excès sphérique également entre les trois angles. Les triangles secondaires que j'ai formés dans la partie nord sont à leur rang parmi les triangles principaux.

Nos.	NOMS des stations.	Pages.	ANGLES observés.	Nos.	NOMS des stations.	Pages.	ANGLES observés.
7	St.-Pons . . .	346	73° 43' 1"7	11	Nore	359	140° 59' 36"3
	Alaric.	369	54° 0' 43"4		St.-Pons . . .	347	31° 34' 26"9
	Beziers	*	52° 16' 19"6		Puy Prigue . .	*	7° 25' 56"8
			180° 0' 4"7				180° 0' 0"0
8	St.-Pons . . .	345	41° 39' 48"6	12	Carcassonne . .	376	50° 4' 15"5
	Alaric.	369	70° 55' 28"6		Bugarach . . .	382	92° 18' 45"7
	Narbonne . . .		67° 24' 54"2		St.-Barthélemi .	*	37° 36' 58"8
			180° 0' 11"4				180° 0' 0"0
Somme des erreurs .		. .	+ 8"0				
9	Alaric.	369	105° 35' 13"2	13	Carcasconne . .	375	65° 25' 33"8
	Tauch	388	50° 53' 47"5		Alaric	370	96° 55' 37"2
	Beziers	*	23° 31' 2"9		Canigou. . . .	*	17° 38' 49"0
			180° 0' 3"6				180° 0' 0"0
10	Alaric.	369	88° 40' 26"5	14	Bugarach . . .	382	50° 36' 25"5
	Tauch	387	49° 49' 50"9		Forceral	400	79° 15' 58"3
	Narbonne . . .	*	41° 29' 44"6		Canigou	*	50° 7' 36"2
			180° 0' 2"0				180° 0' 0"0

Dans le triangle 8 j'ai observé l'angle à Narbonne : Saint-Pons étoit très-difficile à voir. Cet angle doit être le moins sur des trois.

N°ˢ.	NOMS des stations.	Pages.	ANGLES observés.	N°ˢ.	NOMS des stations.	Pages.	ANGLES observés.
15	Espira	407	58° 11′ 32″8	19	Tauch	388	33° 11′ 49″2
	Salces.	419	86° 32′ 41″9		Forceral	398	105° 25′ 10″4
	Perpignan . . .	428	35° 15′ 43″4		Perpignan . . .	429	41° 23′ 2″7
			179° 59′ 58″1				180° 0′ 2″3
Somme des erreurs .		. .	— 2″3	Somme des erreurs .		. .	+ 0″65
16	Espira	407	67° 29′ 53″2	20	Forceral	400	119° 23′ 21″3
	Perpignan . . .	428	48° 34′ 47″9		Espira	406	43° 20′ 2″1
	Forceral	399	63° 55′ 20″4		Bellegarde . . .	*	17° 16′ 37″5
			180° 0′ 1″5				180° 0′ 0″9
Somme des erreurs .		. .	+ 1″0				
17	Forceral	399	60° 51′ 47″2	21	Salces	419	60° 26′ 37″9
	Camellas . . .	441	30° 19′ 2″9		Espira	407	43° 41′ 41″3
	Perpignan . . .	*	88° 49′ 11″1		Rivesaltes . . .	*	75° 51′ 41″0
			180° 0′ 1″2				180° 0′ 0″2
18	Stella	434	55° 29′ 5″9	22	Salces	419	18° 22′ 9″6
	Camellas . . .	441	81° 55′ 44″5		Rivesaltes . . .	424	139° 34′ 10″2
	Perpignan . . .	*	42° 35′ 11″4		Vernet	*	22° 3′ 40″2
			180° 0′ 1″8				180° 0′ 0″0

Nos.	NOMS des stations.	Pages.	ANGLES observés.	Nos.	NOMS des stations.	Pages.	ANGLES observés.
23	Forceral . . . . Vernet . . . . Tautavel . . .	400 413 *	62° 12′ 15″3 40° 9′ 26″7 77° 38′ 18″0	28	Camellas . . . N.-D.-du-Mont. Pérólada. . . .	444 454 *	71° 45′ 38″7 51° 4′ 3″9 57° 10′ 17″4
			180° 0′ 0″0				180° 0′ 0″0
24	Vernet . . . . Salces. . . . . Tautavel . . .	413 419 *	59° 47′ 9″0 68° 18′ 13″7 51° 54′ 37″3	29	Camellas . . . N.-D.-du-Mont. Malavehina . .	444 454 *	81° 10′ 18″6 47° 5′ 30″4 51° 44′ 11″0
			180° 0′ 0″0				180° 0′ 0″0
25	Camellas . . . N.-D.-du-Mont. La Trinité . . .	445 454 *	80° 22′ 31″5 65° 16′ 7″2 34° 21′ 23″3	30	Camellas . . . N.-D.-du-Mont. Castellon . . .	444 454 *	72° 1′ 4″4 63° 17′ 28″4 44° 41′ 27″2
			180° 0′ 2″0				180° 0′ 0″0
26	Camellas . . . N.-D.-du-Mont. Figuières . . .	443 453 *	56° 0′ 10″4 60° 44′ 33″6 63° 15′ 17″1	31	N.-D.-du-Mont. Puisecalm . . . Costabonne . .	455 462 *	59° 54′ 0″4 66° 50′ 25″1 53° 15′ 36″7
			180° 0′ 1″1				180° 0′ 2″2
27	Camellas . . . N.-D.-du-Mont. Mouga	444 453 *	64° 29′ 46″7 86° 29′ 12″4 29° 1′ 3″1	32	N.-D.-du-Mont. Puisecalm . . . Girone	456 464 *	78° 52′ 55″1 52° 17′ 54″2 48° 49′ 13″1
			180° 0′ 2″2				180° 0′ 2″4

Nos.	NOMS des stations.	Pages.	ANGLES observés.	Nos.	NOMS des stations.	Pages.	ANGLES observés.
33	N.-D.-du-Mont.	455	98° 16' 58"3	38	Matas	485	37° 15' 59"1
	Puisecalm . . .	463	40° 27' 50"3		Rodos.	478	38° 34' 17"3
	Baterre	*	41° 15' 13"6		St.-Laurent . .	*	104° 9' 43"6
			180° 0' 2"2				180° 0' 0"0
34	N.-N.-du-Mont.	453	97° 28' 6"2	39	Matas.	485	19° 22' 55"7
	Roca	469	41° 29' 2"1		Montserrat . .	489	28° 37' 29"2
	Figuières . . .	*	41° 2' 52"8		St.-Laurent . .	*	131° 59' 35"1
			180° 0' 1"1				180° 0' 0"0
35	N.-D.-du-Mont.	455	155° 6' 21"6	40	N.-D.-du-Mont.	489	33° 10' 49"1
	Roca	469	13° 44' 56"3		Rodes	478	22° 58' 36"5
	Bellegarde . . .	*	11° 8' 42"4		St.-Laurent . .	*	123° 50' 34"4
			180° 0' 0"3				180° 0' 0"0
36	N.-D.-du-Mont.	456	22° 48' 45"2	41	Rodes	478	66° 37' 15"7
	Roca	469	124° 38' 18"7		Montserrat . .	488	48° 6' 12"1
	Girone	*	32° 32' 57"3		Serrateix. . . .	*	65° 16' 35"0
			180° 0' 1"2				180° 0' 2"8
37	N.-D.-du-Mont.	456	4° 6' 45"6	42	Valvidrera . . .	493	15° 29' 0"7
	Puisecalm . . .	464	7° 57' 50"4		Montjouy . .	. .	71° 16' 49"3
	Aulot	*	167° 55' 24"0		Barcelone, Cath.	507	93° 14' 6"2
			180° 0' 0"0				179° 59' 56"2

N^{os}	NOMS des stations.	Pages.	ANGLES observés.	N^{os}	NOMS des stations.	Pages.	ANGLES observés.
43	Valvidrera . . .	494	20° 13' 38"5	47	Valvidrera . . .	495	82° 35' 14"3
	Montjouy . . .	502	83°. 6' 45"9		Montjouy . . .	503	70° 35' 44"7
	Barcel. citadelle.	*	76° 39' 35"6		Castel de Fells .	*	26° 49' 1"4
			180° 0' 0"0				180° 0' 0"4
44	Valvidrera . . .	494	11° 49' 8"4	48	Montjouy . . .	503	9° 13' 6"4
	Montjouy . . .	502	102° 27' 17"8		Barcelone . . .	507	45° 55' 33"9
	Barcel. fanal. .	*	65° 43' 33"8		Fontana de oro .	508	124° 51' 22"3
			180° 0' 0"0				180° 0' 2"6
				Somme des erreurs .		. .	+ 2"6
45	Valvidrera . . .	494	22° 28' 9"5	49	Montjouy . . .	504	134° 49' 32"8
	Montjouy . . .	503	9° 8' 31"7		Matas	*	23° 48' 57"6
	S.-Pierre-Martyr	*	148° 23' 18"8		Las Agujas . .	509	21° 21' 30"0
			180° 0' 0"0				180° 0' 0"4
46	Valvidrera . . .	494	101° 59' 44"7	50	Montjouy . . .	505	90° 7' 25"8
	Matas	Inéd.	47° 18' 39"9		Torellas	*	6° 24' 19"2
	Montserrat, ab.	*	30° 41' 35"4		Las Agujas . .	509	83° 28' 15"0
			180° 0' 0"0				180° 0' 0"0

Nᵒˢ.	NOMS des stations.	Pages.	ANGLES observés.	Nᵒˢ.	NOMS des stations.	Pages.	ANGLES observés.
51	Montjouy . . .	506	156° 58′ 16″2	52	Matas	*	23° 31′ 47″6
	Las Agujas . .	509	13° 55′ 0″0		Montjouy . . .	504	137° 4′ 12″4
	Matas	*	9° 6′ 44″0		Sierra-Morella .	509	19° 24′ 0″0
			180° 0′ 0″2				180° 0′ 0″0

53	Montjouy . . .	. .	146° 49′ 40″0				
	Las Agujas . .	Inéd.	13° 51′ 0″0				
	Ch. de Mongat.	*	19° 19′ 20″0				
			180° 0′ 0″0				

FIN DU TOME PREMIER.

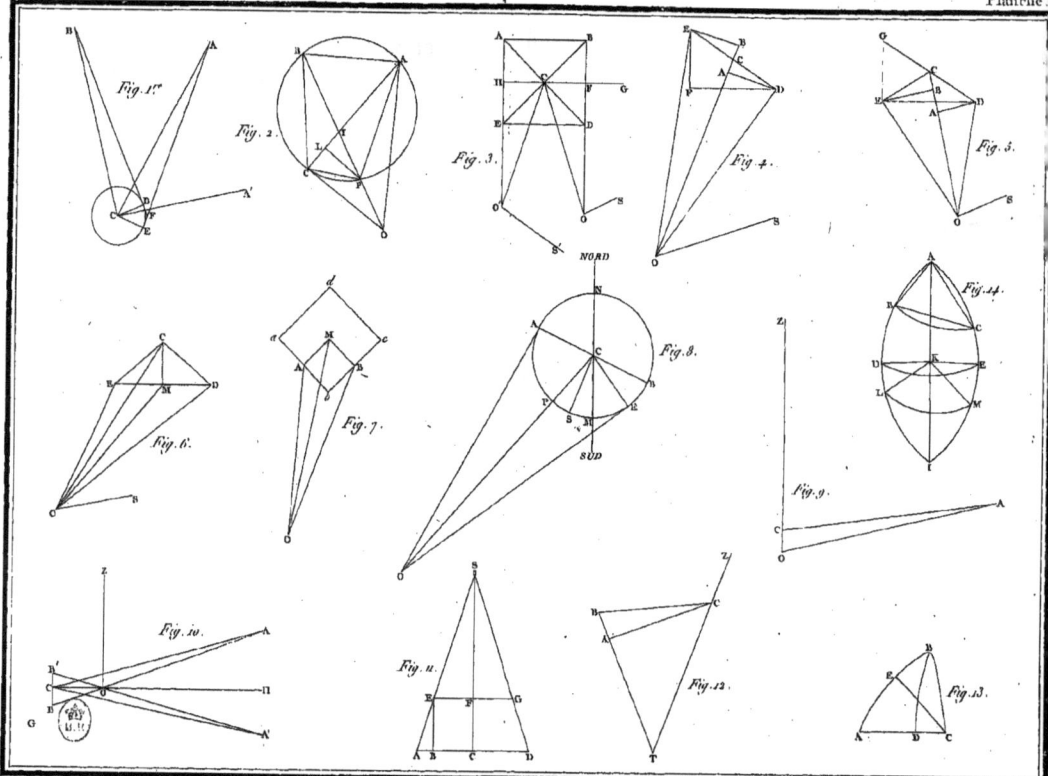

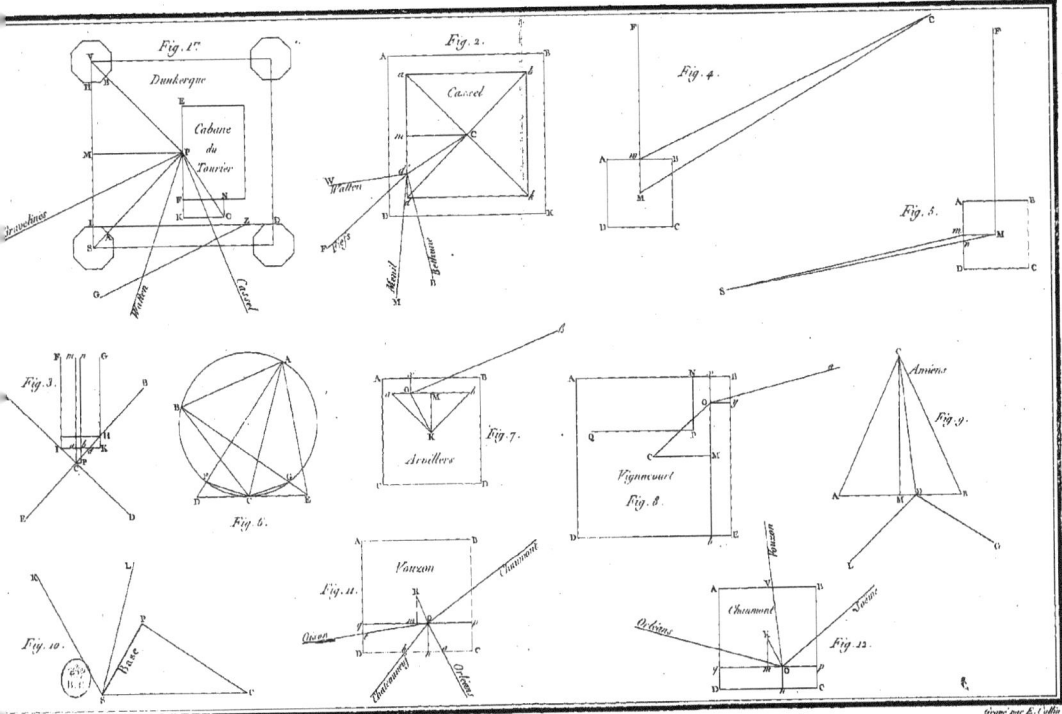

Fig. 1.ᵉʳ

Dunkerque

Cabane du Tourier

Travelines

Winoxen

Cassel

Fig. 2.

Cassel

Watten

Menil

Ketteur

Fig. 4.

Fig. 5.

Fig. 3.

Fig. 6.

Fig. 7.

Arvillers

Fig. 8.

Vignacourt

Amiens

Fig. 9.

Fig. 10.

Base

Fig. 11.

Vauzeau

Chaumont

Orson

Chaumargi

Orsent

Fig. 12.

Chaumont

Orleans

Vauzeau

Gravé par E. Collin.

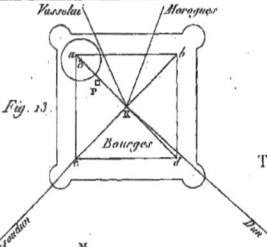

Fig. 13.

Vassalas   Moroques

Bourges

Issoudun   Dun

Fig. 23 bis

Tour de Bourges

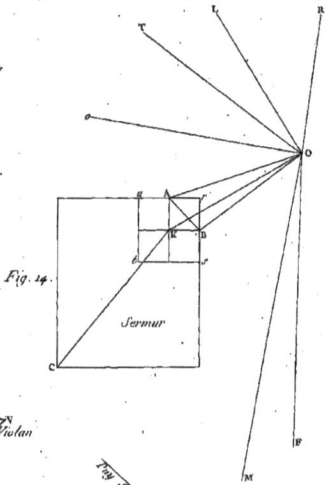

Fig. 14.

Sermur

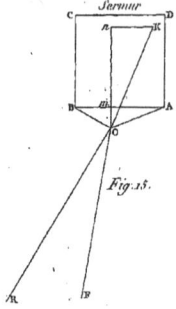

Sermur

Fig. 15.

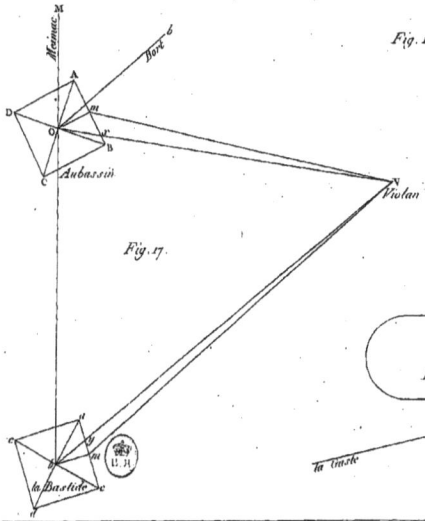

Fig. 17.

Meimac   M

Bort

A

D   O   m   B

C   Aubassin

N
Violan

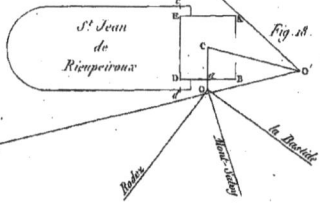

St Jean
de
Rieupeiroux

Puy St Georges

Fig. 18.

la Caste   Rodez   la Bastide

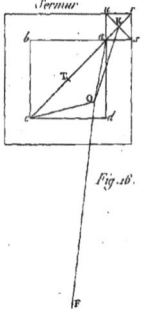

Sermur

Fig. 16.

la Bastide

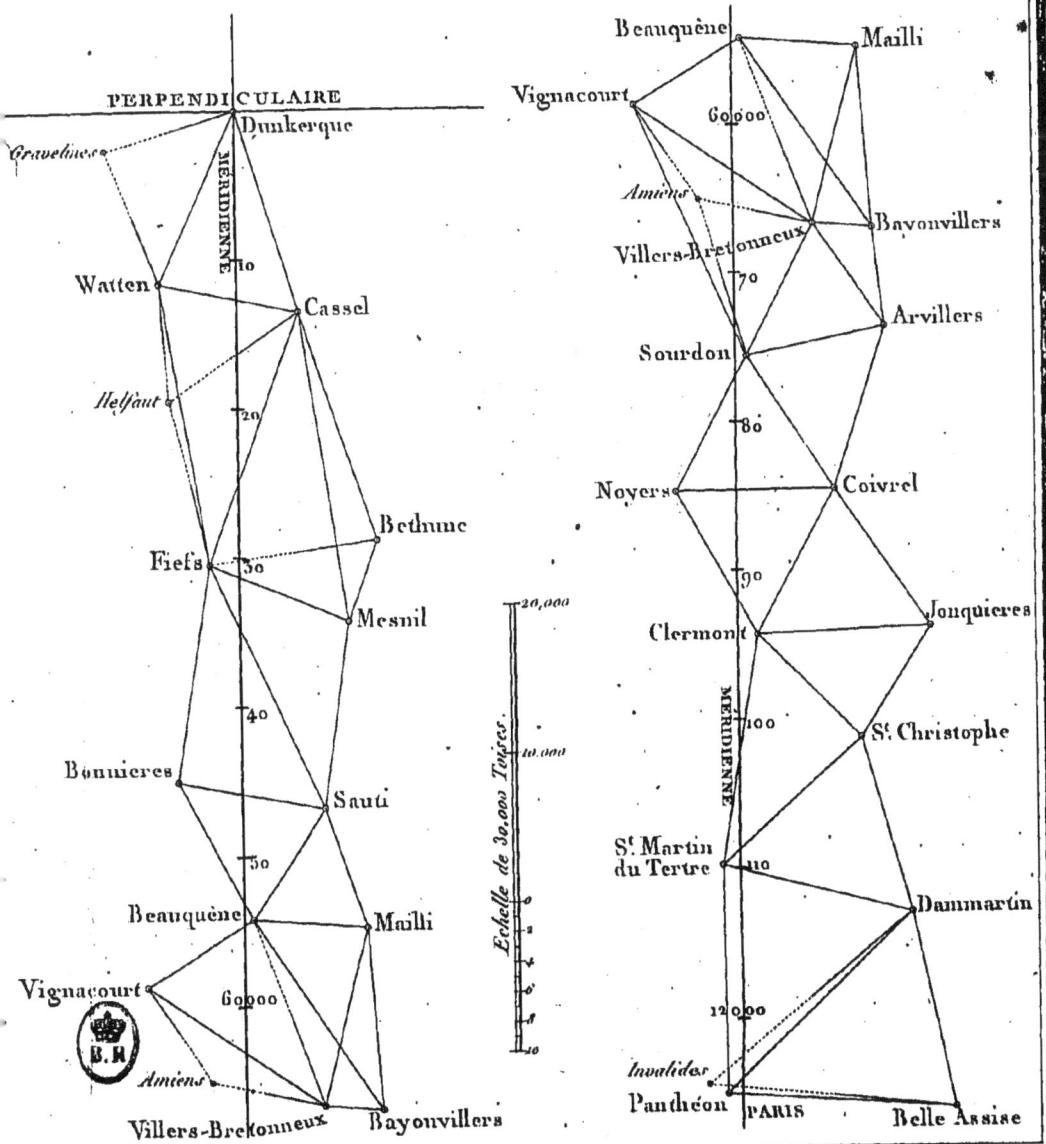

CHAINE DES TRIANGLES
de Dunkerque à Barcelone
mesurée par MM. Delambre et Méchain.

Gravé par E. Collin.

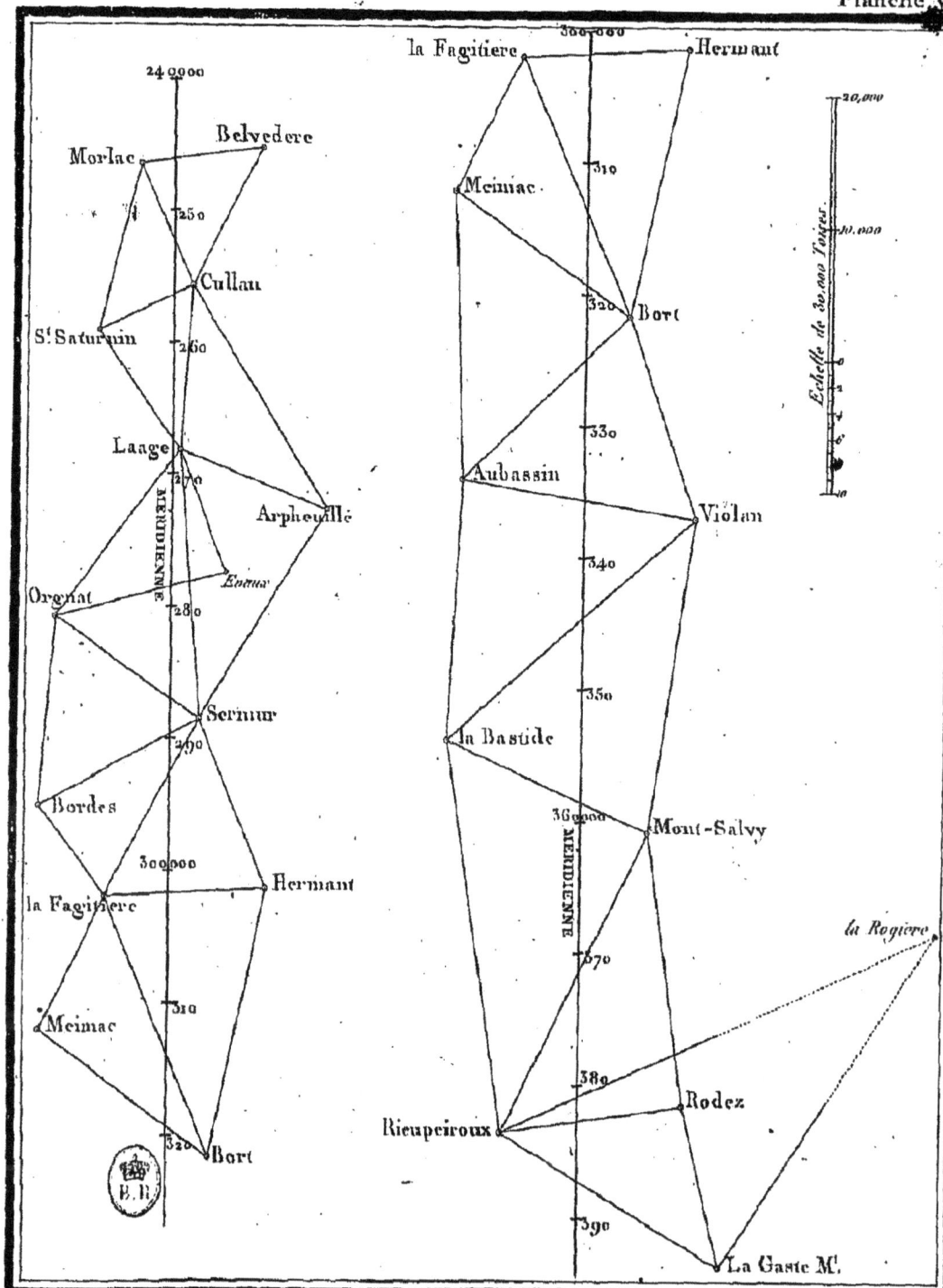

Échelle de 30,000 Toises.

Gravé par E. Collin.

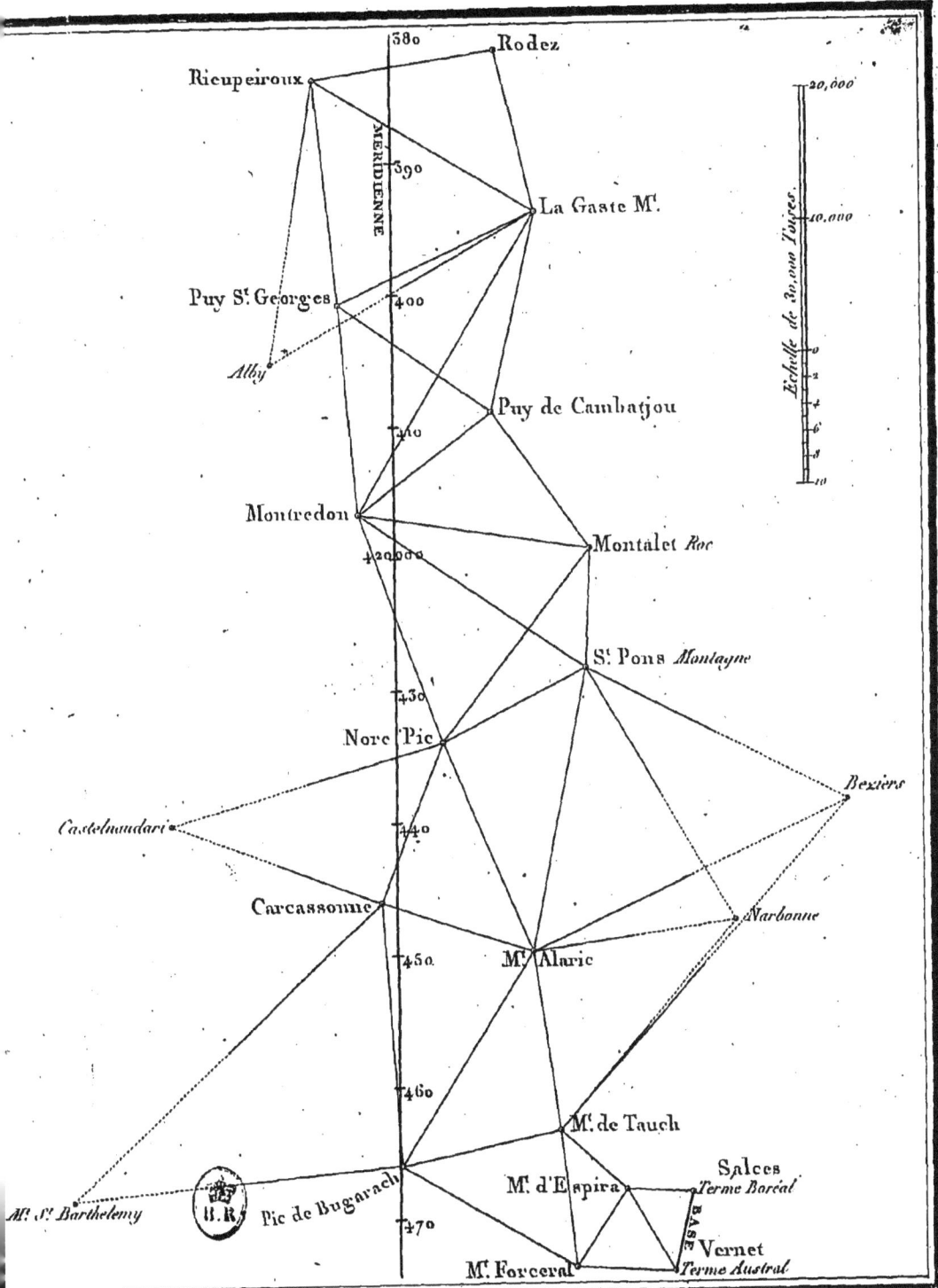

Planche VII.

Gravé par E. Collin.

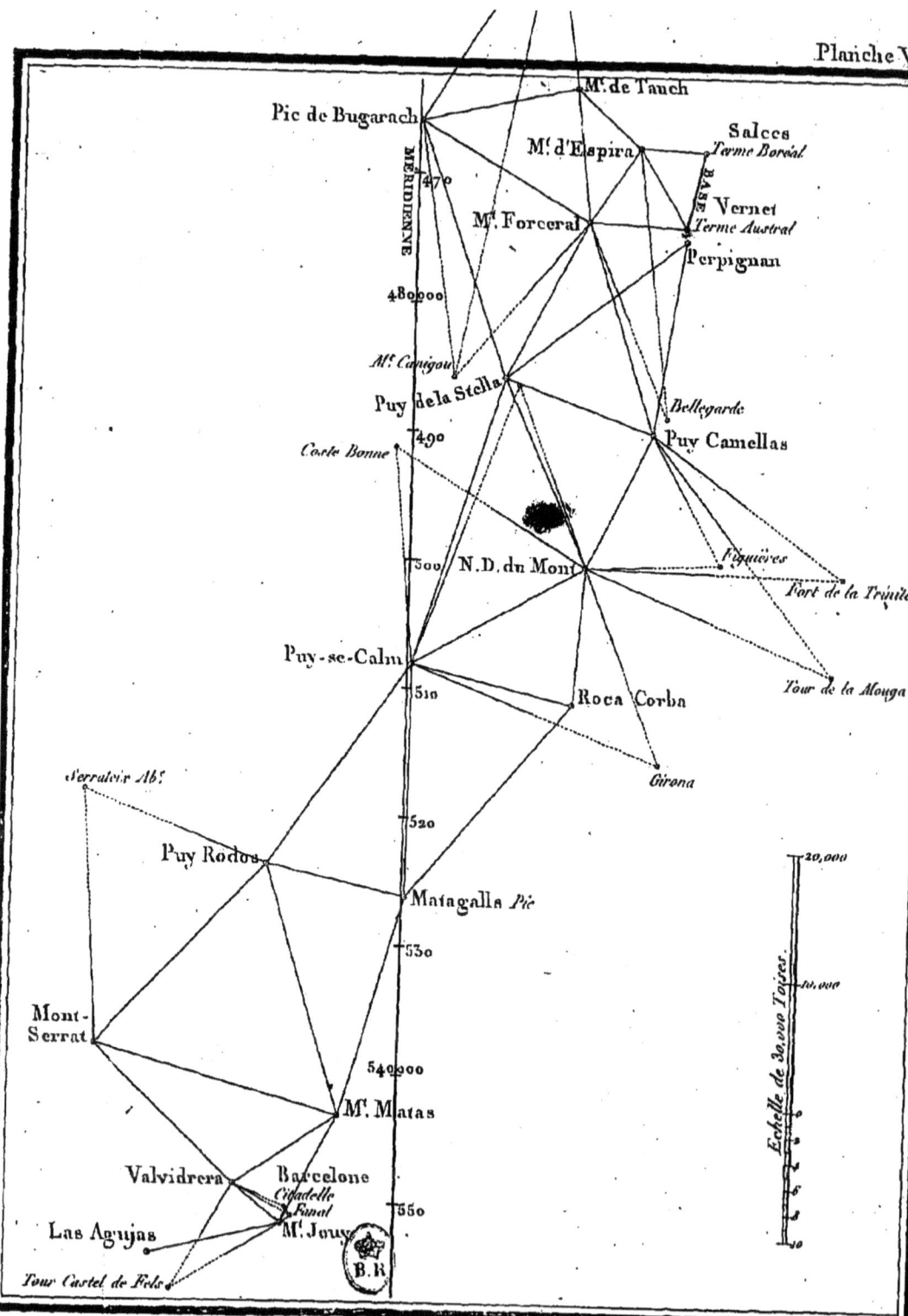

Pic de Bugarach

M.ᵗ de Tauch

M.ᵗ d'Espira

Salces
Terme Boréal.

MÉRIDIENNE

47°

Vernet
Terme Austral.

BASE

M.ᵗ Forceral

Perpignan

480000

M.ᵗ Canigou

Puy de la Stella

Bellegarde

Puy Camellas

Coste Bonne

490

Figuères

N. D. du Mont

Fort de la Trinité

Puy-se-Calm

500

Roca Corba

Tour de la Mouga

510

Serralou Ab.ᵗ

Girona

Puy Rodos

520

Matagalla *Pic*

530

Mont-Serrat

20,000

540900

M.ᵗ Matas

10,000

Valvidrera

Barcelone
Citadelle
Fanal

Las Agujas

M.ᵗ Jouy

550

Echelle de 30,000 Toises.

B. R.

Tour Castel de Fels

Gravé par E. Collin.